普通高等教育“十四五”规划教材

石油炼制工艺学

(第二版)

程丽华 梁朝林 主编

王慧 张海燕 付雪 副主编

中国石化出版社

内容提要

《石油炼制工艺学》从石油及其产品的性质出发，介绍了石油及其产品的化学组成以及它们与各种性质之间的关系，在此基础上阐述了石油加工的各种工艺方法、基本原理、生产工艺流程及设备、工艺过程、设备计算及分析。对某些科学实验与生产经验进行了总结，并介绍了部分科研与生产上的最新技术。本书根据石油炼制工业技术发展的情况，以培养应用型高级工程技术人员为目的，提倡理论联系实际。

《石油炼制工艺学》作为高等院校专业教材，也可供石油加工方面的科研、生产及管理人员使用。

图书在版编目（CIP）数据

石油炼制工艺学/程丽华，梁朝林主编. —2 版. —北京：中国石化出版社，2021.1（2025.12 重印）

ISBN 978-7-5114-5915-2

Ⅰ.①石… Ⅱ.①程… ②梁… Ⅲ.①石油炼制-生产工艺 Ⅳ.①TE624

中国版本图书馆 CIP 数据核字（2021）第 015804 号

中国石化出版社出版发行

地址：北京市东城区安定门外大街 58 号

邮编：100011 电话：(010)57512500

发行部电话：(010)57512575

http://www.sinopec-press.com

E-mail:press@sinopec.com

北京艾普海德印刷有限公司印刷

全国各地新华书店经销

*

787×1092 毫米 16 开本 34.25 印张 869 千字

2021 年 7 月第 2 版 2025 年 12 月第 4 次印刷

定价：78.00 元

《石油炼制工艺学(第二版)》

编 委 会

主　编：程丽华　梁朝林

副主编：王　慧　张海燕　付　雪

编　委：熊　云　孙　鹏　龚方红　李艳红　李卫清
金志浩　黄凤林　刘晓瑞　刘　红　王子康
石振东　邵　文　刘　岩　曾　松　谢　颖
黄克明　江禄森

修订前言

根据2016年12月中国石化出版社在海口召开的《石油炼制工艺学》教材工作会议的决定，由石油化工高等院校教材协作组成员单位广东石油化工学院、西安石油大学、重庆科技学院、北部湾大学等单位共同修订出版《石油炼制工艺学》，作为应用型普通高等院校石油炼制、石油化工、油气储存、石油加工和产品应用等方向的专业教材。与会人员在会议上达成修订原则：《石油炼制工艺学》面向读者为应用型人才，在校用作教材，毕业后为工具书；既要注重炼油科学基础理论，又要突出应用技术传承实践；既要及时反映炼油新技术，又要兼顾教学时数压缩实际。因此提出新修订《石油炼制工艺学》的要求：贴近炼油实际，紧跟技术发展，注重科学性、先进性、实用性；结合教学实际，提纲挈领引导，注重适用性、启发性、拓展性；全面而不繁杂，精简而不漏失，力争涉及石油炼制的各种技术，讲清其科学原理、目的作用、过程设备、影响因素、计算分析方法；并融入职业道德、环保安全、技术经济等相关知识，培养学生解决复杂工程问题的计算能力、分析能力。按照修订原则确定全书结构不做重大改动，但相关内容要推陈出新、力求准确精简，各章主要修订内容如下。

第一章绪论。介绍炼油工业的重要性、炼油化工一体化、做大做强做精发展趋势。所有数据给予更新。

第二章石油及其产品的组成和性质。对专业术语给予规范，词汇均以《石油炼制词典》为准，单位尽量采用国际单位制。主要原油性质介绍，减少国内种类，增列国外原油种类，均做一般性质介绍。在物理学、化学、化工原理等前面课程介绍过的理化性质予以精简。阐述油品理化性质，注意指明如何得到，提出有何作用或应用于何处。在物理化学、化工原理等前面课程出现过并容易查到的图表及各种单位换算予以删除。考虑到专业教科书还兼具一般工具书的功能，必不可少的专业图表仍编入。

第三章石油产品。石油产品各种分类方法标准，全部予以更新。化油器虽已过时，但有利于解析汽油燃烧爆震现象原因，仍予保留，增加汽油喷射进油系统图示及文字说明。清洁汽油和醇类燃料后移至第十章优质清洁燃料生产中介绍。阐述车用汽油、车用柴油国Ⅵ标准发展，贯彻环保理念，彰显职业伦理教育。“航空汽油的使用要求”普惠面虽窄，但特殊，给予保留。润滑油及润滑脂篇幅适当压缩，石蜡、地蜡、焦炭、沥青篇幅也适当压缩。分类标准中无焦炭、硫黄。硫黄理化性质及生产方法易从网上查询，书中不做介绍；石油焦炭的生产及质量标准放入第六章热加工过程中介绍。

第四章原油评价与原油加工方案。国内只列大庆、胜利、长庆原油，增列国外的沙特、伊朗、阿曼等原油。针对典型进口原油更新性质。完善原油性质全分析，增加一次、二次、三次加工描述。增加含硫、含酸、高黏、高沥青质、高金属含量重质原油加工方案介绍。

第五章原油蒸馏过程。补全石油精馏塔内气液负荷分布规律内容。增加三级电脱盐、低温位热的回收利用，换热网络优化，突出技术经济分析。减压深拔技术，适当补充“多挥发线，塔顶热循环改为冷循环、直连真空喷射器/泵”等措施。适当简化蒸馏设备的腐蚀及防腐内容。蒸馏塔工艺计算的旧例题与生产实际（塔板数、回流比、回流取热、塔顶热循环回流而非冷回流、进料是初底油而非原油）严重不符，改为千万吨级常压塔工艺计算。根据原油性质确定过汽化油相对分子质量，而非缺乏根据的290。

第六章热加工过程。由于热加工反应属自由基反应机理，便于与后面的正碳离子反应机理对比，因此保留本章。焦炭化过程增加焦化装置在炼厂处理污油废油污泥废渣作用（满足焦炭灰分达标即可）。增加生产针状焦、避免弹丸焦介绍，增加以最大液收等为目标的操作优化分析。

第七章催化裂化。在概述中补充催化裂化新技术发展趋势，取消原第十节。完善不同产品方案（特别是多产烯烃）描述。增加催化油浆分离利用，采用列表方式介绍油浆分离方法。凝练不同提升管、不同再生形式的描述。增加特殊阀门图片、增加能量回收系统流程图及流程说明。补充双动滑阀安装位置变化图。

第八章催化加氢。完善加氢精制、加氢裂化、加氢异构脱蜡等名词、作用、特点以及区分，完善各种形式反应器（固定床、移动床、浆态床等）的描述。增加安全工程教育，补充“加氢反应器防飞温应急操作”的安全工程教育案例。

第九章催化重整。增加 PX 产物链的描述。删减固定床半再生式重整内容，突出连续重整的工艺技术及重整反应再生设备的介绍。完善连续重整工艺催化剂的连续再生技术介绍。删除旧式芳烃抽提内容，替换为环丁砜的抽提蒸馏技术。

第十章优质清洁燃料生产技术。第十章原章名太长，改为“优质清洁燃料生产技术”。优质清洁燃料生产技术与炼厂气精制加工及油品精制有关，因此把原在第十二章的油品精制移入本章，重新编排。第一节为炼厂气脱硫和脱硫醇。轻烃分离技术在化工原理及分离工程等课程有介绍，此处不编入。第二节、第三节、第四节依次为烷基化过程技术、异构化过程技术、高辛烷值醚类的合成技术。第五节为清洁汽油的技术要求及清洁化技术。包括介绍国Ⅵ车用汽油技术标准、原汽油脱硫醇技术、新增的 S Zorb 临氢吸附脱硫技术、新增的乙醇汽油生产技术。第六节为清洁柴油的技术要求及清洁化技术。包括介绍国Ⅵ（B5）车用柴油技术标准、脱硫脱芳烃技术、新增的生物柴油生产技术。酸碱精制和白土精制这两节都予以删除。

第十一章润滑油基础油的生产。在第一节之前增加有关润滑油基础油化学组成对其性质的影响等描述；把第一节概述改为溶剂脱沥青；第二节润滑油的溶剂精制，包含：丙烷脱沥青；糠醛/*N*-甲基吡咯烷酮精制，指出 *N*-甲基吡咯烷酮溶剂已经国产化，价格大幅降低，已接近糠醛，技术经济评价要重新认识。在第三节酮苯脱蜡、第四节白土补充精制之后，增加第五节润滑油加氢技术。

第十二章石油产品调合。第十二章由于石油产品精制的技术内容分散到第八章催化加氢精制和第十章优质清洁燃料生产技术，因此本章改为石油产品调合。第一节改为燃料和润滑油添加剂，简单介绍燃料油和润滑油中主要的添加剂。第二节为油品调合，介绍各种油品调合原则及调合方法。

除了绪论外，每章保留参考文献（及新增文献），并都编列一些典型的思考题、习题，突出应用实用，有助认识理解。

修订本书分工合作，广东石油化工学院梁朝林编写第一章绪论、第五章原油蒸馏过程、第六章热加工过程、第十章优质清洁燃料生产技术、第十一章润滑油基础油的生产、第十二章石油产品调合；北部湾大学张海燕与广东石油化工学院江禄森合编第二章石油及其产品的组成和性质；重庆科技学院付雪编写第三章石油产品；广东石油化工学院程丽华、谢颖合编第四章原油评价与原油加工方案；程丽华编写第七章催化裂化；广东石油化工学院黄克明、王慧合编第八章催化加氢；谢颖、王慧合编第九章催化重整。最后由梁朝林对全书进行统稿审定。

在确定本书修订原则及撰写过程中，中国石化出版社黄志华、石油化工管理干部学院王子康、陆军勤务学院熊云、西安石油大学黄风林、昆明理工大学李艳红、中国石油抚顺分公司石振东，中国石化茂名分公司肖庆祥、李坤、曾宪文等提出很好建议和提供大量参考资料；中国石化出版社做了大量的协调工作。在此向这些同志表示最衷心的感谢！

尽管三审三易书稿，然而由于编修者知识水平、收集资料的局限性及时间仓促，有些修订建议没有完全落实，书中错误和片面性在所难免，恳请读者能将对本书的宝贵意见通过中国石化出版社转告我们，以期再版时加以改正。

梁朝林

目　　录

第一章 绪论

石油是一种油质的可燃沥青质液体，一般是暗褐色到绿色，有时发出荧光，主要由碳氢化合物组成的混合物。石油中的烃类和非烃类化合物，相对分子质量从几十到几千，相应的沸点从常温到500℃以上，分子结构也多种多样。从石油中能提取汽油、煤油、柴油、润滑油、石蜡、沥青等。

“石油”一词最早出现在公元978年中国北宋时期编纂的《太平广记》中。我国北宋杰出的科学家沈括在《梦溪笔谈》中关于“石油”有这样一段描述：“生于水际、砂石，与泉水相杂，惘惘而出……余疑其烟可用，试扫其煤以为墨，黑光如漆，松墨不及也，遂大为之。”在“石油”一词出现之前，国外称其为“魔鬼的汗珠”“发光的水”等，中国则称之为“石脂水”“猛火油”“石漆”等。

石油的成因目前有无机论和有机论两种说法，后者占主导地位。

有机论认为石油的生成过程大致是：陆地上的动植物死亡后，随着泥沙被河流带到海盘地和湖盘地，与水中的生物一起混同泥沙沉积在盘地底部，形成有机淤泥。由于地壳的运动，盘地不断下降，有机淤泥就层层沉积下来，并与空气隔绝。在这种缺氧的还原环境下，有机淤泥中的有机物质随着沉积物的成岩过程，通过细菌、压力、温度、催化剂和放射元素等的协同作用，发生复杂的物理化学变化，逐渐变成石油。例如世界上两个最大的石油产地波斯湾和墨西哥就都是与浅海相沉积有关的含油气盆地，属于海相成油；而我国的大庆油田则是世界上著名的陆相（湖泊）含油气盆地，属于陆相成油。因而石油是古代海洋或湖泊中的生物经过漫长的演化形成的混合物，与煤一样属于化石燃料。

一、石油探明储量及年产量情况

随着人类对石油的不断勘探开发，石油探明储量、产量多年都在不断增加。根据IEA（国际能源署）及BP（英国石油公司）等提供的数据，截至2019年主要国家探明石油储量、产量见表1-1。

表 1-1　主要石油国家储量、产量情况

国家	探明储量/10^8t	国家	产量/10^8t
委内瑞拉	409.39	沙特	6.40
沙特	362.59	美国	6.11
加拿大	230.88	俄罗斯	5.60
伊朗	215.51	伊拉克	2.33
伊拉克	193.885	中国	1.90
科威特	138.10	阿联酋	1.79
阿联酋	133.06	墨西哥	1.68
俄罗斯	108.84	巴西	1.52
利比亚	65.80	加拿大	1.39
尼日利亚	50.42	科威特	1.34
美国	49.69	尼日利亚	1.14
哈萨克斯坦	40.82	委内瑞拉	1.05
中国	34.86	伊朗	0.99

石油工业诞生150多年以来，极大地推动了发达国家的工业化进程，逐步取代木柴和煤成为世界最为重要的能源和化工原料。迄今为止，石油、天然气和煤炭是目前全球经济发展的基础能源，也是世界经济发展和人类生活水平提高不可或缺的最为重要的能源之一。

二、炼油技术发展简介

石油必须经过各种加工过程，才能作为汽车、飞机、轮船等交通运输工具发动机的燃料，才能用作润滑油、溶剂油、工艺用油，或者是人们可以使用的石油化学品。石油炼制工业生产汽油、煤油、柴油等燃料和化学工业原料，担负着为社会提供燃料和原料材料的重任，是国民经济要的支柱产业之一，关系国家的经济命脉和能源安全，在国民经济、国防和社会发展中具有极其重要的地位和作用。世界经济强国无一不是炼油和石化工业强国。表1-2列出了世界前三经济体国家2013年石油加工与乙烯生产能力。

表 1-2　经济总量排名前三经济体国家2019年石油加工与乙烯生产能力

国家	炼油能力/Mt·a^{-1}	世界排名	乙烯能力/Mt·a^{-1}	世界排名
美国	905	1	37.84	1
中国	720	2	18.67	2
日本	253	9	5.23	7

世界炼油工艺技术的发展可以分为4个阶段：

（1）出现阶段。1861年，美国宾夕法尼亚州建成世界上第一座炼厂。当时是将一个直径约2.2m的铸铁罐密封，安装在烧木柴的火炉炉膛中，从顶部释放出的蒸气通过浸在流水中的盘管冷凝获得产品，通常1次操作可持续3d，煤油是唯一的产品。

(2) 发生阶段（1911~1950年）。随着汽车工业的高速发展，对汽油的需求迅速增加，促进了提高汽油产量的裂化工艺技术的发明，并迅猛发展，1914年出现热裂化工艺，1930年标准石油公司发明了延迟焦化工艺，1942年Exxon（埃克森石油公司）建立了世界上第一套FCC（流化催化裂化）工艺装置，1948年催化剂喷雾干燥技术的开发促进了流化床技术的发展。当时，主要的炼油国家是美国和德国，日本也有较小的炼油能力。炼油工艺主要采用连续管式蒸馏、连续热裂化、延迟焦化、FCC、加氢重整、铂重整等一次和二次加工手段，汽油是主要产品。

(3) 发展阶段（1950~1990年）。主要炼油国家从美、欧、日等发达国家和地区扩展到广大的发展中国家。在此阶段，炼油技术有了很大发展，尤其是20世纪60~70年代，炼油技术实现了跳跃式发展，出现了双金属和多金属重整催化剂和连续重整工艺、分子筛FCC催化剂和提升管FCC工艺，炼油工业的发展进入新阶段。

(4) 成熟阶段（1990年至今）。炼油技术没有新的重大突破，炼油工业主要是炼厂规模和炼油装置的综合性、大型化，并向提高原油的加工深度、增加加工各种原油的灵活性、改善石油产品收率和质量等方向发展。

世界炼油工艺技术已从单一的炼油型通过炼油化工型走向能源多元化工原材料型。

三、我国炼油行业发展现状

我国是最早发现和使用石油的国家之一，但近代石油工业起步较晚，新中国成立之后，特别是改革开放之后获得迅速发展，目前炼油工业规模位居世界第二，炼油技术水平进入世界先进行列。

(1) 我国炼油行业产能现状。进入21世纪，我国炼油行业有了很大的发展，炼油企业规模与装置大型化技术不断创新，目前我国已建成20个千万吨级炼油生产基地，其原油加工能力占全国总加工能力的50%左右。截至2019年年底，我国原油一次加工能力已超过$7.2\times10^{8}t\cdot a^{-1}$，稳居世界第二位。

(2) 我国炼油业产业布局。炼油工业的第二大发展趋势是产业集中度进一步加大，炼油工业布局与区域经济将更加协调。我国炼油布局继续遵循靠近资源地、靠近市场、靠近沿海沿江建设的原则，形成了以东部为主、中西部为辅的梯次分布。原油加工能力主要集中在华东、东北、华南地区，这三大地区分别约占全国炼油能力的75%。

(3) 炼油技术自主创新能力不断增强。通过多年的自主研发和创新，先后成功开发了包括重油催化裂化、加氢裂化、渣油处理加氢等在内的一系列有特色的成套技术，尤其是独创性的催化裂解技术（DCC）、高效环保生产芳烃成套技术不仅在国内应用于工业化，而且已出口国外。其中85%以上的炼油催化剂已立足国内，成为炼油行业发展重要的技术支撑。对于劣质原油，我国已开发一整套技术对策：一是采用高速电脱盐设备，高效破乳剂、缓蚀剂、中和剂等，控制蒸馏设备低温部位的低温腐蚀；二是提高材质，采用含铬钼不锈钢，控制高温设备的高温腐蚀；三是选择合适的重油深度加工途径，主要走催化裂化-延迟焦化-加氢裂化相结合道路。我国自主开发的催化裂化MIP（多产异构烃的催化裂化新工艺）技术、FDFCC（灵活多效催化裂化）技术可有效降低FCC汽油的烯烃含量，同时可提高丙烯收率，促使炼油向石油化工延伸。我国成功开发的渣油加氢处理（包括VRDS和ARDS）和重油催化裂化（RFCC）组合工艺，为重油加工开辟了一条新的路线，可显著提高轻质油收率，提高原油的有效利用率。

（4）成品油质量向国际接轨。由于清洁燃料需求的增长，我国加氢精制出现突破性发展，成为提高成品油质量的核心工艺，全国馏分油加氢精制（包括馏分油加氢处理）能力达$2\times10^{8}t\cdot a^{-1}$。发展如此迅速，主要是成品油质量的提高，都离不开加氢精制：

①清洁汽油生产，采用如RSDS、OCT-M和S Zorb等技术，对催化裂化汽油进行选择性加氢/吸附脱硫，可把汽油的硫含量降到符合国Ⅴ汽油标准。

②催化裂化轻循环油加氢，采用我国独特开发的MCI和BICH加氢技术，可把催化裂化轻循环油经脱硫、烯烃和芳烃饱和，以及部分芳烃开环，十六烷值可提高十个单位以上。

③焦化柴油和直馏含硫柴油经深度加氢精制，可达到国Ⅴ柴油标准。

④加氢脱硫醇技术，可在很缓和的条件下脱除喷气燃料的硫醇，取代较复杂的钛菁钴经典脱硫醇方法。

⑤含硫蜡油加氢处理技术，用以改善催化裂化原料质量，直接生产低硫催化裂化汽油，并降低催化裂化烟气中SO_x和NO_x的排放，改善环境。加氢精制还普遍应用于催化重整原料预加氢、润滑油精制和石蜡精制等方面。

（5）开发清洁汽油生产现状。我国汽油调合组分中FCC汽油比例较高，重整和烷基化汽油比例低，从而使成品汽油中的高辛烷值组分比例偏低、烯烃和硫组分偏高。为满足环保法规和汽油中低烯烃、低硫、高辛烷值的要求，必须从炼油的生产工艺、催化剂制备、汽油配方、添加剂等多方面开发适合我国国情的工艺技术。

①当前已成功开发的GOR催化剂技术，在合适的工艺条件下可以降低汽油烯烃含量10%～15%，同时汽油的辛烷值基本不变。

②扩大生产高辛烷值汽油组分的装置能力，特别是催化重整装置的能力。通过采用低压组合床重整技术（LPCBR）和新型高活性、高稳定性的催化剂，对老装置进行经济与技术上的扩能改造，加快催化重整能力的扩大；通过高空速重整原料预加氢技术和高性能催化剂，以降低重整装置扩能改造投资；加紧开发和推广新型半再生重整催化剂（PRT）系列和新一代低积炭连续重整催化剂PS-Ⅵ。

③开发固体酸烷基化、轻汽油醚化和C_5、C_6异构化技术也已工业化。

四、我国炼油工业的发展趋势

我国石油需求尚未达到顶峰，随着经济平稳较快增长，未来5年仍是石油消费量快速增长的时期。2018年我国石油需求达到$6.7\times10^{8}t$，汽油、煤油、柴油需求仍缓慢持续增长，石油化工原料及产品的需求呈强劲态势。

未来我国炼油工业的发展战略重点将是建设竞争力强，具有国际规模的大型化、炼化一体化的炼油企业。革新石油加工工艺，转变石化产品的原料路线，提高石油资源的利用率；进一步优化原油加工流程，提高原油加工的适应性，加工更多的含硫、含酸和重质原油；进一步调整结构，最大量生产液体运输燃料和化工原料，提升产品质量，发展高档油品及石化产品，提高国际竞争力。实现炼油工业的发展战略，中国炼油工业将一如既往走技术创新之路，迎接未来广阔的发展前景。

第二章
石油及其产品的组成和性质

第一节 石油的一般性状及化学组成

一、石油的一般性状、元素组成、馏分组成

（一）石油的一般性状

石油是一种主要由碳氢化合物组成的复杂混合物。世界各油区所产石油的性质、外观都有不同程度的差异。当石油组成不同时，其性质状态也存在一定差异，颜色呈浅黄色、褐色至黑色，原油越重，其颜色越深，大部分是暗色。石油在常温下多为流动或半流动的黏稠液体，相对密度为0.8～0.98，个别原油如伊朗某石油相对密度高达1.016，美国加利福尼亚州的石油相对密度低至0.707。重质原油的相对密度一般大于0.93，而且黏度较高，这类原油蕴藏也较丰富。轻质原油的相对密度一般小于0.80，其相对密度小、轻油收率高、渣油含量少，这类原油目前的探明储量较少。我国主要油区原油的相对密度多为0.85～0.95，凝点及蜡含量较高，庚烷沥青质含量较低，属偏重的常规原油。

石油一般有特殊的气味，这是由于原油中所含的不同挥发组分所引起的。含硫化合物较高的原油，会散发出强烈刺鼻的臭味。我国原油一般含硫量都较低，在0.5%以下，只有胜利原油、新疆塔河原油和孤岛原油含硫量较高。表2－1为国内外主要原油的一般性质。

表2－1 国内外主要原油的一般性质

原油名称	大庆	胜利	长庆	新疆	伊朗	沙特（中质）	委内瑞拉
密度（20℃）/g·cm^{-3}	0.8554	0.9005	0.8697	0.8197	0.8555	0.872	0.9593
运动黏度（50℃）/mm^2·s^{-1}	20.19	83.36	10.38	2.72	4.998	7.69	228.1
凝点/℃	30	28	22	16.5	－7	－10	－24
蜡含量/%	26.2	14.6	11.6	18.6	4.91	—	2.58
庚烷沥青质/%	0	<1	0	0	1.16	—	15.2

续表

原油名称	大庆	胜利	长庆	新疆	伊朗	沙特（中质）	委内瑞拉
残炭/%	2.9	6.4	2.9	0.90	4.21	6.37	11.18
灰分/%	0.0027	0.02	—	0.014	0.02	0.011	0.1
硫含量/%	0.10	0.80	0.13	0.03	1.63	2.533	2.35
氮含量/%	0.16	0.41	0.24	0.05	—	23.2	—
镍含量/$\mu g \cdot g^{-1}$	3.1	26.0	7.0	0.50	—	23.40	63.2
钒含量/$\mu g \cdot g^{-1}$	0.04	1.6	0.10	0.03	—	33.54	295

（二）石油的元素组成

石油的组成复杂，世界各油区所产的石油组成不同，甚至同一油区不同油层和油井所产的石油，在组成和性质上也可能有很大差别。石油中所含的元素种类较多，主要是由碳、氢、硫、氮、氧五种元素所组成，此外还含有微量的金属和非金属元素。表 2－2 是某些原油的元素组成。

表 2－2　某些原油的元素组成

原油名称	C/%	H/%	S/%	N/%	（C+H）/%	H/C（原子比）
大庆	85.87	13.73	0.10	0.16	99.60	1.90
胜利	86.26	12.20	0.80	0.41	98.46	1.68
大港	85.67	13.40	0.12	0.23	99.07	1.86
孤岛	85.12	11.61	2.09	0.43	96.73	1.62
辽河	85.86	12.65	—	—	98.51	1.75
塔里木	84.9	12.5	0.701	0.284	97.4	—
伊朗（轻质）	85.14	13.13	—	—	98.27	1.84
美国（堪萨斯州）	84.20	13.00	1.90	0.45	97.20	1.84
墨西哥	84.20	11.40	3.60	—	—	—

从表 2－2 可以看出，组成石油的主要元素是碳、氢、硫、氮、氧，最主要的元素是碳和氢。碳氢两种元素占 96%～99%，其中碳占 83%～87%，氢占 11%～14%。其余的硫、氮、氧和微量元素总含量一般不超过 4%。少数石油中的硫含量较高，如墨西哥原油含硫 3.6%～5.3%，委内瑞拉石油含硫高达 5.5%。大多数石油含氮很少，约千分之几到万分之几，但也有个别石油如阿尔及利亚石油及美国加利福尼亚石油，含氮量高达 1.4%～2.2%。虽然石油中硫、氮、氧元素含量不高，但是硫化物、氮化物和氧化物的数量在原油组成中的比例却不能忽略，它们对石油加工过程会产生显著的影响。

除碳、氢、硫、氮、氧五种主要元素外，在石油中还发现氯、碘、磷、砷、硅等微量非金属元素和铁、钒、镍、铜、铅、钙、钠、镁、钛、钴、锌等微量金属元素。这些微量元素在石油中的含量极低，但对石油加工过程特别是对催化加工过程影响很大。

一般来说，在含硫石油中含钒较多，镍在低硫高氮石油中较多；我国原油基本属于低硫陆相成油，所以其镍含量都大于钒含量（Ni/V >1）；而国外原油多属于含硫或高硫海相成油，所以其镍含量都小于钒含量（Ni/V <1）。

石油中的各种元素不是以单质存在，而是以碳氢化合物及其衍生物的形态存在的。

（三）石油的馏分组成

石油是一种多组分的复杂混合物，因此没有固定的沸点，其沸点范围从常温一直到500℃以上。研究石油及其产品的性质，大多需要先将石油进行分馏，获得多个沸点范围相对较窄的石油馏分。分馏就是根据各组分沸点的差别，将石油切割为若干个馏分。馏分就是一定沸点范围的分馏馏出物。例如 <200℃馏分，200 ~350℃馏分，等等。馏分的沸点范围简称为馏程或沸程。

在生产中，馏分常冠以石油产品的名称，例如汽油馏分、煤油馏分、柴油馏分、润滑油馏分等，但馏分并不就是石油产品。因为馏分的组成及性质满足不了石油产品的质量要求，还需将馏分进一步精制才能成为石油产品。

原油直接分馏得到的馏分称为直馏馏分。直馏馏分基本保留了石油中原有的组分，不含不饱和烃。一般把原油中从常压蒸馏开始馏出第一滴的温度（初馏点）到200℃（或180℃）的轻馏分称为汽油馏分（也称石脑油馏分）；常压蒸馏200（或180）~350℃的中间馏分称为煤柴油馏分或称常压瓦斯油（简称 AGO）；将常压蒸馏 >350℃的馏分称为常压渣油或常压重油（简称 AR）。由于加热温度达到350℃以后，原油会发生明显的分解现象，所以对于沸点高于350℃的馏分，需在减压下进行蒸馏，在减压下蒸馏出馏分的沸点再换算成常压下的沸点作为该馏分的馏程。一般将相当于常压下 350 ~500℃的高沸点馏分称为减压馏分（适合做润滑油料的又称为润滑油馏分）或称减压瓦斯油（简称 VGO）；而减压蒸馏后残留的 >500℃的馏分称为减压渣油（简称 VR）。表 2 -3 是国内外某些原油的馏分组成。

不同来源的原油，其馏分组成也不同。国内外原油的馏分组成差别较大。我国原油馏分组成的一个特点是 VR 的含量都较高，<200℃的汽油馏分含量较少。

表 2 -3 国内外某些原油的馏分组成

原油名称	馏分组成/%			
	初馏点 ~200℃	200 ~350℃	350 ~500℃	>500℃
大庆	11.5	19.7	26.0	42.8
胜利	7.6	17.5	27.5	47.4
孤岛	6.1	14.9	27.2	51.8
辽河	9.4	21.5	29.2	39.9
华北	6.1	19.9	34.9	39.1
中原	19.4	25.1	23.2	32.3
塔里木	20.71	28.07	22.37	28.85
塔河	11.97	19.46	23.42	45.15
沙特（轻质）	23.3	26.3	25.1	25.3
沙特（混合）	20.7	24.5	23.2	31.6
英国（北海）	29.0	27.6	25.4	18.0

二、石油及石油馏分的烃类组成

（一）石油的烃类组成

石油中的烃类包括烷烃、环烷烃、芳烃。未加工的石油中一般不含烯烃和炔烃，二次加工产物中常含有一定数量的烯烃。

1. 烷烃

烷烃是组成石油的基本组分之一。某些石油中烷烃含量高达50%～70%。也有一些石油的烷烃含量较低，只有10%～15%。石油中的烷烃包括正构烷烃和异构烷烃。分子结构和大小不同的烷烃存在于石油中，随着馏分沸点升高，烷烃含量逐渐减少，馏出温度接近500℃时，烷烃含量降到5%～19%或更低。我国石油的烷烃含量一般较高。

不同结构的烷烃其性质不同。常温常压下烷烃有气态、液态、固态三种状态。C_1～C_4的烷烃是气态，C_5～C_{15}的烷烃是液态，C_{16}以上的烷烃是固态。

C_1～C_4的气态烷烃主要存在于石油气体中。石油气体因其来源不同，可分为天然气和石油炼厂气两类。天然气是指埋藏于地层中自然形成的气体，主要成分是甲烷，其含量为90%～99%，还含有少量的乙烷、丙烷、丁烷以及氮气、硫化氢和二氧化碳等，甚至还含有少量低沸点的液态烃。炼厂气是在石油加工过程中产生的，主要含有气态烷烃以及烯烃、氢气、硫化氢等。石油气通常含有少量易挥发的液态烃蒸气，液态烃含量低于$100g \cdot m^{-3}$的石油气称为干气，含量高于$100g \cdot m^{-3}$的石油气称为湿气。

C_5～C_{11}的烷烃主要存在于汽油馏分中，C_{11}～C_{20}的烷烃主要存在于煤、柴油馏分中，C_{20}～C_{36}的烷烃主要存在于润滑油馏分中。

C_{16}以上的正构烷烃以及某些大分子的异构烷烃、环烷烃、芳烃，一般多以溶解状态存在于石油中，当温度降低时就会有一部分结晶析出，称之为蜡。按蜡结晶形状及来源不同，又分为石蜡和地蜡。石蜡是从柴油及减压馏分油中分离出来的，晶形较大并呈板状；地蜡是从减压渣油中分离出来的，晶形呈细微状，也称微晶蜡。熔点在40℃以下的C_{10}～C_{18}的各种正构烷烃组成的混合物称为液体石蜡。

石蜡主要由正构烷烃组成，碳原子数为18～35，平均相对分子质量为300～450，熔点为40～70℃，主要分布在柴油和轻质润滑油馏分中；地蜡主要由环状烃组成，碳原子数为35～60，平均相对分子质量为500～800，熔点为70～95℃，主要分布在重质润滑油馏分及渣油中。

蜡在低温下容易结晶，对油品的低温流动性影响很大，影响油品的使用性能，但蜡又是很重要的石油产品，因此在石油加工过程中，一般将蜡从油品中分离出来，既改善油品的低温流动性，又使蜡得到充分利用。

烷烃的化学性质较稳定，但在加热或催化剂以及光的作用下，会发生氧化、卤化、硝化、热分解以及催化脱氢、异构化等反应。

2. 环烷烃

环烷烃也是石油的主要组分之一，含量仅次于烷烃。石油中的环烷烃主要是环戊烷和环己烷的同系物。环烷烃有单环、双环和多环。环烷烃大多含有长短不等的烷基侧链。

环烷烃在石油馏分中的含量一般随馏分沸点的升高而增多，但在沸点较高的润滑油馏分中，由于芳烃含量的增加，环烷烃含量逐渐减少。

单环环烷烃主要存在于轻汽油等低沸点石油馏分中，重汽油中含有少量双环环烷烃。煤油、柴油馏分中除含有单环环烷烃外，还含有双环及三环环烷烃。在高沸点石油馏分中，还有三环以上的稠环环烷烃。

环烷烃的化学性质与烷烃相似，但活泼些。在一定条件下同样可以发生氧化、卤化、硝化、热分解等反应。环烷烃在一定条件下能脱氢生成芳烃，是生产芳烃的重要原料。

3. 芳烃

芳烃是含有苯环结构的烃类，也是石油的主要组分之一。芳烃有单环、双环和多环，在石油中的含量通常比烷烃和环烷烃少。芳烃也大多含有长短不等的烷基侧链。有些多环芳烃具有荧光，这是有些油品能发出荧光的原因。

芳烃在石油馏分中的含量随馏分沸点的升高而增多，芳烃中芳环的数量也随馏分沸点的升高而增多。汽油馏分中主要含单环芳烃，煤油、柴油以及减压馏分油中都含有单环芳烃，只是随着馏分沸点的升高，侧链数目及侧链长度均增加。双环和三环芳烃存在于煤油、柴油及更高沸点馏分中。稠环芳烃主要存在于减压渣油中，其中多数含有 S、N、O 等杂原子，属于非烃类化合物。

芳烃是非常重要的化工原料，可与硫酸等强酸发生化学反应，例如苯及其同系物与硫酸作用生成苯磺酸，这一方法可从油品中分离芳烃，也可用于油品精制和石油馏分的族组成分析。芳烃与烯烃可进行烷基化反应，生产石油化工原料（如烷基苯）。芳烃被氧化生成醛和酸，进一步氧化可生成胶状物质。芳烃在镍等催化剂作用下，可进行加氢反应。

石油中的烷烃、环烷烃、芳烃常常是互相包含，一个分子中往往同时含有芳香环、环烷环及烷基侧链。

（二）石油及石油馏分烃类组成表示法

石油及石油馏分中的烃类组成可用以下三种方法表示。

1. 单体烃组成

单体烃组成表明了石油及石油馏分中每一个单体化合物的含量。单体烃组成要求提供石油馏分中每一种烃含量的数据。由于石油及其馏分中的单体化合物的数目十分繁多，随着馏分变重，单体化合物的种类和数目也就越多，分离和鉴定各种单体化合物也就越困难。所以单体烃组成表示法目前一般只用于说明石油气及汽油馏分的烃类组成。

2. 族组成

“族”是指化学结构相似的一类化合物。族组成表示法是以石油馏分中各族烃相对含量的组成数据来表示。这种方法简单而实用。至于分为哪些族则取决于分析方法以及实际应用的需要。一般对汽油馏分的分析以烷烃、环烷烃、芳香烃这三族烃的含量表示。如果对裂化汽油进行分析，则需增加一项不饱和烃。如果对汽油馏分要求分析更细致些，则可将烷烃再分成正构烷烃和异构烷烃，将环烷烃分成环己烷系和环戊烷系等，将芳香烃分成苯和其他芳香烃等。煤油、柴油及减压馏分油，若采用液相色谱分析通常是以饱和烃（烷烃加环烷烃）、轻芳烃（单环芳烃）、中芳烃（双环芳烃）、重芳烃（多环芳烃）及非烃组分等的含量来表示。若采用质谱分析，则族组成可以烷烃（正构烷烃、异构烷烃）、环烷烃（一环、二环、多环环烷烃）、芳香烃（一环、二环及多环芳香烃）和非烃化合物等的含量来表示。

对于减压渣油，目前一般是分成饱和分、芳香分、胶质、沥青质四个组分。根据需要还可将芳香分和胶质分别进一步分离为轻、中、重芳香分及轻、中、重胶质等。

3. 结构族组成

高沸点石油馏分及减压渣油中的烃类分子数目繁多，分子结构也十分复杂，往往在一个分子中同时含有芳香环、环烷环及相当长度和数目的烷基侧链。用单体烃组成表示已不可能，若按族组成表示法，也很难准确说明它们究竟属于哪一类烃（它们是混合烃类型的结构）。此时就用结构族组成来表示它们的化学组成。

烃类结构族组成的概念，将石油馏分看成是具有一个复杂的平均分子结构，并且将其分子视为由结构单元组成。例如把化合物 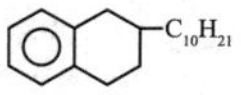 看作由烷基、环烷基和芳香基这三种结构单元组成。对于石油馏分，把整个馏分当作一个平均分子（实际上是多种结构不同的分子组成的混合物），也可以看作由这三种结构单元组成。结构族组成就是确定复杂分子混合物中这三种结构单元的含量，用石油馏分这个“平均分子”中的总环数（R_T）、芳香环数（R_A）、环烷环数（R_N）以及芳香环上的碳原子占分子总碳原子的百分数（$\% C_A$）、环烷环上的碳原子占分子总碳原子的百分数（$\% C_N$）和烷基侧链上的碳原子占分子总碳原子的百分数（$\% C_P$）来表示。

用上述六个结构参数，即$\% C_A$、$\% C_N$、$\% C_P$和 R_T、R_A、R_N，就可对石油馏分的结构族组成进行描述。例如，若有三个化合物所构成的混合物，其中每个化合物所占的摩尔分数为：$C_{15}H_{32}$（30%），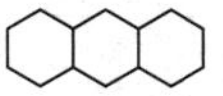（30%），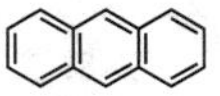（40%）。该混合物可以看成是具有下列结构参数的平均分子所组成。碳原子数 $C = 15 \times 30\% + 14 \times 30\% + 14 \times 40\% = 14.3$，其中：$\% C_P = 15 \times 30\% / 14.3 = 31.47\%$，$\% C_N = 14 \times 30\% / 14.3 = 29.37\%$，$\% C_A = 14 \times 40\% / 14.3 = 39.16\%$，$R_A = 3 \times 40\% = 1.2$，$R_N = 3 \times 30\% = 0.9$，$R_T = 1.2 + 0.9 = 2.1$。

（三）汽油馏分的烃类组成

1. 直馏汽油馏分的单体烃组成

石油直接蒸馏所得到的汽油称为直馏汽油。表 2－4 是 4 种原油直馏汽油中的主要单体烃。

表 2－4　4 种原油直馏汽油中的主要单体烃及其质量分数

烃类	单体烃名称	大庆 60～145℃	大港 60～153℃	胜利 初馏点～130℃	任丘 初馏点～130℃
正构烷烃/%	正戊烷	0.09	0.39	2.89	5.58
	正己烷	6.33	2.04	6.37	8.91
	正庚烷	13.93	4.42	8.77	8.34
	正辛烷	15.39	8.69	5.40	5.66
	正壬烷	2.17	4.78	—	1.39
	五种正构烷烃总量	37.91	20.32	23.43	29.88
异构烷烃/%	2-甲基戊烷	1.32[①]	0.77	3.67	5.08
	3-甲基戊烷	0.76	0.67	2.68	3.13
	2-甲基己烷	1.40	1.09	2.73	2.57
	3-甲基己烷	1.83	1.25	3.06	2.60
	2-甲基庚烷	2.75	2.38	3.04	3.58
	五种异构烷烃总量	8.06	6.16	15.18	16.96
环烷烃/%	甲基环戊烷	2.72[②]	2.08	6.21[②]	4.26
	环己烷	4.75	2.57	4.35	2.60
	甲基环己烷	11.43[③]	9.18	9.12[③]	5.72
	1-顺-3-二甲基环己烷 1-反-4-二甲基环己烷	3.66	4.62	2.88[④]	2.69 —
	五种环烷烃总量	22.56	18.45	22.56	15.27
芳烃/%	苯	0.16	0.80	0.80	0.46
	甲苯	1.05	4.17[⑤]	4.98	1.66
	对二甲苯	0.28	1.57	0.96	0.22
	间二甲苯	0.92[⑥]	5.21[⑥]	0.31	—
	邻二甲苯	0.47[⑦]	0.86[⑦]	0.38	—
	五种芳烃总量	2.88	12.61	7.43	2.34
单体烃个数		24	22	21	17
占汽油馏分/%		71.41	57.54	68.60	64.45

①包括 2，3-二甲基丁烷；②包括 2，2-二甲基戊烷；③包括 2，2，3，3-四甲基丁烷；④包括 1，1-二甲基环己烷；⑤包括 3，3-二甲基己烷；⑥包括 3，3，4-三甲基己烷；⑦包括 2，2，4，5-四甲基己烷。

组成汽油馏分的单体烃数目繁多，如大庆原油 60～200℃直馏馏分已鉴定出 187 种单体烃，但各单体烃含量相差悬殊。从表 2－4 中所列数据可以看出，主要单体烃 20 种左右，含量占该直馏汽油馏分总量的一半以上。如大庆 60～145℃直馏汽油馏分中，只有 24 种主要单体烃，含量已占该馏分总重量的 71.41%；任丘原油初馏点～130℃汽油馏分中仅有17种主要单体烃，含量占该馏分的64.45%。大量研究表明，绝大多数石油的直馏汽油馏分中，都存在类似情况。这个重要事实，在实际应用上具有重要意义。

从表2－4中数据还可以看出，直馏汽油中$C_5 \sim C_{10}$的正构烷烃含量最高。异构烷烃中支链较少的含量较高；对同碳原子数的异构烷烃，含量随异构程度增加而减少。我国直馏汽油馏分中一般只含环戊烷系和环己烷系两类化合物，环己烷系含量高于环戊烷系。在环己烷系中，甲基环己烷的含量最高。直馏汽油馏分中芳烃含量较少，尤其苯含量很低，甲苯和二甲苯的相对含量高些，在三种二甲苯异构体中以间二甲苯含量为最高。

2. 直馏汽油馏分的烃族组成

直馏汽油馏分的单体烃组成分析方法过于复杂，较为快速而简便的族组成分析法更适于生产上的需要。我国几种原油汽油馏分的烃族组成见表2－5。

表2－5　我国几种原油直馏汽油馏分的族组成（质量分数）（液相色谱法）

沸点范围/℃	大庆			胜利			大港			孤岛①		
	烷烃	环烷烃	芳烃	烷烃	环烷烃	芳烃	烷烃	环烷烃	芳烃	烷烃	环烷烃	芳烃
60～95	56.8	41.1	2.1	52.9	44.6	2.5	51.5	42.3	6.2	47.5	51.4	1.1
95～122	56.2	39.0	4.8	45.9	49.8	4.3	42.2	47.6	10.2	36.3	59.6	4.1
122～150	60.5	32.6	6.9	44.8	43.6	11.6	44.8	36.7	18.5	27.2	64.1	8.7
150～200	65.0	25.3	9.7	52.0	35.5	12.5	44.9	34.6	20.5	13.3	72.4	14.3

①孤岛原油第一个馏分的沸点范围为初馏点～95℃。

从表2－5中可以看出，在直馏汽油馏分中，烷烃和环烷烃占绝大部分，而芳香烃含量一般不超过20%。就其分布规律来看，随着沸点的升高，芳香烃含量逐渐增多。芳烃含量的这种分布规律，对大多数国内外原油的直馏汽油馏分都具有普遍意义。

催化裂化、催化重整、延迟焦化等二次加工所得的汽油馏分，烃类族组成与直馏汽油馏分的烃类族组成差别较大。催化裂化汽油馏分含有较多的异构烷烃，正构烷烃含量比直馏汽油馏分少得多；芳烃含量较直馏汽油馏分有显著增加。催化重整汽油馏分中，芳烃含量远比直馏汽油馏分高得多。此外，大多数二次加工的汽油馏分，均含有不同程度的不饱和烃。

（四）煤油、柴油馏分（中间馏分）的烃类组成

煤油、柴油馏分是石油的中间馏分，沸点范围为200～350℃，平均相对分子质量为200～300。该馏分的烷烃主要是$C_{11} \sim C_{20}$左右的烷烃；环烷烃和芳香烃以单环及双环为主，三环及三环以上的环烷烃和芳香烃的含量明显减少。与汽油馏分相比，烃类的分子结构更加复杂，表现在烷烃的碳原子数增多，环烷烃和芳香烃的环数增加，单环环烷烃和单环芳烃的侧链数目增多、侧链长度增长。中间馏分的族组成分析数据如表2－6所示，结构族组成如表2－7所示。

表 2－6　中间馏分油的族组成分析（色谱法）

原油	沸点范围/℃	族组成/%				
		烷烃＋环烷烃	轻芳烃	中芳烃	重芳烃	非烃
孤岛	180～300	71.21	—	28.44	—	0.35
	300～350	57.69	11.28	14.48	13.21	3.25
胜利	328～373	71.66	10.89	7.34	8.49	1.61
大庆	210～220	93.5	5.4	1.1	—	—
	290～300	84.8	9.9	5.3	—	—
	340～350	87.6	6.0	6.2	—	—

表 2－7　中间馏分油的结构族组成

原油	馏分范围/℃	结构族组成/%					
		R_A	R_N	R_T	C_P%	C_A%	C_N%
大庆	200～250	0.15	0.43	0.58	68.5	6.0	25.5
	250～300	0.22	0.60	0.82	74.0	8.0	18.0
	300～350	0.28	0.58	0.86	74.5	9.0	16.5
胜利	200～250	0.24	0.77	1.01	55.4	11.0	33.6
	250～300	0.31	0.62	0.93	62.1	12.5	25.4
	300～350	0.31	0.71	1.02	64.7	10.7	24.6
大港	200～250	0.3	1.0	1.3	38.6	17.2	44.2
	250～300	0.4	1.1	1.5	50.0	17.9	32.1
	300～350	0.5	1.1	1.6	56.0	16.0	28.0

从表 2－6 中数据可以看出，大庆油 350℃以前馏分重芳烃（三环以上）含量极少；而孤岛油 300～350℃馏分的重芳烃含量已相当可观（13.21%），孤岛油的特点是中重芳烃和非烃含量都较高。

从表 2－7 中数据可以看出，随着沸点的升高，总环数（R_T）和芳香环数（R_A）逐渐增加，侧链碳原子百分数（%C_P）也逐渐增加，而环上碳原子百分数（%C_A和%C_N）总的趋势是减少的，这说明侧链上碳原子数比环上碳原子数增加得更多。侧链碳原子百分数（%C_P）大多在 50% 以上，大庆油 250～350℃馏分中侧链碳原子百分数（%C_P）高达 74.0%，说明中间馏分油的平均结构中烷基碳占主体。

（五）高沸点馏分的烃类组成

石油中的高沸点馏分沸点范围为 350～500℃，平均相对分子质量 300 以上。与中间馏分相比，该馏分的烃类碳原子数更多、环数更多，且环的侧链数更多或侧链更长、结构更复杂。高沸点馏分的烷烃主要是 C_{20}～C_{36}的烷烃；环烷烃包括单环直到六环的带有五元环或六元环的环烷烃，结构主要是稠合类型；芳烃包括单环到四环以及高于四环的芳烃；此外还有稠合的环烷－芳香混合烃。表 2－8 为大庆、胜利、大港原油高沸点馏分族组成及结构族组成的分析数据。

表 2-8 高沸点馏分脱蜡油（-30℃脱蜡）的烃组成

原油名称	馏分范围/℃	烃类族组成（占脱蜡油）/%				结构族组成					
		饱和烃	轻芳烃	中芳烃	重芳烃及胶质	C_P%	C_N%	C_A%	R_N	R_A	R_T
大庆	350~400	76.8	6.5	8.1	8.6	62.5	23.8	13.7	1.21	0.51	1.72
	400~450	75.6	6.4	9.8	8.3	63.0	23.8	13.2	1.78	0.67	2.45
	450~500	66.2	17.5	7.9	8.6	60.5	25.0	14.5	2.10	0.92	3.02
胜利	355~399	58.1	18.1	11.8	12.0	66	21.8	12.2	1.0	0.5	1.5
	399~450	59.4	18.1	11.0	11.5	64	25.0	11.0	1.7	0.5	2.2
	450~500	55.3	15.6	15.2	14.5	60	27.5	12.5	2.3	0.7	3.0
大港	350~400	63.1	12.6	8.3	16.0	62	23.4	14.6	1.09	0.48	1.57
	400~450	66.0	10.6	7.7	15.7	60	28	12.0	1.92	0.48	2.40
	450~500	60.5	12.9	8.0	18.6	57.9	27.7	14.4	2.08	0.67	2.75

这些原油高沸点馏分虽然经过脱蜡，其饱和烃含量仍很高，一般占脱蜡油馏分的一半以上，其中大庆原油高沸点馏分饱和烃的含量最高，在 350~400℃馏分中饱和烃高达 76.8%。从结构族组成数据可以看出，随着馏分沸点升高，烷基侧链上的碳原子占总碳原子的百分数逐渐降低，而环烷烃和芳烃的环数都在增加。烷基侧链上的碳原子占总碳原子的百分数最低为 57.9%，最高为 66%，说明在 350~500℃高沸点馏分的平均分子结构中烷基碳仍然占主体。

三、石油中的非烃化合物

石油中的硫、氮、氧等杂元素总量一般占 1%~4%，但石油中的硫、氮、氧不是以元素形态存在而是以化合物形态存在的，这些化合物称为非烃化合物。石油的主要组成是烃类，但石油中还含有相当数量的非烃化合物，尤其在重质馏分油和减压渣油中含量更高。它们在石油中的含量相当可观，高达 10%~20%。

石油中的非烃化合物主要包括含硫、含氮、含氧化合物以及胶状沥青状物质。

（一）含硫化合物

不同油区所产的石油含硫量相差很大，我国克拉玛依石油含硫量只有 0.04%~0.09%，委内瑞拉保斯加原油含硫量则高达 5.62%。美国犹他州罗塞角原油含硫量更是高达 13.95%。硫对石油加工、油品应用和环境保护的影响很大，所以含硫量常作为评价石油的一项重要指标。含硫量低于 0.5% 的原油，称为低硫原油；含硫量介于 0.5%~2.0% 的原油，称为含硫原油；含硫量高于 2% 的原油，称为高硫原油。

含硫化合物在石油馏分中的分布一般是随着石油馏分沸程的升高而增加，其种类和结构复杂性也随着馏分沸程升高而增加。大部分含硫化合物集中在重馏分油和渣油中。表2－9为我国主要原油各馏分中硫的分布。表2－10为国外原油各馏分中硫的分布。数据表明，馏分越重硫含量越高，我国大多数原油中约有70%的硫集中在减压渣油中。

表2－9　我国原油各馏分中硫的分布

馏分（沸程）/℃	硫含量/μg·g⁻¹						
	大庆	胜利	孤岛	辽河	中原	吐哈	轮一联
原油	1000	8000	20900	2400	5200	300	8598
<200	108	200	1600	60	200	20	30
200～250	142	1900	5200	130	1300	110	250
250～300	208	3900	8800	460	2200	200	980
300～350	457	4600	12300	880	2800	300	3020
350～400	537	4600	14200	1190	3400	350	5540
400～450	627	6300	11020	1100	3400	440	6640
450～500	802	5700	13300	1460	4300	680	8570
>500（渣油）	1700	13500	29300	3600	9400	940	16700
$\frac{渣油中硫}{原油中硫}$/%	74.7	73.3	75.0	70.0	68.0	30.1	38.1

表2－10　国外原油各馏分中硫的分布

馏分（沸程）/℃	硫含量/μg·g⁻¹						
	伊朗（轻质）	沙特（中质）	沙特（重质）	沙特（轻质）	阿联酋	阿曼①	安哥拉
原油	14000	24200	28500	18000	8300	9500	2170
<200	800	700	790	410	270	300	80
200～250	4300	2840	3230	1730	1030	1400	250
250～300	9300	8120	10960	10310	5600	2900	540
300～350	14400	14230	20400	16110	9300	6200	750
350～400	17000	19590	25200	22100	11600	7400	1090
400～450	17000	22420	27100	23400	12500	9200	1100
450～500	20000	25400	30100	25700	13500	11600	1250
>500（渣油）	34000	38100	55000	39300	16000	21700	2400
$\frac{渣油中硫}{原油中硫}$/%	88.9	48.2	57.3	43.4	30.6	66.1	38.8

①阿曼原油的馏分切割温度稍有差异。

石油中的硫多以有机硫的形态存在，极少以元素硫存在，已经确定的有：元素硫、硫化氢、硫醇、硫醚、二硫化物、噻吩、砜、亚砜和磺酸等，一般以硫醚类和噻吩类为主。在胶质沥青质中还同时含有硫、氮和氧的更为复杂的化合物。含硫化合物按性质划分时，可分为酸性含硫化合物、中性含硫化合物。按腐蚀性的强弱可以分为活性硫化物和非活性硫化物两类。

酸性含硫化合物是活性硫化物，主要包括元素硫（S）、硫化氢（H_2S）、硫醇（RSH）等，它们的共同特点是对金属设备有较强的腐蚀作用。原油中元素硫含量很少，硫化氢含量极少，硫醇含量不多。硫化氢一般是原油中的硫化物受热分解产生的，而硫化氢又能被氧化生成元素硫，所以原油中的元素硫和硫化氢并不一定都是原油本来就有的。硫醇主要存在于汽油馏分中，有时在煤油馏分中也能发现，在350℃以上的高沸点馏分中含量极少。硫醇有极难闻的特殊臭味，特别是甲硫醇（CH_3SH）、乙硫醇（CH_3CH_2SH）等低分子硫醇臭味更大。空气中甲硫醇浓度达到$2.2\times10^{-12}g\cdot m^{-3}$时，人就能感觉到。硫醇对热不稳定，低分子硫醇（如丙硫醇）在300℃下即分解生成硫醚和硫化氢；当温度高于400℃时，硫醇分解生成相应的烯烃和硫化氢。硫醇可与氢氧化钠反应生成硫醇钠，与烯烃缩合生成胶质。

中性硫化合物是非活性硫化物，对金属设备无腐蚀作用，但受热分解后会转变成活性硫化物。中性硫化合物主要包括硫醚（RSR^-）和二硫化物（$RSSR^-$）等。硫醚是石油中含量较高的硫化物，在轻馏分和中间馏分中含量较高，往往可达该馏分含硫量的50%～70%（质）。二硫化物在石油馏分中含量很少，一般不超过该馏分硫含量的10%（质），而且较多集中于低沸点馏分中。硫醚热稳定性较高，但在硅酸铝存在时加热到300～450℃，会分解生成硫化氢、硫醇和相应的烃类。二硫化物热稳定性较差，加热到130～160℃时，可分解为硫醚和元素硫，或分解为硫醇、烯烃和元素硫。中性硫化合物化学稳定性较高，不能用碱洗精制方法除去。

某些中性硫化合物对热稳定性高，主要包括噻吩及其同系物，是一种芳香性的杂环化合物，包括噻吩（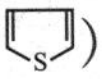）、四氢噻吩（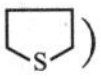）、苯并噻吩（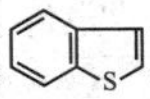）、二苯并噻吩（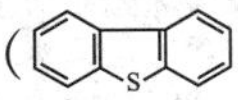）、萘并噻吩（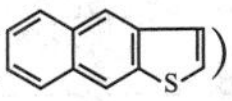）、苯硫酚（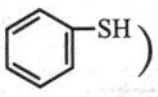）等。它们是石油中主要的一类含硫化合物，主要存在于石油的中间馏分和高沸点馏分中。噻吩的物理化学性质与苯系芳香烃很接近，易溶解于浓硫酸中，容易被磺化。苯并噻吩系、二苯并噻吩系、萘并噻吩系化合物的结构和性质与苯系稠环化合物相似，热稳定性很高，化学性质也不活泼。

石油中的含硫化合物给石油加工过程和石油产品质量带来许多危害。

①腐蚀设备　在石油炼制过程中，含硫化合物受热分解产生H_2S、硫醇、元素硫等活性硫化物，对金属设备造成严重腐蚀。石油中通常还含有$MgCl_2$、$CaCl_2$等盐类，含硫含盐化合物相互作用，对金属设备的腐蚀将更为严重。石油产品中含有硫化物，在储存和使用过程中同样会腐蚀金属。含硫燃料燃烧产生的SO_2及SO_3遇水后生成H_2SO_3和H_2SO_4，会强烈腐蚀金属机件。

②影响产品质量　硫化物的存在严重影响油品的储存安定性，使储存和使用中的油品易氧化变质，生成胶质，影响发动机或机器的正常工作。

③污染环境　含硫石油在加工过程中产生的H_2S及低分子硫醇等有恶臭的毒性气体，会污染环境，影响人体健康，甚至引起中毒。含硫燃料油燃烧后生成的SO_2和SO_3排入大气也会污染环境。

④使催化剂中毒　在炼油厂各种催化加工过程中，硫是某些催化剂的毒物，会造成催

化剂中毒并丧失催化活性。

炼油厂常采用碱洗精制、催化氧化、加氢精制等方法除去油品中的硫化物。

（二）含氮化合物

石油中的氮含量一般比硫含量低，通常在0.05%～0.5%范围内。我国原油含氮量偏高，为0.1%～0.5%。氮化合物含量随石油馏分沸点的升高而迅速增加，约有80%的氮集中在400℃以上的渣油中。我国大多数原油的渣油中集中了约90%的氮。而煤油以前的馏分中，只有微量的氮化物存在。表2－11是某些原油各馏分中氮的分布。

表2－11　某些原油各馏分中氮的分布

馏分（沸程）/℃	氮含量/μg·g^{-1}							
	大庆	胜利	孤岛	中原	轮南	惠州	阿曼	伊朗（轻质）
原油	1600	4100	4300	1700	1100	390	1600	1200
<200	0.8	3.0	2.4	1.6	1.3	1.2	1.7	2.7
200～250	6.4	12.4	17.6	11.0	4.7	4.2	2.6	9.5
250～300	12.4	77.4	44.3	41.0	15.5	13	8.4	87.5
300～350	67.0	111	199	102		35	94.4	558
350～400	176	776	927	280	240	127	132	1072
400～450	414	1000	1060	440	615	427	906	1518
450～500	705	1600	1710	660	1265	750	1300	1948
>500（渣油）	2900	8500	8800	5300	2800	3098	5200	3700
$\frac{渣油中氮}{原油中氮}$/%	90.9	92.2	92.5	93.5	64.9	73.6	88.9	70.4

石油中的氮化合物可分为碱性含氮化合物和非碱性含氮化合物两大类。碱性含氮化合物是指在冰醋酸和苯的样品溶液中能够被高氯酸－冰醋酸滴定的含氮化合物，不能被高氯酸－冰醋酸滴定的含氮化合物是非碱性含氮化合物。

为了更精细地研究石油中的含氮化合物，人们还根据高氯酸的滴定曲线，按 pK_a 值将其进一步分成强碱性氮、弱碱性氮和非碱性氮。即以 $pK_a>2$ 为强碱氮，$-2<pK_a<2$ 为弱碱氮，$pK_a<-2$ 为非碱氮。一般粗略地认为，吡啶（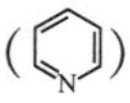）、喹啉（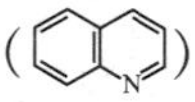）类属于强碱性含氮化合物；吡咯（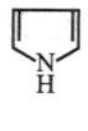）、酰胺类属于弱碱性含氮化合物；咔唑（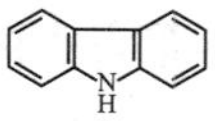）、吲哚（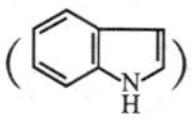）类归为非碱性含氮化合物。但这种区分并不严格，而且碱性的强弱仅具有相对意义。

石油及其馏分中的碱性含氮化合物主要有吡啶系、喹啉系、异喹啉系和吖啶系；弱碱性和非碱性含氮化合物主要有吡咯系、吲哚系和咔唑系。随着馏分沸点的升高，碱性含氮化合物的环数也逐渐增多。目前已检测到的石油含氮化合物，不论碱性或非碱性含氮化合物，其氮原子均处在环结构中，为氮杂环系化合物，而脂肪族含氮化合物在石油中较为罕见。

石油中还有另一类重要的非碱性含氮化合物，即卟啉化合物。卟啉化合物是重要的生物标志物质，在研究石油的成因中有重要的意义。

石油中的非碱性含氮化合物性质不稳定，易被氧化和聚合生成胶质，是导致石油二次加工油品颜色变深和产生沉淀的主要原因。在石油加工过程中碱性氮化物会引起催化剂中毒，因此石油及石油馏分中的氮化物应通过精制予以脱除。

（三）含氧化合物

石油中的氧含量很少，一般在千分之几范围内，只有个别地区石油含氧量达2%～3%。石油中的含氧量多是从元素分析中用减差法求得的，实际上包含了全部的分析误差，数据并不十分可靠。石油中的氧含量随馏分沸点升高而增加，主要集中在高沸点馏分中，大部分富集在胶状沥青状物质中。胶状沥青状物质中的氧含量占原油总含氧量的90%～95%。

石油中的氧元素以有机含氧化合物的形式存在，虽然在石油中的氧含量很低，但含氧化合物的数量仍然可观。

石油中的含氧化合物包括酸性含氧化合物和中性含氧化合物，以酸性含氧化合物为主。酸性含氧化合物包括环烷酸、芳香酸、脂肪酸和酚类等，总称为石油酸。中性含氧化合物包括酮、醛和酯类等。

石油酸主要是环烷酸、脂肪酸等。环烷酸约占石油酸性含氧化合物的90%左右。环烷酸为难挥发的黏稠状液体，相对密度为0.93～1.02，有强烈的臭味，不溶于水而易溶于油品、苯、醇及乙醚等有机溶剂中。刚蒸出的环烷酸为浅黄色，经放置后会迅速变成黄色或浅琥珀色。

环烷酸在石油馏分中的分布较特殊，中间馏分（沸程250～400℃）环烷酸含量最高，低沸点馏分及高沸点重馏分中含量都比较低。例如我国克拉玛依原油在沸程为250～400℃时，环烷酸含量最高。纯环烷酸的酸值随馏分沸程升高而降低。表2－12为克拉玛依混合原油各馏分的环烷酸含量。

表2－12　克拉玛依混合原油各馏分的环烷酸含量

沸点范围/℃	占原油/%（体）	环烷酸占馏分油/%	环烷酸占原油/%	纯环烷酸酸值/$mgKOH \cdot g^{-1}$
200～250	6.86	0.0063	0.0004	245.2
250～300	7.05	15	0.0106	240.5
300～350	9.32	30	0.028	166.2
350～400	9.13	58	0.053	101.5
400～450	7.90	55	0.0435	81.9
450～500	11.61	39	0.0453	74.3

环烷酸一般是一元羧酸，其环烷环数为1～5，且多为稠合环系。碳数为C_6～C_{10}的低分子环烷酸主要是环戊烷的衍生物；碳数为C_{12}以上的高分子环烷酸，既有五元环又有六元环，但以六元环为主，其羧基有的直接与环烷环相连，有的与环烷环之间以若干个亚甲

基相连。在高分子环烷酸中甚至还存在环烷–芳香混合环的环烷酸。

环烷酸呈弱酸性，容易与碱反应生成各种盐类。环烷酸可与很多金属作用而腐蚀设备；低分子环烷酸因酸性较强而对设备的腐蚀性更强；特别是在酸值较大、有水存在和较高的温度下，对设备腐蚀更严重。环烷酸与金属作用生成的环烷酸盐留在油品中还将促进油品氧化。在石油加工过程中，通常用碱洗的方法将环烷酸等酸性含氧化合物除去，但重馏分中的环烷酸在碱洗时易乳化而难于分离。

石油中分离出来的环烷酸是非常有用的化工产品。石油酸广泛用作木材防腐剂或环烷酸皂的原料。石油酸的钠盐易溶于水，是很好的水包油型表面活性剂以及乳化沥青的乳化剂，也可用作油包水型原油乳状液的破乳脱水剂以及植物生长的促进剂。环烷酸的锰、钙、锌、铁、镍、钴等盐类可作为燃料和润滑油的添加剂以及油漆催干剂。石油酸本身还可作为许多稀土金属的萃取剂。

石油中还含有脂肪酸和酚类等酸性含氧化合物以及醇、酮、醛、酯类等中性含氧化合物。酚有强烈的气味，呈弱酸性。石油馏分中的酚可以用碱洗法除去。酚能溶于水，炼油厂污水中常含有酚，导致环境污染。石油中的中性含氧化合物含量极少，是非常复杂的混合物。中性含氧化合物可氧化生成胶质，影响油品的使用性能。

（四）胶状沥青状物质

胶状沥青状物质是结构复杂、组成不明的复杂混合物。胶状沥青状物质大量存在于减压渣油中。原油中的大部分硫、氮、氧以及绝大多数金属均集中在胶状沥青状物质中。一般把石油中不溶于低分子（$C_5 \sim C_7$）正构烷烃，但能溶于热苯的物质称为沥青质。既能溶于苯，又能溶于低分子（$C_5 \sim C_7$）正构烷烃的物质称为可溶质，渣油中的可溶质实际上包括了饱和分、芳香分和胶质。采用氧化铝吸附色谱法可将渣油中的可溶质分离成饱和分、芳香分和胶质。轻质石油的胶状沥青状物质含量为5%～10%，重质石油的胶状沥青状物质含量可高达30%～40%。我国减压渣油中庚烷沥青质含量较低，大多数小于3%；而胶质的含量较高，一般为40%～50%。

胶质通常为褐色至暗褐色的黏稠且流动性很差的液体或无定形固体，受热时熔融。胶质是石油中相对分子质量及极性仅次于沥青质的大分子非烃化合物。胶质的相对密度在1.0左右，平均相对分子质量（VPO法，即Vapour Pressure Osmometry）为1000～3000。胶质是由不同的物质所组成的极复杂的多分散体系，所以它们的相对分子质量分布范围很宽，例如大庆渣油胶质各亚组分的平均相对分子质量，最小的只有860，最大的7460。我国原油胶质的H/C原子比为1.4～1.5。胶质主要是稠环类结构，芳环、芳环–环烷环及芳环–环烷环–杂环结构。胶质的元素组成和平均相对分子质量如表2–13所示。

表2–13　胶质的元素组成和平均相对分子质量

石油产地	平均相对分子质量（VPO法）	元素组成/%				H/C（原子比）
		C	H	N	S	
大庆	1780	86.7	10.6	0.99	0.31	1.47
胜利	1730	84.3	10.2	1.44	1.61	1.45

续表

石油产地	平均相对分子质量（VPO法）	元素组成/%				H/C（原子比）
		C	H	N	S	
孤岛	1380	85.5	10.0	1.49	3.31	1.40
华北	2260	86.3	10.4	1.42	—	1.44
中原	2780	85.4	10.0	1.07	—	1.39
科威特	860	83.1	10.2	0.5	5.6	1.47

胶质具有很强的着色能力，油品的颜色主要是由于胶质的存在而引起的。从不同沸点馏分中分离出来的胶质，相对分子质量随着馏分沸点的升高而逐渐增大，颜色也逐渐变深，从浅黄、深黄直至深褐色。

胶质是不稳定的物质，在常温下易被空气氧化而缩合为沥青质。胶质对热很不稳定，隔绝空气加热到260～300℃，胶质也能缩合成沥青质。当温度升高到350℃以上，胶质即发生明显的分解，产生气体、液体产物、沥青质以及焦。胶质很容易磺化而溶解在硫酸中，可用硫酸来脱除油料中的胶质。

沥青质是石油中相对分子质量最大、结构最为复杂、含杂原子最多的物质。沥青质对不同溶剂具有不同的溶解度，分离沥青质所用溶剂的性质以及分离条件直接影响沥青质的组成和性质。从石油或渣油中用C_5～C_7正构烷烃沉淀分离出的沥青质是暗褐色或黑色的无定形固体。在生产和研究中常用到的是正庚烷沥青质。沥青质的相对密度稍高于胶质，略大于1.0；平均分子量为3000～10000（VPO法），明显高于胶质；H/C原子比为1.1～1.3，低于胶质。沥青质加热不熔融，当温度升到350℃以上时，会分解为气态、液态物质以及缩合为焦炭状物质。沥青质没有挥发性。石油中的沥青质全部集中在减压渣油中。表2－14为庚烷沥青质的元素组成和平均相对分子质量。

表2－14　庚烷沥青质的元素组成和平均相对分子质量

石油产地	平均相对分子质量（VPO法）	元素组成/%				H/C（原子比）
		C	H	N	S	
胜利	3410	84.0	9.0	1.73	2.27	1.28
孤岛	5620	81.0	7.8	1.36	7.37	1.16
单家寺	9730	85.1	9.0	1.86	1.53	1.27
欢喜岭	6660	87.4	8.2	1.90		1.11

胶质、沥青质中含有较多的杂原子，但碳、氢元素仍然是主要元素，其主要结构特征仍由碳、氢骨架决定。关于胶质、沥青质分子的基本结构，目前一般认为是以稠合的芳香环系为核心，并合若干个环烷环，在芳香环和环烷环上带有若干个长度不等的烷基侧链，在其分子中还杂有各种硫、氮、氧的基团，并络合有镍、钒、铁等金属。胶质、沥青质分子是由若干个上述的以稠合芳香环系为核心的单元结构（或称单元薄片）所组成，在单元结构之间一般以长度不等的烷基桥或硫醚桥等相连接。

胶状沥青状物质对石油加工和产品使用有一定的影响。含有大量胶状沥青状物质的减压渣油可用来生产沥青。

四、渣油的组成

减压渣油是原油中沸点最高、相对分子质量最大、杂原子含量最多和结构最为复杂的部分。我国大多数油田的原油减压渣油含量较高，>500℃的减压渣油产率一般为40%～50%，几乎占原油的一半。

我国原油减压渣油中的碳含量一般为85%～87%，氢含量一般为11%～12%，硫含量一般都不高，氮含量相对较高，氢碳原子比为1.6左右，平均相对分子质量大多在1000左右。我国原油减压渣油性质的另一特点是金属含量一般不高，并且镍含量远大于钒含量，镍含量一般为几十微克每克，而钒含量只有几微克每克，镍/钒比一般都大于10。

研究渣油的化学组成，常采用将渣油分离成饱和分、芳香分、胶质和沥青质的四组分分析法。该法首先是用正庚烷将渣油中的沥青质沉淀出来，并进行定量。正庚烷的可溶部分则在含水量为1%的中性氧化铝吸附色谱柱上用不同的溶剂进行淋洗，从而再分离为饱和分、芳香分和胶质。表2－15为我国及国外部分减压渣油的化学组成。我国原油减压渣油的饱和分含量差别较大，井楼渣油只有14.3%，新疆白克渣油高达47.3%。我国原油减压渣油中的芳香分含量不太高，一般在30%左右；庚烷沥青质的含量普遍较低，大多数小于3%；胶质含量一般较高，大多在40%～50%，几乎占减压渣油的一半。随着近代分析仪器的发展，借助于核磁共振波谱、红外光谱等一些近代分析手段，对渣油组分进行结构族组成分析，获得减压渣油的结构参数，包括芳碳率、环烷碳率、烷基碳率以及渣油平均分子中的总环数、芳环数、环烷环数、平均链长等。这些结构参数可以近似地反映各组分在化学结构上的差异，从而为渣油的深度加工和利用提供可靠的基础数据。

表2－15　国内外部分减压渣油的化学组成 %

渣油名称	饱和分	芳香分	胶质	庚烷沥青质
大庆	40.8	32.2	26.9	<0.1
胜利	19.5	32.4	47.9	0.2
孤岛	15.7	33.0	48.5	2.8
单家寺	17.1	27.0	53.5	2.4
高升	22.6	26.4	50.8	0.2
欢喜岭	28.7	35.0	33.6	2.7
任丘	19.5	29.2	51.1	0.2
大港	30.6	31.6	37.5	0.3

续表

渣油名称	饱和分	芳香分	胶质	庚烷沥青质
中原	23.6	31.6	44.6	0.2
新疆白克	47.3	25.2	27.5	<0.1
新疆九区	28.2	26.9	44.8	<0.1
井楼	14.3	34.3	51.3	0.1
科威特	15.7	55.6	22.6	6.1
卡夫基	13.3	50.8	22.3	13.6
新疆塔河（>560℃）	9.0	33.0	33.5	24.5
新疆塔里木（>520℃）	25.3	34.7	39.9（胶质+沥青质）	
卡奇萨兰（伊朗）	19.6	50.5	23.0	6.9
阿哈加依（伊朗）	23.3	51.2	21.1	4.4
米那斯（印尼）	46.8	28.8	22.6	1.8
阿拉伯（轻质）	21.0	54.7	18.5	5.8

五、石油中的微量元素

石油中所含的微量元素一般都处在百万分级至十亿分级范围。微量元素含量虽然很少，但有些元素对石油的加工过程特别是对催化剂的活性影响很大。

石油中有几十种微量元素，目前已从石油中检测出59种微量元素，其中金属元素45种。我国大庆、胜利、大港等原油的灰分中检测出34种元素。石油中的微量元素按其化学属性可划分为三类：变价金属（V、Ni、Fe、Mo、Go、W、Cr、Cu、Mn、Pb、Ga、Hg、Ti等）、碱金属和碱土金属（Na、K、Ba、Ca、Sr、Mg等）、卤素和其他元素（Cl、Br、I、Si、Al、As等）。

表2-16列出某些原油中某些微量元素的含量。表中数据表明，石油中含量最多的微量元素是钒（V），如委内瑞拉原油钒含量高达1110μg·g^{-1}；其次是镍（Ni），如委内瑞拉原油镍含量高达117μg·g^{-1}，我国高升原油镍含量高达122.5μg·g^{-1}。

表2-16　某些原油的微量元素含量　μg·g^{-1}

元素	高升	王官屯	孤岛	胜利	羊三木	利比亚	博斯坎（委内瑞拉）	伊朗（轻质）
Fe	22.0	8.2	12.0	13.0	7.0	4.94	4.77	1.4
Ni	122.5	92.0	21.1	26.0	25.8	49.1	117	12
Cu	0.4	0.1	<0.2	0.1	0.17	0.19	0.21	0.032
V	3.1	0.5	2.0	1.6	0.9	8.2	1110	53
Pb	0.1	0.1	0.2	0.2	0.1	—	—	—

续表

元素	高升	王官屯	孤岛	胜利	羊三木	利比亚	博斯坎（委内瑞拉）	伊朗（轻质）
Ca	1.6	15.0	3.6	8.9	38.0	—	—	—
Mg	1.2	3.0	3.6	2.6	2.5	—	—	—
Na	29.0	30.0	26.0	81.0	1.2	13.0	20.3	0.6
Zn	0.6	0.4	0.5	0.7	0.5	62.9	0.692	0.324
Co	17.0	13.0	1.4	3.1	3.9	0.032	0.178	0.30
As	0.208	0.090	0.250	—	0.140	0.077	0.284	0.095
Mn	<0.1	<0.1	0.1	0.1	0.2	0.79	0.21	—
Al	0.5	0.5	0.3	12.0	1.1	—	—	—

石油中钒、镍等微量元素的含量与石油的属性有关。一般来说，相对密度比较大的环烷基原油，微量金属镍或钒的含量高于相对密度较小的石蜡基原油。国外原油有的是镍高于钒，有的是钒高于镍。我国大多数原油的镍含量明显高于钒含量。含硫及相对密度较高的海相成油的石油含钒较多，低硫高氮及陆相成油的石油镍含量较高。

石油中的微量元素主要浓集在>500℃的减压渣油中，含量随着馏分沸程的升高而增加。在原油中，钾、钠等微量金属多以水溶性无机盐类的形式存在。这些金属盐主要存在于原油乳化的水相里。在原油脱盐过程中，这些盐类可通过水洗或加破乳剂破乳而除去。镍、钒、铁、铜等微量金属以油溶性的有机化合物或络合物形式存在。这类金属在原油脱盐过程中很难除去，经过蒸馏后，大部分浓集于减压渣油中。此外，还有一些微量金属可能以极细的矿物质微粒悬浮于原油中。在经过脱盐、脱水的原油中，微量金属主要以有机化合物或络合物形式存在，例如金属卟啉络合物。石油中常见的金属卟啉络合物是镍或钒的卟啉络合物。

在原油的几十种微量元素中，对石油加工影响最大的有钒（V）、镍（Ni）、铁（Fe）、铜（Cu），它们是催化裂化催化剂的毒物；在重油固定床加氢裂化过程中也会造成催化剂失活和床层堵塞；砷（As）是催化重整催化剂的毒物；钠（Na）和钾（K）也会使催化剂减活；在燃气透平中，燃料油中金属钒的存在会对透平叶片产生严重的熔蚀和烧蚀作用。为了延长催化剂和炼油设备的使用寿命，必须尽可能降低催化加工原料中微量元素的含量。

第二节　石油及其产品的物理性质

石油及其产品的物理性质，是评定石油产品质量和控制石油炼制过程的重要指标，也是设计石油炼制工艺装置和设备的重要数据。

石油及其产品的物理性质是组成它的各种化合物性质的综合表现。石油及其产品是各种化合物的复杂混合物，化学组成不易直接测定，而且许多物理性质没有可加性，所以石油及其产品的物理性质是采用规定的、条件性的试验方法来测定。离开专门的仪器和规定的试验条件，所测油品的性质数据就毫无意义。

在实际工作中，往往是根据某些基本物性数据借助图表查找或借助公式计算其他物性数据。这些图表和公式是依据大量实测数据归纳得到的，是经验性的或半经验性的。由于计算机技术的广泛应用，人们将各种物性之间的关联用数学式表示，物性数据的计算很简便。

一、蒸气压

在一定的温度下，液体与其液面上的气体呈平衡状态时，气体所产生的压力称为饱和蒸气压，简称蒸气压。蒸气压表示液体在一定温度下蒸发和汽化的能力，蒸气压高的液体容易汽化。蒸气压是石油加工工艺和设备设计的重要基础物性数据，也是某些轻质油品的质量指标。

（一）纯烃的蒸气压

纯烃的饱和蒸气压是温度的函数，随温度的升高而增大。同一温度下，不同烃类具有不同的蒸气压。对于同一族烃类，相对分子质量越大，蒸气压越小。

当体系的压力不太高，液相的摩尔体积与气相的摩尔体积相比可以忽略；温度远高于临界温度时，气相可看作理想气体，纯化合物的蒸气压与温度间的关系可用 Clapeyron-Clausius 方程表示：

$$\frac{\mathrm{d}\ln P}{\mathrm{d}T}=\frac{\Delta H_{\mathrm{V}}}{RT^2} \tag{2-1}$$

式中 ΔH_{V}——摩尔蒸发热，$\mathrm{J \cdot mol^{-1}}$；

R——摩尔气体常数，8.3143$\mathrm{J \cdot mol^{-1} \cdot K^{-1}}$；

T——温度，K；

P——纯物质在温度 T 时的蒸气压，Pa。

当温度变化不大时，ΔH_{V} 可视为常数，则 $\ln P$ 与 $1/T$ 呈线性关系，积分上式得：

$$\ln\frac{P_1}{P_2}=\frac{\Delta H}{R}\left(\frac{1}{T_2}-\frac{1}{T_1}\right) \tag{2-2}$$

在实际应用中，一般用其他计算公式或烃类蒸气压图（考克斯图）求纯烃的蒸气压。比较简单的计算公式有 Antoine 方程：

$$\ln p=A-\frac{B}{T+C} \tag{2-3}$$

式中的 A、B、C 是与烃类性质有关的常数，可从有关数据手册查得，此式适用的蒸气压范围为 1.3～200kPa。

图 2-1 是烃类蒸气压图。此图可以查找烃类在不同温度下的蒸气压，或在不同压力下的沸点。该图查出的纯烃蒸气压数值，误差在 2% 以内。

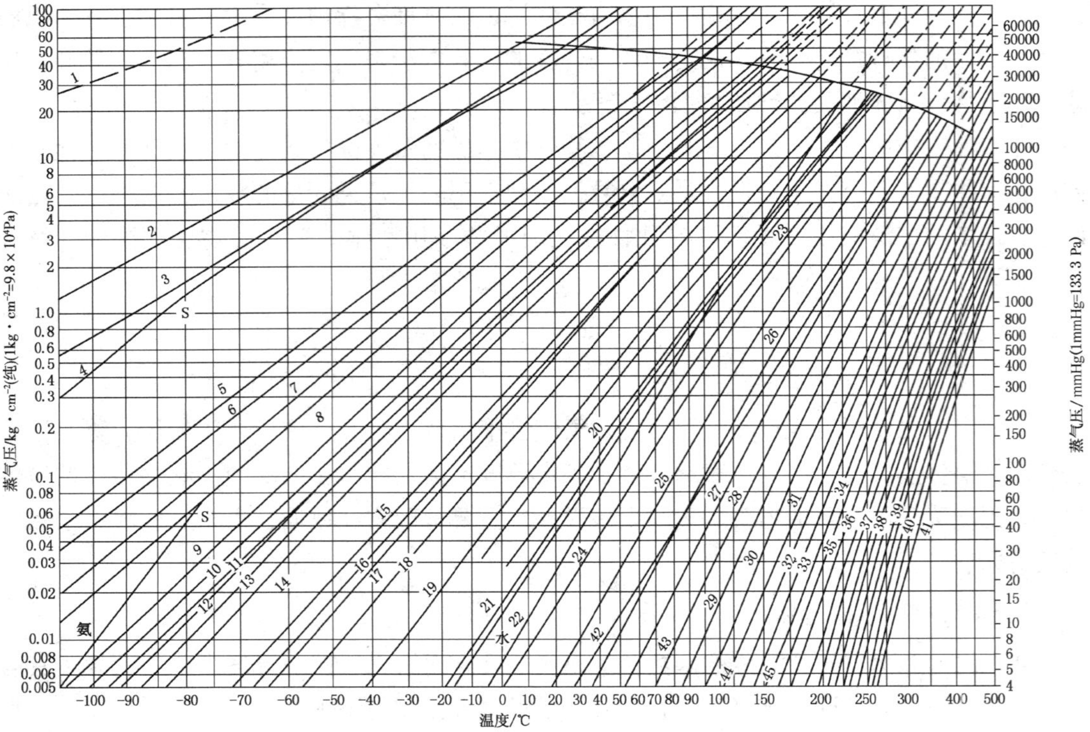

图 2-1　烃类和石油产品蒸气压图

烷烃：1—甲烷；3—乙烷；6—丙烷；9—异丁烷；12—丁烷；14—2，2-二甲基丙烷；15—2-甲基丁烷；17—戊烷；18—2，2-二甲基丁烷；19—己烷；20—异庚烷；21—庚烷；23—异辛烷；24—辛烷；25—壬烷；26—癸烷；27—十一烷；28—十二烷；29—十三烷；30—十四烷；31—十五烷；32—十六烷；33—十七烷；34—十八烷；35—十九烷；36—二十烷；37—二十二烷；38—二十四烷；39—二十六烷；40—二十八烷；41—三十烷；

烯烃：2—乙烯；5—丙烯；10—异丁烯、1-丁烯；13—2-顺丁烯；22—二异丁烯（C_8H_{16}）；

炔烃：4—乙炔；8—丙炔；

二烯烃：7—丙二烯；11—1，3-丁二烯；16—2-甲基1，3-丁二烯；

石油产品：42—煤油；43—瓦斯油；44—轻残渣油；45—重残渣油

［**例 2-1**］当压力为 6.67kPa 时，某烷烃的沸点为 110℃，求该烷烃在常压下的沸点。

解：在 6.67kPa（50mmHg）处作一水平线，在横坐标 110℃处作一垂直线，交点位于“27”（十一烷）线上，在此线上查出与纵坐标 101kPa 的交点，其横坐标温度为 195℃，此即常压 101kPa 下十一烷的沸点。

（二）烃类混合物及石油馏分的蒸气压

混合物蒸气压是温度和组成的函数。对于组成比较简单的烃类混合物，当体系压力不高、气相近似于理想气体、与其相平衡的液相近似于理想溶液时，其总的蒸气压可用 Dalton-Raoult 定律求得：

$$P = \sum_{i=1}^{n} P_i x_i \tag{2-4}$$

式中　P，P_i——分别为混合物和组分 i 的蒸气压，Pa；

x_i——平衡液相中组分 i 的摩尔分数。

式（2-4）中的 x_i 随着汽化率的不同而改变，因此，由上式算出的蒸气压只是在某个平衡条件下平衡液相的蒸气压。烃类混合物的蒸气压不仅与体系的温度有关，而且与该条件下的汽化率有关。

石油及其馏分是各种烃类的混合物，组成极为复杂，单体烃的组成难以测定，无法用式（2-4）计算其总蒸气压。但与简单的烃类混合物一样，蒸气压仍然是温度和组成的函数。在一定温度下，馏分越轻，越易挥发，其蒸气压越大。馏分的组成是随汽化率不同而改变的，一定量的油品在汽化过程中，由于轻组分易挥发，因此当汽化率增大时，液相组成逐渐变重，其蒸气压也会随之降低。

对实沸点蒸馏温度差小于30℃的窄石油馏分，蒸气压可根据特性因数和平均沸点由图2-2或图2-3求定。如果特性因数 $K \neq 12$，需对平均沸点作校正，但校正又需要知道蒸气压，所以需用试差法求定石油窄馏分的蒸气压。

[**例2-2**] 计算四氢萘在70℃时的蒸气压。已知其常压沸点 $t_b = 207.6$℃，特性因数 $K = 9.78$。

解：①设 $t'_b = t_b = 207.6$℃。由图2-3查得70℃时蒸气压为667Pa（5mmHg），再由左上角小图，根据667Pa（5mmHg）、$K = 9.78$ 查得沸点校正值为6.4℃，故校正至 $K = 12$ 的常压沸点应为：

$$t'_b = t_b - \Delta t = 207.6 - 6.4 = 201.2℃$$

②用 $t'_b = 201.2$℃从图2-3查得70℃蒸气压为867Pa（6.5mmHg），再由左上角小图根据867Pa（6.5mmHg）和 $K = 9.78$ 查得 $\Delta t = 5.8$℃，则 $t'_b = 207.6 - 5.8 = 201.8$℃。

③用 $t'_b = 201.8$℃从图2-3查得70℃蒸气压为840Pa（6.3mmHg），再由左上角小图根据840Pa（6.3mmHg）和 $K = 9.78$ 查得 $\Delta t = 5.9$℃，则 $t'_b = 207.6 - 5.9 = 201.7$℃。此值与201.8℃只差0.1℃，故认为所求蒸气压为840Pa（6.3mmHg）。

石油窄馏分的蒸气压还可用迭代法计算。由于计算机技术的发展，使应用复杂迭代公式进行烦琐的迭代过程变得简单、快捷、准确。

石油馏分的蒸气压通常有两种表示方法：一种是汽化率为0%时的蒸气压，称为泡点蒸气压或真实蒸气压（汽化率为100%时的蒸气压称为露点蒸气压），它在工艺计算中常用于计算气液相组成、换算不同压力下烃类的沸点或计算烃类的液化条件；另一种是雷德蒸气压，它是用特定仪器在规定条件下测定的油品蒸气压，主要用于评价汽油的使用性能。通常，泡点蒸气压要比雷德蒸气压高。

雷德蒸气压测定器如图2-4所示。用GB/T 8017—2012标准方法测定蒸气压时，是将冷却的试样充入蒸气压测定器的燃料室，并将燃料室与37.8℃的空气室相连接（燃料室与空气室的体积比为1∶4）。将该测定器浸入恒温浴（37.8℃±0.1℃）中，定期振荡，直到安装在测定器上压力表的压力读数稳定，此时的压力表读数经修正后，即为雷德蒸气压。

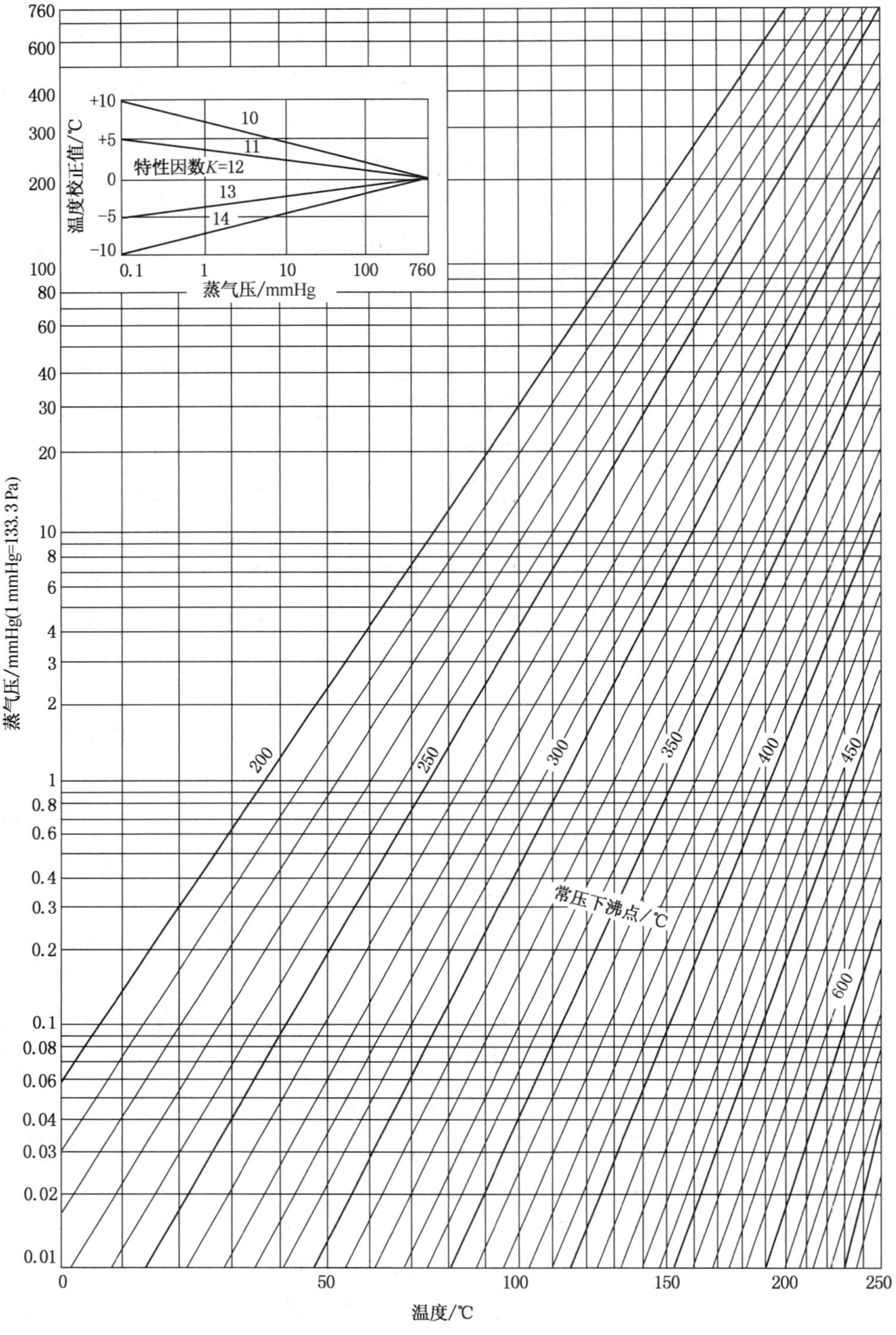

图 2-2　烃类与石油窄馏分蒸气压图（0~250℃）

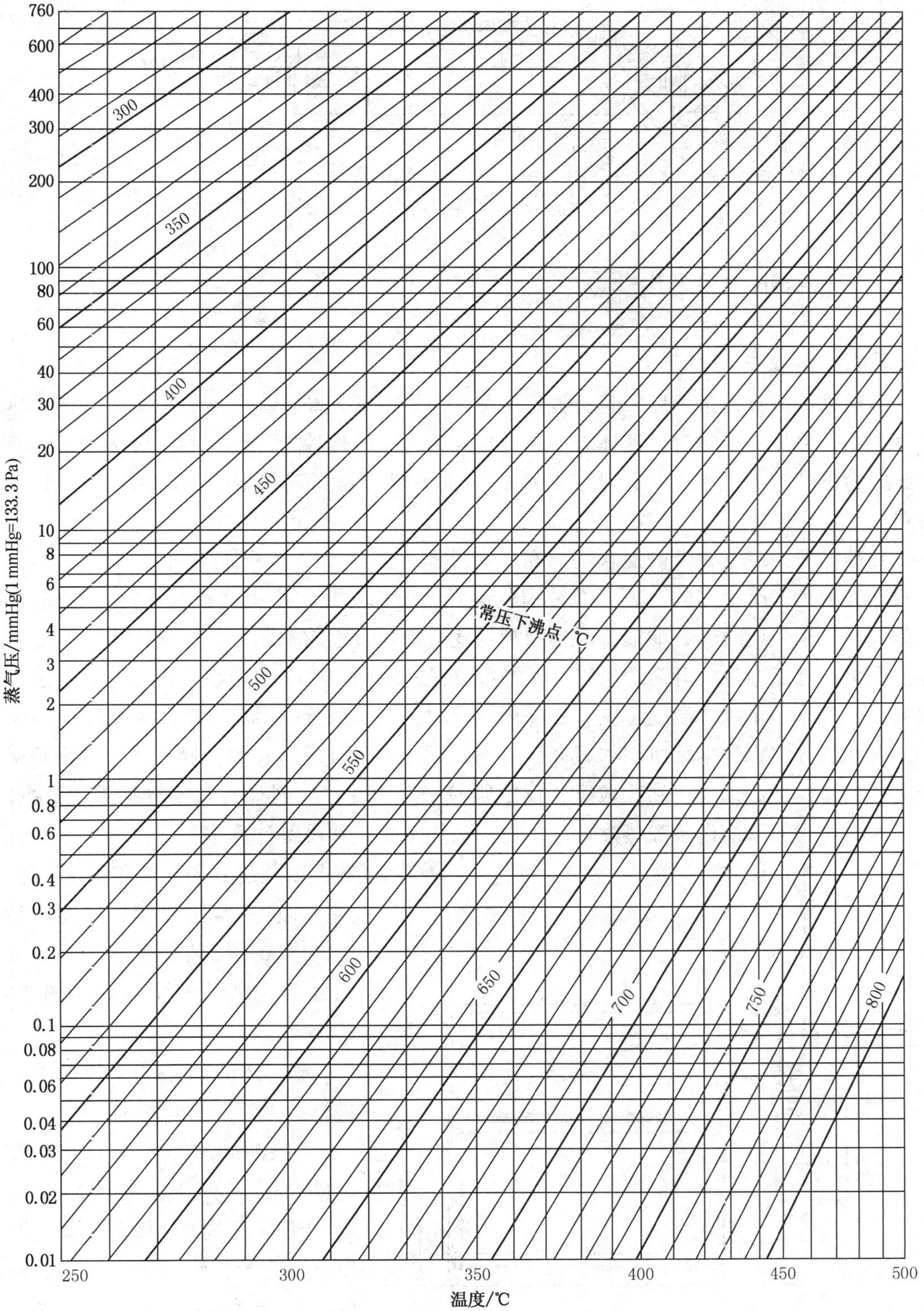

图 2-3 烃类与石油窄馏分蒸气压图（250～500℃）

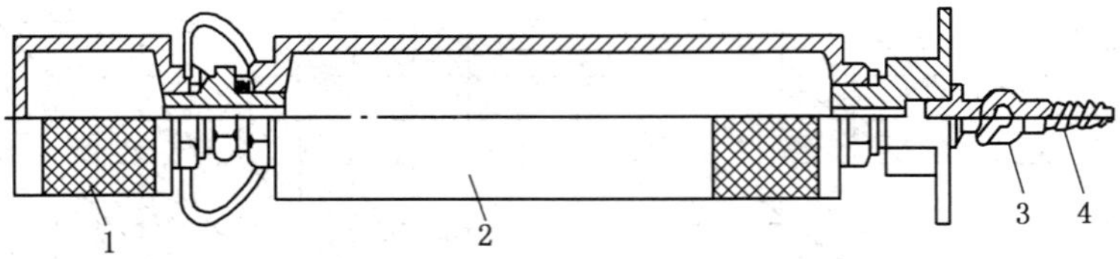

图 2－4　雷德蒸气压测定器

1—燃料室；2—空气室；3—接头；4—活栓

二、馏分组成与平均沸点

（一）沸程与馏分组成

纯液体物质在一定温度下具有恒定的蒸气压。温度越高，蒸气压越大。当纯液体饱和蒸气压与外界压力相等时，液体表面和内部同时出现汽化现象，这一温度称为该液体物质在此压力下的沸点。如不加说明，物质的沸点一般都是指其在常压下的沸点，也称正常沸点。

石油馏分是一个复杂的混合物，在一定外压下其沸点与纯液体不同，它不是恒定的，其沸点表现为一个很宽的范围。石油馏分中轻组分相对挥发度大，在蒸馏时，首先汽化，当蒸气压等于外压时，石油馏分开始沸腾，随着汽化过程的不断进行，液相中的较重组分逐渐富集，沸点会逐渐升高。所以，石油馏分是一个沸点连续的多组分混合物，没有恒定的沸点，只有一个沸腾温度范围。在外压一定时，石油馏分的沸点范围称为沸程。

石油馏分沸程数据因所用的蒸馏设备不同而不同。对于同一种油样，采用分离精确度较高的蒸馏设备蒸馏时，沸程较宽，反之则较窄。因此，在列举石油馏分的沸程数据时，需要说明所用的蒸馏设备和蒸馏方法。在石油加工生产和设备计算中，常以馏程来简便地表征石油馏分的蒸发和汽化性能。

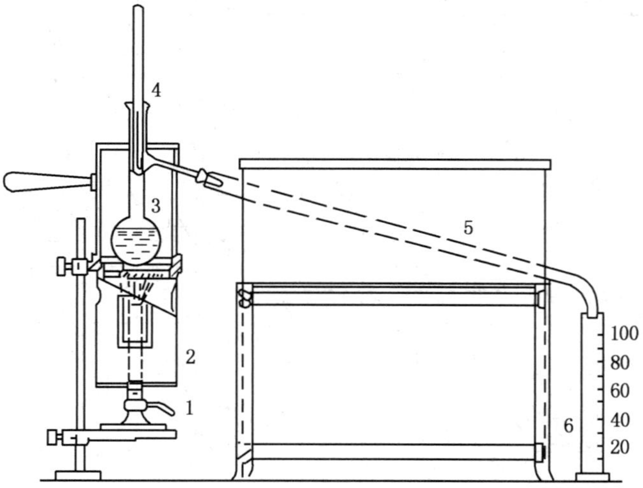

图 2－5　恩氏蒸馏装置

1—喷灯；2—挡风板；3—蒸馏瓶；4—温度计；5—冷凝器；6—接收器

试验室常用比较粗略而又最简便的恩氏蒸馏装置来测定石油馏分的馏程。恩氏蒸馏装置如图 2－5 所示。

按 GB 6536—2010 的标准方法进行恩氏蒸馏时其测定过程如下：

将 100mL（20℃下）试样在规定的试验条件下，按产品性质不同，控制不同的蒸馏操作升温速度。当冷凝管流出第一滴冷凝液时的气相温度称为初馏点。继续加热，温度逐渐升高，组分由轻到重逐渐馏出，依次记录馏出液为

10mL、30mL 直至 90mL 时的气相温度，分别称之为 10%、30%……90% 回收温度（馏出温度）。蒸馏过程中气相温度升高到一定数值，不再上升而开始回落，这个最高的气相温度称为终馏点。蒸馏烧瓶底部最后一滴液体汽化的瞬间所测得的气相温度称为干点，此时不考虑蒸馏烧瓶壁及温度计上的任何液滴或液膜。由于终馏点一般在蒸馏烧瓶全部液体蒸发后才出现，故与干点往往相同。有时也可根据产品规格要求，以 98% 或 97.5% 时的馏出温度来表示终馏点温度。

从初馏点到终馏点这一温度范围，叫作馏程。而在某一温度范围内蒸馏出的馏出物，称为馏分。温度范围窄的称为窄馏分，温度范围宽的称为宽馏分，低温范围的称为轻馏分，高温范围的称为重馏分。馏分还是一个混合物，只不过包含的组分数目少一些。

馏出温度与馏出量（体积百分数）相对应的一组数据，称为馏分组成。如初馏点、10% 点、30% 点、50% 点、70% 点、90% 点、终馏点等，生产实际中常统称为馏程。根据恩氏蒸馏馏分组成数据，以馏出温度为纵坐标，馏出体积分数为横坐标作图，得到油品的恩氏蒸馏曲线。一般恩氏蒸馏曲线在 10% 到 90% 这一段近似于直线，因此往往用蒸馏曲线的 10% 到 90% 之间的斜率来表示蒸馏曲线的斜率。图 2-6 为大庆原油汽油馏分的恩氏蒸馏曲线。恩氏蒸馏曲线的斜率表示从馏出量 10% 到馏出量 90% 之间，每馏出 1%，沸点升高的平均度数。斜率体现了馏分沸程的宽窄，馏程越宽斜率越大。恩氏蒸馏曲线的斜率常用式（2-5）计算。

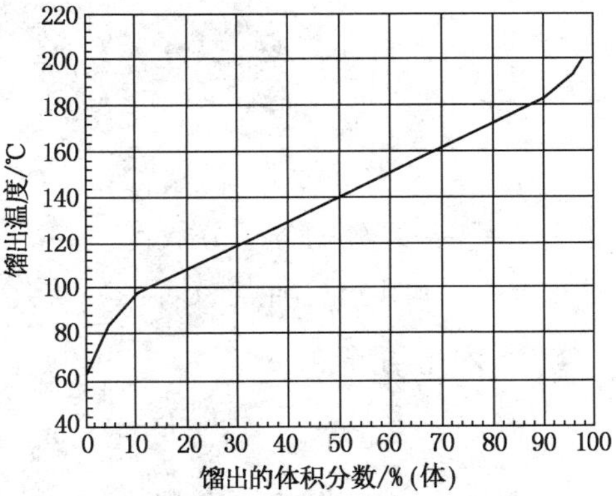

图 2-6 大庆原油汽油馏分的恩氏蒸馏曲线

$$斜率\ S=\frac{90\%馏出温度-10\%馏出温度}{90-10}\quad ℃\cdot\%^{-1} \qquad (2-5)$$

馏程可以作为判断石油馏分组成及建厂设计的基础数据，也是炼油装置生产操作控制的依据，另外可以评定某些油品的蒸发性，判断其使用性能。石油馏分恩氏蒸馏是间歇式的简单蒸馏，基本不具有精馏作用，石油馏分中的烃类并不是按各自沸点逐一蒸出的，而是在温度从低到高的渐次汽化过程中，以沸点连续增高的混合物形式蒸出的。也就是说在蒸馏时既有首先汽化的轻组分携带部分沸点较高的重组分一同汽化的过程，同时又有留在液体中的一些低沸点轻组分与高沸点组分被一同蒸出的过程。因此，馏分组成数据仅是用于粗略地判断油品的轻重及使用性质。

（二）平均沸点

馏程和馏分组成主要用在油品评价以及油品规格标准上，在工艺计算中不能直接应用。为此引入平均沸点的概念。严格来说平均沸点并无物理意义，但在工艺计算及求定各种物理参数时却很有用。石油馏分平均沸点的定义有以下五种：

1. 体积平均沸点

$$t_{体} = \frac{t_{10} + t_{30} + t_{50} + t_{70} + t_{90}}{5} ℃ \qquad (2-6)$$

式中 $t_{体}$——体积平均沸点，℃；

t_{10}、t_{30}、t_{50}、t_{70}、t_{90}——恩氏蒸馏10%、30%、50%、70%、90%的馏出温度，℃。

2. 质量平均沸点

$$t_{重} = \Sigma W_i t_i \qquad (2-7)$$

式中 $t_{重}$——质量平均沸点，℃；

W_i——i组分的质量分数；

t_i——i组分的沸点，℃。

3. 实分子平均沸点

$$t_{分} = \Sigma N_i t_i \qquad (2-8)$$

式中 $t_{分}$——实分子平均沸点，℃；

N_i——i组分的分子分数；

t_i——i组分的沸点，℃。

4. 立方平均沸点

$$T_{立} = (\Sigma V_i T_i^{\frac{1}{3}})^3 \qquad (2-9)$$

式中 $T_{立}$——立方平均沸点，K；

V_i——i组分的体积分数；

T_i——i组分的沸点，K。

5. 中平均沸点

$$t_{中} = \frac{t_{分} + t_{立}}{2} \qquad (2-10)$$

式中 $t_{中}$——中平均沸点，℃。

这五种平均沸点各有其相应的用途，涉及平均沸点时必须注意是何种平均沸点。体积平均沸点主要用于求其他难于直接测得的平均沸点。质量平均沸点用于求油品的真临界温度。实分子平均沸点用于求烃类混合物或油品的假临界温度和偏心因数。立方平均沸点用于求取油品的特性因数和运动黏度。中平均沸点用于求油品氢含量、特性因数、假临界压力、燃烧热和平均相对分子质量等。

体积平均沸点可根据石油馏分恩氏蒸馏数据直接计算。其他几种平均沸点，由体积平均沸点和恩氏蒸馏曲线斜率从图2-7中查得校正值，间接计算求得。对于沸程小于30℃的窄馏分，可以认为各种平均沸点近似相等，用50%的馏出温度代替不会有很大误差。

图2-7为平均沸点校正图，在一般情况下该图只适用于恩氏蒸馏斜率小于5的石油馏分。

平均沸点在一定程度上反映了馏分的轻重，但不能看出油品沸程的宽窄。例如沸程为

100～400℃的馏分和沸程为200～300℃的馏分，它们的平均沸点都可以在250℃左右。

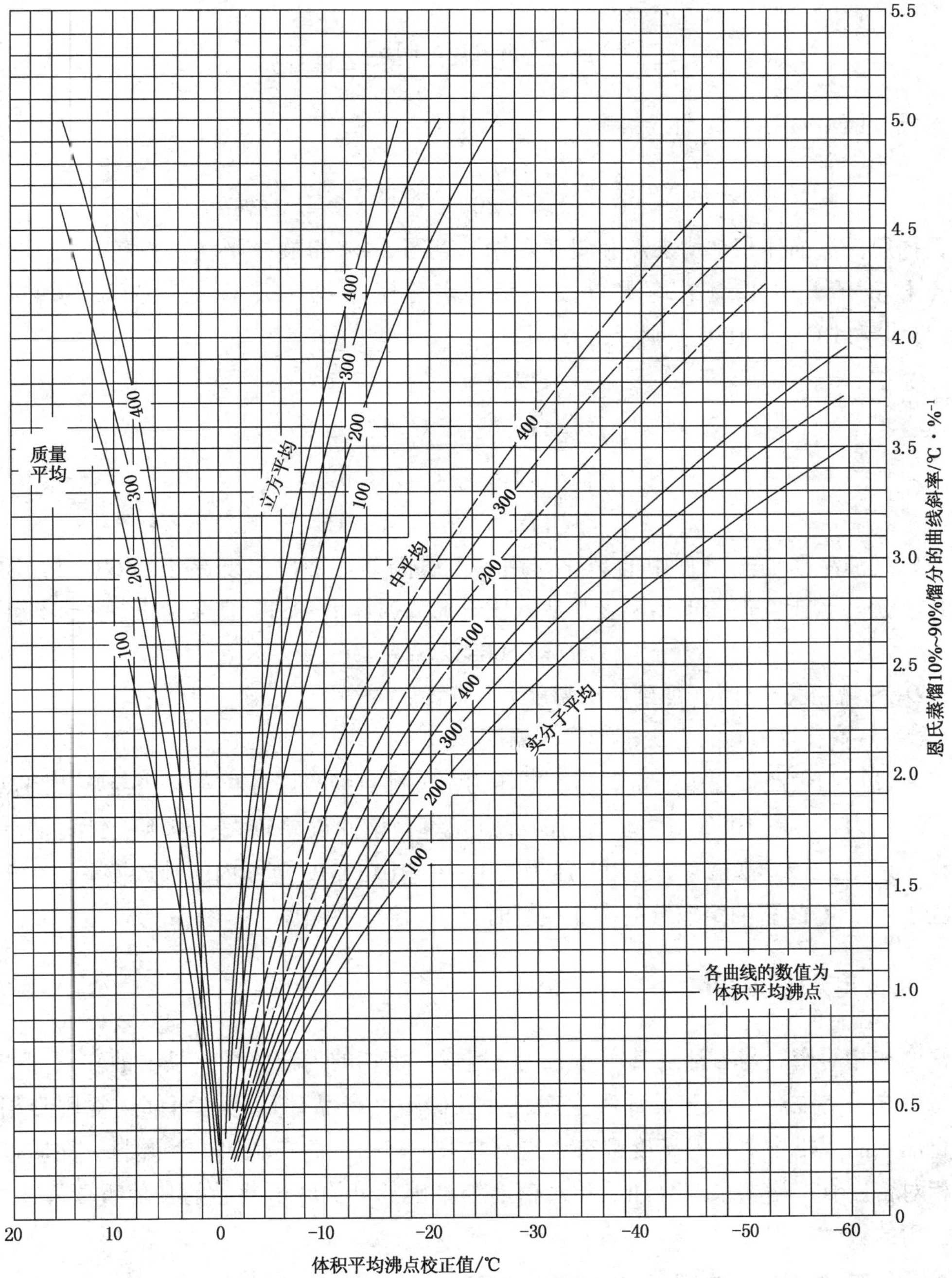

图2－7 平均沸点温度校正图

［**例2－3**］已知某油品的恩氏蒸馏数据如下：

馏出/%(体)	初馏点	10	30	50	70	90	终馏点
馏出温度/℃	38	54	84	108	135	182	196

求此油品的各种平均沸点。

解：此油品的体积平均沸点为：

$$t_{体}=\frac{54+84+108+135+182}{5}=112.6℃$$

恩氏蒸馏 10%～90% 曲线斜率为：

$$S=\frac{t_{90}-t_{10}}{90-10}=\frac{182-54}{80}=1.6℃\cdot\%^{-1}$$

根据恩氏蒸馏体积平均沸点和斜率数据，查图 2－7 得质量平均沸点校正值、立方平均沸点校正值、中平均平均沸点校正值、实分子平均沸点校正值分别为＋4.5℃、－4.1℃、－11℃、－18℃，则：

$$t_{质}=112.6+4.5=117.1℃;$$

$$t_{立}=112.6-4.1=108.5℃;$$

$$t_{中}=112.6-11=101.6℃;$$

$$t_{实}=112.6-18=94.6℃。$$

考虑到油品在加热过程中的裂化作用，当恩氏蒸馏馏出温度高于 246℃时，须用式（2－11）进行校正。但若馏出温度是从减压蒸馏数据算出来的，则无须进行上述校正。

$$\log D=0.00852t-1.436 \tag{2-11}$$

式中 D——温度校正值（加到馏出温度 t 上），℃；

t——高于 246℃的恩氏蒸馏馏出温度，℃。

工艺设计和生产过程中经常要作不同压力下的沸点换算。烃类蒸气压与常压沸点关系图适用于压力在 10～10000kPa 范围内的沸点换算，该图误差较大，也不能针对油品组成进行校正。图 2－2 及图 2－3 适用于压力在 1.33～101323Pa 范围内的沸点换算。用于纯烃及沸程小于 28℃的石油窄馏分的沸点换算时，平均误差为 4%。

三、密度和相对密度

密度和相对密度与石油及其产品的化学组成有密切的内在联系，是石油和石油产品的重要特性之一。在炼厂工艺设计和生产、油品储运、产品计量等方面都经常用到相对密度。石油产品规格中对相对密度都有一定的要求；有的石油产品如喷气燃料，在质量标准中对相对密度有严格要求。以油品相对密度为基础，可关联出油品的其他重要性质参数，建立实用的数学模型。

（一）石油及石油产品密度和相对密度

密度是单位体积物质的质量，单位为 $g\cdot cm^{-3}$ 或 $kg\cdot m^{-3}$。油品的体积随温度变化，但质量并不随温度变化，同一油品在不同温度下有不同的密度，所以油品密度应标明温度，通常用 ρ_t 表示温度 t℃时油品的密度。我国规定将油品 20℃时的密度作为石油产品的标准密度，表示为 ρ_{20}。

液体石油产品的相对密度是其密度与规定温度下水的密度之比。因为水在 4℃时的密度等于 1g · cm^{-3}，所以通常以 4℃水为基准，因而油品的相对密度与同温下油品的密度在数值上是相等的。

油品在 t℃时的相对密度通常用 d_4^t 表示。我国及东欧各国常用的相对密度是 d_4^{20}。欧美各国常用的相对密度是 $d_{60℉}^{60℉}$（$d_{15.6}^{15.6}$），即 60℉油品的密度与 60℉水的密度之比。d_4^{20} 与 $d_{15.6}^{15.6}$ 之间可根据式（2－12）进行换算。

$$d_4^{20} = d_{15.6}^{15.6} - \Delta d \qquad (2-12)$$

式中，Δd 为油品相对密度校正值（利用表 2－17 查得）。

表 2－17　$d_{15.6}^{15.6}$ 与 d_4^{20} 换算表

$d_{15.6}^{15.6}$ 或 d_4^{20}	Δd	$d_{15.6}^{15.6}$ 或 d_4^{20}	Δd	$d_{15.6}^{15.6}$ 或 d_4^{20}	Δd
0.700～0.710	0.0051	0.780～0.800	0.0046	0.870～0.890	0.0041
0.710～0.730	0.0050	0.800～0.820	0.0045	0.890～0.910	0.0040
0.730～0.750	0.0049	0.820～0.840	0.0044	0.910～0.920	0.0039
0.750～0.770	0.0048	0.840～0.850	0.0043	0.920～0.940	0.0038
0.770～0.780	0.0047	0.850～0.870	0.0042	0.940～0.950	0.0037

美国石油协会还常用比重指数（°API）来表示油品的相对密度，它与 $d_{15.6}^{15.6}$ 的关系为：

$$比重指数（°API）= \frac{141.5}{d_{15.6}^{15.6}} - 131.5 \qquad (2-13)$$

比重指数与相对密度成反比，相对密度越大，比重指数越小。

（二）液体油品相对密度与温度、压力的关系

温度升高油品受热膨胀，体积增大，密度和相对密度减小。在 0～50℃温度范围内，不同温度（t℃）下的油品相对密度可按式（2－14）换算。

$$d_4^t = d_4^{20} - \gamma\ (t-20) \qquad (2-14)$$

式中，γ 为油品体积膨胀系数或相对密度的平均温度校正系数，即温度改变 1℃时油品相对密度的变化值。γ 可由表 2－18 查得。

表 2－18　油品相对密度的平均温度校正系数

d_4^{20}	γ/g · mL^{-1} · ℃$^{-1}$	d_4^{20}	γ/g · mL^{-1} · ℃$^{-1}$	d_4^{20}	γ/g · mL^{-1} · ℃$^{-1}$
0.7000～0.7099	0.000897	0.8000～0.8099	0.000765	0.9000～0.9099	0.000633
0.7100～0.7199	0.000884	0.8100～0.8199	0.000752	0.9100～0.9199	0.000620
0.7200～0.7299	0.000870	0.8200～0.8299	0.000738	0.9200～0.9299	0.000607
0.7300～0.7399	0.000857	0.8300～0.8399	0.000725	0.9300～0.9399	0.000594
0.7400～0.7499	0.000844	0.8400～0.8499	0.000712	0.9400～0.9499	0.000581
0.7500～0.7599	0.000831	0.8500～0.8599	0.000699	0.9500～0.9599	0.000568
0.7600～0.7699	0.000813	0.8600～0.8699	0.000686	0.9600～0.9699	0.000555
0.7700～0.7799	0.000805	0.8700～0.8799	0.000673	0.9700～0.9799	0.000542
0.7800～0.7899	0.000792	0.8800～0.8899	0.000660	0.9800～0.9899	0.000529
0.7900～0.7999	0.000778	0.8900～0.8999	0.000647	0.9900～1.0000	0.000518

在温度变化范围较大时，可根据 GB/T 1885—1998，将测得的油品密度换算成标准密度；如果对相对密度数值上的准确性只要求满足一般工程上的计算时，可以由图 2－8 换算。

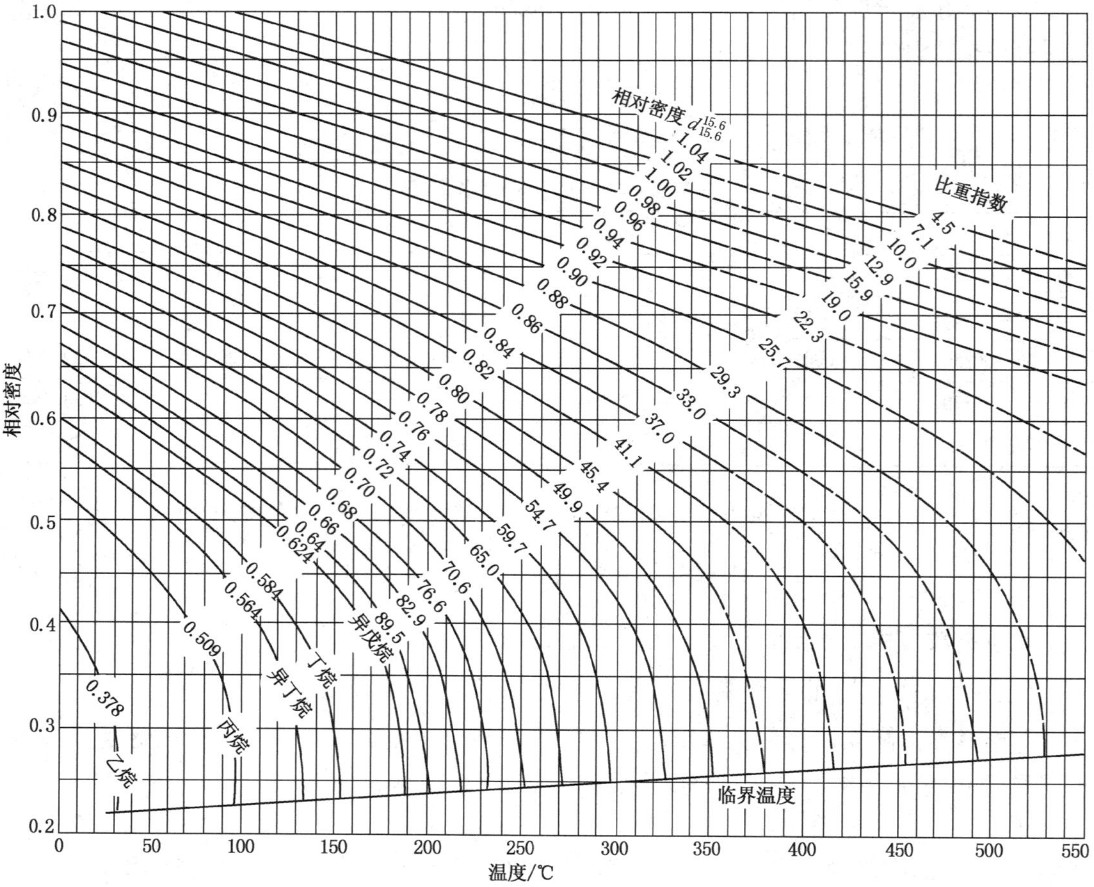

图 2－8　油品相对密度与温度的关系图

［例 2－4］在 28℃下测得某油品的相对密度为 0.8591，试求该油品 20℃和 300℃时的相对密度。

解：从表 2－18 查得相对密度为 0.8591 时温度校正值为 0.000699，代入式（2－14）得：

$$d_4^{20}=d_4^{28}+\gamma\ (28-20)=0.8591+0.000699\times(28-20)=0.8647$$

然后将 $d_4^{20}=0.8647$ 换算为 $d_{15.6}^{15.6}=0.8689$，查图 2－8 求得 300℃时该油品相对密度为 0.665。也可直接由 d_4^{20} 数据粗略的查图 2－9。

液体受压后体积变化很小，压力对液体油品密度的影响通常可以忽略。只有在几十兆帕的极高压力下才考虑压力的影响。

（三）油品相对密度与馏分组成和化学组成的关系

油品相对密度与烃类分子大小及化学结构有关。表 2－19 为各族烃类的相对密度。

从表2－19的数据可以看出，碳原子数相同的各族烃类，因为分子结构不同，相对密度有较大差别。芳香烃的相对密度最大，环烷烃次之，烯烃的稍大于烷烃的，烷烃最小；正构烷烃、正构α-烯烃和正烷基环已烷，其相对密度随碳原子数的增多而增大。正烷基苯则不然，它们的相对密度随碳原子数的增大而减小，这是由于烷基侧链碳原子数增多，苯环在分子结构中所占的比重下降所致。

表2－19　各族烃类的相对密度（d_4^{20}）

烃类	C_6	C_7	C_8	C_9	C_{10}
正构烷烃	0.6594	0.6837	0.7025	0.7161	0.7300
正构α-烯烃	0.6732	0.6970	0.7149	0.7292	0.7408
正烷基环已烷	0.7785	0.7694	0.7879	0.7936	0.7992
正烷基苯	0.8789	0.8670	0.8670	0.8620	0.8601

表2－20为原油及其馏分相对密度的一般范围。对同一原油的各馏分，随着馏程升高，平均分子量增大，相对密度也随之增大。表2－21为不同原油部分馏分的相对密度。数据表明，若原油性质不同，相同沸程的两个馏分的相对密度会有较大的差别，这主要是由于它们的化学组成不同所致。环烷基原油的馏分中环烷烃及芳香烃含量较高，所以相对密度较大；石蜡基原油的相应馏分中烷烃含量较高，因而相对密度较小。对于沸点范围相近的石油馏分，根据密度大小可大致判断其化学属性。

表2－20　原油及其馏分相对密度的一般范围

原油及其馏分	原油	汽油	喷气燃料	轻柴油	减压馏分	减压渣油
相对密度（d_4^{20}）	0.8～1.0	0.74～0.77	0.78～0.83	0.82～0.87	0.85～0.94	0.92～1.00

表2－21　不同原油各馏分的相对密度（d_4^{20}）

馏分（沸程）/℃	大庆原油	胜利原油	孤岛原油	羊三木原油
初馏点～200	0.7432	0.7446	—	0.7650
200～250	0.8039	0.8206	0.8625	0.8630
250～300	0.8167	0.8270	0.8804	0.8900
300～350	0.8283	0.8350	0.8994	0.9100
350～400	0.8368	0.8606	0.9149	0.9320
400～450	0.8574	0.8874	0.9349	0.9433
450～500	0.8723	0.9067	0.9390	0.9483
>500	0.9221	0.9698	1.0020	0.9820
原油	0.8554	0.9005	0.9495	0.9492
原油基属	石蜡基	中间基	环烷－中间基	环烷基

在工程计算中，已知石油馏分的特性因数 K、相对密度 $d_{15.6}^{15.6}$ 和中平均沸点之中任意两个参数，即可由图 2－9 查得该石油馏分任一温度下常压液体密度。

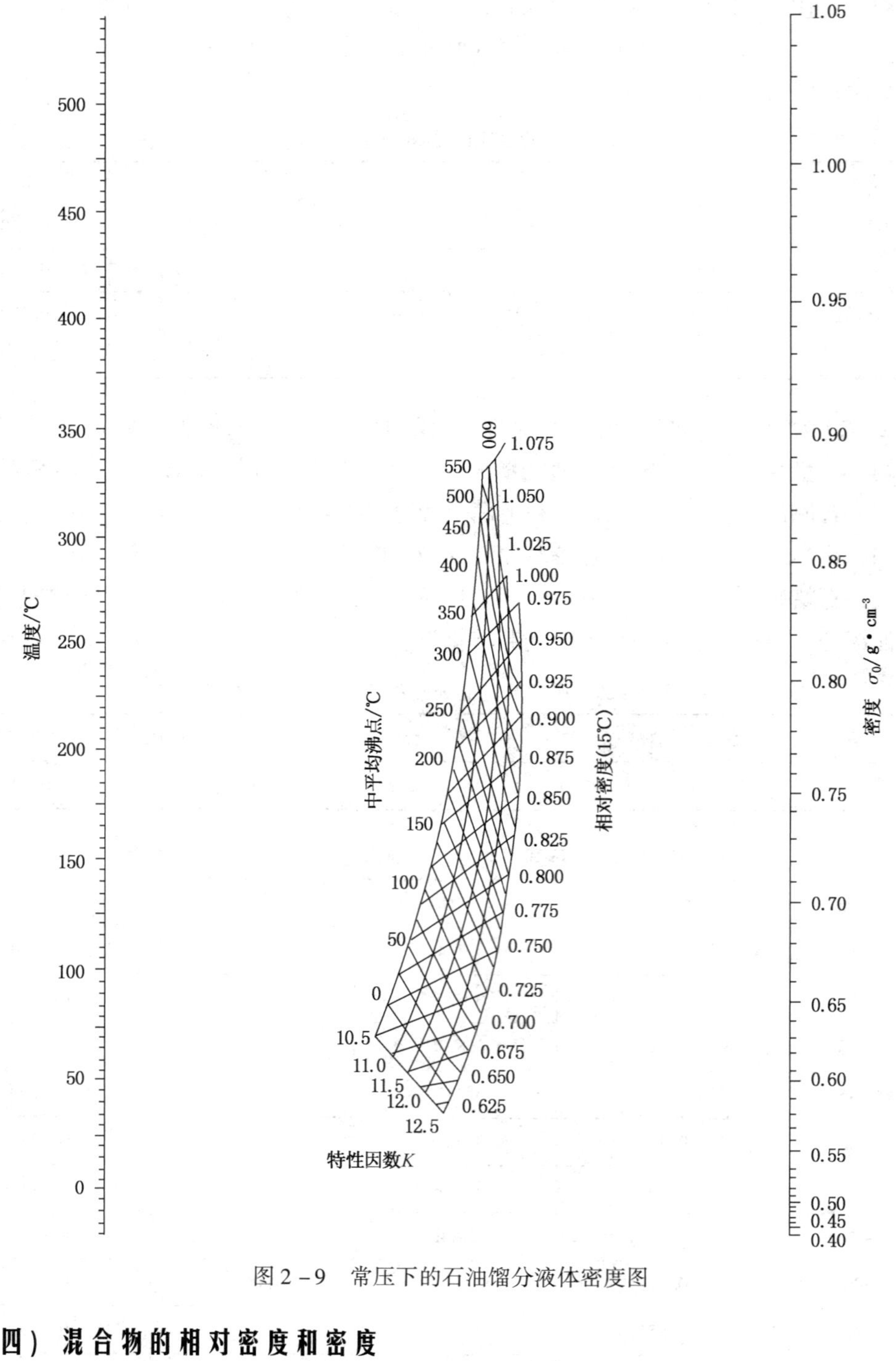

图 2－9　常压下的石油馏分液体密度图

（四）混合物的相对密度和密度

1. 油品混合物的相对密度

属性相近的油品混合时，混合油品的相对密度可近似地按可加性进行计算。

$$d_{混} = \sum_{i=1}^{n} v_i \rho_i = \frac{1}{\sum_{i=1}^{n} \frac{w_i}{\rho_i}} \tag{2-15}$$

式中　v_i 和 w_i——组分 i 的体积分率和质量分率；

ρ_i 和 $\rho_{混}$——组分 i 和混合油品的密度，$kg \cdot m^{-3}$。

性质相差很大的烃类混合时体积可能增大，密度相差很大的石油馏分混合时体积可能减小，所以式（2－15）不是在任何情况下都准确。但在一般情况下油品混合的体积变化不大，利用式（2－15）计算混合油品的密度误差不会很大，可满足工程上的需要。在计算混合油品密度时，各组分的相对密度必须是同一温度条件下的数值。

高黏度油品的相对密度难以直接测定。利用油品相对密度的可加性，用等体积已知相对密度的煤油与之混合，然后测定混合物的相对密度，便可利用式（2－15）算出高黏度油品的相对密度。

2. 气液混合物的密度

在炼油生产过程中，油品有时处于气液混合状态。如果已知气相和液相的质量流率及密度或已知油品汽化率和气、液相密度，则可按下式计算气液混合物的密度。

$$\rho_{混} = \frac{G_{混}}{V_{汽} + V_{液}} = \frac{G_{混}}{\frac{G_{汽}}{\rho_{汽}} + \frac{G_{液}}{\rho_{液}}} \tag{2-16}$$

式中　$\rho_{混}$——气、液混合物的密度，$kg \cdot m^{-3}$；

$\rho_{汽}$、$\rho_{液}$——分别为气相和液相的密度，$kg \cdot m^{-3}$

$G_{混}$——气、液混合物的质量流率，$kg \cdot h^{-1}$；

$G_{汽}$、$G_{液}$——分别为气相和液相质量流率，$kg \cdot h^{-1}$；

$V_{汽}$、$V_{液}$——分别为气相和液相体积流率，$m^3 \cdot h^{-1}$。

油品密度的测定主要有密度计法、韦氏天平法、密度瓶法和 U 形振动管法。密度计法和韦氏天平法在生产中应用最为广泛，密度瓶法主要用于深色或黏稠油品密度的测定。

四、特性因数

特性因数是表征石油及石油馏分化学组成的一个重要参数。它是石油及其馏分平均沸点和相对密度的函数。人们根据大量的数据，将石油及其馏分的相对密度、平均沸点、特性因数关联起来，得出特性因数的数学表达式：

$$K = \frac{(T°R)^{1/3}}{d_{15.6}^{15.6}} = 1.216\,\frac{(T/K)^{1/3}}{d_{15.6}^{15.6}} \tag{2-17}$$

式中　T——油品平均沸点的绝对温度，K。最早是分子平均沸点，后改用立方平均沸点，现在一般用中平均沸点。

对同一族烃类，沸点高相对密度也大，所以同一族烃类的特性因数很接近。在平均沸点相近时，相对密度越大特性因数越小。当相对分子质量相近时，相对密度大小的顺序为芳香烃 > 环烷烃 > 烷烃。所以，烷烃的 K 值最大，环烷烃的次之，芳香烃的 K 值最小。

相对密度对特性因数的影响比平均沸点更大些，所以对同一族烃类或同一原油的不同馏分，分子越大，馏分越重，特性因数越小。

特性因数对于了解石油及其馏分的化学性质、分类、确定原油加工方案等是很有用的。在工艺计算中也常用特性因数结合相对密度或平均沸点来求定油品的其他物理性质，如分子量、热焓等。

特性因数不能准确表征含有大量烯烃、二烯烃、芳香烃的馏分的化学组成特性。

在工艺计算中，常用图表求石油馏分的特性因数。只要知道石油馏分的比重指数、氢碳质量比、苯胺点、相对分子质量、中平均沸点中的任意两个性质的数据，就可由图2－10查取该馏分特性因数的数值。但其中碳氢比及苯胺点这两条线的准确性较差。

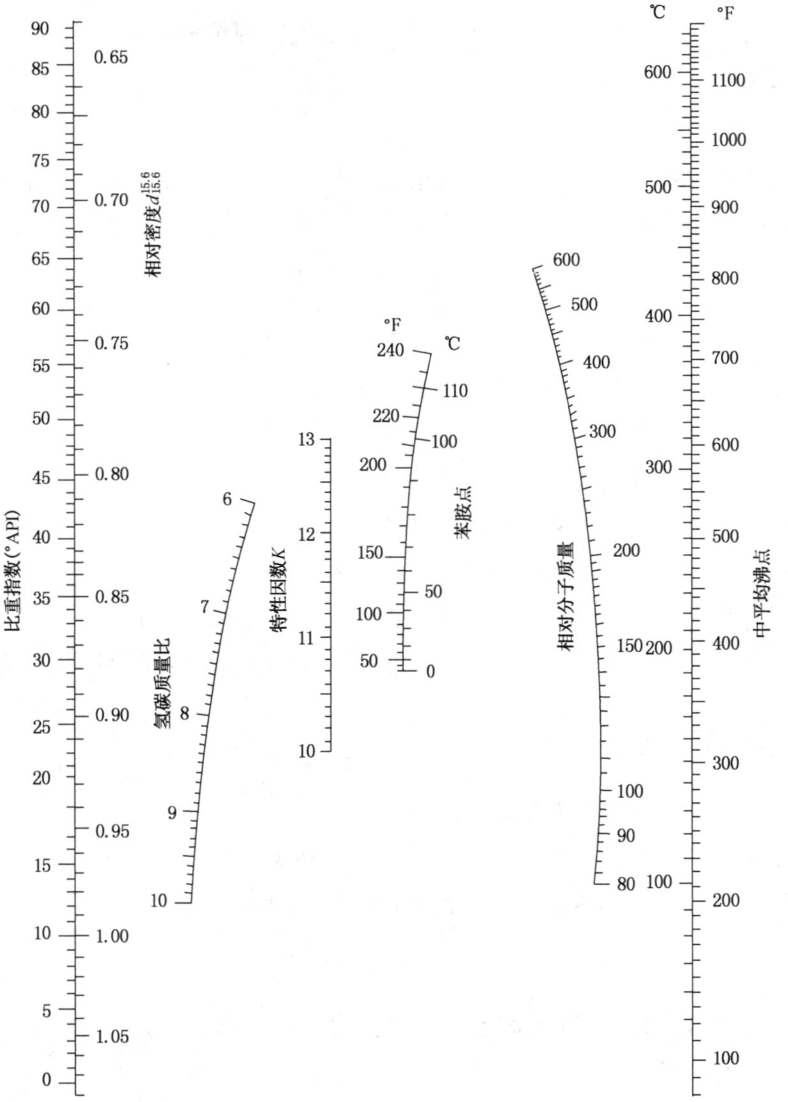

图2－10　石油馏分特性因数和相对分子质量图

对于相对分子质量比较高的石油馏分，由于难以取得可靠的平均沸点数据，常用易于得到的黏度数据由图 2－11、图 2－12 查取该馏分特性因数。

除特性因数外，相关指数 *BMCI*（即美国矿务局相关指数）也是一个与相对密度及沸点相关联的指标，其定义如下：

$$BMCI = \frac{48640}{t_V + 273} + 473.7 \times d_{15.6}^{15.6} - 456.8 \tag{2-18}$$

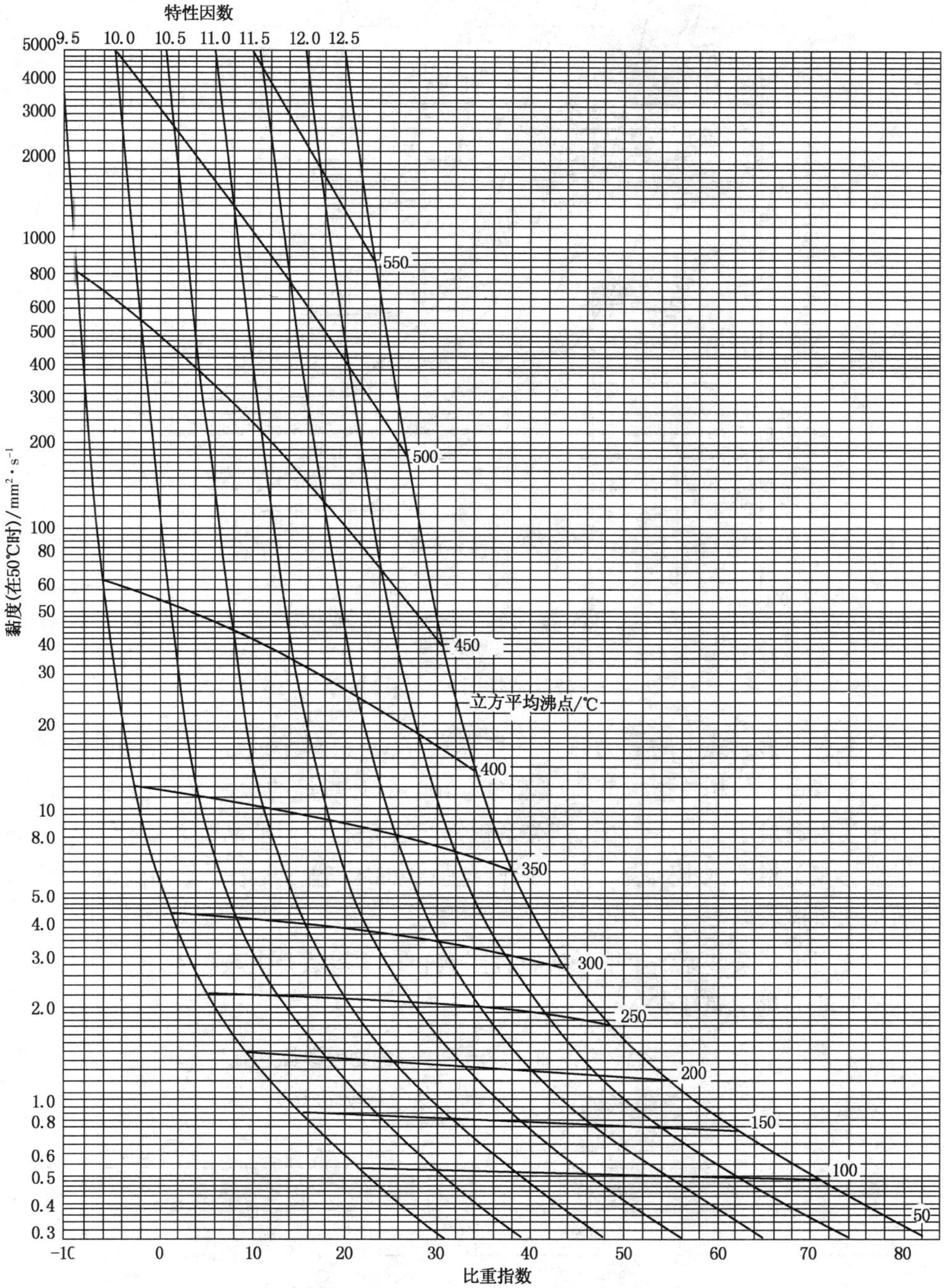

图 2－11　油品特性因数与黏度关系（一）

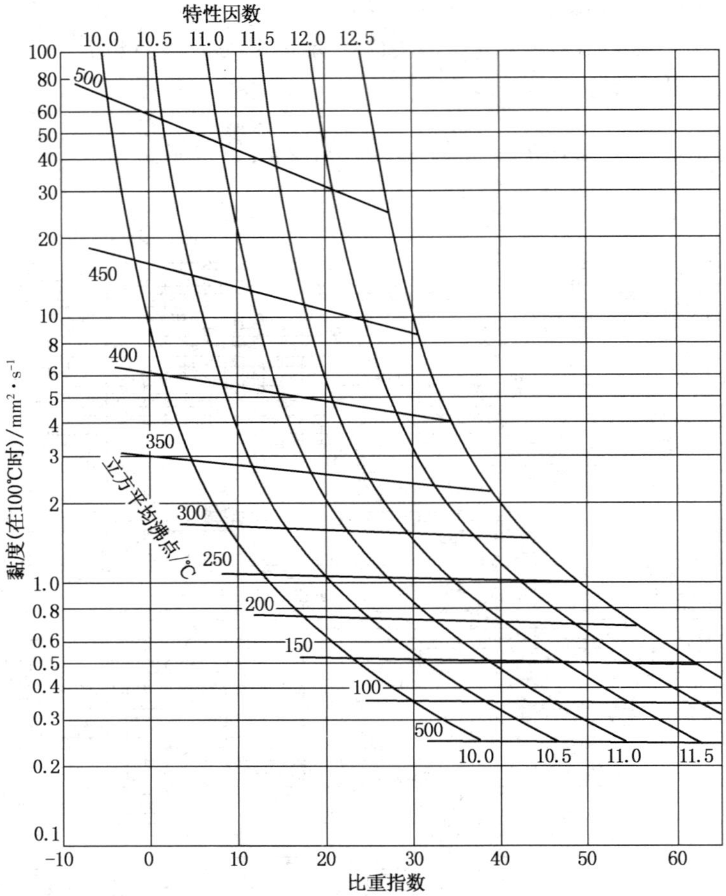

图 2－12　油品特性因数与黏度关系（二）

对于烃类混合物，式中的 t_V 为体积平均沸点（℃）；对于纯烃，t_V 即为其沸点（℃）。对于不同烃类芳香烃的相关指数最高（苯约为100），环烷烃的次之（环已烷约为52），正构烷烃的相关指数最小，基本为0。其关系正好与 *K* 值相反，油品的相关指数越大表明其芳香性越强，相关指数越小则表示其石蜡性越强。*BMCI* 这个指标广泛用于表征裂解制乙烯原料的化学组成。

表 2－22 列出了某些原油窄馏分的特性因数和相关指数，由表可看出，这两种指标都可大体反映原油的化学属性。

表 2－22　各原油实沸点窄馏分的物性参数范围

原油	特性因数（*K*）	相关指数（*BMCI*）	原油基属
大庆	12.0～12.6	17～24	石蜡基
华北	11.9～12.5	14～33	石蜡基
中原	11.7～12.6	17～29	石蜡基
新疆	11.8～12.4	19～32	石蜡－中间基
胜利	11.2～12.2	14～39	中间基

续表

原油	特性因数（K）	相关指数（$BMCI$）	原油基属
辽河	11.4～11.9	28～47	中间基
孤岛	11.1～11.7	36～57	环烷－中间基
羊三木	11.1～11.7	49～62	环烷基

五、平均相对分子质量

石油和石油馏分是各种烃类的复杂混合物，所含化合物的相对分子质量各不相同，范围很宽。石油馏分相对分子质量用平均值来表征，称为平均相对分子质量。石油馏分的平均相对分子质量在工艺计算中是必不可少的原始数据。

对于石油及其馏分这种含有众多相对分子质量不同组分的不均一多分散体系，平均相对分子质量用不同的统计方法可以得到不同定义，最常用的是数均相对分子质量和重均相对分子质量。

数均相对分子质量 $\overline{M}_{\mathrm{n}}$ 是依据溶液的依数性（冰点下降、沸点上升等）来进行测定的。其定义式为：

$$\overline{M}_{\mathrm{n}} = \sum_{i=1}^{n} n_i M_i = \frac{\sum_{i=1}^{n} N_i M_i}{\sum_{i=1}^{n} N_i} = \frac{\sum_{i=1}^{n} W_i}{\sum_{i=1}^{n} N_i} \tag{2-19}$$

式中 n_i——i 组分的摩尔分率；

M_i——i 组分的相对分子质量；

N_i——i 组分的物质的量，mol；

W_i——i 组分的质量，g。

重均相对分子质量 $\overline{M}_{\mathrm{w}}$ 是用光散射方法测定的。其定义式为：

$$\overline{M}_{\mathrm{w}} = \sum_{i=1}^{n} w_i M_i = \frac{\sum_{i=1}^{n} W_i M_i}{\sum_{i=1}^{n} W_i} = \frac{\sum_{i=1}^{n} N_i W_i^2}{\sum_{i=1}^{n} N_i M_i} \tag{2-20}$$

应当指出，对于同一混合体系，$\overline{M}_{\mathrm{n}}$ 与 $\overline{M}_{\mathrm{w}}$ 不相等。这是由于混合物中低相对分子质量部分对 $\overline{M}_{\mathrm{n}}$ 的影响较大，而 $\overline{M}_{\mathrm{w}}$ 则主要受其中高相对分子质量部分的影响。这样，对于同一体系，一般来说 $\overline{M}_{\mathrm{w}} > \overline{M}_{\mathrm{n}}$ 。而 $\overline{M}_{\mathrm{w}} / \overline{M}_{\mathrm{n}}$ 的比值（即多分散系数）的大小可以表征该体系的多分散程度，也就是说，当体系中相对分子质量的分布范围越宽时，其 $\overline{M}_{\mathrm{w}} / \overline{M}_{\mathrm{n}}$ 比值也就越大。

在炼油工艺计算中所用的石油馏分相对分子质量一般是指其数均相对分子质量。

表 2－23 为某些原油不同馏分的平均相对分子质量数据。石油馏分的平均相对分子质量随沸点升高而增大。由于各原油的化学组成特性不同，相同沸程石油馏分的平均相对分子质

量有一定差别。石蜡基原油的相对分子质量最大，中间基原油的次之，环烷基原油的最小。

表 2－23　某些原油馏分的相对分子质量

沸点范围/℃	大庆原油	胜利原油	欢喜岭原油
200～250	193	180	185
250～300	240	205	190
300～350	270	244	234
350～400	323	298	273
400～450	392	374	337
450～500	461	414	362
＞500	1120	1080	1030
原油基属	石蜡基	中间基	环烷基

尽管如此，石油各馏分的平均相对分子质量还是有个大致的范围：汽油馏分 100～120，煤油馏分 180～200，轻柴油馏分 210～240，低黏度润滑油馏分 300～360，高黏度润滑油馏分 370～500。

计算石油馏分平均相对分子质量的经验关联式有很多，下式是常用的关联式之一。

$$M = a + bt_{实} + ct_{实}^2 \tag{2-21}$$

式中　M——平均相对分子质量；

$t_{实}$——实分子平均沸点，℃；

a、b、c——与特性因数有关的常数，见表 2－24。

表 2－24　常数 a、b、c 与特性因数关系

K	10.0	10.5	11.0	11.5	12.0
a	56	57	59	63	69
b	0.23	0.24	0.24	0.225	0.18
c	0.0008	0.0009	0.001	0.00115	0.0014

除此之外，还有改进的 Riazi 关联式、寿德清－向正为关系式等。

当两种或两种以上油品混合时，混合油品的平均相对分子质量可用加和法计算：

$$M_m = \frac{\sum_{i=1}^{n} W_i}{\sum_{i=1}^{n} \frac{W_i}{M_i}} \tag{2-22}$$

式中　M_m、M_i——混合油和组分油 i 的相对分子质量；

W_i——组分 i 的质量。

在工艺计算中常用图表来求定平均相对分子质量。已知石油馏分的相对密度、中平均沸点、特性因数、苯胺点等之中任意两种性质数据，由图 2－9 求定平均相对分子质量，平均误差＜2%。

重质石油馏分的平均相对分子质量，可根据该馏分的黏度查图 2－13 求定重质石油馏分分子量。

润滑油馏分的平均相对分子质量，可根据该馏分的黏度和平均相对分子质量查图2－14求定润滑油的平均相对分子质量。

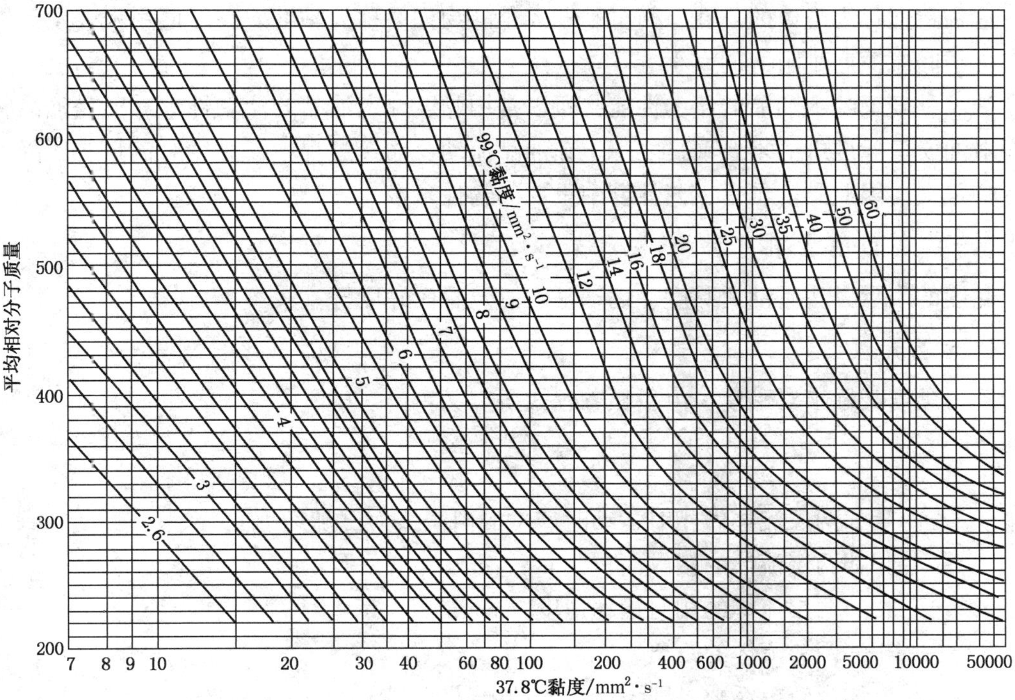

图2－13　重质石油馏分平均相对分子质量图

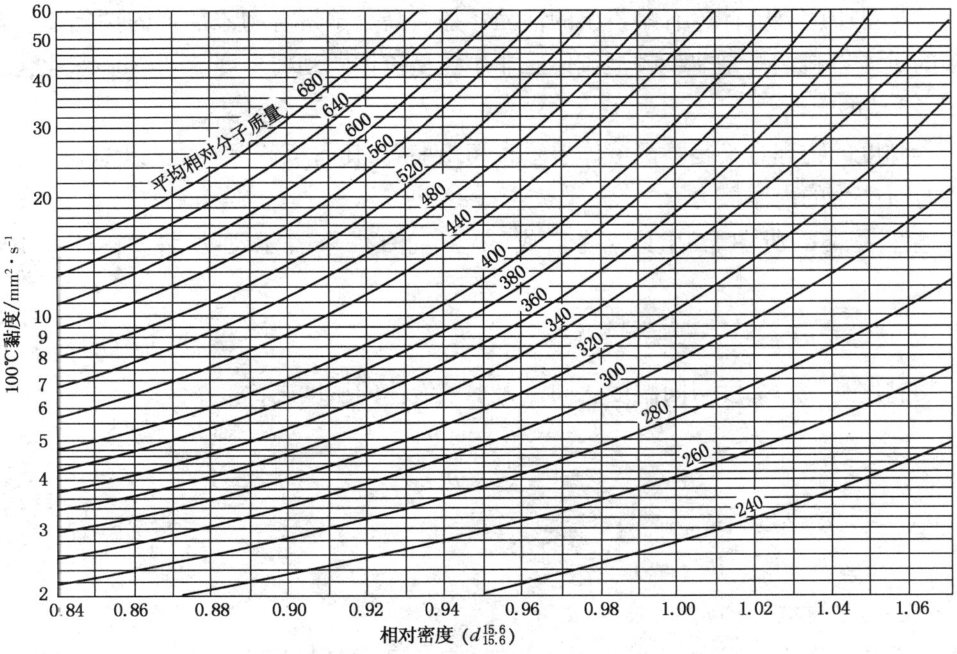

图2－14　润滑油平均相对分子质量图

六、油品的黏度

当流体在外力作用下流动时，相邻两层流体分子间存在的内摩擦力将阻滞流体的流动，这种特性称为流体的黏性，衡量黏性大小的物理量称为黏度。黏度值用来表示流体流动时分子间摩擦产生阻力的大小。

油品黏度反映了油品的流动性能，所以常用黏度评定油品的流动性。黏度是油品特别是润滑油质量标准中的重要项目之一。在油品流动及输送过程中，黏度对流量、压降等参数影响很大，因此黏度也是工艺计算中重要的物性参数。

（一）黏度的表示方法

黏度的表示方法有动力黏度、运动黏度以及恩氏黏度等。

1. *动力黏度*

动力黏度又称绝对黏度，由牛顿方程式所定义：

$$F = \mu S \frac{\mathrm{d}\nu}{\mathrm{d}x} \tag{2-23}$$

式中 F——相邻两层流体做相对运动时产生的内摩擦力（剪切力），N；

S——相邻两层流体的接触面积，m^2；

$\mathrm{d}\nu$——相邻两层流体的相对运动速度，$m \cdot s^{-1}$；

$\mathrm{d}x$——相邻两层流体的距离，m；

μ——流体内摩擦系数，即该流体的动力黏度，$Pa \cdot s$。

动力黏度不随剪切速度梯度 $\mathrm{d}\nu/\mathrm{d}x$ 变化的流体称为牛顿型流体。大多数石油产品在浊点以上时都是牛顿型流体，有蜡析出的油品、加入高分子聚合物添加剂的稠化油、含沥青质较多的重质燃料油等是非牛顿型流体。非牛顿型流体的动力黏度随 $\mathrm{d}\nu/\mathrm{d}x$ 变化，不符合式（2-23）的规律。

动力黏度的物理意义是：两液体层垂直相距1m，其面积各为$1m^2$，以$1m \cdot s^{-1}$相对速度运动时所产生的内摩擦力。

有些图表或手册中常用 P（泊）或 cP（厘泊）来表示动力黏度，$1P = 100cP = 0.1Pa \cdot s$。

2. *运动黏度*

运动黏度是动力黏度与同温度、同压力下该液体的密度之比。

$$\nu_t = \frac{\mu_t}{\rho_t} \tag{2-24}$$

式中 ν_t——运动黏度，$m^2 \cdot s^{-1}$；

μ_t——动力黏度，$Pa \cdot s$；

ρ_t——t℃时液体的密度，$kg \cdot m^{-3}$。

实际生产及工艺计算中常以 $mm^2 \cdot s^{-1}$ 作为油品质量指标中的运动黏度单位，$1m^2 \cdot s^{-1} = 10^6 mm^2 \cdot s^{-1}$。有些图表或手册中常用 St（斯）或 cSt（厘斯）来表示运动黏度，

$1St = 100cSt = 100mm^2 \cdot s^{-1}$。

液体石油产品运动黏度的测定按 GB/T 265—88《石油产品运动黏度测定法和动力黏度计算法》标准试验方法进行，主要仪器是玻璃毛细管黏度计。油品的运动黏度与一定体积的该油品流经毛细管的时间成正比，对于一定型式的黏度计，运动黏度可由下式求得：

$$\nu_t = c\tau \tag{2-25}$$

式中　c——黏度计常数，$m^2 \cdot s^{-2}$；

τ——一定体积的流体在某温度下流过毛细管所需的时间，s。

毛细管黏度计只能用来测定符合牛顿型体系的油品黏度。每支毛细管黏度计均有特定的黏度常数，它与黏度计的几何形状有关，需用已知黏度的标准油样加以标定。对于非牛顿型体系的流体，由于其黏度是剪切速率的函数，不能用毛细管黏度计，需用旋转式黏度计来测量。

3. 条件黏度

石油商品规格中还有各种条件黏度，如恩氏黏度、赛氏黏度、雷氏黏度等。它们都是用特定仪器在规定条件下测定的，称为条件黏度。恩氏黏度是试样在某 t℃时，从恩氏黏度计中流出 200mL 的时间与 20℃同体积的蒸馏水流出的时间之比，用符号°E 表示。欧美各国常用条件性黏度，具体见表 2－25。

表 2－25　各种黏度计的使用范围

黏度计种类	主要采用国家和地区	测定范围		使用温度范围/℃	
		最大	常用	最大	常用
运动黏度计/$mm^2 \cdot s^{-1}$	国际通用	1.2～15000	2～5000	－100～250	20～100
恩氏黏度计/°E	俄、德等部分欧洲国家	1.5～3000	6.0～300	0～150	20～100
赛氏（通用）黏度计/s	英美等英制国家	1.5～500	2.0～350	0～100	37.8～98.9
赛氏（重油）黏度计/s	英美等英制国家	50～5000	5～1200	25～100	37.8～98.9
雷氏 1 号黏度计/s	英美等英制国家	1.5～6000	9.0～1400	25～120	25～100
雷氏 2 号黏度计/s	英美等英制国家	50～2800	120～500	0～100	0～100

条件黏度可以相对衡量油品的流动性，但它不具有任何物理意义，只是一个公称值。运动黏度与各种条件黏度之间的近似比值为：运动黏度（$mm^2 \cdot s^{-1}$）：恩氏黏度（°E）：塞氏通用黏度（SUS）：雷氏黏度（RIS）＝1：0.132：4.62：4.05。

（二）油品黏度与组成的关系

烃类的黏度与烃类分子的大小和结构有密切关系。表 2－26、表 2－27 及表 2－28 是某些烃类的黏度值，从表中可以看出：通常，当碳原子数相同时，各种烃类黏度大小排列的顺序为正构烷烃＜异构烷烃＜芳香烃＜环烷烃。也就是说，当相对分子质量相近时，具有环状结构的烃类分子的黏度大于链状结构的，而且烃类分子中的环数越多其黏度也就越大；烃类分子中的环数相同时，侧链越长黏度越大。对于同一系列的烃类，除个别情况外，随烃类的相对分子质量增大，分子间引力增大，黏度也越大。

表 2－26　烃类的黏度（25℃）

烃类	绝对黏度/mPa·s	烃类	绝对黏度/mPa·s	烃类	绝对黏度/mPa·s
正己烷	0.298		0.895		0.601
正庚烷	0.396	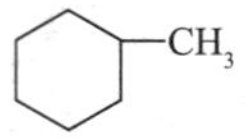	0.683	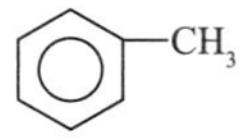	0.550
正辛烷	0.514	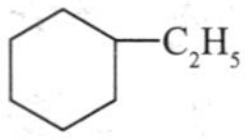	0.785	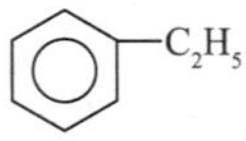	0.635
正壬烷	0.668	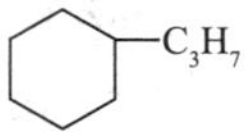	0.931	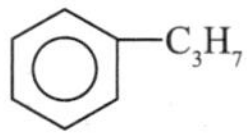	0.796
正癸烷	0.859	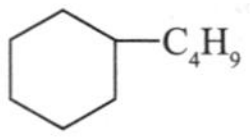	1.204	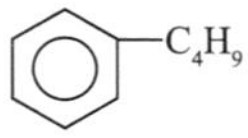	0.957

表 2－27　烃类分子中环数对黏度的影响（98℃）

烃类	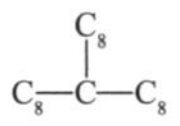	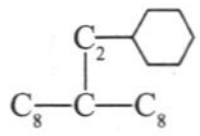	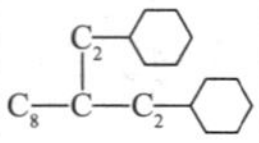	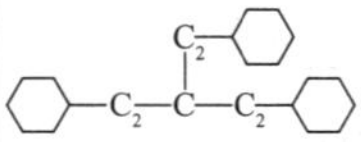	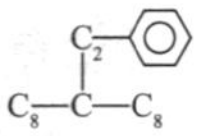	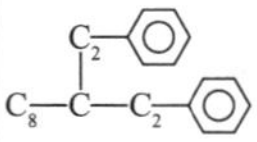	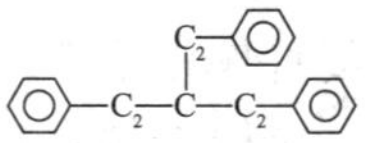
运动黏度/ $mm^2 \cdot s^{-1}$	2.49	3.29	4.98	10.10	2.53	2.74	3.82

表 2－28　环状烃类分子中侧链长度对黏度的影响（100℃）

烃类	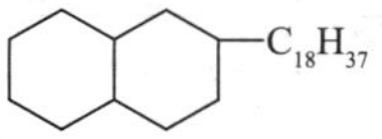	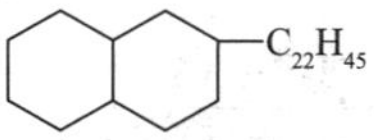		
赛氏（通用）黏度/s	148.0	208.0	113.5	168.0

石油馏分的黏度与馏分组成也是密切相关的。表 2－29 为不同类型原油一些馏分的运动黏度，从表中数据可看出：对同种原油，馏分越重，黏度越大；不同原油的相同馏分中，含环状烃多的（K 值小）油品比含烷烃多的（K 值大）具有更高的黏度。

表 2－29　不同类型原油一些馏分的运动黏度

馏程/℃	大庆原油			羊三木原油		
	d_4^{20}	K	ν_{50}	d_4^{20}	K	ν_{50}
200～250	0.8039	11.90	11.90	0.8630	11.12	1.71
250～300	0.8167	12.08	12.08	0.8900	11.13	3.43
300～350	0.8283	12.28	12.28	0.9100	11.21	7.87
350～400	0.8368	12.49	12.49	0.9320	11.25	23.97
400～450	0.8574	12.57	12.57	0.9433	11.34	146.29

（三）油品黏度与温度的关系

温度升高时液体分子间距离增大，分子间引力相对减弱，所以液体的黏度随温度的升高而减小；石油产品也一样，油品黏度随温度升高而减小，最终趋近一个极限值，各种油品的极限黏度都非常接近。

1. 油品黏度随温度变化的关系式

油品黏度与温度的关系一般用以下经验式关联：

$$\lg\lg(\nu_t + a) = b + m\lg T \qquad (2-26)$$

式中 ν_t——油品的运动黏度，$mm^2 \cdot s^{-1}$；

T——油品的绝对温度，K；

a、b、m——与油品性质有关的经验常数。国外油品常取 $a = 0.8$，我国油品取 $a = 0.6$ 较为适宜。

根据式（2－26），若已知某油品在两个不同温度下的黏度，即可算出 b 和 m，从而可计算该油品任意温度下的黏度。也可以 $\lg T$ 为横坐标，$\lg\lg(\nu_t + 0.6)$ 为纵坐标的作图法求取。此法比较简便，但由于取了两次对数，使许多黏温性质相差很大的油品在图上看来直线斜率相差很小，所以误差较大；直线外延过远时误差更大，而且只适用于牛顿体系的液体。

2. 黏温性质

油品黏度随温度变化的性质称为黏温性质。黏温性质是衡量润滑油产品性质的重要质量指标。油品黏温性质的表示方法有许多种，最常用的有黏度比和黏度指数。

（1）黏度比。黏度比是油品两个不同温度下的黏度之比。通常用50℃和100℃运动黏度比值（ν_{50}/ν_{100}）来表示。有时也用－20℃和50℃运动黏度之比。对于黏度水平相当的油品，黏度比越小，表示油品的黏度随温度变化越小，黏温性质越好。这种表示法比较直观，可以直接得出黏度变化的数值。但有一定的局限性，它只能表示油品在50～100℃或－20～50℃范围内的黏温特性。对黏度水平相差较大的油品，不能用黏度比来比较黏温性质的优劣。

（2）黏度指数。黏度指数（VI）是目前世界上通用的表征黏温性质的指标，是表示油品黏温性质比较好的方法。黏度指数越高，表示油品的黏温性质越好。GB/T 1995—1998《石油产品黏度指数计算法》中规定，人为地选定两种油作为标准，其一为黏温性质好的 H 油，黏度指数规定为100；另一种黏温性质差的 L 油，其黏度指数规定为0。将这两种油切割成若干窄馏分，分别测定各馏分在100℃及40℃的运动黏度，在两组标准油中分别选出100℃黏度相同的两个窄馏分组成一组，列成表格。试样油品与两种标准油比较计算出黏度指数。表2－30为两种标准油某些组的黏度数据。

表 2-30　标准油某些组的黏度数据（L、D、H）

运动黏度（100℃）/$mm^2 \cdot s^{-1}$	运动黏度（40℃）/$mm^2 \cdot s^{-1}$		
	L	H	$D=L-H$
8.60	113.9	66.48	47.40
8.70	116.2	67.64	48.57
8.80	118.2	68.79	49.75
8.90	120.9	69.94	50.96
9.00	123.3	71.10	52.20

欲确定试油的黏度指数，先测定试油在40℃和100℃时的运动黏度，然后在表中查得100℃运动黏度与试油相同的标准油的数据，按式（2-31）计算。

对于 $VI \leqslant 100$ 的油品：

$$VI=\frac{L-U}{L-H}\times 100 \tag{2-27}$$

式中　U——试油在40℃的运动黏度，$mm^2 \cdot s^{-1}$；

L——与试油100℃运动黏度相同，黏度指数为0的标准油在40℃时的运动黏度，$mm^2 \cdot s^{-1}$；

H——与试油100℃运动黏度相同，黏度指数为100的标准油在40℃时的运动黏度，$mm^2 \cdot s^{-1}$；

对于 $VI>100$ 的油品：

$$VI=\frac{(10^N)-1}{0.00715}+100 \tag{2-28}$$

$$N=\frac{\lg H-\lg U}{\lg \nu_{100}} \tag{2-29}$$

试油100℃的运动黏度在2～70$mm^2 \cdot s^{-1}$内，可由表直接查得 L 和 H 值后利用公式直接计算。若数据落在所给两个数据之间，可采用内插法求得 L 和 D 值，再代入公式计算；试油100℃的运动黏度大于70$mm^2 \cdot s^{-1}$时，按下列两式计算 L 和 H 值后，再代入公式计算试样的黏度指数。

$$L=0.8353\,\nu_{100}^2+14.67\,\nu_{100}-216 \tag{2-30}$$

$$H=0.1683\,\nu_{100}^2+11.85\,\nu_{100}-97 \tag{2-31}$$

［例2-5］ 已知某试样在40℃和100℃时的运动黏度分别为73.3$mm^2 \cdot s^{-1}$和8.86$mm^2 \cdot s^{-1}$，求该试样的 VI。

解：由100℃时的运动黏度8.86$mm^2 \cdot s^{-1}$，查表2-30并用内插法计算得

$$L=118.2+\frac{8.86-8.80}{8.90-8.80}\times(120.9-118.2)=119.94$$

$$D=49.75+\frac{8.86-8.80}{8.90-8.80}\times(50.96-49.75)=50.48$$

则

$$VI=\frac{L-U}{D}\times 100=\frac{119.94-73.30}{50.48}\times 100=92.39$$

黏度指数的计算结果要求用整数表示，所以本例中 $VI \approx 92$。

上述黏度指数的计算方法可用图 2－15 表示。L 标准油、H 标准油以及试油在 100℃时的黏度相同，温度降低黏度增大，但三种油的黏温性质不同，所以黏度增大程度不同。图中三条直线的斜率反映了三种油品黏度随温度变化的程度差异。

对于黏温性质很差的油品，其黏度指数可以是负值。

更简便的方法是测定油品 50℃和 100℃运动黏度，通过 GB/T 1995—1998 附录 A 所给的黏度指数计算图（图 2－15）直接查出黏度指数。

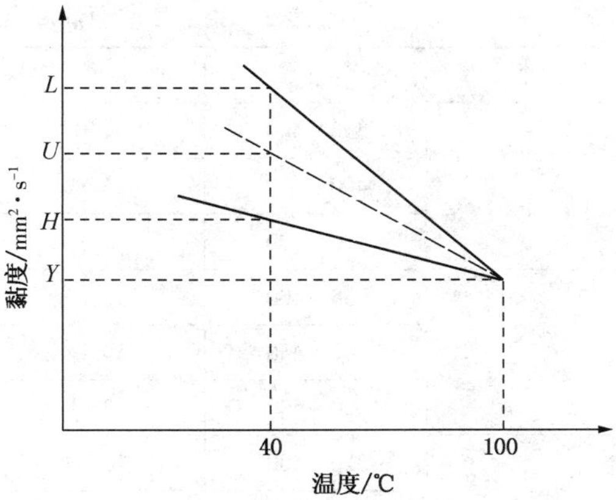

图 2－15　黏度指数示意图

3. 油品黏温性质与化学组成的关系

烃类的黏温性质与分子的结构有密切的关系。表 2－31 为某些烃类的黏度指数。从表中数据可以看出：正构烷烃的黏温性质最好，异构烷烃的黏温性质比正构烷烃差，且分支程度越大，黏温性质越差；环状烃的黏温性质比链状烃差，分子中环数越多，黏温性质越差，甚至黏度指数为负值；烃类分子中环数相同时，烷基侧链越长黏温性质越好，侧链上有分支也会使黏度指数下降。

综上所述，正构烷烃的黏温性质最好，少环长烷基侧链的烃类黏温性质良好，多环短侧链的环状烃类的黏温性质很差。

表 2－31　烃类的黏度指数

烃类	黏度指数（VI）	烃类	黏度指数（VI）	烃类	黏度指数（VI）
n-C_{26}	177	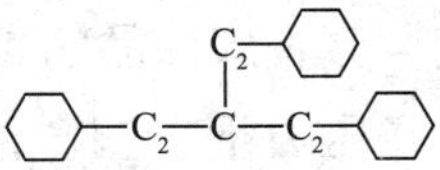	－6	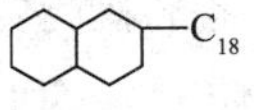	144
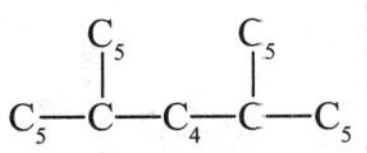	72	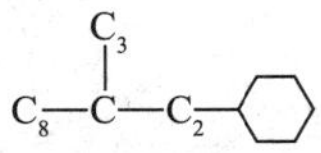	108	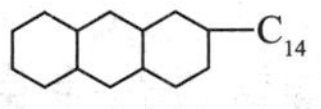	40
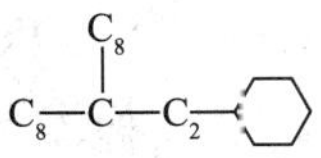	101	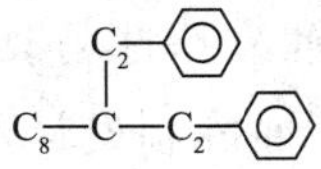	77	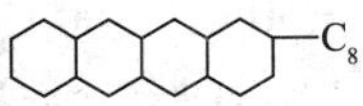	－70
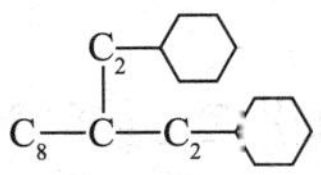	70	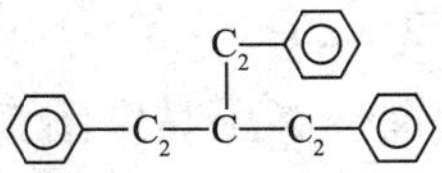	－15	—	—

石油及石油馏分的黏温性质也与化学组成有关。烷烃和少环长侧链的环状烃含量越多，黏温性质越好。石蜡基原油馏分的黏温性质最好，中间基的次之，环烷基的最差。这是因为石蜡基原油中含有较多黏温性质良好的烷烃和少环长侧链的环状烃，而在环烷基原油中则含有较多黏温性质不好的多环短侧链的环状烃。表 2－32 为某些原油减压馏分油的

黏度比和黏度指数。

表 2－32　某些原油减压馏分油的黏度比和黏度指数

原油	沸程/℃	$\nu_{50}/mm^2 \cdot s^{-1}$	$\nu_{100}/mm^2 \cdot s^{-1}$	黏度比 ν_{50}/ν_{100}	黏度指数（VI）
大庆（石蜡基）	350～400	6.91	2.66	2.60	200
	400～450	15.82	4.65	3.40	140
	450～500	—	8.09	—	—
新疆（中间基）	350～400	13.00	3.70	3.51	80
	400～450	39.74	7.45	5.33	70
	450～500	128.8	16.20	7.96	60
孤岛（环烷－中间基）	350～400	16.03	3.99	4.02	40
	400～450	102.0	12.15	8.40	12
	450～500	219.3	19.22	11.41	0
羊三木（环烷基）	350～400	23.27	4.72	4.93	0
	400～450	146.3	13.66	10.71	－35
	450～500	356.9	23.37	15.27	<－100

（四）油品黏度与压力的关系

液体所受的压力增大时，分子间的距离缩小，引力增强，导致黏度增大。4MPa 以下的压力对石油产品黏度的影响不大，4MPa 以上时影响较大，高于 20MPa 时有显著的影响。例如在 35MPa 的压力下，油品的黏度约为常压下的两倍。当压力进一步增加时，黏度的变化率增大，甚至使油品变成膏状半固体。黏度的这种性质对于重负荷下应用的润滑油特别重要。压力在 4MPa 以上时，应对油品黏度作压力校正。

油品黏度随压力变化的性质与分子结构有关。分子构造复杂，环上的碳原子数越多，黏度随压力的变化率就越大。沥青质和环烷－芳香族油品的黏度随压力增高而变化的速率要比石蜡基油品快。在 500～1000MPa 的极高压力下，润滑油因黏度增大而失去流动性，变为塑性物质。

（五）油品黏度的求定

油品常压下 50℃、100℃的黏度可分别从油品特性与黏度关系图查得，37.8℃和 99℃的黏度可从石油馏分常压液体黏度图（见《石油炼制设计数据图表集》）查得。其他温度下的黏度可利用油品黏度与温度的关系式（2－26）换算。

高压下油品的黏度，一般估算可由石油馏分高压黏度图查得（见《石油化工工艺计算图表》）。更准确的高压黏度数据可由式（2－32）计算得到，该式不宜用于压力高于 70MPa 的体系。

$$\log\frac{\mu}{\mu_0} = 0.0147P(0.0239 + 0.01638\mu_0^{0.278}) \qquad (2-32)$$

式中　μ——温度 t℃及压力 P 下的黏度，mPa·s；

μ_0 ——温度 t℃及常压下的黏度，mPa·s；

P ——系统压力，10^5Pa。

利用油品的性质参数从图表上查得的黏度误差高达20%，因此，工艺计算和工业生产中应尽可能采用实测的数据。

（六）油品的混合黏度

润滑油等产品常常用两种或两种以上馏分调合而成，因此需要确定油品混合物的黏度。

黏度没有可加性，相混合的两组分其组成及性质相差越远，黏度相差越大，则混合后的黏度与用加和法计算出的黏度值相差就越大。混合油品的黏度最好实测，不便实测时，可用经验公式和图表求取。图2－16可用于求取油品任一混合组成的黏度；也可根据两种油品的黏度和混合油的黏度求两种油品的调合比。

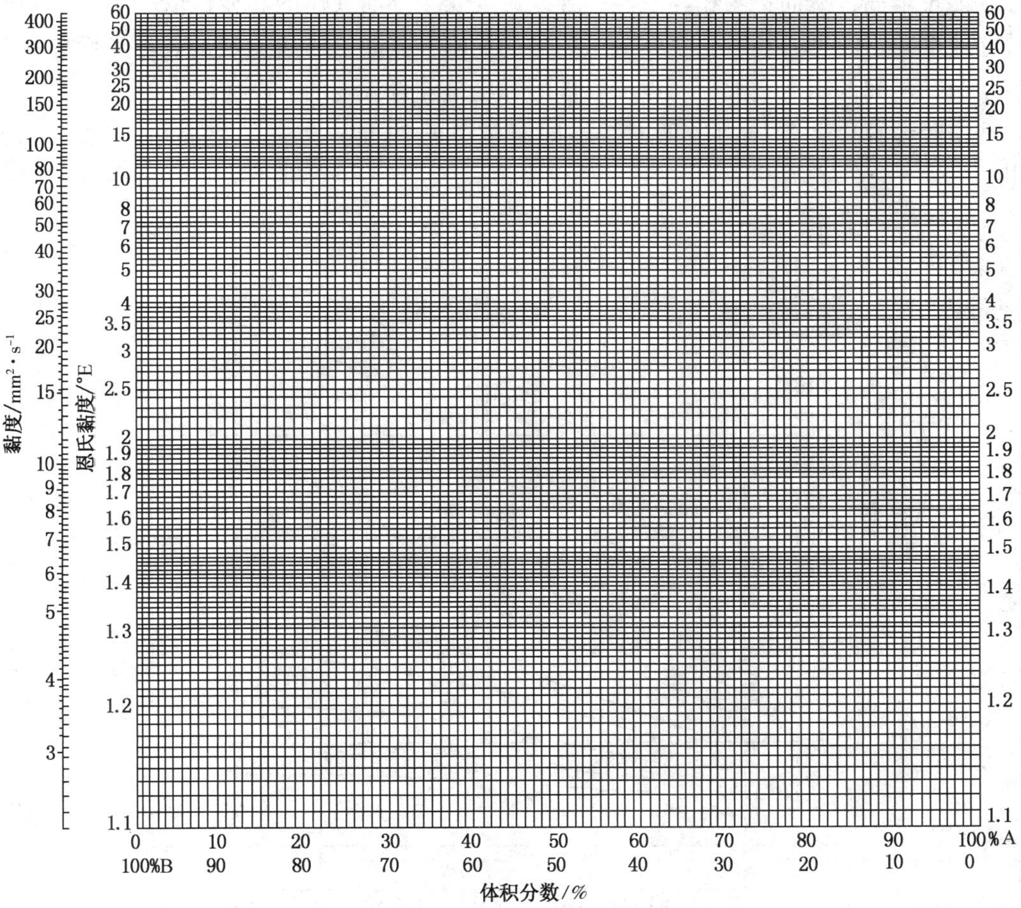

图2－16　油品混合黏度图

［例2－6］两种润滑油黏度分别为$°E_{20}=35$及$°E_{20}=6.5$，欲得到$°E_{20}=20$的混合油，试求二者的混合比例。

解：将两种润滑油的黏度值$°E_{20}=35$及$°E_{20}=6.5$分别标于图2－16中A、B两侧的纵坐标上，两点间连一直线。从°$E=20$点作一直线平行于横坐标轴，与上一直线相交。过交点作一直线垂直于横坐标轴，直线与坐标轴的交点上行即为组分 A 的体积分数 70%，下行即为组分 B 的体积分数 30%。所以欲得到°$E_{20}=20$的混合油，只要将 70%（体）的°$E_{20}=35$的油与 30%（体）°$E_{20}=6.5$的油混合即可。

[例 2-7] 已知油品 A 的黏度°$E_{100}=2$，油品 B 的黏度°$E_{100}=20$，按 26%（体）A 和 74%（体）B 的比例调合，求混合油黏度。

解：将两种油品的黏度值°$E_{100}=2$及°$E_{100}=620$分别标于图 2-16 中 A、B 两侧的纵坐标上，两点间连一直线。从 A 油为 26% 处作垂线与上一直线相交，自交点作水平线与纵轴的交点°$E_{100}=9$即为混合油品的黏度。

（七）气体的黏度

气体的黏滞性与液体有本质区别。液体的黏滞性源于其分子间的引力，当温度升高时其分子能量增高，从而更易相互脱离，导致黏度变小。而气体的黏滞性取决于分子间的动量传递速度。当温度升高时，气体分子的运动加剧，其动量传递速度加快，从而导致在相对运动时其层间的阻力增大。所以，气体的黏度是随着温度的升高而增大的。

在工程计算中，当压力较低时，不同温度下石油馏分蒸气的黏度可从图 2-17 中查得。

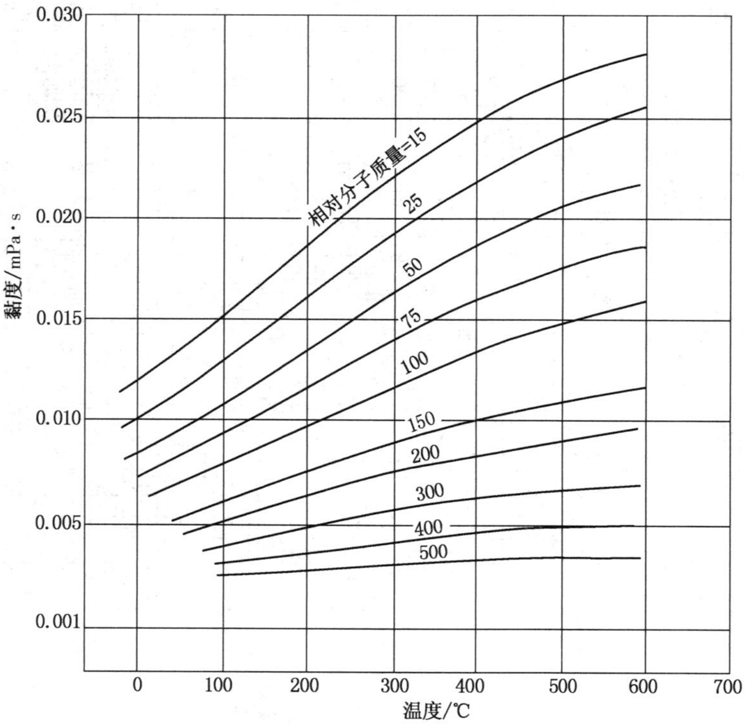

图 2-17　石油馏分蒸气黏度图

七、临界性质、压缩因子与偏心因子

（一）临界性质

为了制取更多的高质量的燃料和润滑油等石油产品，常要将石油馏分在高温、高压下加工。在高压状态下，实际气体不符合理想气体分压定律，实际溶液也不符合理想溶液蒸气压定律，因此在高压条件下应用理想气体和理想溶液定律时需要校正，这就要借助于临界性质。

纯物质处于临界状态时，液态与气态的界面消失，气体和液体呈混浊状无法区别。温度高于临界点时，无论压力多高也不能使气体液化，因而临界点的温度是实际气体能够液化的最高温度，称为临界温度 T_c；在临界温度下能使该实际气体液化的最低压力称为临界压力 P_c；实际气体在其临界温度与临界压力下的摩尔体积称为临界体积 V_c。

纯物质的临界常数可从有关图表集或手册中查到。

1. 二元混合物的临界性质

石油馏分及烃类混合物的临界点的情况很复杂。下面先分析二元系统的临界状态。图2－18是含正戊烷47.6%和正己烷52.4%的二组分混合物的 *P-T* 关系图。

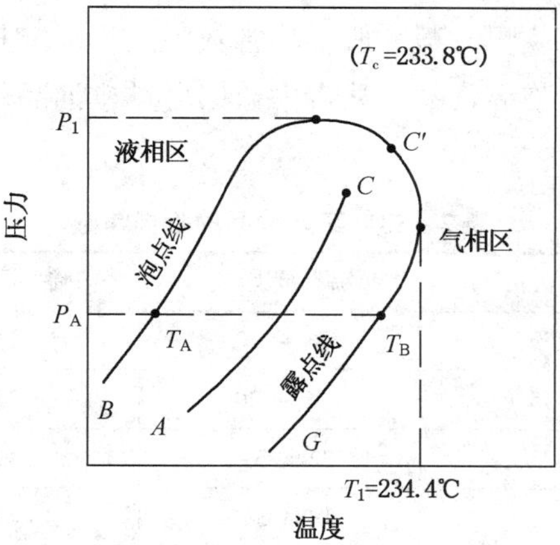

图2－18　正戊烷－正己烷的 *P-T* 关系图

图中在 BT_AC 线上是液体刚刚开始沸腾的温度，称为泡点线；在 GT_BC 线上是气体刚刚开始冷凝的温度，称为露点线。泡点线左方是液相区，露点线右方是气相区，两曲线之内是两相区。此混合物在某一压力 P_A 下加热，温度升至 T_A 时开始沸腾，但一经汽化液相中正戊烷的组分浓度就减少了，为保持饱和蒸气压仍为 P_A，必须相应地提高液相温度。随汽化率的增大，体系的温度也逐步升高。温度达到 T_B 时，混合物全部汽化。T_A～T_B 是该混合物在压力 P_A 下的沸点范围。泡点线与露点线的交点 C 称为临界点。与纯烃不同，C 点不是气液相共存的最高温度 T_1 点，也不是气液相共存的最高压力 P_1 点。对于纯化合物，这三个点是重合的，如 AC' 线上的 C' 点。

这就是说混合物在高于其临界点的温度下仍可能有液体存在，直到 T_1 点为止。T_1 点的温度称为临界冷凝温度。在高于临界点的压力下仍可能有气体存在，直到 P_1 点为止。P_1 点的压力称为临界冷凝压力。临界点 C 随混合物组成变化而改变。

混合物的临界点 C 是根据试验测定的，通常称为真临界温度 T_c 与真临界压力 P_c。

在图 2－18 中，如果用一种挥发度与二元混合物相当的纯烃作蒸气压曲线 AC'，C' 点即称为该二元混合物的假临界点（或称虚拟临界点），T_c' 与 P_c' 表示假临界点的温度和压力。当涉及混合物的物性关联时，常用假临界常数。

假临界常数定义如下：

$$\text{假临界温度 } T_c' = \sum_{i=1}^{n} x_i T_{ci} \tag{2-33}$$

$$\text{假临界压力 } P_c' = \sum_{i=1}^{n} x_i P_{ci} \tag{2-34}$$

式中　T_{ci}、P_{ci} ——混合物中 i 组分的临界温度与临界压力；

x_i ——混合物中 i 组分的摩尔分数。

石油馏分体系比二元混合物体系复杂得多，但基本情况大致是相似的。石油馏分也有真、假临界常数。石油馏分的假临界常数是一个假设值，是为了便于查阅油品的一些物理常数的校正值而引入的一种特性值。

石油馏分的真临界常数和假临界常数的数值不同，在工艺计算中用途也不同。在计算石油馏分的汽化率时常用真临界常数。假临界常数则用于求定其他一些理化性质。

表 2－33 是几种油品的临界常数。从表中数据可见，油品越重，临界温度越高，而临界压力越低。

表 2－33　某些油品的临界常数

油　品	密度/g·cm^{-3}	沸点范围/℃	临界温度/℃	临界压力/MPa
汽　油	0.759	54～220	216	3.47
汽　油	0.755	96～120	227	3.14
煤　油	0.823	224～315	432	2.21
煤　油	0.836	188～316	436	2.11
粗柴油	0.836～0.887	—	453～478	约 1.03
润滑油	0.834	—	455	—

2. 石油馏分临界常数的求取方法

石油馏分临界常数的实际测定比较困难，一般常借助其他物性数据用经验关联式或有关图表求取。

石油馏分的真、假临界温度（T_c、T_c'）从图 2－19 和图 2－20 查得。假临界压力 P_c' 从图 2－21 查得；真临界压力 P_c 从图 2－22 根据真临界温度与假临界温度的比值以及假临界压力来求定。

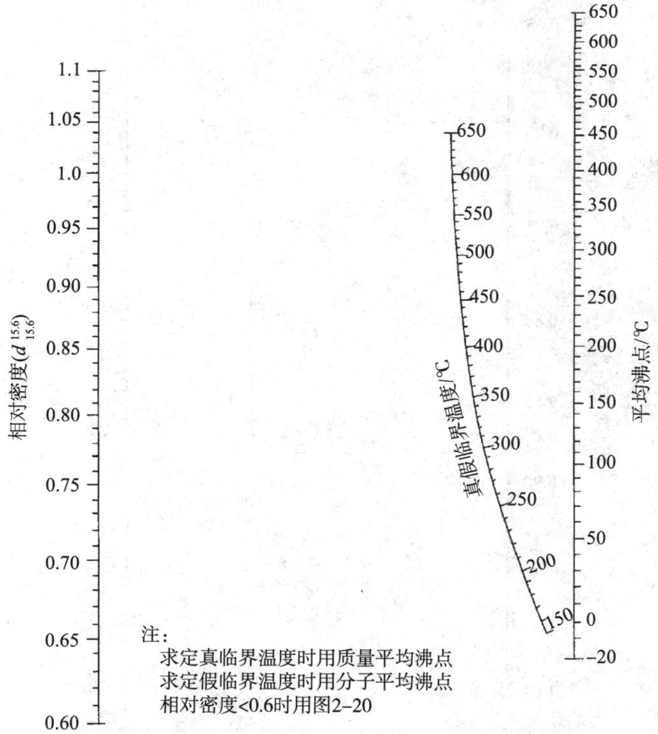

图 2－19　烃类混合物和石油馏分的真、假临界温度图（一）

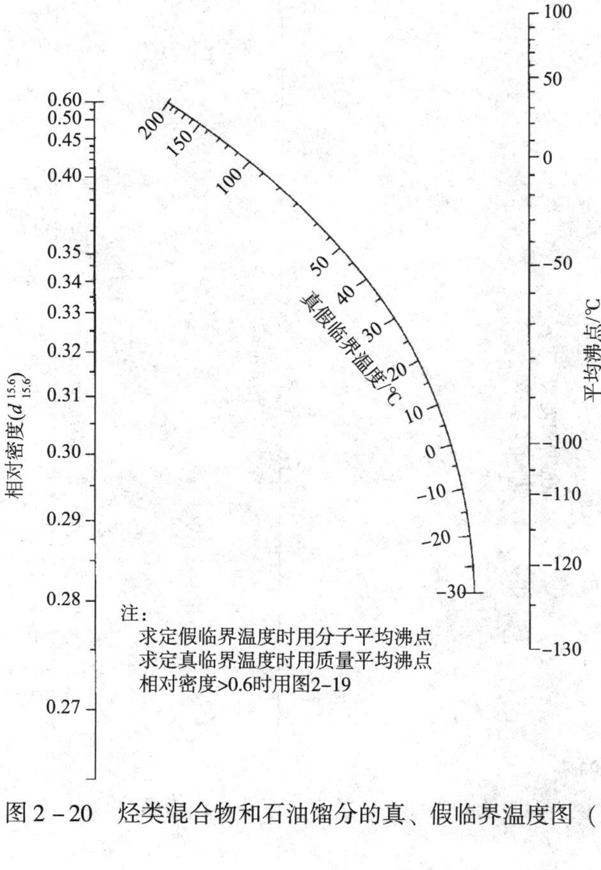

图 2－20　烃类混合物和石油馏分的真、假临界温度图（二）

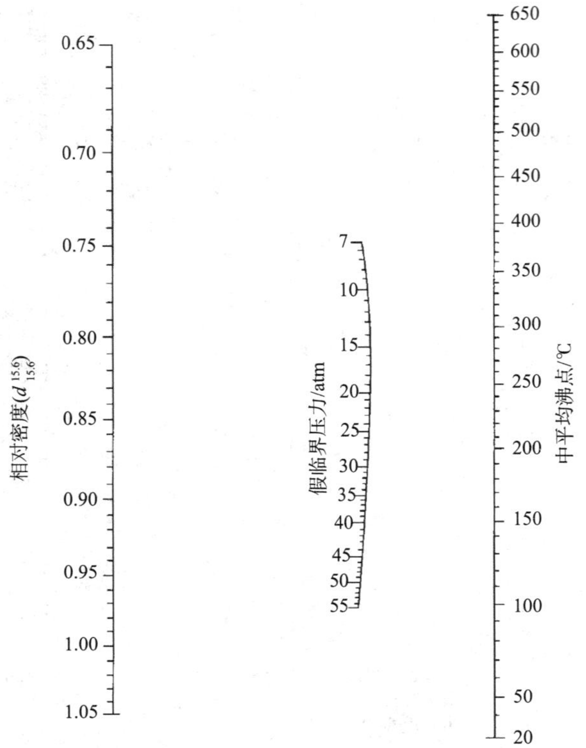

图 2－21　烃类混合物和石油馏分的假临界压力图（1atm＝101.3kPa）

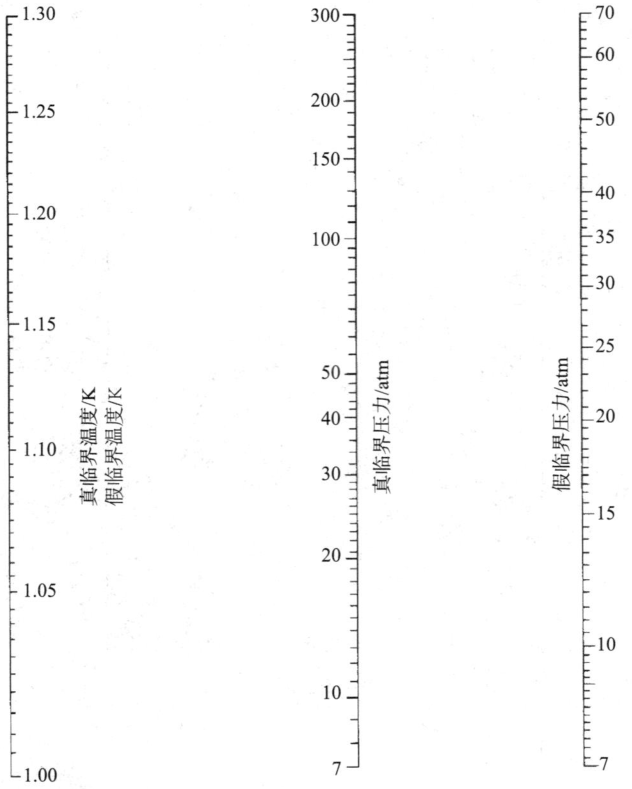

图 2－22　烃类混合物和石油馏分的真、假临界压力图（1atm＝101.3kPa）

（二）压缩因子与偏心因子

烃类气体在高温低压条件时也遵循理想气体定律，在接近临界状态下与实际气体偏差的程度可以采用相应的压缩因子与偏心因子进行校正。简单流体的压缩因子 Z（0）和非简单流体的压缩因子 Z（1），以及偏心因子 ω 可从有关图表中查得。

对于同一系列烃类，相对分子质量越大，其偏心因子也越大；当分子中的碳数相同时，烷烃的偏心因子较大，环烷烃和芳香烃的较小。对于实际体系，应引入偏心因子，否则会引起较大误差。

混合物的偏心因子可由下式计算：

$$\omega = \sum_{i=1}^{n} x_i \omega_i$$

式中 x_i——组分 i 的摩尔分率；

ω_i——组分 i 的偏心因子。

石油馏分的偏心因子也可用以下经验式进行估算：

$$\omega = \frac{3}{7}\left(\frac{\lg P_c}{T_c/T_b - 1}\right) - 1$$

式中 P_c——临界压力，atm（绝）；

T_c——临界温度，K；

T_b——分子平均沸点，K。

偏心因子在石油加工设备设计中应用广泛，可用于求取石油馏分的压缩因子、饱和蒸气压、热焓、比热容等，以及用于某些物性参数的关联。

八、热性质

在石油加工过程中，石油及其馏分的温度、压力和相状态都可能发生变化，这就涉及体系的能量平衡。石油加工工艺的设计计算和装置核算，都要进行能量平衡计算。这就必须要知道石油及其馏分的质量热容、汽化潜热、焓等热性质。在有化学反应发生时，还必须知道反应热、生成热等。这里只讨论石油及其馏分发生物理变化时的热性质。

（一）质量热容

1. 烃类的质量热容

烃类的质量热容随温度和相对分子质量的升高而逐渐增大。压力对于液态烃类质量热容的影响一般可以忽略；但气态烃类的质量热容随压力的增高而明显增大，当压力高于 0.35MPa 时，其质量热容需作压力校正。工程上广泛采用质量定压热容，简称质量热容。

相对分子质量相近的烃类中，质量热容的大小顺序是烷烃 > 环烷烃 > 芳烃；同一族烃类，分子越大质量热容越小；烃类组成相近的石油馏分中，密度越大质量热容越小。

2. 石油馏分质量热容的求取

液相石油馏分的质量定压热容，可根据温度、相对密度和特性因数从图 2-23 查得。

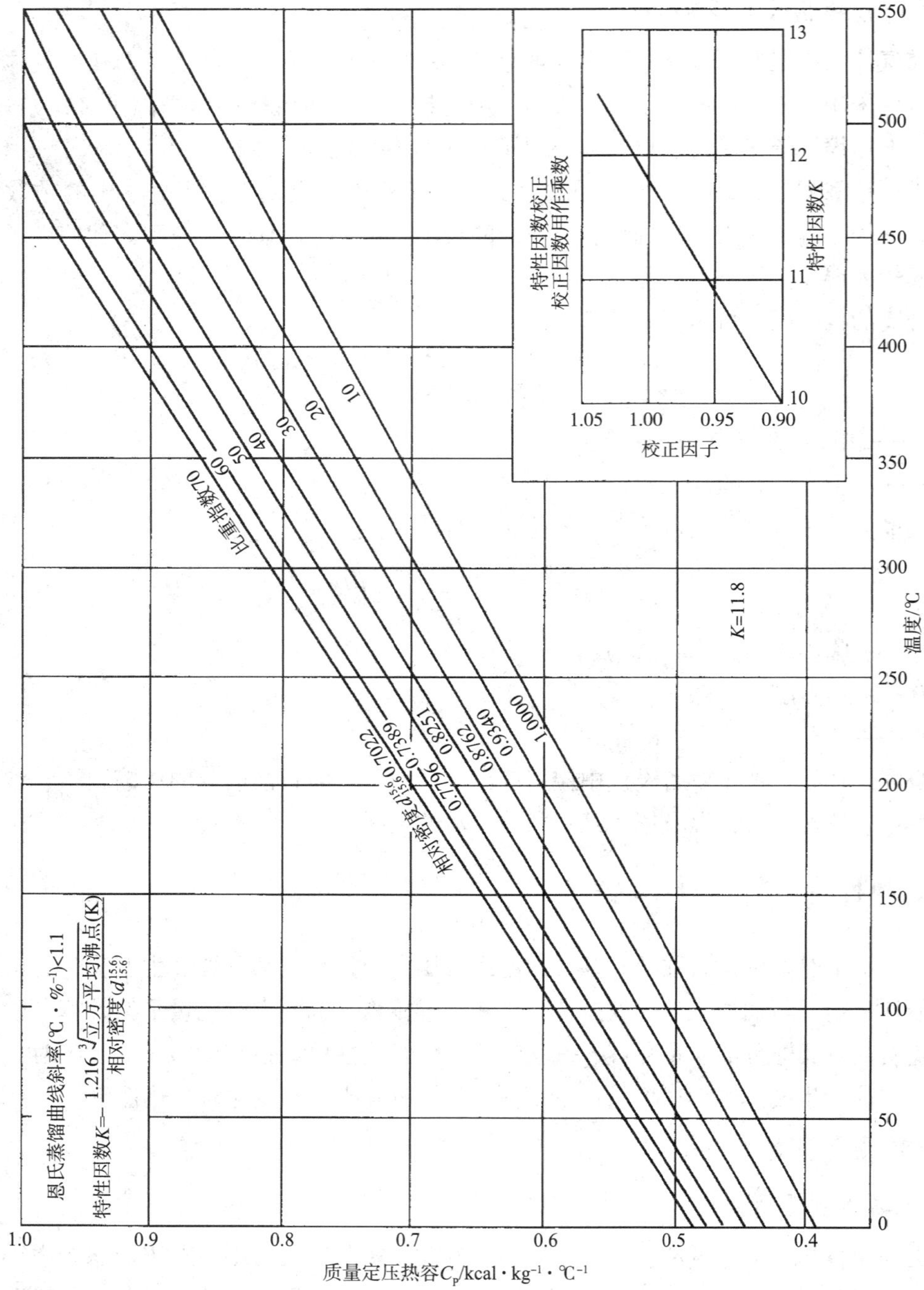

图 2－23　石油馏分液相质量热图

1kcal · kg^{-1} · ℃$^{-1}$ = 4. 1868kcal · kg^{-1} · ℃$^{-1}$

气相石油馏分的质量定压热容，可根据温度和特性因数从图 2－24 中查得。该图仅适用于压力小于 0. 35MPa 且含烯烃和芳香烃不多的石油馏分蒸气。当压力高于 0. 35MPa 时，可根据有关图表及公式对气相石油馏分的质量定压热容进行压力校正。

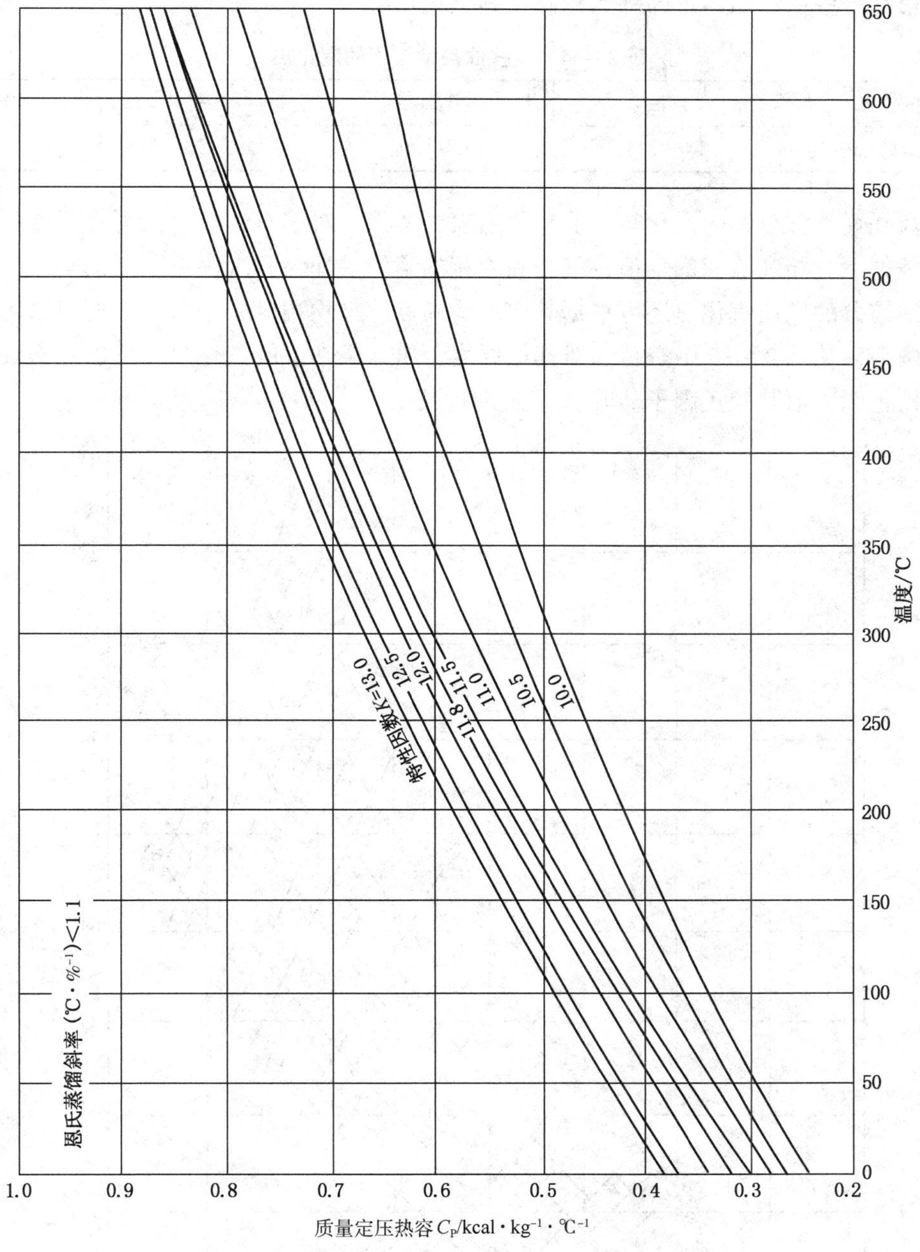

图 2－24　石油馏分气相常压质量热容图

$1kcal \cdot kg^{-1} \cdot ℃^{-1} = 4.1868kJ \cdot kg^{-1} \cdot ℃^{-1}$

（二）汽化热

单位质量物质在一定温度下由液态转化为气态所吸收的热量称为汽化热，单位为 $kJ \cdot kg^{-1}$。物质的汽化热随压力和温度的升高而逐渐减小，至临界点时，汽化热等于零。如不特殊说明，物质的汽化热通常是指在常压沸点下的汽化热。

某些油品常压下的汽化热见表 2－34。由表中数据可知，烃类的汽化热随相对分子质量的增大而减小。当相对分子质量相近时，烷烃与环烷烃的汽化热相差不多，而芳香烃的汽化热稍高一些；油品越重即沸点越高，其汽化热越小。

表 2－34　某些油品常压下的汽化热

油品名称	汽油	煤油	柴油	润滑油
汽化热/kJ·kg^{-1}	290～315	250～270	230～250	190～230

纯烃和烃类混合物的汽化热可从有关图表中查得。对于石油馏分，可查图或计算获得在相同条件下气相和液相的焓值，气相和液相的焓值差即为其汽化热。

石油馏分的常压汽化热还可根据其中平均沸点、平均相对分子质量和相对密度三个参数中的两个，从图 2－25 中查得。对其他温度、压力条件下的汽化热，可以用石油馏分汽化潜热校正图查取其校正因子 ϕ 后按下式进行校正。

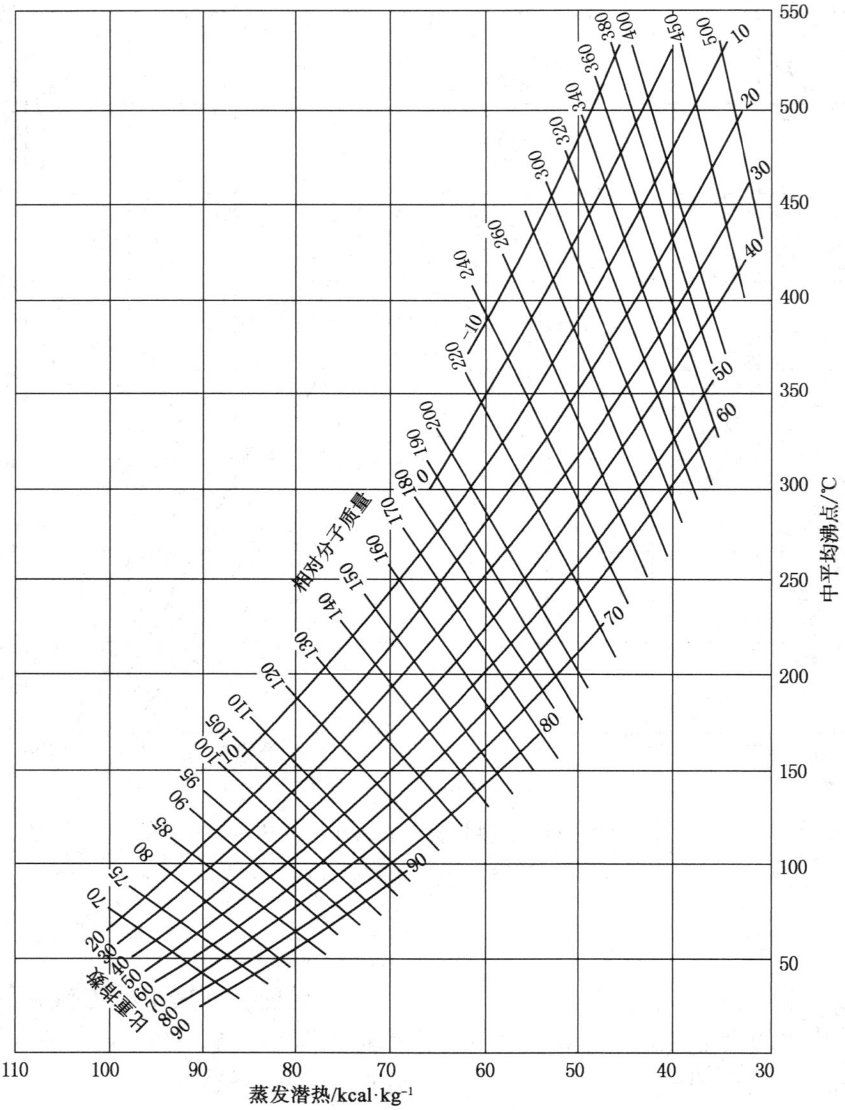

图 2－25　石油馏分常压汽化热图

1kcal·kg^{-1}·℃$^{-1}$＝4.1868kJ·kg^{-1}·℃$^{-1}$

$$\Delta h_{T} = \Delta h_{b} \phi \frac{T}{T_{b}} \tag{2-35}$$

式中　Δh_T、Δh_b——分别为温度 T 和常压沸点 T_b 时的汽化热，$kJ \cdot kg^{-1}$；

ϕ——由图 2-26 查得的校正因子。

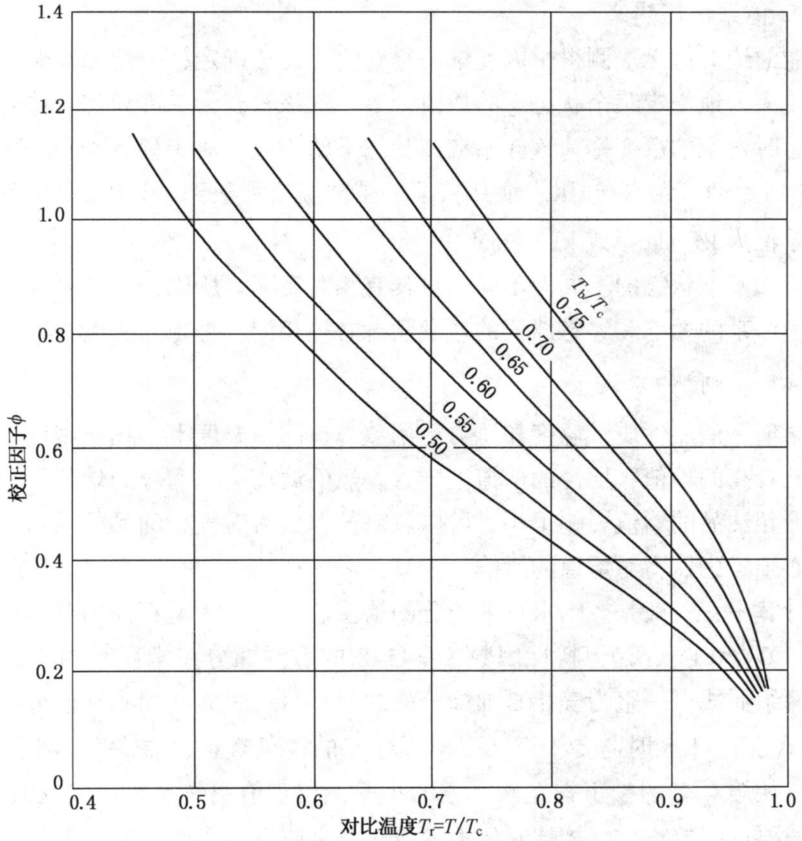

图 2-26　石油馏分汽化潜热校正图

（三）焓

1. 焓的定义

焓是体系的热力学状态函数之一，通常用 H 表示。定义如下：

$$H = U + PV \tag{2-36}$$

式中　U、P、V——分别代表体系的内能、压力、体积。

对热力学计算来说，重要的不是体系焓的绝对值，而是焓的变化值。焓的变化值只与体系的始态和终态有关，而与变化的途径无关。在恒压且只做膨胀功的条件下，体系焓值的变化等于体系所吸收的热量。

$$\Delta H = H_2 - H_1 = \Delta U + P\Delta V = Q_p \tag{2-37}$$

式中　ΔH——体系焓变；

H_1——体系始态的焓；

H_2——体系终态的焓；

ΔU——体系内能的变化；

ΔV——体系体积的变化；

P——体系压力；

Q_p——体系恒压热。

体系内能的绝对值无法测得，因此焓的绝对值也无法确定，只能测定焓的变化值。为了便于计算，人为地规定某个状态下的焓值为零，称该状态为基准状态。体系从基准状态变化到某状态时发生的焓变称为该体系在该状态下的焓值。对于烃类和石油馏分，基准温度 T_0 多采用 -17.8℃、0℃或 0K。油品从某一基准温度加热到 t℃所需要的热量称为油品的焓。焓的单位为 $kJ \cdot kg^{-1}$ 或 $kJ \cdot kmol^{-1}$。

焓值随所选基准状态的不同而不同，只具有相对意义。所以，在计算某个体系物理变化的焓变时，体系的始态和终态焓值的基准状态必须相同，否则无法比较。

2. *石油馏分焓值的求定*

油品的焓值是油品性质、温度和压力的函数。在同一温度下，相对密度小及特性因数大的油品具有较高的焓值，烷烃的焓值大于芳香烃的焓值，轻馏分的焓值大于重馏分的焓值。压力对液相油品的焓值影响很小，可以忽略；但压力对气相油品的焓值影响较大，在压力较高时必须考虑压力对焓值的影响。

在工艺计算中，一般是查图求石油馏分的焓值。图 2-27 是石油馏分焓图。该图基准温度为 -17.8℃（0℉），是由特性因数 $K = 11.8$ 的石油馏分在常压下的实测数据绘制而成。图中有两组曲线，一组为气相石油馏分的焓值，另一组为液相石油馏分的焓值。石油馏分的 K 值不等于 11.8 时需要校正。液相焓对 K 的校正查正上方中间的小图，校正因数用作乘数。气相焓对 K 的校正查左侧上方的小图，校正值用作减数；当压力高于 0.5MPa 时，气相焓值要进行校正，气体焓对压力的校正查左侧下方小图，校正值用作减数。压力高于 7.0MPa 时，无法用该图进行焓的压力校正。

油品处于气、液混相状态时，应分别求定气、液相的性质，在已知汽化率的情况下按可加性求定其焓值。

对恩氏蒸馏馏程斜率小于 2 的石油窄馏分，相同温度时查得的气液相的焓值之差，即为该窄馏分在同一温度下的汽化热。

[例 2-8] 某石油馏分 $d_4^{20} = 0.7796$、$K = 11.0$。从 100℃、101.3kPa 下加热并完全汽化至 316℃、2.76MPa。试求加热 100kg 油品所需的热量。

解：①求液相油品的焓　由图 2-27 查得液相油品 $d_4^{20} = 0.7796$、$K = 11.0$、100℃时的焓为 $58kcal \cdot kg^{-1}$。由焓的特性因数校正小图查得 $K = 11.0$ 时的校因数为 0.955。校正后的焓为 $58 \times 0.955 = 55.4kcal \cdot kg^{-1}$。

②求气相油品的焓　由图 2-27 曲线查得 $d_4^{20} = 0.7796$、$K = 11.8$、$t = 316$℃常压下气相油品的焓为 $251kcal \cdot kg^{-1}$。由焓的压力校正小图查得压力为 2.76MPa 时的校正值为 $12kcal \cdot kg^{-1}$，又由焓的特性因数校正小图查得 $K = 11.0$ 的校正值为 $6kcal \cdot kg^{-1}$，所以 $K =$

11.0、$d_4^{20}=0.7796$、$t=316℃$、$P=2.76\text{MPa}$ 时的气相焓为 $251-12-6=233\text{kcal}\cdot\text{kg}^{-1}$。

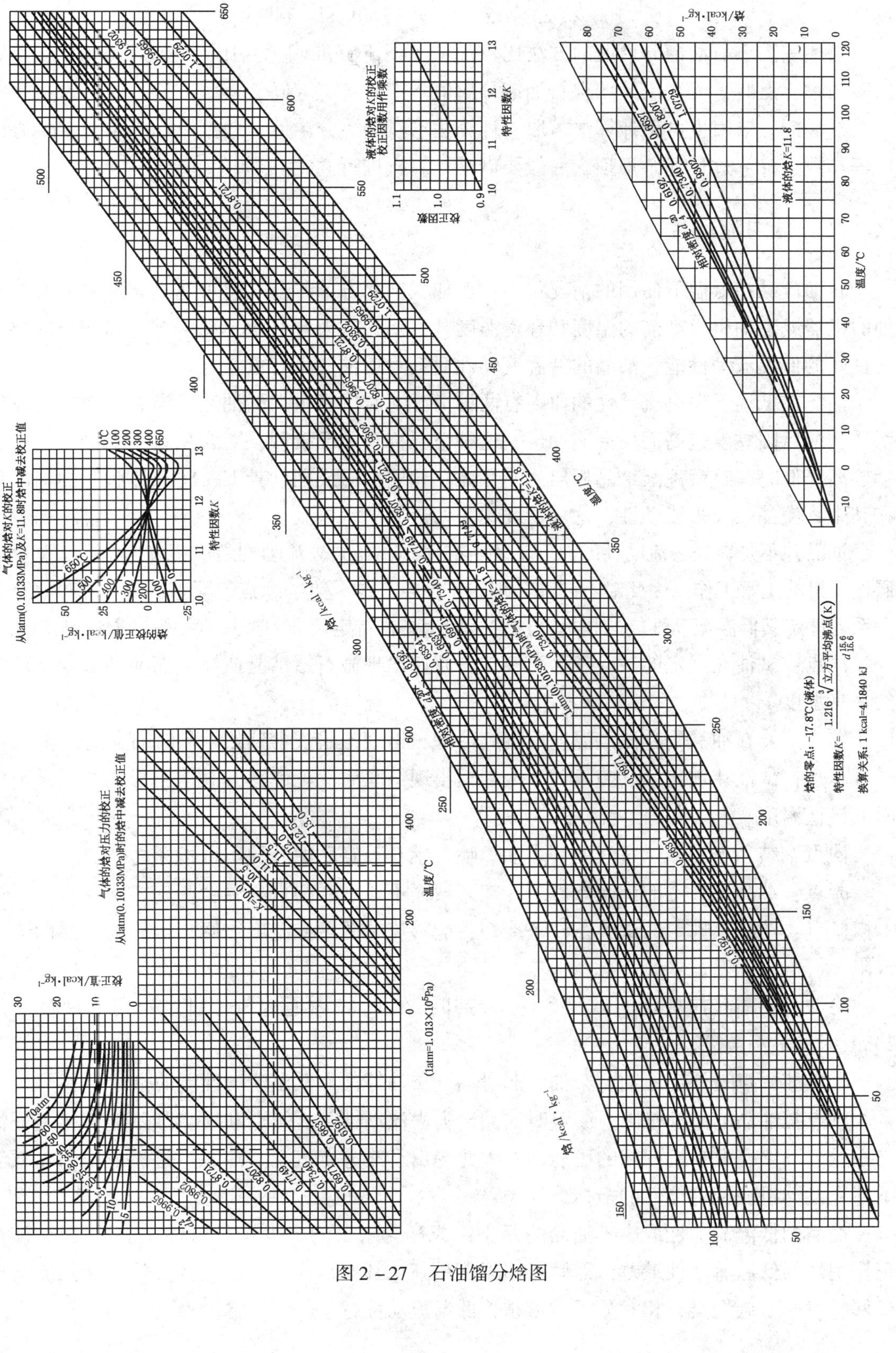

图 2－27　石油馏分焓图

③加热 100kg 油品所需的热量 Q 为：

$$Q = 100 \times (233 - 55.4) = 17760\text{kcal} = 74360\text{kJ}$$

上述查图求石油馏分焓值的方法比较简便，但不够准确。当压力超过 7.0MPa 或接近体系的临界点时，无法用此图求石油馏分焓值。

石油馏分焓值也可用计算法求取。计算法求石油馏分焓值一般涉及临界常数、偏心因数等参数，计算过程复杂烦琐，一般要借助计算机进行。

九、低温流动性

石油产品在低温下使用的情况很多，例如我国北方，冬季气温可达 -40 ~ -30℃，室外的机器或发动机启动前的温度和环境温度基本相同。因此，对发动机燃料和润滑油要具有良好的低温流动性能。油品的低温流动性对其管道输送也有重要意义。

油品在低温下失去流动性的原因有两种情况。对含蜡量少的油品，当温度降低时黏度增加，最后因黏度过高而失去流动性，这种情况称为黏温凝固；对含蜡较多的油品，当温度逐渐降低时，蜡就逐渐结晶析出，蜡晶体互相连接形成网状骨架，将液体状态的油品包在其中，使油品失去流动性，这种情况称为构造凝固。

油品并不是在失去流动性的温度下才不能使用，在失去流动性之前析出的结晶，就会妨碍发动机的正常工作。因此对不同油品规定了浊点、结晶点、冰点、凝点、倾点和冷滤点等一系列评定其低温流动性能的指标，这些指标都是在特定仪器中按规定的标准方法测定的。

浊点：试油在规定的试验条件下冷却，开始出现微石蜡结晶或冰晶而使油品变浑浊时的最高温度。

结晶点：在油品到达浊点温度后继续冷却，出现肉眼观察到的结晶时的最高温度。

冰点：试油在规定的试验条件下冷却至出现结晶后，再使其升温至所形成的结晶消失时的最低温度。

浊点、结晶点和冰点是汽油、煤油、喷气燃料等轻质油品的质量指标之一。

凝点：油品在规定的试验条件下冷却到液面不移动时的最高温度。

倾点：油品在规定的试验条件下冷却，能够流动的最低温度。倾点也称为油品的流动极限。

冷滤点：油品在规定的试验条件下冷却，在 1min 内通过 363 目过滤网的油量不足 20mL 时的最高温度。

凝点和倾点是评定原油、柴油、润滑油、重油等油品低温流动性能的指标。

倾点是油品的流动极限，凝点时油品已失去流动性能。倾点和凝点都不能直接表征油品在低温下堵塞发动机滤网的可能性。因此提出了冷滤点概念。冷滤点是表征柴油在低温下堵塞发动机滤网可能性的指标。

油品的低温流动性取决于油品的烃类组成和含水量的多少。在相对分子质量相近时，正构烷烃的低温流动性最差，即倾点和凝点最高，其次是环状烃，异构烷烃的低温流动性最好。对同一族烃类，相对分子质量越大低温流动性越差。

十、燃烧性能

石油产品绝大多数是易燃易爆的物质。因此研究油品与着火、爆炸有关的性质（如闪点、燃点和自燃点等），对石油及其产品的加工、储存、运输和应用的安全有着极其重要的意义。石油燃料燃烧发出的热量，也是能量的重要来源。

1. 闪点

闪点是石油产品等可燃性物质的蒸气与空气形成混合物，在有火焰接近时，能发生闪火的最低温度。

在闪点温度下的油品，只能闪火不能连续燃烧。这是因为在闪点温度下，液体油品蒸发速度比燃烧速度慢，油气混合物很快烧完，蒸发的油气不足以使之继续燃烧。所以在闪点温度下，闪火只能一闪即灭。

闪火是微小的爆炸，其发生是有条件的。闪火的必要条件是混合气中烃类或油气的浓度要有一定范围。在这一浓度范围之外不会发生闪火爆炸，因此这一浓度范围称为爆炸界限。能发生闪火的最低油气浓度称为爆炸下限，最高浓度称为爆炸上限。低于下限油气不足时，或者高于上限空气不足时，均不能发生闪火爆炸。

测定油品的闪点，通常是达到爆炸下限的温度。汽油则不同，室温下密闭容器中的汽油并不发生闪火，而冷却到一定温度则可发生闪火。这是因为汽油的蒸气压高，容易蒸发，室温下密闭容器内的汽油蒸气浓度已大大超过爆炸上限，只有冷却降温使汽油的蒸气压降低，从而降低汽油蒸气浓度，才能达到发生闪火的浓度范围，故测得汽油的闪点是汽油的爆炸上限温度。

油品的闪点与馏分组成、烃类组成及压力有关，馏分越重闪点越高。但重馏分中混有极少量轻馏分时，可使闪点显著降低。例如原油，由于有汽油馏分，所以闪点很低。润滑油在使用过程中若混入少量轻质油品，闪点会大大降低。烯烃的闪点比烷烃、环烷烃和芳香烃的都低。闪点随大气压力的下降而降低。

测定油品闪点的方法有两种：一种为闭口杯闪点，油品蒸发在密闭的容器中进行，对于轻质石油产品和重质石油产品都能测定；另一种为开口杯闪点，油品蒸发在敞开的容器中进行，一般用于测定润滑油和残油等重质油品的闪点。测定油品开口杯闪点时，油品蒸发速度必须大于油蒸气的自由扩散速度，杯内油蒸气才可能达到闪火的浓度范围，所以同一油品的开口杯闪点值比闭口杯闪点值高。

2. 燃点和自燃点

测定油品开口杯闪点时，达到闪点温度以后，继续加热提高温度，当到达某一油温时，引火后生成的火焰将不再熄灭，持续燃烧（不少于5s）。油品发生持续燃烧的最低油温称为燃点。

测定闪点和燃点需要从外部引火。如果将油品隔绝空气加热到一定的温度，然后使之与空气接触，无须引火，油品即可自行燃烧，这就是油品的自燃。发生自燃的最低油温称为自燃点。

闪点、燃点与油品的汽化性有关，自燃点与油品的氧化性有关。轻馏分分子小、沸点低、易蒸发，所以馏分越轻其闪点和燃点就越低。馏分越轻越难氧化，越重越易氧化，所以轻馏分自燃点比重馏分的高。

烷烃比芳香烃容易氧化，所以烷烃的自燃点比芳香烃低，环烷烃介于两者之间。含烷烃多的油品自燃点较低，含芳烃多的油品自燃点较高。

某些可燃气体及油品与空气混合时的爆炸界限及闪点、燃点、自燃点数据见表2－35。

表2－35　某些可燃气体及油品与空气混合时的爆炸界限、闪点、燃点和自燃点

名称	爆炸界限/%（体）		闪点/℃	燃点/℃	自燃点/℃
	下限	上限			
甲烷	5.0	15.0	<－66.7	650～750	645
乙烷	3.22	12.45	<－66.7	472～630	530
丙烷	2.37	9.50	<－66.7	481～580	510
丁烷	1.36	8.41	<－60（闭口）	441～550	490
戊烷	1.40	7.80	<－40（闭口）	275～550	292
己烷	1.25	6.90	－22（闭口）	—	247
乙烯	3.05	28.6	<－66.7	490～550	540
乙炔	2.5	80.0	<0	305～440	335
苯	1.41	6.75	—	—	580
甲苯	1.27	6.75	—	—	550
石油气（干气）	约3	约13	—	—	650～750
汽油	1	6	<28	—	510～530
灯用煤油	1.4	7.5	28～45	—	380～425
轻柴油	—	—	45～120	—	—
重柴油	—	—	>120	—	300～330
润滑油	—	—	>120	—	300～380
减压渣油	—	—	>120	—	230～240
石油沥青	—	—	—	—	230～240
石蜡	—	—	—	—	310～432
原油	—	—	－6.7～32.2	—	约350

在石油加工装置中，重质油品的温度较高，往往超过了自燃点，泄漏出来会很快自燃。所以，轻质油品和重质油品都有发生火灾的危险，都要注意安全生产。

3. 发热量

在标准状态下1kg油品完全燃烧时放出的热量称为发热量（或热值），单位为$kJ \cdot kg^{-1}$。发热量是加热炉工艺设计中的重要数据，也是喷气燃料等燃料的质量指标。

石油和油品主要是由碳和氢组成，完全燃烧后主要生成二氧化碳和水。根据燃烧后水存在的状态不同，发热值可分为高热值和低热值。

高热值又称为理论热值。它规定燃料燃烧的起始温度和燃烧产物的最终温度均为15℃，且燃烧生成的水蒸气完全被冷凝成水所放出的热量。

低热值又称为净热值。它与高热值的区别在于燃烧产物中的水呈液态还是气态。水呈液态是高热值，水呈气态是低热值。低热值等于从高热值中扣除水蒸气凝结所释放的热量。因此，如果燃料中不含水分，高、低发热值之差即为15℃时饱和蒸气压下水的蒸发潜热。

在生产实际中，加热炉烟囱排出烟气的温度要比水蒸气冷凝温度高得多，水分是以水蒸气状态排出，所以工艺计算中均采用低热值。

烃类的热值与其氢碳比有关。氢的热值要比碳的高得多，所以氢碳比越大热值就越高。当碳原子数相同时，烷烃的热值最大，环烷烃的次之，芳香烃的最小。烷烃含量高的油品热值较高，芳烃含量高的油品热值较低。同一族烃类，分子越小氢含量越高，热值也越高。石油产品中的各种烃类的低热值为39775～43961kJ·kg^{-1}。

油品的发热值可用试验方法测定，也可以用经验公式及图表来求取。

十一、其他物理性质

1. 溶解性质

（1）苯胺点。苯胺点是在规定的试验条件下，油品与等体积苯胺互相溶解形成单一液相的最低温度。苯胺点是石油馏分的特性数据之一。

烃类与溶剂的相互溶解度与烃类分子结构及溶剂分子结构有关，两者的分子结构越相似，溶解度也越大。升高温度能增大烃类与溶剂的相互溶解度。在较低温度下将烃类与溶剂混合，由于两者不完全互溶而分成两相。加热升高温度，溶解度随之增大，当加热至某温度时，两者就完全互溶，界面消失，此时的温度即称为该混合物的临界溶解温度。临界溶解温度低，烃类和溶剂的互溶能力大。溶剂比不同，临界溶解温度也不同。苯胺点就是以苯胺为溶剂，与油品以1:1（体）混合时的临界溶解温度。

各族烃类的苯胺点高低顺序为：烷烃>环烷烃>芳烃。对环烷烃，多环环烷烃的苯胺点远比单环的低。在同一族烃类中，苯胺点随着分子量增大而升高，但上升的幅度很小。油品的苯胺点可以反映油品的组成特性。苯胺点高的油品表明其烷烃含量较高，芳烃含量较低。根据油品的苯胺点可以求得油品的柴油指数、特性因数、分子量等参数。

（2）水在油品中的溶解度。水在油品中的溶解度很小，但对油品的使用性能影响很大。油品与大气接触，会吸收溶解一部分水分。水在油品中的溶解度随温度而变化，当温度降低时溶解度变小，溶解的水就析出一部分，成为游离水而沉降在容器底部。油品贮运过程中由于温度日夜变化，导致油罐底部积存的游离水日益增多。微量的游离水存在于油品中使油品储存安定性变坏，引起设备腐蚀，对油品的低温性能（如喷气燃料的结晶点）产生负面影响。润滑油含水还会造成乳化，降低润滑效果。

油品的吸水量与化学组成有关。通常水在各族烃类中的溶解度大小顺序为：芳香烃>烯烃>环烷烃>烷烃。温度升高，溶解于油品中的水也增多。

2. 光学性质

油品的光学性质对研究石油的化学组成具有重要的意义。利用光学性质可以单独进行单体烃类或石油窄馏分化学组成的定量测定，也可与其他的方法联合起来研究石油宽馏分的化学组成。油品的光学性质中以折射率为最重要。

折射率即光的折射率又称折光率，是真空中光的速度（$2.9986\times10^{8}m\cdot s^{-1}$）和物质中光的速度之比，以 n 表示。各族烃类之间的折射率有显著区别。碳数相同时，芳香烃的折射率最高，其次是环烷烃和烯轻，烷烃的折射率最低。在同族烃类中，相对分子量变化时折射率也随之在一定范围内增减，但远不如分子结构改变引起折射率的变化显著。烃类混合物的折射率服从可加性规律。

折射率与光的波长、温度有关。光的波长越短，物质越致密，光线透过的速度就越慢，折射率就越大。温度升高，折射率变小。为了得到可以比较的数据，通常以20℃时，钠的黄色光（波长589.26mm）来测定油品的折射率，以 n_D^{20} 表示。对于含蜡润滑油，一般测定70℃时的折射率，用 n_D^{70} 表示。有机化合物在20℃时的折射率一般为1.3～1.7。某些烃类的折射率如表2－36所示。

表2－36　某些烃类的折射率

烃类名称	折射率（n_D^{20}）	烃类名称	折射率（n_D^{20}）	烃类名称	折射率（n_D^{20}）
戊烷	1.3575	环戊烷	1.4064	苯	1.5011
己烷	1.3749	甲基环戊烷	1.4097	甲苯	1.4969
庚烷	1.3877	环己烷	1.4262	乙苯	1.4959
辛烷	1.3974	甲基环己烷	1.4231	异丙苯	1.4915

油品的折射率常用以测定油品的族组成，也用以测定柴油、润滑油的结构族组成。折射率通常采用n-d-M法和n-d-v法来测定。此外炼油厂的中间控制分析也采用折射率来求定残炭值。

3. 电性质

纯净的油品是非极性介质，呈电中性，不带电不导电，电阻很大，是很好的绝缘体。如变压器油是变压器和油开关等电器中很好的绝缘介质。但石油产品不可避免地含有某些杂质，杂质含量以及杂质分子极性强弱影响着油品导电性的大小。

油品中的杂质包括各种氧化物、胶质、沥青质，有机酸、碱、盐以及水分等。这些杂质分子都能电离，极性越强越易电离。这些活性化合物只要极低的浓度，就可使液体介质带电。所以油品一般都有一定的导电性。

石油产品由于搅拌、沉降、过滤、摇晃、冲击、喷射、飞溅、发泡以及泵送等相对运动，会产生电荷。如果油品含杂质较多，导电性好，就能把电荷及时带走。如果油品较纯净，设备、管线、容器等的接地不好，电荷就会积聚。这种积聚在油品中的电荷称为静电。在一定条件下，油品会产生放电现象，产生电火花，从而引起油品的燃烧和爆炸。据统计，石油的火灾爆炸事故约有10%属于静电事故。因此，在生产中要重视静电的危害，做好设备、管线、容器等的接地，使电荷及时导入地下，确保生产和贮运的安全。

4. *表面张力及界面张力*

在石油加工过程中，蒸馏、萃取、吸收等工艺过程常涉及有关表面张力及界面张力的问题。界面张力也是变压器油等石油产品的质量指标之一。

（1）表面张力。液体表面分子与其内部分子所处的环境不同，存在一种不平衡力场。内部分子所受到其他分子的引力各方向相同，相互平衡，合力为零。表面分子受上方气相分子的引力远小于受下方液相分子的引力，合力不等于零，形成一个垂直于表面指向液体内部的内向力。这个内向引力使液体有尽量缩小其表面积的倾向。

表面张力定义为液体表面相邻两部分单位长度上的相互牵引力，其方向与液面相切且与分界线垂直。单位为 $N \cdot m^{-1}$，常用符号 σ 表示。表面张力还可定义为液体增大单位表面积时所需要的能量（$J \cdot m^{-2}$），也称为液体的表面能或表面自由能。液体的表面张力的大小与液体的化学组成、温度、压力以及与所接触气体的性质等因素有关。

烃类等纯化合物的表面张力数据可从有关图表集中查得，如表 2－37 所示。当温度相同、碳原子数相同时，芳香烃的表面张力最大，环烷烃的次之，烷烃的最小。正构烷烃的表面张力随相对分子质量的增大而增大，环烷烃则不一定如此。芳香烃的表面张力随相对分子质量变化的程度较小。烃类的表面张力均随温度的升高而减小。当温度趋近临界温度时，表面张力趋近于零。

表 2－37　烃类在不同温度下的表面张力

烃类		表面张力/$10^{-3}N \cdot m^{-1}$			
		20℃	40℃	60℃	80℃
正构烷烃	正戊烷	16.0	13.9	11.8	9.7
	正己烷	18.0	16.0	14.0	12.1
	正庚烷	20.2	18.2	16.3	14.4
	正辛烷	21.5	19.6	17.8	16.0
环烷烃	环戊烷	22.0	19.6	17.2	14.9
	环己烷	25.2	22.9	20.6	18.4
	甲基环己烷	23.5	21.5	19.5	17.5
	乙基环己烷	25.2	23.3	21.5	19.6
芳香烃	苯	28.8	26.3	23.7	21.2
	甲苯	28.5	26.2	23.9	21.7
	乙苯	29.3	27.1	25.0	22.9
	丙苯	29.0	27.0	24.9	23.0

液体的表面张力随压力的增高而减小，减小的幅度随所接触气体性质的不同而不同。

石油馏分在常温下的表面张力一般为 $24 \times 10^{-3} \sim 39 \times 10^{-3} N \cdot m^{-1}$。汽油、煤油、润滑油的表面张力约分别为 $26 \times 10^{-3} N \cdot m^{-1}$、$30 \times 10^{-3} N \cdot m^{-1}$ 和 $34 \times 10^{-3} N \cdot m^{-1}$。未经精制的石油馏分中还含有一些具有表面活性的非烃类物质，这些物质富集在表面而使表面张力降低。

石油馏分的表面张力可由石油馏分的特性因数、温度、临界温度查图求取，或用经验公式计算求得。

（2）界面张力。界面张力是指每增加一个单位液－液相界面面积时所需的能量。与液体的表面张力相似，两个液相界面上的分子所处的环境和内部分子所处的环境不同，因而受力情况和能量状态也不同。界面张力的单位也是 $N \cdot m^{-1}$。界面张力对于萃取液—液传质过程等有重要影响。温度和压力对于界面张力都有影响，但温度的影响要大得多。

石油及石油馏分在生产和应用过程中常与水接触，如原油的脱盐脱水、油品酸碱精制后的水洗、柴油乳化等。油－水界面上的界面张力受两相化学组成及温度等因素的影响。油水体系中少量的表面活性物质会显著影响其界面张力，可增加或降低其界面膜的强度，从而影响油水乳状液的稳定性。原油电脱盐工艺中的破乳，就是利用表面活性物质（破乳剂）破坏油水乳状液界面膜的经典案例。

参考文献

[1] 刘长久，张广林. 石油和石油产品中非烃化合物［M］. 北京：中国石化出版社，1991.

[2] 北京石油设计院. 石油化工工艺计算图表［M］. 北京：烃加工出版社，1985.

[3] 汪文虎，秦延龙. 烃类物理化学数据手册［M］. 北京：烃加工出版社，1990.

[4] 梁汉昌. 石油化工分析手册［M］. 北京：中国石化出版社，2000.

[5] 黄正武. 液体燃料的性质和应用［M］. 北京：烃加工出版社，1985.

[6] 梁文杰，阙国合，刘晨光，等. 石油化学［M］. 2 版. 东营：中国石油大学出版社，2008.

[7] 李淑培. 石油加工工艺学（上册）［M］. 北京：中国石化出版社，1991.

[8] 林世雄. 石油炼制工程［M］. 3 版. 北京：石油工业出版社，2000.

[9] 邬国英，杨基和. 石油化工概论［M］. 北京：中国石化出版社，2000.

[10] 刘家明，朱敬镐，陈开辈，等. 石油炼制工艺基础数据与图表［M］. 北京：中国石化出版社，2017.

[11] 王松汉. 石油化工设计手册（第 1 卷）石油化工基础数据［M］. 化学工业出版社，2002.

[12] 李艳红，唐晓宁. 石油加工专业试验［M］. 北京：中国石化出版社，2018.

第三章 石油产品

第一节　石油产品的分类

一、石油产品总分类

石油产品种类繁多、用途各异。我国参照国际标准化组织 ISO8681 标准，制订了 GB/T 498—2014标准体系，将石油产品分为五大类，具体见表 3－1。各门类标准又根据各自特点分成若干组。

表 3－1　石油产品和有关产品的总分类

（GB/T 498—2014 标准）

序号	类别	各类别的含义
1	F	燃料
2	S	溶剂和化工原料
3	L	润滑剂、工业润滑油和有关产品
4	W	蜡
5	B	沥青

二、石油燃料分类

石油燃料占石油产品总量的 90% 以上，其中以汽油、柴油等发动机燃料为主。GB/T 12692.1—2010《石油产品燃料（F 类）分类第 1 部分：总则》将燃料分为五组，详见表 3－2。

表 3－2　石油燃料的分组

组别	燃料类型	各类别含义
G	气体燃料	主要由来源于石油的甲烷或乙烷组成的气体燃料
L	液化气燃料	主要由 C_3、C_4 的烷烃、烯烃或其混合物组成，并且更高碳原子数的物质液体体积分数小于 5% 的气体燃料

续表

组别	燃料类型	各类别含义
D	馏分燃料	由原油加工或石油气分离所得的主要来源于石油的液体燃料。轻质或中质馏分燃料中不含加工过程的残渣，而重质馏分可含有在调合、储存和运输过程中引入的、规格标准限定范围内的少量残渣。具有高挥发性和很低闪点（闭口）的轻质馏分燃料要求有特殊的危险预防措施
R	残渣燃料	含有来源于石油加工残渣的液体燃料。规格中应限制非来源于石油的成分
C	石油焦	由原油或原料油深度加工所得，主要由碳组成的来源于石油的固体燃料

根据发动机工作原理的不同又将馏分燃料（D组）分为四大类，见表3－3。

表3－3　馏分燃料的分类和使用范围

类别	种类	名称	使用范围
汽油机燃　料	航空燃料	航空汽油	活塞式航空发动机、快速舰艇发动机
	汽车燃料	车用汽油	汽油机汽车、摩托车、舰艇汽油发动机
柴油机燃　料	高速柴油机燃料	车用柴油 军用柴油	各种柴油机汽车及牵引机、坦克柴油发动机、拖拉机、内燃机车和舰艇柴油发动机
	中速柴油机燃料	重柴油	中速柴油机
	大功率低速柴油机燃料	船用燃料	大功率低速柴油机
喷气发动机燃料	喷气燃料	煤油型 高闪点型	涡轮螺桨发动机、涡轮轴发动机、涡轮螺桨发动机、桨扇发动机
锅炉燃料	锅炉燃料	舰用燃料油	舰船锅炉

不同使用场合对所用燃料提出相应质量要求。产品质量标准的制定是综合考虑产品使用要求、所加工原油的特点、加工技术水平及经济效益等因素，经一定标准化程序，对每一种产品制订出相应的质量标准，作为生产、使用、运销等各部门必须遵循的具有法规性的统一指标。在我国主要执行的有中华人民共和国强制性国家标准（GB）、推荐性国家标准（GB/T）、国家军用标准（GJB）、石油和石油化工行业标准（NB　SH）及企业标准（QB）等数种。

第二节　汽　油

汽油按其具体用途可分为车用汽油、航空汽油、洗涤汽油（属于溶剂类）和启动汽油（属添加剂类），主要用作汽车、摩托车、快艇、农林用飞机的燃料，是消耗量最大的油品。本节主要介绍车用汽油。

一、汽油机的工作原理及其对燃料的使用要求

汽油的使用要求来源于汽油机的工作要求，因此必须先讨论汽油机的工作状况。

（一）汽油机的工作过程

按燃料供给方式的不同，汽油机可分为化油器式及喷射式两大类。图 3－1 为化油器式汽油机的结构示意图。

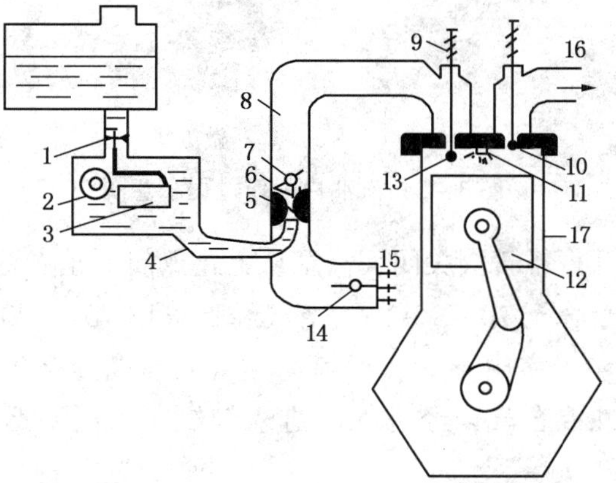

图 3－1　汽油机结构原理示意图

1—针阀；2—浮子室；3—浮子；4—导管；5—喷嘴；6—喉管；
7、14—节气阀；8—混合室；9—弹簧；10—排气阀；11—火花塞；12—活塞；
13—进气阀；15—空气；16—废气；17—气缸

在气缸内，活塞所能达到的最高位置称为“上止点”，活塞所能达到的最低位置称为“下止点”，如图 3－2 所示。活塞由上止点到下止点间的直线距离称为冲程。V_1 为活塞位于下止点时气缸的容积，V_2 为活塞位于上止点时气缸的容积，V_1/V_2 称为压缩比。

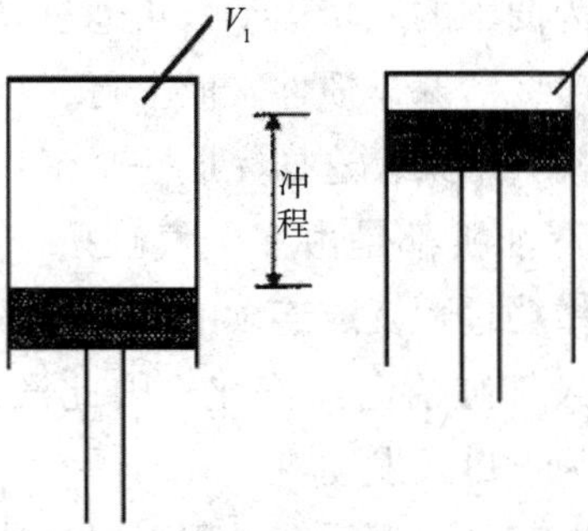

图 3－2　汽油机上止点与下止点示意图

汽油机按一个工作循环活塞运动的行程数可分为二行程发动机和四行程发动机。一个工作循环是指完成一次进气、压缩、膨胀做功和排气的过程。四行程发动机是指活塞需要移动四个行程（即活塞上下往复运动四次），完成一个工作循环的发动机。大多数汽油机都属于四行程发动机。图 3－3 为四行程汽油发动机的工作过程示意图。

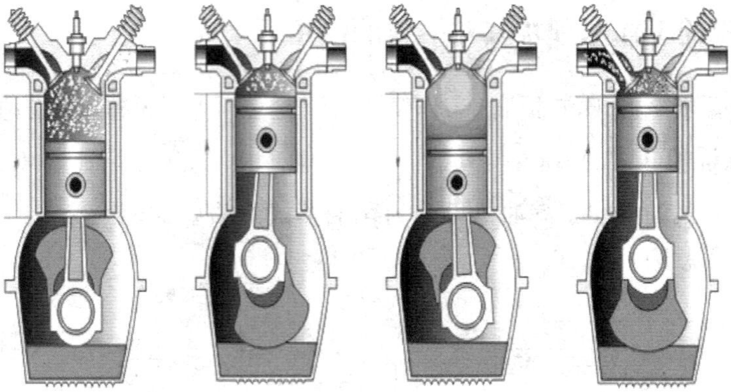

图3－3　汽油机工作过程示意图

①进气。进气阀打开，排气阀关闭，活塞从上止点向下止点移动，活塞上方的容积逐渐增大，气缸内压力逐渐降至70～90kPa，空气经喉管以70～120m·s^{-1}的速度进入混合室，同时油箱中汽油经浮子室由导管、喷嘴在喉管处与高速空气混合，汽油被喷散成雾状，同时汽化形成可燃性混合气，经进气阀进入气缸。当活塞运行至下止点时，进气阀关闭。

②压缩。进气终了时，处于下止点的活塞靠飞轮惯性作用转而上行。气缸中可燃性混合气被压缩，温度、压力随之增高，当活塞接近上止点、压缩过程终了时，气体温度、压力通常可达330～430℃和0.7～1.5MPa。此温度和压力的大小取决于发动机的压缩比。

③燃烧膨胀（做功）。活塞上行接近上止点时，火花塞开始点火，点燃混合气，并以20～50m·s^{-1}的速度向四周传播燃烧。混合气燃烧产生大量的热能，使气缸内气体的温度和压力骤增。其最高温度可达2000～2500℃，最高压力为3～5MPa，高温高压燃气推动活塞下行，通过连杆带动曲轴旋转对外做功。曲轴连杆机构将燃料燃烧放出的热能转变为机械能，使活塞的往复直线运动变为曲轴的旋转运动，再通过飞轮对外输出动力。

④排气。活塞下行到下止点时，活塞靠惯性转而上行，排气阀打开，排出废气。

当活塞再次到达上止点时，排气结束，这样完成一个工作循环，继而重复上述工作循环。如此周而复始，循环不息。汽油机都是由多个气缸按一定顺序组合而连续进行工作的，使不连续的点火燃烧和膨胀做功过程变成连续的经连杆带动曲轴旋转的过程。

由工作过程可知，汽油在进入气缸前已经汽化，因此汽油发动机也称为汽化式发动机；因需火花塞点燃，因此又称为点燃式发动机。

近年来，越来越多的汽油机尤其是小型轿车采用喷射进油系统（波许D型汽油喷射系统见图3－4）来取代化油器进油系统。在此类汽油机中，汽油可在进气口喷射，也可在进气冲程期间直接向气缸内喷射。它的优点是可根据不同车况的要求，由计算机程序控制汽油和空气的用量，使之达到最佳比例，并使得燃料的燃烧更为完全、耗油量低、排气污染少。

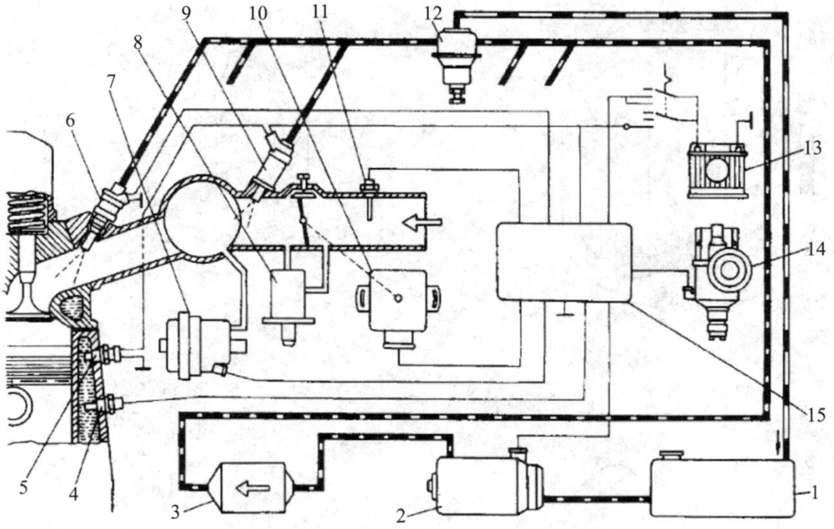

图 3－4　波许 D 型汽油喷射系统

1—汽油箱；2—电动汽油泵；3—汽油滤清器；4—发动机温度传感器；5—热时间开关；6—喷油器；7—进气管压力传感器；8—补充空气阀；9—冷启动喷嘴；10—节气门位置传感器；11—进气门温度传感器；12—油压调节器；13—蓄电池；14—分电器；15—电控单元

（二）汽油机内的正常燃烧及爆震现象

在汽油机的压缩过程中，可燃混合气的温度和压力上升很快，达到一定程度后气体中的烃类开始氧化形成一些过氧化物。经火花塞点燃后，形成火焰中心。在正常燃烧的情况下，以火花为中心，逐层发火燃烧，平稳地向未燃区传播，火焰速度为 20～50m·s^{-1}，见图 3－5（a）。未燃混合气和已燃混合气的接触部分因受热而温度升高，同时由于已燃混合气的膨胀而使其压力升高，以球面形状逐层发火燃烧，向前推进，直到绝大部分燃料燃尽为止。在这种情况下，气体温度、压力均匀稳定升高，活塞被均匀地推动，发动机处于良好的工作状态。

汽油机在某种情况下，会发生不正常的燃烧，它发生在燃烧过程的后期。当火花塞点火后，随着最初形成的火焰中心在气缸中的传播，未燃部分混合气受已燃气体的压缩和火焰的辐射，局部温度达到其自燃点，瞬间产生多个燃烧中心，这些中心以 100～300m·s^{-1}（轻微爆震）直到 800～1000m·s^{-1}（激烈爆震）的速率传播火焰，见图 3－5（b）。在这种情况下，混合气燃烧迅速完成，瞬间释放大量的能量，局部压力和温度可分别达到 10MPa 和 2000～2500℃。此时，气缸内出现剧烈的压力振荡，产生速度很高的冲击波，如同重锤敲击活塞和气缸各部件，发出金属撞击声，此时燃料燃烧不完全，排出带炭粒的黑烟，此即爆震现象。

爆震会损坏气缸部件，缩短发动机寿命，燃料燃烧不完全，增加油耗量，发动机效率降低。引起爆震的原因除机械结构、驾驶操作和气候条件等因素外，主要与汽油化学组成有关。烃类可因发生氧化反应产生过氧化物而自燃。当汽油组分易氧化、自燃点低于混合气压缩后的温度时，可发生自燃而产生爆震。

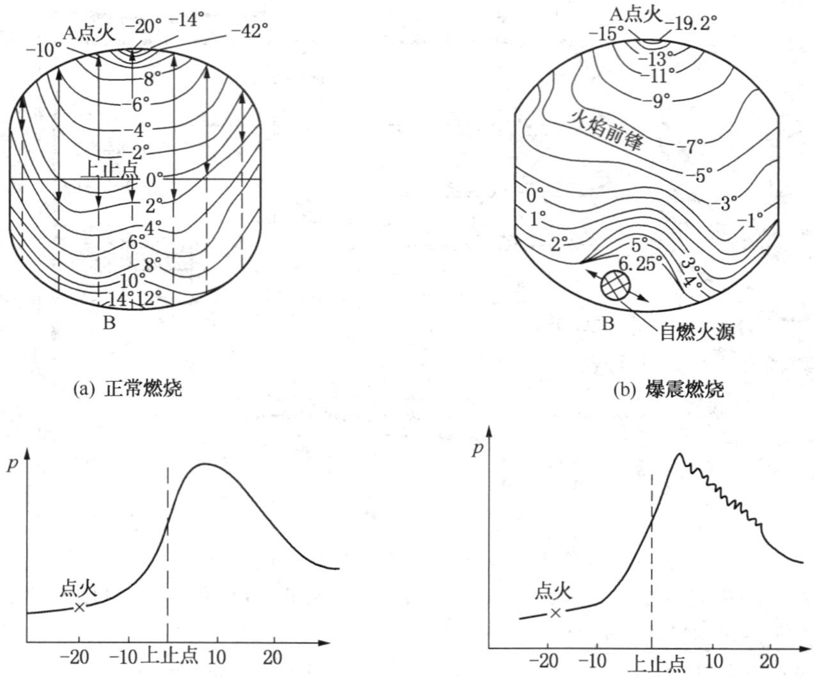

(a) 正常燃烧　　(b) 爆震燃烧

(c) 正常燃烧　　(d) 爆震燃烧

图 3－5　汽油机正常燃烧与爆震燃烧的火焰传播及示功图

（三）汽油机对燃料的使用要求

根据发动机的工作特点，对汽油的使用要求主要有：

①在所有的工况下，具有足够的挥发性以形成可燃混合气；

②燃烧平稳，不产生爆震燃烧现象；

③储存安定性好，生成胶质的倾向小；

④对发动机没有腐蚀作用；

⑤排出的污染物少。

二、车用汽油的主要性能

（一）汽油的蒸发性

合适的蒸发性能是保证发动机正常工作的最基本要求，汽油蒸发性能由其馏程和饱和蒸气压指标来评定。

1. 馏程

汽油的馏程按照 GB/T 6536—2010 规定的简单蒸馏（国外称为 ASTM 蒸馏或恩氏蒸馏）进行测定，馏程能大体表示该汽油的沸点范围和蒸发性能。其主要馏出温度的意义如下：

①10% 馏出温度　反映汽油中低沸点组分的含量，对发动机的启动性具有决定性影响。其值越低，则表明汽油中所含低沸点组分越多，蒸发性越强，启动性越好，在低温下

也具有足够的挥发性以形成可燃混合气而易于启动。但若过低，则易于在输油管道汽化形成气泡而影响油品的正常输送，即产生气阻。

②50%馏出温度　表示汽油的平均蒸发性能，与汽油机启动后升温时间的长短以及加速是否及时均有密切关系。汽油的50%馏出温度低，在正常温度下能较多地蒸发，汽油机的升温时间短，同时，还可使发动机加速灵敏、运转柔和。50%馏出温度过高，当发动机需要由低速转换为高速，供油量急剧增加时，汽油来不及完全汽化，导致燃烧不完全，严重时甚至会突然熄火。

③90%馏出温度和终馏点（或干点）　这两个温度是表示汽油中重组分含量的多少。如该温度过高，说明汽油中含有重质组分过多，不易保证汽油在使用条件下完全蒸发和完全燃烧。这将导致气缸积炭增多，耗油率上升；同时蒸发不完全的汽油重质组分还会沿气缸壁流入曲轴箱，使润滑油稀释而加大磨损。有关研究数据表明，与使用干点为200℃的汽油状况相比，使用干点225℃的汽油时，发动机活塞的磨损增大一倍，汽油消耗量增多7%。

2. 饱和蒸气压

汽油的饱和蒸气压用雷德蒸气压测定（GB/T 8017—2012）。它是衡量汽油在汽油机燃料供给系统中是否易于产生气阻的指标，同时还可相对地衡量汽油在储存运输中的损耗倾向。汽汩的饱和蒸气压越大，蒸发性越强，发动机就容易冷启动，但产生气阻的倾向增大，蒸发损耗以及火灾危险性也越大。通过规定汽油的10%蒸发温度和饱和蒸气压，既保证了发动机的启动性，又可防止气阻的产生。

（二）汽油的抗爆性

1. 评定汽油抗爆性的指标

必须在不发生爆震的情况下，发动机才能正常工作，产生最大功率和达到最高效率。汽油的抗爆震能力称为抗爆性，是汽油最重要的质量指标之一。

评价汽油抗爆性的指标为辛烷值（简称*ON*），汽油的辛烷值越高，抗爆性越好。有关辛烷值的定义及测定要点见表3－4。

表3－4　辛烷值测定概述

项　目	内　容
爆震试验装置	连续可变化压缩比的单缸发动机，附带相应的负载设备，辅助设备及仪表
标准参比燃料	由异辛烷、正庚烷、四乙基铅根据需要按一定比例配成标准燃料。且规定异辛烷（2，2，4-三甲基戊烷）的辛烷值为100，正庚烷的辛烷值为0
测定 $ON<100$ 的汽油	把给定汽油与异辛烷和正庚烷组成的混合物用标准试验方法进行比较，如果它们在压缩比等条件相同下，有相同的爆震程度，则混合物中异辛烷的体积百分比就是这种汽油的辛烷值
测定 $ON>100$ 的汽油	根据产生相同震动强度需加入异辛烷中的四乙基铅的毫升数查表确定汽油辛烷值

四乙基铅［$Pb(C_2H_5)_4$］加入燃料中能有效破坏生成的过氧化物，防止或延缓因大量过氧化物的积聚、自燃，从而提高燃料的抗爆性。四乙基铅能有效地提高汽油辛烷值，曾经是广泛使用的汽油抗爆剂。但汽油中的铅会随燃烧后的废气排入大气，污染环境、危

害人体。为了保护环境、保障人体健康，我国已禁止使用含铅汽油，目前使用清洁汽油。

车用汽油辛烷值的测定方法主要有两种，即马达法（GB/T 503—2016）与研究法（GB/T 5487—2015），所测得的辛烷值分别称为马达法辛烷值（*MON*）和研究法辛烷值（*RON*），两种测定方法的比较见表 3－5。

表 3－5　两种辛烷值测定法的比较

测定方法	研究法	马达法
试验工况		
转速/r·min^{-1}	600	900
冷却水温度/℃	100	100
混合气温度/℃	52	150
测定值	高	低

研究法的试验条件不如马达法苛刻，所以比较不容易发生爆震，所得到的 *RON* 通常比 *MON* 高 5～10 个单位。*RON* 与 *MON* 两者的差值称为燃料的敏感度，它反映汽油的抗爆性能随发动机工况改变而变化的程度。此外，还有一种叫道路辛烷值（也称行车辛烷值），它是用汽车进行实测或在全功率试验台上模拟汽车在公路上行驶的条件下进行测定的。道路辛烷值也可用 *MON* 和 *RON* 按经验公式计算求得，它的数值介于 *RON* 及 *MON* 之间。*MON* 和 *RON* 的平均值（*MON*＋*RON*)/2 称为抗爆指数（*ONI*），它可以近似地表示汽油的道路辛烷值，现也列为衡量车用汽油抗爆性的指标之一。我国车用汽油的牌号按其 *RON* 的大小来划分，例如 92 号汽油即为汽油的 *RON*≥92。

2. 汽油的抗爆性与化学组成的关系

对于结构固定的发动机，其发生爆震的根本原因是汽油组分容易氧化、自燃点低而发生自燃产生多个火焰中心。在相同碳数下，各种烃类易氧化顺序为正构烷烃＞环烷烃＞烯烃＞异构烷烃＞芳烃；同种烃类中，大分子烃比小分子烃容易氧化。总趋势是：链越长越易氧化，抗爆性越差；支链越短越多、异构程度越高，氧化性越差，抗爆性越好。

表 3－6 列举了各种烃类的辛烷值。对于同族烃类，其辛烷值随相对分子质量的增大而降低。当相对分子质量相近时，各族烃类抗爆性优劣的大致顺序如下：芳香烃＞异构烷烃和异构烯烃＞正构烯烃及环烷烃＞正构烷烃。

表 3－6　不同烃类的辛烷值

烃　类	研究法辛烷值（*RON*）	马达法辛烷值（*MON*）
正戊烷/2-甲基丁烷/2，2-二甲基丙烷	62/92/85	62/90/80
正己烷/2-甲基戊烷/2，2-二甲基丁烷	25/73/92	26/73/93
正庚烷/2-甲基己烷/2，2-二甲基戊烷/2，2，3-三甲基丁烷	0/42/93/＞100	0/46/96/＞100
正辛烷/2-甲基庚烷/2，2-二甲基己烷/	—/22/72	－17/13/77
2，2，3-三甲基戊烷　2，2，4-三甲基戊烷	100/100	100/100

续表

烃类	研究法辛烷值（*RON*）	马达法辛烷值（*MON*）
1-己烯/2-己烯/4-甲基-2-戊烯	76/93/99	63/81/84
1-辛烯/2-辛烯/3-辛烯/2，2，4-三甲基-1-戊烯	29/56/72/ >100	35/56/68/ >86
环戊烷/甲基环戊烷/乙基环戊烷/正丙基环戊烷/异丙基环戊烷	—/91/67/31/81	85/80/61/28/76
环己烷/甲基环己烷/乙基环己烷/正丙基环己烷	83/75/46/18	77/71/41/14
苯/甲苯/二甲苯/	>100/ >100/ >100/	>100/ >100/ >100/
乙基苯/正丙基苯	>100/ >100	>100/ >100/98
异丙基苯/1，3，4-三甲基苯	>100/ >100	98/98/ >100

由表3－6可见，烷烃分子的碳链上分支越多、排列越紧凑，则抗爆性越好。烯烃比同碳数的直链烷烃的抗爆性好，而且烯烃中的双键越接近分子链中间位置，其抗爆性越好。环烷烃比同碳数的正构烷烃的抗爆性好得多，但比异构烷烃的差。环烷烃如带有侧链则其抗爆性变差，侧链越长其辛烷值越低，如果侧链上有支链，则其抗爆性有所改善。芳香烃的抗爆性在各类烃中最好，许多芳香烃的辛烷值超过100，带有侧链的芳烃的抗爆性稍差，其辛烷值随侧链的增长而降低。

一般说来，辛烷值并不具有简单的可加性。各种烃类组分互相调合时，其调合辛烷值并不一定与其调合比例呈线性关系。其中，烷烃与烷烃或烷烃与环烷烃的调合辛烷值与组成呈线性关系，而烷烃与芳烃或与烯烃的调合辛烷值与组成则不呈线性关系，而且多数情况下有增值的效应。

从馏分组成来看，由同一种原油蒸馏得到的直馏汽油馏分，其终馏点温度越低，抗爆性越好。不同基属原油中的直馏汽油馏分由于化学组成不同，其辛烷值有较大差别。例如，石蜡基的大庆原油的直馏汽油馏分由于其中正构烷烃的含量较高，其辛烷值很低，*MON* 只有37；而环烷基的欢喜岭原油的直馏汽油馏分由于含异构烷烃和环烷烃较多，其辛烷值就较高，*MON* 可达60。

商品汽油一般由辛烷值较高的催化裂化汽油和催化重整汽油以及高辛烷值的组分（烷基化油和甲基叔丁基醚等）调合而成。目前我国车用汽油的主要组分是催化裂化汽油，因含有较多的芳香烃、异构烷烃和烯烃，所以其抗爆性较好，*RON* 接近90。

3. 汽油机压缩比与爆震燃烧的关系

提高汽油机的压缩比，混合气被压缩的程度增大，使压力和温度迅速上升，大大加速了未燃混合气中过氧化物的生成和聚积，使其更容易自燃，因而爆震的倾向增强。所以，对于压缩比越大的汽油机就应该选用抗爆性越好的汽油，才不致产生爆震燃烧。也就是说，不同压缩比的发动机，必须使用抗爆性与其相匹配的汽油，才能提高发动机的功率而不会产生爆震现象。表3－7为我国汽车工程学会油料委员会提出的与国内外典型汽车压缩比相适应的汽油标号推荐表。

表 3－7　按照压缩比理想选用的车用无铅汽油标号

压缩比	89 号	92 号	95 号	98 号
7.5～8.0	√	√		
8.0～8.5		√		
8.5～9.0			√	
9.0～9.5			√	√
9.5～10.0				√

另外，增大压缩比可以提高发动机的功率、降低油耗，见表 3－8。因此，汽油机是朝着提高压缩比的方向发展的。

表 3－8　发动机的压缩机、耗油量及功率的关系

压缩比	耗油/%	功率/%	要求汽油辛烷值（*MON*）
6	100	100	66
7	93	108	75
8	88	113	88
9	85	117	95
10	82	120	98

（三）汽油的安定性

汽油在常温和液相条件下抵抗氧化的能力称为汽油的氧化安定性，简称安定性。安定性好的汽油，在储存和使用过程中不会发生明显的质量变化；安定性差的汽油，在运输、储存及使用过程中会发生氧化反应，易于生成酸性物质、黏稠的胶状物质及不溶沉渣，使汽油的颜色变深，导致辛烷值下降且腐蚀金属设备。汽油中生成的胶质较多，会使发动机工作时，油路阻塞、供油不畅、混合气变稀、气门被黏着而关闭不严；还会使积炭增加，导致散热不良而引起爆震和早燃等；沉积于火花塞上的积炭，还可能造成点火不良，甚至不能产生电火花。以上原因都会引起发动机工作不正常，增大油耗。

1. 汽油安定性的表示方法

评定汽油安定性的两个重要指标为实际胶质和诱导期。

①实际胶质　汽油在储存和使用过程中形成的黏稠、不易挥发的褐色胶状物质称为胶质。它与原油中的胶质在元素组成和分子结构上都不相同。实际胶质主要是油品中的烯烃，特别是二烯烃、烯基苯、硫酚、吡咯等不安定组分。测定实际胶质按照 GB/T 8019—2008 进行，其基本原理是：将汽油置于 150℃ 恒温浴中，用热空气吹过汽油表面使它蒸发至干，得到棕色或黄色的残余物。实际胶质是以 100mL 试油中所得残余物的质量（mg）来表示的。它表示汽油在发动机中生成胶质的倾向、判断燃料储存安定性的重要指标。

②诱导期　汽油和氧气在一定条件下接触，从开始到汽油吸收氧气、压力下降为止，这段时间称为诱导期，以 min 表示。诱导期反映汽油在储存中不致迅速变质生胶或增长酸

度的指标，也是反映有关机件结焦、腐蚀倾向的指标。显而易见，诱导期越长，油品形成胶质的倾向越小，抗氧化安定性越好，油品越稳定，可以储存的时间越长。但并不是所有的油品都是如此，当油品胶质形成的过程以缩（聚）合反应为主时，并不遵循这一规律。测定诱导期按照 GB/T 8018—2015 进行，其基本原理是：取 100mL 试样（装进油杯中置于氧弹内）在压力为 690～705kPa 的氧气流中及温度维持在 98～102℃ 的条件下，来加速油品氧化变质过程。氧化初期，由于反应速度很慢，耗氧较少，氧压基本不变。经过一定时间后，氧化反应加速，耗氧量显著增大，氧压明显下降。按照规定的时间间隔读取压力，或连续记录压力，直至到达转折点。试样到达转折点所需要的时间即为试验温度下的实测诱导期。诱导期较长的汽油在储存中胶质增长速度较慢，比较适宜于长期储存。

2. 汽油的安定性与其化学组成的关系

影响汽油安定性的首要原因是其化学组成。汽油中的烷烃、环烷烃和芳香烃在常温下均不易发生氧化反应，但其中的各种不饱和烃则容易发生氧化和叠合等反应生成胶质。在不饱和烃中，由于化学结构的不同，氧化的难易也有差异。其产生胶质的倾向依下列次序递增：链烯烃＜环烯烃＜二烯烃。在链烯烃中，直链的 α-烯烃比双键位于中心附近的异构烯烃更不稳定。在二烯烃中，尤以共轭二烯烃、环二烯烃（如环戊二烯）最不安定，燃料中如含有此类二烯烃，除它们本身很容易生成胶质外，还会促使其他烃类氧化。此外，带有不饱和侧链的芳香烃也较易氧化。

除不饱和烃外，汽油中的含硫化合物，特别是硫酚和硫醇，也能促进胶质的生成。含氮化合物的存在也会导致胶质的生成，使汽油在与空气接触中颜色变红变深，酸度上升，甚至产生胶状沉淀物。

汽油中所含有的不饱和烃和非烃类组分是导致汽油不安定倾向的内因。

直馏汽油馏分不含不饱和烃，所以它的安定性很好；而二次加工生成的汽油馏分（如裂化汽油等）由于含有大量不饱和烃以及其他非烃化合物，其安定性较差。

3. 外界条件对汽油安定性的影响

汽油的变质除与其本身的化学组成密切相关外，还和许多外界条件有关，例如温度、金属表面的作用以及与空气接触面积的大小等。下面以共存的硫醇、烯烃为例，简要说明在环境因素的影响下，氧化变质的一般机理。

在储存和使用过程中，当与金属接触并有氧气存在下，汽油中的硫醇会发生如下反应：

$$4RSH + 2Cu + O_2 \longrightarrow RSSR + 2CuSR + 2H_2O$$

生成的二硫化物，可进一步被氧化分解，形成活泼的自由基。

$$RSSR \longrightarrow 2RS\cdot$$

自由基（RS·）极不稳定，在油品氧化变质过程中起着引发剂作用，能够使烯烃转化为活性自由基。

$$RCH=CH_2 + RS\cdot \longrightarrow RSCH_2CHR$$

该活性自由基进一步被氧化，可形成含硫过氧化物。

$$RSCH_2 + RSCH_2CHR + O_2 \longrightarrow RSCH_2CHOOR$$

过氧化物进一步与硫醇发生反应，生成含硫酸性物质和新的自由基。

$$RSH + RSCH_2CHOOR \longrightarrow RSCH_2CHOOHR + RS\cdot$$

从上述整个氧化反应循环过程中可以看到，只要油品中存在不饱和烃类和非烃类物质（尤其是含硫化合物），这种通过自由基引发所诱导的氧化反应就会不断地持续下去，并最终导致酸性产物（$RSCH_2CHOOR$）转化成黏稠胶状沉渣。当然，经自由基诱发促使油品中不饱和烃类和非烃类化合物最终形成胶质和沉淀的全部反应过程，还要经过许多复杂的反应历程，如聚合、缩合等。

其他油品的不安定倾向，基本上也遵循上述自由基氧化反应机理。

温度提高，可使汽油的氧化速度加快、诱导期缩短、生成胶质的倾向增大。许多试验表明，当储存温度增高10℃，汽油中胶质生成的速度加快2.4～2.6倍。金属表面也能使汽油的安定性降低、颜色易变深、胶质增长加快。在各种金属中，铜的影响最大，它可使该汽油试样的诱导期降低75%。汽油的氧化变质开始于其与空气接触的表面，燃料与空气的接触面积越大，氧化的倾向自然也越大。

因此，在储存汽油时应采取避光、降温及降低与空气的接触面积等保护措施。

4. 改善汽油安定性的方法

改善汽油安定性的方法，除了精制脱除不安定组分及改善贮运条件外，最经济的方法就是使用添加剂来改善汽油的安定性。因此，国内外绝大多数炼油厂都使用添加剂来改变汽油的安定性。根据汽油性质和应用场所选用不同型号的复合剂是目前解决汽油安定性的最佳选择。

抗氧剂的作用是抑制燃料氧化变质进而生成胶质，金属钝化剂是用来抑制金属对氧化反应的催化作用，通常两者复合使用。抗氧剂又称防胶剂，在燃料中常用的是受阻酚型的添加剂，主要是2，6-二叔丁基对甲酚（T501）。我国目前使用最多的金属钝化剂是*N*，*N*-二亚水杨丙二胺（T1201），这种金属钝化剂能与铜反应生成稳定的螯合物，从而抑制铜对生成胶质的催化作用。

（四）汽油的腐蚀性

汽油在使用和储运过程中均与金属相接触，为此要求控制汽油及其燃烧产物对金属的腐蚀性。汽油中会引起腐蚀的物质主要有硫及含硫化合物、有机酸和水溶性酸或碱等。

1. 硫及含硫化合物

硫及各类含硫化合物在燃烧后均生成SO_2及SO_3，它们对金属有腐蚀作用，特别是当温度较低遇冷凝水形成亚硫酸及硫酸后，更具有强烈腐蚀性。硫的氧化物排放到大气中还会造成环境污染，因此对汽油的总硫含量有严格要求。目前，国内在车用汽油质量标准中规定其硫含量不大于$10mg\cdot kg^{-1}$。元素硫在常温下即对铜等有色金属有强烈的腐蚀作用，当温度较高时对铁也能腐蚀。汽油中所含的含硫化合物中相当一部分是硫醇，硫醇不仅具有恶臭还有较强的腐蚀性，同时对元素硫的腐蚀性具有协同效应。当汽油中不含硫醇时，元素硫的含量达到0.005%会引起铜片的腐蚀；而当汽油中含有0.001%的硫醇硫时，只要有0.001%的元素硫就会在铜片上出现腐蚀。为此，在汽油的质量标准中对硫醇含量也做了要求，规定用博士试验定性不含硫醇。此外，还要求汽油通过最直观的反映汽油腐蚀性的铜片腐蚀试验（铜片放入油中恒温50℃，3h后观察铜片腐蚀情况）。

2. 有机酸

油品中有机酸含量少，在无水分和温度较低时，一般对金属不会产生腐蚀作用，但当含量增多且存在水分时，就能严重腐蚀金属。有机酸的相对分子质量越小，它的腐蚀能力就越强。汽油中的有机酸一般情况下主要是原油中原来就含有的环烷酸，它与某些有色金属作用，所生成的腐蚀产物为金属皂类，能加速汽油氧化。同时，皂类物质逐渐聚集在油中形成沉积物，破坏机器的正常工作。汽油在储存时因氧化所生成的酸性物质，比环烷酸的腐蚀性还要强，它们的一部分能溶于水中，当汽油中有水分落入时，便会增加其腐蚀金属容器的能力。汽油中有机酸的含量用酸度（$gKOH \cdot 100mL^{-1}$）表示。

3. 水溶性酸或碱

正常生产出的汽油本不应该含有水溶性酸或碱，但是，如果生产中控制不严，或在储存、运输过程中容器不清洁，均有可能混入少量水溶性酸或碱。水溶性酸对钢铁有强烈的腐蚀作用，水溶性碱则对铝及铝合金能强烈地腐蚀。因此，汽油的质量指标中规定不允许含有水溶性酸或碱。

（五）车用汽油产品标准

国家质检总局、国家标准委于2013年12月18日发布了第五阶段车用汽油国家标准（也称国Ⅴ车用汽油产品标准），具体见表3－9。该标准自发布之日起实施，自2018年1月1日起全国范围内供应第五阶段车用汽油。我国车用汽油标准GB 17930最初发布于1999年，至今已进行五次修订。国Ⅴ标准，相当于欧盟的欧五标准，其对氮氧化物、碳氢化合物、一氧化碳和悬浮粒子等机动车排放物的限制更为严苛。国Ⅴ标准的制定既考虑了我国当前和今后一个时期大气污染防治和空气质量改善的迫切要求，也考虑了我国车用汽油产品生产、储运和使用的现状，以及油品生产企业技术改造和汽车排放控制技术的需求，是改善环境、治理雾霾等污染及促进绿色发展、增添民生福祉的重要举措。自2019年1月1日起，国内部分执行国Ⅵ标准。

表3－9　国Ⅴ和国Ⅵ（A）车用汽油的技术要求和试验方法（GB 17930—2016）

项目		车用汽油（Ⅴ）			车用汽油（ⅥA）			试验方法
		89	92	95	89	92	95	
抗爆性								
研究法辛烷值（*RON*）	不小于	89	92	95	89	92	95	GB/T 5487
抗爆指数（*RON*＋*MON*）/2	不小于	84	87	90	84	87	90	GB/T 503、GB/T 5487

续表

项目		车用汽油（V）			车用汽油（ⅥA）			试验方法
		89	92	95	89	92	95	
铅含量/g·L^{-1}	不大于	0.005			0.005			GB/T 8020
甲醇含量/%	不大于	0.3			0.3			NB/SH/T 0663
锰含量/g·L^{-1}	不大于	0.002			0.002			SH/T 0711
铁含量/g·L^{-1}	不大于	0.01			0.01			SH/T 0712
馏程								GB/T 6536
10%蒸发温度/℃	不高于	70			70			
50%蒸发温度/℃	不高于	120			110			
90%蒸发温度/℃	不高于	190			190			
终馏点/℃	不高于	205			205			
残留量/%（体）	不大于	2			2			
蒸气压/kPa								GB/T 8017
从11月1日至4月30日		45~85			45~85			
从5月1日至10月31日		40~65			40~65			
末洗胶质含量（加入清静剂前）/mg·100mL^{-1}	不大于	30			30			
溶剂洗胶质含量/mg·100mL^{-1}	不大于	5			5			GB/T 8019
诱导期/min	不小于	480			480			GB/T 8018
硫含量/mg·kg^{-1}	不大于	10			10			SH/T 0689
硫醇（满足下列指标之一，即判为合格）								
博士试验		通过						SH/T 0174
硫醇硫含量/%	不大于	0.001						GB/T 1792
铜片腐蚀（50℃，3h）	不大于	1级			1级			GB/T 5096
水溶性酸或碱		无			无			GB/T 259
机械杂质及水分		无			无			目测
苯含量/%（体）	不大于	1.0			0.8			SH/T 0713
芳烃含量/%（体）	不大于	40			35			GB/T 11132、GB/T 30519
烯烃含量/%（体）	不大于	24			18			GB/T 11132、GB/T 30519
氧含量/%	不大于	2.7			2.7			NB/SH/T 0663
密度（20℃）/kg·m^{-3}		720~775			720~775			GB/T 1884、GB/T 1885

国Ⅴ车用汽油标准与国Ⅳ相比较，最主要变化可以概括为“三减、二调、一增加”。“三减”是指将硫含量指标限值由第四阶段的50mg·kg^{-1}降为10mg·kg^{-1}，降低了80%；将锰含量指标限值由第四阶段的8mg/L降低为2mg/L，禁止人为加入含锰添加剂；将烯烃含量由第四阶段的28%（体）降低到24%（体）。“二调”是指调整蒸气压和牌号。其

中，冬季蒸气压下限由第四阶段的42kPa提高到45kPa，夏季蒸气压上限由第四阶段的68kPa降低为65kPa，并规定广东、广西和海南全年执行夏季蒸气压。同时，考虑到第五阶段车用汽油由于降硫、禁锰引起的辛烷值减少，以及我国高辛烷值汽油组分资源不足情况，结合我国炼油工业实际，该标准将国Ⅳ车用汽油牌号由90号、93号、97号分别调整为国Ⅴ的89号、92号、95号，并在标准附录中增加了98号车用汽油的指标要求。

国Ⅴ车用汽油标准还首次规定了密度指标，其值为20℃时720~775kg·m^{-3}，以进一步保证车辆燃油经济性相对稳定。

国ⅥA车用汽油与国Ⅴ车用汽油相比，在50%蒸发温度、苯含量、烯烃含量、氧含量指标方面有所不同。国Ⅴ车用汽油芳烃和烯烃含量测定的仲裁方法为GB/T 11132，而国ⅥA车用汽油芳烃和烯烃含量测定的仲裁方法为GB/T 30519。

三、车用乙醇汽油（E10）的使用要求

车用乙醇汽油是汽油的一个品种，目前我国推广使用的是添加了10%生物燃料乙醇的车用乙醇汽油（E10）。E10车用乙醇汽油由不添加含氧化合物的车用乙醇汽油调合组分油加入10.0%±2.0%（体积分数）的变性燃料乙醇调合而成，专用于车用点燃式发动机的燃料。对应着普通汽油的牌号，车用乙醇汽油GB 18351—2017也分为89号、92号、95号和98号四个牌号。在我国，按照酒精用途主要分为食用和工业两大类，有三个国家标准，即食用酒精GB 10343—2008、工业酒精GB/T 394.1—2008和变性燃料乙醇GB 18350—2013。变性燃料乙醇专指加入变性剂后，用于调配车用乙醇汽油的燃料乙醇，不能食用，它可以按规定的比例与汽油混合作为车用点燃式内燃机的燃料。变性剂可以是甲醇、苯、吡啶之类等。为此，国家严格规定生物燃料乙醇出厂前必须加入变性剂。变性剂是添加到生物燃料乙醇中使其不能食用的车用乙醇汽油调合组分油或车用乙醇汽油。

调合组分油是调制车用汽油的半成品，未添加含氧化合物，也不含有任何可导致汽车无法正常运行的添加物和污染物的液体烃类。作为对应标号车用乙醇汽油的调合组分油，必须满足《车用乙醇汽油调合组分油》（GB/T 22030—2017）的要求。目前，我国执行《变性燃料乙醇》（GB 18350—2013）、《车用乙醇汽油调合组分油》（GB 22030—2017）和《车用乙醇汽油》（GB 18351—2017）共3项国家标准。

车用乙醇汽油（E10）ⅥA的技术要求与车用汽油ⅥA的技术要求相比，车用乙醇汽油（E10）ⅥA水分要求不大于0.20%（质量分数），采用《轻质石油产品中水含量测定法（电量法）》（SH/T 0246—1992）进行测定，而车用汽油ⅥA则要求无机械杂质和水分。车用乙醇汽油（E10）ⅥA的技术要求乙醇含量为10.0%±2.0%（体积分数），也增加了其他有机含氧化合物的技术要求，规定为不大于0.5%（质量分数），这两个指标采用《汽油中醇类和醚类化合物的测定气相色谱法》（NB/SH/T 0663—2014）进行测定。

四、航空汽油的使用要求

航空汽油又称航空活塞式发动机燃料。因航空发动机工作条件的特殊性，与车用汽油相比，航空汽油对下列性能要求更为严格。

（1）汽化性。高空气压低，汽油产生气阻可能性增大，因此须严格控制其蒸气压在27～48kPa范围之内。

（2）抗爆性。对于航空汽油，除辛烷值外，还规定了用增压航空法以测定其在富混合气条件下（过剩空气系数$\alpha=0.6\sim0.65$）的抗爆性，测得的结果称为品度。品度是该汽油在富混合气条件下，不发生爆震时所能发出的最大功率与用异辛烷（规定其品度为100）工作时所发出的最大功率之比。它表示飞机在起飞和爬高时航空汽油的抗爆性。航空汽油用辛烷值/品度作为牌号，如RH100/130表示该产品马达法辛烷值不小于100，品度不小于130。

（3）安定性。航空汽油加铅量较多，在储存过程中，铅水易分解产生白色沉淀，使抗爆性下降，并易堵塞滤清器。为此需加入抗氧剂以延缓四乙基铅分解。

（4）低温性能。飞机在高空飞行时，机外气温很低，为防止油中析出固体结晶，堵塞滤清器，导致中断供油的恶性事故，航空汽油要求结晶点不高于－60℃。

（5）热值。航空发动机的功率大、负荷重，一般空中不再加油，而所带油箱不能过大，以免增加飞机自重。因此必须使用热值大的燃料，以保证其续航能力，航空汽油净热值要求不小于43.1MJ·kg^{-1}。

航空汽油主要由催化裂化汽油、烷基化油、工业异丙苯和异戊烷等组分调合而成。航空汽油的质量要求可参考GB 1787—2018《航空活塞式发动机燃料》。

第三节　柴　油

柴油发动机简称柴油机，使用柴油作为燃料。柴油机是由德国人鲁道夫·狄塞尔（Rudolf Diesel）于1892年发明的，柴油就是用他的姓Diesel来表示，而柴油机也称为狄塞尔发动机（Diesel Engine）。柴油机主要用于农用机械、重型车辆、坦克、铁路机车、船舶舰艇、工程和矿山机械等。

一、柴油机的工作过程及其对燃料的使用要求

（一）柴油机的工作过程

图3－6为柴油机结构原理示意图。四行程柴油机的工作循环和四行程汽油机基本一样，有进气、压缩、膨胀做功和排气四个过程。但由于柴油机用的燃料是柴油，它的黏度比汽油大，不容易蒸发，而其自燃温度却比汽油低，因此，可燃混合气的形成及着火方式都与汽油机不同。柴油发动机工作时，进入气缸的是空气，气缸中的空气压缩到终点的时候，温度可以达到500～700℃，压力可以达到3.5～4.5MPa（而汽油机在此时的可燃混合

气温度和压力为 330 ~ 430℃ 和 0.7 ~ 1.5MPa)，大大超过柴油的自燃温度。因此柴油在喷入气缸后，在很短时间内与空气混合后便立即自行发火燃烧，此时温度可达 1900 ~ 2000℃，压力可达 6 ~ 9MPa。在高压气体推动下，活塞向下运动并带动曲轴旋转而做功，废气同样经排气管排入大气中。

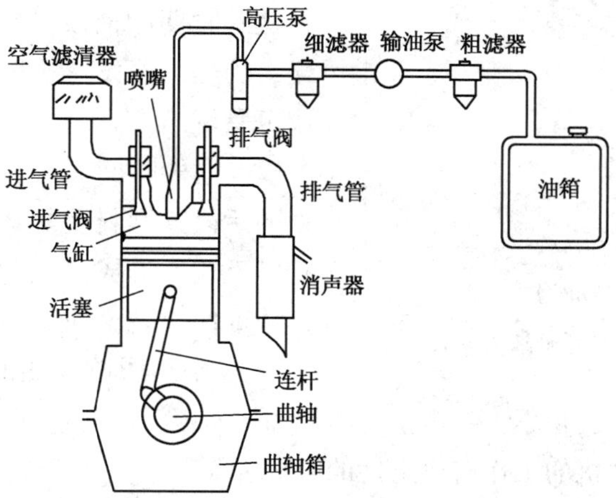

图 3 – 6　柴油机结构原理示意图

传统柴油发动机的特点：热效率和经济性较好，柴油机采用压缩空气的办法来提高空气温度，使空气温度超过柴油的自燃点，这时才喷入柴油、柴油喷雾和空气混合的同时自行点火燃烧。因此，柴油发动机无须点火系统。同时，柴油机的供油系统也相对简单，因此柴油发动机的可靠性要比汽油发动机的好。由于不受爆燃的限制以及柴油自燃的需要，柴油机压缩比很高，热效率和经济性都要好于汽油机，在相同功率的情况下，柴油机的扭矩大，最大功率时的转速低，适合于载货汽车的使用。

但柴浊机由于工作压力大，要求各有关零件具有较高的结构强度和刚度，所以柴油机比较笨重，体积较大；柴油机的喷油泵与喷嘴制造精度要求高，所以成本较高；另外，柴油机工作粗暴，振动噪声大；柴油不易蒸发，冬季冷车时起动困难。由于上述特点，以前柴油发动机一般用于大、中型载重货车上。传统上，柴油发动机由于比较笨重，噪声、振动较高，炭烟与颗粒（PM）排放比较严重，所以一直以来很少受到轿车的青睐。近年来，随着小型高速柴油发动机的新发展，一批先进的技术，例如电控直喷、共轨、涡轮增压、中冷等技术得以在小型柴油发动机上应用，使原来柴油发动机存在的缺点得到了较好的解决。而柴油机在节能与 CO_2 排放方面的优势，则是其他发动机无法取代的，成为“绿色发动机”。

（二）柴油机内燃料的燃烧过程

柴油在气缸中燃烧是一个连续而又复杂的雾化、蒸发、混合和氧化燃烧过程，从喷油开始到全部燃烧为止，大体可分为四个阶段。其气缸中压力与活塞所处位置（用曲轴的转角来表示）的关系见图 3 – 7。

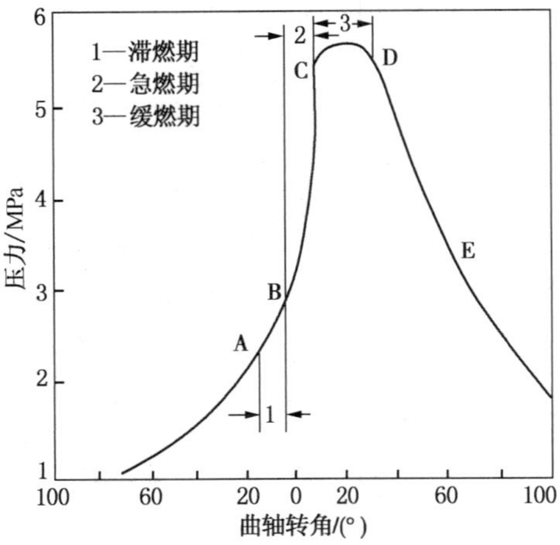

图 3－7　柴油机中气缸压力变化

1. 滞燃期（发火延迟期）

滞燃期是指从喷油开始（图 3－7 中 A 点）到混合气开始着火（图 3－7 中 B 点）之间的一段时间。这个时期极短，只有 1～3ms。在这一时期的前段，柴油喷入气缸后进行雾化、受热、蒸发、扩散以及与空气混合而形成可燃混合气等一系列燃烧前的物理过程。所以，这段时间又称为物理延迟。在这一时期的后段，燃料受热后开始进行燃烧前的氧化链反应，生成过氧化物，过氧化物达到一定浓度便自燃着火，这就是化学延迟。这两种延迟互相影响，在时间上是部分重叠的。滞燃期结束时，气缸内已积累了一定量的柴油和性质很活泼的过氧化物。因此，滞燃期虽然很短促，但它对发动机的工作有决定性的影响。

2. 急燃期

急燃期是指发动机中柴油开始燃烧（图 3－7 中的 B 点）直至气缸中压力不再急剧升高为止（图 3－7 中的 C 点）的时间。在急燃期内，燃料着火燃烧，其燃烧速度极快，单位时间内放出的热量很多，气缸内温度和压力上升很快，压力升高速率的大小对柴油机的工作影响很大。

急燃期的压力上升的速率取决于滞燃期的长短，滞燃期越短，发动机的工作越柔和。如滞燃期过长，着火前喷入的柴油及产生的过氧化物积累过多，一旦燃烧起来则温度、压力就会剧烈增高，冲出活塞头剧烈运动而发出金属敲击声，这就是柴油机的爆震。柴油机的爆震同样会使柴油燃烧不完全、形成黑烟、油耗增大、功率降低，并使机件磨损加剧，甚至损坏。

因此，缩短滞燃期有利于改善柴油机的燃烧性能。这就要求燃料具有较低的自燃点，发动机应具有较高的压缩比以及较高的进气温度，等等。

3. 缓燃期（主燃期）

缓燃期是柴油机中燃烧过程的主要阶段，大量的燃料在该阶段燃烧（占 50%～60%）。所谓缓燃期就是指从气缸压力不再急剧升高时起，到压力开始迅速下降时（通常也称喷油终止时）为止的这一段时间，相当于图 3－7 中 *CD* 段。

这个时期的特点是气缸内的压力变化不大，在后期还稍有下降。经过急燃期后，气缸中的压力、温度都已上升得很高，这时喷入的燃料的发火延迟期大大缩短，喷入的燃料会立即着火。燃料在柴油机中燃烧时应保证在缓燃期内燃烧掉大部分，从而取得较大的功率和较高的效率，而最大压力又不致过高。

4. 后燃期

后燃期是燃烧的最后阶段，指从压力迅速下降到燃烧结束为止，约相当于图 3－7 中的 *DE* 段。在后燃期中，喷油虽已停止，气缸中尚未燃完的燃料仍继续燃烧。但此时的燃烧是在膨胀过程中进行的，压力和温度都逐渐降低，这样会使能量利用效率降低。因此，后燃期中释出的热量不宜超过燃料释放出的全部热量的 20%。

由此可见，柴油在柴油机中的燃烧与汽油在汽油机中的燃烧是有原则区别的，前者是靠自燃发火，后者是靠点火燃烧。也就是说从燃烧角度来看，对柴油的要求是自燃点低、容易自燃，而对汽油则要求其自燃点高、难于自燃。当柴油的自燃点过高时，会造成滞燃期过长，产生爆震，这种情况发生在燃烧阶段的初期；而汽油机的爆震则是由于汽油的自燃点过低而引起的，这种情况并不发生在燃烧阶段的初期，而是出现在火焰的传播过程中如图 3－8 所示。

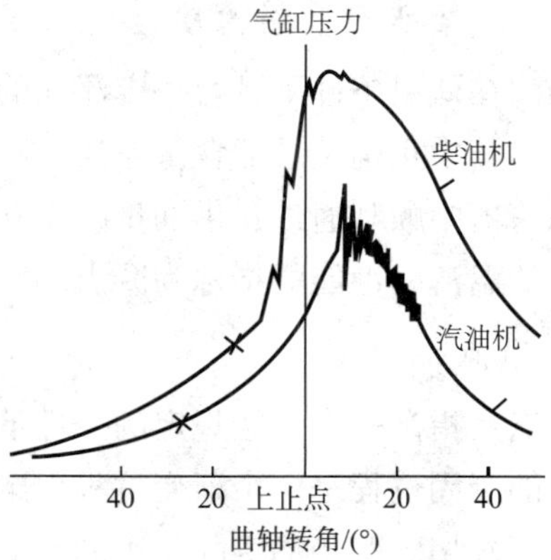

图 3－8　汽油机爆震和柴油机爆震的比较

（三）柴油机燃料的使用要求

柴油在柴油机气缸中发火和燃烧都是在气态下进行的，因而必须先行汽化并与空气形成可燃混合气后，才能使柴油机启动和正常工作。由于柴油机可燃混合气的形成与气缸内的空气运动有关，所以不同类型燃烧室的柴油机对柴油蒸发性能的要求也有所差异。柴油机的转速越快，它的每一工作循环的时间越短，要求柴油的蒸发速度越快，所用的馏分也就应该越轻。

柴油机根据转速高低分为三种类型，各类型柴油机对燃料的要求也不同。本节主要讨论使用于转速为 $1000r \cdot min^{-1}$ 以上高速柴油机的轻柴油。

柴油机燃料系统中的供油配件构造精密、燃烧过程短暂复杂，对柴油提出如下要求：

①凝点低、黏度适中，以保证不间断地供油和雾化。

②燃烧性能好，以保证在柴油机中能迅速自行发火，燃烧完全、稳定、不产生爆震。

③实际胶质与不饱和烃含量应尽量减少，燃烧后不应当在发动机内形成严重的积炭，以免发生过滤堵塞和喷油嘴焦结等现象。

④柴油及燃烧产物不腐蚀发动机零件。

⑤不含有机械杂质，以免加速高压油泵和喷油嘴磨损，降低寿命或堵塞喷油嘴。不含水分，以免造成柴油机运转不稳定和在低温下结冰。

⑥为保证贮运和使用安全，柴油应达到一定的闪点。

二、柴油的主要性能

在相同功率下，柴油机比汽油机节约燃料近25%。随着我国国民经济的发展，特别是交通运输业与汽车工业的发展，柴油机在各行各业得到广泛应用，同时随着我国发动机工业的发展及环保意识的日益增强，对柴油质量也提出了更高的要求。

（一）柴油的低温流动性

柴油在低温条件下具有一定流动的性能叫低温流动性。柴油的低温流动性与其化学组成有关，其中正构烷烃的含量越高，则低温流动性越差。低温流动性变差将妨碍柴油在油管和滤清器中顺利通过，供油量减少甚至中断，导致发动机不能正常工作或熄火。我国评定柴油低温流动性能的指标为凝点和冷滤点。

1. 凝点

凝点是指试样在试验规定的条件下，冷却至液面不移动时的最高温度，以℃表示。因为油品的凝固过程是一个渐变过程，柴油在凝固之前就已出现石蜡晶体，所以严格说来凝点并不能确切表明柴油实际使用的最低温度。凝点是柴油质量中的一个重要指标，柴油的牌号就是按凝点划分的。

2. 倾点

倾点是指在试验规定的条件下冷却时，油品能够流动的最低温度，又称流动极限，以℃表示。

3. 冷滤点

冷滤点是指在试验规定的条件下，柴油试样在60s内开始不能通过过滤器20mL时的最高温度，以℃（按1℃的整数倍）表示。

对于车用柴油而言，并不是在失去流动性的凝点时才不能使用，大量的行车及冷启动试验表明，其最低极限使用温度是冷滤点。冷滤点测定仪是模拟车用柴油在低温下通过过滤器的工作状况而设计的，因此冷滤点比凝点更能反映车用柴油的低温使用性能，它是保证车用柴油输送和过滤性的指标，并且能正确判断添加低温流动改进剂（降凝剂）后的车用柴油质量，一般冷滤点比凝点高2～6℃。为保证柴油发动机的正常工作，户外作业时通常选用凝点低于环境温度7℃以上的柴油。

凝点、倾点及冷滤点与柴油的烃类组成、表面活性剂及柴油的含水量有关，凝点<倾点<冷滤点。柴油中正构烷烃的含量越多，其凝点、倾点和冷滤点就越高。例如，石蜡基原油及其直馏产品的凝点、倾点和冷滤点要比环烷基原油及其直馏产品高得多；表面活性剂能吸附在石蜡结晶中心的表面上，阻止石蜡结晶的生长，致使油品的凝点、倾点下降。所以当柴油中加入某些表面活性物质（降凝添加剂），则可以降低油品的凝点，使油品的低温流动性能得到改善；柴油在精制过程中会与水接触，若脱水后的柴油含水量超标，则柴油的倾点、凝点和冷滤点会明显提高。

（二）柴油的雾化和蒸发性能

轻柴油在柴油机气缸内经喷油器喷出时分散成液体雾粒，液体雾粒继续汽化蒸发。柴油雾化和蒸发性的好坏决定了混合气形成的速度和质量。高速柴油机混合气形成时间极短，对柴油的雾化和蒸发性有较高要求。评价柴油雾化和蒸发性能的指标是黏度和馏程。

1. 黏度

柴油的黏度不仅影响柴油的流动性能，还影响其雾化质量及零部件的润滑。

柴油的黏度过小时，容易从高压油泵的柱塞和泵筒之间的间隙中漏出，因而会使喷入气缸的燃料减少，造成发动机功率下降。同时，柴油的黏度越小，雾化后液滴直径就越小，喷出的油流射程也越短，喷油射角大，因而不能与气缸中全部空气均匀混合，造成燃烧不完全。黏度过小还会影响油泵的润滑。

柴油的黏度过大会造成供油困难，同时，喷出的油滴的直径过大，油流的射程过长，喷油射角小，使油滴的有效蒸发面积减小，蒸发速度减慢，这样也会使混合气组成不均匀、燃烧不完全、燃料的消耗量增大。

柴油还担负着柴油机供给系统中柱塞和柱塞套筒、针阀和针阀体等精密部件的润滑任务，柴油黏度大对精密零件的润滑有利，但过大又会影响喷雾质量。

2. 馏程

馏分组成影响柴油的雾化和蒸发，也就影响着柴油的燃烧性和启动性，燃烧的好坏也直接影响着积炭、冒黑烟和耗油率。评定柴油的蒸发性采用的是50%回收温度、90%回收温度和95%回收温度。

50%回收温度表示柴油中轻质馏分的含量。该温度低说明轻质馏分多，蒸发性好，易形成均匀的混合气，柴油机容易启动；但该温度也不宜过低，过低时，因轻质馏分太多柴油蒸发太快，易引起全部柴油迅速燃烧，气缸内压力升高剧烈，发动机工作粗暴。国家标准规定柴油50%蒸发温度不高于300℃。

90%和95%回收温度表示柴油中重质馏分的含量。该温度低说明柴油中重质馏分含量少，柴油燃烧会越充分，可以提高柴油机的动力性，降低油耗，减少机械磨损；该温度高说明柴油中重质馏分多，蒸发性差，形成的混合气质量差，燃烧不完全，易造成发动机排气管冒黑烟、功率下降、油耗增多、零件磨损增大等。国家标准规定柴油90%回收温度不高于355℃，95%回收温度不高于365℃。

为了控制柴油的蒸发性不致过强，国家标准中还规定了柴油的闭口杯法闪点。从储存和运输来看，馏分过轻的柴油不仅蒸发损失大，而且也不安全。所以柴油的闪点也是保证安全性的指标。一般认为轻质燃料在储运时，其闭口杯闪点高于35℃就是安全的。国外柴油标准闪点指标一般控制在50~55℃，而我国车用柴油标准要求－35号及－50号柴油的闪点不低于45℃，－20号车用柴油的闪点不低于50℃，5号、0号和－10号柴油闪点要求不低于60℃。

由于对柴油需求的日益增多，为了多产柴油，其馏程趋向于放宽。我国柴油的馏程一般控制在170~380℃范围内，主要由C_{15}~C_{24}的烃类组成。

（三）柴油的抗爆性

1. 柴油抗爆性的表示方法

柴油的抗爆性，即柴油在发动机气缸内燃烧时抵抗爆震的能力，换言之，就是柴油燃烧的平稳性。柴油抗爆性（或称为着火性质）通常用十六烷值表示。一般十六烷值高的柴油，抗爆性能好，燃烧均匀，不易发生爆震现象，使发动机热功效率提高，使用寿命延长。但是柴油的十六烷值也并不是越高越好，使用十六烷值过高（如大于65）的柴油同样会形成黑烟，燃料消耗反而增加，这是因为燃料的着火滞燃期太短，自燃时还未与空气混合均匀，致使燃料燃烧不完全，部分烃类因热分解而形成带炭粒的黑烟；另外，柴油的十六烷值太高，还会减少燃料的来源。因此，从使用性和经济性两方面来考虑，使用十六烷值适当的柴油才合理。

对十六烷值的要求取决于发动机的设计，特别是发动机的转速及负荷变化大小、启动情况和环境温度等因素。不同转速的柴油机对柴油的十六烷值有不同的要求。高速柴油机的燃料其十六烷值应在40~60，一般使用40~45的燃料；中速柴油机可使用具有30~35十六烷值的燃料；对于低速柴油机，即使用十六烷值低于25的燃料，其燃烧也不会发生特殊的困难。国外柴油标准十六烷值的规定值一般都在45以上，实际测值也在45左右。我国石油产品标准中规定轻柴油的十六烷值一般不低于45，对于由中间基、环烷基原油生产的各号轻柴油的十六烷值允许不小于40。

柴油的十六烷值测定与汽油的辛烷值测定相似。它是在规定操作条件的标准发动机试验中，将柴油试样与标准燃料进行比较测定，当两者具有相同的着火滞燃期时，标准燃料的正十六烷值即为试样的十六烷值。标准燃料是用抗爆性好的正十六烷和抗爆性差的七甲基壬烷按不同体积比配制成的混合物。规定正十六烷的十六烷值为100，七甲基壬烷的十六烷值为15。例如，某试样经规定试验比较测定，其着火滞燃期与含正十六烷体积分数为48%、七甲基壬烷体积分数为52%的标准燃料相同，则该试样的十六烷值可按下式计算：

$$CN = \varphi_1 + 0.15\varphi_2 \tag{3-1}$$

式中　CN——标准燃料的十六烷值；

φ_1——正十六烷的体积分数,%；

φ_2——七甲基壬烷。

根据我国柴油性质的大量实测数据回归出相对密度与十六烷值的关联式：

$$\text{十六烷值} = 442.8 - 462.9 d_4^{20} \tag{3-2}$$

此式的平均偏差为±3.5。

也可用柴油的十六烷指数来表示柴油抗爆性，它是一个计算值，其计算按GB/T 11139—89标准方法进行，公式如下：

$$CI = 431.29 - 1586.88\rho_{20} + 730.97(\rho_{20})^2 + 12.392(\rho_{20})^3 + 0.0515(\rho_{20})^4 - 0.554B + 97.803(\lg B)^2 \tag{3-3}$$

式中　CI——试样的十六烷指数；

ρ_{20}——试样在20℃时的密度，g·cm^{-3}；

B——试样的中平均沸点,℃。

该方法适用于计算直馏馏分、催化裂化馏分以及两者的混合燃料。当原料和生产工艺不变时，可用十六烷指数检验柴油馏分的十六烷值，进行生产过程的质量控制。

柴油指数是表示柴油抗爆性能的另一个计算值。它的表达式为：

$$DI = \frac{(1.8t_A + 32)(141.5 - 131.5d_{15.6}^{15.6})}{100d_{15.6}^{15.6}} \tag{3-4}$$

式中 DI——柴油指数；

t_A——柴油的苯胺点,℃。

已知柴油指数，可通过经验公式（3-5）计算柴油的十六烷值：

$$CI = \frac{2}{3}DI + 14 \tag{3-5}$$

十烷值指数和柴油指数的计算简捷、方便，很适用于生产过程的质量控制，但不允许随意替代用标准发动机试验装置所测定的试验值，柴油规格指标中的十六烷值必须以实测为准。

2. 柴油的十六烷值与化学组成的关系

柴油的十六烷值与其化学组成和馏分组成密切相关。通常，相同碳原子数的不同烃类，以烷烃的十六烷值最高，烯烃、异构烷烃和环烷烃居中，芳烃特别是无侧链稠环芳烃的十六烷值最小；烃类的异构化程度越高，环数越多，其十六烷值越低；环烷和芳烃随侧链长度的增加，其十六烷值增加，而随侧链分支的增多，十六烷值显著减小；对于同类烃来说，相对分子质量越大，热稳定性越差，自燃点越低，十六烷值越高。

各种烃类十六烷值的不同，主要是反映其自燃性质的差别。烃类的自燃点越低，则其十六烷值越高。燃料的十六烷值与自燃点之间有如图3-9所示的对应关系。由于化学组成的差异，产自石蜡基原油（大庆油）的直馏柴油（富含直链烃）的十六烷值接近70，而产自环烷-中间基原油（孤岛油）的直馏柴油（富含环烷烃）的十六烷值还不到40，如表3-10所示。

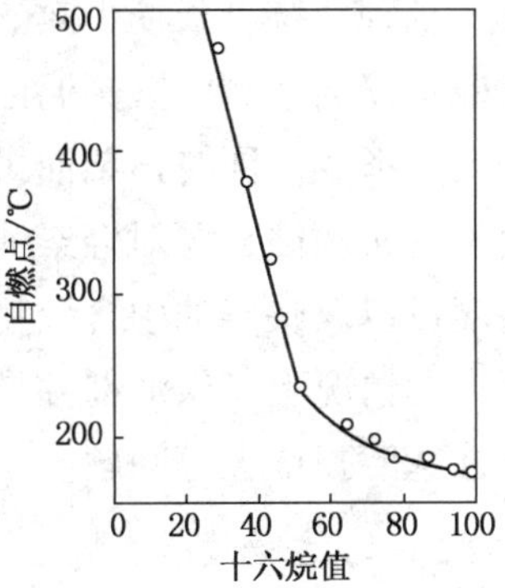

图3-9 十六烷值与自燃点的关系曲线

表3-10 不同类型原油的直馏柴油和二次加工柴油的十六烷值比较

柴油来源	十六烷值	柴油来源	十六烷值
大庆直馏柴油	67~69	孤岛直馏柴油	33~36
大庆催化裂化柴油	46~49	孤岛催化裂化柴油	25~27
大庆延迟焦化柴油	58~60	孤岛催化加氢柴油	30~35

从表3-10中可以看出，由相同类型原油生产的柴油，直馏柴油的十六烷值要比催化裂化、热裂化和焦化生产的柴油高，其原因就在于化学组成发生了变化。催化裂化柴油含

有较多芳烃，热裂化和焦化柴油含有较多烯烃，因此十六烷值有所降低。经过加氢精制的柴油，由于其中的烯烃转变为烷烃，芳烃转变为环烷烃，故十六烷值明显提高。

（四）柴油的安定性、腐蚀性和洁净度

1. 柴油的安定性

与汽油相似，影响柴油安定性的主要原因是油品中存在不饱和烃以及含硫、含氮化合物等不安定组分。柴油的安定性对柴油机工作的影响与汽油的安定性对汽油机工作的影响也基本相同。

评价柴油的安定性的指标是总不溶物和10%蒸余物残炭。总不溶物是表示柴油热氧化安定性的指标，它反映了柴油在受热和有溶解氧的作用下发生氧化变质的倾向。只有储存安定性、热安定性较好的柴油，才能保证柴油机正常工作。安定性差的柴油，长期储存，可在油罐或油箱底部、油库管线内及发动机燃油系统生成不溶物，导致散热不良、机件磨损加剧、发动机使用寿命缩短。

2. 柴油的腐蚀性

通过控制酸度、硫含量、水分、铜片腐蚀等指标来防止腐蚀。

柴油中含硫化合物对发动机的工作寿命影响很大，其中活性含硫化合物（如硫醇等）对金属有直接的腐蚀作用。柴油中的硫可明显地增加颗粒物（PM）的排放，导致发动机系统腐蚀和磨损。硫含量增加还会使某些排气处理系统效率降低，而且由于硫中毒，其他一些排气处理系统会长期失效。所有的含硫化合物在气缸内燃烧后都生成 SO_2 和 SO_3，这些氧化硫不仅会严重腐蚀高温区的零部件，而且还会与气缸壁上的润滑油起反应，加速漆膜和积炭的形成。同时，柴油机排出尾气中的氧化硫还会污染环境。因此，为了保护环境及避免发动机腐蚀，要对轻柴油的含硫量加以控制。

酸度可以反映柴油中含酸物质（特别是有机酸）对发动机的影响。一般在酸量较多且有水存在的情况下，供油部件易受到腐蚀并会出现喷油器孔结焦和气缸内积炭增加，以及喷油泵柱塞磨损增大等问题。

3. 柴油的洁净度

影响柴油洁净度的物质主要是水分和机械杂质。精制良好的柴油一般不含水分和机械杂质，但在储存、运输和加注过程中都有可能混入。柴油中如有较多的水分，在燃烧时将降低柴油的发热值，在低温下会结冰，从而使柴油机的燃料供给系统堵塞。而机械杂质的存在除了会引起油路堵塞外，还可能加剧喷油泵和喷油器中精密零件的磨损。因此，在轻柴油的质量标准中规定水分含量不大于痕迹（0.03%），并不允许有机械杂质，还对柴油的灰分提出了要求。

（五）柴油产品的品种和牌号

我国的柴油产品分为普通柴油（GB 252—2015）和车用柴油（GB 19147—2016）。普通柴油和车用柴油按凝点可划分为5号、0号、－10号、－20号、－35号和－50号牌号。不同凝点的柴油适用于不同的地区和季节。表3－11为国Ⅵ车用柴油质量标准与试验

方法。

表 3-11 国Ⅵ车用柴油质量标准与试验方法（GB 19147—2016）

项目		国Ⅵ质量指标						试验方法
		5 号	0 号	-10 号	-20 号	-35 号	-50 号	
凝点/℃	不高于	5	0	-10	-20	-35	-50	GB/T 510
氧化安定性（总不溶物）/mg·100mL^{-1}	不大于	2.5						SH/T 0175
硫含量/mg·kg^{-1}	不大于	10						SH/T 0689
酸度（以 KOH 计）/mg·100mL^{-1}	不大于	7						
10%蒸余物残炭/%	不大于	0.3						GB/T 17144
灰分/%	不大于	0.01						GB/T 508
铜片腐蚀（50℃，3h）/级	不大于	1						GB/T 5096
水含量/%（体）	不大于	痕迹						GB/T 260
机械杂质		无						GB/T 511
润滑性 校正磨痕直径（60℃）/μm		460						SH/T 0765
多环芳烃含量/%	不大于	7						SH/T 0806
总污染物含量/mg·kg^{-1}	不大于	24						GB/T 33400
运动黏度（20℃）/mm^2·s^{-1}		3.0～8.0		2.5～8.0		1.8～7.0		GB/T 265
冷滤点/℃	不高于	8	4	-5	-14	-29	-44	SH/T 0248
闪点（闭口）/℃	不低于	60			50	45		GB/T 261
十六烷值	不小于	51			49	47		GB/T 386
十六烷指数	不小于	46			46	43		SH/T 0694
馏程/℃ 50%回收温度 90%回收温度 95%回收温度	 不高于 不高于 不高于	 300 355 365						GB/T 6536
密度（20℃）/kg·m^{-3}		810～850			790～840			GB/T 1884 GB/T 1885
脂肪酸甲酯/%（体）	不大于	1.0						NB/SH/T 0916

柴油质量指标的要求主要在以下方面发生变化：

①十六烷值。十六烷值低，则燃料发火困难，滞燃期长，发动机工作状态粗暴；十六烷值高，发火性能好，滞燃期短，燃烧均匀，发动机工作平稳；十六烷值过高，局部燃烧不完全，冒黑烟。从国Ⅳ到国Ⅴ阶段，要求的十六烷值分别从 49（5 号、0 号、-1 号柴油）、46（-20 号柴油）、45（-35 号和-50 号柴油）提升至 51、49、47。主要是因为柴油的理想组分是带少量支链的大分子烷烃，在十六烷值相对较高时，发火性能好、滞燃期短、燃烧均匀、发动机工作平稳，有利于柴油燃烧性能的提高。

②硫含量。柴油中含硫化合物对发动机的工作寿命影响很大。从国Ⅳ到国Ⅴ阶段，硫含量从50mg·kg^{-1}降至10mg·kg^{-1}。硫含量的降低不仅能减少柴油燃烧产物对金属的腐蚀，同时也能够减弱柴油车对大气污染程度，降低PM2.5的含量。

③国Ⅵ车用柴油与国Ⅴ车用柴油的技术要求相比，主要在以下方面发生变化。国Ⅵ车用柴油不再规定测定机械杂质，而国Ⅳ和国Ⅴ车用柴油要求测定。国Ⅵ车用柴油增加了总污染物含量测定指标，采用《GB/T 33400—2016 中间馏分油、柴油及脂肪酸甲酯中总污染物含量测定法》测定，要求不大于24mg·kg^{-1}。多环芳烃含量国Ⅵ车用柴油质量指标要求不大于7%（质量分数），而国Ⅳ和国Ⅴ车用柴油质量指标要求不大于11%（质量分数）。

尽管目前各国对燃油制定的标准各不相同，但都将朝着低硫和低芳烃的方向发展，在不久的未来，柴油将会转变为低硫、低芳烃、低氮、低密度的清洁柴油，因此，随着人们对生存环境的重视程度不断提高，环境保护的问题成为各国关注的对象。近些年，大部分国家都已建立了完善的环保法规，并对汽车的尾气排放问题制定了更为严格的标准。“清洁柴油”是石油化工产业的发展趋势，要努力研制更先进的柴油处理技术，提高柴油十六烷值，以满足未来“清洁柴油”零硫的要求，为环境保护做出贡献。

第四节　喷气燃料

喷气燃料又称航空煤油，是喷气发动机的燃料，按馏程的宽窄可分为煤油型及高闪点型，目前广泛应用于军用或民航领域。煤油型喷气燃料将作为现代航空运输动力源的主要能源，其需求量将呈上升趋势。

一、喷气式发动机的工作过程及其对燃料的要求

（一）涡轮喷气发动机的工作过程

喷气式发动机是和汽油机、柴油机完全不同的一类发动机，按发动机结构和工作原理的不同分为涡轮喷气式、涡轮风扇式、涡轮轴式和涡轮螺旋桨式四种类型。现以应用最广泛的涡轮喷气式发动机为例，介绍其结构和工作原理（见图3-10）。它由空气压缩机、燃烧室、燃气涡轮和尾喷管等部分构成。

涡轮喷气式发动机工作时，空气从进气道进入离心式压缩机，经加压到0.3~0.5MPa，温度升到150~200℃，以40~60m·s^{-1}的速度进入燃烧室，经旋流器降速后与喷嘴喷出的燃料混合并在燃烧室内连续不断燃烧，燃烧室中心的燃气温度可达1900~2200℃。燃烧后的高温气体与冷空气混合，温度降至750~800℃后进入燃气涡轮，推动涡轮以8000~16000r·min^{-1}高速旋转，从而带动空气压缩机工作。燃气最后进入尾喷管，并在500~600℃的温度下高速喷入大气，产生的反作用力推动飞机前进。

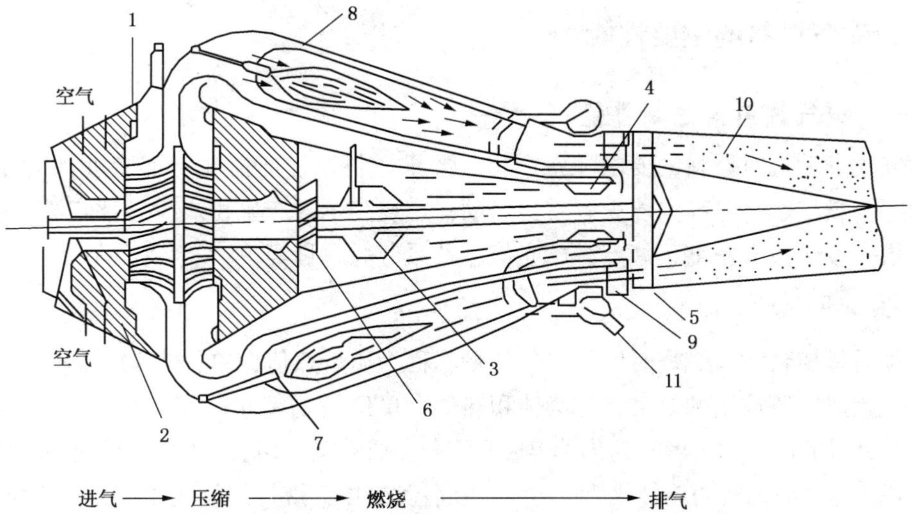

图 3-10　涡轮喷气式发动机工作原理示意图

1—双面供气离心式压缩机；2—前轴承；3—中轴承；4—后轴承；
5—燃气涡轮；6—供冷却空气叶轮；7—燃料油喷嘴；8—燃烧室；
9—涡轮整流窗；10—尾喷管；11—冷却空气出口

这种发动机没有气缸，燃料在压力下连续喷入到高速的空气流中，一经点燃便连续燃烧，并不像活塞式发动机那样，燃料的供应、燃烧间歇进行。喷气式发动机燃料的燃烧是在 30～50$m \cdot s^{-1}$的高速气流中进行的，所以燃烧速度必须大于气流速度，否则会造成火焰中断。发动机工作原理的特殊性决定其所用燃料使用性能的特殊性。

（二）喷气式发动机对燃料的要求

喷气燃料的最主要功能是通过燃烧产生热能做功，此外还有其他功能，如用作压缩机和尾喷管的某些部件的工作液体，在燃油－润滑油换热器中用作润滑油冷却剂，在供油部件中用作润滑介质。这些功能都是在高空飞行条件下实现的，所以对燃料的质量要求非常严格，以确保安全可靠。对喷气式发动机燃料质量的主要要求有：

①良好的燃烧性能：热值高，具有良好的燃烧稳定性、完全性、启动性等。

②良好的洁净性：机械杂质水、表面活性物的含量应严格符合质量标准的要求。

③良好的低温性：在低温工作条件下不析出晶体，以保证发动机正常供油。

④良好的安定性：在储运过程中和使用条件下不变质。

⑤无腐蚀性：保证燃油系统零部件不发生液相腐蚀，燃气系统零部件不发生气相腐蚀。

⑥良好的高空性能：适宜的饱和蒸气压和蒸发性，馏程分布均匀，以保证高空飞行中不产生气阻，蒸发损失小，燃烧稳定。

⑦较小的起电性和着火危险性：防止产生静电荷，发生火灾。

⑧适当的润滑性：保证喷气发动机燃料泵的润滑。

二、喷气燃料的主要性能

（一）喷气燃料的燃烧性能

喷气式发动机对燃料的要求非常严格，要求燃料在任何情况下都能进行连续、平稳、迅速和完全燃烧。一旦高空熄火容易再启动，燃烧完全且产生积炭少。评定喷气燃料燃烧性能的指标有热值、密度、烟点、辉光值、萘系芳烃含量等。

1. 热值和密度

单位质量燃料完全燃烧时所放出的热量，称为质量热值，单位为 $kJ \cdot kg^{-1}$；单位体积燃料完全燃烧时所放出的热量，称为体积热值，单位是 $kJ \cdot m^{-3}$。

喷气燃料的热值和密度与其化学组成和馏分组成有关。由于氢的质量热值远比碳高，因此，氢碳比越高的燃料的质量热值也越大。在各类烃中，烷烃的氢碳比最高，芳烃最低。因此对碳原子数相同的烃类来说，其质量热值的顺序为烷烃 > 环烷烃、烯烃 > 芳香烃。但对于体积热值来说，其顺序正好与此相反，芳烃 > 环烷烃、烯烃 > 芳香烃。这主要是由于芳烃的密度较大，而烷烃密度较小造成的。对于同类烃而言，随沸点增高，密度增大，其体积热值变大，而质量热值变小。兼顾这两方面，环烷烃是喷气燃料较理想的组分。

2. 烟点

又称无烟火焰高度，是指在规定条件下，试样在标准灯具中燃烧时，产生无烟火焰的最大高度，单位为 mm。它是评定喷气燃料在燃烧过程中生成积炭倾向的指标。积炭是指积聚在喷嘴、火焰筒壁上的在燃烧过程中产生的炭质微粒。喷嘴上的积炭会恶化燃料的雾化质量，使燃烧过程变坏，严重影响燃料燃烧完全度。附在火焰筒壁上的积炭，会使火焰筒因受热不均匀而变形，甚至产生裂纹。此外，在发动机工作时，火焰筒壁上剥落下来的积炭碎片会进入涡轮，擦伤叶片。

喷气燃料烟点的高低与生成积炭的大小有密切相关，烟点越高，积炭越小。因此，烟点与油品组成的关系，就是积炭与组成的关系。烃类的 H/C 越小，生成积炭的倾向越大。各种烃类生成积炭的倾向为双环芳烃 > 单环芳烃 > 带侧链芳烃 > 环烷烃 > 烯烃 > 烷烃。飞行试验证明，油品中芳烃特别是双环芳烃含量增高，喷气燃料燃烧不完全，生成的炭粒增多，火燃的明亮度显著增大，使燃料室接受辐射而超温，故生成积炭的倾向显著增大。

3. 辉光值

辉光值是在标准仪器内，用规定的方法测定火焰辐射强度的一个相对值，用固定火焰辐射强度下火焰温度升高的相对值表示。辉光值反映燃料燃烧时的辐射强度，用它可以评定燃料生成积炭的倾向。

辉光值与燃料的化学组成有关。当烃类碳原子数相同时，各种烃类辉光值大小顺序为烷烃 > 环烷烃、烯烃 > 芳烃。生炭性强的燃料（如富含芳烃的燃料），辉光值小；生炭性小的燃料，辉光值大。

（二）燃料的启动性能

喷气燃料除了应保证发动机在严寒冬季能迅速启动外，还需保证发动机在高空一旦熄火时也能迅速再点燃，恢复正常燃烧，以保证飞行安全。要保证发动机在高空低温下再次启动，必须要求燃料能在0.01～0.02MPa和－55℃的低温下形成可燃混合气并能顺利点燃，且稳定地燃烧。这就要求燃料要具有良好的启动性能，这与燃料的黏度、蒸发性有关。

1. 黏度

燃料的雾化程度越好，越能加快可燃混合气的形成，因而也就加快了燃烧速度，有利于燃烧的稳定和完全。而燃料的雾化质量与其黏度有直接联系，黏度过大，则喷射角小而射程远、液滴大、雾化不良，以致燃烧不均匀、不完全，同时低温流动性差，供油量减少。燃烧不完全的气体进入燃气涡轮后继续燃烧，容易使涡轮叶片过热或烧坏；黏度过小，喷射角大而射程近，火焰燃烧区宽而短，易引起局部过热，同时黏度过小使燃料泵的磨损加大。因此要求燃料要有适宜的黏度范围。

2. 蒸发性

馏分较轻的喷气燃料蒸发性好，能较快地与空气形成可燃混合气，其燃烧启动性好；馏分过重，则雾化不良，不利于与空气混合，不利于燃料完全燃烧。

（三）喷气燃料的安定性

1. 储存安定性

喷气燃料的不饱和烃与非烃化合物含量相对较少，储存安定性也较高。喷气燃料的储存安定性与汽油、柴油的指标有些类似，如实际胶质、诱导期、碘值等。

2. 热安定性

当飞行速度超过音速以后，由于与空气摩擦生热，使飞机表面温度上升，油箱内燃料的温度也上升，可达100℃以上。在这样高的温度下，燃料中的不安定组分更容易氧化而生成胶质和沉淀物。这些胶质沉积在热交换器表面上，导致冷却效率降低；沉积在过滤器和喷嘴上，则会使过滤器和喷嘴堵塞，并使喷射的燃料分配不均，引起燃烧不完全等。因此，对长时间供超音速飞行的喷气燃料，要求具有良好的热安定性。

（四）喷气燃料的低温性能

喷气燃料的低温性能，是指在低温下燃料在飞机燃料系统中能否顺利地泵送和过滤的性能，即不能因产生烃类结晶体或所含水分结冰而堵塞过滤器，影响供油。喷气燃料的低温性能是用结晶点或冰点来表示的，结晶点是燃料在低温下出现肉眼可辨的结晶时的最高温度；冰点是在燃料出现结晶后，再升高温度至原来的结晶消失时的最低温度。

不同烃类的结晶点相差悬殊，相对分子质量较大的正构烷烃及某些芳香烃的结晶点较高，而环烷烃和烯烃的结晶点则较低；在同族烃中，结晶点大多随其相对分子质量的增大而升高。燃料中含有的水分在低温下形成冰晶，也会造成过滤器堵塞、供油不畅等问题。在相同温度下，芳香烃特别是苯对水的溶解度最高。因而从降低燃料对水的溶解度的角度来看，也需要限制芳香烃的含量。

（五）喷气燃料的腐蚀性

喷气燃料的腐蚀主要是指喷气燃料对储运设备和发动机燃料系统产生的腐蚀。对金属材料有腐蚀作用的主要是燃料中的含氧、含硫化合物和水分。需要注意的是，喷气发动机的高压燃料油泵一般都采用镀银机件，而银对于硫化物的腐蚀极为敏感。因此，喷气燃料质量标准中增加了银片腐蚀试验。

（六）喷气燃料的洁净度

喷气发动机燃料系统机件的精密度很高，因而，即使较细的颗粒物质也会造成燃料系统的故障。引起燃料脏污的物质主要是水、表面活性物质、固体杂质及微生物。

水的存在，除了对燃料的腐蚀性、低温性产生不良影响外，还会破坏燃料在系统部件中所起的润滑作用，并能导致微生物的滋长。燃料中的表面活性物质会增强油水乳化，使油中的水不易分离，并且会促使一些细微的杂质聚集在过滤器上，使过滤器的使用周期大大缩短。固体杂质对于燃料系统中的高压油泵和喷油嘴等精密部件危害极大。喷气燃料中若含有微生物不但会加速油料容器的腐蚀和使涂层松软，在一定条件下，还会大量繁殖，以致堵塞过滤器。

我国喷气燃料质量标准中，规定不能含有机械杂质，并用外观和水反应试验等技术指标来保证喷气燃料的洁净度。水反应试验的目的是检查喷气燃料中的表面活性物质及其对燃料和水的界面的影响。为保证喷气燃料的洁净度，对油品储运提出更高要求，在油品使用前还要经过充分沉降和过滤。

（七）喷气燃料的起电性及着火危险性

航空涡轮发动机的耗油量很大，在机场往往采用高速加油。在泵送燃料时，燃料和管壁、阀门、过滤器等高速摩擦，油面就会产生和积累大量的静电荷，其电势可达到数千伏甚至上万伏。这样，到一定程度就会产生火花放电，如果遇到可燃混合气，就会引起爆炸失火，往往酿成重大灾害。影响静电荷积累的因素很多，其中之一是燃料本身的电导率。同时考虑到防火安全性，质量标准对燃料的电导率及闪点提出了要求。

（八）喷气燃料的润滑性

喷气发动机燃料泵依靠自身泵送的燃料润滑，因此要求燃料具有较好的润滑性。燃料组分的润滑性能按照非烃化合物 > 多环芳烃 > 单环芳烃 > 环烷烃 > 烷烃的顺序依次降低。可见，含有少量的极性物质，对喷气燃料的润滑性能是有利的。当然，含量不能过多，否则会引起腐蚀等其他弊病。由此可见，对喷气燃料的精制深度要适当，若精制过深，则会使其润滑性能变差。

（九）喷气燃料牌号

喷气燃料以加氢裂化煤油馏分和加氢精制的直馏煤油馏分加入适量添加剂调合而成。按生产方法可分为直馏喷气燃料和二次加工喷气燃料两类；按馏分的宽窄、轻重又可分为煤油型及高闪点型，共分为 3 号、高闪点 2 个牌号。3 号喷气燃料为民航飞机、军用飞机通用，其质量标准见表 3－12。高闪点型为舰载机专用。

表 3-12　3 号喷气燃料质量标准

项　目		质量标准（GB 6537—2018）	试验方法
外观		室温下清澈透明，目视无不溶解水及固体物质	目测
颜色	不小于	+25	GB/T 3555
组成			
总酸值（以 KOH 计）/$mg \cdot g^{-1}$	不大于	0.015	GB/T 12574
芳烃含量/%（体）	不大于	20.0	GB/T 11132
烯烃含量/%（体）	不大于	5.0	GB/T 11132
总硫含量/%	不大于	0.20	SH/T 0689
硫醇硫/%	不大于	0.0020	GB/T 1792
博士试验		通过	NB/SH/T 0174
直馏组分/%（体）		报告	—
加氢精制组分/%（体）		报告	—
加氢裂化组分/%（体）		报告	—
合成烃组分/%（体）		报告	—
挥发性			
馏程/℃			GB/T 6536
初馏点		报告	
10% 回收温度	不高于	205	
20% 回收温度		报告	GB/T 6536
50% 回收温度	不高于	232	
90% 回收温度		报告	
终馏点	不高于	300	
残留量/%（体）	不大于	1.5	
损失量/%（体）	不大于	1.5	
闪点（闭口）/℃	不低于	38	GB/T 21789
密度（20℃）/$kg \cdot m^{-3}$		775～830	GB/T 1884、GB/T 1885
流动性			
冰点/℃	不高于	-47	GB/T 2430
运动黏度/$mm^2 \cdot s^{-1}$			
20℃	不小于	1.25	GB/T 265
-20℃	不大于	8.0	

续表

项　目		质量标准（GB 6537—2018）	试验方法
燃烧性			
净热值/MJ·kg^{-1}	不小于	42.8	GB/T 384
烟点/mm	不小于	25.0	GB/T 382
或烟点最小为 20mm 时，萘系烃含量/%（体）	不大于	3.0	SH/T 0181
腐蚀性			
铜片腐蚀（100℃，2h）/级	不大于	1	GB/T 5096
银片腐蚀（50℃，4h）/级	不大于	1	SH/T 0023
安定性			
热安定性（260℃，2.5h）			GB/T 9196
压力降/kPa	不大于	3.3	
管壁评级		小于 3，且无孔雀蓝色或异常沉淀物	
洁净性			
胶质含量/mg·100mL^{-1}	不大于	7	GB/T 8019
水反应			GB/T 1793
界面情况/级	不大于	1b	
分离程度/级	不大于	2	
固体颗粒污染物含量/mg·L^{-1}	不大于	1.0	SH/T 0093
导电性			
电导率/pS·m^{-1}		50～600	GB/T 6539
水分离指数			SH/T 0616
未加入静电剂	不小于	85	
或加入抗静电剂	不小于	70	
润滑性			
磨痕直径（WSD）/mm	不大于	0.65	SH/T 0687

注：经铜精制的喷气燃料，油样应按 SH/T 0182 方法测定铜离子含量，含量应不大于 150μg·kg^{-1}。

从喷气燃料的使用性能来看，喷气燃料的理想组分应是环烷烃。这是因为虽然正构烷烃质量热值大、积炭生成倾向小，但体积热值小，并且低温性能差，所以不甚理想；芳烃虽然有较高的体积热值，但质量热值低，且燃烧不完全，易形成积炭，吸水性大，所以更不是理想的烃类，规范中限定芳烃含量不能大于20%；烯烃虽然具有较好的燃烧性能，但安定性差，生成胶质的倾向大，也被限制使用，因此说，综合考虑各方面的因素，环烷烃是喷气燃料的理想组分。

从喷气燃料的发展过程来看，其规格与产率、质量及实际收率等几项因素是相互制约的。从20世纪70年代开始，为缓解燃料供应紧张的问题，西方国家喷气燃料的规格一直在不断放宽，如影响喷气燃料收率的冰点、芳烃、馏程等理化指标均相继做过调整。喷气燃料的发展呈现以下特征：

①对喷气燃料的性能要求越来越高；

②制约喷气燃料收率的质量指标越来越松；

③喷气燃料的生产工艺越来越先进；

④喷气燃料的原料来源越来越广；

⑤添加剂从单一型逐渐转向多功能型。

在石油能源短缺的情况下，随着各国军事和经济发展的需要，喷气燃料的研究必将伴随着飞机和发动机研究的深入而进一步深入。

近几年喷气燃料的研究喷气燃料具有质量稳定、安全可靠、加工简易、成本低廉等优点，未来它仍将作为现代航空运输动力源的主要能源，而且对它的需求量将一直呈上升趋势。

第五节　燃料油

燃料油俗称烧火油，主要作为锅炉燃料为家庭供暖、工业提供热能，广泛用于冶金、金属加工、炼焦、陶瓷、玻璃等工业。大部分燃料油由渣油和柴油馏分调合构成，有些是减黏裂化产物，一般对颜色没有特别要求。

一、燃料油的分类及用途

按SH/T 0356—1996质量标准，燃料油分1号、2号、4号轻、4号、5号轻、5号重、6号和7号八个牌号。1号、2号油是馏分燃料油，适合于家庭或工业小型燃烧器上使用。特别是1号油适用于汽化型燃烧器，或用于要求低倾点燃料场合。4号轻、4号油是重质馏分燃料油，适用于要求该黏度范围的工业燃烧器上。5号轻、5号重、6号和7号油是黏度和馏程范围递增的残渣燃料油，适用于工业燃烧器。为了便于装卸和正常雾化，此类燃料油通常需要预热。

部分牌号燃料油的质量指标见表3-13。

表3-13　部分牌号燃料油的质量指标

项　目	质量指标 SH/T 0356—1996（2007）			试验方法
	2号	4号	6号	
闪点（闭口）/℃	38	55	60	GB/T 261
水和沉淀物（体）/%	0.05	0.50	2.00	GB/T 6533

续表

项目			质量指标 SH/T 0356—1996（2007）			试验方法
			2 号	4 号	6 号	
馏程/℃	90%	不低于	282	—	—	GB/T 6536
		不高于	338	—	—	
运动黏度/$mm^2 \cdot s^{-1}$	40℃	不小于 不大于	1.9~3.4	5.5~24.0	—	GB/T 265 或 GB/T 11137
	100℃	不小于	—	—	15.0	
		不大于	—	—	50.0	
10%蒸余物残炭/%		不大于	0.35	—	—	SH/T 0160
灰分/%		不大于	—	0.10	—	GB/T 508
硫含量/%		不大于	0.50	—	—	GB/T 380
铜片腐蚀（50℃，3h）/级		不大于	3	—	—	GB/T 5096
密度（20℃）/$kg \cdot m^{-3}$		不小于 不大于	— 872	— —	— —	GB/T 1884
倾点/℃		不高于	-6	-6	—	GB/T 3535

二、燃料油的主要性能

燃料油应具有良好的泵送性能、雾化性能和燃烧性能，以及腐蚀性小、稳定不分层、闪点较高、安全性好等特性。

燃料油主要质量指标有：黏度、闪点、凝点、灰分、水分、含硫量、机械杂质等。其中，黏度是燃料油的重要指标。黏度过大会导致燃料的雾化性能恶化，喷出的油滴过大，造成燃烧不完全，燃烧炉热效率下降。所以，使用黏度较大的燃料油时必须经过预热，以保证喷嘴要求的适当黏度。低黏度的燃料油的质量指标中规定了其40℃运动黏度的范围，而对于高黏度燃料油则以其100℃运动黏度为指标。对于低黏度的燃料油，质量标准中要求其倾点不能太高，以保证它在储运和使用中的流动性。而对于黏度较大的燃料油，因使用时需加热，所以一般不控制其倾点。燃料油中的含硫化合物在燃烧后均生成二氧化硫和三氧化硫，它们会污染环境，危害人体健康，同时遇水后变成的亚硫酸和硫酸会严重腐蚀金属设备。所以对各牌号燃料油的含硫量有相应的控制要求。控制机械杂质是为了防止喷嘴堵塞，灰分少能保持炉管有良好的传热效率。

第六节　炼厂气

石油炼制过程产生的烃类气体统称炼厂气，也称装置尾气，主要由常温常压下为气态的 $C_1 \sim C_4$ 各种烃类组成。炼厂气经脱硫、加压蒸馏可得到如表3-14所示的附加值高、用途广泛的各种产品。

表 3－14 炼厂气产品概况

产品名称	状态	主要用途
瓦斯	C_1、C_2气体	燃料、制氢原料
液化石油气	C_3、C_4混合烃加压液态	工业及民用燃料、汽车燃料、化工原料
丙烯	加压液态	化工原料
丁烯	加压液态	化工原料
丙烷	加压液态	渣油脱沥青溶剂
丁烷	加压液态	玻璃加工等专用燃料、打火机专用气、化工发泡剂

大部分炼厂气产品由石化企业内部消耗，对外销售的产品主要有液化石油气和工业丁烷，它们的质量标准分别见表 3－15 和表 3－16。

表 3－15 液化石油气质量标准

项　目		质量指标（GB 11174—2011）			试验方法
		商品丙烷	商品丙丁烷混合物	商品丁烷	
密度（15℃）/$kg \cdot m^{-3}$		1430			SH/T 0221①
蒸气压（37.8℃）/kPa	不大于	1380	1380	485	GB/T 12576
组分②					SH/T 0230
C_3烃类组分烃类组分/%（体）	不大于	95	—	—	
C_4及C_4以上烃类组分/%（体）	不大于	2.5	—	—	
（C_3+C_4）烃类组分/%（体）	不大于	—	95	95	
C_5及C_5以上烃类组分/%（体）	不大于	—	3.0	2.0	
残留物					
蒸发残留物/$mL \cdot 100mL^{-1}$	不大于	0.05			SY/T 7509
油渍观察		通过③			
铜片腐蚀（40℃，1h）/级	不大于	1			SH/T 0232
总硫含量/$mg \cdot m^{-3}$	不大于	343			SH/T 0222
硫化氢（需满足下列要求之一）					
乙酸铅法		无			SH/T 0125
层析法/$mg \cdot m^{-3}$	不大于	10			SH/T 0231
游离水		无			目测④

①密度也可以采用 GB/T 12576 方法计算，有争议时以 SH/T 0221 为仲裁方法；

②液化石油气中不允许人为加入除加臭剂以外的非烃类化合物；

③按 SY/T 7509 方法所述，每次以 0.1mL 的增量将 0.3mL 溶剂－残留物混合液滴到滤纸上，2min 后在日光下观察，无持久不退的油环为通过；

④有争议时，采用 SH/T 0221 的仪器及试验条件目测是否存在游离水。

表 3－16　工业丁烷（丁烷）质量标准

项　目		质量指标（SH 0553—1993）			试验方法
		70 号	85 号	95 号	
丁烷/%（体）		70	85	95	
C_5及C_5以上烃类/%（体）		2	1	无	SH/T 0230
不饱和烃/%（体）		报告	报告	报告	
蒸气压（37.8℃）/kPa	不大于	485	485	485	GB/T 6602
铜片腐蚀/级	不大于	1	1	1	SH/T 0232
总硫含量/$mg\cdot m^{-3}$	不大于	50	40	30	SH/T 0222
密度（15℃）/$kg\cdot m^{-3}$		报告	报告	报告	SH/T 0221

液化石油气和工业丁烷均为经加压液化的易燃易爆物品，受热时容易膨胀、汽化。液化石油气或工业丁烷一旦泄漏，形成的烃类气体的密度是空气的 1.5～2 倍，这些烃类气体将在地表面上飘浮、聚集，造成环境污染、引起中毒或爆炸事故。因此，在储存、运输、使用液化石油气和工业丁烷过程中应严格按有关规定操作、注意安全。

第七节　溶剂油及化工轻油原料

一、溶剂油

溶剂油是对某些物质起溶解、洗涤、萃取作用的轻质石油产品。主要由直馏馏分或催化重整抽余油等分馏和精制而成，不含裂化馏分；馏程较窄，组分轻、蒸发性强，属易燃易爆轻质油品，在使用和储运中，必须特别注意防火安全，要求使用场所通风良好。同时，溶剂油是一种质量要求较高的油品，其储运的容器、管线及泵等设备必须符合规定要求，以防产品被污染。我国溶剂油按98%馏出温度或干点划分牌号，GB 1922—2006 将溶剂油分为 5 个牌号（代号为 NY），后来根据特殊需要制订了植物油提取溶剂油、橡胶工业用溶剂油、油漆工业用溶剂油、航空洗涤汽油等专用溶剂油。各种牌号溶剂油的用途及执行标准汇总于表 3－17。随着环保要求的日益增强，有些企业将溶剂油原料经加氢精制后分馏出馏程更窄、硫含量及芳烃含量极低的环保型溶剂油。

表 3－17　主要牌号溶剂油的馏程及用途

牌号	馏程/℃	主要用途	执行标准
NY-70	60～70	用于香花料及油脂工业作抽提溶剂	GB 1922—2006
NY-90	60～90	用作化学试剂、医药溶剂等	GB 1922—2006
NY-120	80～120	用于橡胶工业	GB 1922—2006
NY-190	40～190	用于机械零件洗涤和工农业生产作溶剂	GB 1922—2006

续表

牌号	馏程/℃	主要用途	执行标准
NY-200	140~200	用于油漆工业溶剂和稀释剂。	GB 1922—2006
NY-260	195~260	煤油型特种溶剂	GB 1922—2006
6号抽提溶剂油	60~90	用在抽出食用动植物油脂的工艺上以及合成橡胶工业中	GB 16629—2008
橡胶工业用溶剂油	80~120	用于橡胶工业，用作某些特殊快干油漆的稀释剂，用作精密仪器仪表的清洗溶剂	SH 0004—90
油漆工业用溶剂油	140~200	用于油漆工业溶剂和稀释剂	SH 0005—90
280号溶剂油	140~280	用作白油原料、润滑油基础油，用作精细化工行业生产卫生气雾剂的溶剂等	Q/SHMM 138—1999

一般要求溶剂油具有以下特性：溶解性好，挥发性均匀，无味、无毒、无色，当然还要考虑经济性。溶剂油的主要性能及其评价指标如表3－18所示。表3－19是油漆工业用溶剂油的技术要求。

表3－18　溶剂油的主要性能和检测方法

性能	评价指标
溶解性	溶解参数、贝壳松脂丁醇值、苯胺点、稀释率和减黏性能
挥发性	馏程、蒸发残值、比热容、蒸发潜热
安全性	闪点、燃点、毒性、芳烃含量
安定性	铜片腐蚀、博士试验、臭味、比色、不挥发分、碘值
其他	经济性

表3－19　油漆工业用溶剂油的技术要求

项目		质量指标（SH0005—90）		试验方法
		一级品	合格品	
外观		透明、无悬浮物和机械杂质及不溶解水		目测
闪点（闭口）/℃	不低于	33	33	GB/T 261
色度/号	不小于	+25	—	GB/T 3555
芳烃含量/%	不大于	15	15	SH/T 0118
贝壳松脂丁醇值		报告	—	GB/T 11134
溴值/$gBr \cdot 100g^{-1}$	不大于	5	—	GB/T 11135
博士试验		通过	—	SH/T 0174
馏程/℃				GB/T 6536
初馏点	不低于	140	140	
98%馏出温度	不高于	200	200	

续表

项目		质量指标（SH0005—90）		试验方法
		一级品	合格品	
铜片腐蚀/级				GB/T 5096
100℃，3h	不大于	1	—	
50℃，3h	不大于	—	1	
密度（20℃）/kg·m^{-3}		750～816	≤790	GB/T 188 或 GB/T 1885

二、石油芳烃

石油芳烃是重要的化工原料和溶剂，主要由催化重整生成油经芳烃抽提、精馏等工艺制得。也可由乙烯裂解焦油、煤焦油经加氢精制、芳烃抽提、精馏等工艺制得。石油芳烃主要产品及用途见表3－20。

表3－20　主要石油芳烃产品及用途

产品名称	馏程/℃	主要用途	执行标准
石油苯	79.6～80.5	用作有机合成或其他化工原料	GB 3405—2011
石油甲苯	—	用作有机溶剂、硝化合成化工原料	GB 3406—2010
混合二甲苯	137.5～141.5	用作涂料的溶剂及稀释剂，用作有机合成或其他化工原料，用作氯化橡胶、氯丁二烯聚合物的溶剂	GB 3407—2010
重芳烃	125～200	适用于油漆工业中作溶剂和稀释剂，用于生产双氧水过程作蒽的溶剂	Q/SH 30901—2003

石油芳烃均属于易燃易爆危险品，而且均有毒性，储运及使用过程应严格按有关规定操作，配备消防、安全设备，做好安全防护措施。

三、化工轻油原料

化工轻油原料是炼油过程中的中间产品，其产品种类及用途见表3－21。

表3－21　主要化工轻油原料及用途

产品名称	馏程或40℃运动黏度	主要用途	执行标准
3号白油原料	约300℃	用作生产白油的原料	Q/SHMMZ01—2002
4号白油原料	约363℃	用作生产白油的原料	Q/SHMMZ01—2002
5号白油原料	2.8～6.0mm^2·s^{-1}	用作生产白油的原料、润滑油基础油	Q/SHMM106—2001
3号软麻油	10～18mm^2·s^{-1}	主要用于麻袋厂配制麻纤维柔软剂软化液；还可用于软化皮革，提高皮革光亮度	Q/SHMMZ01—2002

续表

产品名称	馏程或40℃运动黏度	主要用途	执行标准
石脑油	$44\sim190mm^2\cdot s^{-1}$	用于轻油裂解制取乙烯及合成氨等化工原料，或一般溶剂	Q/SHH. H010—2003
140号化工轻油	约205℃	用于轻油裂解制取乙烯及合成氨等化工原料，或一般溶剂。	Q/SHMMZ03—2002

四、石油酸

石油酸是石油炼制过程中的副产品，以石油馏分碱渣经加温、破乳、沉降分油后酸化、水洗和沉降脱水而制得。按石油酸含量分为55号、65号、75号、85号等牌号，可用于生产各种环烷酸或某些环烷酸盐；用作生产防锈剂及燃料抗磨添加剂、润滑油极压添加剂的原料；用作油漆涂料催干剂、各种漆胶及苯胺染料的溶剂；用作木材和电缆的防腐剂。

石油酸经提纯、精制、精馏等工艺可生产得到质量要求很高的喷气燃料抗磨剂。

第八节　润滑油

相对运动的摩擦接触面之间需加入润滑剂，使两接触表面之间形成润滑膜，变干摩擦为润滑剂内部分子间的内摩擦，以达到减少摩擦、降低磨损、延长机械设备使用寿命的目的。润滑剂有润滑油、润滑脂、固体润滑剂、气体润滑剂四大类，其中润滑油和润滑脂为石油产品。虽然润滑油的产量仅占原油加工量的2%左右，但因其使用对象、条件千差万别，润滑油的种类品种多达数百种，而且对其质量要求非常严格，其加工工艺也较复杂。

一、概述

（一）润滑油的组成

润滑油是由基础油和添加剂组成的。基础油分为矿物油、合成油及半合成油；添加剂有清净分散剂、抗氧抗磨剂、抗氧剂、极压抗磨减摩剂、防锈剂、增黏剂、降凝剂、抗泡剂、抗乳化剂等。

（二）润滑油的基本性能

根据润滑油的基本功能，要求润滑油要具备以下基本性能：

①摩擦性能。一般要求润滑油具有尽可能小的摩擦系数，保证机械运行敏捷而平稳，减少能耗。

②适宜的黏度是润滑油的最重要的性能，选择润滑油时首先应考虑黏度是否合适。高黏度易于形成动压膜，油膜较厚，能支承较大负荷，防止磨损。但黏度太大，即内摩擦太大，会造成摩擦热增大，摩擦面温度升高，而且在低温下不易流动，不利于低温启动。

低黏度时，摩擦阻力小，能耗低，机械运行稳捷，温升不高。但如黏度太低，则油膜太薄，承受负荷的能力小，易于磨损，且易渗漏流失，特别是容易渗入疲劳裂纹，加速疲劳扩展，从而加速疲劳磨损，降低机械零件寿命。

③极压性。当摩擦件之间处于边界润滑状态时，黏度作用不大，主要靠边界膜强度支承载荷，因此要求润滑油具有良好的极压性，以保证在边界润滑状态下，仍有良好的润滑性。

④化学安定性和热稳定性。要求润滑油具有良好的化学安定性和热稳定性，使其在储存、运输、使用过程中不易被氧化、分解变质。对某些特殊用途的润滑油还要求耐强化学介质和耐辐射。

⑤材料适应性。要求其对接触的金属材料不腐蚀，对橡胶等密封材料不溶胀。

⑥洁净度。要求润滑油不含水和杂质。因水能造成油料乳化，使油膜变薄或破坏，造成磨损，而且使金属生锈；杂质可堵塞油滤和喷嘴，造成断油事故，杂质进入摩擦面能引起磨粒磨损。因此，一般润滑油的规格标准中都要求油色透明，且不含机械杂质和水分。

（三）润滑油的常用质量指标

润滑油的质量指标如表3－22所示。

表3－22　润滑油的常用质量指标

名称	意义	试验方法
黏度/$mm^2 \cdot s^{-1}$	润滑油的主要技术指标。绝大多数的润滑油是根据其黏度的大小来划分牌号的，黏度大小直接影响润滑效果	GB/T 265
黏度指数（*VI*）	润滑油黏温性能的数值表示	GB/T 1995
闪点（开口）/℃	润滑油运输及使用的安全指标，同时也是润滑油的挥发性指标。闪点低的润滑油，挥发性高，容易着火，安全性较差。润滑油的挥发性高，在工作过程容易蒸发损失，严重时甚至引起润滑油黏度增大，影响润滑油的作用。重质润滑油的闪点如突然降低，可能发生轻油混油事故	GB/T 3536
倾点/℃ 凝点/℃	评定润滑油低温流动性的指标之一。某些润滑油产品的牌号是以润滑油的凝点高低来划分的	GB/T 3535、 GB/T 510
水分/%	润滑油中如有水分存在，将破坏润滑油膜，使润滑效果变差，加速油中有机酸对金属的腐蚀作用。水分还造成对机械设备的锈蚀，并导致润滑油的添加剂失效，使润滑油的低温流动性变差，甚至结冰，堵塞油路，妨碍润滑油的循环及供应	GB/T 260
机械杂质/%	润滑油中不溶于汽油或苯的沉淀和悬浮物，经过滤而分出的杂质。润滑油中机械杂质的存在，将加速机械零件的研磨、拉伤和划痕等磨损，而且堵塞油路油嘴和滤油器，造成润滑失效。变压器中有机械杂质，会降低其绝缘性能	GB/T 511
抗乳化性/min	评定润滑油在一定温度下的分水能力。抗乳化性好的润滑油，遇水后，虽经搅拌振荡，也不易形成乳化液，或虽形成乳化液但是不稳定，易于迅速分离。抗乳化性差的油品，其抗氧化安定性也差	GB/T 7305
抗泡性/mL	评价润滑油生成泡沫倾向及泡沫的稳定性，抗泡性不好，在润滑系统中会形成泡沫，且不能迅速破除，将影响润滑油的润滑性，加速它的氧化速度，导致润滑油的损失，也阻碍润滑油在循环系统中的传送，使供油中断，妨碍润滑，对液压油则影响其压力传送	GB/T 12579

续表

名称	意义	试验方法
腐蚀性（铜片腐蚀、有机酸、水溶性酸碱）	腐蚀试验是测定油品在一定温度下对金属的腐蚀作用。腐蚀试验不合格是不能使用的，否则将对设备造成腐蚀。腐蚀是在氧（或其他腐蚀性物质）和水分同时与金属表面作用时发生的。因此防止腐蚀目的在于防止这些物质侵蚀金属表面	GB/T 5096 GB/T 7304 GB/T 259
氧化安定性	润滑油在实际使用、储存和运输中氧化变质或老化倾向的重要特性。氧化安定性差，易氧化生成有机酸，造成设备的腐蚀。润滑油氧化的结果是，黏度逐渐增大（聚醚油除外），流动性变差，同时还产生沉淀、胶质和沥青质，这些物质沉积于机械零件上，恶化散热条件，阻塞油路，增加摩擦磨损，造成一系列恶果	SH/T 0196 SH/T 0259

（四）润滑油的分类

我国 GB 7631. 1—2008《润滑剂、工业用油和有关产品（L 类）的分类第 1 部分：总分组》列于表 3 - 23。此分类与 ISO 6743—99：2002《润滑剂、工业润滑油和有关产品的 L 类分类标准》等效。

表 3 - 23　润滑剂和有关产品（L 类）的分类（GB 7631. 1—2008）

组别	应用场合	分类标准
A	全耗损系统（Total loss systems）	GB/T 7631. 13—2012
B	脱模（Mould release）	
C	齿轮（Gears）	GB/T 7631. 7—1995
D	压缩机（包括冷冻机和真空泵）［Compressors（including refrigeration and vacuum pumps）］	GB/T 7631. 9—2014
E	内燃机油（Internal combustion engine oil）	GB/T 7631. 17—2014
F	主轴、轴承和离合器（Spindle bearing，bearing and associated clutches）	GB/T 7631. 4—1989
G	导轨（Slideways）	GB/T 7631. 11—2014
H	液压系统（Hydraulic systems）	GB/T 7631. 2—2003
M	金属加工（Metal working）	GB/T 7631. 5—1989
N	电器绝缘（Electrical insulation）	GB/T 7631. 15—1998
P	风动工具（Pneumatic tools）	GB/T 7631. 16—1999
Q	热传导夜（Heat transfer fluid）	GB/T 7631. 12—2014
R	暂时保护防腐蚀（Temporary protection against corrosion）	GB/T 7631. 6—1989
T	汽轮机（Turbines）	GB/T 7631. 10—2013
U	热处理（Heat treatment）	GB/T 7631. 14—1998
X	用润滑脂的场合（Applications requiring grease）	GB/T 7631. 8—1990
Y	其他应用场合（Other application）	GB/T 7631. 18—2017
Z	蒸气气缸（Steam cylinders）	

二、润滑油基础油

润滑油一般以基础油和添加剂调合而成。就体积而言，基础油是润滑剂的最重要成分。按所有润滑剂的质量平均计算，基础油占润滑剂配方的95%以上。有些润滑剂系列（如某些液压油和压缩机润滑油），其化学添加剂仅占1%。因而基础油决定着润滑油的基本性质。润滑油基础油主要分为矿物基础油、合成基础油以及生物基础油三大类。所谓矿物油，就是以原油的减压馏分或减压渣油为原料，并根据需要经过脱沥青、脱蜡和精制等过程而制得的润滑油基础油。矿物润滑油约占全部润滑油的97%。我国于20世纪70年代起，制定出三种矿物基础油标准，即石蜡基中性油、中间基中性油和环烷基中性油三大标准，分别以SN、ZN和DN加以标志。

（一）基础油的质量要求

为满足润滑油的质量要求，基础油的质量有严格要求，表3－24列出了部分基础油的技术要求。

表3－24　部分通用基础油（HVI）标准［Q/SHR001—95（99）］

黏度等级牌号（按赛氏通用黏度划分）	75	100	150	200	350	400	500	650	120BS	150BS	试验方法
40℃运动黏度/$mm^2 \cdot s^{-1}$	13～15	20～22	28～32	38～42	65～72	74～82	95～107	120～135	报告	报告	GB/T 265
100℃运动黏度/$mm^2 \cdot s^{-1}$	报告	报告	报告	报告	报告	报告	报告	报告	25～28	30～33	
外观	透明	透明	透明	透明	透明	透明	透明	透明	透明	透明	目测①
色度/号　不大于	0.5	1.0	1.5	2.0	3.0	3.5	4.0	5.0	5.0	6.0	GB/T 6540
黏度指数（*VI*）　不小于	100	100	100	98	95	95	95	95	95	95	GB/T 1995
闪点（开口）/℃　不低于	175	185	200	210	220	225	235	255	265	290	GB/T 3536
倾点/℃　不高于②	－9	－9	－9	－9	－5	－5	－5	－5	－5	－5	GB/T 3535
中和值/$mgKOH \cdot g^{-1}$　不大于	0.02	0.02	0.02	0.02	0.03	0.03	0.03	0.03	0.03	0.03	GB/7304
残炭/%　不大于	—	—	—	—	0.01	0.01	0.15	0.25	0.6	0.7	GB/268
密度（20℃）/$kg \cdot m^{-3}$	报告	报告	报告	报告	报告	报告	报告	报告	报告	报告	GB/T 1884—1885
苯胺点/℃	报告	报告	报告	报告	报告	报告	报告	报告	报告	报告	GB/T 262
硫/%	报告	报告	报告	报告	报告	报告	报告	报告	报告	报告	GB/T 387
氮/%	报告	报告	报告	报告	报告	报告	报告	报告	报告	报告	GB/T 9170

续表

黏度等级牌号（按赛氏通用黏度划分）	75	100	150	200	350	400	500	650	120BS	150BS	试验方法
碱性氮/%	报告	报告	报告	报告	报告	报告	报告	报告	报告	报告	GB/T 0162
蒸发损失（Noack 法，250℃，1h）/%	—	报告	报告	报告	—	—	—	—	—	—	SH/T 0059
150℃ 氧化安定性（旋转氧弹法）/min 不小于	180	180	180	180	180	180	130	130	110	110	SH/T 0193

①将油品注入 100mL 洁净量筒中，油品应均匀透明，如有争议，将油温控制在 25℃ ±2℃下，应均匀透明；
②出口产品 200 号以后倾点均执行 -9℃。
试验补充规定：加入 0.8% T501。采用精度为千分之一的天平，称取 0.88g T501 于 250mL 烧杯中，继续加入待测油样，至总重为 110g（供平行试验用）。将油样均匀加热至 50～60℃，搅拌 15min，冷却后装入玻璃瓶备用。

（二）润滑油基础油分类

由于润滑场所要求和使用条件千差万别，润滑油的品种上千种，不可能每种润滑油都从原料油开始进行单独生产。为了简化润滑油生产，采取先制成一系列符合一定规格的、黏度不同的基础油，然后根据润滑要求将不同牌号的若干种基础油进行调合，并加入适量的添加剂，以制得符合各种规格的润滑油商品。这样不仅使润滑油的生产规范化，同时还易于根据市场的变化及时调整产品结构。

表 3-25 列出了润滑油基础油黏度等级及黏度范围。

表 3-25　润滑油基础油黏度等级及黏度范围

基础油黏度范围及等级				基础油黏度范围及等级			
	运动黏度/$mm^2 \cdot s^{-1}$	赛氏黏度/s	黏度等级		运动黏度/$mm^2 \cdot s^{-1}$	赛氏黏度/s	黏度等级
中性油	9～10	55～59	60	中性油	135～150	625～695	750
中性油	13～15	70～74	75	中性油	160～180	741～843	900
中性油	20～22	98～106	100	中性油	200～230	927～1065	1200
中性油	28～32	133～151	150	光亮油	16～20	82～99	90
中性油	38～42	178～196	200	光亮油	16～22	82～107	90
中性油	55～63	256～292	300	光亮油	25～28	120～134	120
中性油	65～72	302～334	350	光亮油	26～30	125～143	125/140
中性油	95～107	440～496	500	光亮油	30～33	143～156	150
中性油	110～125	510～579	600	光亮油	41～45	193～211	200/220
中性油	120～135	556～625	650				

1. 美国石油学会（API）润滑油基础油分类

美国石油学会（API）将润滑油基础油按饱和烃含量、含硫量、黏度指数大小分为五类，即 API Ⅰ、API Ⅱ、API Ⅲ、API Ⅳ及 API Ⅴ类基础油。见表 3 - 26。

表 3 - 26　API 基础油规格

基础油分类	规格要求		
	硫/%	饱和烃/%	VI
第一类	>0.03	<90	80 - 120
第二类	<0.03	90	80 - 12
第三类	<0.03	>90	>120
第四类	聚 α 烯烃		
第五类	除上述基础油外		

Ⅰ类基础油有较高的硫含量和较低的饱和烃含量可以通过传统的老三套（溶剂精制、溶剂脱蜡、白土补充精制或加氢补充精制）工艺获得，生产过程基本以物理过程为主，不改变烃类分子结构，生产的基础油质量取决于原料中理想组分的含量和性质，既取决于原油中润滑油的潜含量。

Ⅱ类基础油的硫含量和芳烃含量较低，非理想组分更少（芳烃含量小于 10%，硫含量低于 0.03%），要通过组合工艺（溶剂工艺和加氢工艺结合）制得，工艺主要以化学过程为主，不受原料限制，可以改变原来的烃类结构。

Ⅲ类基础油要求很高的黏度指数和较低的挥发性，一般要通过全加氢工艺（深度加氢裂化或异构脱蜡）来实现，又称作非常规基础油（UCBO）。

Ⅳ类基础油为聚 α 烯烃油（PAO）合成油。PAO 常用的生产方法有石蜡分解法和乙烯聚合法。PAO 依聚合度不同可分为低聚合度、中聚合度、高聚合度，分别用来调制不同的油品。这类基础油与矿物油相比，不含 S、P 和金属元素，不含蜡，所以倾点极低，通常在 -40℃以下，黏度指数一般超过 140。但 PAO 边界润滑性差。另外由于它本身的极性小对溶解极性添加剂的能力差，且对橡胶密封有一定的收缩性，需要通过添加一定量的酯类得以克服。

Ⅴ类基础油是指聚酯、聚异丁烯和烷基苯等合成油醋。

2. 国内润滑油基础油分类

（1）按原油属性划分基础油。我国润滑油基础油标准建立于 1983 年，按原油属性制定了三种中性油标准，即石蜡基中性油、中间基中性油和环烷基中性油三大标准，分别以 SN、ZN 和 DN 加以标志。例如石蜡基基础油分为 75SN、100SN、150SN、200SN、350SN、500SN、650SN 和 150BS 等牌号。由馏分原料油生产得的润滑油基础油称为溶剂精制中性油（SN-Solvent Neutral），而取自残渣油制得的高黏度油，则称作光亮油（BS-Bright Stock）。

按原油属性划分基础油是基于利用传统工艺（老三套）生产基础油来划分的，由于不同属性的原油经过催化加氢现代工艺（如加氢裂化、加氢异构化）可以生产出高黏度指数、含硫低的基础油，因此这种分类方法已经不能适应现在润滑油的实际情况，目前已不采用。

（2）中国石化股份有限公司润滑油基础油协议指标分类。中国石化总公司从 20 世纪

90 年代按照国际上通用方法制定了润滑油基础油分类方法 QSHR 001－95，该方法将润滑油基础油根据黏度指数分类，同时根据适合范围分为通用基础油和专用基础油。基础油的黏度等级按赛氏通用黏度划分，其数值为某黏度等级基础油运动黏度所对应的赛氏通用黏度整数近似值。低黏度组分称作中性油，黏度等级以 40℃赛氏通用黏度（秒）表示，高黏度组分称作光亮油，黏度等级以 100℃赛氏通用黏度（秒）表示。润滑油基础油的代号是根据黏度指数和适用范围确定的。每个品种由一组英文字母组成的代号表示。润滑油通用基础油的代号由表示黏度指数高低的英文字母组成。“H”、“M” 分别为 “高（High）”、“中（Middle）” 的英文字母头，“VI” 为黏度指数（Visosity Index）的英文字头。BS 为光亮油（Bright Stock）的英文字头。

2012 年 11 月 1 日中国石化股份有限公司推出了基础油协议指标 “《润滑油基础油》（2013 版）”。该版本将润滑油基础油分为 0、Ⅰ、Ⅱ、Ⅲ、Ⅳ、Ⅴ六类。0 和Ⅰ类为溶剂精制基础油包含 MVI、HVI Ia、HVI Ib、HVI Ic 四个品种。；Ⅱ、Ⅲ类为加氢基础油，包括 HVI Ⅱ、HVI Ⅱ＋、HVI Ⅲ三个品种。Ⅳ类为 PAO 油，Ⅴ类为其他合成油。润滑油基础油分类情况见表 3－27，再细的分类详见润滑油类专著或手册。

表 3－27　润滑油基础油分类

项目	类别							
	0	Ⅰ			Ⅱ		Ⅲ	
	MVI	HVI Ⅰa	HVI Ⅰb	HVI Ⅰc	HVI Ⅱ	HVI Ⅱ＋	HVI Ⅲ	HVI Ⅲ OEM 专用基础油
饱和烃/%	＜90 和/或≥0.03	＜90 和/或≥0.03	＜90 和/或≥0.03	＜90 和/或≥0.03	≥90	≥90	≥90	≥90
硫含量/%					＜0.03	＜0.03	＜0.03	
黏度指数	≥0	≥80	≥90	≥95	90≤Ⅵ＜110	≥110	≥120	≥125

（三）新一代润滑油对基础油的要求

基础油性质对润滑油使用性能的影响见表 3－28。随着科技的发展，新一代润滑油不断往节能、环保型发展，对基础油也提出更高要求，见表 3－29。

表 3－28　基础油性质对润滑油使用性能的影响

基础油性质	对润滑油使用性能的影响
黏度	低温性能，摩擦损失，磨损
化学活性	腐蚀趋势，磨损
热氧化安定性	摩擦损失，酸和油泥的生成
挥发性	残渣和积炭的生成
溶解能力	残渣和积炭的生成，与密封材料的相容性
表面活性	起泡趋向，抗乳化能力，摩擦损失

表 3-29　新一代润滑油对基础油的要求

润滑油	性能要求	对基础油的要求
发动机油	低排放	低黏度时，油的挥发性低
	低油耗	
	省燃料	低黏度，高 *VI*
	延长换油期	抗氧性好
齿轮油	不换油	抗氧性好
	省燃料	高 *VI*

三、内燃机润滑油

内燃机润滑油简称内燃机油，也称发动机油或曲轴箱油，它是润滑油中耗量最大的一类。它是一种由矿物基础油或合成基础油为主，加入清净分散剂和抗氧抗腐蚀添加剂等添加剂调制而成的润滑油。其组成包含分子量为 400 ~ 800 的各种烃类以及少量的含硫、氮、氧等化合物。它有良好的油性，广泛用于各种汽油机和柴油发动机的摩擦部位的减摩、防锈和冷却，同时兼具密封、清洗润滑表面杂质等作用。内燃机润滑油广泛用于汽车、坦克、内燃机车、船舶、施工机具等移动式或固定式发动机润滑，其用量占润滑油总量的 40% 以上。

（一）内燃机润滑油的工作条件

内燃机润滑系统见图 3-11，它是由下曲轴箱、润滑油泵、润滑油散热器、粗滤清器、细滤清器组成。润滑油通过油泵的压力循环或通过激溅等方法，被送到气缸和活塞之间，以及连杆轴承、曲轴轴承等摩擦部位，以保证发动机的正常润滑和运转。随着内燃机向高速和大功率的方向发展，它的工作条件越来越苛刻，其主要特点见表 3-30。

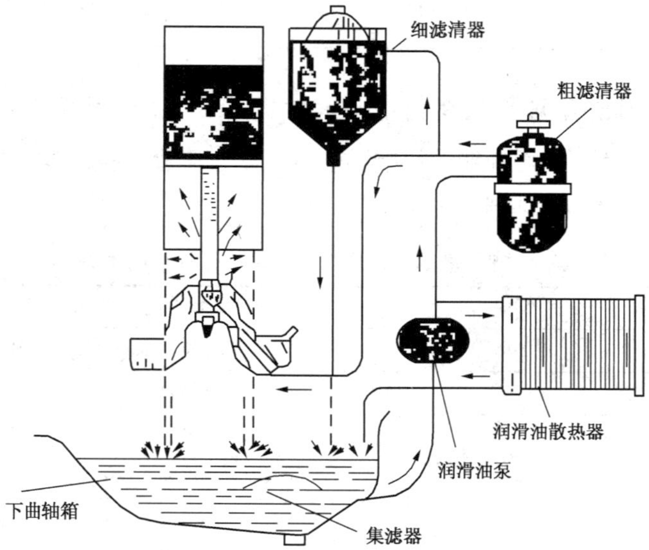

图 3-11　内燃机润滑系统

表 3－30　内燃机工作特点

特点	含义
使用温度高	气缸和活塞都直接与2000℃以上燃气接触，汽油机活塞顶部温度可达250℃，柴油机活塞顶部的温度约为300℃，曲轴箱油温约100℃
摩擦件间的负荷较大	主轴承处的负荷为5～12MPa，连杆轴承处可达35MPa
运动速度多变	活塞在气缸中的运动速度周期性变化，最快速度达每秒数十米，而在上止点和下止点时其速度为零
所处的环境复杂	润滑油循环使用，长时间与空气中的氧以及多种能对氧化反应起催化作用的金属相接触

（二）内燃机油的性能要求

随着内燃机中所使用的发动机性能不断地改进，润滑油的工作条件日益苛刻，对排出废气的管理和对安全性的要求也更加严格，因而对内燃机油性能的要求也日趋严格。主要体现在以下6个方面：

①适宜的黏度和黏温性能内燃机油的黏度主要关系到发动机在低温下的启动性（又称低温泵送性）和机件的磨损程度，燃油和润滑油的消耗量和功率损耗的大小。由于内燃机各部位工作温度范围比较宽广，可从室温（冬季可达－40℃以下）到300℃以上，因此要求内燃机油应有适宜的黏度和黏温性能。否则，油膜容易破坏，密封作用不好。润滑油的黏温性能以黏度指数表示。黏度指数高，表示黏度因温度变化而变化较小。一般要求单级油黏度指数为90～105、多级油黏度指数为120～180。

②良好的氧化安定性。内燃机润滑油在高温工作条件下，氧化速度加快，易于变质生成腐蚀金属的酸性物质和使黏度变大的胶质、油泥等而失去润滑作用，造成粘环、拉缸和机件腐蚀。为提高油品的氧化安定性，通常在油中添加抗氧剂、抗腐蚀剂等。

③良好的清净分散性。在内燃机油中添加清净分散剂，使油具有良好的清净分散性，不仅有高温清净作用，能将摩擦副上的沉积物清洗下来，而且也具有良好的低温分散性，能阻止颗粒物的积聚和沉积，在润滑油通过机油滤清器时将它们过滤掉。

④良好的润滑性、抗磨性。内燃机承受的负荷较大，特别是曲轴主轴承、连杆轴承、活塞销轴承、凸轮挺杆间间隙处等，常常承受冲击载荷而处于边界润滑状态，容易产生擦伤性磨损，因此，要求内燃机具有完善的润滑系统，内燃机油具有良好的润滑性和抗磨性。

⑤良好的抗腐蚀性和酸中和性。内燃机油在使用过程中由于受温度、空气及某些金属的影响，自身会氧化生成具有腐蚀作用的酸性物质和油泥，对金属有腐蚀性，另外燃料的燃烧产物（如含硫燃料）燃烧后产生的酸性物质等，也会使内燃机零件腐蚀。因此要求内燃机油具有良好的抗腐蚀性和酸中和性。

⑥良好的抗泡沫性。内燃机油在油底壳中，由于曲轴的强烈搅动和进行飞溅润滑，很容易生成气泡而影响润滑油的润滑性能，同时会使油泵抽空，导致故障，因此现代的内燃机油中都添加抗泡沫剂以提高其抗泡沫性。

（三）内燃机油的分类

内燃机油质量分级按美国石油学会（API）标准进行分级，黏度分级按美国汽车工程师学会（SAE）标准进行分类。

1. 内燃机油质量等级的分类

我国参照 SAE J183 分类方法，以 S 代表汽油机油系列［加油站供售用油（Service station oil）］，分为 SA、SB、SC、SD、SE、SF、SG、SH 等质量等级。柴油机油系列则以 C 代表［商业用油（Commercial oil）］，分为 CC、CD、CD-II（II 表示二冲程柴油机）、CE、CF-4（4 表示四冲程柴油机）等质量等级。随着科技的进步，机油的品质也有一个提高的过程，字母顺序代表机油品质的发展，字母越往后表示品质越高。

在内燃机润滑油中还有一类既可用于汽油机又可用于柴油机的产品，它们称为通用内燃机油，其牌号可用 SC/CC、SD/CC、SE/CD 等表示。此类通用内燃机油的性能全面、适应面宽，可简化油品管理、方便使用。

2. 内燃机油黏度等级的分类

我国内燃机油黏度分类参照美国汽车工程师协会制订的标准，如表 3-31 所示。内燃机油黏度等级分为含字母 W（冬季用油）及不含字母 W 两个系列。含字母 W 的黏度等级对低温性能有特殊要求，其牌号根据其最大低温黏度、最高边界泵送温度及 100℃时最小运动黏度来划分。不含 W 的黏度系列牌号则根据其 100℃运动黏度来划分。

近年来，内燃机中越来越多地使用多级油。所谓多级油是指其 100℃黏度在某一非 W 黏度等级范围内，而同时其低温黏度和边界泵送温度又能满足某一 W 黏度等级的指标，可表示为 10W/30 及 20W/40 等。多级油大多是由较低黏度的基础油添加黏度添加剂稠化后制成的，所以也称稠化机油。多级油的黏温性质显著优于单级油，它的使用不受地区和季节的限制，冬、夏季和南、北地域通用，同时还可以节约燃料。多级油又称冬夏两用油或四季用油。

表 3-31　内燃机油的黏度分类（SAE-J300—2015）

黏度等级	低温启动黏度		低温泵送黏度（无屈服能力）		100℃时的低剪切速率运动黏度		150℃时的高剪速率黏度/mPa·s
	mPa·s≤	℃	mPa·s≤	℃	$mm^2 \cdot s^{-1}$≥	$mm^2 \cdot s^{-1}$≤	≥
0W	6200	-35	60000	-40	3.8	—	—
5W	6600	-30	60000	-35	3.8	—	—
10W	7000	-25	60000	-30	4.1	—	—
15W	7000	-20	60000	-25	5.6	—	—
20W	9500	-15	60000	-20	5.6	—	—
25W	13000	-10	60000	-15	9.3	—	—
8	—		—		4.0	<6.1	1.7
12	—		—		5.0	<7.1	2.0

续表

黏度等级	低温启动黏度		低温泵送黏度（无屈服能力）		100℃时的低剪切速率运动黏度		150℃时的高剪速率黏度/mPa·s
	mPa·s≤	℃	mPa·s≤	℃	$mm^2\cdot s^{-1}\geq$	$mm^2\cdot s^{-1}\leq$	≥
16	—		—		6.1	<8.2	2.3
20	—		—		6.9	<9.3	2.6
30	—		—		9.3	<12.5	2.9
40	—		—		12.5	<16.3	3.5（0W-40，5W-40，10W-40）
40	—		—		12.5	<16.3	3.5（15W-40，20W-40，25W-40）
50	—		—		16.3	<21.9	3.7
60	—		—		21.9	<26.1	3.7

3. 内燃机润滑油的品种

目前我国汽油机油、柴油机油的主要品种及适用的场合如表3-32所示。

表3-32　内燃机油品种分类（GB/T 28772—2012）

应用范围	品种代号	黏度等级	特性和适用场合
汽油机油	SC	5W-20，10W-30，15W-40，30，40	由于货车、客车和某些轿车的汽油机以及要求使用API SC级油的汽油机。可控制汽油机高低温沉积物及磨损、锈蚀和腐蚀
	SD	5W-30，10W-30，15W-40，20W-20，30，40	用于货车、客车和某些轿车的汽油机以及要求使用APISD、SC级油的汽油机。此种油品控制汽油机高、低温沉积物、磨损、锈蚀和腐蚀的性能优于SC，并可替代SC
	SE	5W-30，10W-30，15W-40，20W-20，30，40	用于轿车和某些货车的汽油机以及要求使用APISE、SD级油的汽油机。此种油品的抗氧化性能以及控制汽油机高温沉积物、锈蚀和腐蚀的性能优于SD或SC，并可替代SD或SC
	SF	5W-30，10W-30，15W-40，30，40	用于轿车和某些货车的汽油机以及要求使用APISF、SE及SC级油的汽油机。此种油品的抗氧化性和抗磨性能优于SE，还具有控制汽油机沉淀、锈蚀和腐蚀的性能，并可代替SE、SD或SC
	SG		用于轿车、货车和轻质卡车的汽油机以及要求使用API SG级油的汽油机。SG质量还包括CC（或CD）的使用性能。此种油品改进了SF级油，控制发动机沉积物、磨损和油的氧化性能，并具有抗锈蚀和腐蚀的性能，并可替代SF、SE
	SH		用于轿车和轻质卡车的汽油机以及要求使用APISH级油的汽油机。SH质量在汽油机磨损、锈蚀、腐蚀及沉积物的控制和油的氧化方面优于SG，并可替代SG

续表

应用范围	品种代号	黏度等级	特性和适用场合
柴油机油	CC	5W－30，10W－30，15W－40，20W－40，20W－20，30，40	用于在中及重负荷下运行的非增压、低增压或增压式柴油机，并包括一些重负荷汽油机。对于柴油机具有控制高温沉积物和轴瓦腐蚀的性能，对于汽油机具有控制锈蚀、腐蚀和高温沉积物的性能
	CD	10W，5W－30，10W－30，15W－30，15W－40，20W－40，20W－20，30，40	用于需要高效控制磨损及沉积物或使用包括高硫燃料非增压、低增压及增压式柴油机以及国外要求使用 API CD 及柴油机。具有控制轴瓦腐蚀和高温沉积物的性能，并可代替 CC 级油
	CD-Ⅱ		用于要求高效控制磨损和沉积物的重负荷二冲程柴油机以及要求使用 APICD-Ⅱ级油的发动机，同时也满足 CD 级油性能要求
	CE		用于在低负荷和高速高负荷条件下运行的低增压和增压式重负荷柴油机油级要求使用 APICE 级油的发动机，同时也满足 CD 级油性能要求
	CF-4		用于高速四冲程柴油机以及要求使用 API CF-4 级油的柴油机。在油耗和活塞沉积物控制方面性能优于 CE 并可代替 CE，此种油品特别适用于高速公路行驶的重负荷卡车

产品名称通过下式表示：

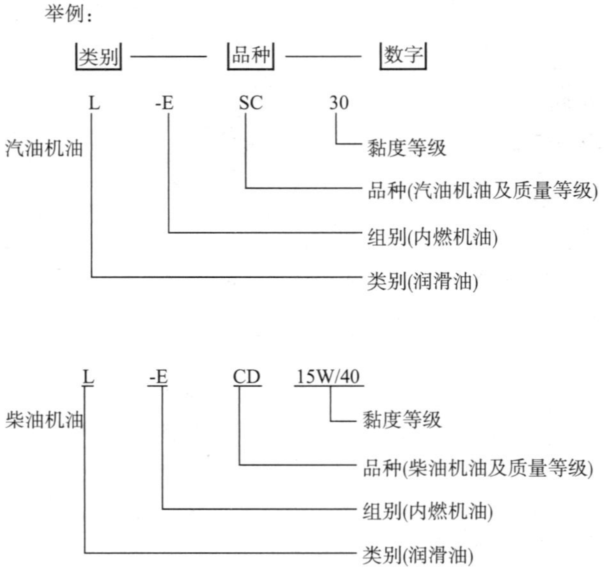

产品名称综合了内燃机油的使用场合、黏度等级和质量等级等信息。如在 CD15W-40 中，CD——质量级，表示柴油机油“D”级；15W-40——多级油的黏度级别，表示冬夏季通用油；15W——W 黏度等级为“15”级；40——100℃黏度等级为“40”级。

四、齿轮油

齿轮机构是机械中最主要的传动机构，用于传递运动和动力，在汽车、拖拉机、机床和轧钢机等机械设备中得到广泛应用。

（一）齿轮的工作特点

运动和动力的传递是在齿轮机构中每对啮合齿面的相互作用、相互运动中完成的。齿轮的当量半径小，难形成油楔；齿轮之间的接触面积很小，基本是线接触，所以其承受的压力大，如汽车传动装置中双曲线齿轮接触部位的压力可高达1000～4000MPa。在运动过程中既有滚动摩擦，又有滑动摩擦，而且滑动的方向和速度急速变化。齿轮的工作条件使齿轮油极易从齿间被挤压出来，容易引起齿面的擦伤和磨损。为此，齿轮油要具有在高负荷下使齿面处于边界润滑和弹性流体动力润滑状态的性能。

（二）齿轮油的主要性能

由齿轮的工作特点可知，齿轮油除了具有一般润滑油的性能外，尤其突出的是具有良好的抗磨损、耐负荷的性能，也就是要有较高的承载能力，因此在齿轮油中要特别添加抗磨剂。

测定润滑油承载能力需借助摩擦磨损试验机，此种试验机的类型甚多，各有其用途。此处只介绍四球试验机。如图3－12所示，它的摩擦件是由四个ϕ12.7mm的铬钢球组成。上球用卡头卡住，由电动机带动旋转，转数为1400～1500r·min^{-1}，下面三个球固定在球盒中，浸以试油，并有加载装置，在规定的负荷下使上球和下球压紧。试验时，不断加大负荷（P），并用显微镜测定球上因磨损形成的磨痕直径（D_H）的大小，可得如图3－13所示的双对数坐标曲线。曲线上的第一个转折点B表明油膜开始破裂，钢球之间开始卡咬，此时P_B叫作最大无卡咬负荷，也称为临界负荷，AB之间称为无卡咬区域。BC之间，由于部分卡咬而磨损急剧增加，称为延迟卡咬区域。CD之间为接近卡咬区域，此时的磨损增加率虽比BC间的小，但其磨痕直径仍在逐步增大。D为烧结点，即达到因烧结而焊死或磨痕直径为4mm时的情况，P_D称为烧结负荷。

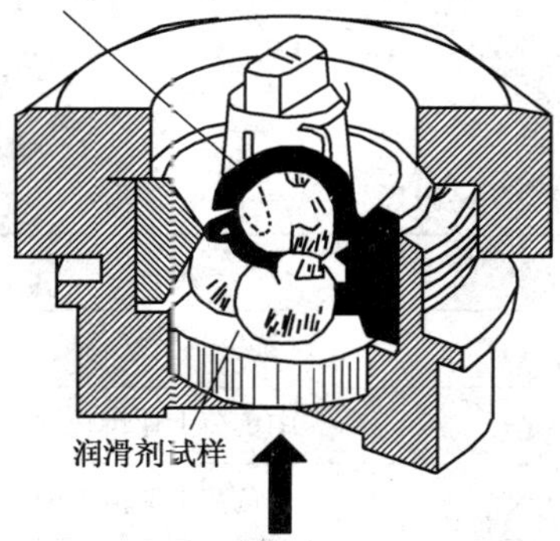

图3－12　四球摩擦件示意图

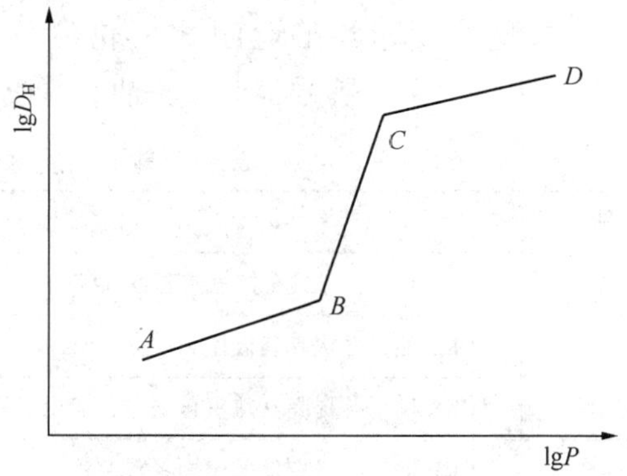

图3－13　四球机试验曲线（磨痕直径D_H－负荷P）

除上述四球试验机外，还需用Timken试验机及FZG齿轮试验机等进行评定。若开发新的齿轮油品种，还需要通过专用的齿轮油台架试验机的评定。

（三）齿轮油的分类

我国的齿轮油分为车辆齿轮油及工业齿轮油两大类。

车辆齿轮油按其使用条件的苛刻程度分为3种，详见表3－33。车辆齿轮油按210℉赛式通用黏度秒的大约值分为7个黏度等级，详见表3－34。近年来，标号为80W-90，85W-90，85W-140等多级齿轮油应用日益广泛，它们同时具有良好的低温启动性和高温润滑性。

表3－33　车辆齿轮油的质量分类（GB/T 28767—2012）

我国车辆齿轮油名称	相当API分类号
普通车辆齿轮油（SH/T 0350—1992）（L-CLC）	GL-3
中负荷车辆齿轮油（L-CLD）	GL-4
重负荷车辆齿轮油（GB 13895—2018）（L-CLE）	GL-5

表3－34　车辆齿轮油的黏度分类（GB/T 17477—2012）

黏度牌号	达到150Pa·s^{-1}的最高温度/℃	100℃的运动黏度/mm^2·s^{-1}	
		最低	最高
70W	－55	4.1	
75W	－40	4.1	
80W	－26	7.0	
85W	－12	11.0	
90		13.5	24.0
140		24.0	41.0
250		41.0	

工业齿轮油按使用场合的不同，分为工业闭式齿轮油和工业开式齿轮油。就黏度而言，它们按40℃运动黏度的中心值分为68、100、150、220、320、460和680七个黏度等级。按其质量的要求，工业闭式齿轮油分为L-CKB、L-CKC、L-CKD、L-CKE、CKS、CKT、CKG七类。部分牌号工业齿轮油的组成特性见表3－35。

表3－35　工业齿轮油的质量分类（GB/T 28767—2016）

品种	组成特性	俗称
L-CKB	精制矿油，并具有抗氧抗腐蚀性	抗氧防锈齿轮油
L-CKC	CKB油，并提高其极压和抗磨性	中负荷工业齿轮油
L-CKD	CKC油，并提高其热氧化安定，能用于较高温	重负荷工业齿轮油
L-CKE	CKB油，并具有低的摩擦系数	蜗轮蜗杆油
CKS	极低和极高温度下具有抗摩擦和抗腐性的润滑剂	

续表

品种	组成特性	俗称
CKT	合成烃，极低和极高温度下的重负荷 CKS 油	
CKG	具有极压和抗磨性的润滑脂	

第九节　石油固体产品

一、石油蜡

蜡广泛存在于自然界，在常温下大多为固体，按其来源可分为动物蜡、植物蜡和从石油或煤中得到的矿物蜡。在化学组成上，石油蜡和动、植物蜡有很大的区别，前者是烃类，而后二者则是高级脂肪酸的酯类。石油蜡包括液蜡、石油脂、石蜡和微晶蜡，它是具有广泛用途的一类石油产品。液蜡一般是指 $C_9 \sim C_{16}$ 的正构烷烃，它在室温下呈液态。液蜡可以制成 α-烯烃、氯化烷烃、仲醇等，以生产合成洗涤剂、农药乳化剂、塑料增塑剂等化工产品。液蜡的制取有分子筛脱蜡和尿素脱蜡两种方法。石油脂又称凡士林，通常是以残渣润滑沚料脱蜡所得的蜡膏为原料，按照不同稠度的要求掺入不同量的润滑油，并经过精制后制成一系列产品，广泛应用于工业、电气、医药、化妆、食品等行业。

我国原油多数为含蜡原油，蜡的资源十分丰富，同时，我国主要以“老三套”物理工艺生产润滑油，富产各种蜡产品。下面主要介绍有关石蜡和微晶蜡的知识。

（一）石蜡和微晶蜡的主要性能

1. 石蜡

石蜡又称晶形蜡，它是从石油减压馏分中经精制、脱蜡和脱油而得到的固态烃类。其烃类分子的碳原子数为 $C_{17} \sim C_{35}$，商品石蜡的碳原子数一般为 22 ~ 36，沸点范围为300 ~ 500℃，相对分子质量为 360 ~ 500。石蜡的主要性能指标是熔点、含油量和安定性。

①熔点是指在规定的条件下，冷却熔化了的石蜡试样，在冷却曲线上第一次出现停滞期的温度。各种蜡制品都对石蜡要求有良好的耐温性能，即在特定温度下不熔化或软化变形。按照使用条件、使用的地区和季节以及使用环境的差异，要求商品石蜡具有一系列不同的熔点。

影响石蜡熔点的主要因素是所选用原料馏分的轻重，从较重馏分脱出的石蜡的熔点较高。此外，含油量对石蜡的熔点也有很大的影响，石蜡中含油越多，则其熔点就越低。

②含油量是指在一定的试验条件下，能用丁酮 - 甲苯分离出蜡中润滑油馏分的含量。石油蜡含油量是评定生产中油蜡分离程度的指标。含油量过高会影响石蜡的色度和储存的安定性，还会降低石蜡的硬度、熔点。所以从减压馏分脱出的含油蜡膏，还需用发汗法或溶剂法进行脱油，以降低其含油量。但大部分石蜡制品中需要含有少量的油，那样对改善制品的光泽和脱模性能是有利的。

③安定性石蜡制品在造型或涂敷过程中，长期处于热熔状态，并与空气接触，假如安定性不好，就容易氧化变质、颜色变深，甚至发出臭味。此外，石蜡在光照下会变黄。因此，要求石蜡具有良好的热安定性、氧化安定性和光安定性。

影响石蜡安定性的主要因素是所含有的微量的非烃化合物和稠环芳烃。为提高石蜡的安定性，就需要对石蜡进行深度精制，以脱除这些杂质。

2. 微晶蜡

我国过去把微晶蜡称为地蜡。地蜡一词原指天然存在的矿地蜡，目前这种资源已经枯竭，但有时仍沿用这个旧称。微晶蜡是石油减压渣油经丙烷脱沥青后进一步精制脱蜡得到的产品。它的碳原子数为30～60，平均相对分子质量为400～800。

微晶蜡的相对分子质量大，组成复杂，比石蜡难熔化，无明显的熔点，其耐热性能一般用滴点或滴熔点表示。滴熔点是指在规定的条件下，将已冷却的温度计垂直浸入试样中，使试样黏附在温度计球上，然后将附有试样的温度计置于试管中，水浴加热至试样熔化，当试样从温度计球部滴落第一滴时温度计的读数即为试样的滴熔点。滴熔点一般比滴点高1～2℃。微晶蜡的滴熔点取决于其化学组成和含油量，其范围为70～95℃。

微晶蜡不像石蜡那样容易脆裂，具有较好的延性、韧性和黏附性，其密度、黏度与折光率均明显高于石蜡，而化学安定性较石蜡差。由于其耐水防潮、绝缘性能好，因而广泛用于绝缘材料、密封材料和高级凡士林生产等。

（二）石蜡与微晶蜡产品的品种和应用

1. 石蜡产品的品种和应用

石蜡产品按其加工深度和熔点的不同分为全精炼石蜡、半精炼石蜡、食品用石蜡和粗石蜡共四大系列35个品种。

①半精炼石蜡（GB/T 254—2010）是石蜡产品中产量最大、应用最广的品种。该系列产品是以油蜡为原料，经发汗或溶剂脱油，再经白土或加氢精制所得到的产品。按熔点不同分为50号、52号、54号、56号、58号、60号、62号、64号、66号、68号、70号共11个牌号。半精炼石蜡适用于蜡烛、蜡笔、蜡纸、一般电讯器材及轻工、化工原料。表3－36为我国半精炼石蜡的质量指标。

表3－36　半精炼石蜡指标

项目		质量指标（GB/T 254—2010）											试验方法
		50号	52号	54号	56号	58号	60号	62号	64号	66号	68号	70号	
熔点/℃	不低于	50	52	54	56	58	60	62	64	66	68	70	GB/T 2539
	低于	52	54	56	58	60	62	64	66	68	70	72	
含油量/%	不大于	2.0											GB/T 3554
颜色/赛波特颜色号	不低于	+18											GB/T 3555
光安定性/号	不大于	6				7							SH/T 0404

续表

项目		质量指标（GB 254—2010）											试验方法
		50号	52号	54号	56号	58号	60号	62号	64号	66号	68号	70号	
针入度/0.1mm 25℃，100g 35℃，100g	不大于	23 报告											GB/T 4985
运动黏度（100℃）/mm²·s⁻¹		报告											GB/T 265
水溶性酸或碱		无											SH/T 0407
臭味/号		2											SH/T 0414
机械杂质及水分[①]		无											目测

②全精炼石蜡（GB/T 446—2010）系列产品主要是以含油蜡为原料，经深度脱油精制所得到的产品，依据熔点的不同可分为 52 号、54 号、56 号、58 号、60 号、62 号、64 号、66 号、68 号、70 号共 10 个牌号。全精炼石蜡主要应用于高频瓷、复写纸、冷霜及精密制造等。

③食品用石蜡（GB 1886.26—2016）是以含油蜡为原料精制所得到的产品。按精制深度分为食品石蜡和食品包装石蜡两级。按其熔点不同各分为 52 号、54 号、56 号、58 号、60 号、62 号、64 号、66 号共 8 个牌号。该类产品适用于食品和药物组分以及热载体、脱模、压片、打光等直接接触食品或药物的用蜡。食品包装石蜡质量标准低于食品石蜡，主要用于与食品间接接触的容器、包装材料、浸渍用蜡以及药物封口和涂敷用蜡。

④粗石蜡（GB/T 1202—2016 粗石蜡）系列产品是以含油蜡为原料，经发汗或溶剂脱油，不经精制脱色所得到的产品，按熔点分为 50 号、52 号、54 号、56 号、58 号、60 号、62 号、64 号、66 号、68 号、70 号共 11 个牌号，主要用于橡胶制品、蓬帆布、火柴及其他工业原材料。

2. *微晶蜡产品的品种和应用*

我国微晶蜡（SH/T 0013—2008 微晶蜡）按产品颜色分级指标分为合格品、一级品和优级品，同时又按其滴熔点分为 70 号、75 号、80 号、85 号、90 号共 5 个牌号。

微晶蜡广泛用于绝缘材料、密封材料和高级凡士林生产等。

石蜡与微晶蜡之间的性质差别可归纳为表 3－37。

表 3－37　石蜡和微晶蜡性质比较

项目	石蜡	微晶蜡
主要来源	减压馏分	减压渣油
结晶形状	片状	针状或微粒状
平均相对分子质量	300～450	450～570

续表

项目	石蜡	微晶蜡
熔点（或滴熔点）/℃	50～60	70～95
相对密度	较小	较大
折射率	较小	较大
化学组成	以正构烷烃为主	以带长链环状烃为主

二、石油沥青

石油沥青是以减压渣油为主要原料制成的一类石油产品，它是黑色固态或半固态黏稠状物质。

（一）石油沥青的主要性能

1. 感温性

石油沥青随温度而发生性质变化的性能称为沥青的感温性。最常用的评定指标是针入度指数（简称 *PI*）。

$$PI = \frac{20(1-25A)}{1+50A} \quad (3-6)$$

$$A = \frac{\lg P_{T_1} - \lg P_{T_2}}{T_1 - T_2} \quad (3-7)$$

式中　T_1、T_2——两个不同的试验温度，℃；

P_{T_1}、P_{T_2}——在 T_1、T_2 温度下测定的针入度，0.1mm。

当 $PI < -2$ 时，沥青的温度敏感性强；当 $PI > 2$ 时，虽温度敏感性弱，但沥青具有明显的凝胶特性，沥青的耐久性不好。所以，普遍规定 *PI* 为 $-1.0 \sim +1.0$。*PI* 是评价沥青性能指标的核心。

2. 高温变形性能

评定石油沥青在高温下流动变形的指标为软化点（GB/T 4507—2014），它是沥青最基本的一种性质指标。

软化点是在试验规定的条件下，试样受热软化到使两个放在沥青上的钢球下落 25mm 距离时的温度平均值，以℃表示。软化点高，表示石油沥青的耐高温性越强，受热后不致迅速软化，并在高温下有较高的黏滞性，所铺路面不易因受热而变形。但软化点太高，则会因不易熔化而造成铺浇施工的困难。

3. 低温抗裂性能

石油沥青在低温下易转变为脆硬的玻璃态，很容易开裂，通常以针入度（GB/T 4509—2010）、脆点（GB/T 4510—2017）以及延度（GB/T 4508—2010）来评价。

①针入度在 25℃ ±0.5℃和 5s 的时间内，荷重 100.0g ±0.1g 的标准针下垂直穿入沥青试样的深度，以 1/10mm 表示沥青黏稠程度。是表示沥青黏稠程度或软硬的指标。针入

度越小，表明沥青越稠硬。在现阶段，针入度仍然是我国选择沥青标号的最主要依据。对于道路沥青来说，针入度大即较稀的沥青比较稠沥青的路面裂缝少。在寒冷地区，为预防路面开裂，宜采用针入度较大的软质沥青。针入度的大小还可以判断沥青和石料混合搅拌的难易程度。

为了考察沥青在较低温度下塑性变形的能力，有时还需要测定其在15℃、10℃或5℃下的针入度。

②脆点在一薄金属片的一面涂以沥青，使之成为厚约0.5mm的均匀薄膜，以1℃·min^{-1}的速度降温，同时每分钟将金属片以一定的速率和一定的曲率弯曲一次。沥青最初发生裂缝时的温度为脆点。脆点高的沥青在低温下易转变为脆硬的玻璃态，很容易开裂。通常，针入度大、针入度指数大的沥青其脆点较低、抗裂性能也较好。

③延度是以规定的蜂腰形试件在一定温度下以一定速度拉伸试样至断裂时的长度，以cm表示，是表示沥青在一定温度下断裂前扩展或伸长能力的指标。延度大，表明沥青的塑性变形性能好，不易出现裂纹，即使出现裂纹也容易自愈。

同一沥青不同温度下的延度不同，选择适宜的试验温度作为评价沥青低温抗裂性能显得特别重要。一般需要测定其在15℃、10℃或5℃下的延度。

4. 抗老化性能

抗老化性能是指抵抗老化的能力。老化是指石油沥青在运输、储存、加热及使用过程中，由于长期暴露在空气中，加上温度及日光等环境条件的影响，会因氧化而变硬、变脆。表现为针入度和延度减小、软化点增高。所以还要求沥青具有较好的抗老化性能，以延长其使用寿命。测定沥青抗老化性能的主要方法是薄膜烘箱法（GB/T 5304—2001），即将沥青薄膜（约厚3.2mm）在163℃的烘箱中加热5h，通过测定试样在加热前后物理性质的变化，来确定热和空气对沥青质量的影响。衡量其性质变化的具体指标有针入度比等。针入度比是经薄膜烘箱试验后试样的针入度与原试样的针入度之比，用百分率来表示。针入度比小，说明该沥青的抗老化性不好。

除以上性能外，沥青还需具有抗疲劳性能、黏附性能及其他性能。

（二）石油沥青的品种及应用

石油沥青按其用途可分为道路沥青、建筑沥青、涂料沥青、电缆沥青及橡胶沥青，石油沥青主要用于道路铺设和建筑工程上，也广泛用于水利工程、管道防腐、电器绝缘和油漆涂料等方面。

石油沥青产品中产量最高的主要是道路沥青和建筑沥青。

1. 道路石油沥青

我国将道路石油沥青分为普通道路石油沥青和重交通道路石油沥青。普通道路石油沥青（NB/SH/T 0522—2010）按针入度分为200、180、140、100、60五个牌号。目前还有一种适用于修筑高等级道路的石油沥青，称为重交通道路石油沥青（GB/T 15180—2010），其质量指标见表3-38。

表 3－38 重交道路石油沥青质量指标

项目	质量指标（GB/T 15180—2010）						试验方法
	AH-130	AH-110	AH-90	AH-70	AH-50	AH-30	
针入度（25℃，100g，5s)/0.1mm	120～140	100～120	80～100	60～80	40～60	20～40	GB/T 4509
延度（15℃，5cm·min⁻¹)/cm 不小于	100	100	100	100	80	报告	GB/T 4508
软化点（环球法)/℃	38～51	40～53	42～55	44～57	45～58	50～65	GB/T 4507
溶解度/% 不小于	99.0						GB/T 11148
闪点（开口)/℃ 不小于	230					260	GB/T 267
密度（25℃)/g·cm⁻³	报告						GB/T 8928
蜡含量（质)/% 不大于	3.0						SH/T 0425
薄膜烘箱试验（163℃，5h）质量损失/% 不大于	1.3	1.2	1.0	0.8	0.6	0.5	GB/T 5304
针入度比/% 不小于	45	48	50	55	58	60	GB/T 4509
延度（15℃，5cm·min⁻¹)/cm 不小于	100	50	40	30	报告	报告	GB/T 4508

2. 建筑石油沥青

我国建筑石油沥青（GB/T 494—2010）按针入度分为10、30和40三个牌号。主要用作屋面或地下设施的防水材料，是由减压渣油经氧化法加工制成的。这类沥青要求硬度大、耐温性好、有良好的粘结性和防水性能，并有较好的抗氧化和抗老化能力，以保证能较长时间使用而不致因老化变脆而开裂。

三、石油焦

石油焦为黑色或暗灰色的固体石油产品，是带有金属光泽、呈多孔性的无定形碳素材料。石油焦一般含碳90%～97%，含氢1.5～8.0%，其余为少量的硫、氮、氧和金属，其H/C（原子比）在0.8以下。石油焦一般是减压渣油经延迟焦化而制得，广泛用于冶金、化工等部门，作为制造石墨电极或生产化工产品的原料，也可直接用作燃料。

（一）石油焦的分类

石油焦通常有下列三种分类方法：

①按加工方法不同，可分为生焦（延迟石油焦）和熟焦。前者由延迟焦化装置的焦炭塔得到，又称原焦，它含有较多的挥发分，强度较差；后者是生焦经过高温煅烧（1300℃）处理除去水分和挥发分而得，又称煅烧焦。煅烧焦再在2300～2500℃下进行石墨化，使微小的石墨结晶长大，最后可以加工成电极。

②按硫含量的高低，可分为高硫焦（硫含量大于4%）、中硫焦（硫含量2%～4%）和低硫焦（硫含量小于2%）。硫含量升高，焦炭质量降低，其用途亦随之而改变。焦炭的硫含量主要取决于原料的硫含量。

③按其显微结构形态的不同，可分为海绵焦和针状焦。前者多孔如海绵状，又称普通焦。后者致密如纤维状，又称优质焦，它在性质上与海绵焦有显著差别，具有密度高、强度高、热膨胀系数低等特点，在导热、导电、导磁和光学上都有明显的各向异性。针状焦主要是从芳烃含量高且非烃化合物含量少的原料制得。

（二）石油焦的主要质量指标

（1）挥发分

若石油焦中所含挥发分的量太多，在煅烧时焦炭易于破碎。

（2）硫含量

硫含量是石油焦的关键指标。因为在生产石墨电极焦时，即使在高温煅烧石墨化过程中，硫也不能全部释出，仍残留在石墨电极里。但当电极处在1500℃以上的高温时，硫会分解出来，使电极晶体膨胀，再冷却时又会收缩，以致使电极破裂。对于化学工业用石油焦，硫含量高也有不良影响，如生产电石时会生成硫化氢污染环境。

（3）灰分

在高温石墨化过程中，部分灰分会挥发而形成孔隙，从而使成品电极的机械强度和电性能降低。此外，石墨电极中灰分的存在还会影响冶金产品的纯度。

（三）石油焦的品种及用途

石油焦包括延迟石油焦、针状焦和特种石油焦。

（1）延迟石油焦

延迟石油焦也称普通焦，由各种渣油或重油为原料经延迟焦化工艺生产而得。

延迟石油焦产品灰分少，含铁、钒等金属极少，含硫较低，易于石墨化，是制造炼钢用石墨电极和炼铝用阳极的良好原料，由于挥发性较大，强度较小，粉焦量较多，碳氢比大，很适合直接加热式煅烧回转窑煅烧处理。延迟石油焦按质量分为一级品和合格品，合格品中又分为1A、1B、2A、2B、3A和3B六种，见表3－39。

表3－39　延迟石油焦技术要求

项目		质量指标［NB/SH/T 0527—2015 石油焦（生焦）］					试验方法
		1号	2A	2B	3A	3B	
硫含量/%	不大于	0.5	1.0	1.5	2.0	3.0	GB/T 387 GB/T 214—2007 中第四章 GB/T 25214 SH/T 0172
挥发分/%	不大于	12.0	12.0	12.0	14.	14.0	SH/T 0026
灰分/%	不大于	0.3	0.4	0.5	0.6	0.6	SH/T 0029
总水分/%	不大于	报告					SH/T 0032
真密度/g·cm^{-3}	不小于	2.04	—	—	—	—	SH/T 0033
粉焦量/%	不大于	35	报告	报告	—	—	附录A

续表

项目		质量指标［NB/SH/T 0527—2015 石油焦（生焦）］					试验方法
		1号	2A	2B	3A	3B	
微量元素含量							
硅含量/μg · g^{-1}	不大于	300	报告	—	—	—	ASTM D 5600 YS/T 587.5 YS/T 63.16
钒含量/μg · g^{-1}	不大于	150	报告	—	—	—	
铁含量/μg · g^{-1}	不大于	250	报告	—	—	—	
钙含量/μg · g^{-1}	不大于	200	报告	—	—	—	
镍含量/μg · g^{-1}	不大于	150	报告	—	—	—	
钠含量/μg · g^{-1}	不大于	100	报告	—	—	—	
氮含量/%		报告	—	—	—	—	SH/T 0656

一级品和合格品中的1A、1B焦适用于炼钢工业中制作普通功率石墨电极，也适用于炼铝工业中生产铝用碳素。合格品中2A、2B焦用于炼铝工业中生产铝用碳素。合格品中3A、3B焦用于化学工业生产碳化物（电石和碳化硅）或用作金属铸造等的燃料。

（2）针状焦

针状焦的质量指标中，除对其硫含量、灰分和挥发分有更严格的规定外，还要求其具有较大的真密度及较小的热膨胀系数。真密度能大体反映针状焦的结晶度，真密度大表示其结晶度高、结构致密，这样便可确保成品电极的机械强度高。热膨胀系数小反映针状焦的抗热冲出性能好，这是指其在承受突然升至高温或从高温急剧冷却时不易破裂。针状焦主要用作制造炼钢用高功率及超高功率的石墨电极，用针状焦生产的石墨电极具有热膨胀系数低、电阻低、结晶度高、纯度高、密度大等优良性能，从而可以提高电炉炼钢的冶炼强度，缩短冶炼时间。表3－40所示为针状焦和普通石油焦在性质上的主要差别。

表3－40　针状焦和普通石油焦性质对比

项　目	针状焦	普通石油焦
挥发分/%	<0.5	12～20
灰分/%	<0.1	0.3～1.2
硫含量/%	<0.5	0.5～3.0
真密度/g · cm^{-3}	>2.1	<2.1
热膨胀系数/10^{-6} · ℃$^{-1}$	<2.5	2.5～5.0

特种石油焦是核工业和国防工业上不可缺少的重要原料，它是生产核反应堆用石墨套管的原料，反应堆内层的中子反射层也是由石墨制成。因此，要求它有更高的质量，所含的灰分、含硫量，挥发分都要更少。

（3）煅烧石油焦

煅烧石油焦是由石油焦或针状焦经1300℃以上高温处理所得的。本产品按用途分为普通煅烧石油焦和煅烧针状石油焦。煅烧普通石油焦又分为铝阳焦和电极焦。煅烧针状石油焦又分为UHP级和HP级焦。

煅烧石油焦的主要技术要求见表3－41。

表3－41 煅烧石油焦技术要求

项目		煅烧普通焦		煅烧针状焦		试验方法
		铝阳焦	电极焦	UHP级	HP级	
真密度/g·cm^{-3}	不小于	2.0	2.05	2.12	2.10	GB/T 6155
硫含量/%	不大于	0.7	0.7	0.5	0.	GB/T 1430
挥发分/%	不大于	0.7	0.7	0.5	0.6	ASTMD 3175
灰分/%	不大于	0.6	0.6	0.2	0.5	GB/T 1429
热膨胀系数/10^{-6}·℃$^{-1}$	不大于	—	—	1.15 报告	1.20 报告	GB/T 3074.4
粉末电阻率/$10^{-6}\Omega \cdot m^{-1}$	不大于	—	—	110 报告	600 报告	YB/T 035
固定碳/%	不小于	98.5	95.8	—	—	GB/T 2004
粒度 5mm以上含量 10mm以上含量		 报告 报告	 报告 报告	 报告 报告	 报告 报告	GB/T 3520

四、工业硫黄

工业硫黄是以炼油脱硫工艺过程回收所得富含硫化氢的酸性气为原料，经过克劳斯工艺而制得。工业硫黄有块状、粉状、粒状和片状等固体硫黄，还有液态工业硫黄。固态工业硫黄适用于制取硫酸、火柴、农药、医药、造纸、染料、橡胶制品、制糖和食品等工业的原料。工业硫黄技术要求见表3－42，其优级品、一等品应呈现黄色或淡黄色，工业硫黄中不应含任何机械杂质。

表3－42 工业硫黄质量指标

项目		优级品	一等品	合格品	试方法
硫含量/%	不大于	99.90	99.50	99.00	GB/T 2449
水分/%	不大于	0.10	0.50	1.0	GB/T 2449
灰分/%	不大于	0.03	0.1	0.2	GB/T 2449
酸度（以H_2SO_4计）/%	不大于	0.003	0.005	0.02	GB/T 2449
有机硫/%	不大于	0.03	0.30	0.80	GB/T 2449
砷含量/%	不大于	0.0001	0.01	—	GB/T 2449
铁含量/%	不大于	0.003	0.003	0.003	GB/T 2449
筛余物 孔径（150μm）/% 孔径（75μm）/%	 不大于 不大于	 无 0.5	 无 1.0	 3.0 4.0	GB/T 2449

工业硫黄是炼油过程中的副产品，随着原油硫含量的逐步增加，如何综合使用日益增产的硫黄是亟需研究解决的课题。

参考文献

[1] 林世雄．石油炼制工程［M］. 4 版，北京：石油工业出版社，2009.
[2] 侯芙生．中国炼油技术［M］. 3 版．北京：中国石化出版社，2011.
[3] 陈绍洲，常可怡．石油加工工艺学［M］. 上海：华东理工大学出版社，1997.
[4]《石油商品应用服务实例》编写组．石油商品应用服务实例［M］. 北京：烃加工出版社，1989.
[5] 寿德清．储运油料学［M］. 山东：石油大学出版社，1988.
[6] 刘济瀛，等．中国喷气燃料［M］. 北京：中国石化出版社，1991.
[7] 董浚修．润滑原理及润滑油［M］. 北京：烃加工出版社，1987.
[8] 吕兆岐，唐俊杰，王锡础，唐冰．国内外润滑油品简明手册［M］. 北京：中国石化出版社，1996.
[9] 寿德清，山红红．石油加工概论［M］. 北京：石油大学出版社，1996.
[10] 蒋德明．内燃机原理［M］. 北京：中国农业机械出版社，1988.
[11] 中国石油化工总公司销售公司．新编石油商品知识手册（修订本）［M］. 北京：中国石化出版社，1996.
[12] 梁文杰，阙国合，刘晨光，等．石油化学［M］. 2 版．东营：中国石油大学出版社，2008.
[13] 王丙申，钟昌龄，孙淑华，张澄清，等．石油产品应用指南［M］. 北京：石油工业出版社，2002.
[14] 沈金安．沥青及沥青混合料路用性能［M］. 北京：人民交通出版社，2001.
[15] 施代权，赵修从．石油化工安全生产知识［M］. 北京：中国石化出版社，2001.
[16] 陈冬梅．车用润滑油（液）应用与营销［M］. 北京：中国石化出版社，2002.
[17] 张以祥，曹湘洪，史济春．燃料乙醇与车用乙醇汽油［M］. 北京：中国石油化出版社，2004.
[18] 欧风编著．石油产品应用技术手册［M］. 北京：中国石化出版社，1998.
[19] 熊云，吴全才，刘晓．储运油料学［M］. 北京：中国石化出版社，2017.
[20] 李艳红，唐晓宁．石油加工专业试验［M］. 北京：中国石化出版社，2018.

第四章
原油评价与原油加工方案

原油是复杂的烃类与非烃类混合物。不同油区所产的原油在组成和性质上差别较大，即使在同一油区，不同油层和油井的原油在组成和性质上也可能有很大的差别。不同的化学组成及物理性质对原油的使用价值、经济效益都有影响，这样就需要对原油进行分析评价。

第一节　原油的分类

根据原油的特性进行分类，对于原油输送、储存、加工和销售都是十分必要的。由于原油的组成极为复杂，要确切分类是困难的。原油的分类有许多种，通常从商品、地质、化学或物理等不同角度进行分类。一般倾向于化学分类，其次是工业分类。

一、化学分类法

原油的化学分类以化学组成为基础。化学组成不同是原油性质差异的根本原因，因此化学分类比较科学，相对比较准确，应用比较广泛。但原油的化学组成分析比较复杂，所以，通常是利用与化学组成有关联的物理性质作为分类依据。化学分类法有特性因数分类法、关键馏分特性分类法、相关系数分类法、结构族组成分类法等。

（一）特性因数分类法

特性因数 K 能反映原油的化学组成性质，可对原油进行分类。原油的特性因数可以与馏分油类似的方法求得。采用特性因数对原油进行分类如下：

石蜡基原油：特性因数 $K>12.1$；

中间基原油：特性因数 $K=11.5\sim12.1$；

环烷基原油：特性因数 $K=10.5\sim11.5$。

石蜡基原油一般含烷烃量超过50%。其特点是密度较小，含蜡量较高，凝点高，含硫、含胶质量低。这类原油生产的汽油辛烷值低，柴油十六烷值较高，生产的润滑油黏温性质好。环烷基原油一般密度大，凝点低。生产的汽油环烷烃含量高达50%以上，辛烷值较高；喷气燃料密度大，凝点低，质量发热值和体积发热值都较高；柴油十六烷值较低；

润滑油的黏温性质差。环烷基原油中的重质原油，含有大量胶质和沥青质，可生产高质量沥青。中间基原油的性质介于石蜡基和环烷基原油之间。

特性因数分类能够反映原油组成的特性，但存在如下缺陷。第一，原油低沸点馏分和高沸点馏分中烃类的分布规律并不相同，特性因数分类不能分别表明各馏分的特点。第二，原油的组成极为复杂，原油的平均沸点难以测定，无法用公式求得 K 值，而用黏度、比重指数查图求得的特性因数 K 不够准确。所以，以特性因数 K 作为原油的分类依据虽较为简捷，但不能完全符合原油组成的实际情况。

（二）关键馏分特性分类法

关键馏分特性分类以原油的两个关键馏分的相对密度为分类标准。用原油实沸点蒸馏装置，在常压下蒸馏得 250～275℃馏分作为第一关键馏分，残油用不带填料柱的蒸馏瓶，在 5.3kPa（40mmHg）的残压下蒸馏，切取 275～300℃馏分（相当于常压下 395～425℃馏分）作为第二关键馏分。测定两个关键馏分的相对密度，对照表 4－1 中的相对密度分类标准，确定两个关键馏分的类别，然后按表 4－2 确定该原油所属类型。

特性因数 K 值是根据关键馏分的中平均沸点和比重指数间接求得的，在关键馏分特性分类中，不用 K 值作为分类标准，仅作为参考数据。

表 4－1　关键馏分的分类指标

关键馏分	石蜡基	中间基	环烷基
第一关键馏分 （250～275℃馏分）	d_4^{20} ＜0.8210 °API＞40 （K＞11.9）	d_4^{20} ＝0.8210～0.8562 °API＝33～40 （K＝11.5～11.9）	d_4^{20} ＞0.8562 °API＜33 （K＜11.5）
第二关键馏分 （395～425℃馏分）	d_4^{20} ＜0.8723 °API＞30 （K＞12.2）	d_4^{20} ＝0.8723～0.9305 °API＝20～30 （K＝11.5～12.2）	d_4^{20} ＞0.9305 °API＜20 （K＜11.5）

表 4－2　关键馏分分类类别

序号	第一关键馏分的属性	第二关键馏分的属性	原油类别
1	石蜡基	石蜡基	石蜡基
2	石蜡基	中间基	石蜡－中间基
3	中间基	石蜡基	中间－石蜡基
4	中间基	中间基	中间基
5	中间基	环烷基	中间－环烷基
6	环烷基	中间基	环烷－中间基
7	环烷基	环烷基	环烷基

二、工业分类

原油工业分类也称商品分类，可作为化学分类的补充，在工业上也有一定的参考价值。分类的根据很多，如按原油的密度、硫含量、氮含量、蜡含量、胶质含量分类等。但各国的分类标准都按本国原油性质规定，互不相同。国际石油市场对原油按密度和硫含量分类并计算不同原油的价格。具体的分类标准和原油类别见表4－3。

表4－3　原油的工业分类

按原油的相对密度（d_4^{20}）分类	<0.8661	0.8662～0.9161	0.9162～1.0000	>1.0000
原油类别	轻质原油	中质原油	重质原油	特稠原油
按原油的含硫量分类	<0.5%	0.5%～2.0%	>2.0%	
原油类别	低含硫	含硫	高含硫	
按原油的含蜡量分类	0.5%～2.5%	2.5%～10%	>10%	
原油类别	低含蜡	含蜡	高含蜡	
按原油的含胶质分类	<5%	5～15	>15	
原油类别	低含胶	含胶	高含胶	

我国目前通常是采用关键馏分特性，补充以硫含量的分类。表4－4为几种典型原油的分类结果。

表4－4　几种典型原油的分类

原油名称	大庆混合	胜利混合	孤岛原油	沙特中质原油	阿曼原油
相对密度 d_4^{20}	0.8615	0.9144	0.9574	0.8720	0.8818
含硫（质）/%	0.11	0.83	2.03	2.533	0.54
特性因数 K	12.5	11.8	11.6	11.9	12.0
特性因数分类	石蜡基	中间基	中间基	中间基	中间基
第一关键馏分 d_4^{20}	0.814 （K=12.0）	0.832 （K=11.8）	0.891 （K=10.7）	0.8322 （°API=37.74）	0.8336 （°API=38.16）
第二关键馏分 d_4^{20}	0.850 （K=12.5）	0.881 （K=12.0）	0.936 （K=11.4）	0.9097 （°API=23.45）	0.8976 （°API=26.1）
关键馏分特性分类	石蜡基	中间基	环烷基	中间基	中间基
建议原油分类命名	低硫石蜡基	含硫中间基	高硫环烷基	高硫中间基	含硫中间基

从表4－4中可以看出，由于关键馏分特性分类指标，对低沸点馏分和高沸点馏分规定了不同的标准，所以关键馏分特性分类比特性因数分类更符合原油组成的实际情况，比特性因数分类更为合理。例如孤岛原油，用特性因数分类为中间基原油，但从孤岛原油窄馏分的特性因数及其一系列性质看，应属环烷基原油。用关键馏分特性分类，孤岛原油属环烷基原油，符合原油的实际组成情况。

第二节　原油评价

原油评价一般是指在试验室采用蒸馏和分析方法，掌握原油性质，以及可能得到产品和半产品的收率和其一些基本性质。目前，我国原油评价根据目的不同可分为三大类：石油加工原油评价、油田原油评价、商品原油评价。本节主要讨论石油加工原油评价。按评价的目的，石油加工原油评价主要分为两类：一类称为常规评价，目的是为一般炼厂设计提供参数；或作为各炼厂进厂原油评价的基本内容。另一类称综合评价，目的是为石油化工型的综合性炼厂提供生产方案参数，其内容较全面。石油加工原油评价主要包括以下基本内容。

一、原油性质分析

原油含水量大于0.5%时先脱水。原油经脱水后，进行一般性质分析，包括相对密度、黏度、凝点或倾点、含硫量、含氮量、含蜡量、胶质、沥青质、残炭、水分、含盐量、灰分、机械杂质、元素分析、微量金属、馏程、闪点及原油的基属等。国内外几种原油的一般性质见表4－5。

表4－5　国内外典型原油的一般性质

性质		大庆	胜利	沙特中质	伊朗	委内瑞拉
°API		33.23	25.55	30.09	33.1	16
密度（20℃）/$kg \cdot m^{-3}$		858.7	900.5	872.0	855.5	959.3
运动黏度（50℃）/$mm^2 \cdot s^{-1}$		19.5	83.4	7.69	4.998	228.1
凝点/℃		32	28	－10	－7	－24
含蜡量（吸附法）/%		25.1	14.6	—	4.91	2.58
沥青质/%		0.1	5.1	—	1.16	8.3
硅胶胶质/%		8.9	23.2	—	6.78	11.58
酸值/$mgKOH \cdot g^{-1}$		—	—	0.31	0.08	1.63
残炭/%		3.0	6.4	6.37	4.21	11.18
灰分/%		—	—	0.011	0.02	0.1
盐含量/$\mu g \cdot g^{-1}$		—	—	3.5	16.5	184.3
总氯/$\mu g \cdot g^{-1}$		—	—	23.2	—	—
水分/%		—	—	0.011	0.03	—
元素分析/%	C	86.3	86.3	—	84.23	—
	H	13.5	12.6	—	12.61	—
	S	0.15	0.88	2.533	1.63	2.35
	N	—	0.41	—	0.02	0.2947

续表

性质		大庆	胜利	沙特中质	伊朗	委内瑞拉
微量金属/μg·g⁻¹	V	<0.1	1.0	15.56	33.54	295
	Ni	2	26	29.31	23.40	63.2
<300℃馏出/%		25.6	18.0	40	40.2	73.06

二、原油实沸点蒸馏及窄馏分性质

原油实沸点蒸馏是考察原油馏分组成的重要试验方法。实沸点蒸馏是在试验室中，用比工业上分离效果更好的设备，把原油按照沸点高低分割成许多馏分。所谓实沸点蒸馏也就是分馏精度比较高，其馏出温度与馏出物的沸点相接近的意思，这并不是说真正能够分离出一个个的单体烃来。

原油实沸点蒸馏，关键在蒸馏装置，虽然有些国家把它列为标准，总的来说并不统一，其基本要求包括：要有一定的分馏能力，一般要求在全回流时10～20个理论层数，并要求柱藏量低；能进行常减压蒸馏，保证对原油有一定的蒸馏深度；装置能分离一定数量的样品，提供进一步研究和分析用；操作简便，有一定的灵活性。原油实沸点蒸馏可采取以下测定方法（参照GB/T 17280）：试验装置是一种间歇釜式精馏设备，精馏柱内装有不锈钢高效填料，顶部有回流，回流比约为5∶1，分离能力相当于15～17块理论板。由于传热传质条件较好，在精馏柱顶部取出的馏出物几乎由沸点相近的组分所组成，并接近馏出物的真实沸点。

操作时将原油装入蒸馏釜中加热进行蒸馏，控制馏出速度为3～5mL·min^{-1}，每一窄馏分约占原油装入量的3%。实沸点蒸馏整个操作过程分三段进行。第一段在常压下进行，大约可蒸出200℃前的馏出物；第二段在减压下进行，残压为1.3kPa（10mmHg）；第三段也在减压下进行，残压小于677Pa（5mmHg），馏出物不经精馏柱。为避免原油受热分解，蒸馏釜温度不得超过350℃。馏出物的最终沸点通常为500～520℃，釜底残留物为渣油。蒸馏完毕，将减压下各馏分的馏出温度换算为常压下相应的温度。未蒸出的渣油从釜内取出，以便进行物料衡算及有关性质测定。

原油在实沸点蒸馏装置中按沸点高低切出的窄馏分，按馏出顺序编号，称重及测量体积，然后测定各窄馏分和渣油的性质。如测定密度、黏度、凝点、苯胺点、酸值、硫含量、氮含量、折射率等，并计算黏度指数、特性因数等。所得数据列表见表4－6。

表4－6　大庆原油实沸点蒸馏及窄馏分性质数据

馏分号	沸点范围/℃	占原油/%		密度(20℃)/g·cm⁻³	运动黏度/mm²·s⁻¹			凝点/℃	闪点(开口)/℃	折射率	
		每馏分	累计		20℃	50℃	100℃			n_D^{20}	n_D^{70}
1	初馏点～112	2.98	2.98	0.7108	—	—	—	—	—	1.3995	—
2	112～156	3.15	6.13	0.7461	0.89	0.64	—	—	—	1.4172	—

续表

馏分号	沸点范围/℃	占原油/%		密度(20℃)/g·cm^{-3}	运动黏度/mm^2·s^{-1}			凝点/℃	闪点(开口)/℃	折射率	
		每馏分	累计		20℃	50℃	100℃			n_D^{20}	n_D^{70}
3	156~195	3.22	9.35	0.7699	1.27	0.89	—	-65	—	1.4350	—
4	195~225	3.25	12.60	0.7958	2.03	1.26	—	-41	78	1.4445	—
5	225~257	3.40	16.00	0.8092	2.81	1.63	—	-24	—	1.4502	—
6	257~289	3.40	19.46	0.8161	4.14	2.26	—	-9	125	1.4560	—
7	289~313	3.44	22.90	0.8173	5.93	3.01	—	4	—	1.4565	—
8	313~335	3.37	26.27	0.8264	8.33	3.84	1.73	13	157	1.4612	—
9	335~355	3.45	29.72	0.8348	—	4.99	2.07	22	—	—	1.4450
10	355~374	3.43	33.15	0.8363	—	6.24	2.61	29	184	—	1.4455
11	374~394	3.35	36.50	0.8396	—	7.70	2.86	34	—	—	1.4472
12	394~415	3.55	40.05	0.8479	—	9.51	3.33	38	206	—	1.4515
13	415~435	3.39	43.44	0.8536	—	13.3	4.22	43	—	—	1.4560
14	435~456	3.88	47.32	0.8686	—	21.9	5.86	45	238	—	1.4641
15	456~475	4.05	51.37	0.8732	—	—	7.05	48	—	—	1.4675
16	475~500	4.52	55.89	0.8786	—	—	8.92	52	282	—	1.4697
17	500~525	4.15	60.04	0.8832	—	—	11.5	55	—	—	1.4730
渣油	>525	38.5	98.54	0.9375	—	—	—	41①	—	—	—
损失	—	1.46	100.0	—	—	—	—	—	—	—	—

①为软化点。

三、原油的实沸点蒸馏曲线、性质曲线及产率曲线

根据窄馏分的各种性质就可以制出原油及其窄馏分的性质曲线，进一步得到一些性质的中百分比曲线，更重要的还可得到原油各种馏分的产率曲线，如汽油产率曲线。这样就完成了原油的初步评价，对原油的性质有了较全面的了解，可为原油的加工方案提供基础参数。

（一）原油的实沸点蒸馏曲线

以原油实沸点蒸馏所得窄馏分的馏出温度为纵坐标，以总收率（累计质量分数）为横坐标作图，可得原油的实沸点蒸馏曲线。根据表4-6的数据可绘制原油的实沸点蒸馏曲线和中百分比性质曲线，见图4-1。

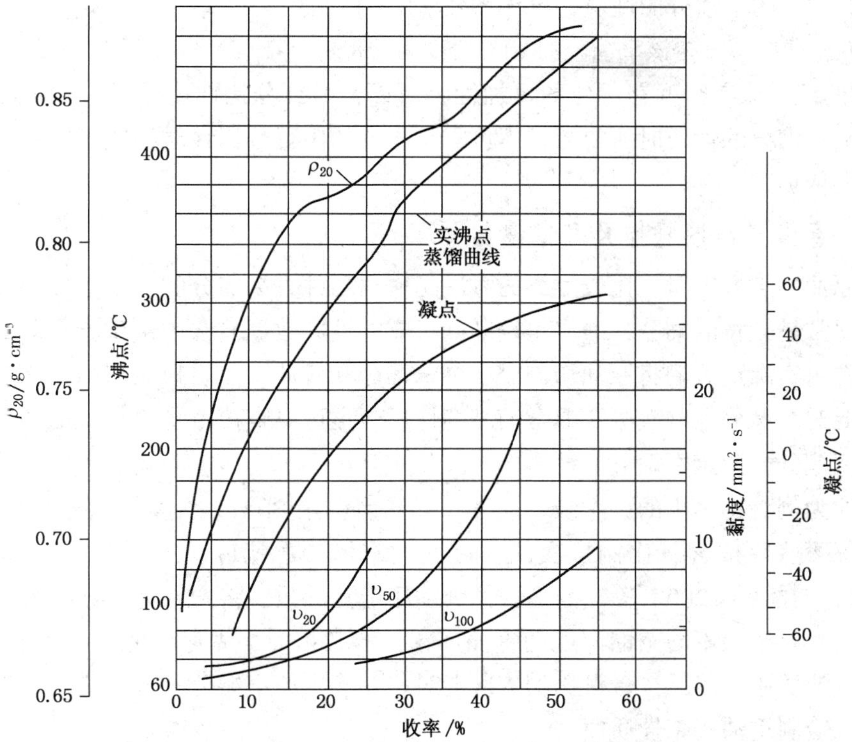

图 4－1　大庆原油实沸点蒸馏曲线及中百分比性质曲线

（二）原油的性质曲线

从原油实沸点蒸馏所得的各窄馏分仍然是一个复杂的混合物，所测得的窄馏分性质是组成该馏分的各种化合物的性质的综合表现，具有平均的性质。在绘制原油性质曲线时，假定测得的窄馏分性质表示该窄馏分馏出一半时的性质，这样标绘的性质曲线就称为中百分比性质曲线。以表 4－6 大庆原油的数据为例，第五号窄馏分开始时的沸点为 225℃，最后沸点为 257℃，馏程为 32℃。该窄馏分从总馏出为 12.60% 开始收集，到总馏出为 16.00% 时收集完毕，馏分占原油质量的 3.40%，其性质如 20℃ 密度为 0.8092g·cm^{-3}，既不是开始收集时第一滴馏分的密度，也不是收集完毕时最后一滴馏分的密度，该密度实际上是沸程为 225～257℃ 这个馏分的平均值。在作原油的密度性质曲线时，就假定这一密度平均值相当于该馏分馏出一半时的密度，即代表馏出量 =（12.60% +16.00%）/2 = 14.30% 时馏分的密度。在标绘曲线时，以 0.8092 为纵坐标、14.30% 为横坐标。第六号窄馏分的密度为 0.8161，对应的馏出量为（16.0% +19.46%）/2 =17.73%，标绘曲线时，以 0.8161 为纵坐标、17.73% 为横坐标。其余类推。这样就得到中百分比密度曲线上的各个点，连接各点即得原油的中百分比密度曲线。用同样的方法可以绘出其他性质的中百分比性质曲线。中百分比性质曲线一般与实沸点蒸馏曲线绘制在同一张图上。大庆原油性质曲线如图 4－1 所示。

原油中百分比性质曲线表示窄馏分的性质随沸点的升高或累计馏出百分数增大的变化趋势。通过中百分比性质曲线，可以推测任意一个窄馏分的性质。例如要了解馏出率为

23.0% ~27.0%的窄馏分的性质，可由图4－1中横坐标为（23.0% +27%）/2 =25%处，查对应的性质曲线，查得该窄馏分的20℃密度为0.828g·cm^{-3}，20℃运动黏度为8.7mm^{2}·s^{-1}。原油的性质只有密度有近似的可加性，所以，中百分比性质曲线只能推测窄馏分的性质，推测宽馏分的性质时所得数据不可靠。原油的中百分比性质曲线不能用作制订原油加工方案的依据。

（三）直馏产品的性质及产率曲线

制订原油加工方案时，比较可靠的方法是作出各种直馏馏分的产率性质曲线。原油的直馏产品通常是较宽的馏分，为取得较准确可靠的性质数据，必须由试验实际测定。通常的做法是先由实沸点蒸馏将原油切割成多个窄馏分和残油，然后根据产品的需要，按含量比例逐个混对窄馏分并顺次测定混合油品的性质。也可以直接由实沸点蒸馏切割得相应石油产品的宽馏分，测定宽馏分的性质。

以汽油为例，将蒸出的一个最轻馏分（如初馏点～130℃）为基本馏分，测定其密度、馏分组成等，然后按含量比例依次混入后面的窄馏分，就可得到初馏点～130℃、初馏点～180℃、初馏点～200℃等汽油馏分，分别测定其性质，将产率性质数据列表或绘制产率性质曲线。要测取不同蒸馏深度的重油产率性质数据时，先尽可能把最重的馏分蒸出，测定剩下残油性质，然后按含量比例依次混对相邻蒸出的窄馏分，分别测定其性质，所得数据列表或绘制重油产率性质曲线。

表4－7～表4－11分别列出了大庆原油直馏汽油和重整原料油、直馏柴油、裂化原料油、润滑油原料油、重油的性质数据。图4－2为大庆汽油馏分产率性质曲线，图4－3为大庆原油重油产率性质曲线。

表4－7　大庆原油直馏汽油和重整原料油的性质

沸点范围/℃	占原油/%	ρ_{20}/g·cm^{-3}	馏程/℃			酸度/mgKOH·100mL^{-1}	含硫/%	含砷/μg·g^{-1}	族组成/%		
			10%	50%	90%				烷烃	环烷烃	芳烃
60～130	4.07	0.7241	92	106	126	—	—	—	51.19	45.44	3.37
初馏～130	4.26	0.7109	75	96	136*	0.9	0.009	0.163	56.2	41.7	2.1
初馏～200	9.38	0.7439	94	127	196*	1.1	0.02	—	—	—	—

注：*指干点。

表4－8　大庆原油直馏柴油的性质

沸点范围/℃	占原油/%	ρ_{20}/g·cm^{-3}	馏程/℃			苯胺点/℃	柴油指数	凝点/℃	ν_{20}/mm^{2}·s^{-1}	含硫/%	闪点/℃	酸度/mgKOH·100mL^{-1}
			初馏点	50%	终馏点							
180～300	13.2	0.8072	203	246	—	—	—	—	—	0.028	81	—
180～330	21.0	0.8142	207	271	331	80.1	72.9	－5	4.45	0.048	93	2.0
180～350	18.9	0.8169	232	278	330	81.0	72.6	－2	5.02	0.064	105	2.0

表 4－9　大庆原油裂化原料油性质

沸点范围/℃	占原油/%	ρ_{20}/g·cm^{-3}	特性因数	折射率 n_D^{70}	黏度/mm^2·s^{-1}		含硫/%	残炭/%	结构族组成/%				
					50℃	100℃			C_P	C_N	C_A	R_N	R_A
320～500	27.22	0.8546	12.4	1.4571	12.47	4.03	0.18	0.03	73.85	15.65	10.77	0.77	0.44
350～500	21.92	0.8574	12.45	1.4596	15.54	4.67	0.17	0.03	74.46	14.31	11.23	0.75	0.49

表 4－10　大庆原油的润滑油潜含量和性质

项目	350～400℃馏分			400～450℃馏分			450～500℃馏分			>500℃渣油			润滑油潜含量
	原馏分	脱蜡油	P+N+轻 A	原馏分	脱蜡油	P+N+轻 A	原馏分	脱蜡油	P+N+轻 A	原渣油	P+N+轻 A	馏分油	渣油
对原油收率/%	9.4	5.3	4.6	11.8	7.1	6.0	9.1	5.6	4.4	41.4	7.5	15.0	7.5
凝点/℃	31	－10	－12	43	－4	－4	51	－4	－4	—	—	—	—
ν_{50}/mm^2·s^{-1}	6.91	8.75	7.97	15.82	26.08	22.14	—	63.92	46.24	—	162.5	—	—
ν_{100}/mm^2·s^{-1}	2.66	3.01	2.84	4.65	5.96	5.57	8.09	10.92	9.49	106	23.1	—	—
ν_{50}/ν_{100}	—	2.91	2.81	—	4.38	3.97	—	5.82	4.87	—	7.15	—	—
黏度指数	—	94	112	—	92	104	—	82	106	—	98	—	—

表 4－11　大庆原油重油的性质

项目	>350℃重油	>400℃重油	>500℃重油
占原油/%	67.6	59.9	40.38
ρ_{20}/g·cm^{-3}	0.8974	0.9019	0.9209
凝点/℃	35	42	45
残炭/%	4.6	5.3	7.8
灰分/%	0.0015	0.0029	0.0041
Ni/μg·g^{-1}	3.75	4.5	7.0
V/μg·g^{-1}	0.03	0.04	—
Fe/μg·g^{-1}	0.60	1.15	1.10
Cu/μg·g^{-1}	1.27	1.15	0.85
ν_{100}/mm^2·s^{-1}	26.79	40.76	111.45
硫含量/%	0.31	0.35	0.27
闪点（开口）/℃	231	262	324
恩氏黏度（100℃）/°E	3.64	5.50	15.04

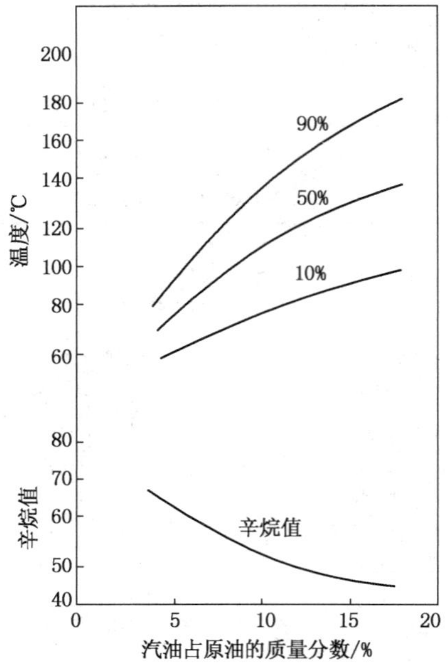

图 4－2　大庆汽油馏分产率性质曲线

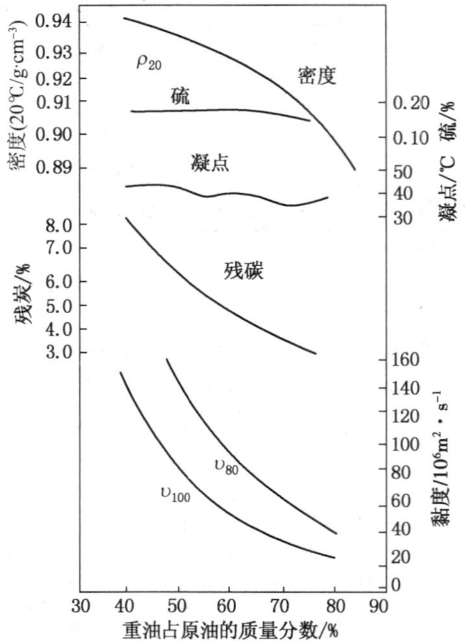

图 4－3　大庆原油重油产率性质曲线

根据这些原油评价数据，可以着手制订原油切割方案。制订原油蒸馏切割方案就是要确定原油蒸馏中生产哪些产品，在什么温度下切割，所得产品产率和性质如何。其方法就是将产品产率性质数据与各种油品规格进行比较，依据实沸点蒸馏曲线确定各种产品的切割温度。

原油常减压蒸馏装置除生产个别产品外，多数馏分作为调合组分和二次加工的原料，故对原油的蒸馏切割，主要考虑满足二次加工对原料质量的要求。

能源市场和石油化工生产对轻质油品的需求不断增长，渣油轻质化问题已成为炼油技术发展中最重要的问题之一。因此，还应对渣油进行更深入的评价。例如用超临界溶剂萃取技术，在 <250℃ 的较低温度下，将渣油大体上按相对分子质量大小分离成多个窄馏分。该分离技术所抽出的馏分油的累计收率可达减压渣油的 80% ~90%，最重的窄馏分的平均沸点（相当于常压下）可达 850℃ 以上。完成分离后，对各窄馏分和抽余残渣油进行组成、性质的测定，从而得到详细的渣油组成和性质数据。根据试验数据分析各性质的变化规律，较全面地认识渣油的性质，提出合理的渣油加工方案。

第三节　原油加工方案

原油加工方案，其基本内容是生产什么产品及用什么样的加工过程来生产这些产品。原油加工方案的确定取决于诸多因素，例如市场需要、经济效益、投资力度、原油的特性等。这里主要从原油特性的角度来讨论如何选择原油加工方案。理论上可以利用任何一种原油生产出各种所需的石油产品，但如果选择的加工方案适应原油的特性，则可以做到用最小的投入获得最大的产出。

原油的综合评价结果是选择原油加工方案的基本依据。有时还须对某些加工过程做中型试验以取得更详细的数据。对生产喷气燃料和某些润滑油，往往还需做产品的台架试验和使用试验。

原油加工方案大体上可以分为燃料型、燃料－润滑型、燃料－化工型共三种基本类型。这只是大体的分类，实际上各个炼厂的具体加工方案是多种多样的，主要目标是满足市场需要和提高经济效益。

一、燃料型炼厂

燃料型炼厂主要产品是汽油、柴油、煤油等轻质燃料油品。除了生产部分重油燃料油外，减压馏分油和减压渣油通过各种轻质化过程转化为各种轻质燃料，见图4－4。

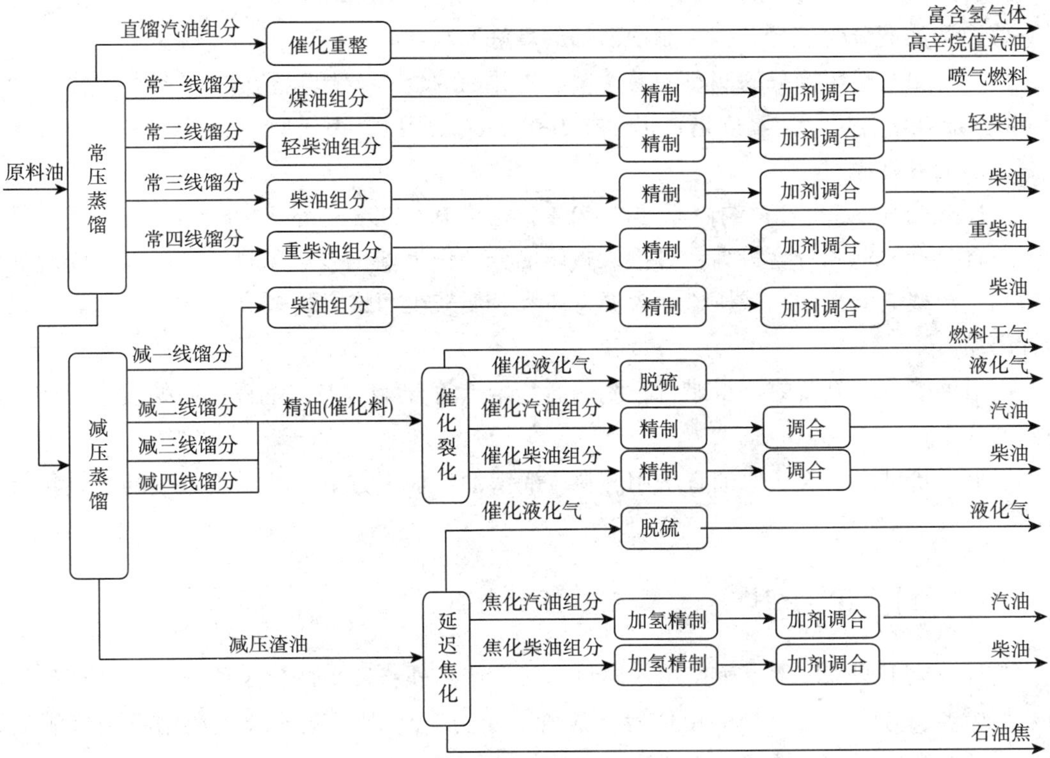

图4－4　燃料型炼厂工艺物流图

二、燃料－润滑油型炼厂

燃料－润滑油型炼厂除了生产用作燃料的石油产品外，部分或大部分减压馏分油和减压渣油还用于各种润滑油产品和石蜡、地蜡的联合生产等。下面以大庆原油为例，讨论燃料－润滑油型炼厂的加工方案。

大庆原油的性质和国外很多原油差别很大。大庆原油的相对密度为0.85～0.86，特性

因数 $K=12.5\sim12.6$，硫含量0.09%～0.11%，属于低硫石蜡基原油。其主要特点是含蜡量高、凝点高、沥青质含量低、重金属含量低、硫含量低。

大庆原油的直馏汽油或重整原料馏分含量较少。初馏点～200℃馏分收率仅9.8%～11.3%。汽油馏分烷烃和环烷烃含量高、芳烃含量低，辛烷值低只有37，不可直接使用，可作为汽油调合组分或通过催化重整提高辛烷值。

大庆原油喷气燃料馏分的密度较小、结晶点高。130～250℃馏分密度为 $0.7788g\cdot cm^{-3}$，结晶点为－47℃。

180～300℃馏分芳香烃含量较低，无烟火焰高度大，含硫较少，经适当精制可得到高质量的灯用煤油。

直馏柴油的十六烷值高，柴油指数高达70以上，燃烧性能良好，但其收率受凝点的限制。180～300℃馏分可作－20号轻柴油，180～330℃馏分可作－10号轻柴油，180～350℃馏分可作0号轻柴油，收率分别为13.2%、17.5%和20.8%。

煤、柴油馏分含烷烃多，是制取乙烯的良好原料。

350～500℃减压馏分的润滑油潜含量约占原油的15%。饱和烃加轻芳烃的黏度指数大于100，加入中芳烃后，黏度指数仍然在100左右。所以，大庆原油350～500℃馏分是生产润滑油的良好原料。

减压渣油（＞500℃）约占原油的40%，密度 $0.9209g\cdot cm^{-3}$，硫含量低，沥青质和重金属含量低、饱和分含量高，可掺入减压馏分油作为催化裂化原料，也可经丙烷脱沥青及精制生产残渣润滑油。减压渣油含沥青质和胶质较少而蜡含量较高，难以生产高质量的沥青产品。

润滑油馏分溶剂脱蜡所得蜡膏，脱油后蜡熔点符合42～47℃的商品石蜡要求，产率约为原油的2%。

根据评价结果，大庆原油宜采用燃料－润滑油型加工方案，其加工方案的工艺物流见图4－5。

三、燃料－化工型炼厂

燃料－化工型炼厂除了生产用作燃料的石油产品外，还生产化工原料及化工产品，例如某些烯烃、芳烃、聚合物的单体等。这种加工方案体现了充分合理利用石油资源的要求，也是提高炼厂经济效益的重要途径，是石油加工的发展方向，见图4－6。

不管什么类型的炼厂，各装置按原油加工次数构成分为一次加工、二次加工和三次加工：

（1）一次加工。常压蒸馏或常减压蒸馏，把原油蒸馏分为几个不同的沸点范围（馏分）。

（2）二次加工。催化裂化、加氢裂化、延迟焦化、催化重整、烃基化、加氢精制等，将一次加工得到的馏分再加工成商品油。

（3）三次加工。轻油裂解工艺制取乙烯，气体及芳烃等分离作为化工原料或产品。

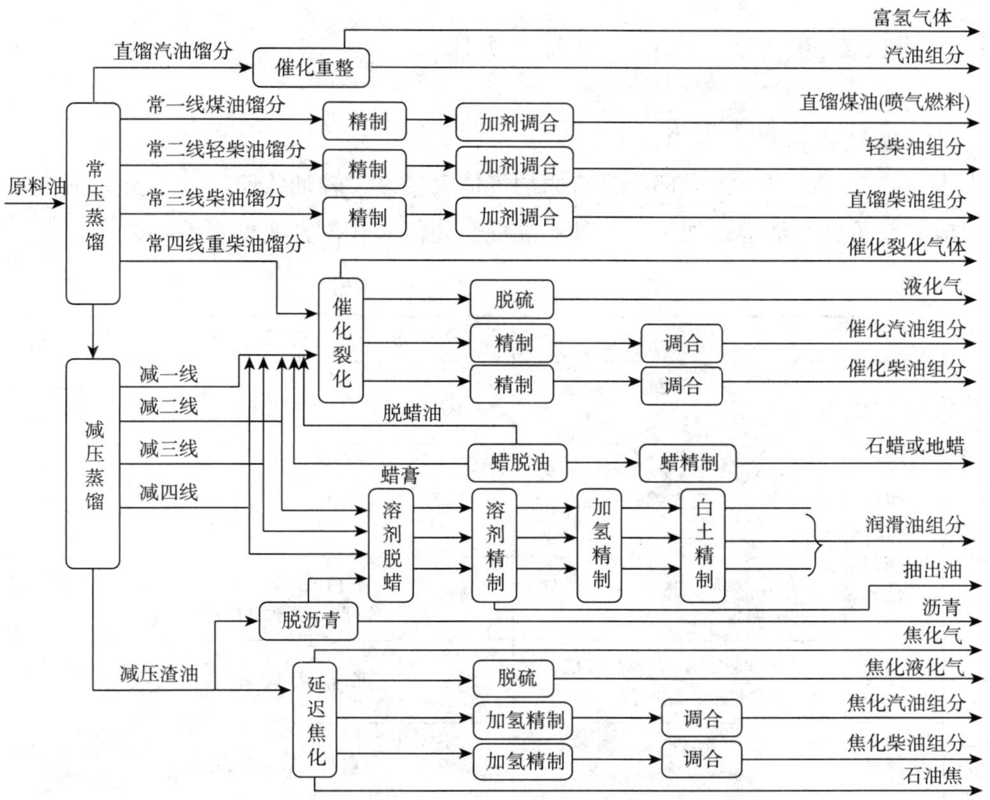

图 4－5　燃料－润滑油型炼厂工艺物流图

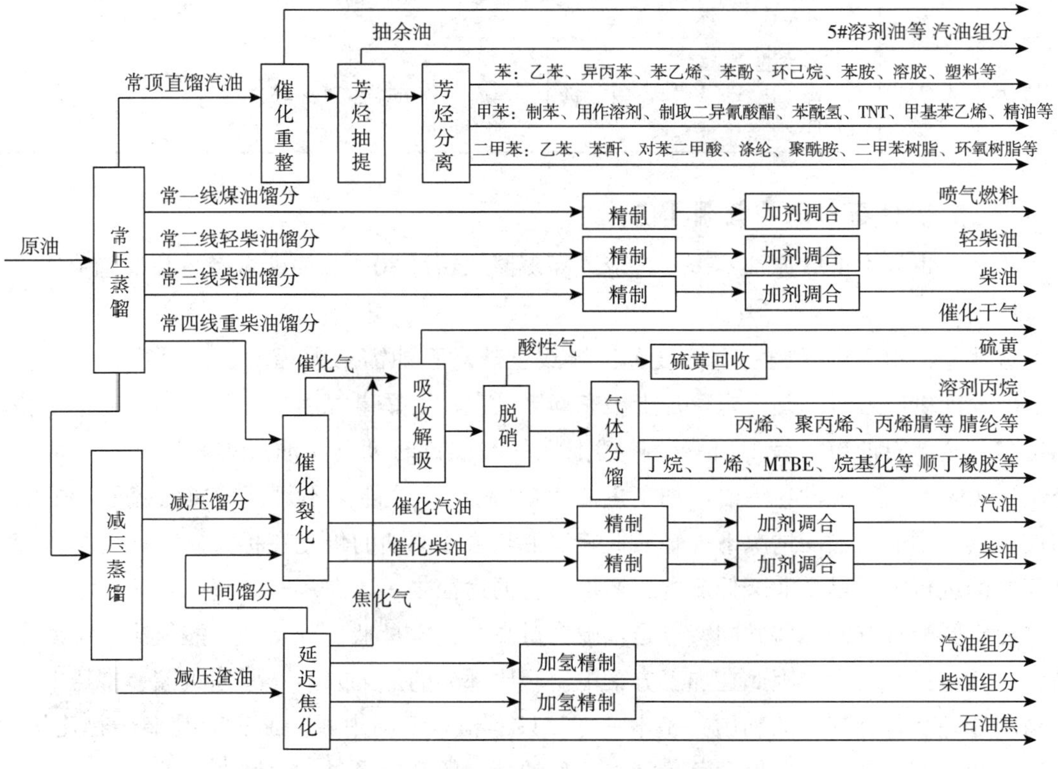

图 4－6　燃料－化工型炼厂工艺物流图

四、进口原油、含（高）硫原加工方案

（一）进口原油加工方案

由表4－12可以看出，大部分进口原油气体含量多，轻油收率高。部分原油不适合单炼，而应和较重的原油混炼加工。各种原油混合比例和切割方案见表4－12。

表4－12 进口原油的加工方案

原油名称	属性	主要特点	加工方式	混炼比例	切割方案
米纳斯	石蜡基	轻组分少，含硫低，镍含量、凝点、黏度、沥青质均高	单炼	—	汽油－烷基化原料－柴油
加拿大	中间基	气体含量高，轻油多，凝点、黏度低，含硫、镍、钒低，含盐高	混炼	加拿大/大庆＝4/6	重整原料－溶剂油－柴油
阿曼	石蜡基	轻组分多，凝点低，含硫、镍、钒均高	单炼	阿联酋/管输＝1/1；库托布/管输＝3/7	汽油－烷基化原料－柴油
阿联酋	中间基	气体含量及轻油多，含硫高，镍、钒含量低，黏度低	混炼	阿联酋/伊朗重＝7/3	汽油－烷基化原料（或溶剂油）－柴油
库托布	中间基	气体含量及轻油多，凝点、黏度低，含镍高，含硫、钒低	混炼	马内布/黄岛＝3/7	重整原料－烷基化原料（或溶剂油）－柴油
马内布	中间基	气体含量高，轻油多，凝点、黏度低，含硫、镍、钒均少	混炼	马内布/沙特＝7/3	重整原料（或汽油）－煤油－柴油
卡宾达	中间基	气体含量高，轻油多，凝点、黏度高，盐、镍含量高，硫、钒含量低	单炼	卡宾达/阿曼＝6/4	重整原料（或汽油）－煤油－柴油

（二）含（高）硫原油加工方案

目前，世界上低硫原油不多，含硫或高硫原油超过80%，原油含硫量高的趋势还将进一步增大。

近些年，由于世界经济全面复苏，导致全球对石油需求大幅增长，尽管石油储备丰富，但短期供应难以满足需求，加上中东地区的政治、军事等因素，都推动着原油价格一路走高。全球石油市场呈现出一个持续上涨的高油价时期。原油成本占炼油厂总成本的85%～90%。在目前世界炼油厂加工重质含硫/高硫原油能力不足、轻质低硫原油的需求增加而供应不能增加的情况下，轻质低硫原油与劣质原油的价差在扩大，因此选择含硫和高硫原油进行加工是企业降低成本、增加效益的途径之一。

含硫原油具有的一些共同特点是：硫含量高，氮含量低，凝点低，酸值小，金属含量高，尤其是钒含量高，因此在加工方案中，轻质部分的加工方案（原油蒸馏、常压馏出物的精制处理及各种气体的利用）基本一样，只是相对于国内原油而言，其馏出物比例大，含硫氮杂质多，所以装置处理负荷稍大，且油品一般都要经过加氢精制。但是，常压渣油

的加工则有多种多样的工艺组合可供选择。

从中东含硫原油评价数据来看：

①中东含硫原油的轻馏分（小于65℃）较多，可根据其馏分组成，选择适宜的用途；各汽油馏分辛烷值都不高，所以需将重汽油馏分切入喷气燃料馏分；其余轻汽油馏分经过催化重整作为汽油馏分。

②中东含硫原油的喷气燃料馏分除硫醇硫较高外，其烟点、芳烃含量均符合3号喷气燃料标准要求，经脱硫醇工艺后，可得到合格产品。

③中东含硫原油的柴油馏分十六烷值较高，倾点较低，可以生产低凝柴油，但由于硫含量较高，需通过加氢精制工艺才能生产合格的柴油产品。

④中东含硫原油VGO（减压柴油）生产燃料的加工路线通常有两种，即加氢脱硫后作催化裂化原料和直接作加氢裂化原料。

⑤渣油加工路线是高硫原油加工的关键，通常有两种加工路线，即脱碳路线（一般为延迟焦化或溶剂脱沥青方案）和加氢路线（常减压渣油加氢脱硫）。一般来说，中东含硫原油的不同加工方案主要体现在重油加工方面。

以5Mt/a炼油厂为例，选取硫质量分数为2.39%的某种高硫混合原油为原料，以生产满足国Ⅴ排放标准的汽柴油为目标，可制订三种加工方案即蜡油加氢精制－催化裂化－延迟焦化方案、加氢裂化（全循环）－延迟焦化方案以及常压渣油加氢－催化裂化加工方案。

常压渣油加氢－催化裂化方案流程示意见图4－7。常压渣油的加工路线采用中国石化石油化工科学研究院（RIPP）开发的渣油加氢处理（RHT）技术，其大于350℃的加氢重油作催化裂化原料。直馏柴油和催化裂化柴油混合，经加氢精制技术，生产满足国Ⅴ排放标准的柴油产品。直馏石脑油（小于65℃馏分）作为催化重整装置的原料，重整汽油将苯抽提后，作为汽油的调合组分。将直馏轻石脑油（小于65%）馏分作为异构化原料，生产异构化汽油组分。

五、含酸原油加工方案

原油中的酸主要指其中的环烷酸，环烷酸是一种具有臭味且难挥发的无色液体，不溶于水，易溶于油品等有机溶剂中。一般原油中酸值超过0.5mgKOH·g^{-1}时，原油在加工过程中就会造成腐蚀。原油的酸值高，钙含量相应也很高。如中国石油天然气勘探开发公司在苏丹新开采的原油中，含有大量的环烷酸，酸值在10～14mgKOH·g^{-1}，金属钙含量也很高。原油中钙主要以石油环烷酸盐形式存在。为避免原油中钙对后续加工过程的影响，需要进行脱钙，而脱钙后的原油酸值会进一步升高，因此含酸原油的加工需要将脱钙和脱酸工艺进行组合。

加工高酸原油，如何解决严重的环烷酸腐蚀问题显得非常迫切。传统的“一脱三注”防腐蚀措施主要针对低温操作，对高温效果不明显。加氢精制可以有效脱除原油中的环烷酸，但投资成本高，同时原料需要进行深度脱钙。针对环烷酸主要在较高温度区域产生腐蚀，可以应用抑制腐蚀添加剂。由于添加剂在操作过程中不断消耗，且不能再生，所以必

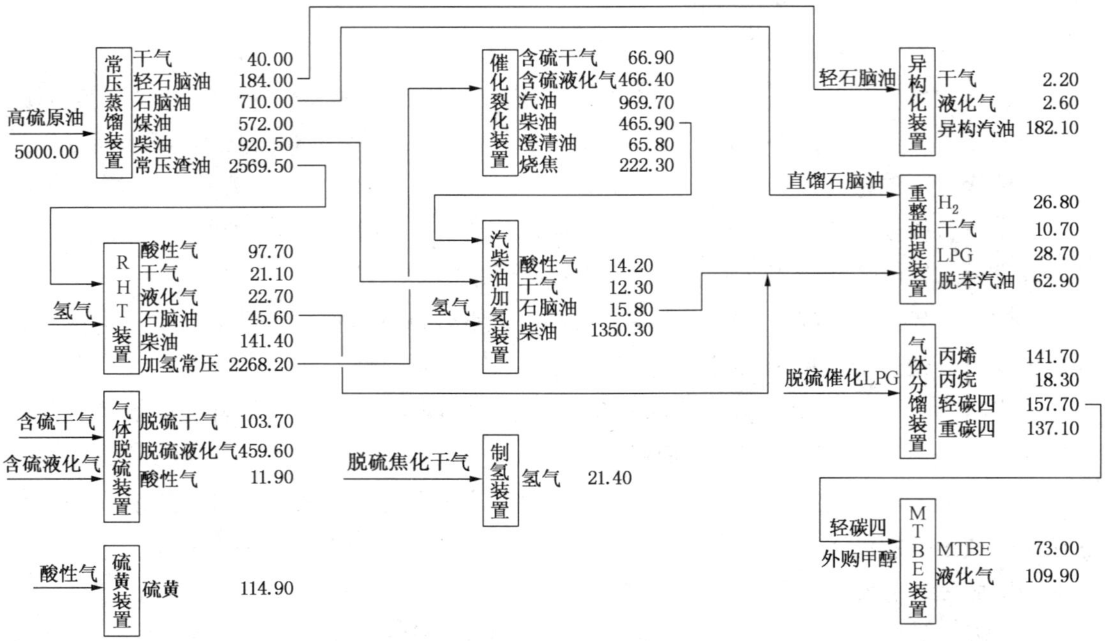

图 4-7 常压渣油加氢-催化裂化方案流程示意（单位：$kt \cdot a^{-1}$）

须成本低廉才具有应用可能；同时添加剂必须无害，不能在抑制环烷酸腐蚀的同时带来新的问题；所开发的抑制剂必须在高温下能够有效抑制环烷酸的腐蚀。

六、稠油及油砂沥青的加工方案

全世界的稠油及油砂沥青储量很大，典型的有加拿大油砂沥青和委内瑞拉 Orinoco 超稠油。我国探明的稠油储量也不小，其产量逐年增加，近年已达千万吨以上。如何合理加工稠油是炼油技术发展中的一个难题。稠油的特点是密度和黏度大、胶质及沥青质含量高、凝点低，多数稠油的硫含量较高，其渣油的残炭值高、重金属含量高。稠油的轻质油含量很低，减压渣油一般占原油的 60% 以上。

稠油的渣油的蜡含量低、胶质及沥青质含量高，是生产优质沥青的好原料，如辽河稠油和克拉玛依稠油可以生产重交道路沥青。因此，对稠油的加工应优先考虑生产优质沥青。由于受沥青市场的限制，除了生产沥青外，还需要考虑渣油的轻质化问题。

稠油的渣油的残炭值高、重金属含量高，不宜直接用作催化裂化的原料，比较好的办法是先经加氢处理后再送去催化裂化。但是渣油加氢处理的投资和操作费用高。采用溶剂萃取脱沥青过程可以抽出渣油中的较轻部分作为催化裂化的原料，但必须解决抽提残渣的加工利用问题。采用延迟焦化技术可以得到部分馏分油，经加氢和催化裂化可得到轻质油品，但同时得到相当多的含硫或高硫石油焦。

稠油的凝点低，在制订加工方案时应考虑如何利用这个特点。例如，考虑生产低凝点柴油、对黏温性质要求不高而对凝点要求低的润滑油产品等。

根据稠油密度和黏度大、胶质及沥青质含量高、凝点低，多数稠油的硫含量较高，其渣油的残炭值高、重金属含量高等特点，传统的脱盐脱水、常减压蒸馏很难适应，目前较好的加工路线是先直接经丙烷脱沥青生产优质沥青，脱除沥青及绝大部分重金属的脱沥青油再经蒸馏分别得到重整芳烃料、低凝柴油料、润滑油基础油料，最后通过加氢精制等技术得到相应的优质油品。

参考文献

[1] 张瑞泉，康威，郭志东，等. 原油分析评价［M］. 北京：石油工业出版社，2000.
[2] 侯芙生. 中国炼油技术［M］. 3版. 北京：中国石化出版社，2011.
[3] 田春荣. 2005年中国石油进口状况分析［J］. 国际石油经济. 2006（03）：1－7.
[4] 廖克俭，戴跃玲，丛玉凤. 石油化工分析［M］. 北京：化学工业出版社，2005，254－260.
[5] 王懿洛. 六种国外原油品质评价与加工方案可行性浅析［J］. 广州化工，2013，41（22）：35－40.
[6] 齐邦峰. 中石化集团公司原油科技情报站论文集［C］. 北京：原油科技情报站编辑组，2009：172.
[7] 于铁柱，赵蓉娟. 中石化集团公司原油科技情报站论文集［C］. 北京：原油科技情报站编辑组，2009：623.
[8] 武国庆，朱荣辉. 中石化集团公司原油科技情报站论文集［C］. 北京：原油科技情报站编辑组，2011：461.

第五章 原油蒸馏过程

原油是极其复杂的混合物，通过原油的蒸馏可以按所制订的产品方案将其分割成直馏汽油、煤油、轻柴油或重柴油馏分及各种润滑油馏分和渣油等。原油蒸馏是石油加工中第一道必不可少的工序，通常称原油蒸馏为一次加工，其他加工工序则称为二次加工。在蒸馏过程中得到的这些半成品经过适当的精制和调合便成为合格的产品，更多的是按不同的生产方案分割出一些二次加工过程所用的原料，如催化重整原料、催化裂化原料、加氢裂化原料等，以便进一步提高轻质油的产率或改善产品质量。

原油的一次加工能力即原油蒸馏装置的处理能力，常被视为一个国家炼油工业发展水平的标志。据统计，2016 年世界原油加工量为 $45.79\times10^8 t\cdot a^{-1}$，炼厂总数约 700 座。我国原油加工量为 $6.7\times10^8 t\cdot a^{-1}$，居世界第二位，常减压蒸馏装置单套的加工能力已达 $12Mt\cdot a^{-1}$。

除了工业生产过程中的应用以外，蒸馏也是试验室中常用的方法。原油评价的基本内容之一就是原油的实沸点蒸馏，而恩氏蒸馏则是油品质量控制指标中的一个分析项目。

第一节 石油及其馏分蒸馏类型

一、平衡蒸馏——闪蒸

液体混合物加热并部分汽化后，气液两相一直密切接触，达到一定程度时，气液两相才一次分离，此分离过程称为平衡汽化，又称一次汽化。在一次汽化过程中，混合物中各组分都有部分汽化，由于轻组分的沸点低，易汽化，所以一次汽化后的气相中含有较多轻组分，液相中则含有较多的重组分。

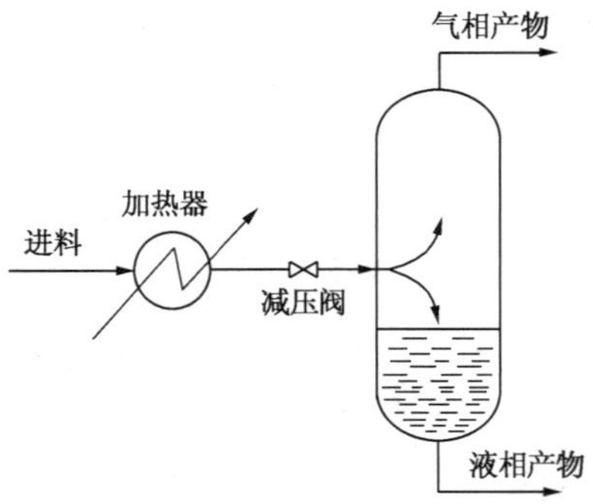

图 5－1 闪蒸过程

工业生产上有一种应用较广泛的蒸馏类型称为闪蒸。所谓闪蒸是指进料以某种方式被加热至部分汽化，经过减压设施，在一个容器（如闪蒸罐、蒸发塔、蒸馏塔的汽化段等）的空间内，在一定的温度和压力下，气、液两相迅速分离，得到相应的气相和液相产物的过程，如图 5－1 所示。

在上述过程中，如果气、液两相有足够的时间密切接触，达到了平衡状态，则这种汽化方式称为平衡汽化。在实际生产过程中，并不存在真正的平衡汽化，因为真正的平衡汽化需要气、液两相有无限长的接触时间。然而在适当的条件下，气、液两相可以接近平衡，因而可以近似地按平衡汽化来处理。

平衡汽化的逆过程称为平衡冷凝。例如分馏塔顶气相馏出物，经过冷凝冷却进入接受罐中进行分离，此时汽油馏分冷凝为液相，而裂化气和一部分汽油蒸气则仍为气相（裂化富气）。

平衡汽化和平衡冷凝都可以使混合物得到一定程度的分离，气相产物中含有较多的低沸点轻组分，而液相产物中则含有较多的高沸点重组分。但是在平衡状态下，所有组分都同时存在于气、液两相中，而两相中的每一个组分都处于平衡状态，因此这种分离是比较粗略的。

二、简单蒸馏——渐次汽化

简单蒸馏是试验室或小型装置上常用于浓缩物或粗略分割油料的一种蒸馏方法。如图5－2所示，在一定压力下，液体混合物在蒸馏釜中被加热，当温度到达混合物的泡点温度时，液体即开始汽化，生成微量蒸气。生成的蒸气当即被引出并经冷凝冷却后被收集起来，同时继续加热液体，继续生成蒸气并被引出。这种蒸馏方式称为简单蒸馏或微分蒸馏。

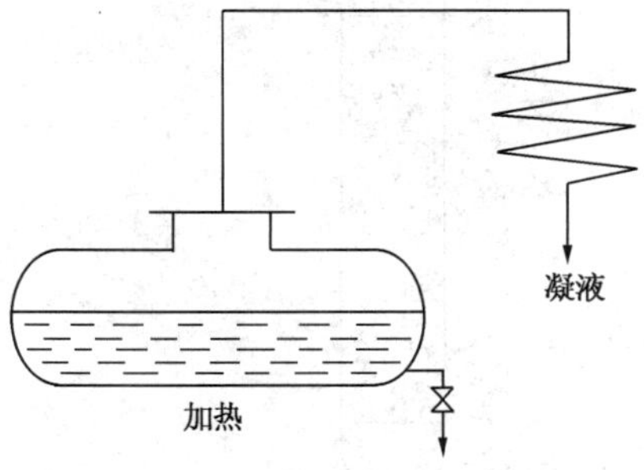

图5－2　简单蒸馏

在简单蒸馏过程中，每个瞬间形成的蒸气都与残存液相处于平衡状态（实际上接近平衡状态），由于形成的蒸气不断被引出，因此在整个蒸馏过程中，所产生的一系列微量蒸气的组成是不断变化的。最初得到的蒸气含轻组分最多，随着加热温度的升高，相继形成的蒸气中轻组分的浓度逐渐降低，而残存液相中重组分的浓度则不断增大。但是对在每一瞬间所产生的微量蒸气来说，其中的轻组分浓度总是要高于与之平衡的残存液体中的轻组分浓度的。由此可见，借助于简单蒸馏，可以使原料中的轻、重组分得到一定程度的分离。

从本质上看，上述过程是由无穷多次平衡汽化所组成的，是渐次汽化过程。与平衡汽化相比较，简单蒸馏所剩下的残液是与最后一个轻组分含量不高的微量蒸气相平衡的液相，而平衡汽化时剩下的残液则是刚汽化的蒸气处于平衡状态，因此简单蒸馏所得的液体中的轻组分含量会低于平衡汽化所得的液体中的轻组分含量。换言之，简单蒸馏的分离效果要优于平衡汽化。

简单蒸馏是一种间歇过程，而且分离程度不高，一般只在试验室中使用；广泛应用于测定油品馏程的恩氏蒸馏，可以看作是简单蒸馏。严格地说，恩氏蒸馏中生成的蒸气并未能在生成的瞬间立即被引出，而且蒸馏瓶颈壁上也有少量蒸气会冷凝而形成回流，因此，只能把它看作是近似的简单蒸馏。

三、精馏

（一）精馏原理

精馏是分离液相混合物的很有效的手段。精馏有连续式和间歇式两种，现代石油加工装置中都采用连续式精馏。

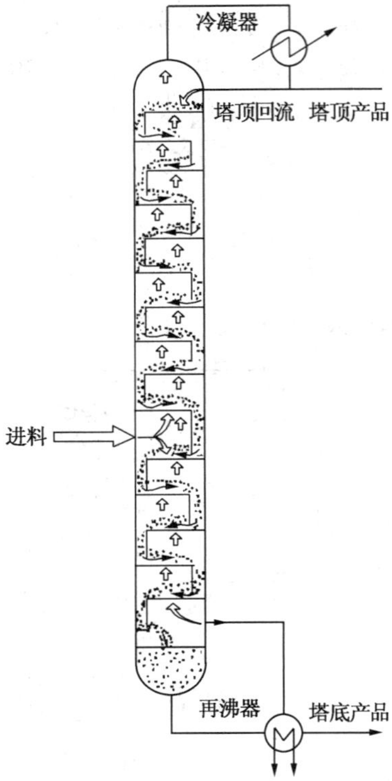

图5－3　连续式精馏塔

图5－3是一连续式精馏塔，它有两段：进料段以上是精馏段，进料段以下是提馏段。精馏塔内装有提供气、液两相接触的塔板或填料。塔顶送入轻组分浓度很高的液体，称为塔顶回流。通常是把塔顶馏出物冷凝后，取其一部分作为塔顶回流，而其余部分作为塔顶产品。塔底有再沸器，加热塔底流出的液体以产生一定量的气相回流，塔底气相回流是轻组分含量很低而温度较高的蒸气。由于塔顶液相回流和塔底气相回流的作用，沿着精馏塔高度建立了两个梯度：①温度梯度，即自塔底至塔顶温度逐级下降。②浓度梯度，即气、液相物流的轻组分浓度自塔底至塔顶逐级增大。由于这两个梯度的存在，在每一个气、液接触级内，自下而上的温度较高和轻组分浓度较低的气相与自上而下的温度较低和重组分浓度较低的液相互相接触，进行传热和传质，达到平衡而产生新的平衡的气、液两相，使气相中的轻组分和液相中的重组分分别得到提浓。如此经过多次的气、液相逆流接触，最后在塔顶得到较纯的轻组分，而在塔底则得到较纯的重组分。这样，不仅可以得到纯度较高的产品，而且可以得到相当高的收率。这样的分离效果显然远优于平衡汽化和简单蒸馏。

由此可见，精馏过程有两个前提：一是气、液相间的浓度差，是传质的推动力；二是合理的温度梯度，是传热的推动力，在塔盘上才能进行不断的汽化与冷凝过程。

精馏过程的实质是不平衡的气液两相经过热交换，气相多次部分冷凝与液相多次部分汽化相结合的过程，从而使气相中轻组分和液相中的重组分都得到了提浓，最后达到预期的分离效果。

为了使精馏过程能够进行，必须具备以下两个条件：

①精馏塔内必须有塔板或填料，它是提供气液充分接触的场所。气液两相在塔板上达到分离的极限是两相达到平衡，分离精确度越高，所需塔板数越多。例如，分离汽油、煤油、柴油一般仅需4～8块塔板，而分离苯、甲苯、二甲苯时，塔板数多达几十块。

②精馏塔内提供气、液相回流，是保证精馏过程传热传质的另一必要条件。气相回流是在塔底加热（如重沸器）或用过热水蒸气汽提，使液相中的轻组分汽化上升到塔的上部进行分离。塔内液相回流的作用是在塔内提供温度低的下降液体，冷凝气相中的重组分，并造成沿塔自下而上温度逐渐降低。为此，必须提供温度较低、组成与回流入口处产品接近的外部回流。

借助于精馏过程，可以得到一定沸程的馏分，也可以得到纯度很高的产品。对于石油精馏，一般只要求其产品是有规定沸程的馏分，而不是某个组分纯度很高的产品，或者在一个精馏塔内并不要求同时在塔顶和塔底都出很纯的产品。因此，在炼油厂中，常常有些精馏塔在精馏段抽出一个或几个侧线产品，也有一些精馏塔只有精馏段或提馏段，前者称为复杂塔，而后者称为不完全塔。例如原油常压精馏塔，除了塔顶馏出汽油馏分外，在精馏段还抽出煤油、轻柴油和重柴油馏分（侧线产品）。原油常压精馏塔的进料段以下的塔段，与前述的提馏段不同，在塔底，它只是通入一定量的过热水蒸气，降低塔内油气分压，使一部分夹带下来的轻馏分蒸发，回到精馏段。由于过热水蒸气提供的热量很有限，轻馏分蒸发时所需的热量主要依靠物流本身温度降低而得，因此，由进料段以下，塔内温度是逐步下降而不是逐步增高的。

综上所述，原油常压精馏塔是一个复杂塔。

（二）回流的作用和回流方式

塔内回流的作用一是提供塔板上的液相回流，造成气液两相充分接触，达到传热、传质的目的；二是取走塔内多余的热量，维持全塔热平衡，以控制、调节产品的质量。

从塔顶打入的回流量，常用回流比来表示

$$\text{回流比}=\frac{\text{回流量}\ (\mathrm{m^3\cdot h^{-1}})}{\text{塔顶产品流量}\ (\mathrm{m^3\cdot h^{-1}})}$$

回流比增加，塔板的分离效率提高；当产品分离程度一定时，加大回流比，可适当减少塔板数。但是增大回流比是有限度的，塔内回流量的多少是由全塔热平衡决定的。如果回流比过大，必然使下降的液相中轻组分浓度增大，此时，如果不相应地增加进料的热量或塔底的热量，就会使轻组分来不及汽化，而被带到下层塔板甚至塔底，一方面减少了轻组分的收率，另一方面也会造成侧线产品或塔底产品不合格。此外，增加回流比，塔顶冷凝冷却器的负荷也随之增加，提高了操作费用。

根据回流的取热方式不同，回流可分为以下几种方式。

1. 冷回流

冷回流是塔顶气相馏出物以过冷液体（低于泡点温度）状态从塔顶打入塔内。塔顶冷回流是控制塔顶温度，保证产品质量的重要手段。冷回流入塔后，吸热升温、汽化，再从塔顶蒸出。其吸热量等于塔顶回流取热，回流热一定时，冷回流温度越低，需要的冷回流量就越少。但冷回流的温度受冷却介质、冷却温度的限制。冷却介质为水时，冷回流的温度一般不低于冷却水的最高出口温度，常用的汽油冷回流温度一般为35～45℃。

2. 热回流

热回流是指在塔顶装有部分冷凝器，将塔顶蒸气部分冷凝成液体作回流。热回流温度与塔顶温度相同（为塔顶馏分的露点），它只吸收汽化潜热，所以，取走同样的热量。热回流量比冷回流量大，热回流也可有效地控制塔顶温度，适用于小型塔。

3. 循环回流

循环回流是从塔内抽出经冷却至某个温度再送回塔中，物流在整个过程中都是处于液相，而且在塔内流动时一般也不发生相变化，它只是在塔里塔外循环流动，借助于换热器取走回流热。

①塔顶循环回流。塔顶循环回流的热量的温位（或者称能级）较塔顶冷回流的高，便于回收；塔顶馏出物中含有较多的不凝气（如在催化裂化主分馏塔中），使塔顶冷凝冷却器的传热系数降低，采用塔顶循环回流可大大减少塔顶冷凝冷却器的负荷，避免使用庞大的塔顶冷凝冷却器群；降低塔顶馏出线及冷凝冷却系统的流动压降，以保证塔顶（如催化裂化主分馏塔）压力不致过高，或保证塔内（如减压精馏塔）有尽可能高的真空度。

在某些情况下，也可以同时采用塔顶冷回流和塔顶循环回流两种形式的回流方案。

②中段循环回流。循环回流如果设在精馏塔的中部，就称为中段循环回流。它的主要作用是：使塔内的气、液相负荷沿塔高分布比较均匀；石油精馏塔沿塔高的温度梯度较大，从塔的中部取走的回流热的温位显然要比从塔顶取走的回流热的温位高出许多，因而是价值更高的可利用热源。

大、中型石油精馏塔大多采用中段循环回流。当然，采用中段循环回流也会带来一些不利之处：中段循环回流上方塔板上的回流比相应降低，塔板效率有所下降；中段循环回流的出入口之间要增设换热塔板，使塔板数和塔高增大；相应地增设泵和换热器，工艺流程变得复杂些；等等。对常压塔，中段回流取热量一般以占全塔回流热的50%～70%为宜。中段回流进出口温差国外常采用60～80℃，国内则多用80～120℃。

目前原油常压蒸馏塔多采用两个中段循环回流，个别炼厂为了多回收能级较高的热量，甚至采用三个中段循环回流。

第二节　石油及石油馏分的蒸馏曲线及其换算

石油和石油馏分的气–液平衡关系可以通过三种试验室蒸馏方法来取得，即：恩氏蒸馏（ASTM D86）、实沸点蒸馏（TBP）和平衡汽化（EFV）。所得的结果可用馏分组成数据表达，也可用蒸馏曲线（馏出温度–馏出百分率）表示。

三种蒸馏方法中，恩氏蒸馏数据容易获得，实沸点蒸馏数据次之，平衡汽化数据最难。在工艺过程的设计计算中常常遇到平衡汽化的问题，往往需要从较易获得的恩氏蒸馏或实沸点蒸馏曲线换算得到平衡汽化数据。此外，有时也需要在这三种蒸馏曲线之间进行相互转换。

一、石油及石油馏分的三种蒸馏曲线

（一）恩氏蒸馏曲线

恩氏蒸馏是一种简单蒸馏，它是以规格化的仪器和在规定的试验条件下进行的，故是一种条件性的试验方法。将馏出温度（气相温度）对馏出量（体积百分数）作图，就得到恩氏蒸馏曲线，见图5－4。

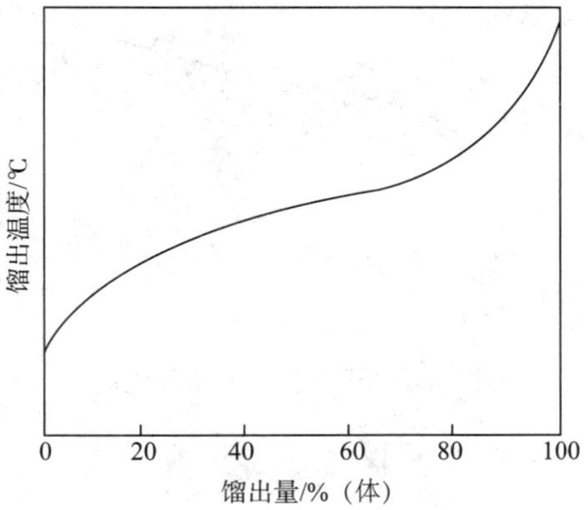

图5－4　恩氏蒸馏曲线

恩氏蒸馏的本质是渐次汽化，基本上没有精馏作用，因而不能显示油品中各组分的实际沸点，但它能反映油品在一定条件下的汽化性能，而且简便易行，所以广泛用作反映油品汽化性能的一种规格试验。由恩氏蒸馏数据可以计算油品的一部分性质参数，因此它也是油品最基本的物性数据之一。

（二）实沸点蒸馏曲线

实沸点蒸馏是一种试验室间歇精馏。如果一个间歇精馏设备的分离能力足够高，则可以得到混合物中各个组分的量及对应的沸点，所得数据在一张馏出温度－馏出百分数的图上标绘，可以得到一条阶梯形曲线。实际上，实沸点蒸馏设备是一种规格化的蒸馏设备，规定其精馏柱应相当于17块理论扳，而且是在规定的试验条件下进行，它不可能达到精密精馏那样高的分离效率。另外，石油中所含组分数极多，而且相邻组分的沸点十分接近，而每个组分的含量却又很少。因此，油品的实沸点曲线只是大体反映各组分沸点变迁情况的连续曲线，见图5－5。

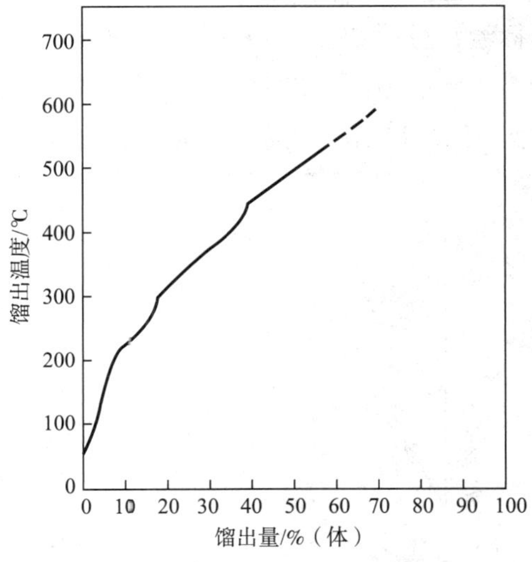

图5－5　原油的实沸点蒸馏曲线

实沸点蒸馏主要用于原油评价。原油的实沸点蒸馏试验是相当费时间的，为了节省试验时间，近十几年出现了用气体色谱分析来取代原油及其馏分的模拟实沸点数据的方法。气体色谱法模拟实沸点蒸馏可以节约大量试验时间，所用的试样量也很少；但是用此方法不能同时得到一定的各窄馏分数量以供测定各窄馏分的性质之用。因此，在做原油评价时，气体色谱模拟法还不能完全代替试验室的实沸点蒸馏。

（三）平衡汽化曲线

在试验室平衡汽化设备中，将油品加热汽化，使气、液两相在恒定的压力和温度下密切接触一段足够长的时间后迅即分离，即可测得油品在该条件下的平衡汽化率。在恒压下选择几个合适的温度（一般至少要五个）进行试验，就可以得到恒压下平衡汽化率与温度的关系。以汽化温度对汽化率作图，即可得油品的平衡汽化曲线，见图5-6。

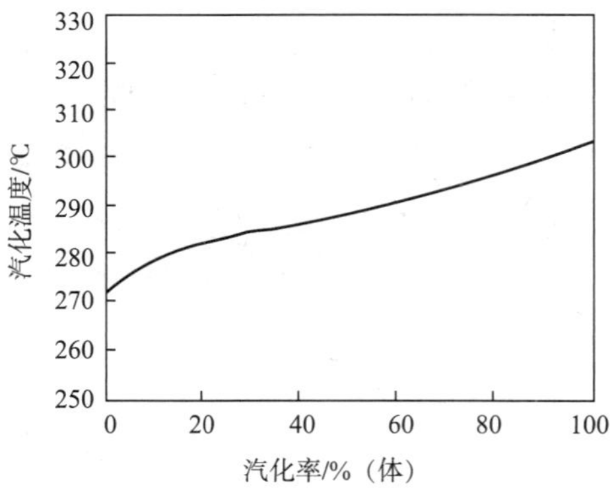

图5-6　石油馏分平衡汽化曲线

根据平衡汽化曲线，可以确定油品在不同汽化率时的温度（如精馏塔进料段温度）、泡点温度（如精馏塔侧线温度和塔底温度）、露点温度（如精馏塔顶温度）等。

（四）三种蒸馏曲线的比较

图5-7是同一种油品以气相馏出温度为纵坐标表示的三种蒸馏曲线。由图5-7可以看到：就曲线的斜率而言，平衡汽化曲线最平缓的，恩氏蒸馏曲线比较陡一些，而实沸点蒸馏曲线的斜率则最大。这种差别正是这三种蒸馏方式分离效率的差别的反映，即实沸点蒸馏的分离精确度最高，恩氏蒸馏次之，而平衡汽化则最差。这种差别是由这三种蒸馏的本质所决定的。

通常在标绘蒸馏曲线时所用温度都是指气相馏出温度，如图5-7所示。为了比较三种蒸馏方式，我们以塔釜液相温度为纵坐标进行标绘，可得如图5-8所示的曲线。由该图可见：为了获得相同的汽化率，实沸点蒸馏要求达到的液相温度最高，恩氏蒸馏次之，而平衡汽化则最低。这是因为：实沸点蒸馏是精馏过程，精馏塔顶的气相馏出温度与蒸馏

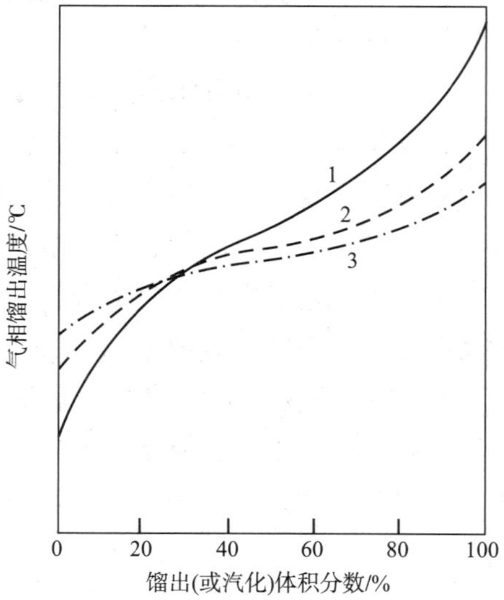

图5-7　三种蒸馏曲线比较

1—实沸点蒸馏；2—恩氏蒸馏；3—平衡汽化

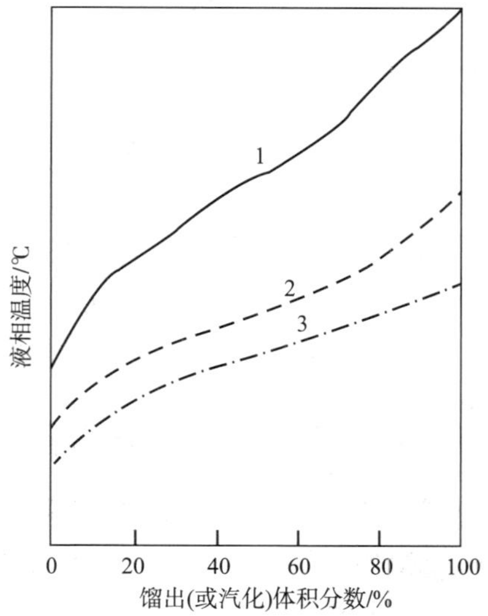

图5-8　用液相温度为坐标的三种蒸馏曲线

1—实沸点蒸馏；2—恩氏蒸馏；3—平衡汽化

釜中的液相温度必然会有一定的温差，这个温差在原油实沸点蒸馏时可达数十度之多；恩氏蒸馏基本上是渐次汽化过程，但由于蒸馏瓶颈散热产生少量回流，多少有一些精馏作用，因而造成气相馏出温度与瓶中液相温度之间有几度至十几度的温差；至于平衡汽化，其气相温度与液相温度是一样的。

由此可见，在对分离精确度没有严格要求的情况下，采用平衡汽化可以用较低的温度而得到较高的汽化率。这一点对炼油过程有重要的实际意义，因为这不但可以减轻加热设备的负荷，而且也减轻或避免了油品因过热分解而引起降质和设备结焦。这就是为什么平衡汽化的分离效率虽然最差却仍然被大量采用的根本原因。

二、蒸馏曲线的相互换算

三种蒸馏曲线的换算主要求助于经验的方法。通过大量试验数据的处理，找到各种曲线之间的关系，制成若干图表以供换算之用。由于各种石油和石油馏分的性质有很大的差异，而在做关联工作时不可能对所有的油料都进行蒸馏试验，因而所制得的经验图表不可能有广泛的适用性，而且在使用时也必然会带来一定的误差。因此，在使用这些经验图表时必须严格注意它们的适用范围以及可能的误差。只要有可能，应尽量采用实测的试验数据。下面介绍的换算图表一般都是以体积分数来表示收率的。

（一）常压蒸馏曲线的相互换算

1. 恩氏蒸馏曲线和实沸点蒸馏曲线的互换

这种互换可以利用图5－9和图5－10。这两张图适用于特性因数 $K=11.8$，沸点低于427℃的油品。据考核，计算馏出温度与试验值相差约5.5℃，偏离规定条件时可能产生重大误差。

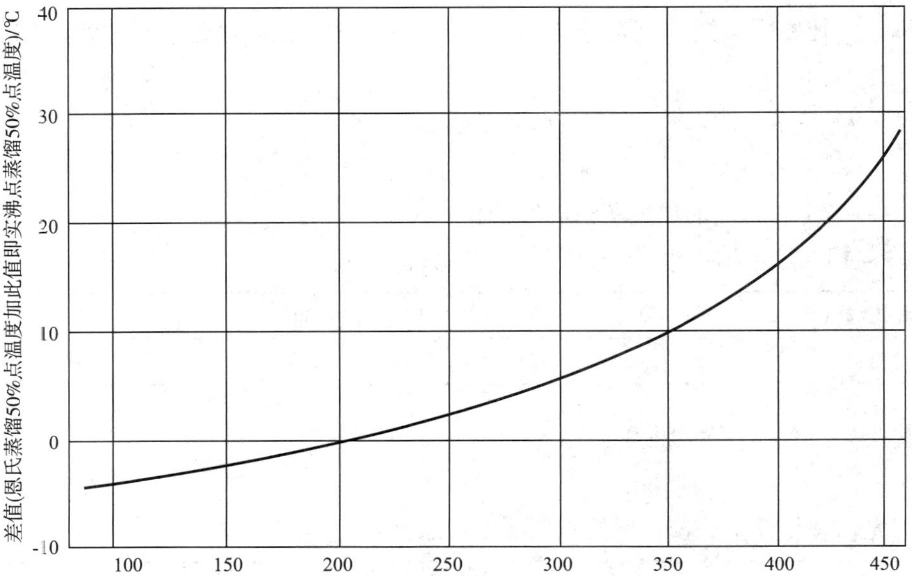

图5－9　实沸点蒸馏50%馏出温度与恩氏蒸馏50%馏出温度的关系

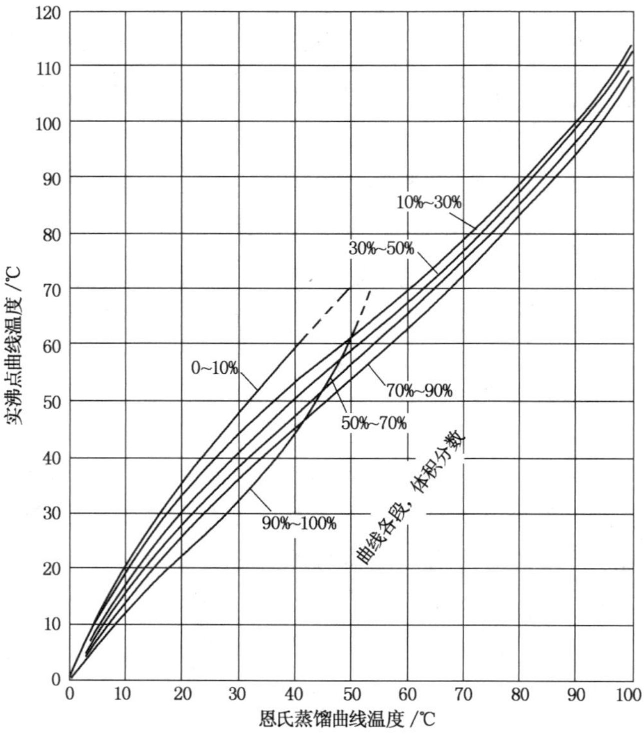

图 5－10　实沸点蒸馏曲线各段温差与恩氏蒸馏曲线各段温差的关系

换算方法：先用图 5－9 将一种蒸馏曲线的 50% 点温度换算为另一种曲线的 50% 点温度；再将该蒸馏曲线分为若干线段（如 0～10%、10%～30%、30%～50%、50%～70%、70%～90% 和 90%～100%）；然后用图 5－10 将这些线段的温差值换算为另一种蒸馏曲线的各段温差；最后以已经换得的 50% 点为基点，向两头推算出曲线的其他各点。

换算时，凡恩氏蒸馏温度高出 246℃ 者，考虑到裂化的影响，须先用下式进行温度校正：

$$\lg D = 0.00852t - 1.691$$

式中　D——温度校正值（加至 t 上），℃

　　t——超过 246℃ 的恩氏蒸馏温度，℃

［**例 5－1**］某轻柴油馏分的常压恩氏蒸馏数据如下：

馏出/%（体）	0	10	30	50	70	90	100
温度/℃	239	258	267	274	283	296	306

将其换算为实沸点蒸馏曲线。

解：

①首先作裂化校正，校正后的恩氏蒸馏数据为：

馏出/%（体）	0	10	30	50	70	90	100
温度/℃	239	261.2	270.8	278.4	288.3	302.8	314.2

②用图 5－9 确定实沸点蒸馏 50% 点。由图查得它与恩氏蒸馏 50% 点之差值为 4.0℃，故实沸点蒸馏 50% 点＝278.4＋4.0＝282.4℃。

③用图 5－10 查得实沸点蒸馏曲线各段温差：

曲线线段	恩氏蒸馏温差/℃	实沸点蒸馏温差/℃
0%～10%	22.2	38
10%～30%	9.6	18.9
30%～50%	7.6	13
50%～70%	9.9	13.4
70%～90%	14.5	18.6
90%～100%	11.4	13

④由实沸点蒸馏 50% 点（282.4℃）推算其他实沸点蒸馏点温度。

30% 点＝282.4－13＝269.4℃

10% 点＝269.4－18.9＝250.5℃

0% 点＝250.5－38＝212.5℃

70% 点＝282.4＋13.4＝295.8℃

90% 点＝295.8＋18.6＝314.4℃

100% 点＝314.4＋13＝327.4℃

将实沸点蒸馏数据换算为恩氏蒸馏数据时，计算程序类似，只是 50% 点需用试差法确定。

在实际计算中，有时会遇到恩氏蒸馏数据不齐全，如果只用少数的几点描出曲线，然后用外延或内插的办法补足所缺各点数据，往往会有较大误差。此时可利用图 5－11 的坐标纸

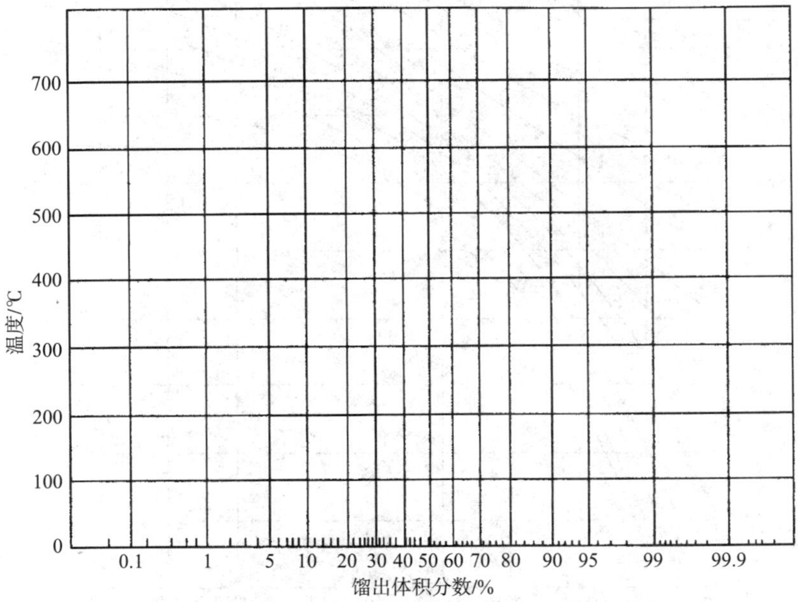

图 5－11　恩氏蒸馏曲线坐标纸

来补足所缺数据。该图的横坐标为正态概率坐标，纵坐标为算术坐标。对于不太宽的馏分，绘出的恩氏蒸馏曲线十分接近于直线，因此可以通过不完全的恩氏蒸馏数据在该图上作出直线，从而读出其他各点的馏出温度。实沸点蒸馏数据在该图上标绘时，也接近于一条直线。

2. 恩氏蒸馏曲线和平衡汽化曲线的互相换算

这类换算可借助于图5－12和图5－13进行，此两图适用于特性因数 $K=11.8$，沸点低于427℃的油品，据若干试验数据核对，计算值与试验值之间的偏差在8.3℃以内。使用方法同图5－9和图5－10相仿，只是在换算50%点时要用到恩氏蒸馏曲线10%～70%的斜率。

［**例5－2**］某轻柴油馏分的常压恩氏蒸馏数据如下（已经裂化校正）：

馏出/%（体）	0	10	30	50	70	90	100
温度/℃	239	261.2	270.8	278.4	288.3	302.8	314.2

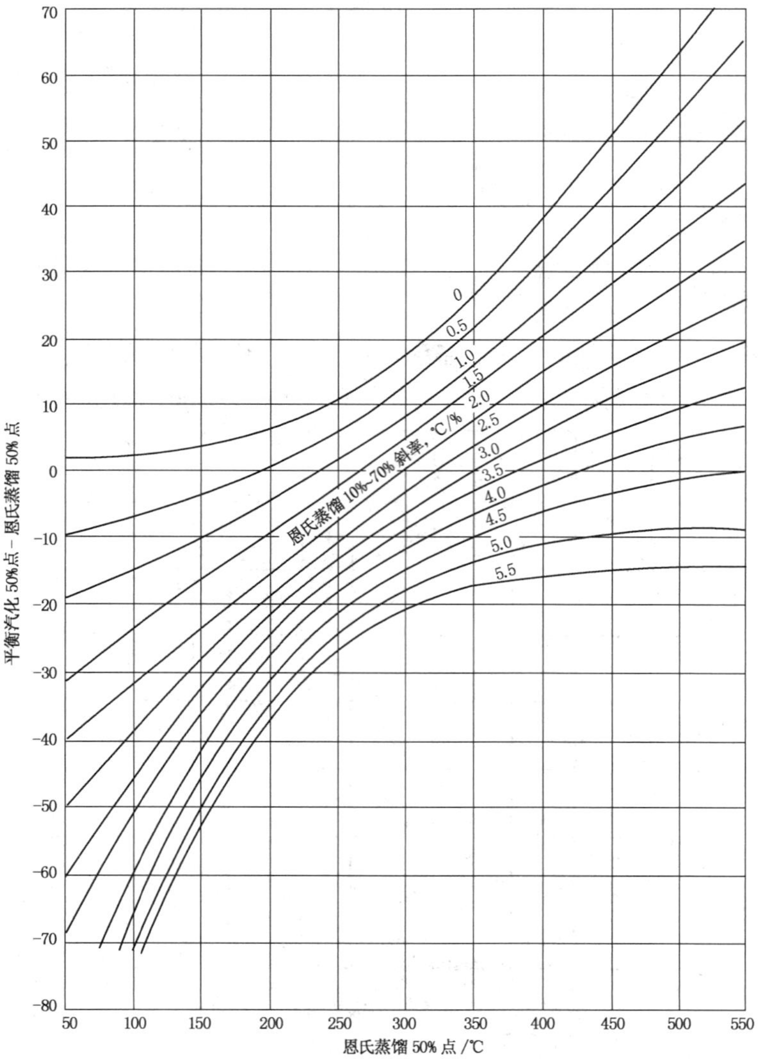

图5－12　常压恩氏蒸馏50%点与平衡汽化50%点换算图

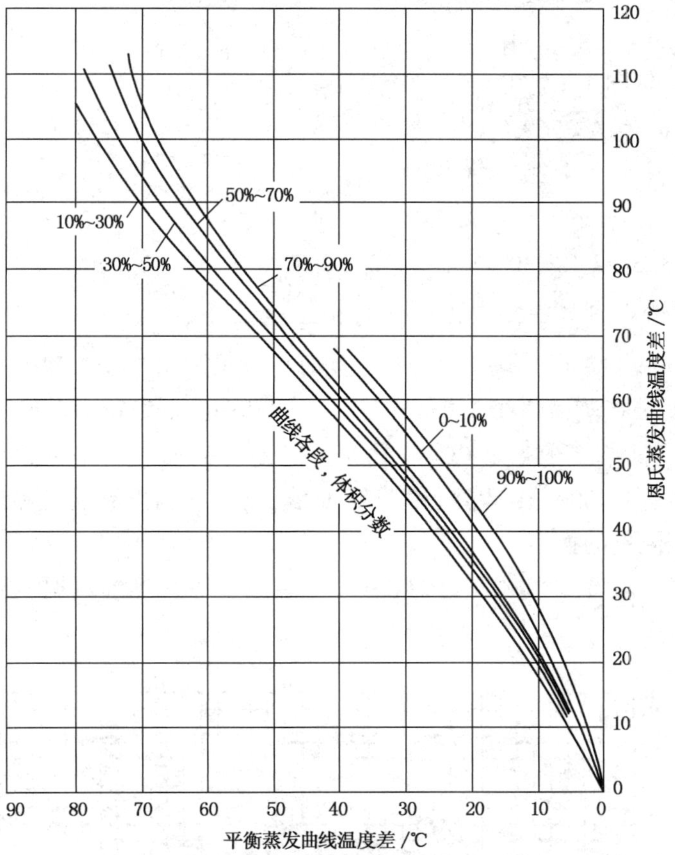

图 5－13　平衡汽化曲线各段温差与恩氏蒸馏曲线各段温差关系图

将其换算为常压平衡汽化数据。

解：

①用图 5－12 换算 50% 点温度。

恩氏蒸馏 10%～70% 斜率＝（288.3－261.2）/(70－10)＝0.45（℃/%）

由图 5－12 查得：

平衡汽化 50% 点－恩氏蒸馏 50% 点＝9.5（℃）

平衡汽化 50% 点＝278.4＋9.5＝287.9（℃）

②图 5－13 查得平衡汽化曲线各段温差：

曲线线段	恩氏蒸馏温差/℃	平衡汽化温差/℃
0～10%	22.2	9.4
10%～30%	9.6	5.0
30%～50%	7.6	3.8
50%～70%	9.9	4.5
70%～90%	14.5	6.2
90%～100%	11.4	3.2

③由 50% 点及各线段温差推算平衡汽化曲线的各点温度。

30% 点 = 287.9 − 3.8 = 284.1℃

10% 点 = 284.1 − 5.0 = 279.1℃

0% 点 = 279.1 − 9.4 = 269.7℃

70% 点 = 287.9 + 4.5 = 292.4℃

90% 点 = 292.4 + 6.2 = 298.6℃

100% 点 = 298.6 + 3.2 = 301.8℃

3. 实沸点蒸馏曲线与平衡汽化曲线的相互换算

实沸点蒸馏曲线和平衡汽化曲线的相互换算可以采用图 5－14 和图 5－15 进行，首先利用图 5－14 将实沸点蒸馏曲线 50% 点温度与平衡汽化曲线 50% 点温度进行换算，再将该蒸馏曲线分为若干线段（如 0% ～10%、10% ～30%、30% ～50%、50% ～70%、70% ～90% 和 90% ～100%），以两种蒸馏曲线 50% 点温度或温差为基点，然后采用图 5－15进行相应温差的换算。

当同时具备恩氏蒸馏和实沸点蒸馏数据时，建议把恩氏蒸馏数据换算成平衡汽化曲线更为妥当。

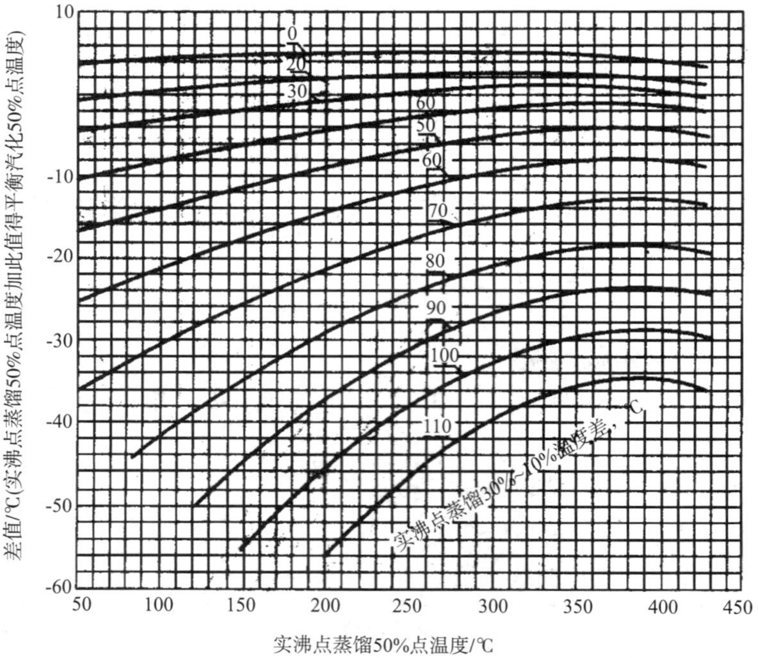

图 5－14　常压实沸点蒸馏曲线 50% 点温度与平衡汽化曲线 50% 点温度换算图

4. 其他蒸馏曲线及其换算

除了常规的恩氏蒸馏、实沸点蒸馏、平衡汽化外，随着计算机辅助工程设计和现代石油特征化技术的发展，还形成了分子蒸馏、气相色谱模拟蒸馏、超临界流体萃取分馏等新技术。有关这些表征石油馏分的换算方法可以参考相关文献。

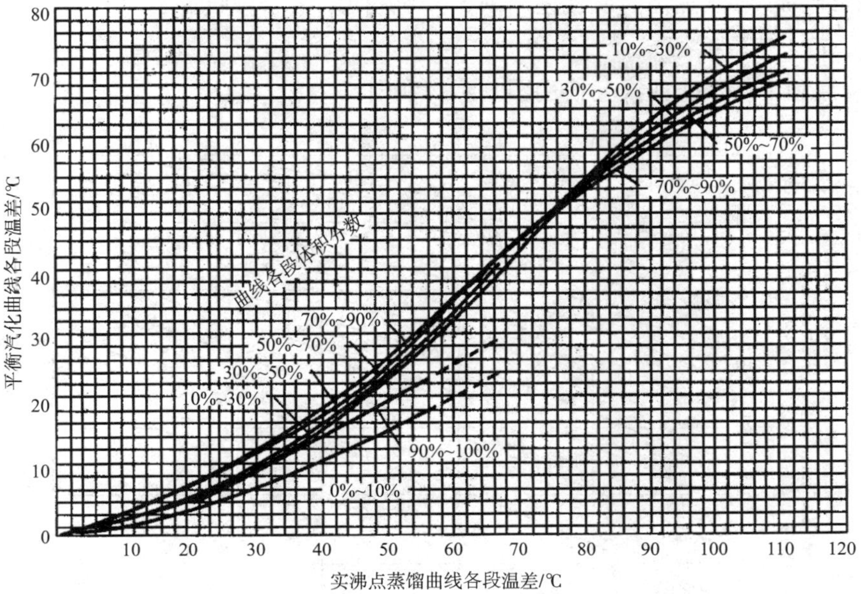

图 5－15　常压实沸点蒸馏曲线各段与平衡汽化曲线各段温差换算图

（二）减压 1.33kPa（残压 10mmHg）蒸馏曲线的相互换算

残压为 1.33kPa（10mmHg）的各种蒸馏曲线的相互换算可以采用图 5－16～图 5－20。

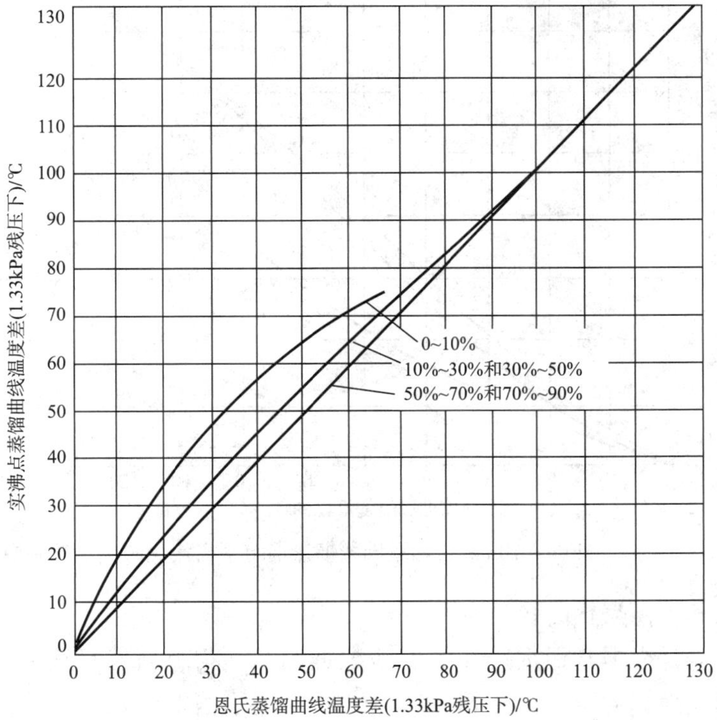

图5－16　1.33kPa（10mmHg）恩氏蒸馏与实沸点蒸馏曲线各段温差换算

恩氏蒸馏和实沸点蒸馏曲线互换用图 5－16。使用该图时假定恩氏蒸馏 50% 点温度与实沸点蒸馏 50% 点温度相同。

恩氏蒸馏和平衡汽化曲线互换用图 5－17 和图 5－18。

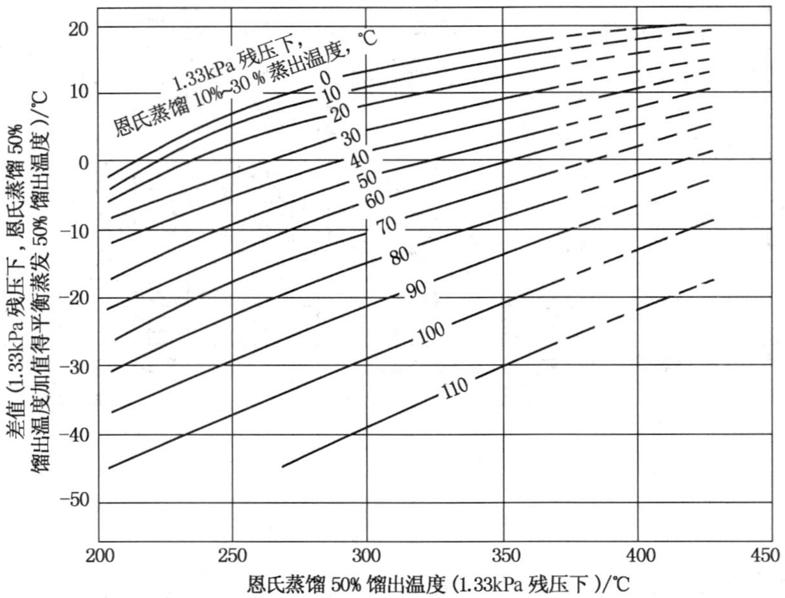

图 5－17　1.33kPa（10mmHg）恩氏蒸馏与平衡汽化 50% 点换算

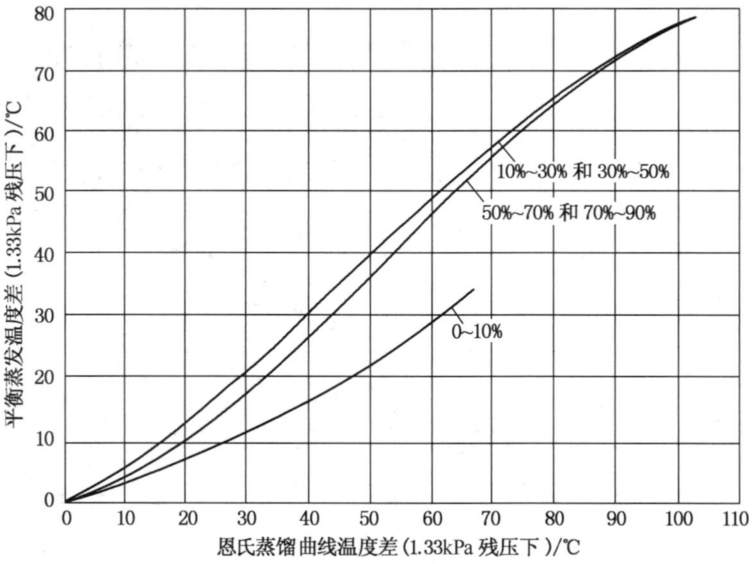

图 5－18　1.33kPa（10mmHg）恩氏蒸馏蒸馏与平衡汽化曲线段温差换算

实沸点蒸馏和平衡汽化曲线互换用图 5－19 和图 5－20。

这套换算图表是根据若干重残油的试验数据归纳而得，当然只适用于重残油。据校验，使用这些图表换算的误差约在 14℃以内。它们的用法同常压恩氏蒸馏与实沸点蒸馏曲线的换算图的用法相似。

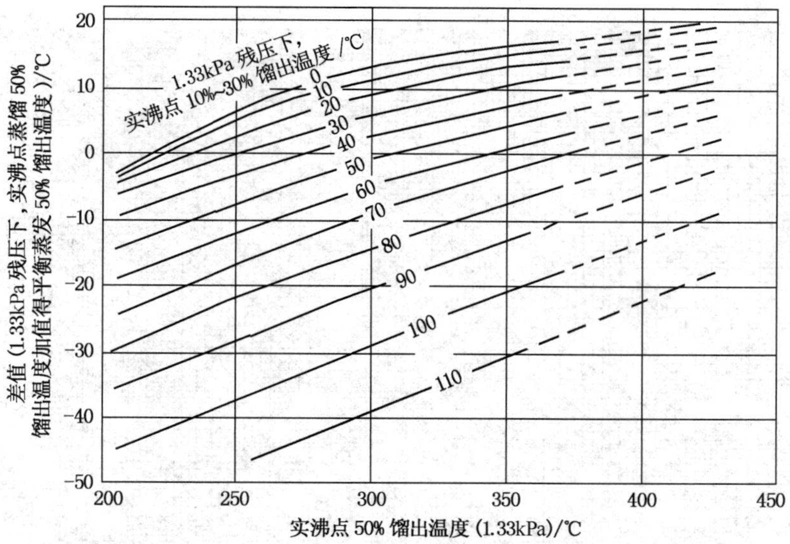

图 5-19　1.33kPa（10mmHg）实沸点蒸馏与平衡汽化 50% 点换算

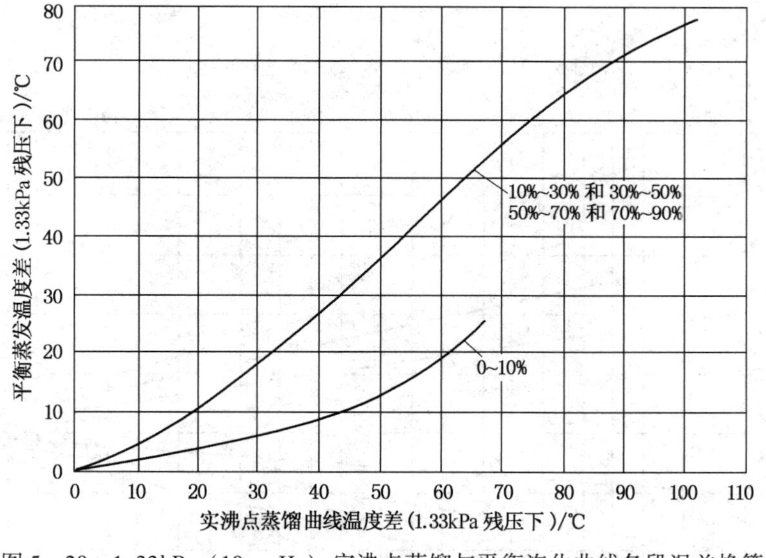

图 5-20　1.33kPa（10mmHg）实沸点蒸馏与平衡汽化曲线各段温差换算

（三）减压 1.33kPa（残压 10mmHg）蒸馏曲线换算为常压蒸馏曲线

这类换算可以分为以下几种情况。

（1）减压实沸点蒸馏曲线换成常压实沸点蒸馏曲线，见图 5-21 和图 5-22。

（2）减压 1.33kPa（10mmHg）恩氏蒸馏曲线换成常压实沸点蒸馏曲线换算可分两步进行：第一步，1.33kPa 恩氏蒸馏曲线换成 1.33kPa 实沸点蒸馏曲线，见图 5-16；第二步，1.33kPa 实沸点蒸馏曲线换成常压实沸点蒸馏曲线。

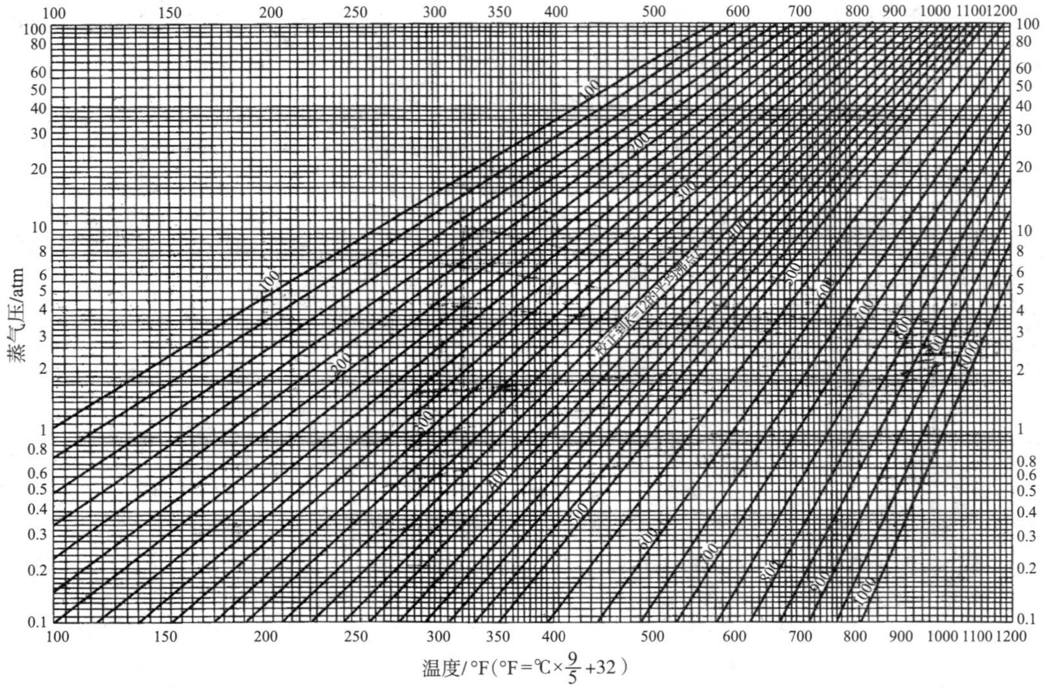

图 5－21　纯烃和石油窄馏分的蒸气压图

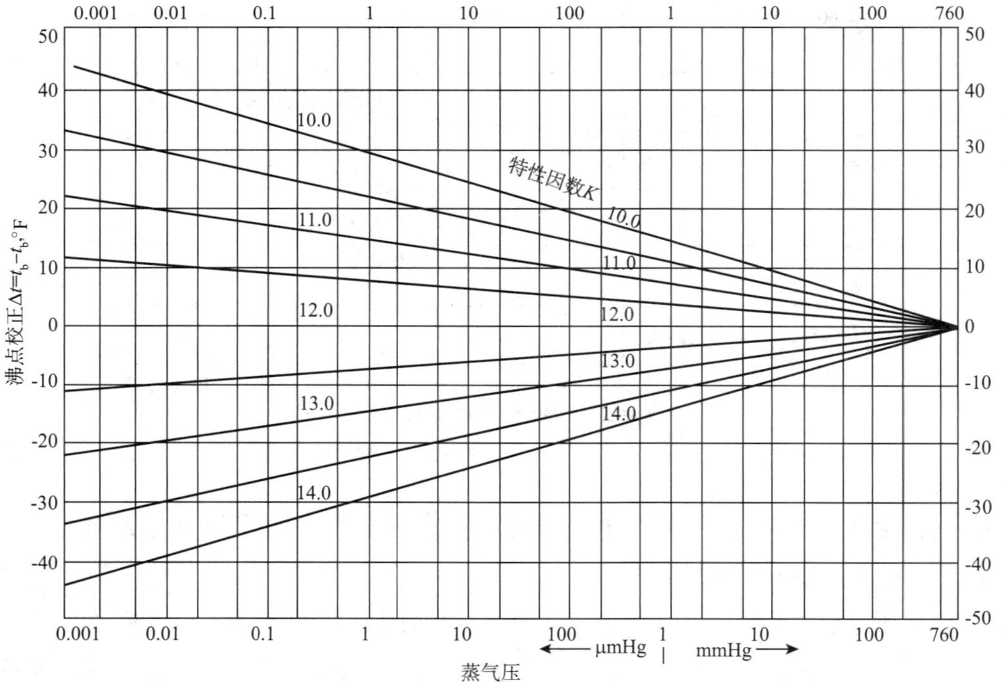

图 5－22　纯烃和石油窄馏分的蒸气压图的 *K* 值校正
（注：1mmHg＝133.32Pa；1μmHg＝0.13332Pa）

(3) 减压 1.33kPa (10mmHg) 恩氏蒸馏曲线换成常压恩氏蒸馏曲线换算可分两步进行:

第一步, 1.33kPa 恩氏蒸馏曲线换成常压实沸点蒸馏曲线;

第二步, 常压实沸点蒸馏曲线换成常压恩氏蒸馏曲线。

(四) 不同压力下平衡汽化曲线的相互换算

1. 常压平衡汽化曲线换算为压力下平衡汽化曲线

这种换算需借助于石油馏分的 *P-T-e* 相图, 见图 5-23。此图的纵坐标是压力的对数, 横坐标是温度的对数。如果将同一种石油馏分在几个不同的压力下的平衡汽化数据标绘在这种坐标纸上, 就会发现不同压力下同样汽化百分数的各点可以连成直线, 而且这一束不同汽化百分数的 *P-T* 线会聚于一点, 这一点称为焦点。基于这种特性, 只要能确定该石油馏分的焦点, 再有一套常压平衡汽化数据, 就可以作出该油品的 *P-T-e* 相图, 从而可以读出不同压力下的平衡汽化数据。

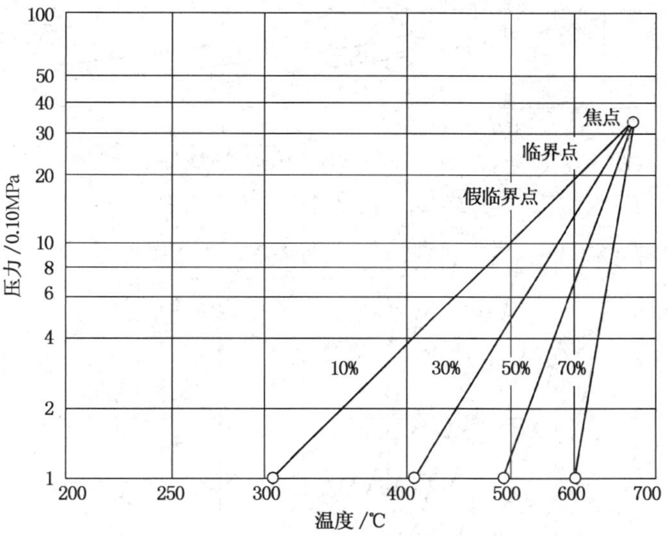

图 5-23 石油馏分的 *P-T-e* 相图

石油馏分 *P-T-e* 相图中的焦点只不过是由试验数据制作的不同汽化率 *e* 的几条 *P-T* 线的会聚点, 它并不是临界点。石油馏分的焦点位置可由经验图表图 5-24 和图 5-25 求得。

本法只适用于临界温度以下的温度, 接近于临界区时, 也不可靠。当采用的常压平衡汽化数据为试验值时, 误差一般在 11℃以内。本法不适用于求定减压下的平衡汽化数据。

[**例 5-3**] 已知某原油的常压平衡汽化数据如下:

汽化率/% (体)	10	30	50	70
温度/℃	302.5	405.0	492.0	579.5

其他性质为: 相对密度 d_4^{20} =0.9459, 特性因数 *K*=11.7, 体积平均沸点 =468.5℃, 恩氏蒸馏曲线 10%~90% 的斜率 =6.0℃/%, 临界温度 =638℃, 临界压力 =2.72MPa。

求该原油在 220kPa 下的平衡汽化数据。

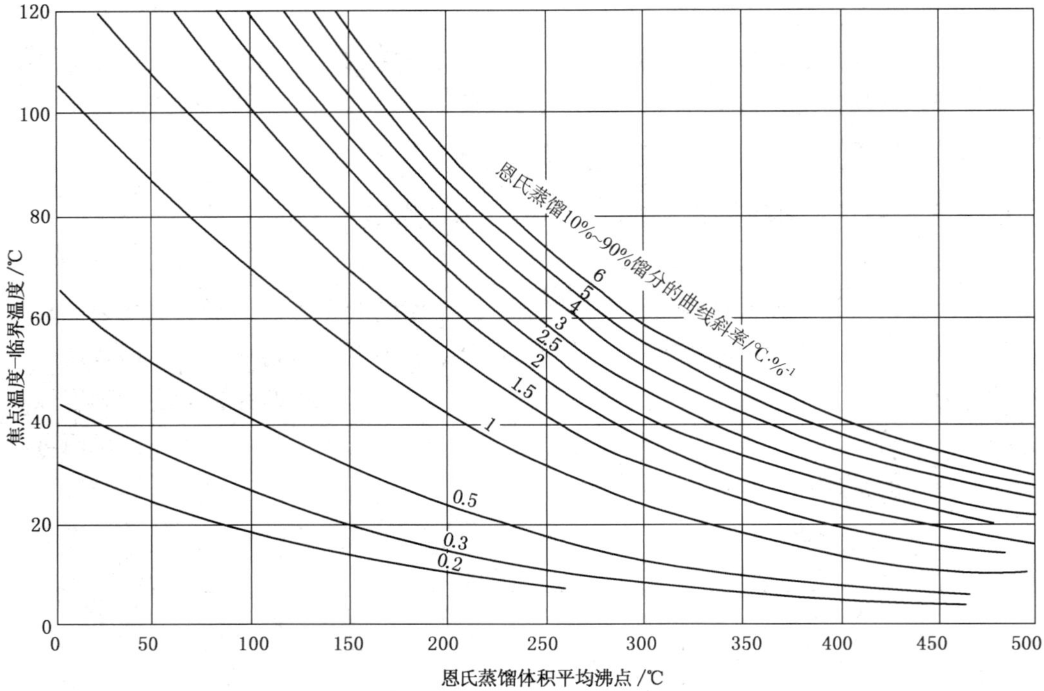

图 5－24　石油馏分焦点温度图

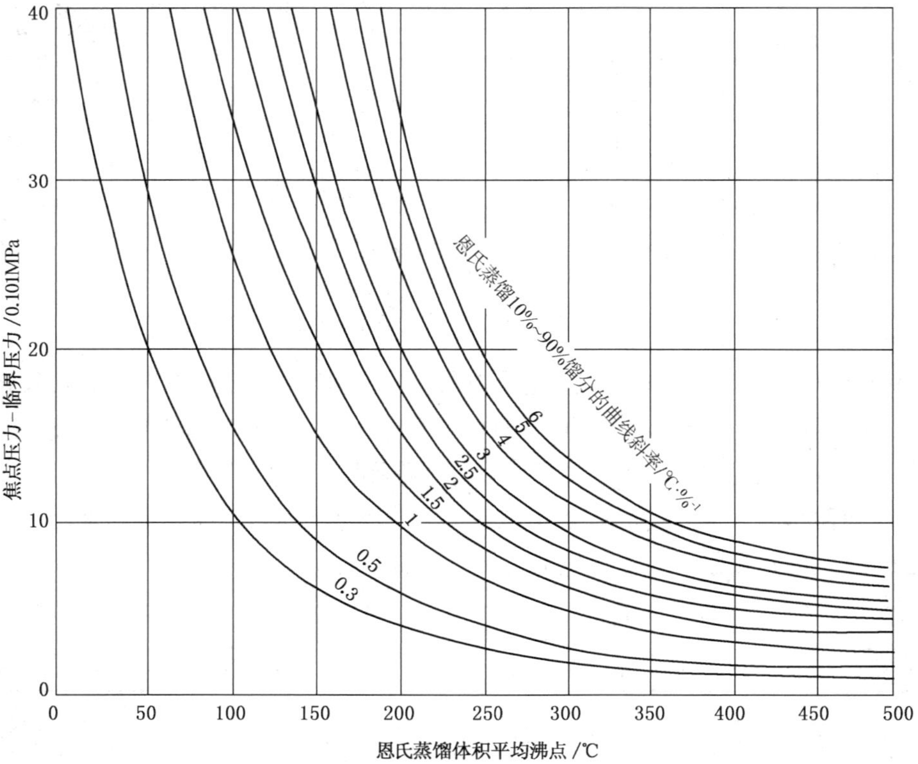

图 5－25　石油馏分焦点压力度图

解：由图 5－24 和图 5－25 确定：

焦点温度 $=638+32=670$℃

焦点压力 $=2.72+0.78=3.5$MPa

在 *P-T-e* 相图坐标纸上标出焦点和常压平衡汽化的各点，联成一组 *P-T-e* 直线，即得该原油的 *P-T-e* 相图，见图 5－23。由图可读得 220kPa 的平衡汽化数据：

汽化率/%（体）	10	30	50	70
温度/℃	356	448	515	600

2. 常压与减压平衡汽化曲线的换算

常压平衡汽化曲线与减压下平衡汽化曲线的换算以及减压下不同压力平衡汽化曲线的换算可以用图 5－26。由图查得所需残压下平衡汽化率 50% 的温度（在缺乏 50% 点数据时可用 30% 点温度），然后根据一定的假设，即减压下平衡汽化曲线的各线段温差不随压力而变，从而推算出其他各点温度。这种换算方法的误差一般不超过 14℃。

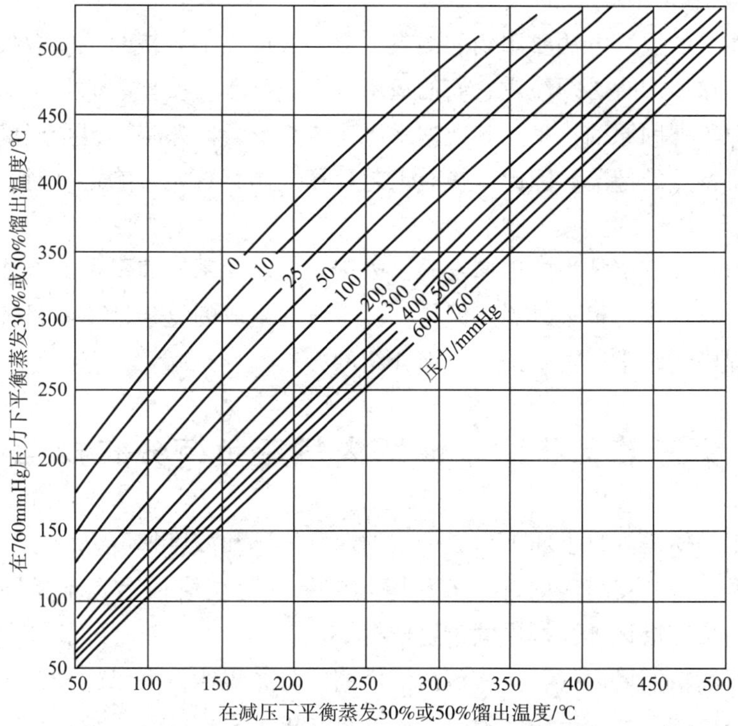

图 5－26　常压与减压平衡汽化 50% 点或 30% 点温度换算

[例 5－4] 已知某油料在 1.33kPa（10mmHg）残压下的平衡汽化数据如下：

汽化率/%（体）	10	30	50	70	90
温度/℃	158.3	190.2	214.2	232.7	263.4

确定它在 13.33kPa（100mmHg）下的平衡汽化曲线。

解：在图5－26的横坐标214.2℃处作一垂直线，与1.33kPa（10mmHg）等压线交于一点。由此点作水平线，与13.33kPa（100mmHg）等压线交于一点。由此点再作垂直线交横坐标于288℃处，此即为13.33kPa（100mmHg）残压下平衡汽化50%点温度。

1.33kPa平衡汽化率曲线各段温差为：

线段/%	10～30	30～50	50～70	70～90
温差/℃	31.7	24.2	18.5	30.7

此亦即13.33kPa（100mmHg）平衡汽化曲线的各段温差。由此可得13.33kPa（100mmHg）平衡汽化数据：

50%点＝288℃

30%点＝288－24.2＝263.8℃

10%点＝263.8－31.7＝232.1℃

70%点＝288＋18.5＝306.5℃

90%点＝306.5＋30.7＝337.2℃

各种蒸馏曲线的换算方法所用到的图表，都是根据一定数量的试验数据归纳而得，因而是经验性的，在使用时必须注意它们的适用范围和可能的误差。而且，这些经验图表的基础数据都来源于外国原油，虽然其数据来源比较广泛，但是有时也会遇到不能反映我国某些原油的性质特点的情况。因此，在对工艺计算全局有重要影响之处时，应力求采用实际的试验数据。

近年来，由于计算机技术的迅速发展，采用处理多元系气液平衡的方法来处理石油馏分气液平衡的研究工作有很大进展。但是，由于石油组成的复杂性，就目前来说，在实际的工艺计算过程中，常常还需要采用上面介绍的方法。

第三节　石油精馏塔内气液负荷分布规律

回流的作用是使塔内自上而下形成一定的温度梯度和浓度梯度。由于塔内上下物流的分子量差别较大，因此，塔内的气、液相摩尔流量在每层塔板上是不相同的。精馏塔内气、液相负荷是精馏塔设计与操作的重要依据。

为了分析石油精馏塔内气、液相负荷沿塔高的分布规律，可以选择几个有代表性的截面，做适当的隔离体系，然后分别做热平衡计算，求出它们的气、液负荷，从而了解它们沿塔高的分布规律。下面我们以常压精馏塔为例进行分析。在以下计算分析中所用的符号意义如下：

F、D、M、G、W——分别为进料、塔顶汽油、侧线煤油、柴油和塔底重油的流量，$kmol \cdot h^{-1}$；

t_D、t_M、t_G、t_W——分别为物流D、M、G、W的温度，℃；

t_F、t_1——分别为进料和塔顶的温度，℃；

L_0——塔顶回流量，kmol · h^{-1}；

e——进料汽化率,%（摩尔分数）；

S——塔底汽提蒸气用量，kmol · h^{-1}；

t_S——汽提用过热水蒸气温度,℃；

h——物流焓，kJ · $kmol^{-1}$，上角标 V 代表气相，L 表示液相。

一、塔顶气、液相负荷

图 5 – 27 是常压精馏塔全塔热平衡示意图。对虚线框出的这个隔离体系作热平衡。为简化计算，侧线汽提蒸气量暂不计入。

先不考虑塔顶回流，则进入该隔离体系的热量 $Q_{入}$ 为：

$$Q_{入} = Feh^{V}_{F,t_F} + F(1-e)\ h^{V}_{F,t_F} + SH^{V}_{S,t_S},\ \text{kJ}\cdot\text{h}^{-1}$$

离开隔离体系的热量 $Q_{出}$ 为：

$$Q_{出} = Dh^{V}_{D,t_1} + Sh^{V}_{S,t_1} + Mh^{V}_{M,t_M} + Gh^{L}_{G,t_G} + Wh^{L}_{W,t_W},\ \text{kJ}\cdot\text{h}^{-1}$$

令

$$Q = Q_{入} - Q_{出},\ \text{kJ}\cdot\text{h}^{-1}$$

则 Q 显然是为了达到全塔热平衡必须由塔顶回流取走的热量，亦即全塔回流热。温度为 t_0，流量为 L_0 的塔顶回流入塔后，在塔顶第一层塔板上先被加热至饱和液相状态，继而汽化为温度 t_1 的饱和蒸气，自塔顶逸出并将回流热 Q 带走。所以

$$Q = L_0\ (h^{V}_{L_0,t_1} - h^{L}_{L_0,t_0}),\ \text{kJ}\cdot\text{h}^{-1}$$

塔顶回流量：

$$L_C = \frac{Q}{h^{V}_{L_0,t_1} - h^{L}_{L_0,t_0}},\ \text{kmol}\cdot\text{h}^{-1}$$

塔顶气相负荷：

$$V_1 = L_0 + D + S,\ \text{kmol}\cdot\text{h}^{-1}$$

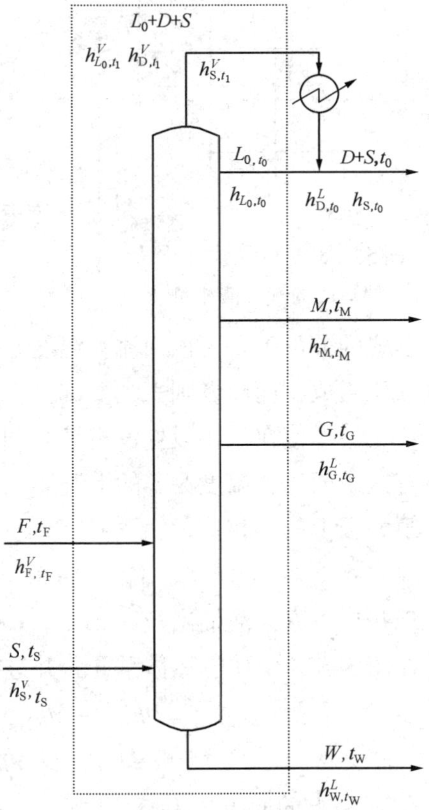

图 5 – 27　常压精馏塔全塔热平衡示意图

二、汽化段气、液相负荷

如果将过汽化量忽略，则汽化段液相负荷（精馏段最低一层塔板 n 流下的液相回流量）为：

$$L_n = 0\text{kmol}\cdot\text{h}^{-1}$$

实际计算中应将过汽化量计入，此时 L_n 不等于零，L_n 的计算方法类似于下面介绍的塔中部某板下的回流的计算方法。

气相负荷（从汽化段进入精馏段的气相流量）为：

$$V_F = D + M + G + S + L_n$$

三、最低侧线抽出板下方的气、液相负荷

图5－28是汽化段至柴油侧线抽出板下的塔段。

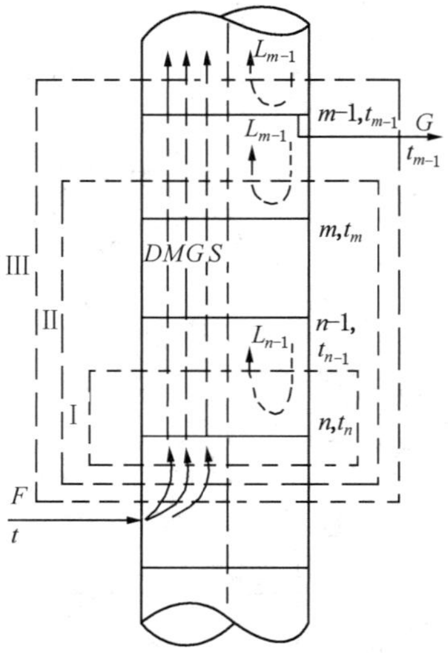

图5－28　常压塔汽化段与精馏段的气、液相负荷

先考察 L_{n-1}。为此，作隔离体系Ⅰ，暂不计液相回流 L_{n-1} 在 n 板上汽化时焓的变化，则进、出隔离体系的热量为：

$$Q_{入,n}=Dh^{V}_{D,t_F}+Mh^{V}_{M,t_F}+Gh^{V}_{G,t_F}+Sh^{V}_{S,t_F}$$

$$Q_{出,n}=Dh^{V}_{D,t_n}+Mh^{V}_{M,t_n}+Gh^{V}_{G,t_n}+Sh^{V}_{S,t_n}$$

在精馏过程中，沿塔自下而上有一个温度梯度，故 $t_F>t_n$

所以

$$Q_{入,n}>Q_{出,n}$$

令

$$Q_n=Q_{入,n}-Q_{出,n}$$

则 Q_n 就是液相回流 L_{n-1} 在第 n 板上汽化所取走的热量，称为 n 板上的回流热，所以其回流量为：

$$L_{n-1}=\frac{Q_n}{h^{V}_{L_{n-1},t_n}-h^{L}_{L_{n-1},t_{n-1}}},\ \text{kmol}\cdot\text{h}^{-1}$$

上式的分母项是由该回流在温度 t_n 时的千摩尔汽化潜热和回流由 t_{n-1} 升温至 t_n 时吸收的显热所组成，而前者则占主要部分。

可见，即使在汽化段处没有液相回流的情况下，汽化段上方的塔板上已有回流出现，若没有这个回流，温度为 t_F 的上升蒸气在第 n 板是不会降低到温度 t_n 的。

第 n 板上的气相负荷：

$$V_n=D+M+G+S+L_{n-1},\ \text{kmol}\cdot\text{h}^{-1}$$

现在再考察柴油抽出板（第 $m-1$ 板）下的 V_m 和 L_{m-1}。

在图5－28中作隔离体系Ⅱ，并进行热平衡。进出该隔离体系的热量如下：

$$Q_{入,m}=Dh^{V}_{D,t_F}+Mh^{V}_{M,t_F}+Gh^{V}_{G,t_F}+Sh^{V}_{S,t_F}=Q_{入,n},\ \text{kJ}\cdot\text{h}^{-1}$$

$$Q_{出,m}=Dh^{V}_{D,t_m}+Mh^{V}_{M,t_m}+Gh^{V}_{G,t_m}+Sh^{V}_{S,t_m},\ \text{kJ}\cdot\text{h}^{-1}$$

令 m 板上的回流热为 Q_m，则

$$Q_m=Q_{入,m}-Q_{出,m}$$

而

$$Q_n=Q_{入,n}-Q_{出,n}$$

由于

$$t_m<t_n,\ 故\ Q_{出,m}<Q_{出,n}$$

所以

$$Q_m>Q_n$$

即汽化段以上，沿塔高上行，须由塔板上取走的回流热逐板增大。

从第 $m-1$ 板流至第 m 板的液相回流量为：

$$L_{m-1}=\frac{Q_m}{h^{V}_{L_{m-1},t_m}-h^{L}_{L_{m-1},t_{m-1}}},\ \text{kmol}\cdot\text{h}^{-1}$$

上式中的分母项仍可看作回流 L_{m-1} 的摩尔蒸发潜热与由 t_m 降至 t_{m-1} 显热之和。烃类的摩尔汽化潜热随着相对分子质量和沸点的减小而减小，而沿塔高每层塔板上的回流愈来愈大，这样，以摩尔数表示的液相回流量沿塔高是逐渐增大的，即

$$L_n<L_{n-1}<L_m<L_{m-1}$$

现在分析气相负荷。

自第 n 板上升的气相负荷应为，

$$V_n=D+M+G+S+L_{n-1},\ \text{kmol}\cdot\text{h}^{-1}$$

自第 m 板上升的气相负荷为：

$$V_m=D+M+G+S+L_{m-1},\ \text{kmol}\cdot\text{h}^{-1}$$

将 V_m 与 V_n 比较，既然 $L_{n-1}<L_{m-1}$，显然 $V_m>V_n$。

与液相回流的变化规律一样，以摩尔流量表示的气相负荷也是沿塔高的高度自下而上渐增。

四、经过侧线抽出板时的气、液相负荷

以柴油抽出板 $m-1$ 板为例，按图 5-8 对隔离体系 III 作热平衡，暂不计回流。

$$Q_{入,m-1}=Q_{入,n}=Q_{入,m}$$

而

$$Q_{出,m-1}=Dh^{V}_{D,t_{m-1}}+Mh^{V}_{M,t_{m-1}}+Gh^{L}_{G,t_{m-1}}+Sh^{V}_{S,t_{m-1}}$$

上式可写成：

$$Q_{出,m-1}=Dh^{V}_{D,t_{m-1}}+Mh^{V}_{M,t_{m-1}}+Gh^{V}_{G,t_{m-1}}+Sh^{V}_{S,t_{m-1}}-G\ (h^{V}_{G,t_{m-1}}-h^{L}_{G,t_{m-1}})$$

第 $m-1$ 板上的回流热

$$Q_{m-1}=Q_{入,m-1}-Q_{出,m-1},\ \text{kJ}\cdot\text{h}^{-1}$$

故由第 $m-2$ 板流至第 $m-1$ 板的液相回流量为：

$$L_{m-2}=\frac{Q_{m-1}}{h^{V}_{L_{m-2},t_{m-1}}-h^{L}_{L_{m-2},t_{m-2}}},\ \text{kmol}\cdot\text{h}^{-1}$$

由以上分析不难看出，经过柴油抽出板 $m-1$ 板时，除了因为塔板温度的下降而引起的回流热的少量增加以外，回流热还有一个突然的较大增加值 $G\ (h^{V}_{G,t_{m-1}}-h^{L}_{G,t_{m-1}})$，它相当于柴油馏分的冷凝潜热。与回流热的突增情况相对应，流到柴油抽出板上的液相回流量 L_{m-2} 也要比自该抽出板流下去的液相回流量 L_{m-1} 要多出一个较大的突增量。多出的回流量可以看作是由两部分组成的：一部分是由于塔板自下而上的温降所需的回流量，这一部分和没有侧线抽出的塔板是类似的；另一部分则相当于上述回流热的突变，即该侧线馏分（如柴油）的冷凝潜热须由这部分回流在抽出板上汽化而带走。正是由于这部分突增回流的变化，才能使柴油馏分蒸气在抽出板上冷凝下来，并从抽出口抽出。

由此可得出这样的结论：沿塔高自下而上，每经过一个侧线抽出塔板，液相回流量除由于塔板温降所造成的少量增加外，另有一个突然的增加。这个突增量可以认为等于侧线抽出量，因为 L_{m-2} 与柴油的组成和物性（如汽化潜热）可以近似地看作是相同的。至于侧线抽出板上的气相负荷，则情况与液相负荷有所不同。柴油抽出板上的气相负荷为：

$$V_{m-1}=D+M+S+L_{m-2},\ \mathrm{kmol\cdot h^{-1}}$$

与 V_m 相比较，V_{m-1} 中减少了 G，但是 L_{m-2} 比 L_{m-1} 却除了因塔板温降而引起的少量增加外，还增加了一个突增量，这个突增量正好相当于 G。因此，在经过侧线抽出板时，虽然液相负荷有一个突然的增量，而气相负荷却仍然只是平缓地增大。

五、塔顶第一、二层塔板之间的气、液相负荷

前面讨论的从汽化段往上的液相回流分布情况所涉及的回流都是热回流。到了塔顶第一板上，情况发生了变化。进入塔顶第一板上的液相回流不是热回流而是冷回流，即温度低于泡点的液体。因此，在第一板上的回流量的变化不同于其下面各板上回流变化的规律。下面我们分析一下回流量在一、二层板之间的变化情况。

图 5－29 示出塔顶部的物流及其温度。塔顶回流量为 L_0，温度为 t_0，塔顶第一层塔板温度为 t_1，而 $t_0<t_1$。Q_2 为第二层塔板的回流热，Q_1 为第一层塔板上的回流热。

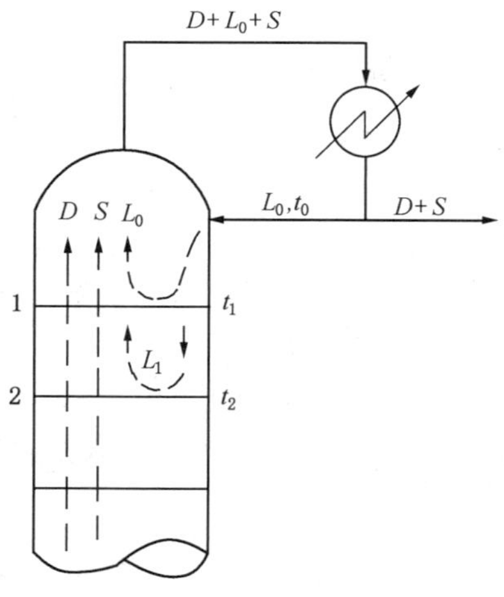

图 5－29　塔顶部气、液相负荷

从第一板流至第二板的回流量 L_1 为：

$$L_1=\frac{Q_2}{h^{V}_{L_1,t_2}-h^{L}_{L_1,t_1}},\ \mathrm{kmol\cdot h^{-1}}$$

塔顶冷回流量为：

$$L_0=\frac{Q_1}{h^{V}_{L_0,t_2}-h^{L}_{L_0,t_0}},\ \mathrm{kmol\cdot h^{-1}}$$

当不设中段循环回流时，Q_1 也就是全塔回流热。

一般来说，相邻两层塔板的温降是不大的，回流热的增长也不多，液相回流组成和蒸发潜热的变化不会很显著。因而可近似地认为 $Q_1\approx Q_2$，$t_1\approx t_2$。$h^{V}_{L_1,t_2}\approx h^{V}_{L_0,t_1}$。但 t_0 明显地低于 t_1，故 $h^{L}_{L_0,t_{t_1}}<h^{L}_{L_1,t_{1_1}}$，所以

$$L_1>L_0$$

既然

$$V_1=D+S+L_0,\ \mathrm{kmol\cdot h^{-1}}$$

而

$$V_2=D+S+L_1,\ \mathrm{kmol\cdot h^{-1}}$$

显然

$$V_2>V_1$$

可见，在塔顶第一、二层塔板之间，气、液相负荷达到最高值，越过塔顶第一板后，气、液相负荷急剧下降。

综合以上对各塔段的分析，原油精馏塔内的气、液相负荷分布规律可归纳如下（不考虑汽提水蒸气）：

原油进入汽化段后，其气相部分进入精馏段。自下而上，由于温度逐板下降引起液相回流量（$kmol \cdot h^{-1}$）逐渐增大，因而气相负荷（$kmol \cdot h^{-1}$）也不断增大。到塔顶第一、二层塔板之间，气相负荷达到最大值。经过第一板后，气相负荷显著减小。从塔顶送入的冷回流，经第一板后变成了热回流（处于饱和状态），液相回流量有较大幅度的增加，达到最大值。在这以后自上而下，液相回流量逐板减小。每经过一层侧线抽出板，液相负荷均有突然的下降，其减少的量相当于侧线抽出量。到了汽化段，如果进料没有过汽化量，则从精馏段末一层塔板流向汽化段的液相回流量等于零。通常原油入精馏塔时都有一定的过汽化度，则在汽化段会有少量液相回流，其数量与过汽化量相等。

进料的液相部分向下流入汽提段。如果进料有过汽化度，则相当于过汽化量的液相回流也一齐流入汽提段。由塔底吹入水蒸气，自下而上地与下流的液相接触，通过降低油气分压的作用，使液相中所携带的轻质油料汽化。因此，在汽提段，由上而下，液相和气相负荷愈来愈小，其变化大小视流入的液相携带的轻组分的多寡而定。轻质油料汽化所需的潜热主要靠液相本身来提供，因此液体向下流动时温度逐板有所下降。

图5－30示出常压塔精馏段的气、液相负荷分布规律。

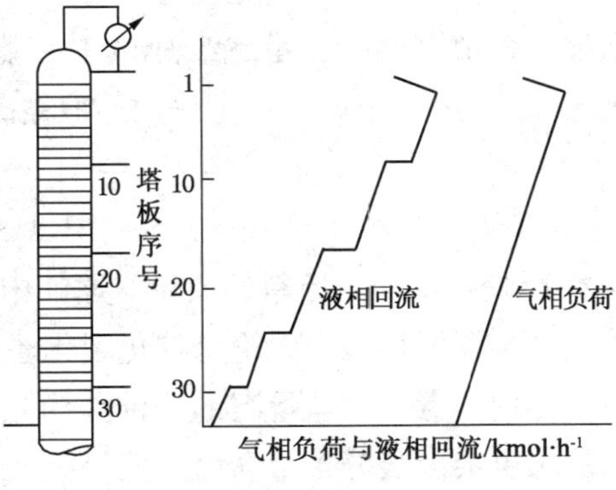

图5－30　常压塔精馏段的气、液相负荷分布图

塔内的气、液相负荷分布是不均匀的，即上大下小，而塔径设计是以最大气、液相负荷来考虑的。对一定直径的塔，处理量受到最大蒸气负荷的限制，因此，很不经济。同时，全塔的过剩热全靠塔顶冷凝器取走，一方面要庞大的冷凝设备与大量的冷却水，投资、操作费用高。另一方面低温位的热量不易回收和利用。因此需要采用中段循环回流来解决以上问题。

第四节　原油蒸馏的工艺流程

原油的常减压蒸馏是依次使用常压和减压的方法，将原油按照沸程范围要求切割成汽油、煤油、柴油、润滑油原料、裂化原料和渣油。在进行常减压蒸馏时，必须进行原油的预处理。

一、原油的预处理

原油的预处理是指对原油进行脱盐脱水的过程。原油从油田开采出来后，必须先在油田进行初步的脱盐脱水，以减轻在输送过程中的动力消耗和管线腐蚀。但由于原油在油田的脱盐脱水效果很不稳定，含盐量及含水量仍不能满足炼厂的需求，给炼厂的正常生产带来冲击。

（一）原油含盐含水的危害

（1）增加能量消耗。原油在加工中要经历汽化、冷凝的相变化，水的汽化潜热很大（$2255kJ\cdot kg^{-1}$），若水与原油一起发生相变，必然要消耗大量的燃料和冷却水。而且原油在通过换热器、加热炉时，因所含水分随温度升高而蒸发，溶解于水中的盐类将析出而在管壁上形成盐垢，不仅降低了传热效率，也会减小管内流通面积而增大流动阻力；水汽化之后体积明显增大也造成系统压力上升。这些都会使原油泵出口压力增大，动力消耗增大。

（2）干扰蒸馏塔的平稳操作。水的分子量比油小得多，水汽化后使塔内气相负荷增大，含水量的波动必然会打乱塔内的正常操作，轻则影响产品分离质量，重则因水的“爆沸”而造成冲塔事故。

（3）腐蚀设备。氯化物，尤其是氯化钙和氯化镁，在加热并有水存在时，可发生水解反应释放出 HCl，后者在有液相水存在时即成盐酸，造成蒸馏塔顶部低温部位的腐蚀。

$$CaCl_2 + 2H_2O \longrightarrow Ca(OH)_2 + 2HCl$$

$$MgCl_2 + 2H_2O \longrightarrow Mg(OH)_2 + 2HCl$$

当加工含硫原油时，虽然生成的 FeS 能附着在金属表面上起保护作用，可是，当有 HCl 存在时，FeS 对金属的保护作用不但被破坏，而且还加剧了腐蚀。

$$Fe + H_2S \longrightarrow FeS + H_2$$

$$FeS + 2HCl \longrightarrow FeCl_2 + H_2S$$

（4）影响二次加工原料的质量。原油中所含的盐类在蒸馏之后会集中于减压渣油中。对渣油进一步深度加工，无论是催化裂化还是加氢脱硫都要控制原料中钠离子的含量，否则将使催化剂中毒。含盐量高的渣油作为延迟焦化的原料时，加热炉管内因盐垢而结焦，产物石油焦也会因灰分含量高而降低等级。

为了减少原油含盐含水对加工的危害，目前对脱盐后含盐规定了具体要求：若出于装置防腐目的，要求脱盐后原油含盐量应小于 5mg/L，含水量小于 0.3%；而为了保护二次加工过程的催化剂，则要求脱盐后原油含盐量不大于 3mg/L，含水量小于 0.2%。

（二）原油脱盐脱水原理

原油中的盐大部分能溶于水，为了能脱除悬浮在原油中的盐细粒，在脱盐脱水之前向原油中注入一定量不含盐的清水，充分混合，然后在破乳剂和高压电场的作用下，使微小水滴聚集成较大水滴，借重力从油中分离，达到脱盐脱水的目的，这通常称为电化学脱盐脱水过程。

（三）原油电脱盐工艺流程

原油的二级脱盐脱水工艺原理流程示意图如图 5-31 所示。

原油在与热源换热后加入水、破乳剂，通过静态混合器达到充分混合后从底部进入脱盐罐。一级脱盐罐脱盐率为90%～95%，在进入二级脱盐罐之前，仍需注入淡水。一级注水是为了溶解悬浮的盐粒，二级注水是为了增大原油中的水量，以增大水滴的偶极聚结力。脱水原油从脱盐罐顶部引出，经接力泵送至换热、蒸馏系统。脱出的含盐废水从罐底排出，经隔油池分出污油后排出装置。

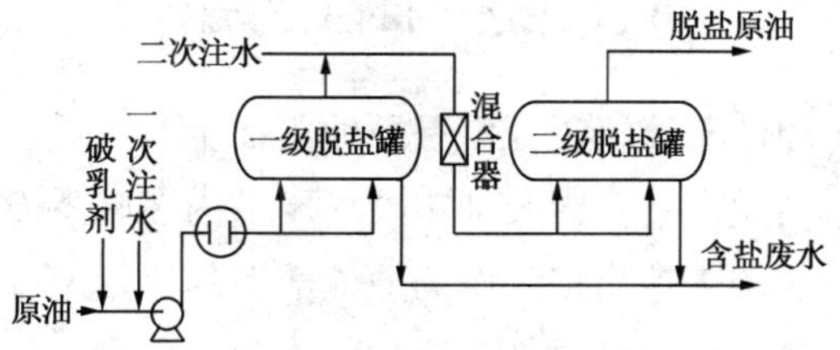

图5－31　原油二级脱盐脱水工艺原理流程

对于含酸高黏高金属含量原油，二级脱盐脱水达往往不到要求；或者对盐、水含量要求更苛刻时（减压渣油直接进渣油加氢裂化），要在二级脱盐罐后增设三级脱盐脱水罐，注水量加大，同时延长沉降分离时间。

（四）影响脱盐脱水的因素

针对不同原油的性质、含盐量多少和盐的种类，合理地选用不同的电脱盐工艺参数

①温度。温度升高可降低原油的黏度和密度以及乳化液的稳定性，水的沉降速度增加。若温度过高（>140℃），油与水的密度差反而减小，同样不利于脱水。同时，原油的导电率随湿度的升高而增大，所以温度太高不但不会提高脱水、脱盐的效果，反而会因脱盐罐电流过大而跳闸，影响正常送电。因此，原油脱盐温度一般选在105～140℃。

②压力。脱盐罐需在一定压力下进行，以避免原油中的轻组分汽化，引起油层搅动，影响水的沉降分离。操作压力视原油中轻馏分含量和加热温度而定，一般在0.18～0.2MPa，以防止因原油、水开始汽化而影响脱盐过程。

③注水量及注水的水质。在脱盐过程中，注入一定量的水与原油混合，将增加水滴的密度使之更易聚结，同时注水还可以破坏原油乳化液的稳定性，对脱盐有利。另外，二级注水量对脱后含盐量影响极大，这是因为一级电脱盐罐主要脱除悬浮于原油中的及大部分存在于油包水型乳化液中的原油盐，二级电脱盐罐主要脱除存在于乳化液中的原油盐。注水量一般为5%～7%。

④破乳剂和脱金属剂。破乳剂是影响脱盐率的最关键的因素之一。近年来随着新油井开发，原油中杂质变化很大，而石油炼制工业对馏分油质量的要求也越来越高。针对这一情况，许多新型广谱多功能破乳剂问世，一般都是二元以上组分构成的复合型破乳剂。破乳剂的用量一般是10～30μg·g^{-1}。为了将原油电脱盐功能扩大，近年来开发了一种新型脱金属剂，它进入原油后能与某些金属离子发生螯合作用，使其从油相转入水相再加以脱除。这种脱金属剂对原油中的Ca^{2+}、Mg^{2+}、Fe^{2+}的脱除率可分别达到85.9%、87.5%和74.1%，脱后原油含钙可达到3μg·g^{-1}以下，能满足重油加氢裂化对原料油含钙量的要求。由于减少了原油中的导电离子，降低了原油的电导率，也使脱盐的耗电量有所降低。

⑤电场梯度。电场梯度越大，破乳脱水效果越好。但提高电场梯度大于或等于电场临界分散梯度时，水滴受电分散作用，使已聚集的较大水滴又开始分散，脱水脱盐效果下降。我国现在各炼油厂采用的实际强电场梯度为500～1800V·cm^{-1}，弱电场梯度为150～300V·cm^{-1}。

二、三段汽化蒸馏的工艺流程

原油蒸馏流程，就是原油蒸馏生产的炉、塔、泵、换热设备、工艺管线及控制仪表等按原料生产的流向及加工技术要求内在联系而形成的有机组合。将此种内在的联系用简单的示意图表达出来，即为原油蒸馏的流程图。原油蒸馏过程中，在一个塔内分离一次称一段汽化。原油经过加热汽化的次数，称为汽化段数。

汽化段数一般取决于原油性质、产品方案、处理量等。原油蒸馏装置汽化段数可分为以下几种类型：

①一段汽化式：常压。

②二段汽化式：初馏（闪蒸）-常压。

③二段汽化式：常压-减压。

④三段汽化式：初馏-常压-减压。

⑤三段汽化式：常压-一级减压-二级减压。

⑥四段汽化式：初馏-常压-一级减压-二级减压。

①、②主要适用于中、小型炼厂，只生产轻、重燃料或较为单一的化工原料。

③、④用于大型炼厂的燃料型、燃料-润滑油型和燃料-化工型。

⑤、⑥用于燃料-润滑油型和较重质的原油，以提高拔出深度或制取高黏度润滑油料。

原油蒸馏中，常见的是三段汽化。现以目前燃料-润滑油型炼厂应用最为广泛的初馏-常压-减压三段汽化式为例，对原油蒸馏的工艺流程加以说明。装置的工艺原则流程如图5-32所示。

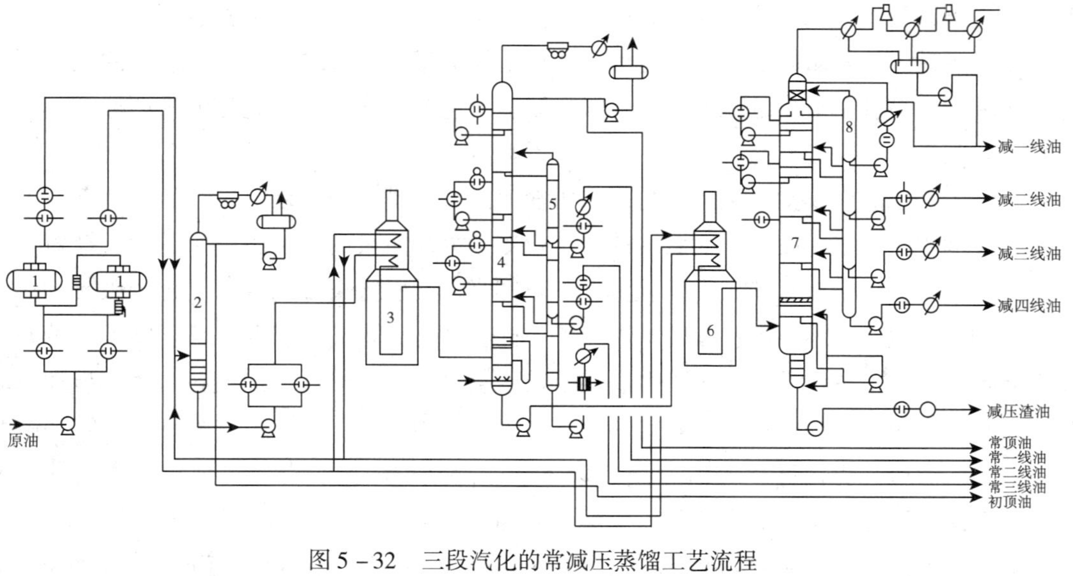

图5-32　三段汽化的常减压蒸馏工艺流程

1—电脱盐罐；2—初馏塔；3—常压加热炉；4—常压蒸馏塔；5—常压汽提塔；6—减压加热炉；7—减压蒸馏塔；8—减压汽提塔

经过严格脱盐脱水的原油换热到230～240℃，进入初馏塔，从初馏塔塔顶分出轻汽油或催化重整原料油，其中一部分返回塔顶作顶回流。初馏塔侧线不出产品，但可抽出组成与重汽油馏分相似的馏分，经换热后，一部分打入常压塔中段回流入口处（常压塔侧一线、侧二线之间），这样，可以减轻常压炉和常压塔的负荷；另一部分则被送回初馏塔作循环回流。

初馏塔底油称作拔头原油（初底油），经一系列换热后，再经常压炉加热到360～370℃进入常压塔，它是原油的主分馏塔，在塔顶冷回流和中段循环回流作用下，从汽化段至塔顶温度逐渐降低，组分越来越轻，塔顶蒸出汽油。常压塔通常开3～5根侧线，煤油（喷气燃料与灯用煤油）、轻柴油、重柴油、变压器原料油等组分则呈液相按轻重依次馏出，这些侧线馏分经汽提塔汽提出轻组分后，经泵升压，与原油换热，回收一部分热量后经冷却到安全温度才被送出装置。

常压塔底重油又称常压渣油（AR），用泵抽出送至减压炉，加热至400℃左右进入减压塔。塔顶分出不凝气和水蒸气，进入大气冷凝器。经冷凝冷却后，用二至三级蒸气抽空器抽出不凝气，维持塔内残压0.027～0.1MPa，以利于馏分油充分蒸出。减压塔一般设有4根侧线和对应的汽提塔，经汽提后与原油换热并冷却到适当温度被送出装置。减压塔底油又称减压渣油（VR），经泵升压后被送出与原油或初底油换热回收热量，再经适当冷却后送出装置，或作为热出料直接被送往相关装置。

润滑油型减压塔在塔底吹入过热蒸汽汽提，对侧线馏出油也设置汽提塔，因为塔内有水蒸气而称为湿式操作。对塔底不吹过热蒸汽、侧线油也不设汽提塔的燃料型减压塔，因塔内无水蒸气而称为干式操作。它的优点是降低能耗和减少含油污水量，它的缺点是失去了水蒸气汽提降低油气分压的作用，对减少减压渣油<500℃含量和提高拔出率不利，对这一点即使采用提高塔顶真空度和以全填料层取代塔盘降低全塔压降也难以完全弥补，所以还要保留一些蒸汽。近年来有些炼厂对燃料型减压塔采用微湿汽提的操作方式，即在减压加热炉入口注入一些过热蒸汽，以提高油在炉管内的流速，对黏度大、残炭值高的原油可起到提高传热效率、防止炉管结焦、延长操作周期的作用；在塔底也吹入少量过热蒸汽，有助于渣油中轻组分的挥发，将渣油中<500℃含量降到5%以下。炉管注汽和塔底吹汽两者总和不超过1%，此量大大低于常规的塔底2%～3%的汽提量。

三、原油蒸馏流程的讨论与分析

（一）初馏塔的作用

原油常减压蒸馏之前是否采用初馏塔，应根据以下情况进行综合分析后决定。

1. 原油的轻馏分含量

含轻馏分较多的原油在经过换热器被加热时，随着温度的升高，轻馏分汽化，从而增大了原油通过换热器和管路的阻力，这就要求提高原油输送泵的扬程和换热器的压力等级，也就是增加了电能消耗和设备投资。

如果将原油经换热过程已汽化的轻组分及时分离出来，让这部分馏分不必再进入常压炉去加热，那么一则能减少原油管路阻力，降低原油泵出口压力；二则能减少常压炉的热负荷，二者均有利于降低装置能耗。因此，当原油含汽油馏分接近或大于20%时，可采用初馏塔。

2. 原油脱水效果

当原油因脱水效果波动而引起含水量高时，水能从初馏塔塔顶分出，使得主塔—常压塔操作免受水的影响，保证产品质量合格。

3. 原油的含砷量

对含砷量高的原油如大庆原油（$As>2\mu g\cdot g^{-1}$），为了生产重整原料油，必须设置初馏塔。重整催化剂极易砷中毒而永久失活，重整原料油的砷含量要求小于$0.2\mu g\cdot g^{-1}$。如果进入重整装置的原料的含砷量超过$0.2\mu g\cdot g^{-1}$，则仅依靠预加氢精制是不能使原料达到要求的。此时，原料应在装置外进行预脱砷，使其含砷量小于$0.2\mu g\cdot g^{-1}$以下后才能送入重整装置。重整原料的含砷量不仅与原油的含砷量有关，而且与原油被加热的温度有关。例如在加工大庆原油时，初馏塔进料温度约230℃，只经过一系列换热，温度低且受热均匀，不会造成砷化合物的热分解，由初馏塔顶得到的重整原料的含砷量小于$0.2\mu g\cdot g^{-1}$。若原油加热到370℃直接进入常压塔，则从常压塔顶得到的重整原料的含砷量通常高达$1.5\mu g\cdot g^{-1}$。重整原料含砷量过高不仅会缩短预加氢精制催化剂的使用寿命，而且有可能保证不了精制后的含砷量降至$0.2\mu g\cdot g^{-1}$以下。因此，国内炼油厂一般都采用初馏塔，并且只取初馏塔顶的产物作为重整原料。

4. 原油的含硫量和含盐量

当加工含硫原油时，在温度超过160～180℃的条件下，某些含硫化合物会分解而释放出H_2S，原油中的盐分则可能水解而析出HCl，造成蒸馏塔顶部、气相馏出管线与冷凝冷却系统等低温部位的严重腐蚀。设置初馏塔可使大部分腐蚀转移到初馏塔系统，从而减轻了主塔常压塔顶系统的腐蚀，这在经济上是合理的。但是这并不是从根本上解决问题的办法。实践证明，加强脱盐脱水和防腐蚀措施，可以大大减轻常压塔的腐蚀而不必设初馏塔。

（二）原油常压蒸馏塔的工艺特征

由于石油是复杂混合物及炼油工业规模巨大，石油精馏塔具有自己的特点。下面具体讨论常压塔的工艺特征。

1. 复合塔

原油通过常压蒸馏要切割成汽油、煤油、轻柴油、重柴油和重油等产品。按照一般的多元精馏办法，需要有$N-1$个精馏塔才能把原料分割成N个产品。如图5－33所示，当要分成五种产品时就需要四个精馏塔串联方式排列。当要求得到较高纯度的产品时，这种方案无疑是必要的。但是在石油精馏过程中，各种产品本身依然是一种复杂混合物，它们之间的分离精确度并不要求很高，两种产品之间需要的塔板数并不多，如果按照图5－33的方案，则要有多个矮而粗的精馏塔。这种方案投资和能耗高，占地面积大，这些问题还由于生产规模大而显得更突出。因此，可以把这几个塔结合成一个塔（如图5-34所示）。这种塔实际上等于把几个简单精馏塔重叠起来，它的精馏段相当于原来四个简单塔的四个精馏段组合而成，而其下段则相当于塔1的提馏段，这样的塔称为复合塔。

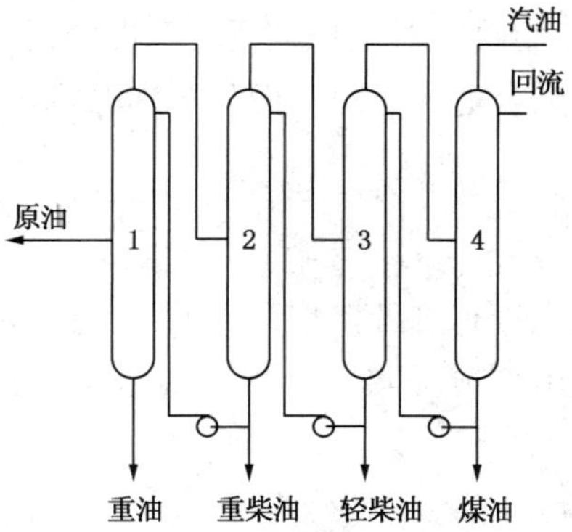

图5-33　常压蒸馏塔排列方案

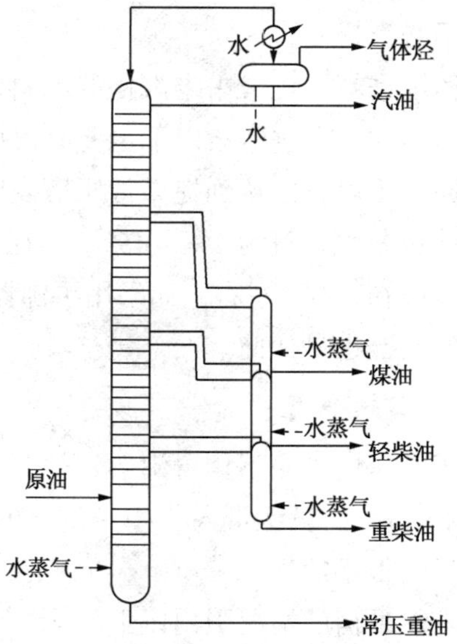

图5-34　常压蒸馏塔

诚然，这种塔的分馏精确度不会很高，例如在轻柴油侧线抽出板上除了柴油馏分以外，还有较轻的煤油和汽油的蒸气通过，这必然会影响到侧线产品——轻柴油的馏分组成。但是，由于这些石油产品要求的分馏精确度不是很高，而且可以采取一些弥补的措施（如汽提塔），因而常压塔实际上是采用复合塔的形式。

2. 设汽提塔和汽提段

在复合塔内，在汽油、煤油、柴油等产品之间只有精馏段而没有提馏段，侧线产品中必然会含有相当数量的轻馏分，这样不仅影响本侧线产品的质量（如轻柴油的闪点等），而且降低了较轻馏分的收率。为此，在常压塔的外侧，为侧线产品设汽提塔，在汽提塔底部吹入少量过热水蒸气以降低侧线产品的油气分压，使混入产品中的较轻馏分汽化而返回常压塔。这样既可达到分离要求，又很简便。显然，这种汽提塔与精馏塔的提馏段在本质上有所不同。侧线汽提用的过热水蒸气量通常为侧线产品的2%～3%。各侧线产品的汽提塔常常重叠起来，但相互之间是隔开的。

在有些情况下，侧线的汽提塔不采用水蒸气而仍像正规的提馏段那样采用再沸器。这种做法是基于以下几点考虑：

①侧线油品汽提时，产品中会溶解微量水分，对有些要求低凝点或低冰点的产品（如喷气燃料）可能使冰点升高。采用再沸提馏可避免此弊病。

②汽提用水蒸气的质量分数虽小，但水的相对分子质量比煤油、柴油低很多，因而体积流量相当大，增大了塔内的气相负荷。采用再沸提馏代替水蒸气汽提有利于提高常压塔的处理能力。

③水蒸气的冷凝潜热很大，采用再沸提馏有利于降低塔顶冷凝器的负荷。

④采用再沸提馏有助于减少装置的含油污水量。

采用再沸提馏代替水蒸气汽提会使流程设备复杂些，因此采用何种方式要具体分析。为了节能，对于侧线馏出油品在后续加工过程（如加氢精制或裂化等）还有精馏分离工序的，可不必汽提。

常压塔进料汽化段中未汽化的油料流向塔底，这部分油料中还含有相当多的＜350℃轻馏分。因此，在进料段以下也要有汽提段，在塔底吹入过热水蒸气以使其中的轻馏分汽化后返回精馏段，以达到提高常压塔拔出率和减轻减压塔负荷的目的。塔底吹入的过热水蒸气的质量分数一般为2%～4%。常压塔底不可能用再沸器代替水蒸气汽提，因为常压塔底温度一般在350℃左右，如果用再沸器，很难找到合适的热源，而且再沸器也十分庞大。减压塔的情况也是如此。

3. 全塔热平衡

由于常压塔塔底不用再沸器，热量来源主要取决于加热炉加热的进料。汽提水蒸气（一般约450℃）虽也带入一些热量，但由于只放出部分显热，且水蒸气量不大，因而这部分热量是很小的。

全塔热平衡的情况引出以下问题：

①常压塔进料的汽化率至少应等于塔顶产品和各侧线产品的产率之和，否则不能保证要求的拔出率或轻质油收率。至于一般二元或多元精馏塔，理论上讲进料的汽化率可以在0～1之间任意变化而仍能保证产品产率。在实际设计和操作中，为了使常压塔精馏段最低一个侧线以下的几层塔板（在进料段之上）上有足够的液相回流以保证最低侧线产品的质量，原料油进塔后的汽化率应比塔上部各种产品的总收率略高一些。高出的部分称为过汽化度。常压塔的过汽化度一般为2%～4%。实际生产中，只要侧线产品质量能保证，过汽化度低一些是有利的，这不仅可减轻加热炉负荷（有利于节能），而且由于炉出口温度降低可减少油料的裂化。

②在常压塔只靠进料供热而进料的状态（温度、汽化率）又已被规定的情况下，常压塔的回流比是由全塔热平衡决定的，变化的余地不大。幸而常压塔产品要求的分离精确度不太高，只要塔板数选择适当，在一般情况下，由全塔热平衡所确定的回流比已完全能满足精馏的要求。二元系或多元系精馏与原油精馏不同，它的回流比是由分离精确度要求确定的，至于全塔热平衡，可以通过调节再沸器负荷来达到。在常压蒸馏塔的操作中，如果回流比过大，必然会引起塔的各点温度下降、馏出产品变轻、拔出率下降。

4. 恒分子回流的假定完全不适用

在二元和多元精馏塔的设计计算中，为了简化计算，对性质及沸点相近的组分所组成的体系做出了恒分子回流的近似假设，即在塔内的气、液相的摩尔流量不随塔高而变化。这个近似假设对原油常压精馏塔是完全不能适用的。石油是复杂混合物，各组分间的性质有很大的差别，它们的摩尔汽化潜热可能相差很远，沸点之间的差别甚至可达几百度，例如常压塔顶和塔底之间的温差就可达250℃左右。显然，以精馏塔上、下部温差不大及塔内各组分的摩尔汽化潜热相近为基础所做出的恒分子回流这一假设对常压塔是完全不适用的。

（三）减压蒸馏塔的工艺特征

原油中的350℃以上的高沸点馏分是润滑油和催化裂化、加氢裂化的原料，但是由于在高温下会发生分解反应，所以在常压塔的操作条件下不能获得这些馏分，只能通过减压蒸馏取得。减压蒸馏可以从常压重油中蒸馏出沸点约550℃以前的馏分油。减压蒸馏的核心设备是减压精馏塔和它的抽真空系统。

根据生产任务的不同，减压塔可分为润滑油型和燃料型两种，见图5－35和图5－36。润滑油型减压塔是为了提供黏度合适、残炭值低、色度好、馏程较窄的润滑油料。燃料型减压塔主要是为了提供残炭值低、金属含量低的催化裂化和加氢裂化原料，对馏分组成的要求是不严格的。无论哪种类型的减压塔，都要求有尽可能高的拔出率。为了提高汽化段的真空度，除了需要有一套良好的塔顶抽真空系统外，还需采取一些特殊措施。

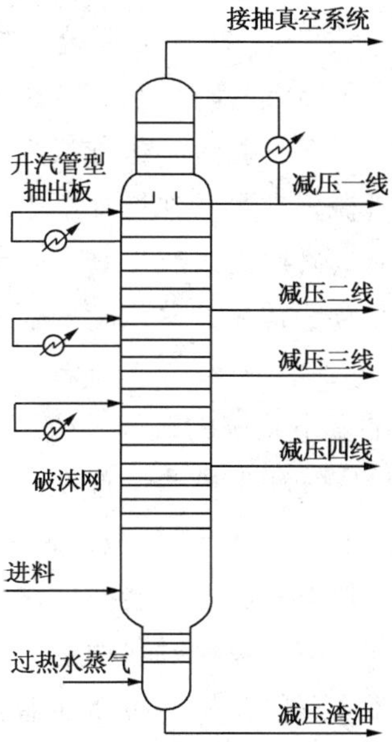

图5－35　润滑油型减压塔

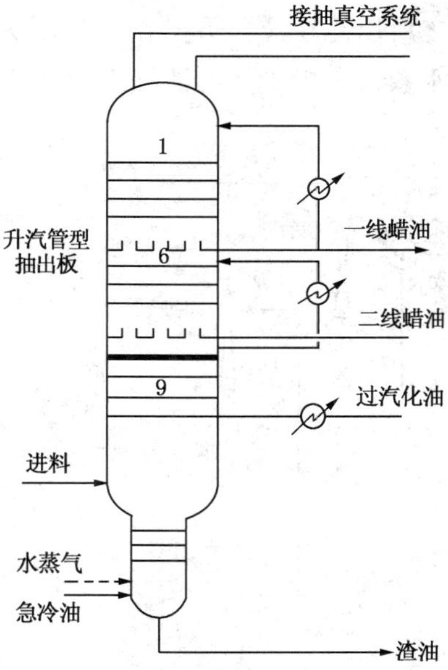

图5－36　燃料型减压塔

1. 减压塔的一般工艺特征

①降低从汽化段到塔顶的流动压降。这主要依靠减少塔板数和降低气相通过每层塔板的压降。

②降低塔顶油气馏出管线的流动压降。为此，减压塔塔顶不出产品，塔顶管线只供抽真空设备抽出不凝气用。因为减压塔顶没有产品馏出，故只采用塔顶循环回流而不采用塔顶冷回流。

③减压塔塔底汽提蒸汽用量比常压塔大，其主要目的是降低汽化段中的油气分压。近年来，对于燃料型减压塔少用或不用汽提蒸汽的干式减压蒸馏技术有较大的发展。

④降低转油线压降，通过降低转油线中的油气流速来实现。减压塔汽化段温度并不是常压重油在减压蒸馏系统中所经受的最高温度，此最高温度的部位是在减压炉出口。为了避免油品分解，对减压炉出口温度要加以限制，在生产润滑油时不得超过390℃，在生产裂化原料时不超过410℃，同时在高温炉管内采用较高的油气流速以减少停留时间。

⑤缩短渣油在减压塔内的停留时间。塔底减压渣油是最重的物料，如果在高温下停留时间过长，则其会进行明显的分解、缩合等反应。其结果，一方面生成较多的不凝气使减压塔的真空度下降；另一方面会造成塔内结焦。因此，减压塔底部的直径通常缩小以缩短渣油在塔内的停留时间。此外，有的减压塔还在塔底打入急冷油以降低塔底温度，减少渣油分解、结焦的倾向。

由于上述各项工艺特征，从外形来看，减压塔比常压塔显得粗而短。此外，减压塔的底座较高，塔底液面与塔底油抽出泵入口之间的位差大于10m，这主要是为了给热油泵提供足够的灌注头。

2. 减压塔的抽真空系统

减压塔之所以能在减压下操作，是因为在塔顶设置了一个抽真空系统，将塔内不凝气、注入的水蒸气和极少量的油气连续不断地抽走，从而形成塔内真空。减压塔的抽真空设备可以用蒸汽喷射器（也称蒸汽喷射泵或抽空器）或机械真空泵。在炼油厂中的减压塔广泛地采用蒸汽喷射器来产生真空。图5－37是常减压蒸馏装置常用的蒸汽喷射器抽真空系统的流程。

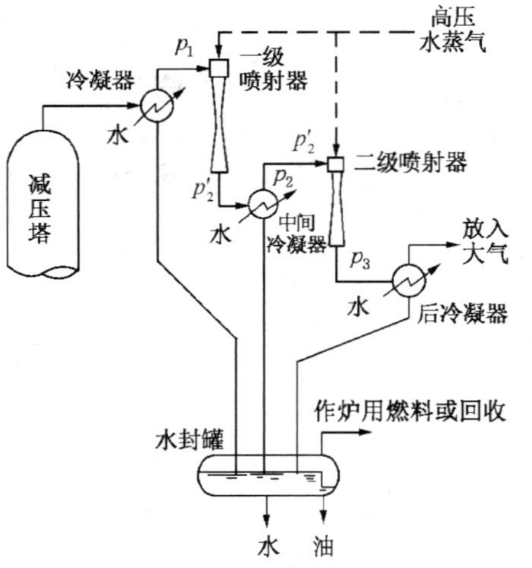

图5－37　抽真空系统流程

（1）抽真空系统的流程。减压塔顶出来的不凝气、水蒸气和少量油气首先进入一个管壳式冷凝器。水蒸气和油气被冷凝后排入水封池，不凝气则由一级喷射器抽出从而在冷凝器中形成真空。由一级喷射器抽出的不凝气再排入一个中间冷凝器，将一级喷射器排出的水蒸气冷凝。不凝气再由二级喷射器抽走而排入大气。为了消除因排放二级喷射器的蒸汽所产生的噪声及避免排出的蒸汽的凝结水洒落在装置平台上，通常再设一个后冷器将水蒸气冷凝而排入水阱，而不凝气则排入大气。

冷凝器是在真空下操作的。为了使冷凝水顺利地排出，排出管内水柱的高度应足以克服大气压力与冷凝器内残压之间的压差以及管内的流动阻力。通常此排液管的高度至少应在10m以上，在炼油厂俗称此排液管为大气腿。

（2）冷凝器。图5－37中的冷凝器是采用间接冷凝的管壳式冷凝器，故通常称为间接冷凝式二级抽真空系统。它的作用在于使可凝的水蒸气和油气冷凝而排出，从而减轻喷射器的负荷。冷凝器本身并不形成真空，因为系统中还有不凝气存在。

另外，最后一级冷凝器排放的不凝气中，气体烃（裂解气）占80%以上，并含有硫化物气体，造成大气污染和可燃气的损失。国内外炼厂都开始回收这部分气体，把它用作加热炉燃料，既节约燃料，又减少了对环境的污染。

（3）蒸汽喷射器。蒸汽喷射器（或蒸汽喷射泵）如图5－38所示。

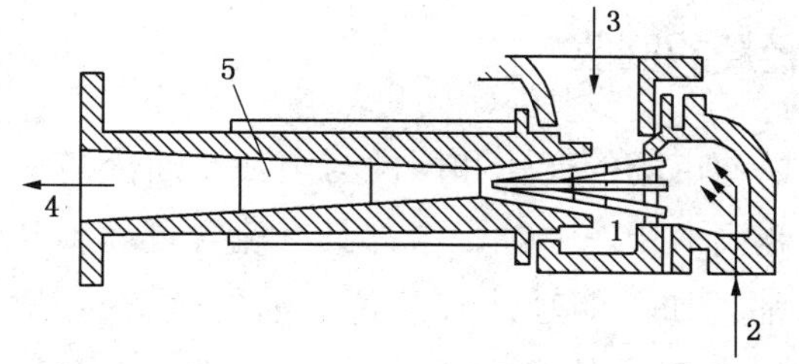

图5－38　蒸汽喷射器

1—喷管；2—蒸汽入口；3—气体入口；4—混合气出口；5—扩张器

蒸汽喷射器由喷嘴、扩张器和混合室构成。高压工作蒸汽进入喷射器中，先经收缩喷嘴将压力能变成动能，在喷嘴出口处可以达到极高的速度（1000～1400$m \cdot s^{-1}$），形成了高度真空。不凝气（被吸流体）从进口处被抽吸进来，在混合室内与驱动蒸汽混合并一起进入扩张器，扩张器中混合流体的动能又转变为压力能，使压力略高于大气压，混合气才能从出口排出。

（4）增压喷射器。在抽真空系统中，不论是采用直接混合冷凝器、间接式冷凝器还是空冷器，其中都会有水存在。水在其本身温度下有一定的饱和蒸气压，故冷凝器内总是会有若干水蒸气。因此，理论上冷凝器中所能达到的残压最低只能达到该处温度下水的饱和蒸气压。

减压塔顶所能达到的残压应在上述的理论极限值上加上不凝气的分压、塔顶馏出管线的压降、冷凝器的压降，所以减压塔顶残压要比冷凝器中水的饱和蒸气压高。当水温为20℃时，冷凝器所能达到的最低残压为0.0023MPa，此时减压塔顶的残压就可能高于0.004MPa了。

实际上，20℃的水温是不容易达到的，二级或三级蒸气喷射抽真空系统很难使减压塔顶达到0.004MPa以下的残压。如果要求更高的真空度，就必须打破水的饱和蒸气压这个极限。因此，在塔顶馏出气体进入一级冷凝之前，再安装一个蒸汽喷射器使馏出气体升压，如图5－39所示。

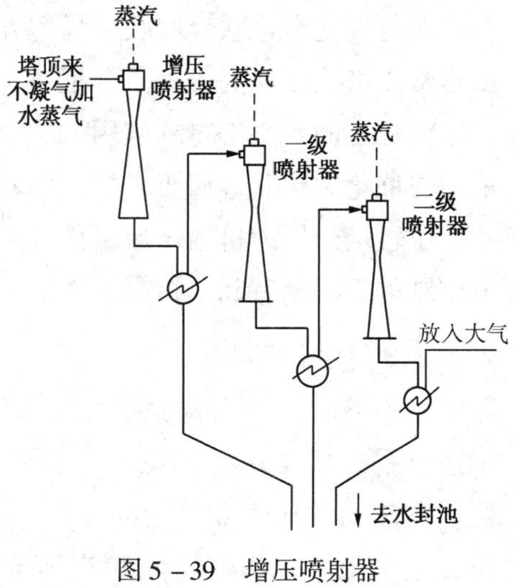

图5－39　增压喷射器

由于增压喷射器前面没有冷凝器，所以塔顶真空度就能摆脱水温限制，而相当于增压喷射器所能造成的残压加上馏出线压力降，使塔内真空度达到较高程度。但是，由于增压喷射器消耗的水蒸气往往是一级蒸汽喷射器消耗蒸汽量的四倍左右，故一般只用在夏季、水温高、冷却效果差、真空度很难达到要求的情况下以及干式蒸馏过程中。

四、原油蒸馏中轻烃的回收

近年来，随着国内原油市场的变化和国内与国际原油价格的接轨，国内各主要炼厂加工中东油的比例越来越高。中东原油一般都具有硫含量高、轻油收率和总拔较高的特点，尤其是中东轻质原油，如伊朗轻油和沙特轻油的硫含量一般在1.5%以上，350℃前馏分含量在50%左右，C_5以下的轻烃含量达2%～3%。从常压蒸馏中所得到的轻烃组成来看，其中C_1、C_2占20%左右，C_3、C_4占60%左右，而且都以饱和烃为主。国产原油几乎不含C_5以下的轻烃，这样就给常减压装置带来一个新的技术问题——轻烃回收问题。

大量轻烃如果不加以回收，只作为低压瓦斯供加热炉作燃料，不仅在经济上不合理，而且大量的低压瓦斯在炼厂利用起来也比较困难。在加工中东含硫原油时，如果轻烃没有很好的回收设施，会造成常压蒸馏塔压力的波动，影响正常操作。回收轻烃不仅是资源合理利用的需要，也是加工含硫原油实际生产操作的要求。

只有处理好轻烃回收和含硫轻烃回收问题，才能提高炼油厂的综合效益。因此对新建的以加工中东原油为主的炼厂，应该考虑单独建立轻烃回收系统。对掺炼进口原油的老厂，在没有单独设置回收系统时，常借助于催化裂化装置的富余能力，可采用以下两种方法。不同的轻烃回收方法，各有特点。

1. 常减压与催化裂化联合回收轻烃

常减压与催化裂化联合回收轻烃的方法，最大的优点在于常减压装置不再增加新的设备。虽然常压塔顶压力高了一点，但各侧线馏分油质量还能达到要求，操作也比较稳定，所以，这种轻烃回收方法得到应用。

采用与催化裂化联合回收轻烃，如若在常减压装置增加一台轻烃压缩机，把初馏塔分离出的低压轻烃经压缩机增压后，再送往催化裂化装置回收轻烃，这就可以把常压塔的操作压力控制得更低，有利于提高常压塔的分馏效果。

2. 提压操作回收轻烃

提压操作回收轻烃，首先是提压操作，然后才是回收轻烃。提压操作对常压分馏来说是不适宜的。要实现提压操作，只有在初馏塔实行。提高初馏塔操作压力，使C_3、C_4轻烃，在较高的压力和较低的温度下被汽油馏分充分吸收，把吸收有C_3、C_4轻烃的汽油馏分送到脱丁烷塔，轻烃和汽油馏分得到分离。轻烃可以通过催化裂化气压机压缩，在吸收稳定系统得到回收。常压塔顶二级冷凝油中，也存在轻烃，也通过脱丁烷塔来回收轻烃。我国在8Mt·a^{-1}常减压装置已成功地采用提压操作的方法回收轻烃。提压操作回收轻烃，选用初馏塔—闪蒸塔—常压塔组成的三塔工艺流程不仅比较合理，而且完全可行。

五、换热网络优化以及低温余热利用

常减压蒸馏装置的能耗占炼油装置的 8% ~10%，其燃料消耗相当于加工原油量的 1% ~2%，为全厂消耗自用燃料量最大的生产装置。国内常减压蒸馏装置的热回收率一般为 60%，一些经过最优化设计的蒸馏装置热回收率可达到 80% 左右。目前国内常减压蒸馏装置进一步提高热回收率的关键在于如何解决好低温位热源的利用问题。

常减压蒸馏装置低温热源来自两个方面，一个来自高温位热源经过多次换热温度逐渐降低，最终变成了低温位热源；另外一个是低温位热源直接来自轻质油（轻质油从塔内馏出的温度不高，它本来就是低温位热源）。低温位热的回收，可以从两个方面入手：首先是选用适宜的工艺流程，采用先进的换热网络技术；其次是更新换热设备，用高效换热器提高传热效果。

1. 原油分多段多次换热，充分利用中、低温位热源

含硫原油中轻组分多，在常减压蒸馏过程中会产生比较多的低温位热，回收利用这部分低温位热难度较大。在加工国产原油的时候，因为轻组分油少，初馏塔和闪蒸塔的作用不突出，而在加工含硫原油时，初馏塔和闪蒸塔的作用显得尤为重要。初馏塔和闪蒸塔既有单独与常压塔匹配的工艺流程，也有一起与常压塔匹配的工艺，甚至有两个闪蒸塔与常压塔匹配的工艺。不论是何种工况，都是从有利于加工含硫原油出发，既要实现装置原油加工能力的最大化，又要使加热炉负荷（尤其是常压炉负荷）不会大幅度增加。利用好低温位热源预热原油，最大限度地使轻组分在较低的原油预热温度下从中分离。含硫原油，无须从加热炉获取热量，而是通过与低温位热源换热，原油换热到 150 ~250℃，经过初馏塔、闪蒸塔就可以得到分离。分离出轻组分后的拔头原油，可以进一步与中低温位热源进行换热，原油的多段换热就有了实际意义。

含硫原油经过初馏和闪蒸，进常压炉拔头油的量比进装置的原油量少 16% 左右。而加工国产原油时，初馏塔或闪蒸塔的拔出率只有 3% ~6%。尽管加工含硫原油时低温位热多，但是由于原油的多段换热，只要充分发挥初馏塔和闪蒸塔的作用，做到轻组分在低温下充分汽化分离，低温位热就能得到有效回收利用。含硫原油经换热后，进常压炉的温度与加工国产原油时相当，一般也可达到 294℃ 左右。

2. 利用窄点技术，优化换热网络

换热流程的最优合成是目前国际上广泛研究的课题。目前应用比较广泛的是“夹点”技术。“夹点”技术是把系统的热流、冷流合并成热综合曲线，并标绘在 T/Q 图或有效能图上，见图 5 -40。

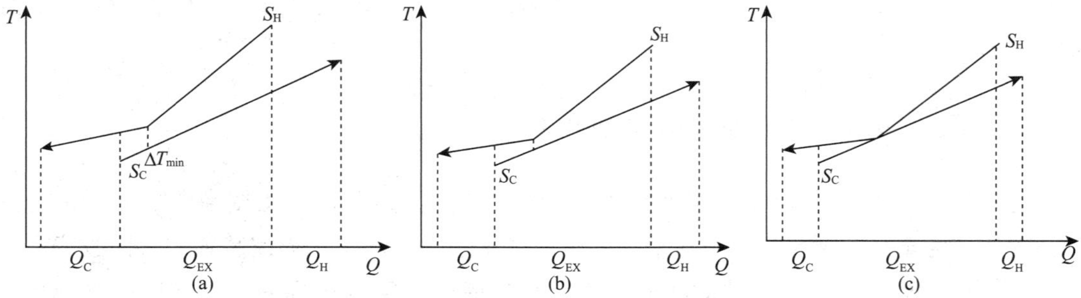

图 5－40　热能回收与热综合最小传热温差 ΔT_{min}

S_H—热流热综合曲线；S_C—冷流热综合曲线；Q_C—冷公用工程负荷；

Q_H—热公用工程负荷；Q_{EX}—热回收量；ΔT_{min}—热综合最小传热温差

由图 5－40 可以看出，冷、热流综合曲线的重叠部分为热能回收部分 Q_{EX}、Q_C、Q_H，为热流需要进一步冷却，冷流需要进一步加热的公用工程负荷。图上所定义的接近温差 ΔT_{min}是综合曲线最接近的部位，这一点被定义为热回收“夹点”。可以看出，随着热回收 Q_{EX}的增大，Q_C、Q_H相应减少，热回收夹点处的最小温差也相应减小。

夹点把系统分解为热力学上彼此分离的两个部分：夹点上部是热阱，它要求热公用工程负荷 Q_H最小；夹点下部是热源，它要求冷公用工程负荷 Q_C最小。

在一定的 ΔT_{min}条件下，Q_C、Q_H的值是确定的，这时没有热量流经夹点。如有形热量流经夹点，则冷热公用工程负荷就分别增加 W 的负荷。

夹点设计的原则是：在夹点上部不允许有冷公用工程负荷；在夹点下部不允许有热公用工程负荷；不允许过程热负荷流经夹点。

夹点原则把一个复杂的组合问题极大地简化了。设计可以按夹点的上部和下部分别进行，并且从最受约束的部位夹点处向上或向下扩展。

夹点设计作为热能综合技术已得到广泛应用，使整个换热系统达到平均温差合理、传热系数高、热流密度大、各路压降低，实现接近最优的条件。使用我国的计算机优化换热程序，可使原油换热后的终温由过去的 230～240℃ 提高到 285～310℃，相应地减少了常压炉的热负荷，燃料耗量降低 36%～48%。

某新建 5.0Mt/a 加工中东含硫原油蒸馏装置，由于轻馏分含量较多、低温热源多，采用优化换热程序设计的换热终温为 283℃，其换热流程见图 5－41。装置能耗和各项指标见表 5－1。国内一般原油采用该优化程序，换热终温可达 300℃以上。

表 5－1　5.0Mt/a 加工中东含硫原油蒸馏装置能耗及各项指标

换热终温/℃	换热器台数/台	换热器总面积/m^2	热流密度/$kW \cdot m^{-2}$	总能耗/$MJ \cdot t^{-1}$	热回收率/%	单位原油换热面积/$m^2 \cdot t^{-1} \cdot h^{-1}$
283	66	114160	9.8	468	91.3	18.34

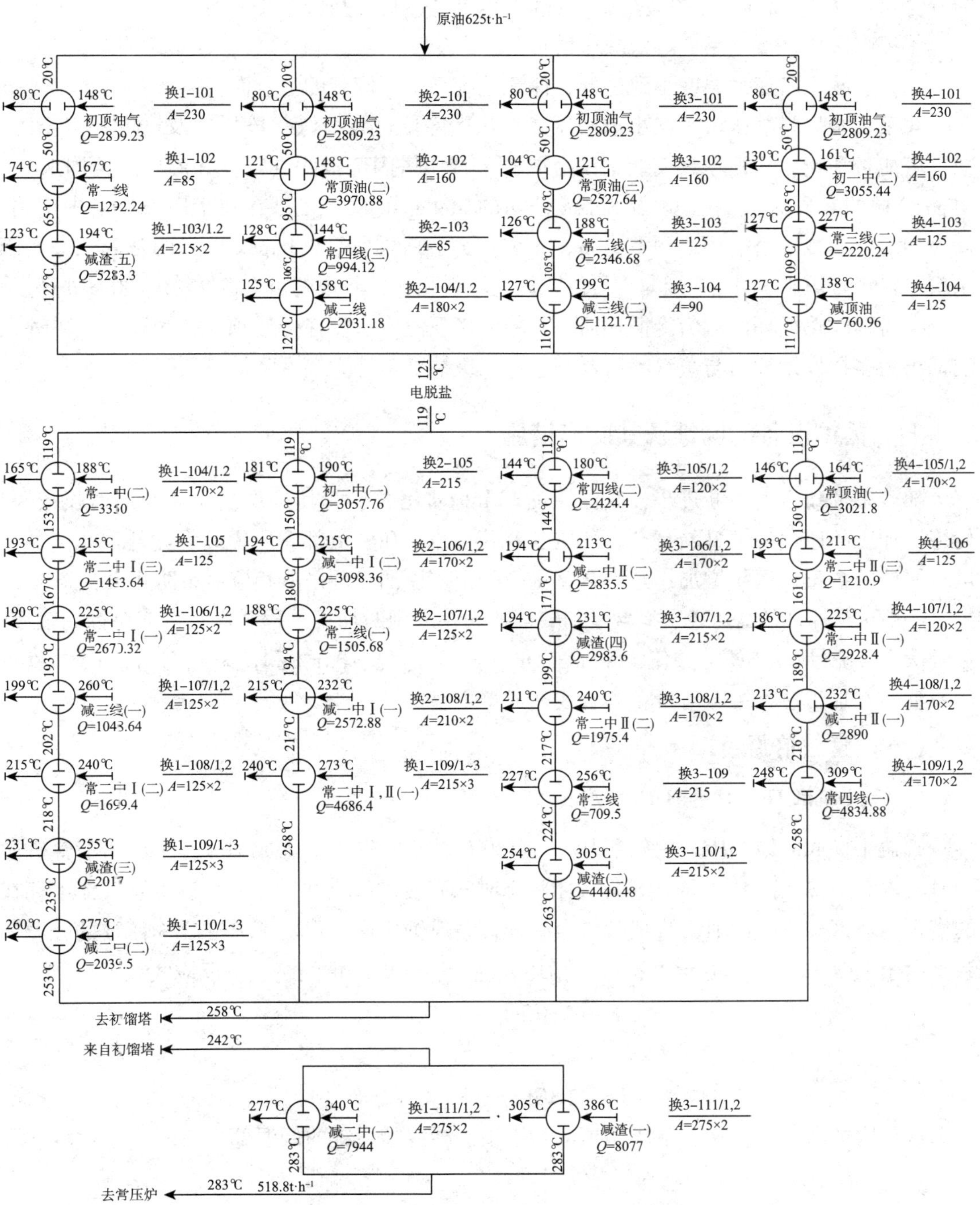

图5－41　换热流程示意图

六、减压深拔技术

在减压拔出率上，国内与国外相比，存在一定差距。国内减压渣油实沸点切割温度多数在520～540℃，而国外已将减压渣油的切割点设在565℃（减压渣油中小于538℃的轻馏分含量不大于5%），有的甚至设在600℃以上。减压深拔技术主要有：

①提高常压塔拔出率，降低减压塔负荷。

②控制减压塔底油温度不致过低，保证达到高沸点馏分的泡点温度。

③采用全填料减压塔，减小全塔压降，从而降低进料口汽化段压力及全塔各点压力。减压塔能否深拔，从根本意义上来说，取决于减压塔闪蒸段的真空度和温度。美国Koch-Glish公司的Gempak填料，以及Sulzer公司的Mellapak填料也已在数十座减压塔中使用，最大润滑油型减压塔塔径达到12.5m。Sulzer公司在改进其Mellapak填料的基础上又研制了新一代规整填料Mellapakplus，与传统规整填料相比，新填料可提高20%～30%处理量。

④塔顶改热循环回流为冷循环回流，降低塔顶温度从而降低塔顶气体负荷；改单挥发线抽出为多挥发线抽出与蒸汽喷射器直连；三级抽真空等大幅度降低塔顶残压。

七、蒸馏设备的腐蚀及其防腐措施

随着采油技术的不断进步，我国原油产量稳步增长，尤其是重质原油产量增长较快，使炼厂加工的原油种类日趋复杂、性质变差、含硫量和酸值都有所提高。此外，我国加工进口原油的数量也逐年增加，其中含硫量高的中东原油必须采取相应对策防止设备腐蚀。

一般可从原油的盐、硫、氮含量和酸值的大小来判断加工过程对设备造成腐蚀的轻重，通常认为含硫量>0.5%、酸值>0.5mgKOH·g^{-1}、总氮>0.1%和盐未脱到5mg·L^{-1}以下的原油，在加工过程中会对设备和管线造成严重腐蚀。

（一）腐蚀的原因

1. 低温部位$HCl-H_2S-H_2O$型腐蚀

脱盐不彻底的原油中残存的氯盐，在120℃以上发生水解生成HCl，而在加工含硫原油时塔内有H_2S。当HCl和H_2S为气体状态时只有轻微的腐蚀性，一旦进入有液体水存在的塔顶冷凝区，不仅因HCl生成盐酸会引起设备腐蚀，而且形成了$HCl-H_2S-H_2O$的介质体系。由于HCl和H_2S相互促进构成的循环腐蚀会引起更严重的腐蚀。反应式如下：

$$Fe + 2HCl \longrightarrow FeCl_2 + H_2$$

$$Fe + H_2S \longrightarrow FeS + H_2$$

$$Fe + 2HCl \longrightarrow FeCl_2 + H_2S$$

这种腐蚀多发生在初、常压塔顶部和塔顶冷凝冷却系统的低温部位。

2. 高温部位硫腐蚀

原油中的硫可按对金属作用的不同分为活性硫化物和非活性硫化物。非活性硫在160℃开始分解，生成活性硫化物，在达到300℃以上时分解尤为迅速。高温硫腐蚀从250℃左右开始，随着温度升高而加剧，最严重腐蚀在340～430℃。活性硫化物的含量越多，腐蚀就越严重。反应式如下：

$$Fe + S \longrightarrow FeS$$

$$Fe + H_2S \longrightarrow FeS + H_2$$

$$RCH_2SH + Fe \longrightarrow FeS + RCH_3$$

高温硫腐蚀常发生在常压炉出口炉管及转油线、常压塔进料部位上下塔盘、减压炉至减压塔的转油线、进料段塔壁与内部构件等，腐蚀程度不仅与温度、含硫量、H_2S 浓度有关，而且与介质的流速和流动状态有关，介质的流速越高，金属表面上由腐蚀产物 FeS 形成的保护膜越容易被冲刷而脱落。因界面不断被更新，金属的腐蚀也就进一步加剧，这一过程被称为冲蚀。

3. 高温部位环烷酸腐蚀

原油中所含的有机酸主要是环烷酸。我国辽河、新疆、大港原油中的有机酸有95%以上是环烷酸，胜利原油中的有机酸40%是环烷酸。环烷酸的相对分子质量为180～350，它们集中于常压馏分油（相当于柴油）和减压馏分油中，在轻馏分和渣油中的含量很少。

环烷酸的沸点有两个温度区间：230～300℃及330～400℃，在第一个温度区间内，环烷酸与铁作用，使金属被腐蚀：

$$2C_nH_{2n-1}COOH + Fe \longrightarrow Fe(C_nH_{2n-1}COO)_2 + H_2$$

在第二个温度区间，环烷酸与高温硫腐蚀所形成的 FeS 作用，使金属进一步遭到腐蚀，生成的环烷酸铁可溶于油被带走。游离出的 H_2S 又与无保护膜的金属表面再起反应。反应不断进行而加剧设备腐蚀。

$$2C_nH_{2n-1}COOH + FeS \longrightarrow Fe(C_nH_{2n-1}COO)_2 + H_2S$$

$$Fe + H_2S \longrightarrow FeS + H_2$$

环烷酸严重腐蚀部位大都发生在塔的进料段壳体、转油线、加热炉出口炉管等处，尤其是气液流速非常高的减压塔汽化段。因为这些部位受到油气的冲刷最为激烈，使金属表面的腐蚀产物硫化亚铁和环烷酸铁不能形成保护膜，露出的新表面又不断被腐蚀和冲蚀，形成恶性循环。所以在加工既含硫又含酸的原油时，腐蚀尤为剧烈，应该尽量避免含硫原油与含酸原油的混炼。

（二）防腐蚀措施

目前普遍采取的工艺防腐措施是“一脱三注”。实践证明，这一防腐措施基本消除了 HCl 的产生，抑制了对常减压蒸馏馏出系统的腐蚀。

1. 原油电脱盐脱水

充分脱除原油中氯化物盐类，减少水解后产生的 HCl，是控制三塔塔顶及冷凝冷却系统 Cl^- 腐蚀的关键。

2. 塔顶馏出线注氨

原油注碱后，系统腐蚀程度可大大减轻，但是硫化氢和残余氯化氢仍会引起严重腐蚀。因此，可采用注氨中和这些酸性物质，进一步抑制腐蚀。注入位置应在水的露点以前，这样，氨与氯化氢气体充分混合才有理想的效果，生成的氯化铵被水洗后带出冷凝系统。注入量按冷凝水的 pH 值来控制，维持 pH 值在7～9。

3. 塔顶馏出线注缓蚀剂

缓蚀剂是一种表面活性剂，分子内部既有 S、N、O 等强极性基团，又有烃类结构基团。

极性基团一端吸附在金属表面上，另一端烃类基团与油介质之间形成一道屏障，将金属和腐蚀性水相隔离开，从而保护了金属表面，使金属不受腐蚀。将缓蚀剂配成溶液，注入到塔顶管线的注氨点之后，保护冷凝冷却系统，也可注入塔顶回流管线内，以防止塔顶部腐蚀。

4. 塔顶馏出线注碱性水

注氨时会生成氯化铵沉积既影响传热效果又会造成垢下腐蚀。因氯化铵在水中的溶解度很大，故可用连续注水的办法洗去。

过去曾在原油脱盐后，注入纯碱（$NaCO_3$）或烧碱（NaOH）溶液，能部分使原油中残留的容易水解的氯化镁等变成不易水解的氯化钠，将已水解（部分不可避免的盐类）生成的氯化氢中和。在碱性条件下，也能中和油中环烷酸和部分硫化物，减轻高温重油部位的腐蚀。

但注碱也带来一些不利因素，对后续的二次加工过程有不利影响。如 Na^+ 会造成裂化催化剂中毒，使延迟焦化装置的炉管结焦、焦炭灰分增加、换热器壁结垢等；在加工环烷酸含量高的原油时还发现环烷酸是一种很好的清净剂，在一定条件下它可以破坏碳膜和 FeS 膜，使金属表面失去保护而加剧腐蚀。所以近年来在深度电脱盐的前提下，调整好注氨、注缓蚀剂量，停止向原油中注碱，也能控制塔顶低温部位腐蚀，所以已将“一脱四注”改为“一脱三注”。

原油深度电脱盐、向塔顶馏出线注氨、注缓蚀剂、注碱性水是行之有效的低温轻油部位的防腐措施。对于高温部位的抗硫腐蚀和抗环烷酸腐蚀，则须依靠合理的材质选择和结构设计加以解决。

第五节　蒸馏塔工艺计算

石油蒸馏塔工艺计算主要有两种情形：一是蒸馏塔工艺设计计算，二是蒸馏塔的工艺核算。前者是根据油品性质数据以及工艺要求，设计一个合适的蒸馏塔，并确定有关操作参数；后者是在现有蒸馏塔结构、操作、油品等数据已知的条件下核算现有设备是否符合生产要求，为蒸馏塔的优化操作、改造提供依据。设计计算或工艺核算，出发点及目标虽有所不同，但所用的基本原理、计算方法没有差别。

蒸馏塔工艺计算普遍采用图表法简捷计算，需要基础数据量较少，计算精度满足工程要求，特别适用于现场技术人员的工艺核算。随着现代计算工具的发展，出现了严格法计算；但由于严格法数学方程数目多、变量多，求解过程复杂，目前只适用于大型设计工程公司的新塔设计。本节重点介绍石油蒸馏塔的图表简捷计算法，对于严格计算法可参考李志强主编的《原油蒸馏工艺与工程》的相关内容。

一、蒸馏塔的物料平衡与热平衡

（一）蒸馏塔的物料平衡

蒸馏塔的物料平衡是计算设计蒸馏塔尺寸、操作条件以及决定相关的设备工艺条件的主要依据，是找出生产中存在问题的重要分析手段之一。

原油蒸馏塔的物料平衡，可分为全塔和局部物料平衡。全塔的物料平衡如图 5－42 所示。

蒸馏物料平衡计算首先要画好草图，然后选定物料平衡部位的隔离系统，如图 5－42 中的虚线为计算全塔物料平衡时的隔离系统。另外，计算前还应确定计算基准，常以每小时的流量作为基准。图中的塔顶回流和汽提塔汽提出的油蒸气属于塔内部循环，其流量大小不计入物料平衡内。最后，可列出物料平衡计算式或列表。

进入隔离系统物料（入方）有：

G——原油进塔量，$kg\cdot h^{-1}$；

G_{BW}——塔底汽提水蒸气量，$kg\cdot h^{-1}$；

G_{B1}——一侧线汽提水蒸气量，$kg\cdot h^{-1}$；

G_{B2}——二侧线汽提水蒸气量，$kg\cdot h^{-1}$。

离开隔离系统物料（出方）有：

G_D——塔顶产品量，$kg\cdot h^{-1}$；

G_1——一侧线产品量，$kg\cdot h^{-1}$；

G_2——二侧线产品量，$kg\cdot h^{-1}$；

G_W——塔底产品量，$kg\cdot h^{-1}$；

G_{BD}——塔顶冷凝水，$kg\cdot h^{-1}$。

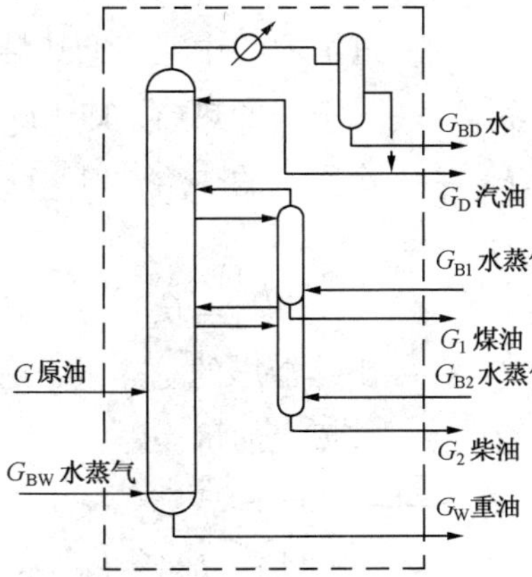

图 5－42 蒸馏塔物料平衡图

根据物料平衡，总进料量等于总出料量，即入方＝出方，故

$$G+G_{BW}+G_{B1}+G_{B2}=G_D+G_1+G_2+G_W+G_{BD}$$

根据核算目的，也可按以上同样方法对蒸馏塔做局部物料平衡。

（二）全塔热平衡

热量平衡也是确定设备工艺条件和工艺尺寸所必须进行的计算内容，同时也是分析生产的重要依据。

蒸馏塔的热量平衡，分为全塔热平衡和局部平衡。下面以全塔热平衡为例，介绍确定热平衡的方法。原油蒸馏塔全塔热平衡如图 5－43 所示。

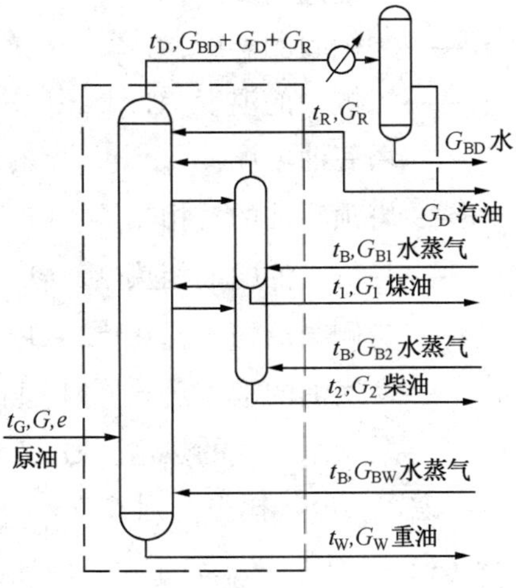

图 5－43 蒸馏塔热平衡隔离系统图

热平衡计算步骤与物料平衡计算步骤基本相同。首先画出草图，其次选定隔离体系，在草图上标出进出口物料量、温度、压力、相态等已知或未知条件，最后建立热平衡方程式（或列表）。

入塔热量：

$$Q_{入}=Geh^{V}_{t_G}+G(1-e)h^{L}_{t_G}+G_{BD}h^{V}_{t_B}+G_Rh^{L}_{t_R}$$

式中 $Q_{入}$——进入蒸馏塔的总热量，$kJ\cdot h^{-1}$；

G——原油进塔量，kg·h^{-1}；

G_{BD}——进入蒸馏塔的水蒸气量，kg·h^{-1}

e——原油在进料处的汽化率；

G_R——塔顶回流量，kg·h^{-1}；

t_G——原油进料塔温度,℃；

t_B——水蒸气的温度,℃；

$h_{t_G}^V$——进塔原油中气相的热焓，kJ·kg^{-1}；

$h_{t_G}^L$——进塔原油中液相的热焓，kJ·kg^{-1}；

$h_{t_B}^V$——水蒸气的热焓，kJ·kg^{-1}；

$h_{t_R}^L$——冷回流的热焓，kJ·kg^{-1}；

出塔热量：

$$Q_{出} = G_D h_{t_D}^V + G_R h_{t_D}^V + G_1 h_{t_1}^L + G_2 h_{t_2}^L + G_W h_{t_W}^L + G_{BD} h_{t_D}^V$$

式中 $Q_{出}$——出蒸馏塔的总热量，kJ·h^{-1}；

G_D——塔顶汽油量，kg·h^{-1}；

G_1——一侧线产品量，kg·h^{-1}；

G_2——二侧线产品量，kg·h^{-1}；

G_W——塔底产品量，kg·h^{-1}；

t_D——汽油馏出温度,℃；

t_1——一侧线的温度,℃；

t_2——二侧线的温度,℃；

t_W——塔底油温度,℃。

$h_{t_D}^V$——塔顶汽油的气相热焓，kJ·kg^{-1}；

$h_{t_2}^L$——一侧线油的液相热焓，kJ·kg^{-1}；

$h_{t_2}^L$——二侧线油的液相热焓，kJ·kg^{-1}；

$h_{t_W}^L$——塔底油的液相热焓，kJ·kg^{-1}；

$h_{t_D}^V$——塔顶水蒸气的热焓，kJ·kg^{-1}。

若不考虑塔的散热损失，则 $Q_{入} = Q_{出}$，整理后得：

$$[Geh_{t_G}^V + G(1-e)h_{t_G}^L + G_{BD}h_{t_B}^V] - (G_D h_{t_D}^V + G_1 h_{t_1}^L + G_2 hV_{t_2}^L + G_W h_{t_W}^L + G_{BD} h_{t_D}^L) = G_R(h_{t_D}^V - h_{t_R}^L)$$

式中 $G_R(h_{t_D}^V - h_{t_R}^L)$ 为全塔剩余的热量，也就是回流应取走总的热量，即全塔回流热。回流热分配大致按以下比例：塔顶回流取热为20%～30%（包括顶循环回流），中段循环回流取热为70%～80%，各厂家根据实际情况决定。

二、蒸馏塔主要操作条件的确定

（一）经验塔板数

石油的组成相当复杂，目前还不能用分析法计算常压塔塔板数，一般采用生产中可行的经验数据。表5－2是目前国内外常压塔板数参考值，其中最低侧线—进料之间也可用填料代替，既有塔板分离功能又起破沫作用。值得注意的是，原油蒸馏塔所得各侧线馏分油，一般后面还需要通过加氢精制等工艺过程才能作为产品，因此分离的精确度要求不高（润滑油馏分油除外），表5－2中所列塔板数可以满足蒸馏要求。塔板数与塔内各段馏分分离精确度、回流比大小都有关系，若需计算所需塔板数可参考林世雄主编的《石油炼制工程》相关内容。

表5－2　国内外常压塔塔板数

初步分离的馏分	国内	国外	初步分离的馏分	国内	国外
汽油～煤油	8～10	6～8	进料～塔底	4～5	4～5
煤油～轻柴油	8～9	4～6	顶循环回流	3～4	3～4
轻柴油～重柴油	4～7	4～6	常一中回流	3～4	3～4
重柴油～裂化料	4～8	5～6	常二中回流	3～4	3～4
最低侧线～进料	4～5	3～6	塔板总数	41～56	35～49

（二）汽提蒸汽用量

石油精馏塔的汽提蒸汽一般都是采用温度为400～450℃的过热水蒸气（压力约为0.3MPa），用过热蒸汽的主要原因是防止冷凝水带入塔内。侧线产品汽提的目的主要是驱除其中的低沸组分，从而提高产品的闪点和改善分馏精确度；常压塔底汽提主要是为了降低塔底重油中350℃以前馏分的含量以提高直馏轻质油品的收率，同时也减轻了减压塔的负荷；减压塔底汽提的目的则主要是降低汽化段的油气分压，从而在所能达到的最高温度和真空度之下尽量提高减压塔的拔出率。

汽提蒸汽的用量与需要提馏出来的轻组分含量有关，在设计计算中可以参考表5－3所列的经验数据选择汽提蒸汽的用量。

表5－3　汽提蒸汽用量

塔	物流	蒸汽用量/%（对产品）	塔	物流	蒸汽用量/%（对产品）
常压塔	溶剂油	1.5～2	常压塔	塔底重油	2～4
	煤油	2～3	初馏塔	塔底油	1.2～1.5
	轻柴油	2～3	减压塔	中、重润滑油料	2～4
	重柴油	2～4		残渣燃料油	2～4
	轻润滑油	2～4		气缸油料	2～5

由于原料不同，操作情况多变，适宜的汽提蒸气用量还应当通过实际生产情况的考察来调整。近年来，由于对节能问题的重视，在可能的条件下，倾向于减少汽提蒸气的用量。

（三）过汽化油量

当原料油是以部分汽化状态进入塔内，而气体部分的量仅等于塔顶及各侧线产品的量时，最低一侧线至汽化段之间的塔板将产生“干板”现象（即塔板上无液相回流），从而使此处塔板失去精馏作用。因此，要求进料的汽化量除了包括塔顶和各侧线的产品外，还应有一部分多余的量，这就是过汽化油量。过汽化油量应适当，过小影响分离效果；过大将增加加热炉的负荷，提高汽化段温度，同时也增加了外回流量。表5－4为国内某些炼厂的蒸馏塔过汽化油量。

表5－4　国内某些原油蒸馏塔过汽化油量（占进料的质量百分数/%）

塔名称	一	二	三	四	推荐值
初馏塔	5.3	5	—	—	2～5
常压塔	2.5	2	2	2.85	2～4
减压塔	1.2	—	2	—	3～6

（四）操作压力

原油常压蒸馏塔的最低操作压力最终受制于在塔顶产品接受罐的温度下的塔顶产品的泡点压力。常压塔顶产品通常是汽油馏分或重整原料，当用水作为冷却介质时，塔顶产品冷至40℃左右，产品接受罐（在不使用二级冷凝冷却流程时也就是回流罐）在0.1～0.25MPa的压力操作时，塔顶产品能基本上全部冷凝，不凝气很少。为了克服塔顶馏出物流经管线和设备的流动阻力，常压塔顶的压力应稍高于产品接受罐的压力，或者说稍高于常压。常压塔的名称盖出于此。

在确定塔顶产品接受罐或回流罐的操作压力后，加上塔顶馏出物流经管线、管件和冷凝冷却设备的压降即可计算得塔顶的操作压力。根据经验，通过冷凝器或换热器壳程（包括连接管线在内）的压降一般约为0.02MPa，使用空冷器时的压降可能稍低些。国内多数常压塔的塔顶操作压力为0.13～0.16MPa。

塔顶操作压力确定后，塔的各部位的操作压力也随之可以计算而得。塔的各部位的操作压力与油气流经塔板时所造成的压降有关。油气由下而上流动，故塔内压力由下而上逐渐降低。常压塔采用的各种塔板的压降大致如表5－5所示。

表5－5　各种塔板的压力降

塔板型式	压力降/kPa	塔板型式	压力降/kPa
泡罩	0.5～0.8	舌型	0.25～0.4
浮阀	0.4～0.65	金属破沫网	0.1～0.25
筛板	0.25～0.5		

由加热炉出口经转油线到精馏塔汽化段的压力降通常为0.034MPa，根据蒸馏塔汽化段的压力即可推算出炉出口压力。

（五）操作温度

确定精馏塔的各部位的操作压力后，就可以求定各点的操作温度。

从理论上说，在稳定操作的情况下，可以将精馏塔内离开任一块塔板或汽化段的气、液两相都看成处于相平衡状态。因此，气相温度是该处油气分压下的露点温度，而液相温度则是其泡点温度。虽然实际上由于塔板上的气、液两相常常未能完全达到相平衡状态而使实际的气相温度稍偏高或液相温度稍偏低，但是在设计计算中都是按上述的理论假设来计算各点的温度的。

上述的计算方法中要计算油气分压时必须知道该处的回流量。因此，求定各点的温度时需要综合运用热平衡和相平衡两个工具，用试差计算的方法。计算时，先假设某处温度为 t，作热平衡以求得该处的回流量和油气分压，再利用相平衡关系——平衡汽化曲线，求得相应的温度 t'（泡点、露点或一定汽化率的温度）。t' 与 t 的误差应小于1%，否则须另设温度 t，重新计算直至达到要求的精度为止。

为了减小猜算的工作量，应尽可能地参照同类炼厂设备、加工同种原油的操作数据来假设各点的温度值。如果缺乏可靠的经验数据，或为方案比较而只须做粗略的热平衡时，可以根据以下经验来假设温度的初值：①在塔内有水蒸气存在的情况下，常压塔顶汽油蒸气的温度可以大致定为该油品的恩氏蒸馏60%点温度；②当全塔汽提水蒸气用量不超过进料量的12%时，侧线抽出板温度大致相当于该油品的恩氏蒸馏5%点温度。

下面分别讨论求定各点温度的方法。

1. 汽化段温度

汽化段温度就是进料的绝热闪蒸温度。已知汽化段和炉出口的操作压力，而且产品总收率或常压塔拔出率和过汽化度、汽提蒸气量等也已确定，就可以算出汽化段的油气分压。进而可以作出进料（在常压塔的情况下即为初底油）在常压下的、在汽化段油气分压下以及炉出口压力下的三条平衡汽化曲线（见图5-44）。根据预定的汽化段中的总汽化率 e_F，由该图查得汽化段温度 t_F，由 e_F 和 t_F 可算出汽化段内进料的焓值。

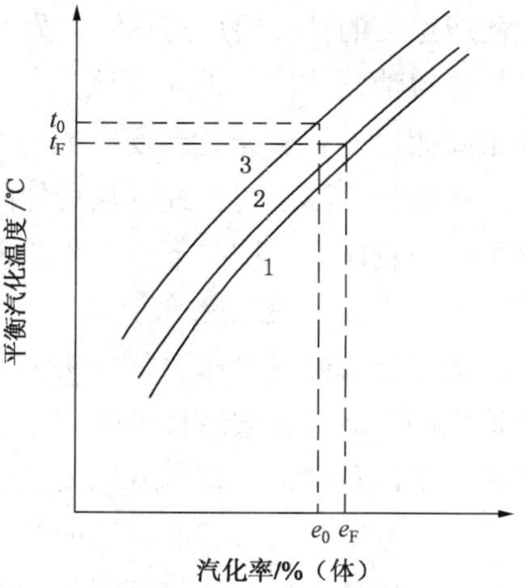

图5-44　进料的平衡汽化曲线

1—常压下平衡汽化曲线；
2—汽化段油气分压下的平衡汽化曲线；
3—炉出口压力下的平衡汽化曲线

在汽化段内发生的是绝热闪蒸过程。如果忽略转油线的热损失，则加热炉出口处进料的焓 h_0 应等于汽化段内进料的焓 h_F。加热炉出口温度 t_0 必定高于汽化段温度 t_F，而炉出口处汽化率 e_0 则必然低于 e_F。

前文已提及，为了防止进料中不安定组分在高温下发生显著的化学反应，进料被加热的最高温度（即加热炉出口温度）应有所限制。因此，如果由前面求得的 t_F、e_F 推算出的 t_0 超出允许的最高加热温度，则应对所规定的操作条件进行适当的调整。

生产喷气燃料时，原油的最高加热温度一般为360～365℃，而在生产一般石油产品时则可放宽至约370℃（深拔时≤390℃）。在设计计算时可以根据此要求选择一个合适的炉出口温度 t_0，并在图5－44上查得炉出口的汽化率 e_0，从而求出炉出口处油料的焓值 h_o。考虑到转油线上的热损失，此 h_0 值应稍大于由汽化段的 t_F、e_F 推算出的 h_F 值。如果 h_0 值高出 h_F 值许多，说明进料在塔内的汽化率还可以提高；反之，若 h_0 值低于 h_F 值而炉出口温度又不允许再提高，则可以调整汽提水蒸气量或过汽化度使汽化段的油气分压适当降低以保证所要求的拔出率。

2. 塔底温度

进料在汽化段闪蒸形成的液相部分，会同精馏段流下的液相回流（相当于过汽化部分），向下流至汽提段。塔底通入过热水蒸气逆流而上与油料接触，不断地将油料中的轻馏分汽提出去。轻馏分汽化需要的热量一部分由过热水蒸气供给，一部分由液相油料本身的显热提供。由于过热水蒸气提供的热量有限，加之又有散热损失，因此油料的温度由上而下逐板下降，塔底温度比汽化段温度低不少。虽然文献资料中有关于计算塔底温度方法的介绍，但计算值与实际情况往往有较大的出入，所以一般均采用经验数据。原油蒸馏装置的初馏塔、常压塔及减压塔的塔底温度一般比汽化段温度低5～10℃。

3. 侧线温度

严格地说，侧线抽出温度应该是未经汽提的侧线产品在该处的油气分压下的泡点温度。它比汽提后的产品在同样条件下的泡点温度略低一点。然而往往能够得到的是经汽提后的侧线产品的平衡汽化数据。考虑到在同样条件下汽提前后的侧线产品的泡点温度相差较小，为简化起见，通常都是按经汽提后的侧线产品在该处油气分压下的泡点温度来计算。

侧线温度的计算要用猜算法。先假设侧线温度 t_m，作适当的隔离体和热平衡，求出回流量，算得油气分压，再求得该油气分压下的泡点温度 t'_m。t'_m 应与假设的 t_m 相符即可，否则重新假设 t_m，直至达到要求的精度为止。这里要说明两点：

①计算侧线温度时，最好从最低的侧线开始，这样计算比较方便。因为进料段和塔底温度可以先行确定，则自下而上作隔离体和热平衡时，每次只有一个侧线温度是未知数，恰好就是需求的侧线温度。

②为了计算油气分压，须分析一下侧线抽出板上的气相的组成情况。该气相是由下列物料构成的：通过该层塔板上升的塔顶产品和该侧线上方所有侧线产品的蒸气，还有在该层抽出板上汽化的内回流蒸气以及汽提水蒸气。可以认为内回流的组成与该塔板抽出的侧线产品组成基本相同，因此所谓的侧线产品的油气分压即指该处内回流蒸气的分压，即把除回流蒸气以外的所有油气都看作和水蒸气一样起着降低分压的作用，并按汽提后侧线产品的平衡汽化数据来计算泡点温度。

4. 塔顶温度

塔顶温度是塔顶产品在其本身油气分压下的露点温度。塔顶馏出物包括塔顶产品、塔顶回流（其组成与塔顶产品相同）蒸气、不凝气（气体烃）和水蒸气。塔顶回流量须通过假设塔顶温度作全塔热平衡才能求定。算出油气分压后，求出塔顶产品在此油气分压下的露点温度，以此校核所假设的塔顶温度。

原油初馏塔、常压塔的塔顶不凝气量很少，可忽略不计。忽略不凝气以后求得的塔顶温度较实际塔顶温度约高出3%，可将计算所得的塔顶温度乘以系数0.97后与假设的塔顶温度比较，若小于允许误差则将温度作为采用的塔顶温度。

在确定塔顶温度时，应同时校核水蒸气在塔顶是否会冷凝。若水蒸气的分压高于塔顶温度下水的饱和蒸气压，则水蒸气就会冷凝。遇到此情况时应考虑减少水蒸气用量或降低塔的操作压力，重新进行全部计算。对于一般的原油常压精馏塔，只要汽提水蒸气用量不是过大，则只有当塔顶温度约低于90℃时才会出现水蒸气冷凝的可能性。

5. 侧线汽提塔塔底温度

当用水蒸气汽提时，汽提塔塔底温度比侧线抽出温度低8～10℃，有时也可能低得更多些。当需要严格计算时，可以根据汽提出的轻组分的量通过热平衡计算求取。

当用再沸提馏时，其温度为该处压力下侧线产品的泡点温度，此温度有时可高出该侧线抽出板温度十几度。

三、原油常压分馏塔工艺计算实例

（一）计算所需基本数据

①原料油性质，其中主要包括实沸点蒸馏数据、密度、特性因数、相对分子质量、含水量、黏度和平衡汽化数据等。

②原料油处理量，包括最大和最小可能的处理量。

③根据正常生产和检修情况确定的年开工天数。

④产品方案及产品性质。

⑤汽提水蒸气的温度和压力。

上述基本数据通常由设计任务给定。此外，应尽可能收集同类型生产装置和生产方案的实际操作数据以供参考。

（二）设计计算步骤

①根据原料油性质及产品方案确定产品的收率，作出物料平衡。

②列出（有的须通过计算求得）有关油品的性质。

③决定汽提方式，并确定汽提蒸气用量。

④选择塔板的型式，并按经验数据定出各塔段的塔板数。

⑤画出精馏塔的草图，其中包括进料及抽出侧线的位置、中段回流位置等。

⑥确定塔内各部位的压力和加热炉出口压力。

⑦决定进料过汽化度，计算汽化段温度；确定塔底温度；假设塔顶及各侧线抽出温度，做全塔热平衡，算出全塔回流热，选定回流方式及中段回流的数量和位置，并合理分配回流热；校核各侧线及塔顶温度，若与假设值不符合，应重新假设和计算。

⑧作出全塔气、液相负荷分布图，并将上述工艺计算结果填在草图上。

⑨计算塔径和塔高。

⑩进行塔板水力学核算。

[**例 5-5**] 以阿曼原油初底油为原料，设计一套处理量为 $12Mt \cdot a^{-1}$（年开工按 8000h 计算）的常减压蒸馏装置。其中初底油量为 $10.8628Mt \cdot a^{-1}$，初底油的实沸点蒸馏数据及平衡汽化数据由试验室提供，见图 5-45。根据实沸点蒸馏数据得到常压蒸馏塔汽油、煤油、轻柴油、重柴油和重油各段产品的体积收率、相对密度等数据，分别见表 5-6。

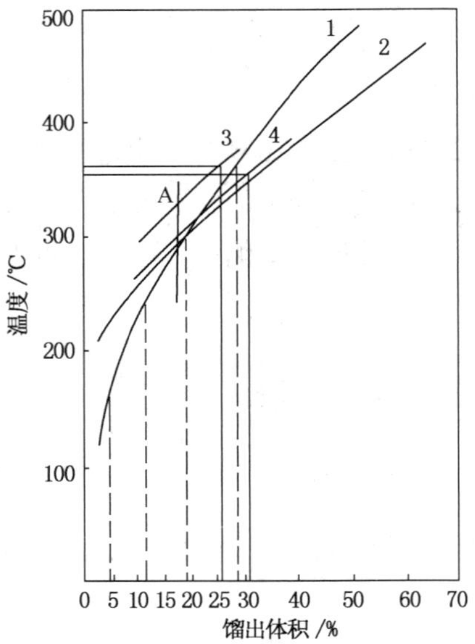

图 5-45 初底油的实沸点蒸馏曲线与平衡汽化曲线

1—初底油的常压下实沸点蒸馏曲线；2—初底油的常压平衡汽化曲线；

3—炉出口压力下初底油的平衡汽化曲线；4—汽化段油气分压下初底油的平衡汽化曲线

表 5-6 各段产品部分性质数据

产品名称	汽油	煤油	轻柴油	重柴油	重油
实沸点切割/℃	—	145	230	320	360
体积收率/%	6.43	14.16	14.74	6.83	57.84
相对密度 d_4^{20}	0.7352	0.7745	0.8185	0.8715	0.9442

根据上述条件设计初底油常压分馏塔。

工艺设计计算过程及结果如下：

1）初底油切割方案及各产品性质计算

根据图 5-45 及表 5-6 所示各段产品的切割点、相对密度数据，对各段产品进行恩氏蒸馏测定，数据详见表 5-7。

为了后续计算方便，需将初底油和各组分的有关性质参数计算（方法见本书第二章）

汇总，列于表5－8。

表5－7　阿曼初底油常压切割方案

组分名称	汽油	煤油	轻柴油	重柴油	重油
相对密度 d_4^{20}	0.7352	0.7745	0.8185	0.8715	0.9442
体积收率/%（体）	6.43	14.16	14.74	6.83	57.84
质量收率/%	5.35	12.42	13.66	6.74	61.83
恩氏蒸馏数据/℃					
0%	122.9	157.2	261.8	327.6	
10%	124.4	170.9	264.9	328.9	
30%	128.2	175.2	272.3	332.8	
50%	133	180.1	280.1	337.7	
70%	137.5	187.3	289.5	343.6	
90%	142.1	198.1	300.3	349.9	
终馏点	144.8	209.3	306.4	353.8	

注：理论计算恩氏蒸馏温度应做裂化校正，但在工程计算中允许不做校正。

表5－8　油品的有关性质参数

组分名称	汽油	煤油	轻柴油	重柴油	重油
相对密度 d_4^{20}	0.7352	0.7745	0.8185	0.8715	0.9442
相对密度 $d_{15.6}^{15.6}$	0.7401	0.7792	0.8230	0.8756	0.9479
API度	59.7	45.3	40.5	30.2	17.6
特性因数（K）	12.14	11.68	12.11	11.75	11.80
相对分子质量	117	145	216	292	440
平衡汽化0%温度/℃	—	170.4	282.1	353.8	—
平衡汽化100%温度/℃	136.7	—	—	—	—
真临界温度/℃	309	365	455	506	—
假临界温度/℃	306	362	451	504	—
真临界压力/MPa	2.81	2.52	1.76	1.545	—
假临界压力/MPa	2.71	2.38	1.64	1.535	—
焦点温度/℃	321.3	383.7	468.3	511.4	—
焦点压力/MPa	3.41	3.05	2.05	1.668	—

2）物料平衡

由年开工天数及各产品的收率，即可作出常压塔的物料平衡，见表5－9。表中的物料平衡忽略了损失（气体＋损失），实际生产中常压塔的损失约占初底油的0.5%。

表 5-9　物料平衡（按 8000h/a）

油品		产率/%		处理量或产量		
		体积分数	质量分数	$Mt \cdot a^{-1}$	$kg \cdot h^{-1}$	$kmol \cdot h^{-1}$
初底油		100	100	10.8628	1357853	—
产品	石脑油	6.43	5.35	0.05812	72645	620.90
	喷气燃料	14.16	12.42	0.13492	168645	1163.07
	轻柴油	14.74	13.66	0.14839	185483	858.72
	重柴油	6.83	6.74	0.07322	91519	313.42
	重油	57.84	61.83	0.67165	839561	1908.09
	合计	100	100	10.863	1357853	4864.2

3）汽提蒸气用量

侧线产品及塔底重油均采用温度为 420℃、压力为 0.3MPa 的过热水蒸气汽提，参考表 5-2 推荐值选取汽提蒸气量见表 5-10。

表 5-10　汽提水蒸气用量

油品	质量分数（对油）/%	$kg \cdot h^{-1}$	$kmol \cdot h^{-1}$
煤油	3	5059.35	281.075
轻柴油	2	3709.66	206.092
重柴油	2.8	2562.53	142.363
塔底重油	2	16791.22	932.846
合计	—	28122.76	1562.376

4）塔板型式和塔板数

选用浮阀塔板。参照表 5-2 推荐值选定的塔板数见表 5-11。

表 5-11　选定的塔板数

分离的产品	塔板数	备注
石脑油-煤油	14 层	考虑出重整料、一线出喷气燃料，含塔顶循环回流 4 块
煤油-轻柴油	12 层	考虑一线出喷气燃料，未含煤油-轻柴油之间一中循环回流 3 块
轻柴油-重柴油	10 层	未含轻柴油-重柴油之间二中循环回流 3 块
重柴油-进料口	4 层	
塔底汽提段	4 层	
合计	50	

需要指出的是，表 5-11 中给出的总塔板数与目前炼油厂的实际塔板数多在 50 块左右颇为接近，原因是为了节能增设塔顶循环回流并采用两个中段循环回流。

5）操作压力

根据常压蒸馏塔操作压力确定原则，取塔顶产品罐压力为 0.13MPa。塔顶采用两级冷凝冷却流程，取塔顶空冷器压力降为 0.01MPa，使用一个管壳式水冷器，壳程压力降取 0.017MPa。故

塔顶压力 = 0.13 + 0.01 + 0.017 = 0.157MPa（绝）

取每层浮阀塔板压力降为 0.5kPa（约 4mmHg），则推算得常压塔各关键部位的压力如下：

塔顶压力 0.157MPa

一线抽出板（第 14 层）上压力 0.163MPa；

二线抽出板（第 29 层）上压力 0.1715MPa；

三线抽出板（第 42 层）上压力 0.178MPa；

汽化段压力（第 46 层下）0.180MPa。

取转油线压力降为 0.035MPa，则加热炉出口压力 = 0.180 + 0.035 = 0.215MPa。

6）精馏塔计算草图

将塔体、塔板、进料入口及各产品出口、中段循环回流位置、汽提返塔位置、塔底汽提点等绘成草图 5-46。以后的计算结果（如操作条件和物料流量等）可以陆续填入图中。这样的计算草图可使设计计算对象一目了然，便于分析计算结果的规律性，避免漏算重算等现象，因而是很有用的。

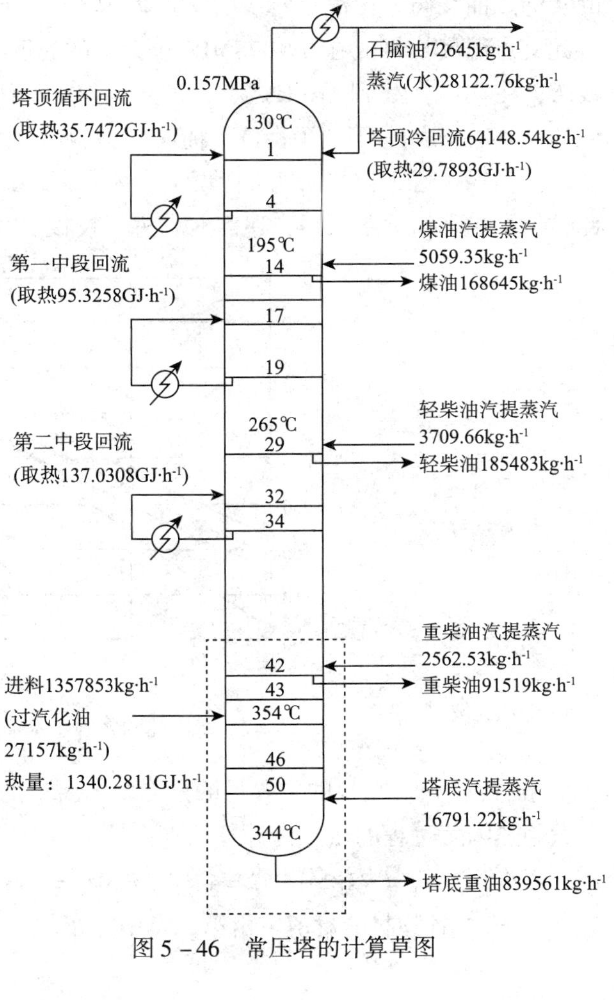

图 5-46 常压塔的计算草图

7）汽化段温度

①汽化段中进料的汽化率与过汽化度（初底油相对密度 $d_4^{20}=0.8849$）。根据推荐值过汽化度为进料的 2% ~ 4%（质量分数），选取过汽化度为进料的 2%（质量分数）或 2.26%（体积分数），因此要求进料在汽化段中的汽化率 e_f 为：

$$e_f(v) = (6.43 + 14.16 + 14.74 + 6.83 + 2.26)\% = 44.42\% \text{（体）}$$

②汽化段油气分压。过汽化油性质与重柴油基本接近，其相对分子质量取 300。汽化段中各物料的流量

如下：

过汽化油（1357854 ×2%）/300 = 90.52kmol · h^{-1}

汽油： 620.90kmol · h^{-1}；

煤油： 1163.07kmol · h^{-1}；

轻柴油： 858.72kmol · h^{-1}；

重柴油： 313.42kmol · h^{-1}；

油汽量合计： 3046.63kmol · h^{-1}；

塔底汽提水蒸气： 932.85kmol · h^{-1}。

由此计算得汽化段的油气分压为：

$$0.180 \times 3046.63/(3046.63 + 932.85) = 0.1378 \text{（MPa）}$$

③汽化段温度的初步求定。汽化段温度应该是在汽化段油气分压 0.1378MPa 之下汽化 44.42%（体积分数）的温度，为此需要作出在 0.1378MPa 下初底油平衡汽化曲线。初底油的实沸点与平衡汽化曲线如图 5 – 47 所示。由图中曲线 1 与曲线 2 可得到原油在常压下的实沸点曲线与平衡汽化曲线的交点为 303℃。通过烃类蒸气压与常压沸点关系图 2 – 5，将此交点温度换算成在 0.1378MPa 压力下的温度为 316℃。过该交点作垂直于横坐标的直线 A，在 A 线上找到 316℃之点，过此点作平行于原油常压平衡汽化曲线 2 的线 4，即为原油在 0.1378MPa 下的平衡汽化曲线。

由曲线 4 可查得当 e_F为 44.42%（体）时的温度为 354℃，此即欲求的汽化段温度 t_F。此 t_F是由相平衡关系求得，还需对它进行校核。

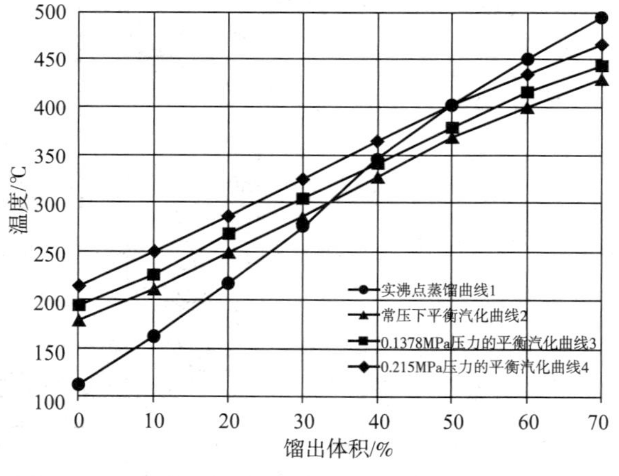

图 5 – 47 初底油的实沸点蒸馏曲线与平衡汽化曲线

④t_F的校核。校核的主要目的是看由 t_F要求的加热炉出口温度是否合理。校核的方法是做绝热闪蒸过程的热平衡计算以求得炉出口温度。

当汽化率 e_F（体积分数）= 44.42%，t_F = 354℃时，进料在汽化段中的焓 h_F计算见表 5 – 12。表中各物料的焓值可由第二章中介绍的方法和图表求得。

表 5－12　进料带入汽化段的热量 Q_F（P＝0.180MPa　t＝354℃）

油料	d_4^{20}	流量/kg·h⁻¹	焓/kJ·kg⁻¹		热量/GJ·h⁻¹
			气相	液相	
石脑油	0.7352	72645	1156	—	83.9776
煤油	0.7745	168645	1149	—	193.7731
轻柴油	0.8185	185483	1132	—	209.9668
重柴油	0.8715	91519	1101	—	100.7624
过汽化油	0.8915	27157	1089	—	29.5740
重油	0.9442	812404	—	889	722.2272
合计	—	1357853	—	—	1340.2811

所以　$h_F = 1340.2811 \times 10^6 / 1357853 = 987.06$（kJ·kg⁻¹）

再求出初底油在加热炉出口条件下的焓 h_0。按前述方法作出初底油在炉出口压力0.215MPa之下的平衡汽化曲线（图5－47中的曲线3）。由于是初底油，可认为不含水分，炉出口压力就是初底油的油气蒸气压下的平衡汽化曲线。因考虑到生产喷气燃料，限定炉出口温度不超过365℃，由曲线3可读出在365℃时的汽化率 e_0 为40.3%（体积分数）。显然 $e_0 < e_F$，即在炉出口条件下，过汽化油处于液相（即无过汽化油）；但进料口以上产品的汽化率为42.16%（体积分数），说明仍有42.16%～40.3%＝1.86%（体积分数）的重柴油未汽化，换算至质量百分率6.74×1.86/6.83＝1.835%。根据此可算出进料在炉出口条件下的焓值 h_0，见表5－13。

表 5－13　进料在炉出口处携带的热量（P＝0.215MPa　t＝365℃）

油料	d_4^{20}	流量/kg·h⁻¹	焓/kJ·kg⁻¹		热量/GJ·h⁻¹
			气相	液相	
石脑油	0.7352	72645	1188	—	86.302
煤油	0.7745	168645	1180	—	199.001
轻柴油	0.8185	185483	1159	—	214.975
重柴油（气相）	0.8715	66609	1138	—	75.801
重柴油（液相）	0.8715	24910	—	946	23.565
重油	0.9442	839561	—	933	783.310
合计	—	1357853	—	—	1382.954

所以

$$h_0 = 1382.954 \times 10^6 / 1357853 = 1018.486\ (\text{kJ} \cdot \text{kg}^{-1})$$

核算结果表明 h_0 略高于 h_F，所以在设计的汽化段温度354℃之下，能保证所需的拔出率44.42%（体积分数），炉出口温度也不至于超过允许限度。要指出的是，若超过允许温度还不能满足汽化率的要求，则汽化段温度的调节（或者说要保证汽化率），就只能依靠调节汽化段油气分压来实现。

8）塔底温度

取塔底温度比汽化段低10℃，即354－10＝344℃。

9）塔顶及侧线温度的假设与回流热分配

①假设塔顶及各侧线温度。参考同类装置的经验数据，假设塔顶及各侧线温度如下：

塔顶温度	130℃
煤油抽出板（第14层）	195℃
轻柴油抽出板（第29层）	265℃
重柴油抽出板（第42层）	325℃

②全塔回流热。按上述假设的温度条件做全塔热平衡，见表5－14。

表5－14　全塔热平衡

物料		流量/kg·h^{-1}	d_4^{20}	操作条件		焓/kJ·kg^{-1}		热量/GJ·h^{-1}
				MPa	℃	气相	液相	
入方	进料	1357853	0.8832	0.180	354	—	—	1340.2811
	汽提蒸气	28122.76	—	0.3	420	3316	—	93.2551
	合计	1385975.76	—	—	—	—	—	1433.5362
出方	石脑油	72645	0.7352	0.157	130	632	—	45.9116
	煤油	168645	0.7745	0.163	195	—	494	83.3106
	轻柴油	185483	0.8185	0.1715	265	—	686	127.2413
	重柴油	91519	0.8715	0.178	325	—	841	76.9675
	重油	839561	0.9442	0.182	344	—	864	725.3807
	水蒸气	28122.76	—	0.157	130	2732	—	76.8314
	合计	1385975.76	—	—	—	—	—	1135.6431

全塔回流热 $Q=(1433.5362-1135.6431)\times10^6=297.8931\times10^6$（kJ·h^{-1}）。

③回流方式及回流热分配。塔顶采用二级冷凝冷却流程，塔顶回流温度为60℃。采用两个中段循环回流和塔顶循环回流，一中在煤油侧线与轻柴油侧线之间（第17～19层），二中位于轻柴油侧线与重柴油侧线之间（第32～34层），塔顶循环回流则在第1～3层间，回流分配如表5－15所示。

表5－15　回流方式及回流热分配

回流热分配	温度/%	热量/GJ·h^{-1}	回流热分配	温度/%	热量/GJ·h^{-1}
塔顶冷回流	10	29.7893	二中循环	46	137.0308
塔顶循环	12	35.7472	合计	100	297.8931
一中循环	32	95.3258			

10）侧线及塔顶温度的校核

侧线温度校核应自下而上进行。侧线温度是该产品的内回流油气分压下该产品平衡汽化的泡点温度，关键是计算出内回流的油气分压；要计算内回流油气分压就得求出内回流。内回流量通过做出隔离体系，由物料平衡及热平衡算出。需要注意的是，内回流油的温度要用上一块板的液相温度，而气相要用抽出板的温度；内回流的物性（如密度、相对分子质量）要用抽出板上方一块板液体的物性。可以认为，从汽化段开始沿着塔高，油品的物性是均匀变化的，因此可以采用内插（或外推）来确定内回流和过汽化油的物性（如密度、相对分子质量等）。进行内插（或外推）时，应尽量采用相邻的两个产品作为比较。同样可以认为，从汽化段开始沿着塔高的温度及压力也是均匀变化的。

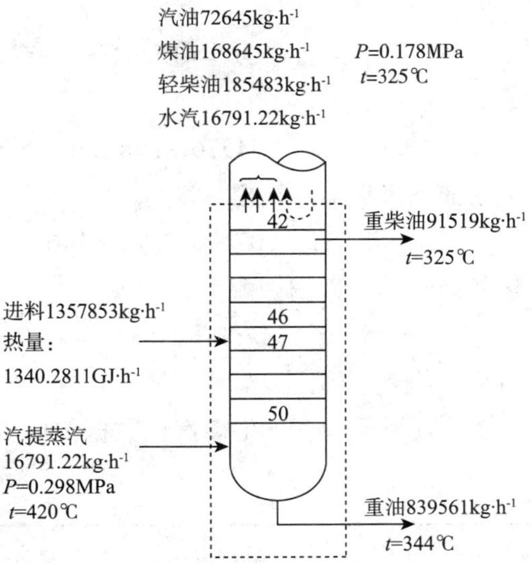

图 5－48　重柴油抽出板以下塔段热平衡

①重柴油抽出板（第 42 层）温度。按图 5－48 中的隔离体系 I 做第 42 层以下塔段的热平衡，见表 5－16。

表 5－16　第 42 层以下塔段热平衡

物料		流量/kg·h^{-1}	d_4^{20}	操作条件		焓/kJ·kg^{-1}		热量/GJ·h^{-1}
				压力/MPa	温度/℃	气相	液相	
入方	进料	1357853	0.8832	0.180	354	—	—	1340.2811
	汽提蒸气	16791.22	—	0.3	420	3316	—	55.6797
	内回流	L	0.8684	0.178	316	—	816	$816L$
	合计	$+L$	—	—	—	—	—	$1395.9608\times10^6+816L$
出方	汽油	72645	0.7352	0.178	325	1067	—	77.5122
	煤油	168645	0.7745	0.178	325	1060	—	178.7637
	轻柴油	185483	0.8185	0.178	325	1049	—	194.5716
	重柴油	91519	0.8715	0.178	325	—	840	76.8759
	重油	839561	0.9442	0.182	344	—	864	725.3807
	水蒸气	16791.22	—	0.178	325	3110	—	52.2206
	内回流	L	0.8684	0.178	325	1034	—	$1035L$
	合计	$+L$	—	—	—	—	—	$1305.3247\times10^6+1035L$

由热平衡得

$$1395.9608\times10^6+816L=1305.3247\times10^6+1034L$$

所以，内回流

$$L = 4157619.26 \approx 4157619\ (\mathrm{kg \cdot h^{-1}})$$

或

$$4157619.26/283 = 1469.13\ (\mathrm{kmol \cdot h^{-1}})$$

重柴油抽出板上方气相总量为：

$$620.90 + 1163.07 + 858.72 + 1469.13 + 932.85 = 5044.67\ (\mathrm{kmol \cdot h^{-1}})$$

重柴油蒸气（即内回流）分压为：

$$0.178 \times 1469.13/5044.67 = 0.05184 \approx 0.052\ (\mathrm{MPa})$$

由重柴油常压恩氏蒸馏数据换算 0.052MPa 下平衡汽化 0 点温度。可以用图 5－12 和图 5－13 先换算得常压下平衡汽化数据，再由图 5－26 换算成 0.052MPa 下的平衡汽化数据。其结果如下：

恩氏蒸馏/%（体）	0	10	30	50
馏出温度/℃	327.6	328.9	332.8	337.7
恩氏蒸馏温差/℃	1.3	3.9	4.9	
平衡蒸发温差/℃	0.3	2.2	2.6	
平衡蒸发 50 % 温度/℃	337.7 + 21.2 = 358.9			
常压平衡蒸发温度/℃	353.8	354.1	356.3	358.9
0.052MPa 平衡汽化温度/℃	324.4	324.7	326.9	329.5

求得的在 0.052 MPa 下重柴油的泡点温度为 324.4℃，与原假设的 325℃很接近，可认为原假设温度是正确的。

②轻柴油抽出板和煤油抽出板温度。校核的方法与重柴油的方法相同，可通过做第 29 层板以下和第 14 层板以下的热平衡来计算，计算过程从略。计算结果如下：

轻柴油抽出板温度　　265.8℃

煤油抽出板温度　　194.5℃

计算结果与假设值很接近，故认为原假设是正确的。

③塔顶温度。

塔顶冷回流温度：

$$t_0 = 60℃$$

$$h^{\mathrm{L}}_{\mathrm{L_0},t_1} = 167.4\mathrm{kJ \cdot kg^{-1}}$$

塔顶温度：

$$t_1 = 130℃$$

回流蒸汽的焓值

$$h^{\mathrm{V}}_{\mathrm{L_0},t_1} = 631.78\mathrm{kJ \cdot kg^{-1}}$$

故塔顶冷回流量 L_0 为：

$$L_0 = Q_{顶冷}/(h^{\mathrm{V}}_{\mathrm{L_0},t_1} - h^{\mathrm{L}}_{\mathrm{L_0},t_1}) = 29.7893 \times 10^6/(631.78 - 167.4) = 64148.54\mathrm{kg \cdot h^{-1}}$$

塔顶油气量（石脑油+内回流蒸汽）为：

$$(72645+64148.54)/117=1169.2\text{kmol}\cdot\text{h}^{-1}$$

塔顶汽提蒸气流量为：

$$28122.76/18=1562.4\text{kmol}\cdot\text{h}^{-1}$$

塔顶油气分压为：

$$0.157\times1169.2/(1169.2+1562.4)=0.0672\text{MPa}$$

塔顶温度应该是石脑油在其油气分压下的露点温度，由恩氏蒸馏数据换算得石脑油常压露点温度为 136.7℃。已知其焦点温度和压力依次为 321.3℃和 3.41MPa。在平衡汽化座标纸上作出石脑油平衡汽化 100% 点的 *P-t* 线（如图 5-49 所示），得出 0.0672MPa 压力下露点温度为 133.1℃。考虑到不凝气的存在，该温度乘以系数 0.97，则塔顶温度为：133.1×0.97=129.1℃，与假设的 130℃很接近，故原假设温度正确。

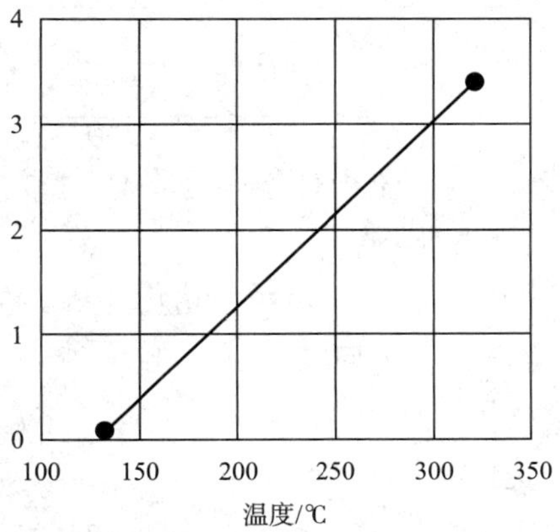

图 5-49 石脑油平衡汽化 100% 点的 *P-t* 线

验证在塔顶温度下汽提蒸气是否会冷凝：

塔顶汽提蒸气分压为 0.157 - 0.0672 = 0.0898MPa，在此压力下饱和汽提蒸气温度为 96.4℃，低于塔顶温度 130℃，故水汽不会冷凝。

11）全塔气、液负荷分布图

选择塔内几个有代表性的部位（如塔顶、第一层板下方、各侧线抽出板上下方、中段回流进出口处、汽化段及塔底汽提段等），分别求出该处的气、液负荷，就可以作出全塔气、液柜负荷分布图。以第 1 层塔板以下的热平衡为例，如表 5-17 所示。

表 5-17 第 1 层板以下塔段的热平衡

物料		流量/kg·h⁻¹	d_4^{20}	操作条件		焓/kJ·kg⁻¹		热量/10^6kJ·h⁻¹
				MPa	℃	气相	液相	
入方	进料	1357853	0.8832	0.180	354	—	—	1340.2811
	汽提蒸气	28122.76	—	0.3	420	3316	—	93.2551
	内回流	*L*	0.7352	0.157	130	—	330	330*L*
	合计	1385976+*L*	—	—	—	—	—	1433.5362+330*L*
出方	石脑油	72645	0.7352	0.1575	134.8	644.34	—	46.8081
	煤油	168645	0.7745	0.163	195	—	494	83.3106
	轻柴油	185483	0.8152	0.1715	265	—	686	127.2413
	重柴油	91519	0.8715	0.178	325	—	841	76.9675
	重油	839561	0.9442	0.182	343	—	866	727.0598
	水蒸气	28122.76	—	0.1575	134.8	2743	—	77.1407

续表

物料		流量/kg·h⁻¹	d_4^{20}	操作条件		焓/kJ·kg⁻¹		热量/10^6kJ·h⁻¹
				MPa	℃	气相	液相	
出方	顶循取热	—	—	—	—	—	—	35.7472
	一中取热	—	—	—	—	—	—	95.3258
	二中取热	—	—	—	—	—	—	137.0308
	内回流	L	0.7352	0.1575	134.8	648	—	$648L$
	合计	$1385976+L$	—	—	—	—	—	$1406.6318+648L$

取内回流相对分子质量 $M=117$；密度 $=0.7352$

由热平衡得：

$$1433.5362\times10^6+330\ (L)\ =1406.6318\times10^6+648\ (L)$$

所以，内回流

$$L=84605.03\text{kg}\cdot\text{h}^{-1}$$

或

$$L=84605.03/117=723.12\text{kmol}\cdot\text{h}^{-1}$$

液相总量

$$L=L_{内}+L_{循}=84605.03/735.2+295431/740=514.31\text{m}^3\cdot\text{h}^{-1}$$

求气相总量：

$$72645/117+28122.76/18+723.12=2906.40\text{kmol}\cdot\text{h}^{-1}$$

$$V=nRT/P=2906.40\times0.082\times(134.8+273.15)/(0.1575/0.101)=62347.21\text{m}^3\cdot\text{h}^{-1}$$

将上面计算出的气、液负荷汇总填入表 5－18。由表 5－18 的数据可以作出全塔气、液相负荷分布图，见图 5－50（此图的横坐标也可以 kmol·h⁻¹表示）。

表 5－18　全塔气、液负荷汇总

塔板数	位置	气相负荷/m³·h⁻¹	液相负荷/m³·h⁻¹
0	第一块塔板上	56784.71	476.71
1	第一块塔板下	62347.21	514.31
3	顶循抽出口	88395.38	312.59
14	煤油抽出板上	80424.69	276.87
14	煤油抽出板下	76770.60	26.43
19	一中抽出口	129301.60	455.27
29	轻柴油抽出板上	103427.68	295.73
29	轻柴油抽出板下	102943.07	59.70
34	二中抽出口	162403.45	698.01
42	重柴油抽出板上	140413.23	492.43

续表

塔板数	位置	气相负荷/$m^3 \cdot h^{-1}$	液相负荷/$m^3 \cdot h^{-1}$
42	重柴油抽出板下	131366.85	287.98
46	进料口精馏段最低一块板下	123415.97	165.53
47	进料口提馏段第一块塔板上	29530.23	918.64
50	塔底最低一层塔板下	26410.03	889.18

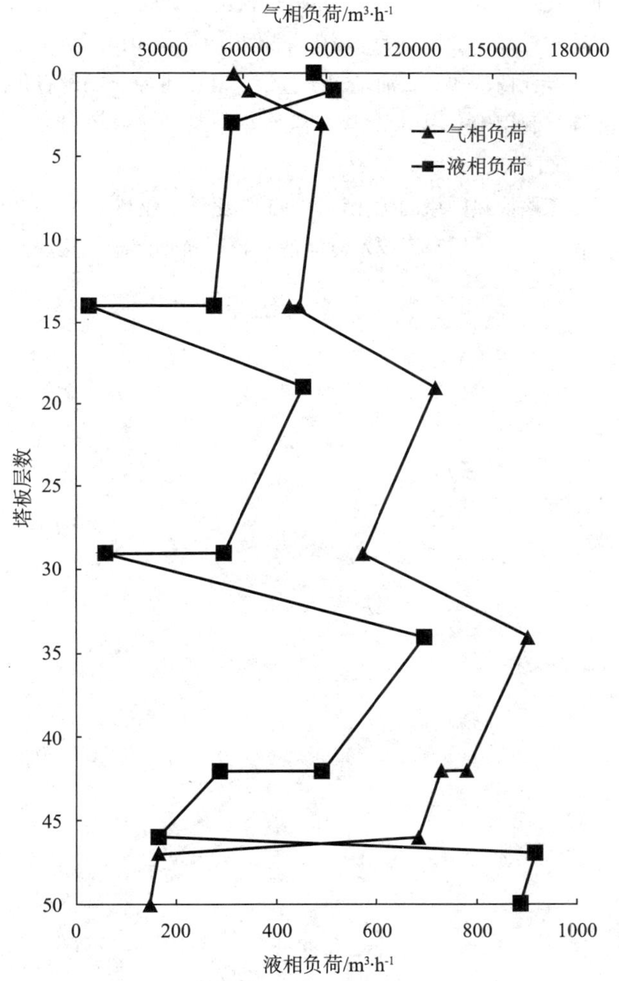

图 5－50　常压塔全塔气、液相负荷分布图

1—第一层下；2—煤油抽出板；3—第一中段回流出口；
4—轻柴油抽出板；5—第二中段回流出口；6—重柴油抽出板；
7—进料；8—气相负荷；9—液相负荷（不包括中段回流）

由于在计算过程中某些塔板的温度和该处介质的密度、相对分子质量等参数是以内插法（甚至外延法）求出的，恩氏蒸馏数据也没做出相应的裂化温度校正，因此图 5－50 并不十分精确。但是对于一般工程计算而言，这样的精度已能满足生产要求。

作为初底油常压蒸馏塔的工艺计算，还应当包括塔高、塔径、塔板水力学计算等内容，详细计算可参考塔设备工艺计算，此处从略。

参考文献

[1] 林世雄．石油炼制工程［M］．北京：石油工业出版社，2000.

[2] 侯芙生．中国炼油技术［M］．3 版．北京：中国石化出版社，2011.

[3] 陈绍洲，常可怡．石油加工工艺学［M］．上海：华东理工大学出版社，1997.

[4] 张德义．含硫原油加工技术［M］．北京：中国石化出版社，2003.

[5] 李志强．原油蒸馏工艺与工程［M］．北京：中国石化出版社，2010.

[6] 沈本贤，程丽华，王海彦，杨基和．石油炼制工艺学［M］．北京：中国石化出版社，2010.

[7] 杨基和，桂华，张毅锋．利用窄点技术对常减压换热网络的扩建设计［J］．石油与天然气化工，1996，25（4）：197－202.

[8] 詹世平．炼油厂常减压工段换热网络的优化设计［J］．化学工业与工程，1995，12（3）：38－42.

[9] 杨基和，曹丹，林华光，等．运用窄点技术对原油常减压换热网络优化改造设计［J］．江苏工业学院学报，2006，18（1）：5－9.

第六章

热加工过程

热加工过程包括减黏裂化、热裂化和焦化等多种工艺过程。在炼油工业发展史中，它们曾经起了重要的作用。在现代炼油工业中，热加工过程仍然起着重要的作用，但主要限于在渣油加工中使用。在石油化工工业中，轻烃或轻质油高温裂解迄今仍然是生产乙烯的主要生产方式。

第一节　石油烃类的热化学反应

一、各种烃类的热化学反应

烃类在热（400～550℃）的作用下主要发生两类反应：一类是裂解反应，它是吸热反应；另一类是缩合反应，它是放热反应。至于异构化反应，则在不使用催化剂的条件下一般是很少发生的。

（一）烷烃

烷烃的热化学反应主要有两类：

①C—C 键断裂生成较小分子的烷烃和烯烃。

②C—H 键断裂生成碳原子数保持不变的烯烃及氢。

上述两类反应都是强吸热反应。烷烃的热反应行为与其分子中的各键能大小有着密切的关系。表 6－1 列出了各种键能（$kJ \cdot mol^{-1}$）的数据。

表 6－1　烷烃中的键能

断裂的键	键能/$kJ \cdot mol^{-1}$	断裂的键	键能/$kJ \cdot mol^{-1}$
CH_3—H	431	C_2H_5—C_2H_5	335
C_2H_5—H	410	C_3H_7—CH_3	339
C_3H_7—H	398	C_2H_5—C_2H_3	335
nC_4H_9—H	394	nC_3H_7—nC_3H_7	318
iC_4H_9—H	390	nC_4H_9—nC_4H_9	310
tC_4H_9—H	373	iC_4H_9—iC_4H_9	364
CH_3—CH_3	360		

由表6-1的键能数据可以看出烷烃热分解反应的一些规律性：

①C—H键的键能大于C—C键的，故C—C键更易断裂。

②长链烷烃中，越靠近中央的C—C键能越小，越易断裂。

③随烷烃分子增大，烷烃中的C—H键及C—C键的键能都呈减小趋势，即它们的热稳定性逐渐下降。

④异构烷烃中的C—H键和C—C键的键能都小于正构烷烃，说明异构烷烃更易断链和脱氢。

⑤烷烃分子中叔碳上的氢最容易脱除，其次是仲碳上的，而伯碳上的氢最难脱除。

从热力学来判断，在500℃左右，烷烃脱氢反应进行的程度不大。

（二）环烷烃

环烷烃的热稳定性比烷烃高，裂解时主要是烷基侧链断裂和环烷环的断裂，前者生成较小分子的烯烃或烷烃，且侧链越长，断裂的速度越快；后者生成较小分子的烯烃及二烯烃。

单环环烷烃的脱氢反应须在600℃以上才能进行，但双环环烷烃在500℃左右就能进行脱氢反应，生成环烯烃，再进一步脱氢生成芳烃。

（三）芳香烃

芳香烃是各种烃类中热稳定性最高的一种。各种芳烃的分解容易程度顺序是：带侧链的芳烃>带甲基的芳烃>无侧链的芳烃。一般条件下芳环不会断裂，但在较高温度下会进行脱氢缩合反应，生成环数较多的芳烃，直至生成焦炭。烃类热反应生成的焦炭是H/C原子比很低的稠环芳烃，具有类石墨状结构。

带烷基侧链的芳烃在受热条件下主要发生侧链断裂或脱烷基反应。至于侧链的脱氢反应则须在更高的温度（650~700℃）时才能发生。

环烷芳香烃的反应按照环烷环和芳香环之间的连接方式而异。联苯型环烷芳烃分子裂解时首先是在环烷环和芳环之间的键断裂，生成环烯烃和芳香烃。在更苛刻的条件下，环烯烃能进一步破裂开环。缩合型分子的热反应主要有三种：环烷环断裂生成苯的衍生物，环烷环脱氢生成萘的衍生物，以及缩合生成高分子的多环芳香烃。

（四）烯烃

虽然在直馏馏分油和渣油中几乎不含有烯烃，但是各种烃类热反应可能产生烯烃。这些烯烃在加热的条件下进一步裂解，同时与其他烃类交叉地进行反应，于是使反应变得极其复杂。

在温度不高时，烯烃裂解成气体的反应远不及缩合成高分子叠合物的反应来得快。但是，由于缩合作用所生成的高分子叠合物也会发生部分裂解。这样，缩合反应和裂解反应就交叉地进行，使烯烃的热反应产物的馏程范围变得很宽，而且在反应产物中存在有饱和烃、环烷烃和芳香烃。烯烃在低温、高压下，主要进行叠合反应。当温度升高到400℃以上时，裂解反应开始变得重要。碳链断裂的位量一般在烯烃双键的β位置。

烯烃的分解反应有两种形式：

大分子烯烃⟶小分子烯烃+小分子烯烃

大分子烯烃⟶小分子烯烃+小分子二烯烃

其中二烯烃非常不稳定，其叠合反应具有链锁反应的性质，生成分子量更大的叠合物，甚至缩合成焦炭。

当温度超过600℃时，烯烃缩合成芳香烃、环烷烃和环烯烃的反应变得重要起来了。

（五）胶质和沥青质

胶质、沥青质在高温条件下除了经缩合反应生成焦炭外，还会发生断侧链、断链桥等反应，生成较小的分子。

由以上的讨论可知，烃类在加热的条件下，反应基本上可以分成裂解与缩合（包括叠合）两个方向。裂解方向产生较小的分子，而缩合方向则生成较大的分子。烃类的热反应是一种复杂的平行顺序反应。这些平行的反应不会停留在某一阶段，而会继续不断地进行下去。随着反应时间的延长，一方面由于裂解反应，生成分子越来越小、沸点越来越低的烃类（如气体烃）；另一方面由于缩合反应生成分子越来越大的稠环芳香烃。高度缩合的结果就产生胶质、沥青质，最后生成碳氢比很高的焦炭。

二、烃类的热化学反应机理

烃类的热化学反应机理，目前一般都认为主要是自由基反应机理。下面我们通过烷烃的热化学反应来说明自由基反应机理。

①大烃分子的C—C键断裂生成两个自由基：

$$C_{16}H_{34} \longrightarrow 2C_8H_{17}\cdot$$

②生成的大分子自由基在β位的C-C键再继续分裂成更小的自由基和烯烃：

$$C_8H_{17}\cdot \longrightarrow 2C_4H_8 + C_4H_9\cdot$$

$$C_4H_9\cdot \longrightarrow C_2H_4 + C_2H_5\cdot$$

$$C_4H_9\cdot \longrightarrow C_3H_6 + CH_3\cdot$$

$$C_2H_5\cdot \longrightarrow C_2H_4 + H\cdot$$

③小的自由基（如甲基自由基、氢自由基）与其他分子碰撞生成新的自由基和烃分子：

$$CH_3\cdot + C_{16}H_{34} \longrightarrow CH_4 + C_{16}H_{33}\cdot$$

$$H\cdot + C_{16}H_{34} \longrightarrow H_2 + C_{16}H_{33}\cdot$$

④大的自由基不稳定，再分裂生成小的自由基和烯烃：

$$C_{16}H_{33}\cdot \longrightarrow C_8H_{16} + C_8H_{17}\cdot$$

⑤自由基结合生成烷烃连锁反应终止：

$$H\cdot + H\cdot \longrightarrow H_2$$

$$H\cdot + CH_3\cdot \longrightarrow CH_4$$

$$CH_3 \cdot + C_8H_{17} \cdot \longrightarrow C_9H_{20}$$

自由基反应机理可以解释烃类热反应的许多现象。例如，正构烷烃热分解时，裂化气中含 C_1、C_2 低分子烃较多，也很难生成异构烷烃和异构烯烃等。

热加工过程包括减黏裂化、热裂化和焦化等多种工艺过程，其反应机理基本上是相同的，只是反应深度不同而异。

三、渣油热反应的特点

渣油是多种烃类化合物组成的极为复杂的混合物，其组分的热反应行为自然遵循各族烃类的热反应规律。但作为一种复杂混合物，渣油的热反应行为有着一些自己的特点。

（一）复杂的平行－顺序反应

渣油热反应比单体烃更明显地表现出平行－顺序反应的特征，见图 6－1 和图 6－2。

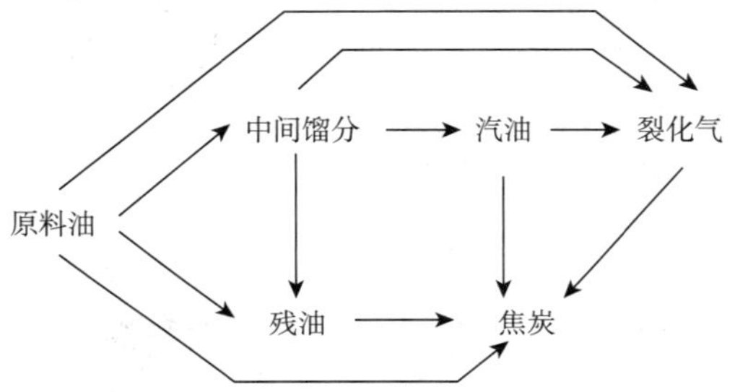

图 6－1　渣油的平行－顺序反应特征

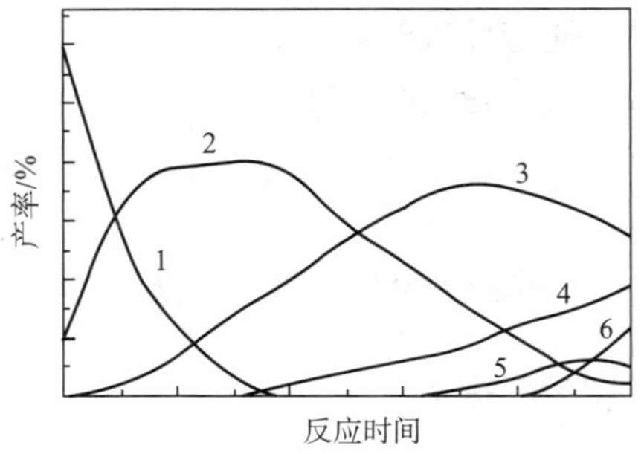

图 6－2　渣油热反应产物分布随时间的变化

1—原料；2—中间馏分；3—汽油；
4—裂化气；5—残油；6—焦炭

渣油的热化学反应是按分解和缩合两个方向进行的平行－顺序反应，所以反应后所得产物的馏分范围要比原料油的馏分范围宽得多，并且还得到裂化气体和焦炭等产物。渣油在受热发生热裂化时，首先裂解的是那些对热不稳定的烃类。

各类烃热稳定性顺序为：

异构烷烃＜正构烷烃＜烯烃＜二烯烃＜环烷烃（六元环）＜环烷烃（五元环）＜芳烃。

各类烃裂化反应能力顺序为：烷烃＞环烷烃＞芳烃＞芳烃/环烷烃＞多环稠环芳烃。

两个排列是一致的。所以对相同沸点范围的原料油，含烷烃越多越容易裂化，含环烷烃及烯烃多的次之，含芳烃多的原料油最难裂化。对相同烃类组成的原料油，则越重越容易裂化。

随着反应深度的增大，反应产物的分布也在变化。作为中间产物的汽油和中间馏分油的产率，在反应进行到某个深度时会出现最大值，而作为最终产物的气体和焦炭则在某个反应深度时开始产生，并随着反应深度的增大而单调地增大。

(二) 生焦量大

渣油热反应时容易生焦，除了由于渣油自身含有较多的胶质和沥青质外，还因为不同族的烃类之间的相互作用促进了生焦反应。芳香烃的热稳定性高，在单独进行反应时，不仅裂解反应速度低，而且生焦速度也低。例如在450℃下进行热反应，欲生成1%的焦炭，烷烃（$C_{25}H_{52}$）要144min，十氢萘要1650min，而萘则需670000min。但是如果将萘与烷烃或烯烃混合后进行热反应，则生焦速度显著提高。渣油中的沥青质、胶质和芳烃分别按照以下两种机理生成焦炭：

①沥青质和胶质的胶体悬浮物，发生“歧变”形成交联结构的无定形焦炭。这些化合物还发生一次反应的烷基断裂，这可以从原料的胶质－沥青质化合物与生成的焦炭在氢含量上有很大差别得到证实（胶质－沥青质的碳氢比为8～10，而焦炭的碳氢比为20～24）。由胶质和沥青质生成的焦炭具有无定形性质和杂质含量高的特点。

②芳烃叠合和缩合。由芳烃叠合和缩合反应生成的焦炭具有结晶的外观，交联很少。

不同性质的原料油混合进行热反应时，所生成的焦炭性质和产率不同。也就是说，改变混合比例就可以改变原料性质，也就改变了焦炭性质和产率。

(三) 减压渣油为胶体体系

减压渣油是由分散相和连续相组成的胶体系统。渣油中的分散相是由含沥青质和高分子量的芳烃胶质粒子组成的；连续相中含有其余的可溶质。沥青质的化学结构非常复杂，是含硫、氮、氧和重金属、带有环烷侧链、分子量很大的非烃化合物，含氢很少，芳烃性质极强。沥青质溶解于四氯化碳、二硫化碳和芳烃，但不溶于轻质烷烃中。

可溶质溶解于各种烃和二硫化碳之中。

胶质粒子可用图6－3来说明其结构特性。胶质粒子是由沥青质组成的核心，在沥青质的周围是从可溶质中被吸收的高分子量芳烃。其他氢含量较高的烃类则被高分子芳烃所吸收，直到胶质粒子周围烃类的氢含量与可溶质连续相的氢含量几乎相等为止。

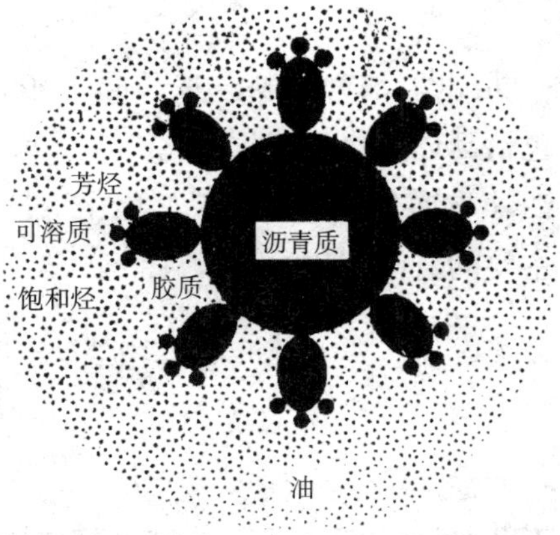

图6－3　渣油的胶体结构

渣油作为一个稳定的油系，其胶粒悬浮于油相中，与周围油相呈现出稳定、均匀的物理平衡状态。也就是说，沥青质在油相中处于胶溶状态而不会被沉析出来。如果向油中加入氢含量高的烃（如链烷烃）或是加热升温，平衡状态即被破坏，此时，一部分被吸附的物质溶于连续相中，沥青质则离析并出现相分离。在热转化过程中，由于体系的化学组成发生变化，当反应进行到一定深度后，渣油的胶体性质就会受到破坏。由于缩合反应，渣油中作为分散相的沥青质的含量逐渐增多，而裂解反应不仅使分散介质的黏度变小，还使其芳香性减弱，同时，作为胶溶组分的胶质含量则逐渐减少。这些变化就会导致分散相和分散介质之间的相容性变差。这种变化趋势发展到一定程度后，就会导致沥青质不能全部在体系中稳定地胶溶而发生部分沥青质聚集，在渣油中出现了第二相（液相）。第二相中的沥青质浓度很高，促进了缩合生焦反应。

渣油在热过程中出现的相分离问题对指导生产实际有重要意义。例如，在渣油热加工过程中，渣油要通过加热炉管，由于受热及反应，在某段炉管中可能会出现相分离现象而导致生焦。如何避免出现相分离现象或缩短渣油在这段炉管中的停留时间对减少炉管内结焦、延长开工周期是十分重要的。

四、反应热

烃类的热反应包括断链、脱氢等吸热反应以及叠合、缩合等放热反应。由于分解反应占据主导地位，因此，烃类热反应的宏观表现为吸热反应。

渣油的热转化反应的反应热通常是以生成每千克汽油或每千克“汽油+气体”为计算基准。反应热的大小随原料油的性质、反应深度等因素的变化而在较大范围内变化，其变化范围为500～2000$kJ \cdot kg^{-1}$。重质原料油比轻质原料油有较大的反应热（指吸热效应），而在反应深度增大时则吸热效应降低。

第二节　焦炭化过程

焦炭化过程（简称焦化）是以渣油为原料、在高温（500～550℃）下进行深度热裂化反应的一种热加工过程。包括延迟焦化、流化焦化、灵活焦化等多种工艺过程。反应产物有气体、汽油、柴油、蜡油（重馏分油）和焦炭。焦化工艺自20世纪30年代开发成功以来，已成为燃料型炼油厂主要的渣油转化过程。

一、原料和产品

（一）焦化原料油

常用的焦化原料油有以下几种：减压渣油，有时也可使用常压重油；减黏裂化渣油；溶剂脱沥青装置的脱油沥青；热裂化焦油、催化裂化澄清油和裂解渣油；煤焦油沥青；其他原料。

延迟焦化是一种热加工过程，对于含有碳氢元素的有机化合物，只要能够采用适当的手段可以加热到焦化所需要的温度，并输送到焦炭塔的，原则上都可以作为焦化的原料。除上述焦化原料外，其他如炼厂污油、酸碱精制产生的淤渣、烷基化的酸溶性油、生物质液化油、煤液化渣油、废润滑油、废弃聚合物、污水处理的废渣等都可以作为延迟焦化的进料。但由于这些原料可能在性质上与常规的延迟焦化原料差别较大，一般可采取掺炼的措施。

选择焦化原料油时，应该仔细研究原料的性质，包括相对密度、特性因数、残炭值、硫及重金属含量等，从而预测焦化产品的产率及质量。表 6 – 2 为几种国产焦化原料油性质。

表 6 – 2　国内外几种焦化原料油性质

原料名称	辽河减渣	胜利减渣	管输减渣	阿曼减渣	伊朗重减渣
相对密度 d_4^{20}	0.9717	0.9698	0.9695	0.9586	1.004
运动黏度（100℃）/$mm^2 \cdot s^{-1}$	549.9	861.7	305	298.3	983.6
残炭值/%	14.0	13.9	14.9	12.0	18.8
碳含量/%	87.54	85.5	85.6	86.13	85.59
氢含量/%	11.55	11.6	11.1	11.6	10.63
硫含量/%	0.31	1.35	0.98	1.9	3.1
氮含量/%	0.60	0.85	0.61	0.36	0.67
镍含量/$\mu g \cdot g^{-1}$	83	46	38.1	25.9	79
钒含量/$\mu g \cdot g^{-1}$	1.5	2.2	5.0	21.7	300
饱和烃/%	29.2	21.4	21.8	25.1	14.9
芳香烃/%	36.4	31.3	31.0	46.2	45.1
胶质/%	34.4	45.7	46.2	25.8	33.5
沥青质/%	0	1.6	1.06	2.9	6.5

我国原油多属石蜡基，硫含量低，氢碳比高，其减压渣油是较好的焦化原料。但随着重油催化裂化、渣油加氢等其他重油加工工艺的发展，这些金属含量较低的减压渣油已不再作为焦化的原料，而直接作为其他重油加工工艺的原料。现代焦化工艺只处理炼油厂其他重油加工工艺无法处理的一些劣质重油组分。

（二）焦化产品收率及特性

1. 焦化产物收率

在典型操作条件下，延迟焦化过程的产品收率范围如下：

焦化汽油：8% ~15%；

焦化柴油：26% ~36%；

焦化蜡油：20% ~30%；

焦化气体（包括液化石油气和干气）：7%～10%；

焦炭产率：国内原油16%～23%；东南亚原油17%～18%；中东原油25%～35%。焦炭产率差异很大，主要与原料的残炭值高低有关，其次与原料中的镍、钒等重金属含量多少有关。过去文献值推荐焦炭产率大约是残炭值的1.6倍；梁朝林等人研究认为焦炭产率是残炭值的1.35～1.50倍，镍、钒等重金属含量多的原料油，其焦炭产率偏高一些。

国内延迟焦化装置加工各种减压渣油时的产品收率数据见表6－3。数据表明，原料油的性质对产品的收率有很大的影响。

表6－3　产品收率数据

原油品种	焦化加热炉出口温度/℃	气体收率/%	液体产品收率/%	焦炭收率/%	焦炭硫含量/%
大庆	500	6.56	76.57	16.37	0.38
胜利	498	7.24	71.94	20.32	1.21
伊朗	497	9.78	61.00	28.73	4.41
阿曼	498	9.06	67.75	22.69	3.21

2. 延迟焦化产品主要特点性

（1）焦化汽油的特点是烯烃含量高，安定性差，马达法辛烷值较低。汽油中的硫、氮和氧的含量较高（与原料性质有关），经过稳定后的焦化汽油只能作为半成品，必须进行精制脱除硫化氢和硫醇后才能作为成品汽油的调合组分。焦化重汽油组分经过加氢处理后可作为催化重整的原料，以扩大高辛烷值汽油组分来源。我国焦化汽油性质见表6－4。表6－5为阿拉伯重质原油的减压渣油进行焦化时，所得焦化汽油加氢精制前后质量比较。

表6－4　我国焦化汽油性质

焦化原料油	大庆减压渣油	胜利减压渣油
相对密度 d_4^{20}	0.7414	0.7392
溴价/gBr·100g^{-1}	41.4	57.0
硫含量/μg·g^{-1}	100	—
氮含量/μg·g^{-1}	140	—
马达法辛烷值	58.5	61.8
馏程/℃		
初馏点	52	54
10%	89	84
50%	127	119
90%	162	159
干点	192	184

表 6 – 5 焦化汽油的加氢精制

项目	数据	项目	数据	
焦化原料油	阿拉伯重减压渣油	C_1 ~ C_4气体/%	0.53	
切割点/℃	>566	C_5 ~ 188℃汽油/%（体）	104.4	
相对密度 d_4^{20}	1.052	耗氢量（标准状态）/ $m^3 \cdot t^{-1}$进料	211	
硫含量%	6.0			
氮含量/$\mu g \cdot g^{-1}$	4800	焦化汽油性质	加氢精制前	加氢精制后
康氏残炭值/%	27.7	切割点/℃	C_5 ~ 188	C_5 ~ 188
重金属/$\mu g \cdot g^{-1}$	269	相对密度 d_4^{20}	0.7519	0.7205
焦化汽油加氢精制收率		硫含量/%	1.17	<0.001
H_2S/%	1.24	氮含量/10^{-6}	80	<1.0
NH_3/%	0.01	溴值①/$gBr \cdot 100g^{-1}$	122	<1.0

①包括二烯烃。

（2）焦化柴油的十六烷值较高，含有一定量的硫、氮和金属杂质，含一定量的烯烃，性质不安定，必须进行精制脱除硫、氮杂质，使烯烃、芳烃饱和才能作为合格的柴油组分。在焦化过程中，转化为焦炭的烃类所释放的氢转移至蜡油、柴油、汽油和气体之中。由于原料中的氢转移方向与催化裂化不同，使焦化柴油的质量明显优于催化裂化柴油。我国减压渣油所产的焦化柴油性质见表 6 – 6。表 6 – 7 为胜利焦化柴油加氢精制的数据。

表 6 – 6 我国焦化柴油性质

焦化原料油	大庆减压渣油	胜利减压渣油	管输减压渣油	辽河减压渣油
相对密度 d_4^{20}	0.822	0.8449	0.8372	0.8355
溴价/$gBr \cdot 100g^{-1}$	37.8	39.0	35.0	35.0
硫含量/$\mu g \cdot g^{-1}$	1500	7000	7400	1900
氮含量/$\mu g \cdot g^{-1}$	1100	2000	1600	1900
凝点/℃	–12	–11	–9	–15
十六烷值	56	48	50	49
馏程/℃				
初馏点	199	183	202	193
10%	219	215	227	216
50%	259	258	254	254
90%	311	324	316	295
终馏点	329	341	334	320

表6-7　胜利焦化柴油的加氢精制

项目	数据		项目	数据	
反应条件			原料与产品性质	原料油	精制柴油
氢分压/MPa	6.0		硫含量/$\mu g \cdot g^{-1}$	7400	160
反应温度/℃	340		氮含量/$\mu g \cdot g^{-1}$	1900	560
体积空速/h^{-1}	1.0		碱性氮/$\mu g \cdot g^{-1}$	1100	16.4
氢油比	350		折射率（20℃）	1.4690	1.4575
原料与产品性质	原料油	精制柴油	实际胶质/$mg \cdot 100mL^{-1}$	350	10.2
相对密度 d_4^{20}	0.8394	0.8232	芳烃含量/%	23.10	14.4
溴价/$gBr \cdot 100g^{-1}$	50	2.3	十六烷指数	—	54.9

（3）焦化蜡油一般是指350～500℃的焦化馏出油，也称焦化瓦斯油（CGO）。焦化蜡油性质不稳定，与焦化原料油性质和焦化的操作条件有关。它可作为加氢裂化或催化裂化的原料，有时也用于调合燃料油。减压渣油所得的焦化蜡油性质见表6-8。

表6-8　国产焦化蜡油性质

焦化原料油	大庆减压渣油	胜利减压渣油	管输减压渣油	辽河减压渣油
焦化蜡油性质				
相对密度 d_4^{20}	0.8783	0.9178	0.8878	0.8851
运动黏度/$mm^2 \cdot s^{-1}$				
80℃	5.87	8.13	6.60	—
100℃	—	6.06	—	3.56
凝点/℃	35	32	30	27
苯胺点/℃	—	77.5	—	77.3
残炭值/%	0.31	0.74	0.33	0.21
元素分析				
碳	86.77	86.49	86.57	87.29
氢	12.56	11.60	12.37	11.93
硫	0.29	1.21	0.65	0.26
氮	0.38	0.70	0.41	0.52
平均分子质量	323	—	—	316
重金属含量/$\mu g \cdot g^{-1}$				
镍	0.3	0.5	—	0.3
钒	0.17	0.01	—	0.01

续表

焦化原料油	大庆减压渣油	胜利减压渣油	管输减压渣油	辽河减压渣油
馏程/℃				
初馏点	—	323	290	311
10%	342	358	337	332
50%	384	392	387	362
90%	442	455	486	411
终馏点	—	494	503	447

(4) 焦炭（亦称石油焦）除了可作为普通固体燃料外，还可用作高炉炼铁之用，如果焦化原料及生产方法选择适当，石油焦经煅烧及石墨化后，可用于制造炼铝、炼钢的电极等。几种国产延迟石油焦质量见表6－9。

表6－9　国产石油焦的质量

焦化原料油	大庆减压渣油	胜利减压渣油	管输减压渣油	辽河减压渣油
挥发分/%	8. 92	10. 32	8. 8	9. 0
硫含量/%	0. 37	1. 22	1. 66	0. 38
灰分/%	0. 02	0. 17	0. 095	0. 52
焦炭规格	1A	2B	3A	1B

可以看出，胜利原油、管输原油所产的焦炭硫含量较高，但仍可符合炼铝用焦的质量指标，大庆原油和辽河原油所产的焦炭均为优质石油焦。

(5) 焦化气体含有较多的甲烷、乙烷以及少量的丙烯、丁烯等，它可分离为焦化干气和液化石油气。焦化干气可作为制氢原料，也可直接作为燃料；液化石油气可作为石油化工的原料。典型的焦化气体组成见表6－10。

表6－10　典型的焦化气体组成①

组分	组成/%	组分	组成/%
甲烷	51. 4	丁烯	2. 4
乙烯	1. 5	异丁烷	1. 0
乙烷	15. 9	正丁烷	2. 6
丙烯	3. 1	氢	13. 7
丙烷	8. 2	CO_2	0. 2

①焦化气组成为无硫基准。

二、工艺流程及设备

(一) 工艺流程

延迟焦化装置由焦化、分馏（包括气体回收）、焦炭处理和放空系统等部分组成。工艺流程有不同的类型，就生产规模而言，有一炉两塔（焦炭塔）流程、两炉四塔流程等。图6-4是典型的一炉两塔延迟焦化-分馏部分工艺原理流程。

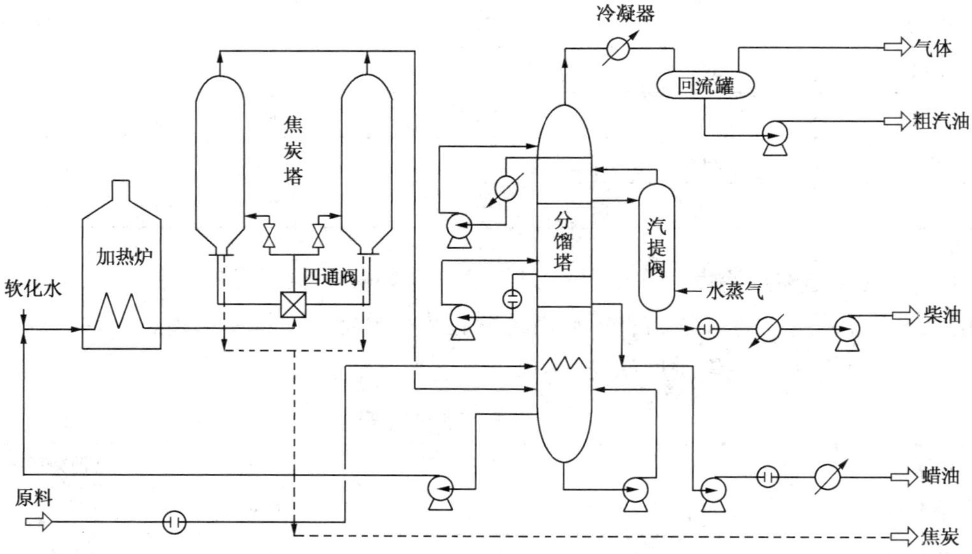

图6-4 典型延迟焦化装置的工艺原理流程图

原料油（减压渣油）经换热及加热炉对流管加热（图中未表示）到340~350℃，进入分馏塔底部的洗涤段，与来自焦炭塔顶部的高温焦化油气（430~450℃）换热，一方面把原料油中的轻质油蒸发出来，同时又加热了原料（约390℃）及淋洗下高温油气中夹带的焦粉。原料油和循环油（混合原料）一起从分馏塔底抽出，用热油泵送进加热炉辐射室炉管，快速升温至约500℃后，经四通阀由焦炭塔底部进入焦炭塔内。油蒸气在塔内发生热裂化反应，重质液体则连续发生裂化和缩合反应，最终转化为轻烃和焦炭。焦炭聚结在焦炭塔内，而反应产生的油气自焦炭塔顶逸出，进入分馏塔，与原料油换热后，经过分馏得到气体、粗汽油、柴油、蜡油和循环油。

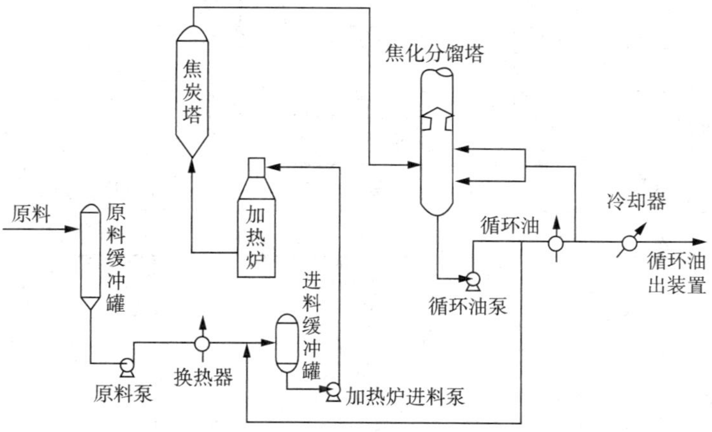

图6-5 可调循环比焦化工艺流程图

针对低循环比、超低循环比，扩大延迟焦化加工能力的要求，在依托原有装置和“少投入多产出”的扩改思路基础上，洛阳石化工程公司在国内某焦化装置首先工业性开发应用了“可调循环比焦化工艺流程”并取得了较好的效果。图6-5为可调循环比焦化工艺流程图。

该工艺流程与传统流程相比，区别在于新鲜原料逐级经与分馏塔侧线馏分换热。原料经加热或经加热炉对流段预热后不进入分馏塔底部，而是先进入加热炉进料缓冲罐，然后用加热炉进料泵压送流经加热炉辐射段快速升温到所需焦化温度，再直接快速进入焦炭塔。而来自焦炭塔顶的高温油气仍进入分馏塔底部，其高温反应油气的热量由分馏塔底抽出的循环油经塔外蒸气发生器取走。“可调循环比焦化工艺流程”的循环比是通过循环油泵抽出分馏塔底含焦粉的循环油，在流量控制下混入加热炉进料缓冲罐后实现的，流程可以实现零循环比操作。虽然在单程下操作流经加热炉辐射管的进料没有焦粉夹带问题，但要实现零循环比条件下焦化长周期运行是很困难的。尤其对于低芳香性、高沥青质的重质渣油更难实现长周期运行。

“可调循环比焦化工艺流程”的核心是相当于把新鲜焦化原料进料下的分馏塔底加大后并“一分二段”，原分馏塔底部相当于加热炉进料缓冲罐，而原分馏塔的重蜡油集油箱相当于“可调循环比焦化工艺流程”中的分馏塔底。

（二）主要工艺设备

1. 焦炭塔

焦炭塔为周期操作，当一个塔内的焦炭聚集到一定高度时，进行切换，通过四通阀将原料切换进另一个焦炭塔。即需要有两组（2 台或 4 台）焦炭塔进行轮换操作，一组焦炭塔为生焦过程，另一组为除焦过程。切换周期包括生焦时间和除焦操作所需的时间（16 ~ 24h）。生焦时间与原料的性质（特别是原料的残炭值）及焦炭质量（特别是焦炭的挥发分含量）的要求有关。除焦操作包括切换、吹汽、水冷、放水、开盖、切焦、闭盖、试压、预热和切换几道工序。

延迟焦化装置采用水力除焦，水力除焦是用压力为 14 ~ 28MPa 高压水流（国内使用的水压较低，一般约 12MPa），使用不同用途的专用切割器对焦炭层进行钻孔、切割和切碎，将焦炭由塔底排入焦炭池中。水力切焦器装在一根钻杆的末端，在焦炭塔内由上而下地切割焦层。为了升降钻杆，早期的方法是在焦炭塔顶树立一座高井架，近年来多采用无井架水力除焦方法，利用可缠绕在一个转鼓上的高压水龙带来代替井架和长的钻杆。无井架式除焦的投资低于全井架式除焦，但操作上的缺点是明显的。主要缺点有：胶管的损耗量大；需要的切焦时间长；除焦的水、电消耗量大；操作费用高，而且不适于切割硬的优质焦。

焦炭塔实际上是一个空塔，它提供了反应空间使油气在其中有足够的停留时间以进行反应。焦炭塔的适宜气相流速为 $0.092m \cdot s^{-1}$，最大不宜超过 $0.15m \cdot s^{-1}$。空塔线速过高将导致焦粉带出，易使分馏塔和加热炉提前结焦。焦炭塔里维持一定的液相料面，随着塔内焦炭的积聚，此料面逐渐升高。当液面过高，尤其是发生泡沫现象严重时，塔内的焦末会被油气从塔顶带走，从而引起后部管线和分馏塔的堵塞。因此，一般在料面达 2/3 的高度时就停止进料。为了减轻携带现象，有的装置在焦炭塔顶设泡沫小塔以提高分离效果；有的向焦炭塔注入消泡剂。加剂后，泡沫厚度可由 4m 降至 1m 左右，拓展了装置处理能力，延长塔工作时间。消泡剂是硅酮、聚甲基硅氧烷或过氧化聚甲基硅氧烷溶在煤油或轻柴油中。目前还有在焦炭塔塔顶采用注急冷油消除泡沫夹带的措施。

2. 加热炉

混合原料在焦炭塔中进行反应需要高温，同时需要供给反应热（焦化过程是吸热反应），这些热量完全由加热炉供给。为此，加热炉出口温度要求达到500℃左右。混合原料在炉中被迅速加热并有部分汽化和轻度裂化。为了使处于高温的混合原料在炉管内不发生过多的裂化反应以致炉管内结焦，就要保持一定的流速（通常在$2m \cdot s^{-1}$以上）、控制停留时间，为此，需向炉管内注水蒸气（或水）以加快炉管内的流速，注水蒸气量通常约为处理量的2%左右。

加热炉是装置的关键设备，对提高装置的运转周期、降低装置能耗起着重要作用。大型焦化加热炉分为几个管程。每组炉管设有独立的燃烧器和独立的流量温度控制系统等措施来保证加热炉的正常运转和延长操作周期。对加热炉最重要的要求是炉膛的热分布良好、各部分炉管的表面热强度均匀，而且炉管环向热分布良好，尽可能避免局部过热的现象发生，同时还要求炉内有较高的传热速率以便在较短的时间内向油品提供足够的热量。根据这些要求，延迟焦化装置常用的炉型是双面加热无焰燃烧炉。通过快速加热和注入水蒸气，提高原料在炉管内的流速，从而使焦化反应延迟到焦炭塔内进行，这一名称就是因此而得。

3. 分馏塔

与一般油品分馏塔比较，焦化分馏塔主要有以下几个特点：

（1）塔的底部是洗涤换热段。新鲜原料油从洗涤换热段的上方入塔，流至塔底与高温焦化油气进行换热，并将反应油气中最重的一部分油料（通常是沸点约高于450℃的部分）冷凝下来作为循环油重新送去进行反应。同时也起到把反应油气中携带的焦末淋洗下来的作用。

（2）为了避免塔底结焦和堵塞，部分塔底油通过塔底泵和过滤器不断地进行循环。

（3）焦化分馏塔的产品分离要求不高（后面还有加氢精制等分离工序），因此可以采用较多的循环回流以回收利用高温热。

（4）来自焦化主分馏塔顶回流油罐的油气经压缩后与粗汽油一起送去吸收－稳定部分，经分离得干气、液化气和稳定汽油。

延迟焦化虽然目前是最广泛采用的一种焦化流程，但是它仍有不足之处。例如，其生焦－除焦过程处于半连续状态，周期性的除焦操作仍需花费较多的劳动力，除焦的劳动条件尚未能彻底改善；加热炉热效率偏低、能耗偏高；由于考虑到加热炉的开工周期，加热炉出口温度的提高受到限制，因此，焦炭中挥发分含量较高，不容易达到电极焦的要求等。这些问题都有待进一步研究和解决。

三、影响延迟焦化的主要因素

（一）原料性质

焦化过程的产品产率及其性质在很大程度上取决于原料的性质。表6－2～表6－10中的数据表明，对于不同原油，随着原料油的密度增大，焦炭产率增大；对于同种原油而拔出深度不同的减压渣油，随着减压渣油产率的下降，焦化产物中蜡油产率和焦炭产率增加，而轻质油产率则下降。不同原料油所得产品的性质各不相同。

原料油性质与加热炉炉管内结焦的情况有关。性质不同的原料油具有不同的最容易结焦的温度范围，此温度范围称为临界分解温度范围。原料油的特性因数 K 值越大，则临界分解温度范围的起始温度越低。在加热炉加热时，原料油应以高流速通过处于临界分解温度范围的炉管段，缩短在此温度范围中的停留时间，从而抑制结焦反应。

原料性质对选择适宜的单程裂化深度和循环比也有重要影响，这将在后文进行讨论。

（二）操作温度

操作温度一般是指焦化加热炉出口温度或焦炭塔反应温度，是延迟焦化装置的重要操作指标，它的变化直接影响到炉管内和焦炭塔内的反应深度，从而影响到焦化产物的产率和性质。当操作压力和循环比固定后，提高焦炭塔温度将使气体和石脑油收率增加，瓦斯油收率降低。焦炭产率下降，将引起焦炭中挥发分降低。但是，焦炭塔温度过高，容易造成泡沫夹带并使焦炭硬度增大，造成除焦困难。温度过高还会使加热炉炉管和转油线的结焦倾向增大，影响操作周期。如焦炭塔温度过低，则焦化反应不完全，将会生成软焦。

挥发分含量是焦炭的重要质量指标。生产中，一般控制焦炭的挥发分为 6.0% ~8.0%。在操作中用焦炭塔温度来控制焦炭的挥发分含量。但是，焦化装置操作温度的可调节范围很窄。我国的延迟焦化装置加热炉出口温度一般均控制在 495 ~505℃范围之内。

加热炉出口温度对焦化产品产率的影响见表 6 – 11。

表 6 – 11　加热炉出口温度对焦化产品产率的影响

项目		加热炉出口温度/℃			
		493	495	497	500
处理量/$t\cdot h^{-1}$		859	810	803	875
循环比		0.80	0.91 ~0.95	0.72	—
焦炭塔进口温度/℃		482	484	487	492
焦炭塔出口温度/℃		432	435	440	440
产品产率/%	气体	6.4	7.5	7.7	8.1
	汽油	15.9	16.8	17.0	17.0
	柴油	26.2	28.8	20.2	30.2
	蜡油	20.1	17.8	17.5	16.4
	抽出油	3.1	3.1	3.2	3.0
	焦炭	26.4	25.6	24.9	24.8
	损失	0.4	0.4	0.5	0.5

（三）操作压力

操作压力是指焦炭塔顶压力。焦炭塔顶最低压力是为克服焦化分馏塔及后继系统压降所需的压力。操作温度和循环比固定之后，提高操作压力将使塔内焦炭中滞留的重质烃量增多和气体产物在塔内停留时间延长，增加了二次裂化反应的概率，从而使焦炭产率增加和气体产率略有增加，C_5以上液体产品产率下降，焦炭的挥发分含量也会略有增加。延迟焦化工艺的发展趋势之一是尽量降低操作压力，以提高液体产品的收率。一般焦炭塔的操作压力为0.15～0.20MPa，但在生产针状焦时，为了使富芳烃的油品进行深度反应，采用约0.7MPa的操作压力。表6－12列出了操作压力对产品产率分布的影响。

表6－12　延迟焦化装置的操作压力对产品收率的影响

焦化原料	威尔明顿原油减压渣油	
实沸点（TBP）切割温度/℃：≥552。相对密度（$d_{15.6}^{15.6}$）：1.0536。康氏残炭值/%：20.6。		
焦炭塔操作压力/MPa	0.1055	0.2461
产品收率		
干气和LPG/%	16.1	16.5
焦化汽油/%	12.0	12.4
相对密度（$d_{15.6}^{15.6}$）	0.7936	0.7923
硫含量/%	1.4	1.3
焦化馏分油/%	37.3	33.3
相对密度（$d_{15.6}^{15.6}$）	0.9402	0.9352
硫含量/%	1.8	1.8
焦炭/%	34.6	37.8
硫含量/%	2.4	2.4

（四）循环比

延迟焦化的循环比通常有两种定义：

国内常用循环比，循环比＝循环油/新鲜原料油。

国外常用联合循环比，联合循环比＝(新鲜原料油量＋循环油量)/新鲜原料油量＝1＋循环比。

在生产过程中，循环油并不单独存在（新鲜原料不进分馏塔的馏程除外）。在分馏塔下部脱过热段，因反应油气温度的降低，重组分油从气相转入液相，冷凝后进入塔底，这部分油就称循环油，它与原料油在塔底混合后一起被送入加热炉的辐射管，而新鲜原料油则进入对流管中预热，因此，在生产实际中，循环油流量可由辐射管进料量与对流管进料流量之差来求得。对于较重的、易结焦的原料，由于单程裂化深度受到限制，就要采用较大的循环比，有时达1.0左右；对于一般原料，循环比为0.1～0.5。循环比增大，可使焦化气体、焦化汽油、柴油收率、焦炭的收率增加，焦化蜡油收率明显减少。图6－6为联合循环比对大庆减压渣油焦化产品收率的影响。

中国石油化工研究院开发了单程操作延迟焦化，进行了循环比为0的试验。表6－13比较了有循环比和单程操作对延迟焦化收率的影响。

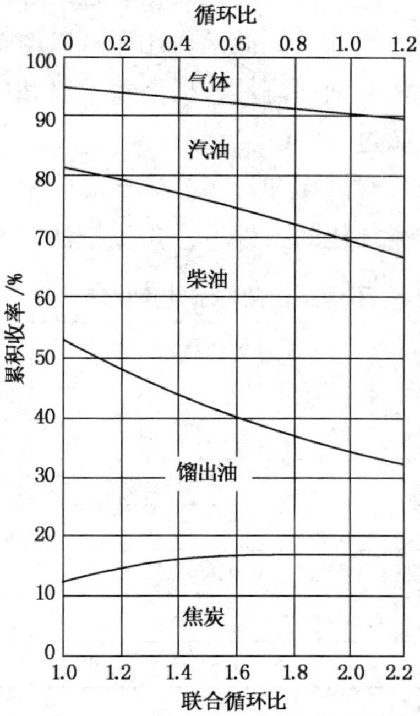

图 6-6　循环比对产品收率的影响

表 6-13　有循环比和单程操作的延迟焦化收率比较

原料油	大庆减压渣油		胜利减压渣油		管输减压渣油		辽河减压渣油	
操作方式	循环	单程	循环	单程	循环	单程	循环	单程
操作条件								
加热炉出口温度/℃	500	500	500	500	500	500	500	500
焦炭塔顶压力/MPa	0.11	0.11	0.12	0.11	0.11	0.11	0.11	0.11
循环比	0.3	0.0	0.45	0.0	0.43	0.0	0.43	0.0
产品收率/%								
$<C_4$气体+损失	8.3	5.0	6.8	5.7	8.3	5.9	9.9	8.8
焦化汽油	15.7	12.9	14.7	12.1	15.9	13.6	15.0	12.4
焦化柴油	36.3	30.1	35.6	25.3	32.3	24.4	25.3	22.5
焦化蜡油	25.7	40.0	19.0	37.0	20.7	37.2	25.2	34.9
焦炭	14.0	12.0	23.9	19.9	22.8	18.9	24.6	21.4
轻油收率/%	52.0	43.0	50.3	37.4	48.2	38.0	40.3	34.9
总液收率/%	77.7	83.0	69.3	74.4	68.9	75.2	65.5	69.8
比较：液体收率	+5.3		+5.1		+6.3		+4.3	
焦炭收率	-2.0		-4.0		-3.9		-3.2	

由表 6-13 中的数据可看出，与高循环比的操作相比较，单程操作的液体收率可提高 5%~6%，气体和焦炭收率均可下降 2%~4%。

降低循环比也是延迟焦化工艺发展趋向之一，其目的是通过增产焦化蜡油来扩大催化裂化、加氢裂化的原料油量。然后，通过加大裂化装置处理量来提高成品汽油、柴油的产量。另外，在加热炉能力确定的情况下，低循环比还可以增加装置的处理能力。降低循环比的办法是减少分馏塔下部重瓦斯油回流量，提高蒸发段和塔底温度。这将引起塔底和炉管结焦，因此塔底温度又不宜超过400℃。

循环比降低后，可以降低焦炭产率和提高液体产品收率，但焦化蜡油的质量也相应下降。表6－14为在低压、超低循环比的条件下，焦化蜡油产率和质量的对比。

表6－14　不同操作条件下的焦化蜡油产率和质量

操作条件	压力0.172MPa 循环比0.15	压力0.104MPa 循环比0.05
焦化蜡油产率/%	25.7	35.2
焦化蜡油性质		
干点/℃	493	571
相对密度 d_4^{20}	0.9365	0.9574
残炭值/%	0.35	0.8～1.0
（镍＋钒）含量/$\mu g \cdot g^{-1}$	0.5	1.0

综上所述，可整理出以下优化操作参数的基本规律：

①液体收率↑＝f（温度↑、压力↓、循环比↓、反应时间↑、生焦时间↑）；

②焦炭收率↓＝f（温度↑、压力↓、循环比↓、反应时间↑、生焦时间↑）；

③加工能力↑＝f（温度↑、压力↑、循环比↓、反应时间↑、生焦时间↓）；

④加工能耗↓＝f（温度↓、压力↑、循环比↓、反应时间↓、生焦时间↑）；

⑤开工周期↑＝f（温度↓、压力↑、循环比↑、反应时间↓、生焦时间↑）；

⑥装置优化↑＝f（温度↑、压力↓、循环比↓、反应时间↑、生焦时间↓）。

四、石油焦

石油焦是黑色或暗灰色坚硬固体石油产品，带有金属光泽，呈多孔性，是由微小石墨结晶形成粒状、柱状或针状构成的炭体物。石油焦组分是碳氢化合物，含碳90%～97%，含氢1.5%～8%，还含有氮、氯、硫及重金属化合物。延迟焦化过程生产的石油焦称为原焦，又称生焦。生焦经过煅烧除去挥发分和水分后即称为煅烧焦，又称熟焦。生焦硬度小，易粉碎，水分和挥发分含量高，必须经过煅烧才能用作电极和其他特殊用途。由于焦化原料油性质不同，生焦在性质和外形上也有差异。生焦按结构和性质的不同具体可以分为以下四种。

1. 蜂窝状焦

蜂窝状焦是由低或中等胶质－沥青质含量的原料生成的石油焦。焦块内小孔呈椭圆状，焦孔内部互相连接，分布均匀，并且是定向的，孔间的结合力较强。焦炭的断面呈蜂窝状结构。蜂窝状焦经过煅烧和石墨化后，能制造出合格的电极。其最大的用途是作为炼铝工业中的阳极。此时，要求焦炭中的硫和金属含量比较低，而且要求含较少的挥发分和水分。

2. 绵状焦（无定形焦）

绵状焦是由胶质－沥青质含量较高的原料生成的石油焦。从外观上看，如海绵状，含有很多小孔。当转化为石墨时，具有较高的热膨胀系数，且由于杂质含量较多和导电率低，这种焦不适于制造电极，主要作为普通固体燃料。另一种较大的用途是作为水泥窑的燃料（主要限制是金属含量不能太高），还有一种有发展前景的用途是作为气化原料。

延迟焦化绝大多数的焦为绵状焦、蜂窝状胶，因此绵状焦和蜂窝状焦被统称为普通焦或石油焦。

3. 弹丸焦（球状焦）

特重、高沥青质含量的原料油进行焦化时，尤其是在低压和低循环比操作条件下，可生成一种粒烃 2～8mm 的球形弹丸焦。弹丸焦颗粒彼此结合成篮球体积大小的不规则的团状块焦炭。块状易破碎，但破碎后的小球状弹丸焦质地坚硬。弹丸焦只能用作发电、水泥等工业燃料。

生产中出现弹丸焦会危及装置安全生产，应当避免。梁朝林等人研究发现，弹丸焦生成与原料性质、操作条件密切相关；只要控制焦化反应过程中的适宜流速，就能有效防止弹丸焦。

4. 针状焦

用高芳香烃含量的渣油或催化裂化澄清油作原料生成的石油焦。从外观来看，针状焦有明显的条纹，焦块内的孔隙是均匀定向的和呈细长椭圆形。焦块断裂时呈针状结晶。针状焦的结晶度高、热膨胀系数低、导电率高、含硫较低（一般在 0.5% 以下）。

针状焦是延迟焦化过程的特殊产品，经过煅烧、浸渍和石墨化后可制成碳素制品。碳素制品在工业、国防、医疗、航天和特种民用工业中有着广泛的用途，其中以制造超高功率石墨电极的用量最大。用优质针状焦制成的超高功率电极炼钢，效率比普通功率的电极高 3 倍，能耗降低 30%，电极消耗量降低近 30%。生产针状焦虽然也是用延迟焦化工艺，但与生产普通石油焦的延迟焦化相比，对原料和工艺条件有其特殊要求，这与针状焦的生成机理有关。

烃类在液相碳化反应中发生脱氢、缩聚反应，缩聚反应随着温度的升高而加深。反应生成物的含碳量不断增加，相对分子质量和碳氢比也在增大，环数增多。当大分子的平面状缩合物的碳原子数接近 100，相对分子质量大于 1500 之后，渣油母液便会出现一种明显界面的液晶。它是小球状可塑型物质，称为中间相小球体。小球体的定向程度高，有明显的光学各向异性的特征。中间相小球体的结构如图 6－7 所示。

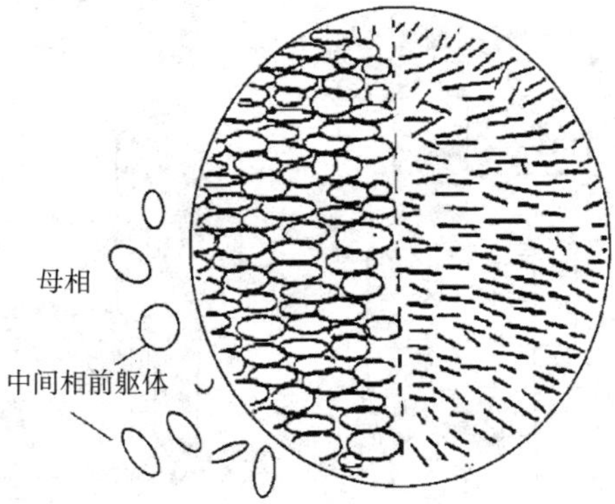

图 6－7　单个中间相小球体的层状结构示意图

形成中间相是一个复杂的化学、物理过程，大致要经历出生和成长、相遇和融并、增黏老化、定向和固化等过程，可参见图 6－8。小球体的变化历程随反应条件而异。刚生成的小球本能溶解在高温的母液中，温度低时又能析出。在适宜的条件下能吸收母液中的稠环芳烃分子，成长为更大的球体；也可能与另一个小球体相遇，发生芳烃层片插入而逐渐长大。当球体长大到无法维持最小的表面积时，解体为区域性中间相，各个区域中间相再结合为广域中间相。随着这种缩聚过程的逐步深化，小球体及其周围介质不断增黏，小球体内部也逐渐形成有纹理的纤维结构。这种由广域中间相固化所得的焦炭即为针状焦。因此，可以认为中间小球体就是焦炭的前躯体，能否形成优质针焦则取决于中间小球体的变化历程。

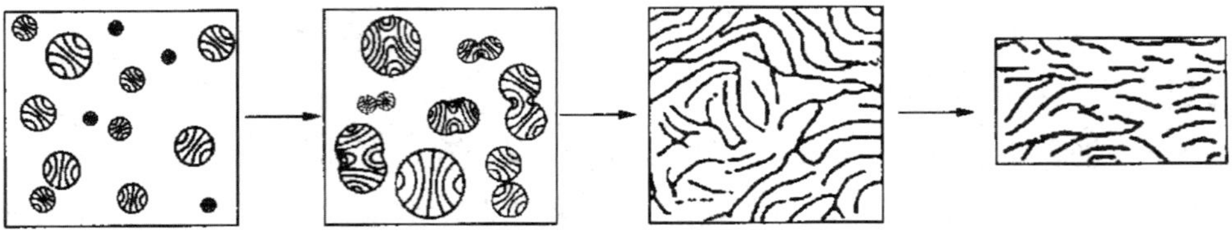

图 6－8　中间相小球体的变化历程

从针状焦的性质和生产机理可见，欲生产针状焦，首先要选择合适的原料。芳烃含量高而胶质、沥青质含量低，灰分低、含硫量低的重质油是生产针状焦的良好原料；炼油厂的热裂化渣油、催化裂化的澄清油、润滑油溶剂精制的抽出油等都是良好的生产针状焦的原料；此外，裂解制乙烯的渣油、煤焦油等也是生产针状焦的适宜原料。由于这些油料的性质各异，数量不一，应根据具体情况，通过中试按照一定比例进行调合，才能做到优化原料、生产出优质针状焦。在以生产针状焦为主要目的时，延迟焦化的操作条件也不同于以重油轻质化为主要目的的操作条件。此时，应采用大循环比和延长焦炭塔的生焦周期，并且采用变温操作，以使原料油能够成长为中间相小球体，并从中间相小球体转化为广域中间相，生产出质量合格的针状焦。

五、流化焦化及灵活焦化

除了延迟焦化外，流化焦化和灵活焦化也占有一定地位。2015 年全世界焦化总能力为 280Mt，其中延迟焦化能力占 95.5%；流化焦化和灵活焦化能力分别为 13.77Mt/a 和 10.91Mt/a。

流化焦化是20 世纪50 年代开发的工艺技术。是一种连续生产过程，其原则工艺流程如图 6－9。

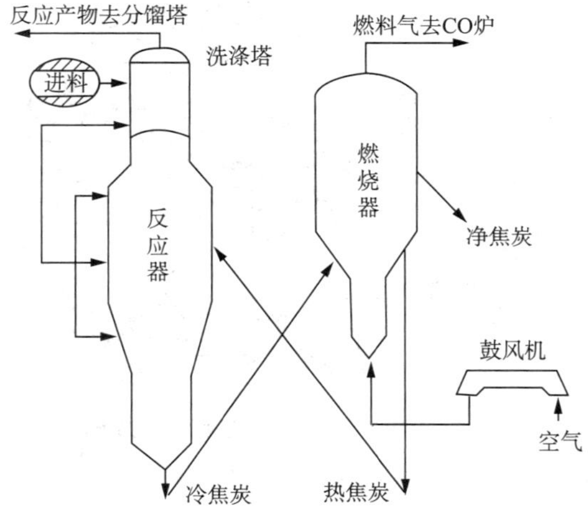

图 6－9　流化焦化原则流程图

重质原料首先进入反应器之上的洗涤塔，与来自反应器的物料换热。反应器进料包括新鲜进料和冷凝的循环油。反应器内是灼热的焦炭粉末（20～100 目）形成的流化床，反应器的温度为 480～560℃，压力稍高于常压。进料在焦粒表面形成薄层，同时受热进行热裂化反应，生成液体产品、气体和焦炭。油气从反应器顶部进入洗涤塔。反应产物在洗涤塔内除去固体颗粒和把 >520℃的重质油冷凝下来，并返回至反应器中。洗涤塔顶物料被送入分馏系统，分离出焦化液体产品和焦化气；焦炭则留在流化的焦炭颗粒之上，使流化的焦粒直径不断增大，部分焦粒经下部汽提段用水蒸气汽提出其中的油气后进入燃烧器。由燃烧器的底部送入空气使焦粒进行部分燃烧，从而使床层温度维持在 590 ~ 650℃。高温的焦粒一部分再循环回反应器起到热载体的作用，维持反应所需的热量。多余的焦炭作为产品从燃烧器排出，送至焦炭储仓。系统中的颗粒会逐渐长大，为了维持流化所需的适宜粒径，必须除去大颗粒并使之粉碎。

与延迟焦化工艺相比，流化焦化具有以下优点：

①连续操作。流化焦化反应器为连续运转，操作简单，需要的操作工人少。

②灵活性好。流化焦化对原料的适用性很强，沥青也可作为原料。在操作方式上，流化焦化可按 >520℃渣油全循环或一次通过（生产 >520℃渣油）方式。

③产品分布好。流化焦化的汽油产率较低而中间馏分产率较高，焦炭产率低，约为残炭值的 1.15 倍，而延迟焦化的焦炭产率则为残炭值的 1.5 ~ 2 倍；在产品质量方面，流化焦化的中间馏分的残炭值较高、汽油含芳香烃较多，所产的焦炭粉末状，在回转炉中煅烧有困难，不能单独制作电极焦，只能作燃料用。详见表 6 – 15 和表 6 – 16。

表 6 – 15　流化焦化与延迟焦化的产品收率和质量

项目	原料油			产品收率					
	相对密度 d_4^{20}	残炭/%	硫/%	$\leqslant C_3$/%	$\leqslant C_4$/%	C_5 ~ 221℃（体）/%	中间馏分（体）/%	石油焦/%
延迟焦化	0.9630	9	1.2	6.0	2.5	22.5	57.0	22.0
流化焦化	0.9630	9	1.2	6.0	1.5	13.0	75.0	11.0

项目	产品质量					
	汽油		中间馏分			
	干点/℃	*RON*	80%/℃	残炭/%	苯胺点/℃	硫/%
延迟焦化	181	70	421	0.03	68	0.93
流化焦化	204	76	496	1.1	74	1.4

表 6 – 16　流化焦化与延迟焦化所产焦炭质量

项目	流化焦	延迟焦	项目	流化焦	延迟焦
挥发分/%	1.5 ~ 3	6 ~ 15	真密度/g · cm^{-3}	1.50 ~ 1.60	1.28 ~ 1.42
灰分/%	0.1 ~ 1.0	0.1 ~ 1.0	孔隙率/%（体）	8	23 ~ 33
碳/%	85 ~ 92	82 ~ 87	强度（转鼓试验）	20	33 ~ 85
氢/%	1.5 ~ 2.1	2.3 ~ 4.5	燃点/℃	760	—
硫/%	1.2 ~ 8	0.3 ~ 4.5	自然倾斜角/℃	– 30	—
堆积密度/g · cm^{-3}	0.84 ~ 0.92	0.57 ~ 0.66	水分/%	0.3 ~ 1.0	6 ~ 12

④可靠性高。流化焦化的机械设备少，只限于正常维修时才有劳动强度大的工作。

⑤环保效应好。流化焦化用输送管使焦炭在系统内循环，燃烧器内多余的焦炭通过气动输送排出装置；流化焦化系统为全密闭系统，且燃烧器的烟气经过热回收及适当净化后排入烟囱，故在环境保护方面优于延迟焦化。

灵活焦化是由流化焦化与焦炭气化组成的联合工艺过程。其工艺流程如图 6 - 10。

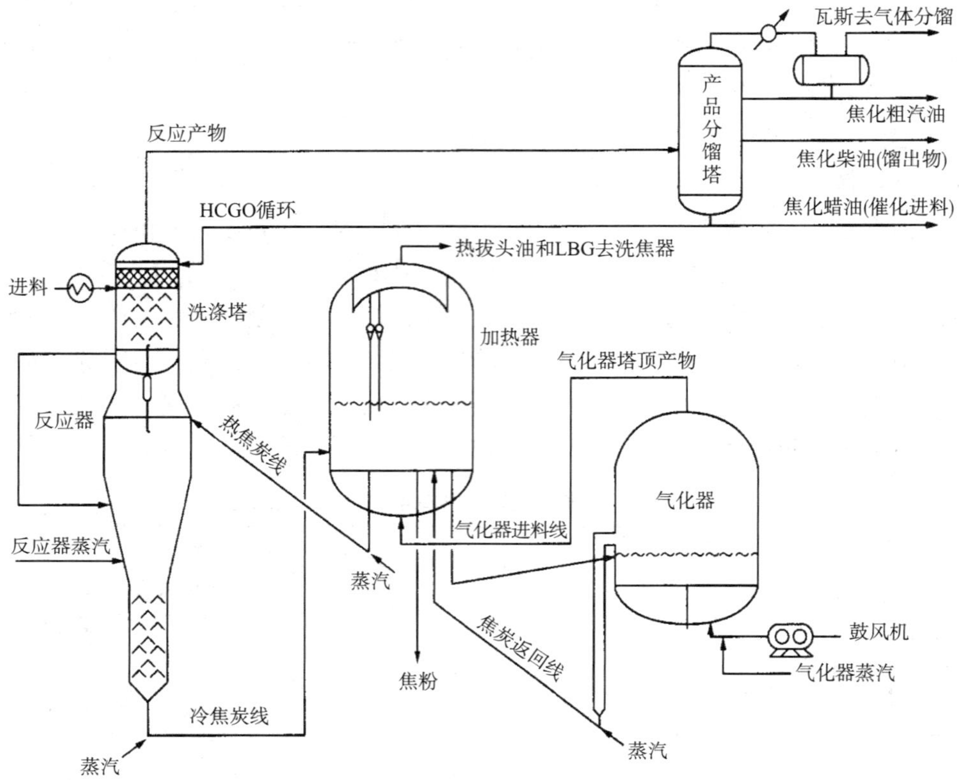

图 6 - 10　灵活焦化流程图

灵活焦化流程与流化焦化相似，多设了一个流化床的气化炉。把在反应器中生成的 95% 的焦炭送入气化炉，使其与空气在高温下（800 ~ 980℃）反应生成含 H_2、CO、CO_2、N_2、H_2O、H_2S 及少量的 COS 的煤气。灵活焦化过程除生成焦化气体、液体外，还生产煤气，但不生产石油焦。解决了延迟焦化和流化焦化产生相当大数量焦炭的问题。生产的低热值煤气，可用作工艺加热炉或锅炉燃料。过程中生成的少量焦粉，其中含有原料中的约 99% 重金属，可以从中回收金属。此焦粉可用作水泥窑的燃料。

第一套灵活焦化工业装置于 1976 年建于日本，但由于灵活焦化产生的大量低热值煤气炼油厂自身消耗不了，且灵活焦化过程的技术和操作复杂、投资费用高，使得至今建成的灵活焦化工业装置很少。

第三节　减黏裂化

减黏裂化（简称减黏）是以常压重油或减压渣油为原料进行浅度热裂化反应的一种热加工过程。反应产物有气体、石脑油、瓦斯油和减黏渣油。减黏裂化工艺一般有以下几种生产目的：

①生产燃料油。降低渣油的黏度以减少为使燃料油的黏度合格所必需调入的馏分油。

②最大量地生产裂化原料油。把渣油转化为馏分油用作其他转化装置的原料。

③降低燃料油的倾点（凝点）。倾点是燃料油的一项质量标准。石蜡基原油的渣油倾点高，需要调入大量柴油才能使倾点符合燃料油规格。高倾点渣油还会影响燃料的安定性，故需要采用减黏裂化过程同时降低燃料油的黏度和倾点。

④最大量地生产中馏分油。

减黏裂化已有50多年的历史，由于具有操作简便、对原料的适应性强、投资和加工费用低等优点，至今仍然是一种灵活、重要的渣油加工工艺。

一、原料和产品

（一）原料油

常用的减黏裂化原料油有以下几种：

①常压重油。

②减压渣油。

③高含蜡的渣油：具有黏度大、倾点高的特性，而且蜡含量高还可能导致燃料油的安定性变坏。这类渣油常常热裂化 - 减黏裂化联合流程进行加工。

④脱沥青油：生产润滑油的丙烷脱沥青装置所产的脱油沥青可用作减黏裂化原料油。由于这种丙烷沥青的黏度特高，需要与直馏渣油调合一起作减黏原料。纯脱油沥青所产的减黏渣油不能符合燃料油规格。

原料油性质对减黏裂化操作和产品质量有影响。对操作有影响的性质有沥青质含量、残炭值、特性因数等。减黏裂化产品性质与原料的黏度、硫含量、氮含量和金属含量直接相关。以阿拉伯轻质原油为例，其常压重油、减压渣油性质如表6－17。

表6－17　减黏裂化原料油实例

原料油	阿拉伯轻原油常压重油	阿拉伯轻原油减压渣油
切割温度/℃　≥	343	565
体积收率/%（体）	44.6	14.0
质量收率/%（质）	49.79	17.7
相对密度 $d_{15.6}^{15.6}$	0.9545	1.0224
特性因数	11.7	11.4

续表

原料油	阿拉伯轻原油常压重油	阿拉伯轻原油减压渣油
硫含量/%	3.0	4.0
氮含量/%	0.16	0.31
康氏残炭值/%	7.6	20.8
倾点/℃	15	41
正庚烷不溶物/%	3.5	10.0
镍含量/%	8.9	25
钒含量/%	41	116
灰分/%	0.12	0.35
黏度（50℃）/$mm^2 \cdot s^{-1}$	480	225000

（二）产品

表6－18列出了阿拉伯轻质原油的常压重油和减压渣油的减黏裂化产品收率及质量情况。表6－19列出了我国几种典型原油减压渣油进行普通减黏过程的主要反应条件和产物产率。

表6－18　阿拉伯轻质原油的常压重油和减压渣油的减黏裂化产品收率及质量

项目		收率（质）/%	相对密度 d_4^{20}	硫含量（质）/%	氮含量（质）/%	溴价/$gBr \cdot 100g^{-1}$	倾点/℃	黏度（50℃）/$mm^2 \cdot s^{-1}$
原料油		100	0.9535	3.0	1600	—	15	480
常压重油	产品							
	H_2S	0.2	—	—	—	—	—	—
	$<C_4$	2.1	—	—	—	—	—	—
	$C_5 \sim C_6$	1.4	0.6628	0.8	—	—	—	—
	C_7～185℃	4.7	0.7741	0.9	30	60	—	—
	185～370℃	10.7	0.8591	1.3	600	26	-1.1	2.6
	>370℃	80.9	0.9679	3.2	—	—	—	300
减压渣油	原料油	100	1.0224	—	3100	—	—	225000
	产品							
	H_2S	0.3	—	—	—	—	—	—
	$<C_4$	2.2	—	—	—	—	—	—
	$C_5 \sim C_6$	1.3	0.6628	0.8	—	—	—	—
	C_7～185℃	4.6	0.7753	1.0	50	62	—	—
	>185℃	91.6	1.0202	4.0	—	—	29	6000

表 6-19 普通减黏过程的产物产率

原料油名称		胜利管输减压渣油	胜利-辽河混合油减压渣油	大庆减压渣油
反应温度/℃		380	430	420
反应时间/min		180	27	57
产物产率/%	裂化气	1.0	1.4	1.3
	C_5~200℃	—	3.5	2.0
	200~350℃	—	4.1	2.5
	>350℃	98.0	91.0	93.6
原料渣油黏度（100℃）/$mm^2 \cdot s^{-1}$		103	578	121
减黏渣油黏度（100℃）/$mm^2 \cdot s^{-1}$		38.7	70.7	55.4

由表6-19可见，减黏裂化的转化率低，我国减压渣油经普通减黏过程后，其低于350℃生成油及裂化气的产率不到10%，350℃减黏渣油的产率在90%以上。与原料渣油相比，减黏渣油的黏度显著降低。

减黏裂化产品的主要特点如下：

（1）减黏裂化气体产率较低，约为2%，一般不再分出液化气（LPG），经过脱除H_2S后送至燃料气系统。减黏裂化气体中烯烃含量较高。表6-20为胜利减压渣油减黏裂化气体的平均组成数据。

表 6-20 胜利减压渣油减黏裂化气体的组成

组分	H_2S	H_2	CH_4	C_2H_6	C_2H_4	C_3H_8	C_3H_6	C_4H_{10}	C_4H_8
质量分数/%	8.46	0.35	18.0	11.95	1.07	14.32	5.20	10.48	6.35

（2）减黏石脑油组分的烯烃含量较高，安定性差。辛烷值约为80，经过Merox工艺脱硫后可直接用作汽油调合组分。重石脑油组分经过加氢处理脱除硫及烯烃后，送去催化重整以提高辛烷值；也可将全部减黏石脑油送至催化裂化装置，经过再加工后可以改善稳定性，然后再脱臭，除去硫醇。表6-21为胜利减压渣油所得减黏汽油性质。

表 6-21 胜利渣油的减黏汽油性质

项目	指标	项目	指标
相对密度 d_4^{20}	0.7133	馏程/℃	
溴价/$gBr \cdot 100g^{-1}$	60.76	初馏点	45
硫含量（质）/%	1.3	10%	64
氮含量/$\mu g \cdot g^{-1}$	0.4	50%	108
胶质含量（质）/%	4.4	90%	152
酸度/$mgKOH \cdot 100mL^{-1}$	23.45	干点	176

（3）减黏柴油含有烯烃和双烯烃，故颜色安定性差，需加氢处理才能用作柴油调合组

分，若减黏柴油在柴油总量中的相对数量较少，也可不经加氢处理，直接调入成品柴油中。表6－22为减黏柴油性质。

表6－22 国外减黏柴油性质的实例

项目	数据	项目	数据
相对密度 d_4^{20}	0.8940	碘值/$gI_2\cdot100g^{-1}$	38
黏度/$mm^2\cdot s^{-1}$			
20℃	4.17	硫含量/%	1.39
50℃	2.2	氮含量/%	0.11
自燃点/℃	395	胶质含量/%	6.5
凝点/℃	－18	酸度/$mgKOH\cdot100mL^{-1}$	25
平均相对分子质量	231	残炭值/%	0.07

（4）减黏重瓦斯油性质主要与原料油性质有关。介于直馏VGO和焦化重瓦斯油的性质之间，其芳烃含量一般比直馏VGO高。以阿拉伯轻质原油的减压渣油为例，343～365℃减黏裂化重瓦斯油性质见表6－23。

表6－23 减黏裂化重瓦斯油性质

项目	数值	项目	数值
收率/%	19.4	溴价/$gBr\cdot100g^{-1}$	8
相对密度 d_4^{20}	0.9561	倾点/℃	29
硫含量/%	3.1	黏度（50℃）/$mm^2\cdot s^{-1}$	150
氮含量/%	0.002		

减黏渣油主要用作燃料油，多数炼厂把＞350℃减黏重油用作重燃料油组分。如果减黏重油经过减压闪蒸，分离出重瓦斯油和减黏渣油，重瓦斯油可用作催化裂化或加氢裂化原料油。可将减黏渣油与一部分催化裂化循环油（作为减黏渣油的稀释油）调合为燃料油。减黏渣油作为重燃料油时，其安定性要好。所谓安定性是指经过一段时间的储存或经过一定程度的加热之后，渣油的胶体体系是否能保持平衡而不发生沉淀的特性。当体系的条件变化到一定程度后，沥青质不能全部在体系中稳定地胶溶而发生部分沥青质聚集分层的现象，这种现象在燃料油产品性质中被称为安定性差。为了确保燃料油的安定性，首先要适宜控制减黏的反应深度；其次要选择相容性好、芳烃含量较高的轻馏分油作调合油。

由于原油质量不断恶化和需要从减黏裂化生成油中取得更多的中馏分油、重瓦斯油，必将导致减黏渣油质量变差，无法制成合格的低硫燃料油。因此有的炼油厂面临着劣质减黏渣油如何利用的实际困难。劣质减黏渣油新应用途径包括：采用新燃烧技术，解决大气污染物排放问题；劣质渣油在冶金方面的应用和用作造气原料等。这些工艺技术的开发和工业应用可显著提高炼油效益，改善环保效应。

二、工艺流程

根据工艺目的和对产品要求的不同，有不同的减黏裂化工艺。以生产燃料油为目的的常规减黏裂化工艺原理流程如图 6－11 所示。

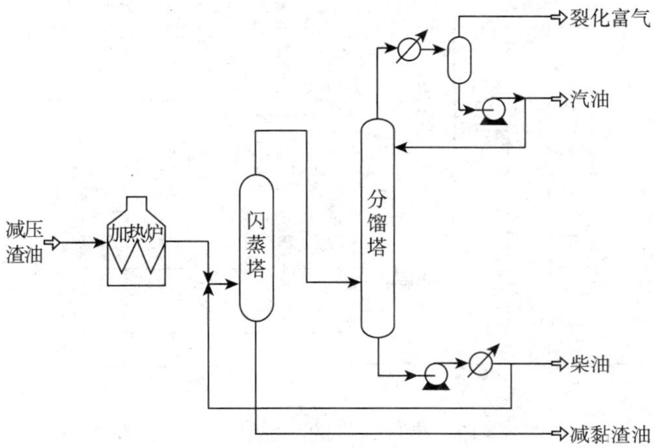

图 6－11　减黏裂化工艺流程图

减压原料油为常压重油或减压渣油，在减黏加热炉管中加热至炉管反应温度，然后在反应段炉管中裂化，达到需要的转化深度。为了避免炉管内结焦，向内注入约 1% 的水。加热炉出口温度为 400～450℃。在炉出口处可注入急冷油使温度降低而中止反应，以免后路结焦。加热炉出料进入减黏分馏塔的闪蒸段，分离出裂化气、汽油和柴油（柴油的一部分可作急冷油用），从塔底抽出减黏渣油。此种过程也称为管式炉减黏，其流程比较简单。

以生产转化装置的原料为生产目的时，采用带减压闪蒸塔的减黏裂化流程。此流程基本与常规流程相同，只不过在减黏分馏塔后增加一个减压塔。减黏分馏塔底的重油进入减压塔，在减压塔内分离出减黏瓦斯油和减黏燃料油。减黏瓦斯油直接进入其他转化装置作原料。

以最大量地生产轻馏分油或需要降低燃料油的倾点为生产目的时，采用减黏裂化－热裂化联合流程。此流程在带减压闪蒸塔的减黏裂化流程基础上，增加一个热裂化加热炉，将减压瓦斯油直接进入热裂化加热炉，使其裂化为轻质产品。热裂化加热炉的出料进入减黏分馏塔，与减黏裂化产品一起进入分馏。

在工业上，根据减黏裂化采用设备的不同，还有炉式减黏裂化和塔式减黏裂化之分。炉式减黏裂化是指转化过程的高温裂化反应是在加热炉的反应炉管中进行的。炉式减黏裂化的特点是高温、短停留时间；塔式减黏裂化是在流程中设有反应塔。虽然在加热炉管内了有一定的裂化反应，但大部分裂化反应是在反应塔内进行的。反应塔是上流式塔式设备，内设几块筛板。为了减少轴向返混，筛板的开孔率自下而上逐渐增加。反应塔的大小由反应所需的时间决定。与炉式减黏裂化相比，塔式减黏反应温度低、停留时间长，即塔式减黏裂化的加热炉出口温度低（低 40～45℃），故加热炉的尺寸和功率均可减少燃料，油用量也相应降低。若炉式和塔式减黏裂化的操作苛刻度相同，两者的产品质量也基本相同。图6－12是塔式减黏裂化工艺流程。

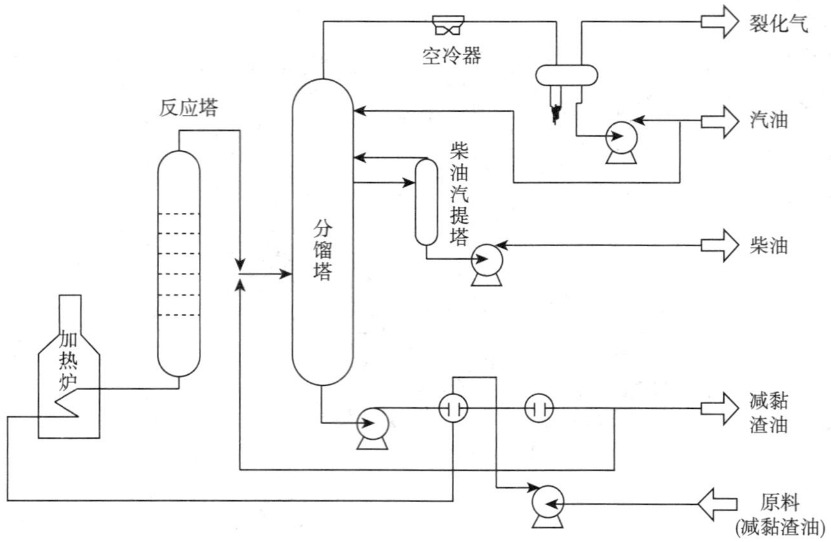

图6－12　带反应塔的减黏裂化工艺流程

三、工艺操作条件

减黏裂化的工艺条件主要包括压力、温度、时间。在能克服后部系统阻力前提下，减黏应尽量选用较低压力，这对简化工艺和减少设备结焦有利。反应温度一般是指加热炉出口温度，炉式减黏裂化的炉出口温度为475～500℃；塔式减黏裂化的反应塔温度为420～440℃，随原料油性质和要求的转化深度而定。在一定反应温度下存在着一个最佳的反应时间，以达到所需要的减黏转化率。反应时间与温度有互补关系。炉式减黏裂化的操作温度高，反应时间只有1～3min；塔式减黏裂化的操作温度低，需要的反应时间长。提高反应温度和延长反应时间都可以提高减黏转化率；操作压力是重要的设计参数，常规减黏裂化的操作压力为1.06～2.82MPa。

参考文献

[1] 曹湘洪．面向2020年我国炼油石化产业必须重视的若干问题．中国工程院化工冶金与材料学部第六届学术会议论文集［M］．北京：化学工业出版社，2007.

[2] 梁朝林，沈本贤．延迟焦化［M］．北京：中国石化出版社，2015.

[3] 李春年．渣油加工工艺［M］．北京：中国石化出版社，2002.

[4] 张浩，关旭，李景艳．延迟焦化装置掺炼大庆裂解焦油的研究［J］．石油炼制与化工，2007，38(12)：20－22.

[5] Logwinuk A. K. 程之光译．重油加工译文集［M］．北京：中国石化出版社，1994.

[6] 姚坚刚，瞿滨．延迟焦化装置能耗分析与优化［J］．齐鲁石油化工，2007，35（4）：279－282.

[7] 梁文杰，阙国和，刘晨光，等．石油化学［M］.2版．东营：中国石油大学出版社，2009.

[8] 周晓龙，陈绍洲，习伯文，等．减压渣油复杂反应动力学研究 [J]. 石油学报（石油加工），1999，15（2）：73－79.
[9] 刘智强，丁宗禹．高液体收率焦化技术的进展 [J]. 炼油设计，1997，27（1）：7－9.
[10] 苗勇，李锐，王玉章，等．石油针状焦的生产 [J]. 炭素技术，2005，24（3）：31－36.
[11] 张德义．含硫原油加工技术 [M]. 北京：中国石化出版社，2003.
[12] 孙柏军，阙国和，梁文杰．孤岛减压渣油供氢剂临氢减黏裂化的研究 [J]. 石油炼制，1991（2）：54.
[13] 孙柏军，阙国和，梁文杰．孤岛减压渣油供氢剂临氢减黏裂化的研究（二）[J]. 石油炼制，1991（4）：62.
[14] 瞿国华．延迟焦化工艺与工程 [M]. 北京：中国石化出版社，2008.
[15] 胡尧良．延迟焦化装置技术手册 [M]. 北京：中国石化出版社，2013.

第七章 催化裂化

第一节 概 述

催化裂化是重质油在酸性催化剂存在下，在500℃左右、$1\times10^5 \sim 3\times10^5$Pa下发生分解、异构化、氢转移、芳构化、缩合等一系列化学反应，生成气体、汽油、柴油等主要产品及油浆、焦炭。催化裂化过程具有轻质油（汽油+柴油）收率高、汽油辛烷值较高、气体产品中烯烃含量高等特点。催化裂化是现代化炼油工业中重要的二次加工过程，是重油轻质化的核心技术，是炼厂获取经济效益的重要手段。

一、催化裂化在炼油厂中的地位和作用

近年来，随着对轻质油品特别是对汽油需求量的增加，催化裂化无论是加工能力、装置规模，还是工艺技术均以较快的速度发展。表7-1为2019年主要国家催化裂化能力。

表7-1 全球历年催化裂化加工能力

年份	催化裂化加工能力/$Mt\cdot a^{-1}$	催化裂化加工占原油加工的比例/%
1955	86.7	31.9
1965	242.8	18.1
1975	305.9	13.1
1985	450.7	16.9
1995	600.1	18.0
2005	741.9	18.5
2015	813.2	19.3

注：不包括苏联、东欧各国和中国。

近年来，催化裂化的加工能力不断上升，表7-2为炼油厂各主要加工工艺加工能力的统计。从表中可看出，催化裂化能力在各个主要二次加工工艺中居于首位。

表 7-2 2017 年全球炼厂各主要加工工艺处理能力

国家	常减压蒸馏/$Mt \cdot a^{-1}$	延迟焦化/$Mt \cdot a^{-1}$	催化裂化/$Mt \cdot a^{-1}$	催化重整/$Mt \cdot a^{-1}$	加氢裂化/$Mt \cdot a^{-1}$	加氢处理/$Mt \cdot a^{-1}$
美国	915. 67	163. 15	291. 28	159. 15	121. 95	825. 94
中国	859. 84	158. 04	247. 28	112. 86	121. 56	632. 22
俄罗斯	333. 41	16. 88	32. 17	49. 37	400. 06	217. 20
日本	174. 05	6. 14	54. 07	32. 48	11. 27	221. 32
世界总计	4938. 83	542. 52	1074. 29	704. 43	556. 13	3730. 26

目前我国催化裂化装置总加工能力已达到 250$Mt \cdot a^{-1}$，其中渣油占催化裂化总进料约 40%，超过了延迟焦化装置，成为我国加工渣油的最主要手段。我国催化裂化装置所生产的汽油和柴油组分分别占全国汽油和柴油成品总量的 70% 和 30% 以上，所生产的丙烯量约占全国丙烯总产量的 40%。同时，催化裂化装置还可为烷基化装置和醚化装置提供原料。因此，催化裂化工艺对炼油行业提高轻质油收率和改善产品质量、提高经济效益起着举足轻重的作用。

二、催化裂化的发展概况

世界上第一套工业意义上的固定床催化裂化装置于 1936 年 4 月 6 日正式运转。随后的几年中，又分别出现了移动床（TCC）和流化床催化裂化技术（FCC）。1942 年第一套流化催化裂化装置在美国投产。我国第一套流化催化裂化装置于 1965 年在抚顺建成投产。20 世纪 70 年代，提升管与沸石催化剂的结合使流化催化裂化技术发生了质的飞跃，原料范围更宽，产品更加灵活多样，装置操作更稳定。80 多年来，无论是在规模上还是在技术上，催化裂化技术都有了巨大的发展。从技术发展的角度来说，最基本的是反应－再生型式和催化剂性能两个方面的发展。在提升管（并列式）反应器基础上，出现各种变异创新形式，如同轴式、折叠式、两端接力式提升管；此外在再生器结构方面，由一段烧焦再生发展到两段强化烧焦再生。

图 7－1 为催化裂化反应－再生系统的四种主要型式。

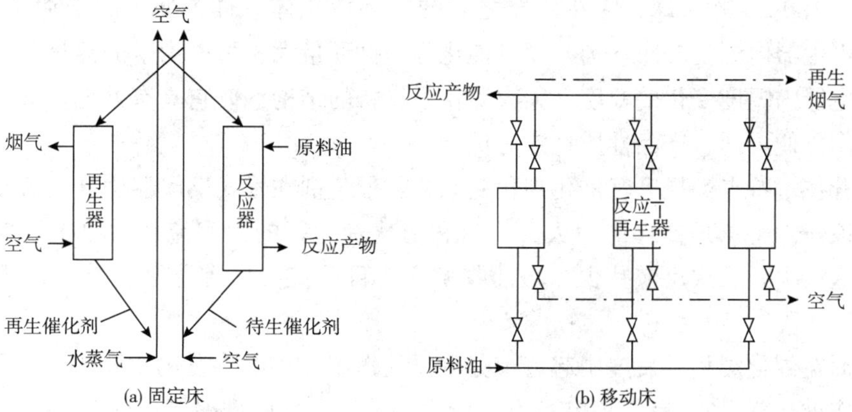

图 7－1 催化裂化反应－再生系统的几种型式

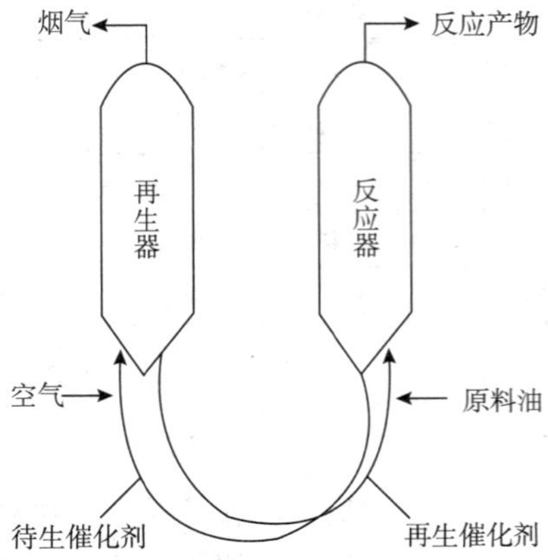

(c) 流化床

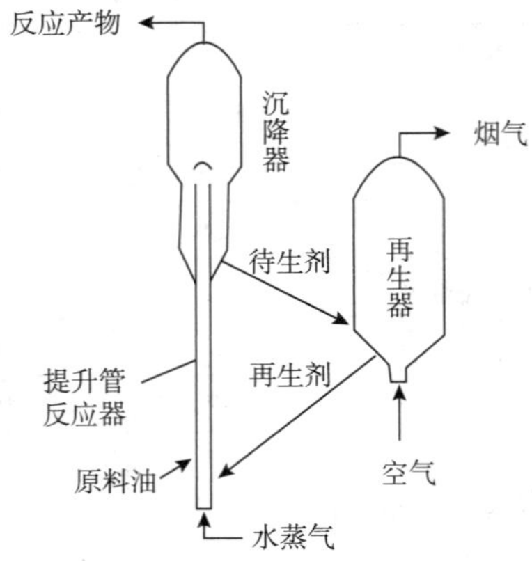

(d)提升管(并列式)

图 7－1　催化裂化反应－再生系统的几种型式（续）

原料油在催化剂上进行催化裂化时，一方面通过分解等反应生成气体、汽油等较小分子的产物，另一方面同时发生缩合反应生成焦炭。这些焦炭沉积在催化剂的表面上，使催化剂的活性下降。因此，经过一段时间的反应后，必须烧去催化剂上的焦炭以恢复催化剂的活性。这种用空气烧去积炭的过程称作“再生”。由此可见，一个工业催化裂化装置必须包括反应和再生两个部分。

固定床技术特点是：预热后的原料进入反应器内进行反应，通常只经过几分钟到十几分钟，催化剂的活性就因表面结焦而开始下降。

移动床技术特点是：反应和再生分别在反应器和再生器内进行。原料油与催化剂同时进入反应器的顶部，它们互相接触，一面进行反应，一面向下移动。当它们移动至反应器的下部时，催化剂表面上已沉积了一定量的焦炭，于是油气从反应器的中下部导出而催化剂则从底部移出，再由气升管用空气提升至再生器的顶部，然后，在再生器内向下移动的过程中进行再生。再生过的催化剂经另一根气升管又提升至反应器。

流化床技术特点：反应和再生也是分别在两个设备中进行，其原理与移动床相似，只是在反应器和再生器内，催化剂与油气或空气形成流化状态，进行反应和再生。催化剂做成直径 20～100μm 的微球，它在两器之间的循环像流体一样方便。由于在流化状态时，反应器或再生器内温度分布均匀，而且催化剂的循环量大，可以携带的热量多，减少了反应器和再生器内温度变化的幅度，大大简化了设备的结构，使它具有处理量大、设备结构简单、操作方便灵活、产品性质稳定等优点。

提升管技术特点：提升管催化裂化是原料与催化剂在管式反应器中高速流动短时间接触反应。该技术特点是处理能力大，物料和催化剂运行的活塞流状并以很快速度完成反应，物流返混少，二次反应减少，轻油收率高。目前提升管催化裂化装置已占据了主导地位。

催化剂在催化裂化的发展中起着十分重要的作用。在催化裂化发展初期，利用天然的活性白土作催化剂。20 世纪 40 年代起广泛采用人工合成的硅酸铝催化剂；60 年代出现了分子筛催化剂，由于它具有活性高、选择性和稳定性好等特点，很快就被广泛采用，使催化裂化技术有了跨越性的发展，除了促进提升管反应技术的发展外，还促进了再生技术的迅速发展。

20 世纪 50 年代以来，我国催化裂化工艺技术取得了跨越式发展，催化裂化装置实现了从无到有、研究方式实现了从跟踪模仿到自主创新的转变。从我国催化裂化技术发展历程来看，1965 年实现了催化裂化工艺的工业化，催化裂化技术的开发处于起步阶段，典型的成就是建立抚顺石油二厂 0.6Mt · a^{-1}密相输送流化催化裂化装置，实现了从无到有的质的飞跃；1971 ~ 1985 年，开发渣油催化裂化技术，催化裂化技术的开发处于跟踪阶段，典型的成就是沸石催化剂的提升管催化裂化工艺的开发、快速流化床烧焦罐再生技术的开发和渣油催化裂化工艺技术的开发；1986 ~ 1990 年开始进行催化裂解技术的开发，标志着我国催化裂化技术开发进入自主创新阶段；随后，1998 年开发了 MIP 工艺技术，并迅速得到大范围应用；随后中国石化石油化工科学研究院针对劣质原料油的特点，对当时催化裂化过程反应化学进行了认真的总结和分析，进行了大量的试验工作，提出了多产轻质油的 FGO 选择性加氢处理工艺与选择性催化裂化（又称缓和催化裂化）工艺集成技术的构思。其主要思路是对重质原料油不再追求重油单程转化率最高，而是控制催化裂化单程转化率在合理的范围，使干气和焦炭选择性最佳，未转化重油经加氢处理工艺后再采取适当的催化裂化技术加工，从而使高价值产品收率最大化。

三、催化裂化的发展方向

面对 21 世纪的形势和任务，催化裂化迎来了新挑战。在今后一段时期内，催化裂化技术将会围绕以下几个方面发展：

（1）继续改进工艺、设备、催化剂技术，尽可能多地转化劣质重油；提高轻质产品收率。对我国而言，特别要在保证长周期运转上下功夫。

（2）继续研究开发多产低碳烯烃的工艺，为发展石油化工和清洁燃料组分的生产提供原料。

（3）利用其反应机理，继续研究开发能满足市场产品需求的催化裂化工艺和催化剂。

（4）为保证清洁生产，研究开发减少碳、硫、氮排放的工艺、催化剂、添加剂以及排放物的无害化处理。

（5）同步发展催化裂化与其他工艺的组合优化。

（6）过程模拟和计算机应用。

（7）新催化材料的开发和应用。

由于石油仍是主要的运输燃料，随着原油的重质化和对轻质燃料需求的增长，发展重油深度转化、增加轻质油品仍将是 21 世纪炼油行业的重大发展战略。我国催化裂化无论是工艺、催化剂技术进展，还是单元设备、产品质量等都取得了举世瞩目的成绩，但在产品质量优质化、生产过程清洁化和重质原料高效利用方面仍面临着重大挑战。

第二节　催化裂化的原料和产品

一、原料

催化裂化的原料范围广泛，可分为馏分油和渣油两大类。馏分油主要是直馏减压馏分油（VGO），馏程350～500℃，也包括少量的二次加工的馏分油（如焦化蜡油、加氢精制蜡油等）；渣油主要是减压渣油、脱沥青的减压渣油、加氢渣油等。渣油都是以一定的比例掺入到减压馏分油中进行加工，其掺入的比例主要受制于原料的金属含量和残炭值。对于一些金属含量很低的石蜡基原油也可以直接用常压重油作为原料。当减压馏分油中掺入渣油时则通称为重油催化裂化，简称RFCC，1995年之后我国新建的装置均为掺炼渣油的RFCC。

通常评价催化裂化原料的指标有馏分组成、特性因数*K*值、相对密度、苯胺点、残炭、硫含量、氮含量、金属含量等。其中残炭、金属含量和含氮量对RFCC影响最大。

（一）馏分组成

对以饱和烃为主要成分的直馏馏分油来说，馏分越重越容易裂化，所需条件越缓和，且焦炭产率也越高，而对芳烃含量较高的渣油并不服从此规律。对重质原料，密度只要小于920kg·m^{-3}，对馏程无限制。

（二）烃类族组成

含环烷烃多的原料容易裂化，液化气和汽油产率高，汽油辛烷值也高，是理想的催化裂化原料。含烷烃多的原料也容易裂化，但气体产率高，汽油产率和辛烷值较低。含芳烃多的原料，难裂化，汽油产率更低，液化气产率也低，且生焦多，生焦量与进料的化学组成有关。烃类的生焦能力：芳烃>烯烃>环烷烃>烷烃。

分析重质原料油烃类族组成比较困难，一般是通过测定特性因数*K*值、含氢量、相对密度、苯胺点、黏度等物理性质，间接地进行判断。

特性因数*K*值可表明原料的裂化性能和生焦倾向，*K*值越高越容易裂化，生焦倾向也越小。

原料油的氢含量也可反映它的烃族组成。原料油氢含量低，说明饱和烃减少，芳烃、胶质和沥青质增加，残炭值增大，生焦率提高，转化率下降。

（三）残炭

残炭值反映了原料中生焦物质含量的多少。残炭值越大，焦炭产率就越高。馏分油原料的残炭值一般不大于0.4%，而渣油的残炭值较高，一般都在4%以上，致使焦炭产率高达10%左右，热量过剩，因此解决取热问题是实现渣油催化裂化的关键之一。目前我国已有装置能处理残炭高达7%～8%的劣质原料。

（四）含硫、含氮化合物

含硫量会影响裂化的转化率、产品选择性和产品质量。Keyworty 等研究了原料硫在催化裂化产品中的分布。硫含量增加，转化率下降，汽油产率下降，气体产率增加；随着裂化反应同时发生的脱硫反应生成 H_2S，造成设备的腐蚀，进入到产品中的有机硫化物造成产品质量不合格，烟气中的 SO_x 含量超过排放标准，造成环境污染。

原料中的氮化合物，特别是碱性氮化物能强烈地吸附在催化剂表面，中和酸性中心，使催化剂活性降低；中性氮化物进入裂化产物会使油品安定性下降。Fu and Schaffer 研究了 30 种不同的氮化合物对两种工业催化裂化催化剂活性和选择性的影响，他们发现氮化合物的气相质子亲和力越强，对催化剂的毒性就越大。

因此原料中含有上述物质对生产是不利的，原料的含硫量和含氮量要分别限制在 0.5% 和 0.3% 以下。

（五）金属

金属包括碱性金属钠和铁、镍、钒、铜等重金属。它们大都以有机金属化合物的形式存在，分为挥发性和不可挥发性两种。前者相当于一个平均沸点约 620℃ 的化合物，在减压蒸馏时可能被携带进入作为催化裂化原料的减压馏分油中。不可挥发的重金属化合物为一种胶体悬乳物存在于渣油中。所以渣油以及来自焦化、减黏裂化和脱沥青等装置的油料中重金属含量都比较高，比馏分油高几十倍，甚至几百倍。

镍和钒沉积在催化剂上，具有强的催化脱氢活性，使反应选择性急剧变差，焦炭和氢气大量生成。为此，催化裂化原料中要限制重金属的含量。目前已能成功地处理含镍小于 $10\mu g \cdot g^{-1}$ 的重油，采用一定措施后还可以处理镍含量小于 $20\mu g \cdot g^{-1}$、钒含量小于 $1\mu g \cdot g^{-1}$ 的原料，同时要注意加强电脱盐，控制原油中钠含量小于 $2\mu g \cdot g^{-1}$。

钠除本身具有碱性使催化剂酸性中心减活外，更主要的是它与钒在高温下生成低熔点钒酸钠盐将破坏催化剂的晶格结构，使钒对催化剂的危害比镍还要大。

表 7－3 对减压馏出油（VGO）、常压渣油（AR）、减压渣油（VR）、焦化馏出油（CGO）和溶剂脱沥青油（DAO）共五种可能作为催化裂化原料的油品性质作了比较。渣油的特点是馏程高、密度大、芳烃含量高、残炭值高，硫、氮和金属杂质多，给催化裂化加工带来许多困难。但我国类似于大庆原油一类的低硫石蜡基原油的 AR 性质较好，残炭值和金属含量都不高，可以直接作 RFCC 的原料，其他原油的 AR 和所有的 VR 因残炭和金属含量高只能与 VGO 掺炼，可能达到的最大掺炼比视原油类型、装置的工艺和设备条件而不同。目前大庆原油的 VR 可达到 40%～50%，管输原油的 VR 在 30% 左右。CGO 虽然在馏程、密度、残炭和金属含量方面与 VGO 较为近似，但它的硫、氮杂质含量、烯烃含量和芳烃含量都比 VGO 要高，尤其是氮含量高的危害性很大，使轻质油收率降低，生焦量增大。CGO 的掺炼比一般在 20% 左右。劣质的 VR 可用溶剂脱去沥青得到 DAO，与 VR 相比它的残炭值和金属含量都有所下降，正庚烷不溶物（沥青质）明显减少，再作为掺炼组分时裂化性能已有明显改善。

表 7－3　几种催化裂化原料的性质比较

项目	原油类型												
	大庆				胜利					阿拉伯（轻）			
	减压馏分（VGO）	常渣（AR）	减渣（VR）	焦化馏出（CGO）	减压馏分（VGO）	常渣（AR）	减渣（VR）	焦化蜡油（CGO）	脱沥青油（DAO）	减压馏分（VGO）	常渣（AR）	减渣（VR）	脱沥青油（DAO）
馏程/℃	350～500	>350	>500	320～480	350～500	>400	>500	323494	—	370～520	>350	>500	—
d_4^{20}	0.8564	0.8959	0.9220	0.8763	0.8876	0.9460	0.9698	0.9178	0.9340	0.9141	0.9514	0.9969	0.9861
$\nu_{100}/mm^2 \cdot s^{-1}$	4.60	28.9	104.5	—	5.94	139.7	861.7	5.06	50	6.93	32.83	1035	—
残炭/%	<0.1	4.3	7.2	0.31	<0.1	9.6	13.9	0.74	4.5	0.12	9.36	19.7	10.7
H/%	13.80	13.27	—	12.38	13.50	11.77	—	11.46	—	11.69	11.20	—	—
S/%	0.045	0.15	0.91	0.29	0.47	1.2	1.95	1.20	—	2.61	3.29	4.31	3.25
N/%	0.068	0.2	—	0.37	<0.1	0.6	—	0.69	—	0.078	0.16	—	0.1
$Ni/\mu g \cdot g^{-1}$	<0.1	4.3	7.2	0.3	<0.1	36	46	0.5	12	—	6.5	68	19①
$V/\mu g \cdot g^{-1}$	0.01	<0.1	0.1	0.17	<0.1	1.5	2.2	0.01	<2	—	27.2	140	—
饱和烃/%	86.8	61.4	—	—	71.8	40.0	—	—	—	65.8	49.3	—	—
芳烃/%	13.4	22.1	—	—	23.3	34.3	—	—	—	31.6	34.0	—	—
胶质/%	0.0	16.45	—	—	4.9	24.9	—	—	—	2.6	16.7	—	—
沥青质（C_7）/%	—	0.05	2.5～3.0②	—	—	0.8	4.22②	—	<0.05	—	16.7	10.0②	0.05②
占原油/%	26～30	71.5	42.9	—	27	68.0	47.1	—	—	24.3	50.39	22.4	—
溶剂脱沥青油（DAO）收率/%	—	—	—	—	—	—	—	—	60	—	—	—	78

①Ni＋V；②胶质＋沥青质。

二、产品

催化裂化的产物包括气体、液体和焦炭。

(一) 气体

在一般工业条件下，气体产率为10% ~20%，其中含有H_2、H_2S和$C_1 \sim C_4$等组分。$C_1 \sim C_2$的气体叫干气，占气体总量的10% ~20%；其余的$C_3 \sim C_4$气体叫液化气（或液态烃），其中烯烃含量≥50%左右。

干气中含有10% ~20%的乙烯，它不仅可作为燃料的原料，还可作生产乙苯、制氢等的原料。

液化气中含有大量的丙烯、丁烯，而丁烯气体中，异构烯烃比值较高，是宝贵的石油化工原料和合成高辛烷值汽油的原料；丙烷、丁烷可作制取乙烯的裂解原料，也是渣油脱沥青的溶剂。同时，液化气也是重要的民用燃料气来源。

(二) 液体产物

液体产物包括催化汽油、轻柴油以及催化油浆。南方某炼油厂催化裂化液体产物性质见表7-4。

表7-4 催化汽油、轻柴油以及催化油浆性质

项目	稳定汽油	轻柴油	催化油浆
密度（20℃）/g·cm^{-3}	0.73	0.93	1.08
恩氏蒸馏数据/℃			
初馏点	38	198	302
10%	50	218	417
30%	62	248	455
50%	89	260	479
70%	126	303	521
90%	173	340	—
终馏点	202	360	—
辛烷值（RON/MON）	92.1/81	—	—
烯烃含量/%（体）	28	—	—
芳烃含量/%（体）	25	—	—
硫含量/μg·g^{-1}	275	5200	11000
黏度/mm^2·s^{-1}	—	—	50（100℃）
诱导期/min	>500	—	—
凝点/℃	—	<-5	—
闪点/℃	—	≥56	—
十六烷值	—	26~30	—
油浆中催化剂粉末含量/μg·g^{-1}	—	—	5936

续表

项目	稳定汽油	轻柴油	催化油浆
油浆中饱和分含量/%	—	—	38.4
油浆中芳香分含量/%	—	—	54.1
油浆中胶质含量/%	—	—	6.7
油浆中沥青质含量/%	—	—	0.8

汽油：汽油产率为30%～60%，因含有较多的芳烃和一定量的烯烃，其研究法辛烷值为80～90；又因氢转移反应，催化汽油所含烯烃中α－烯烃很少，且基本不含二烯烃，所以安定性较好。

柴油：柴油产率为10%～40%，因含有较多的芳烃，所以十六烷值较直馏柴油低，由重油催化裂化得到的柴油的十六烷值更低，只有25～35，而且安定性很差。催化柴油送下游加氢精制装置脱硫后作为柴油调合组分。

重柴油（回炼油）：是馏程在350℃以上的组分，可作回炼油返回到反应器内，以提高轻质油收率，但因其含芳烃多（35%～40%）使生焦率增加，不回炼时就以重柴油产品出装置，也可作为商品燃料油的调合组分。

油浆：油浆的产率为5%～10%，是从催化裂化分馏塔底得到的重油，含有少量催化剂细粉，可以送回反应器回炼以回收催化剂，但因油浆富含多环芳烃而容易生焦，在掺炼渣油时为了降低生焦率要向外排出一部分油浆。油浆经沉降除去催化剂粉末后称为澄清油，因多环芳烃的含量较大（50%～80%），所以是制造针焦的好原料，或作为商品燃料油的调合组分，也可作为加氢裂化的原料。

油浆高效分离有两大部分：油浆中固体颗粒（催化剂粉末）和油分的分离；油分经萃取－蒸馏分离成不同沸程的富含芳烃的富芳油分和富含饱和烃的非芳油分。

对于油浆中固体颗粒（催化剂粉末）和油分的分离，目前国内外主要有6种方法，其分离原理、主要设备、主要参数、适应范围、分离效率、操作方式、优点缺点分别列于表7－5。

表7－5 油浆中固体颗粒（催化剂粉末）主要分离方法

技术方法	静电分离法	颇尔过滤法	板框过滤法	旋流管/旋分器分离法	管式离心机法	絮凝剂沉淀法
分离原理	电场力	多孔性介质截留	多孔性介质截留	离心力	离心力	絮凝凝聚沉降
主要设备	高压电场填料塔	金属滤网过滤器	板框过滤器	旋流管/旋分管	管式离心机	絮凝沉降罐器
主要参数	电压15～20kV，操作温度180℃，停留时间10～15min	0.2MPa压差下恒压过滤：操作温度≯300℃	0.2MPa压差下恒压过滤：操作温度≯300℃	150～350℃，10～1000mm的单锥、双/单入口结构专用微型旋流管	150～300℃，离心转速3000～5000r·min⁻¹、时间2～10min	破乳剂与絮凝剂1000μL左右，沉降温度90℃、时间12h

续表

技术方法	静电分离法	颇尔过滤法	板框过滤法	旋流管/旋分器分离法	管式离心机法	絮凝剂沉淀法
适应范围	特别适用于超细颗粒	颗粒越粗越有效	颗粒越粗越有效	颗粒越粗越有效	≥10μm 固体颗粒，颗粒越粗越有效	≥20μm 固体颗粒：油浆密度越小越有效
分离效率	20%	≥5μm 的颗粒去除率≥95%	≥5μm 的颗粒去除率≥95%	66%～80%，脱后固含量≤680μg·g^{-1}	92%～98%，固含量≤200μg·g^{-1}	80%左右
操作方式	间歇	间歇	间歇	连续	连续	间歇
优点缺点	冲洗容易，阻力小；设备庞杂、流程长	设备与操作简单，过滤阻力大	设备与操作简单，过滤阻力大	体积小、能耗小、重量轻，组装易	适应性强，设备复杂、易损坏	选取絮凝剂难、沉降时间长

（三）焦炭

焦炭的产率为5%～7%，重油催化裂化的焦炭产率可达8%～10%。焦炭是缩合产物，它沉积在催化剂的表面上，使催化剂丧失活性，所以要用空气将其烧去使催化剂恢复活性，因而焦炭不能作为产品分离出来。

第三节　催化裂化工艺过程的反应化学

一、烃类催化裂化正碳离子反应机理

为了了解这些反应是怎样进行的并解释某些现象，例如裂化气体中C_3、C_4多，汽油中异构烃多等，我们再进一步讨论烃类在裂化催化剂上进行反应的历程，或称反应机理。

到目前为止，正碳离子学说是被公认为解释催化裂化反应机理比较好的一种学说。虽然也有一些理论在某些方面是正确的，但是不能像正碳离子学说解释问题的范围那样广泛。

所谓正碳离子，是指缺少一对价电子的碳所形成的烃离子，或叫带正电荷的碳离子——RC^+H_2。正碳离子的基本来源有几种不同的途径：一是酸（催化剂酸性中心）和充当弱碱的不饱和烃反应，烃接受质子而形成正碳离子；二是烷烃被酸性中心抽取一个负氢离子而形成正碳离子；三是正碳离子和饱和烃反应时，发生类似于负氢离子转移生成一个新的正碳离子；四是稳定分子碳键断裂生成两个带相反电荷的碎片，带正电荷的即正碳离子。例如由一个烯烃分子获得一个氢离子H^+（质子）而生成。例如：

$$C_nH_{2n} + H^+ \longrightarrow C_nH_{2n+1}^+$$

氢离子来源于催化剂酸性活性中心。

下面通过正十六烯的催化裂化反应来说明正碳离子学说。

①正十六烯从催化剂表面或已生成的正碳离子获得一个 H^+ 而生成正碳离子：

$$nC_{16}H_{32}+H^+\longrightarrow C_5H_{11}-\overset{+}{C}H-C_{10}H_{21}$$

$$nC_{16}H_{32}+C_3H_7^+\longrightarrow C_3H_6+C_3H_{11}-\overset{+}{C}H-C_{10}H_{21}$$

②大的正碳离子不稳定，容易在 β 位置上断裂，生成一个烯烃和一个小正碳离子：

$$C_5H_{11}-\overset{+}{C}H-CH_2\xrightarrow{\beta}C_9H_{19}\longrightarrow C_5H_{11}-CH=CH_2+\overset{+}{C}H_2-C_8H_{17}$$

③生成的正碳离子是伯碳离子，不稳定，易于变成仲正碳离子，然后又接着在 β 位置上断裂：

$$\overset{+}{C}H_2-C_8H_{17}\longrightarrow CH_3-\overset{+}{C}H-C_7H_{15}\longrightarrow CH_3-CH=CH_2+\overset{+}{C}H_2-C_5H_{11}$$

以上所述的伯正碳离子的异构化、大正碳离子在 β 位置上断裂、烯烃分子生成正碳离子等反应可以继续下去，较小的正碳离子与烯烃、烷烃、环烷烃之间的氢转移反应，使小正碳离子变成小分子烷烃，而烯烃、烷烃、环烷烃等中性分子变成新的正碳离子，接着再进行各种反应，从而使原料不断变成产品，形成“链反应”。

④正碳离子的稳定程度依次是叔正碳离子 > 仲正碳离子 > 伯正碳离子，因此生成的正碳离子趋向于异构叔正碳离子。例如：

$$C_5H_{11}-\overset{+}{C}H_2\longrightarrow C_4H_9-\overset{+}{C}H-CH_3\longrightarrow CH_3-\overset{+}{C}(CH_3)-C_3H_7$$

⑤正碳离子和烯烃结合在一起生成大分子的正碳离子：

$$CH_3-C^+H-CH_3+H_2C=CH_2-CH_2-CH_3\longrightarrow CH_3-CH(\downarrow CH_3)-CH_2-C^+H-CH_2-CH_3$$

⑥各种反应最后都由正碳离子将 H^+ 还给催化剂，本身变成烯烃，反应中止。例如：

$$C_3H_7^+\longrightarrow C_3H_6+H^+\ (\text{催化剂})$$

正碳离子学说可以解释烃类催化裂化反应中的许多现象。例如：由于正碳离子分解时不生成比 C_3、C_4更小的正碳离子，因此裂化气中含 C_1、C_2少（催化裂化条件下总会伴随有热裂化反应发生，因此总有部分 C_1、C_2产生）；由于伯、仲正碳离子趋向于转化成叔正碳离子，因此裂化产物中含异构烃多；由于具有叔正碳离子的烃分子易于生成正碳离子，因此异构烷烃或烯烃、环烷烃和带侧链的芳烃的反应速率高，等等。正碳离子学说还说明了催化剂的作用：催化剂表面提供 H^+，使烃类通过生成正碳离子的途径来进行反应，而不像热裂化那样通过自由基来进行反应，从而使反应的活化能降低，提高了反应速率。

正碳离子学说是根据一些已被证明是正确的理论（例如关于电子作用、键能等理论）推论出来的，而且正碳离子的存在早经导电试验证实，实际发生的现象与由正碳离子学说推论所得的结果也很相符。但是正碳离子学说还有不完善的地方，例如对于纯烷烃裂化时最初的正碳离子是如何产生的等问题还没有十分满意的解释。

正碳离子学说的发展已有50多年的历史。它主要是根据在无定型硅酸铝催化剂上反应的研究结果来阐述的。关于烃类在结晶型分子筛催化剂上的反应机理，经过近20多年的研究，大多数的研究结果证明它也是正碳离子反应，正碳离子反应机理同样适用。分子筛催化剂的表面也呈酸性，能提供 H^+。分子筛催化剂的活性比硅酸铝催化剂的高得多，仅从酸性中心及其酸强度的比较尚不能给出满意的解释。有的研究工作者从其他角度（如产生静电场、晶格内反应物的局部浓度高等）来解释此现象。总的来看，这些问题还有待于更深入的研究。

为了加深对烃类催化裂化反应特点的认识，表7－6根据实际现象和反应机理对烃类的催化裂化反应同热裂化反应作一比较。

表7－6　烃类的催化裂化反应同热裂化反应的比较

裂化类型	催化裂化	热裂化
反应机理	正碳离子反应	自由基反应
烷烃	①异构烷烃的反应速率比正构烷烃的高得多 ②裂化气中的 C_3、C_4 多，≥C_4 的分子中含α-烯少，异构物多	①异构烷烃的反应速率比正构烷烃的略快 ②裂化气中 C_1、C_2 多，≥C_4 的分子中含α-烯多，异构物少
烯烃	①反应速率比烷烃的快得多 ②氢转移反应显著，产物中烯烃尤其是二烯烃较少	①反应速率与烷烃的相当 ②氢转移反应很少，产物的不饱和度高
环烷烃	①反应速率与异构烷烃的相当 ②氢转移反应显著，同时生成芳烃	①反应速率比正构烷烃的还要低 ②氢转移反应不显著
带烷基侧链（≥C_3）的芳烃	①反应速率比烷烃的快得多 ②在烷基侧链与苯环连接的键上断裂	①反应速率比烷烃的慢 ②烷基侧链断裂时，苯环上留有1～2个C的侧链

二、石油烃类的催化裂化反应

催化裂化过程中的化学反应主要涉及裂化反应、异构化反应、氢转移反应、芳构化反应等，这些反应的发生程度影响催化裂化的产物分布和产品性质。

（一）裂化（分解）反应

裂化反应原料烃分子C—C键的断裂，属吸热反应，温度越高反应速度越快，是催化裂化过程中的主要反应类型之一。同类烃其分子量越大，反应速度越快，而对于相同碳原子数的烃类，则烯烃最易发生裂化反应，其次为环烷烃、异构烷烃、带长侧链芳烃（侧目链裂化）、正构烷烃、芳烃（芳环一般不发生裂化）。在催化裂化操作条件下，可能发生以下几类裂化反应。

1. 烷烃

烷烃主要发生分解反应，碳链断裂生成较小的烷烃和烯烃。例如：

$$\underset{\text{正庚烷}}{C—C—C—C—C—C—C} \longrightarrow \underset{\text{正丁烷}}{C—C—C—C} + \underset{\text{丙烯}}{C═C—C}$$

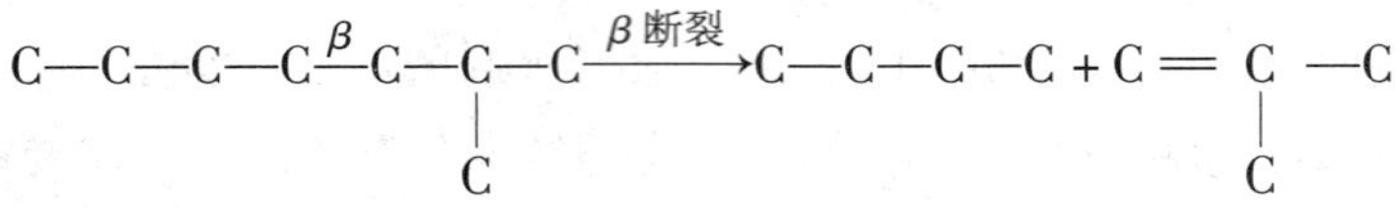

2-甲基庚烷　　正丁烷　　异丁烯

生成的烷烃又可继续分解成更小的分子。分解发生在最弱的 C—C 键上，烷烃分子中的 C—C 键能随着向分子中间移动而减弱，正构烷烃分解时多从中间的 C—C 键处断裂，异构烷烃的分解则倾向于发生在叔碳原子的β键位置上。分解反应的速率随着烷烃分子量和分子异构化程度的增加而增大。

2. 烯烃

烯烃很活泼，反应速率快，在催化裂化中占有很重要的地位。烯烃裂化为两个较小分子的烯烃，反应速率比烷烃高得多。例如在同样条件下，正十六烯的分解速率比正十六烷的高一倍。

此外还发生烷基芳烃脱烷基、烷基芳烃侧链断裂、环烷烃裂化为烯烃等反应。

从烷烃和烯烃反应过程来看，裂化反应过程往往产生大量的小分子烯烃。

（二）异构化反应

分子量不变只改变其分子结构的反应称异构化反应，是催化裂化的重要反应。根据正碳离子反应机理，其异构化通过正碳离子上的氢原子和碳原子的变位重排实现烃分子的异构。氢原子的变位导致烯烃的双键异构化，氢变位加上甲基变位则形成骨架异构化。异构化过程的反应热很少，总体上表现为放热过程。同时异构烷烃具有较高的辛烷值，因此，在当前对汽油烯烃含量控制要求日益严格的情况下，尽可能提高烃分子的异构化水平是维持汽油辛烷值的一个重要方面。

烯烃的异构化反应有三种。

（1）骨架异构。分子中碳链重新排列，如正构烯烃变成异构烯烃，支链位置发生变化，五元环变为六元环等。

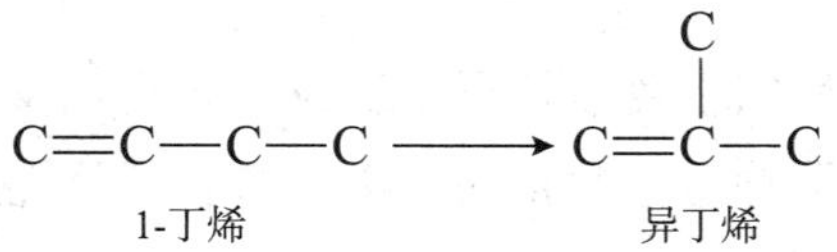

1-丁烯　　异丁烯

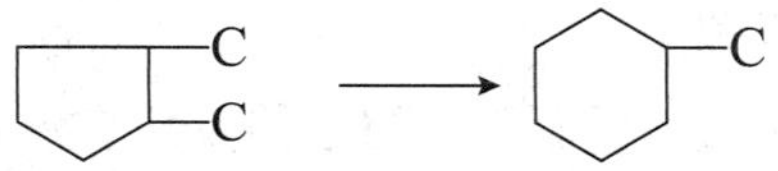

二甲基环戊烷　　甲基环己烷

(2) 双键位移异构。烯烃的双键向中间位置转移。

C ═C—C—C—C—C ⟶ C—C—C ═C—C—C

1-己烯　　　　3-己烯

(3) 几何结构。烯烃分子空间结构改变，如顺丁烯变为反丁烯。

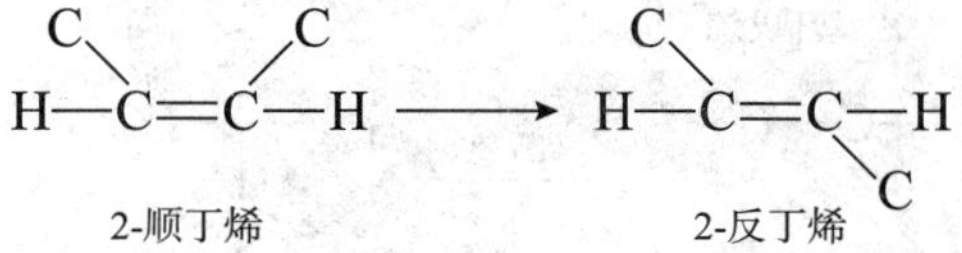

2-顺丁烯　　　　2-反丁烯

由于叔正碳离子易于生成和比较稳定，使其在催化剂表面上的浓度较高，因此催化产品中的异构烷烃或烯烃含量也相对较高。

(三) 氢转移反应

氢转移反应主要发生在有正碳离子或烯烃参与的反应，它包括烯烃分子之间、烯烃与环烷、芳烃分子之间的反应。其结果是一方面某些烯烃转化为烷烃；另一方面，给出氢的化合物转化为多烯烃及芳烃或缩合程度更高的分子，直到缩合至焦炭。氢转移反应是催化裂化的特有反应，属双分子放热反应。氢转移反应是造成催化裂化汽油饱和度较高及催化剂失活的主要原因。反应温度和催化剂活性对氢转移反应影响很大。在高温下（如500℃左右），氢转移反应速率比分解反应速率慢得多，所以裂化汽油的烯烃含量高。而低温下（如400～450℃），氢转移反应速率降低的程度不如分解反应（因分解反应速率常数的温度系数较大），汽油的烯烃含量就会低些。随着对汽油烯烃含量控制的日益严格，常规催化裂化装置以往被广泛采用的高温短接触时间工艺（汽油烯烃含量、辛烷值高）已难于满足新形势下的汽油质量控制要求。氢转移反应是实现裂化产物由烯烃转化为饱和烃的最主要手段，而选择合理的工艺工程设计、催化剂活性配比及操作参数，对于降低汽油烯烃具有决定性影响。

甲基环己烷　　2-丁烯　　甲基环己烯　　正丁烷

(四) 芳构化反应

烯烃生成正碳离子后，可继续环化生成环烷烃及芳烃，该反应也是催化裂化的重要反应之一，属放热反应。

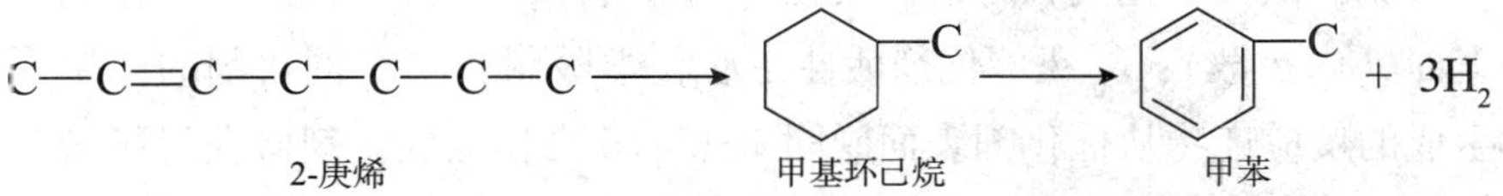

2-庚烯　　甲基环己烷　　甲苯

环烷烃也可通过氢转移反应转化成芳烃。带侧链的五元环烷烃也可以异构化成六元环烷烃，再进一步脱氢生成芳烃。

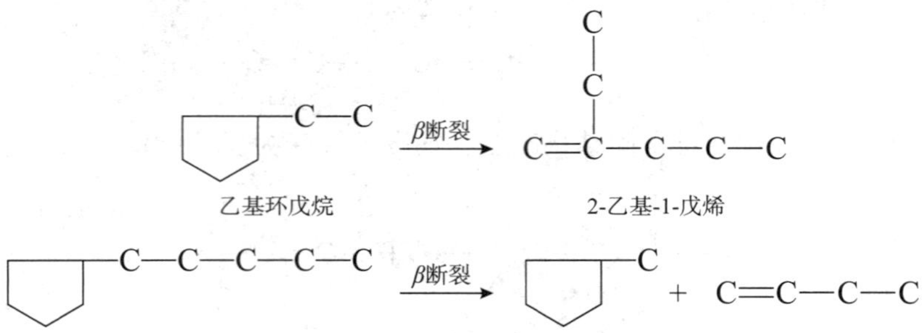

催化裂化反应除以上四类反应外，还有烷基转移、缩合等反应。

综上所述，在催化裂化的条件下，一般烷烃会裂化为烯烃及更低碳数的烷烃；烯烃裂化为小分子烯烃，环化为环烷烃，异构化为支链烯烃（再通过氢转移反应进一步形成支链烷烃），直接氢转移成烷烃，环化、缩合、脱氢成为焦炭；环烷烃发生裂化反应成为烯烃，脱氢成为环烯烃甚至芳烃，异构化成为不同环数的环烷烃；芳烃发生侧链裂化转变为烯烃和较小侧链的芳烃，发生烷基转移形成不同的烷基芳烃，发生脱氢缩合成为多环芳烃，并可能进一步发生烷基化、脱氢缩合成为焦炭。

在这些反应中，不仅有大分子裂化成小分子的分解反应，也有小分子生成大分子的缩合反应（甚至缩合成焦炭）。与此同时，还进行异构化、氢转移、芳构化等反应。分解反应是最主要的反应，催化裂化正是因此而得名。各类烃的分解速率为：烯烃 > 环烷烃、异构烷烃 > 正构烷烃 > 芳香烃。

三、石油馏分的催化裂化反应

石油馏分是由各种单体烃组成的，因此单体烃的反应规律是石油馏分进行反应的依据。例如，石油馏分也进行分解、异构化、氢转移、芳构化等反应，但并不等于各类烃类单独裂化结果的简单相加，它们之间相互影响。石油馏分的催化裂化反应有两方面的特点。

（一）各种烃类之间的竞争吸附和对反应的阻滞作用

烃类的催化裂化反应是在催化剂表面进行的。对于减压馏出油裂化来说，在一般催化裂化条件下可认为是一个气－固非均相催化反应，从而也就遵从气－固非均相反应的 7 个步骤：①油气流扩散到催化剂颗粒的外表面（外扩散）；②从外表面经催化剂微孔扩散到活性中心上面（内扩散）；③在催化剂活性中心化学吸附；④在催化剂的作用下进行化学反应；⑤生成的反应产物从催化剂表面脱附下来；⑥产物经催化剂微孔里扩散到催化剂外表面（内扩散）；⑦产物从催化剂外表面扩散到流体体相（外扩散）。

由此可见，烃类进行催化裂化反应的先决条件是在催化剂表面的吸附。各种烃类在催化剂表面的吸附能力大致为：稠环芳烃 > 稠环环烷烃 > 烯烃 > 单烷基侧链的单环芳烃 > 环烷烃 > 烷烃。在同一族烃类中，大分子的吸附能力比小分子的强。而各种烃类的化学反应速率快慢顺序大致为：烯烃 > 大分子单烷基侧链的单环芳烃 > 异构烷烃及环烷烃 > 小分子单烷基侧链的单环芳烃 > 正构烷烃 > 稠环芳烃。

上述两个排列顺序是不一致的，特别是稠环芳烃，它的吸附能力强而化学反应速率却最低。因此，当裂化原料中稠环芳烃类较多时，它们就首先牢牢占据了催化剂的表面，但由于反应速度很慢，而且不易脱附，甚至缩合至焦炭干脆不离开催化剂表面了，这样大大阻碍了其他烃类的吸附和反应，使整个石油馏分的催化裂化反应速率降低。而环烷烃，既有一定的被吸附能力，又有一定的反应能力，因而是催化裂化原料的理想组分。

认识这个特点对指导生产有现实意义。例如芳香基原料油、催化裂化回炼油和油浆，其中含有较多的稠环芳烃不仅难裂化还易生焦，所以须选择合适的反应条件，如缩短反应时间以减少生焦，或降低温度延长反应时间以提高裂化深度，这就是选择性催化裂化的原理。或者把上述原料先通过加氢使原料中的稠环芳烃转化成环烷烃，变成优质的裂化原料。

（二）复杂的平行 - 顺序反应

石油馏分的催化裂化因同时能朝几个方向进行反应，而生成的反应产物又可继续进行反应。因此石油馏分的催化裂化反应是一个复杂的平行 - 顺序反应。如图 7 - 2 所示。

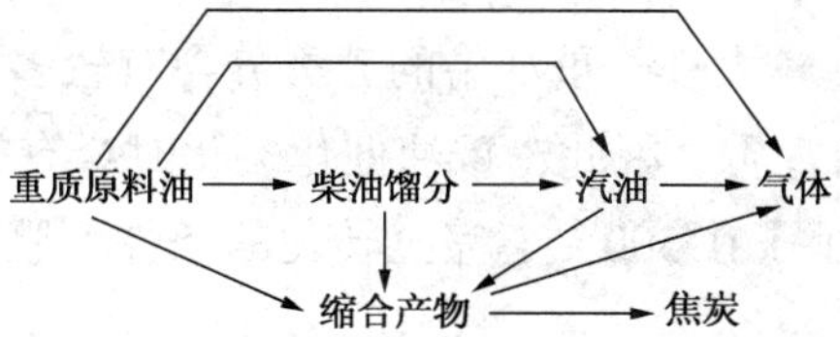

图 7 - 2　石油馏分催化裂化的平行 - 顺序反应模型

平行 - 顺序反应的一个重要特点是反应深度（即转化率）对各产品产率的分布有重要影响。图 7 - 3 表示了某提升管反应器内原料油的转化率及各反应产物的产率沿提升管高度（也就是随着反应时间的延长）的变化情况。由图 7 - 3 可见，随着反应时间的延长，转化率提高，最终产物气体和焦炭的产率一直增大。汽油的产率在开始一段时间内增大，但在经过一最高点后则下降，这是因为达到一定的反应深度后，再加深反应，它们进一步分解成更轻馏分（如汽油分解成气体，柴油分解成汽油）的速率高于生成它们的速率。通常把初次反应产物再继续进行的反应称为二次反应。

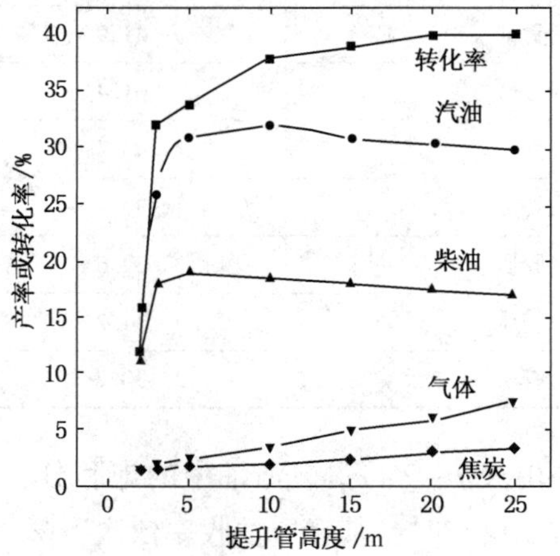

图 7 - 3　反应产物产率沿提升管高度的变化

催化裂化的二次反应是多种多样的，其中有些是有利的，有些则是不利的。例如，反应生成的烯烃再异构化生成高辛烷值组分，烯烃和环烷烃氢转移生成稳定的烷烃和芳烃等，这些反应都是我们所期望的。而烯烃进一步裂化为干气，丙烯、丁烯通过氢转移而饱和，烯烃及高分子芳烃缩合生成焦炭等反应则是不利的。因此，实际生产中应适当控制二次反应。当生产中要求更多的原料转化成产品，以获取较高的轻质油收率时，则应限制原料转化率不要太高，使原料在一次反应后便将反应产物分馏。然后把反应产物中与原料馏程相近的中间馏分（回炼油）再送回反应器重新进行裂化。这种操作方式称为“回炼操作”。回炼油的沸点范围与原料油大体相当，其中包括了相当多的反应中间产物，芳烃含量比新鲜原料高，相对地比较难裂化。

有不少装置还将油浆进行回炼，这种操作称为“全回炼操作”。

当主要目的产品是汽油（即以汽油方案生产）时，选择在汽油产率最高点处的单程转化率下操作，把回炼油作为重柴油产品出装置；油浆经澄清除去催化剂粉末后，作为澄清油出装置。这时就叫作非回炼操作，或单程裂化。

四、重油（渣油）的催化裂化反应

由于重油的化学组成与减压馏分油有较大的差异，所以重油的催化裂化反应有其重要特点：

（1）除了相对分子质量较大外，重油中的芳香分含有较多的多环芳烃和稠环芳烃，重油中还含有较多的胶质和沥青质。因此，重油催化裂化时会有较高的焦炭产率和相应较低的轻质油产率。表 7－7 表示了在 500℃、完全转化的条件下胜利减压渣油中各组分的催化裂化反应结果。

表 7－7　胜利减渣各组分催化裂化反应产物分布　　%

原料	$C_5 \sim C_{12}$	$C_{13} \sim C_{20}$	焦炭
脱沥青油	41.9	10.4	24.4
饱和分	61.4	10.0	5.9
芳香分	43.4	14.6	16.6
胶质	33.4	10.3	33.7
轻胶质	37.6	10.3	28.1
中胶质	34.2	10.6	31.4
重胶质	30.2	7.7	37.8

由表 7－7 可见，渣油中的饱和分、芳香分、轻胶质、中胶质、重胶质在分别进行催化裂化反应时，其轻质油收率依次下降，而焦炭产率则依次增大，呈现良好的规律性。渣油中的饱和分仍然是优质的催化裂化原料，轻胶质也有不太低的轻质油收率。进一步研究表明，轻质油收率与裂化原料的氢碳原子比有良好的线性关系，而焦炭产率也与裂化原料的残炭值有良好的线性关系。

我国减压渣油化学组成的一个重要特点是胶质含量高（多数达 50% 左右），而沥青质，尤其是正庚烷沥青质含量相对较低。在催化裂化反应中，沥青质基本转化成焦炭，因此胶质的反应行为对焦炭的影响显得十分重要。研究表明，焦炭的主要来源为胶质且随着胶质含量的增加，焦炭产率呈线性趋势增加。这一结论对工业生产具有重要的指导意义。由于胶质中约有25%转化为焦炭，因此对催化裂化的原料中胶质的含量有一控制指标，一般不宜超过30%。由此可见，对于许多渣油来说，采用溶剂脱沥青方法先脱去减渣中部分最重的组分再去作催化裂化原料，将比直接把减渣全馏分掺入裂化原料中更为经济、合理。

（2）对于以重油为原料的催化裂化反应，由于其含有相当数量的沸点很高的组分，它们在催化裂化条件下不会汽化。由于这部分大分子液相的存在，它就成了气－固－液三相反应。在液相中的反应主要是非催化的热反应，反应的选择性差。可以这样简要地描述重油的催化裂化反应过程：重油在与炽热的催化剂接触时，重油的一部分迅速汽化和反应，其未汽化部分则附着在催化剂外表面并被吸入微孔中，同时进行裂化反应（主要是热反应）；较小分子的裂化产物汽化，而残留物则继续进行液相反应，直至缩合至焦炭。研究表明，重油的雾化程度、与催化剂的接触方式、汽化状况等对最终的反应结果至关重要。

（3）常用作裂化催化剂的Y型分子筛的孔径一般为0.99～1.3nm，重油中较大的分子如多环芳烃、沥青质、胶质等，它们的平均直径都要比催化剂的孔径大，难以直接进入分子筛的微孔中去。因此，在重油催化裂化时，大的分子先在具有较大孔径的催化剂基质上进行反应，生成的较小分子的反应产物再扩散至分子筛微孔内进行进一步的反应。

五、催化裂化的几个基本概念

（一）转化率

转化率是原料转化为产物的百分率，是表示反应深度的指标。若以原料油为100，则

$$转化率（质量分数）=\frac{100-未转化的原料}{100}\times 100\% \qquad (7-1)$$

式（7－1）中的“未转化的原料”指沸程与原料相当的那部分油料，实际上它的组成及性质已不同于新鲜原料。在科研和生产中常用下式来表示转化率：

$$转化率=气体产率+汽油产率+焦炭产率 \qquad (7-2)$$

从原理上来说，式（7－1）反映了反应的实质。对于式（7－2）来说，如果原料是柴油馏分，则计算结果与用式（7－1）计算结果一致，但是当原料是重质馏分油而且柴油是产品之一时，以上两式计算的结果就不一致了，但是习惯上还是采用式（7－2）来表示转化率。采用式（7－2）计算时应注意：

①气体是指干气、液化气和损失三者之和。

②由于不同生产方案切割的汽油干点不一样，为了用同一基准进行比较，通常规定以实沸点蒸馏220℃作为汽油的切割点，这样确定的转化率称为“220转化率”。当汽油干点<205℃时，要把柴油中实沸点220℃以前的部分折算到汽油中去。

③工业上为了获得较高的轻质油收率，经常采用回炼操作。因此，转化率又有单程转化率和总转化率之分。

单程转化率是指总进料（包括新鲜原料、回炼油和回炼油浆）一次通过反应器的转化率。

$$单程转化率（质量分数）=\frac{气体+汽油+焦炭}{总进料}\times 100\% \tag{7-3}$$

总转化率是以新鲜原料为基准计算的转化率。

$$总转化率（质量分数）=\frac{气体+汽油+焦炭}{新鲜原料}\times 100\% \tag{7-4}$$

在以重质油作原料时，若有必要，也可以在等式右边的分子项中加入柴油产率。

单程转化率是反应速率和反应时间的直接反映。因此，在考察动力学问题时总是使用单程转化率。

在回炼操作中，将回炼油（包括回炼油浆）量与新鲜原料量的比值称为回炼比；将总进料量与新鲜原料量的比值称为循环系数。

$$回炼比=\frac{回炼油量}{新鲜原料量}=\frac{总转化率}{单程转化率}-1 \tag{7-5}$$

$$循环系数=\frac{总进料量}{新鲜原料量}=1+回炼比 \tag{7-6}$$

总转化率、单程转化率、循环系数之间的关系是：

$$总转化率=单程转化率\times 循环系数 \tag{7-7}$$

产品产率也有单程产率和总产率之分，单程产率是产品占总进料量的比值，总产率是产品占新鲜原料量的比值。一般所说的产品产率都是指总产率。

$$总产率=单程产率\times 循环系数 \tag{7-8}$$

（二）空速和反应时间

空间速度（简称空速）是指每小时通过单位质量（或单位体积）催化剂的原料油质量（或体积）。以质量为单位的称质量空速，以20℃液体体积为单位的称体积空速。

$$质量空速=\frac{总进料量（t\cdot h^{-1}）}{藏量（t）} \tag{7-9}$$

$$体积空速=\frac{总进料量（m^3\cdot h^{-1}）}{藏量（m^3）} \tag{7-10}$$

在移动床或流化床催化裂化装置中，催化剂不断地在反应器和再生器之间循环，但是在任何时间，两器内部各自保持一定的催化剂量。两器内经常保持的催化剂量称为藏量。对流化床反应器，是指分布板（管）以上的催化剂量。

空速的大小反映了反应时间的长短。空速越大，说明单位催化剂藏量通过的原料油量越多，原料油分子停留在催化剂上的时间就越短，故可用空速的倒数来相对地表示反应时间，称为假反应时间（τ）。

$$\tau=\frac{1}{空速} \tag{7-11}$$

假反应时间不是真实的反应时间，但正比于真实时间。

在提升管反应器内，催化剂的密度很小，催化剂本身占有的空间很小，因此在计算反应时间时常按油气通过空的提升管反应器（V_R）的时间（θ）来计算。考虑到油气的体积流量也在不断变化，计算时采用提升管入口和出口两处的体积流量的对数平均值（V_I）。

$$\theta = \frac{V_R}{V_I} \tag{7-12}$$

$$V_I = \frac{V_{out} - V_{in}}{\ln(V_{out}/V_{in})} \tag{7-13}$$

式中，V_{out}、V_{in}分别为提升管出口和入口处的油气体积流量，实际上，θ也是假反应时间。

六、催化裂化反应的热力学和动力学分析

研究一个化学反应的热力学和动力学对选择适宜的反应条件和设计反应器是很有必要的。

（一）烃类催化裂化反应的热力学

热力学主要是研究化学反应发生的方向、化学平衡和热效应。

1. 化学反应方向及化学平衡

从热力学的角度来分析，在常压、400～500℃时烃类的催化裂化反应可分为三类：

①平衡时基本上进行完全的反应（>95%），如长链的烷烃或烯烃的分解、烯烃间的氢转移以及环烷烃脱氢生成芳烃、烯烃及烷烃环化脱氢反应。这类反应的化学平衡常数值很大，例如$n\text{-}C_{10}H_{22} \longrightarrow n\text{-}C_7H_{16} + C_3H_6$，在454℃时的平衡常数为109.6，可以认为$n\text{-}C_{10}H_{22}$被完全分解。因此，分解反应可以看作是不可逆的反应。也就是说，烃类的分解反应实际上不受化学平衡的限制。

此类反应进行的深度不受化学平衡的限制，而主要是由化学反应速率和反应时间决定的。

②平衡时进行不完全的反应，如异构化、烷基转移、烷烃及环烷烃开环生成烯烃、烯烃及烷烃环化生成环烷烃、芳烃缩合及某些氢转移反应等的化学平衡常数值不是很大，在一般反应条件下不可能进行完全反应而受到化学平衡的限制。但是在反应速率不太高以及反应时间不长的条件下，此类反应还未达到平衡时，反应速率已成为决定反应深度的主要因素了。

③不能有效发生的反应，如烯烃与烷烃生成大分子烷烃的反应、甲基化反应、芳烃加氢及烯烃叠合反应等。

综上所述，催化裂化主要的分解反应是不可逆反应，在反应条件下，大部分可能进行的反应都没有达到平衡。实际上，裂化反应达到平衡时绝大多数转化为石墨及氢（甲烷除外）。烃类的催化裂化反应实际上不存在化学平衡限制的问题。因此对催化裂化反应一般不研究它的化学平衡而重点研究它的动力学问题。

2. 反应热

在催化裂化反应中，烃类的分解反应、脱氢反应等是吸热反应，而氢转移、异构化反应、缩合等反应是放热反应。分解反应是催化裂化的主反应，而且它的热效应较大，所以

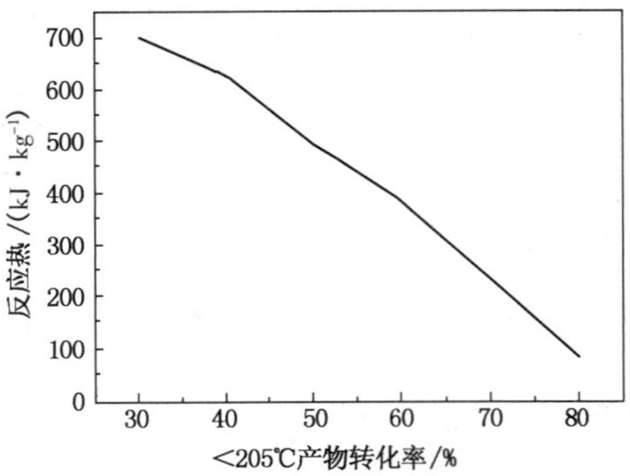

图 7－4　裂化反应热与转化率的关系

催化裂化反应总体表现为吸热反应。随着转化率的加深，某些放热反应（如氢转移、缩合反应）渐趋重要，于是总的热效应降低，如图7－4所示。

由于催化裂化的原料和反应产物的组成很复杂，欲想根据原料及产品的生成热来计算反应热实际上是行不通的。因此，在工业生产中一般采用经验方法计算。

对工业催化裂化装置，反应热的表示方法通常有三种：

①以生成的汽油量或“汽油 + 气体”（<205℃产物）量为基准，如图 7－4 中以 $kJ \cdot kg^{-1}$来表示。

②以新鲜原料为基准，在一般的工业条件下反应热为 290～420$kJ \cdot kg^{-1}$。这种表示方法没有考虑到反应深度对反应热的影响，显然更粗糙。表 7－8 给出了采用不同催化剂时裂化反应热。

表 7－8　裂化反应热

催化剂	低铝无定型	高铝无定型	早期沸石	HY 型沸石	稀土交换 Y 型沸石	部分稀土 Y 型交换沸石	超稳沸石
反应热/$kJ \cdot kg^{-1}$	630	560	465	370	185	325	420

③以催化反应生成的焦炭中的碳（即催化碳）为基准，当反应温度为 510℃时，一般采用的数据为 9127$kJ \cdot kg^{-1}$催化碳。在其他温度下，则将该值乘以该反应温度下的校正系数，如图 7－5 所示。

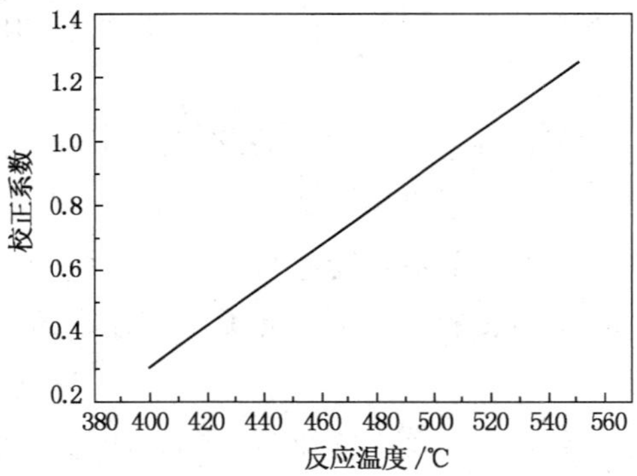

图 7－5　裂化反应热的校正系数

催化碳的计算方法如下：

催化碳 = 总碳 － 附加碳 － 可汽提碳

式中　总碳——再生时烧去的焦炭中的总碳量。

附加碳——由于原料中的残炭造成的焦炭中的碳，它不是催化反应生成的。附加碳 = 新鲜原料量 × 新鲜原料的残炭% ×0.6。

可汽提碳——吸附在催化剂表面上的油气在进入再生器以前没有汽提干净，在再生器内也和焦炭一样被烧掉了，但实际上它不是焦炭，这种形式的焦炭中的碳称为可汽提碳。可汽提碳 = 催化剂循环量 ×0.02% 。

（二）催化裂化反应的动力学

动力学主要是研究化学反应的速率。当处理量和转化率确定后，反应器的大小就决定于反应速率。催化裂化是一个复杂的平行－顺序反应，所以各反应的反应速率还对产品分布和质量有着重要的影响。

通常对催化裂化生产的要求是希望比较高的转化率，这样可以提高装置的处理能力。在产品分布方面，希望干气和焦炭的产率低些，液化气、汽油、柴油的产率高些。在产品质量方面，则希望汽油辛烷值高，安定性好；柴油十六烷值和安定性也能满足使用要求。但这些要求往往是相互矛盾的，如提高转化率，干气及焦炭产率就要提高；多产柴油必然影响液化气和汽油的产率；提高汽油辛烷值，就会降低柴油十六烷值。

在一般工业条件下，催化裂化反应通常表现为化学反应控制。因此，下面仅从化学反应控制的角度来讨论影响烃类催化裂化反应速率的一些主要因素。

1. 催化剂活性

提高催化剂的活性有利于提高反应速率，也就是在其他条件相同时，可以得到较高的转化率，从而提高了反应器的处理能力。提高催化剂的活性还有利于促进氢转移和异构化反应，因此在其他条件相同时，所得裂化产品的饱和度较高、含异构烃类较多。

催化剂的活性决定于它的组成和结构。

2. 反应温度

反应温度对催化裂化的反应速率和产品产率分布以及产品质量都有显著的影响。阿伦尼乌斯的微分方程式反映了反应速率常数随温度的变化关系：

$$\frac{\mathrm{d}\ln k}{\mathrm{d}T}=\frac{E}{RT^2} \qquad (7-14)$$

式中 k——反应速率常数，即反应物浓度为单位浓度时的反应速率；

T——反应温度，K；

E——活化能，$\mathrm{J\cdot mol^{-1}}$；

R——气体常数，$8.31\mathrm{J\cdot mol^{-1}\cdot K^{-1}}$。

提高反应温度则反应速率增大，活化能高的反应速率比活化能低的增加得更快。催化裂化反应的活化能为 $42\sim125\mathrm{kJ\cdot mol^{-1}}$，反应速率的温度系数为 1.1～1.2，即温度每升高 10℃时反应速率提高 10%～20%。烃类热裂化反应的活化能较高，为 $210\sim290\mathrm{kJ\cdot mol^{-1}}$，其反应速率的温度系数 1.6～1.8，比催化裂化高得多。因此，当反应温度继续提高时，热裂化反应的速率提高得比较快；当反应温度继续提高（如到 500℃以上），热裂化反应渐趋重要。于是裂化产品中反映出热裂化反应产物的特征，例如气体中 C_1、C_2增多，产品的不饱和度增大等。故催化裂化反应温度不宜过高。应当指出：即使是在这样高的温度下，主要的反应仍然是催化裂化反应而不是热裂化反应。

反应温度通过对各类反应的反应速率的影响来影响产品的分布和质量。催化裂化反应可简化为下式：

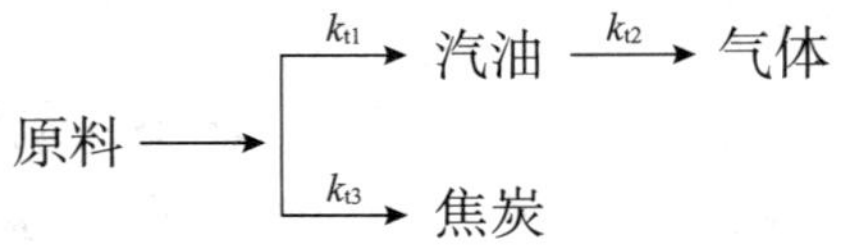

式中 k_{t1}、k_{t2}、k_{t3}分别代表原料→汽油、汽油→气体及原料→焦炭三个反应的反应速率常数的温度系数。在一般情况下，$k_{t2}>k_{t1}>k_{t3}$，即当反应温度提高时，汽油→气体的反应速率加快最多，原料→汽油反应次之，而原料→焦炭的反应速率加快得最少。这样，如果所达到的转化率不变，则气体产率增加，汽油和焦炭产率降低。图 7－6 为克拉玛依原油 320～570℃馏分油反应温度、转化率对产品分布的影响关系。

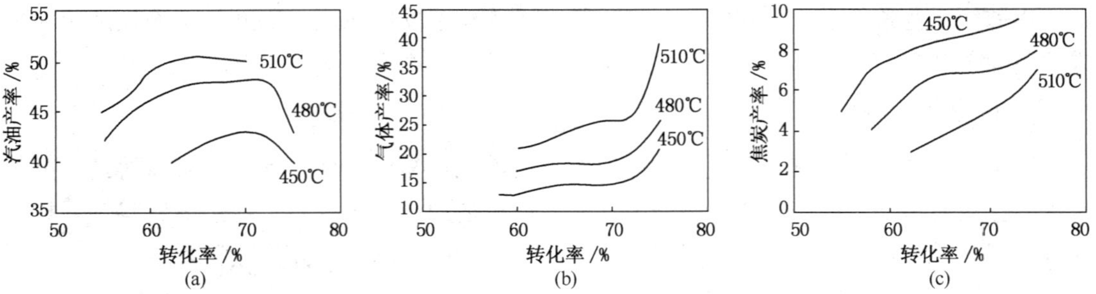

图 7－6　反应温度、转化率对产品分布的影响

当提高反应温度时，由于分解反应（产生烯烃）和芳构化反应的反应速率常数比氢转移反应的大，因而前两类反应的速率提高得快，于是汽油中的烯烃和芳烃含量有所增加，烷烃含量降低，汽油的辛烷值提高，柴油的十六烷值降低，残炭值和汽、柴油的胶质含量增加。

在生产实践中，反应温度是调节转化率的主要参数。不同的反应温度可实现不同的生产方案。低温多产柴油的方案，采用较低的反应温度（460～470℃），在低转化率、高回炼比的条件下操作；多产汽油的方案，反应温度较高（500～530℃），在高转化率、低回炼比或单程条件下操作；多产气体的方案，则选择更高的反应温度。

3. 反应压力

反应压力是指反应器内的油气分压。提高油气分压意味着反应物浓度提高，因而反应速率加快。研究数据表明，反应速率大约与油气分压的平方根成正比。因此提高反应压力，可提高转化率，但同时也增加了原料中重质组分和产物在催化剂上的吸附量，从而提高生焦的反应速率，使焦炭产率明显提高，气体中的烯烃相对产率下降，汽油产率也略有下降，但安定性提高。

在实际生产中，压力一般是固定不变的，不作为调节参数。另外，反应压力主要不是由反应系统决定的。由于压力平衡的要求，反应压力和再生压力之间应保持一定的差压，不能任意改变。反应压力随着再生压力而定，而再生压力又应根据全装置的综合考虑决定。

一般来说，对于给定大小的设备，提高压力是增加装置处理能力的主要手段，但装置的处理能力常常又要受到再生系统烧焦能力的制约，因此在工业上一般不采用太高的反应压力，目前采用的反应压力为0.1～0.4MPa（表）；对没有设回收能量的烟气轮机的装置，多采用较低的反应压力，一般在0.2MPa（表）以下。反应器内的水蒸气会降低油气分压，从而使反应速率降低，不过在工业装置中，这个影响在一般情况下变化不大。

4. 剂油比

剂油比是催化剂循环量与总进料量之比，用C/O表示：

$$剂油比（C/O）= 催化剂循环量/总进料 \tag{7-15}$$

剂油比实际上反映了单位催化剂上有多少原料油进行反应，并在其上沉积焦炭。因此，剂油比增大，原料油与催化剂的接触机会更多，并减少了单位催化剂上的积炭量，提高了催化剂活性，从而提高了转化率。但剂油比增加，会使焦炭产率升高，这主要是由于提高了转化率。另外，进料量不变而剂油比增加就说明催化剂循环量加大，从而使沉降器汽油段的负荷增大，汽油效率降低，因而相当于提高焦炭产率。剂油比与原料油性质和生产方案有关，一般适宜的剂油比为3～7。汽油方案，剂油比为5～7；柴油方案和渣油裂化的剂油比为3～5。

在生产实践中，常用催化剂循环量调节反应温度，其实质是通过剂油比来调节焦炭产率，从而达到调节装置热平衡的目的。

第四节　催化裂化催化剂

催化剂是一种能够改变化学反应速度，却不改变化学反应平衡，本身在化学反应中不被明显地消耗的化学物质。催化剂的作用是促进化学反应，从而提高反应器的处理能力。而且，催化剂能有选择性地促进某些反应，因此，催化剂对产品的产率分布及质量好坏也起着重要作用。催化裂化催化剂属于固体强酸催化剂，主要由分子筛、基质、黏结剂构成，主要成分为氧化铝、氧化硅及稀土、磷等改性元素。在催化裂化反应过程中，高温的催化裂化催化剂不但为原料分子的转化提供活性中心，同时也是原料分子发生反应的场所（烃分子需吸附到酸性中心表面），并作为热载体为反应过程提供热量。

一、裂化催化剂的种类、组成和结构

（一）无定形硅酸铝催化剂

无定形硅酸铝催化剂包括活性白土和合成无定形硅酸铝催化剂，是一系列含少量水的不同比例的氧化硅（SiO_2）和氧化铝（Al_2O_3）所组成的复杂化合物。它们具有孔径大小不一的许多微孔，一般平均孔径为4～7nm，新鲜硅酸铝催化剂的比表面积可达500～700$m^2 \cdot g^{-1}$。

无定形硅酸铝催化剂其必要的活性组分是Al_2O_3、SiO_2和少量的水，但在催化剂的制备过程中不可避免地会残留一些极少量的杂质，如SO_4^{2-}、Fe、Na_2O等，这些杂质都是有害成分。

硅酸铝的催化活性来源于其表面的酸性。硅酸铝中的硅和铝均为四配位结合，Si^{+4}与

四个氧离子配位，形成 SiO_4 四面体，而半径与 Si^{4+} 相当的 Al^{3+} 同样也与四个 O^{2-} 配位，形成 AlO_4 四面体，见图 7－7（a）。由于 Al：O 键趋向正电荷较强的 Si，使 Al 带有正电性，此即非质子酸（Lewis acid）。在有少量水存在时，由于 Al 原子的正电性使水分子离解为 H^+ 与 OH^-，其中 OH^- 与 Al^+ 结合，而 H^+ 则在 Al 原子附近呈游离状态，此即质子酸（Bronsted acid），见图 7－7（b）。可以看出，不管是哪种酸性中心，都必须在有铝的部位形成，而硅只是使铝能在催化剂结构中比较均匀地分散开。所以 Al：O：Si 是活性结构，而 Si：O：Si 则是非活性结构。可见催化剂的活性大小和铝的含量有关，所以高铝硅酸铝催化剂比低铝硅酸铝催化剂活性高。但研究表明 Al_2O_3 含量并不是越多越好，这是因为 Al_2O_3 过多一方面不可能全部和 SiO_2 结合，出现"自由氧化铝"，另一方面并不能都在微孔表面上，而有些会在骨架内部，所以，Al_2O_3 的含量最好不要超过 30%～40%。

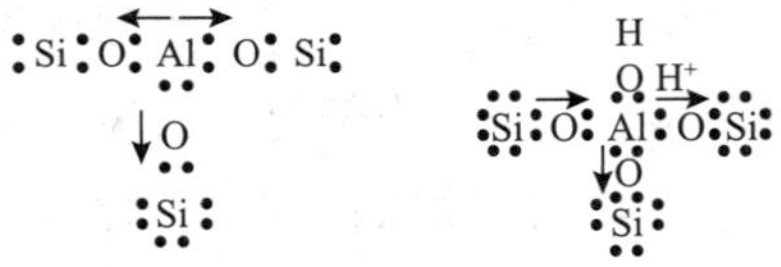

图 7－7　硅酸铝表面的非质子酸和质子酸

（二）分子筛催化剂

分子筛是一种水合结晶型硅酸盐，它具有均匀的微孔，其孔径与一般分子大小相当，由于其孔径可用来筛分大小不同的分子，故称为分子筛，亦称沸石、分子筛沸石或沸石分子筛。它包括天然和人工合成的两种，通常是白色粉末，粒度为 0.5～1.0μm 或更大，无毒无味无腐蚀性，不溶于水和有机溶剂，溶于强酸和强碱。

沸石分子筛具有独特的规整晶体结构，其中每一类沸石都具有一定尺寸、形状的孔道结构，并具有较大比表面积，大部分沸石分子筛表面具有较强的酸中心，同时晶孔内有强大的库仑场起极化作用。这些特性使它成为性能优异的催化剂。

分子筛的化学组成可表示如下：

$$M_{2/n}O \cdot Al_2O_3 \cdot xSiO_2 \cdot yH_2O$$

式中　M——金属阳离子或有机阳离子，人工合成时通常为 Na；

n——金属阳离子的价数；

x——SiO_2 的摩尔数，即 SiO_2/Al_2O_3 的摩尔比，称为硅铝比；

y——结晶水的摩尔数。

分子筛按其组成及晶体结构的不同可分为多种类型。其中最常见的如表 7－9 所示。目前，应用于催化裂化的主要是 Y 型分子筛。

表 7－9　几种分子筛型号、化学组成和孔径

型号	孔径/nm	单元晶胞化学组成	$n(Si)/n(Al)$	$n[SiO_2/n(Al_2O_3)]$
4A	0.42	$Na_{12}[(AlO_2)_{12}(SiO_2)_{12}] \cdot 27H_2O$	1	2
5A	0.5	$Na_{2.6}Ca_{4.7}[(AlO_2)_{12}(SiO_2)_{12}] \cdot 31H_2O$	1	2

续表

型号	孔径/nm	单元晶胞化学组成	$n(Si)/n(Al)$	$n[SiO_2/n(Al_2O_3)]$
13X	0.8～0.9	$Na_{86}[(AlO_2)_{86}(SiO_2)_{106}]\cdot 264H_2O$	1.23	2.5
Y	0.9～1.0	$Na_{56}[(AlO_2)_{56}(SiO_2)_{136}]\cdot 264H_2O$	2.45	4.9
M（丝光沸石）	0.58～0.70	$Na_8[(AlO_2)_8(SiO_2)_{40}]\cdot 24H_2O$	5.00	10
ZSM－5	0.52～0.58	$Na_8[(AlO_2)_8(SiO_2)_{93}]\cdot 46H_2O$	31.00	>30

Y型分子筛属于大孔、三维孔道结构的一类，如图7－8所示。每个单元晶胞由八个削角八面体组成，削角八面体的每个顶端是Si或Al原子，其间由氧原子相连接。由八个削角八面体围成的空洞称为“八面沸石笼”，八面沸石笼的最大孔口为十二元环，孔道尺寸为0.9nm，它是催化反应进行的主要场所。Na^+在单胞中分布有3种位置。

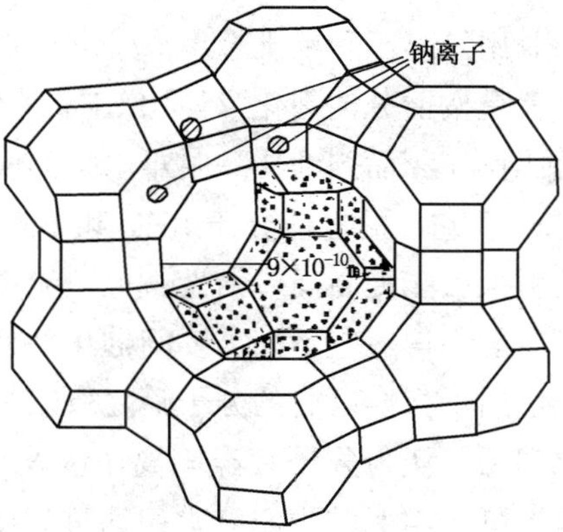

图7－8　Y型分子筛的单元晶胞结构

在原型的NaY型分子筛中，每一个铝氧四面体（AlO_4^-）附近就有一个钠离子，由于电势平衡而没有酸性，也就没有催化裂化活性。用其他阳离子特别是多价阳离子置换后的Y型分子筛有很高的催化活性。以NaY型分子筛为基础制备出的用于裂化催化剂的分子筛有HY、REY、USY、REHY（REUSY）四种。

①以H^+交换Na^+得到HY型分子筛。交换的方法是将NaY用NH_4^+（铵盐水溶液）交换成NH_4Y，然后加热除去NH_3即剩下H^+，形成HY型分子筛。HY型分子筛产生的质子酸中心有很好的裂化活性，但结构稳定性差，在高温的水热条件下会进一步脱铝而不宜在工业上应用。

②以多价稀土阳离子（以RE表示稀土）交换Na^+得到REY型分子筛。REY的活性高，可是因对反应物的吸附能力强，容易造成过度裂化，生成焦炭和气体多，产物的选择性较差。酸性中心多还会促进双分子的氢转移反应，使烯烃饱和变成了烷烃，降低了汽油的辛烷值。

③对HY型分子筛进行超稳化处理得到的超稳Y型（USY）分子筛。超稳化的方法有三种：一是水热处理（800℃左右，在水蒸气气氛中），二是用氟硅酸铵化学法抽Al补Si，三是水热－化学法，在水热处理基础上再用酸处理。超稳化的目的是将分子筛Si-Al骨架中的一部分Al脱掉，由其他部分的Si发生迁移或外界Si源的补入使分子筛骨架的Si/Al提高，当原有的Al—O—Si键被Si—O—Si键代替后，因Si—O的键能比Al—O高、Si—O的键长比Al—O短，脱Al超稳化后Si取代Al的结果是使晶胞收缩，随着晶胞常数的减小，结构趋于稳定。因为铝的脱除酸性中心的数目也有所减小，骨架上铝与铝之间的距离

被拉开，酸中心之间互相排斥的力被削弱，因而酸强度有所提高。质子酸的氢转移反应是烯烃饱和和焦炭生成的主要原因，但是双分子之间进行的反应只能在接近的酸中心即相邻的两个铝原子之间进行，超稳化之后提高了骨架 Si/Al，使铝原子靠近的机会减少。酸性中心间距的加大不利于氢转移和芳烃缩合之类的双分子反应发生，可使汽油中保留较多的烯烃，辛烷值提高，焦炭产率也能降低。超稳化过程中的脱铝也会使分子筛规整的骨架结构受到部分破坏，出现了大于晶体微孔的次级孔，改善了大分子烃类与酸性中心的可接触性，这些变化都使 USY 分子筛更有利于渣油的裂化。但因其脱铝而使酸中心减少会导致裂化活性的下降，所以需要在催化剂组成中增加分子筛的用量以及需要在装置上采用大剂油比操作。

④兼用氢离子和稀土金属离子交换得到 REHY（REUSY）型分子筛。我国炼厂目前有不少装置是按馏分油裂化、使用 REY 催化剂设计的，对于这些装置若采用 USY 催化剂需大剂油比操作，而剂油比一时难以提高，因而开发了 REHY 型和含有超稳性质的 REHY 型（REUSY），它们的性能介于 REY 和 USY 之间，既有较高的活性又有较好的选择性。RE^{3+} 离子的引入虽能提高反应活性，但焦炭产率有所提高，所以通过调整沸石上的 RE^{3+} 和 H^+ 的比例就能制得适应不同需要的催化剂品种。

经过离子交换以后的分子筛之所以具有催化活性，目前主要有两种解释：一种是固体酸催化理论，认为分子筛经阳离子（NH_4^+、H^+ 及高价阳离子）交换后可产生 B 酸中心，再经脱水可产生 L 酸中心，它们均可与反应物形成正碳离子，并按正碳离子机理进行催化转化。另一种是静电场理论，这一理论认为阳离子在沸石晶体表面引起的静电场，能够把烃类分子诱导极化为正碳离子，如图 7－9 所示。图中 A^+ 是沸石分子筛表面与晶格联系的阳离子，它促使 C—H 极化，但并不需要全部解离，其结果形成正碳离子，按正碳离子机理进行酸催化反应。静电场理论较好地说明了阳离子电荷多少、离子半径大小对催化活性的影响，阳离子价数越高，离子半径越小，静电场越大，活性越高。此外沸石分子筛的硅铝比对静电强度影响也较大，高硅铝比的 Y 型分子筛的电场要比 X 型的高。

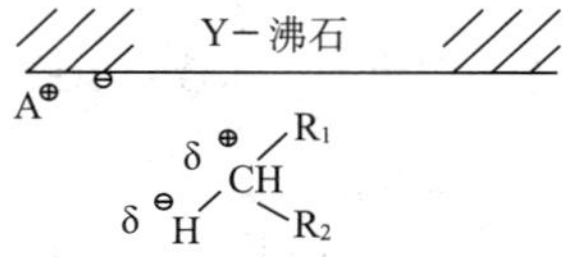

图 7－9　分子筛表面对 C—H 链的极化作用

经过离子交换的分子筛酸性中心数目约为无定形硅酸铝的 100 多倍，因此其活性比无定形硅酸铝高出上百倍，这样高的活性在目前的生产工艺中还难以应用，同时单纯的分子筛也难以制成一定强度的微球，因此，目前在工业上所用的分子筛催化剂仅含有 10%～35% 的分子筛，其余是载体（也称基质）和黏结剂。工业上广泛采用的载体是低铝硅酸铝和高铝硅酸铝，也有的采用其他类型的载体。载体除了起稀释作用外，还具有以下重要作用：

①提供足够的表面和孔道，使分子筛分散得更好，并利于油气扩散。

②载体自身提供一定活性，使大分子能进行一次裂化。

③在离子交换时，分子筛中的钠不可能完全被置换掉，而钠的存在会影响分子筛的稳定性。载体不仅可以容纳分子筛中未除去的钠，从而提高分子筛的稳定性，且还能增加催化剂的抗毒性能。

④在再生和反应时，载体起到热量储存和传递的作用。

⑤适宜的载体可增强催化剂的机械强度。

⑥分子筛的价格较高，使用载体可降低催化剂的生产成本。

由于掺炼渣油的需要，对催化剂载体又提出了新的要求，需要载体能提供一部分酸性中心。因为Y型分子筛的孔道自由直径只有0.9nm，而渣油分子尺寸为2.5~15.0nm，这些大分子要进入分子筛晶体孔道内反应显然是不可能的，根据“分步裂解”的设想，渣油中的胶质、沥青质等大分子先在载体表面依靠来自再生器的再生催化剂带来的热量瞬间汽化，发生热裂解反应使烷基侧链和连接环的环烷初步断裂，然后这些已渐小的分子再进入酸性中心的载体中孔和沸石的二次孔，进一步裂解成能进入沸石微孔的分子。最终的裂化是在沸石微孔的酸性中心上完成的，载体的酸性中心起到了中间传递的作用。在加工含氮量高的焦化蜡油（CGO）原料时，也需要依靠载体提供的部分酸性中心吸附碱性氮化物来保护沸石。因此，对于重油催化裂化催化剂，要认真研究其载体的活性、表面结构等物理化学性质。

二、裂化催化剂的物理性质

（一）密度

裂化催化剂是多孔性物质，故其密度有三种表示方法：

①真实密度（又称骨架密度）　颗粒的骨架本身所具有的密度，即颗粒的质量与扣除颗粒内微孔体积时的骨架实体体积 $V_{骨架}$ 之比，即

$$\rho_t = \frac{m}{V_{骨架}} \tag{7-16}$$

真实密度一般是2~2.3g·cm^{-3}。

②颗粒密度　把微孔体积 $V_孔$ 计算在内的单个颗粒的密度，即

$$\rho_p = \frac{m}{V_{骨架} + V_孔} \tag{7-17}$$

颗粒密度一般是0.9~1.2g·cm^{-3}。

③堆积密度　催化剂堆积时包括微孔体积和颗粒间的空隙体积 $V_空$ 的密度，即

$$\rho_b = \frac{m}{V_{骨架} + V_孔 + V_空} \tag{7-18}$$

堆积密度一般为0.5~0.8g·cm^{-3}，常用于计量催化剂的体积和质量。对于微球状（粒径为20~100μm）的分子筛催化剂，堆积密度又可分为以下三种情况：

松动状态：催化剂装入量筒内经摇动后，待催化剂刚刚全部落下时，立即读取的体积所计算得到的密度。

沉降状态：上述量筒中的催化剂静置2min后，由读取的体积计算的密度。

密实状态：将量筒中的催化剂在桌上振动数次至体积不再变时，由读取的体积计算的密度。

（二）空隙率

催化剂颗粒与颗粒之间的空隙体积 $V_空$ 与堆积体积 $V_堆$ 之比为空隙率或自由空间率

ε，即

$$\varepsilon = \frac{V_{空}}{V_{堆}} \tag{7-19}$$

（三）结构特性

结构特性包括孔隙率和孔体积、比表面积和孔直径。

孔隙率是指颗粒内部的微孔体积与包括微孔体积在内的颗粒体积之比。

孔体积是指单位质量催化剂颗粒内部微孔的总体积，以 $mL \cdot g^{-1}$表示。

比表面积是单位质量催化剂微孔内外表面积的总和，以 $m^2 \cdot g^{-1}$表示。通常比表面积越大，催化活性也越高。活性中心部位只占催化剂总表面积的百分之几。在使用中由于各种因素的作用，孔径会变大，孔体积减小，比表面积降低。新鲜催化剂的比表面积为 $400 \sim 650m^2 \cdot g^{-1}$，而平衡催化剂（装置内正在运行的催化剂）降到 $100 \sim 150m^2 \cdot g^{-1}$。

孔直径（或孔径）是指颗粒微孔的平均孔直径，可由孔体积和比表面计算而得到：

$$当量孔直径 = 4 \times \frac{孔体积}{比表面积} \times 10^3，\text{nm} \tag{7-20}$$

（四）筛分组成和机械强度

通常将催化剂颗粒的大小称作粒度。催化剂的颗粒大小是不均匀的，大小颗粒所占的百分数，叫作粒度分布或筛分组成。良好的筛分组成是为了保证催化剂在反应器、再生器和循环管中都处于流化状态、传热的面积大以及气流夹带催化剂损失小。比较适宜的筛分组成是：0 ~ 40μm 的细粉含量为 10% ~ 15%，> 80μm 的粗粒含量为 15% ~ 20%，40 ~ 80μm 的中间颗粒含量占 70% 左右。由于催化剂颗粒之间及催化剂与器壁之间的激烈碰撞，导致破碎以及细粉不易被旋风分离器回收下来，所以在平衡催化剂中大于 80μm 的粗粒和小于 20μm 的细粉的含量会降低。

为了避免在生产过程中催化剂过度粉碎以减少损耗和保证良好的流化质量，要求催化剂有一定的机械强度。目前我国采用“磨损指数”评价微球催化剂的机械强度。测定方法是将一定量的微球催化剂放在特定的仪器中，并用高速气流冲击 4h 后，将所生成的 < 15μm 细粉的质量占试样中 > 15μm 催化剂质量的百分数称为磨损指数。通常该值不大于3 ~ 5。

三、裂化催化剂的使用性质

（一）活性

催化剂加快化学反应速度的能力称为活性。分子筛催化剂的活性在试验室通常是用微反活性法（MAT）测定。该方法大致如下：在微型固定床反应器中放置 5.0g 待测催化剂，采用标准原料（一般都用某种轻柴油，在我国规定用大港 235 ~ 337℃轻柴油），在反应温度为 460℃、质量空速为 $16h^{-1}$、剂油比为 3.2 的反应条件下反应 70s，所得反应产物（ < 204℃汽油 + 气体 + 焦炭）中的质量占总进料的百分数即为该催化剂的微反活性（MA）。

微反活性只是一种相对比较的评价指标，它并不能完全反映实际生产的情况，因为实际生产的条件很复杂，微反活性测定的条件与之相差甚远。

分子筛催化剂的活性比无定形硅酸铝高得多。这是因为：一是沸石活性中心浓度较高；二是沸石细微孔结构的吸附性强，在酸中心附近烃浓度较高；三是在沸石孔中静电场作用下，通过C—H键极化促使正碳离子的生成和反应。三者总的作用结果使得沸石分子筛催化剂具有非常高的活性。

（二）选择性

催化剂可以增加目的产物或改善产品质量的性能称为选择性。催化裂化的主要目的产物是汽油，裂化催化剂的选择性就可以用“汽油产率/焦炭产率”或“汽油产率/转化率”来表示。活性高的催化剂，选择性不一定好，所以评价催化剂好坏不仅考虑它的活性，还要考虑它的选择性。

分子筛催化剂的选择性优于无定形硅酸铝催化剂，主要体现为汽油组分中含饱和烃及芳烃多，汽油质量好；且单程转化率提高，不易产生“过裂化”，裂化效率较高。在焦炭产率相同时，分子筛催化剂的汽油产率要高出15%～20%。

（三）稳定性

催化剂在使用过程中保持其活性及选择性的性能称为稳定性。催化剂在反应和再生过程中由于高温和水蒸气的反复作用，使催化剂孔径、比表面积等物理性质发生变化，导致活性下降，这种现象称为老化。因此新鲜催化剂的活性（初活性）不能真实地反映实际的生产情况，在测定新鲜催化剂的活性前需先将催化剂老化。在我国，水热老化的条件是将催化剂在800℃、常压、100%水蒸气下处理4h或17h。老化后测定的活性与初活性相比较，由活性下降的情况来评价催化剂的稳定性。老化后活性降低得越少说明催化剂的稳定性越好。

新鲜催化剂在开始投用的一段时间内活性下降很快，但降低到一定程度后则缓慢下降。此外，由于催化剂会损失而需定期地或不断地补充一定量的新鲜催化剂，因此在生产装置中的催化剂活性可能保持在一个稳定的水平上，此时的活性被称为“平衡催化剂活性”。平衡催化剂活性的高低取决于催化剂的稳定性和新鲜催化剂的补充量。分子筛催化剂的平衡活性多为60～70。

（四）抗重金属污染性能

原料油中镍、钒、铁、铜等金属盐类，在反应中会分解沉积在催化剂的表面上，使催化剂的活性降低、选择性变差，从而导致汽油、液化气产率下降，干气及焦炭产率上升，干气中氢含量显著增加。目前比较常用的表示催化剂被重金属污染程度的方法是污染指数：

$$\text{污染指数} = 0.1\ (14\text{Ni} + 4\text{V} + \text{Fe} + \text{Cu})$$

式中的Ni、V、Fe、Cu分别表示催化剂上镍、钒、铁、铜的含量，单位为μg/g。镍的污染最甚，钒次之。污染指数低于200者通常可认为是较干净的催化剂，高于1000时则认为是污染严重的催化剂。

在实际生产中，当催化剂被重金属污染严重时，会促进脱氢反应，使裂化气中氢含量增大，因此可根据裂化干气中的 H_2/CH_4摩尔比值来判断催化剂被污染的程度。H_2/CH_4 摩尔比值越大，催化剂受污染程度越大。工业装置以 H_2/CH_4值 1.6 作为判据，原料性质差比值可略大一些。

催化剂的重金属污染严重时，会使气压机和主风机超负荷，大大降低装置的生产能力。因此克服催化剂的重金属污染是一个十分重要的问题。

四、工业用分子筛裂化催化剂的种类

催化裂化催化剂是一种具有多孔道的固体酸颗粒，每克新鲜催化剂的内部表面积可达 $250m^2$以上，其活性主要来源于所含的分子筛。若依分子筛分类，目前工业用分子筛裂化催化剂大致可分为稀土 Y（REY）、超稳 Y（USY）和稀土氢 Y（REHY）三种。此外，尚有一些复合型的催化剂。分子筛催化剂虽然可以分成几类，但不同类型的分子筛催化剂可配用各种类型的载体，这样可组合成种类繁多的催化剂品种，所以其商品牌号也是不胜枚举的。有些催化剂从类型和性能来看基本上相同，但在不同生产厂家却都有自己的商品牌号。表 7－10 列出了我国炼厂中使用的几种催化剂。

表 7－10　几种国产裂化催化剂的组分与特性

类型	商品名称	基质	Al_2O_3含量/%	比表面/$m^2\cdot g^{-1}$	孔容积/$mL\cdot g^{-1}$	微反活性（800℃、4h）/%	特点
REY	Y-15	全合成	＞25	≥400	≥0.50	≥70	用于瓦斯油裂化
	CRC-1	半合成	＞47	≥110	≥0.30	≥70	高密度，用于掺渣油裂化，抗重金属能力较强
	LB-1	全白土	45	≥200	0.22	62	高密度，水热稳定性好
USY	ZCM-7	半合成	40～45	180～240	0.20～0.35	≥60	焦炭选择性好，轻油产率高，用于掺渣油裂化
	LCH-7	半合成	48～52	180～250	0.28～0.40	65	焦炭选择性好，轻油产率高，汽油辛烷值高
	CC-15	全合成	26	388	0.35	70	焦炭选择性好，轻油产率高，强度好
REHY	RHZ-200	半合成	19	250～400	0.40～0.55	≥70	中等堆积密度，轻质油收率高，汽油选择性好
	RHZ-300	半合成	45	180～240	0.35～0.40	≥70	活性、选择性皆优，抗氮性好
	LCS-7	半合成	28	≥300	0.40～0.60	68	中等堆积密度，焦炭产率低，轻油收率高
	CC-14	半合成	19	230～380	0.50～0.67	70	中等堆积密度，轻质油收率高，汽油选择性好

裂化催化剂的品种繁多，如何根据需要和具体条件来选择适用的催化剂是一个须认真考虑的问题。一般来说，有几个原则可供参考：

①在掺炼渣油的比例增大时，要选用 REHY 乃至 USY 型分子筛催化剂。若原料油的重金属含量高，则宜选用具有小表面积的基质的 USY 型催化剂。

②当要求的产品方案从最大轻质油收率向最大汽油辛烷值方向变化时，催化剂的选择也相应地从 REY 向 REHY 乃至 USY 型催化剂方向变化。

③根据现有装置的具体条件尤其是制约条件来选用催化剂。例如，当再生器负荷较紧张时，应选用焦炭选择性优良的 REHY 或 USY 型催化剂；又如当催化剂循环量受到制约时，也就是剂油比受到制约时，宜选用活性高的 REHY 乃至 REY 型催化剂。

实际上，要确定选择哪一种催化剂最合适，还是要通过试验室评价和工业试用。

为了进一步提高反应的选择性、改善产品质量、避免大气污染、加强环境保护，近年来还开发了许多种催化裂化助剂。这些助剂主要以加添加剂的方式加入到裂化催化剂或裂化原料中，使用灵活，可以根据具体情况随时启用或停用，或调整用量。目前工业上使用的主要五种助剂如表 7－11 所列。

表 7－11　催化裂化助剂的组成及作用

助剂名称	组成特点	作用
CO 助燃剂	Pt 或 Pd/Al_2O_3	贵金属组分改变了 CO 的氧化燃烧历程，大大降低了其氧化反应所需的活化能，起到加速燃烧的作用。将再生器内的 CO 转换为 CO_2，减少烟气对空气的污染，降低再生剂含碳量，充分利用 CO 的燃烧热
金属钝化剂	含 Sb、Sn 的化合物	钝化渣油裂化催化剂上污染的金属镍和钒，降低重金属对催化剂的毒害，改善裂化产物的选择性
辛烷值助剂	H-ZSM-5 分子筛	再生裂化汽油中低辛烷值的直链烷烃，提高汽油辛烷值
SO_x转移剂	MgO 等金属氧化物	可与烟气中 SO_3 作用生成金属硫酸盐，减少再生烟气排向大气中的 SO_x 量；金属硫酸盐与再生催化剂循环回反应器中，释放出 H_2S 进入干气中
油浆阻垢剂	含有分散剂、清净剂、抗氧剂和阻聚剂的复合剂	催化油浆易出现重组分的高温缩合结焦结垢或固体颗粒的沉积结垢，加油浆阻垢剂可减缓或避免油浆系统结垢

自催化裂化技术工业化以来，催化剂一直在不断地发展。国内开发的超稳 Y 型催化剂和国外催化剂处于同等水平。目前，国产新催化剂性能明显优于国外同时代的新产品。国产渣油催化剂具有更好的重油裂化能力，抗金属污染，优良的焦炭选择性，并且在催化剂单耗上也低于国外。我国开发的催化裂化家族技术所用的催化剂具有世界水平。在今后裂化催化剂与国外的竞争中，关键是要开发新一代的分子筛裂化活性组分。

五、裂化催化剂的失活与再生

（一）裂化催化剂的失活

在反应－再生过程中，裂化催化剂的活性和选择性不断下降，此现象称为催化剂的失活。裂化催化剂的失活原因主要有三：高温或高温与水蒸气的作用；裂化反应生焦；毒物的毒害。

1. 水热失活

在高温，特别是有水蒸气存在条件下，裂化催化剂的表面结构发生变化，比表面积减小、孔容减小，分子筛的晶体结构破坏，导致催化剂的活性和选择性下降。无定形硅酸铝催化剂的热稳定性较差，当温度高于650℃时失活就很快。分子筛催化剂的热稳定性比无定形硅酸铝的要高得多。REY 分子筛的晶体崩塌温度为 870～880℃，USY 分子筛的崩塌温度为950～980℃。实际上，在高于800℃时，许多分子筛就已开始有明显的晶体破坏现象发生。在工业生产中，对分子筛催化剂，一般在<650℃时催化剂失活很慢，在<720℃时失活并不严重，但当温度>730℃时失活问题就比较突出了。表 7－12 列出了近年来工业新鲜催化剂与水热减活的平衡剂的某些物性的比较。

表 7－12　新鲜剂与水热减活平衡剂的物性比较

物性参数	新鲜剂		平衡剂
表面积/$m^2 \cdot g^{-1}$	200～640		60～130
孔体积/$mL \cdot g^{-1}$	0.17～0.71		0.16～0.45
堆积密度/$g \cdot L^{-1}$	大密度剂	0.79～0.88	0.70～0.82
	小密度剂	0.48～0.53	0.70～0.82
微反活性（MA）/%	70～83		56～70

2. 结焦失活

催化裂化反应生成的焦炭沉积在催化剂的表面上，覆盖催化剂上的活性中心，使催化剂的活性和选择性下降。随着反应的进行，催化剂上沉积的焦炭增多，失活程度也加大。

工业催化裂化所产生的焦炭可分为四类：

①催化焦——烃类在催化剂活性中心反应时生成的焦炭。其氢碳比较低（H/C 原子比约0.4）。催化焦随反应转化率的增大而增加。

②附加焦——原料中的焦炭前身物（主要是稠环芳烃）在催化剂表面吸附、经缩合反应产生的焦。附加焦与原料的残炭值、转化率及操作方式等因素有关。

③可汽提焦——也称剂油比焦，因在汽提段汽提不完全而残留在催化剂上的重质烃类，其氢碳比较高。可汽提焦与汽提段的汽提效率、催化剂的孔结构状况等因素有关。

④污染焦——由于重金属沉积在催化剂表面促进了脱氢和缩合反应而产生的焦。污染焦的量与催化剂上的金属沉积量、沉积金属的类型及催化剂的抗污染能力等因素有关。

3. 毒物引起的失活

在实际生产中，对裂化催化剂的毒物主要是某些金属（铁、镍、铜、钒等重金属及钠）和碱性氮化合物。

（二）裂化催化剂的再生

裂化催化剂在反应器和再生器之间不断地进行循环，通常在离开反应器时催化剂（待生剂）上含炭约1%，须在再生器内烧去积炭以恢复催化剂的活性。对无定形硅酸铝催化剂，要求再生后的催化剂（再生剂）的含碳量降至0.5%以下，对分子筛催化剂则一般要求降至0.2%以下，而对超稳Y分子筛催化剂甚至要求降至0.05%以下。通过再生可以恢复由于结焦而丧失的活性，但不能恢复由于结构变化及金属污染引起的失活。裂化催化剂的再生过程决定着整个装置的热平衡和生产能力，因此，在研究催化裂化时必须十分重视催化剂的再生问题。

1. 再生反应和再生反应热

催化剂上沉积的焦炭主要是反应缩合产物，它的主要成分是碳和氢，当裂化原料含硫和氮时，焦炭中也含有硫和氮。焦炭的经验分子式可写成$(CH_n)_m$，一般情况下，n值在0.5～1的范围。由生产装置再生器物料衡算得到的焦炭组成有时可得n值远大于1，其原因为：残留有较多的吸附油气；物料平衡计算时所用的计算及分析数据有偏差。

催化剂再生反应就是用空气中的氧烧去沉积的焦炭。再生反应的产物是CO_2、CO和H_2O。一般情况下，再生烟气中的CO_2/CO比值为1.1～1.3。在高温再生或使用CO助燃剂时，此比值可以提高，甚至可使烟气中的CO绝大部分转化为CO_2。再生烟气中还含有SO_x（SO_2、SO_3）和NO_x（NO、NO_2）。由于焦炭本身是许多化合物的混合物，而且没有确定的组成，因此，无法写出它的分子式，故其化学反应方程式只能笼统地用下式表示：

$$\text{焦炭} \xrightarrow{O_2} CO + CO_2 + H_2O$$

再生反应是一个放热反应，而且热效应相当大，足以提供本装置热平衡所需的热量，甚至还有相当多的剩余热量。再生反应热的数值与焦炭的组成H/C比及再生烟气的CO_2/CO比值有关。由于焦炭的确切组成不能确定，在催化裂化工艺计算中通常根据元素碳和元素氢的燃烧热值并结合焦炭的H/C比及烟气中的CO_2/CO比来计算再生反应热，并称此计算值为再生反应的总热效应。

元素碳和元素氢的燃烧热如下：

$$\begin{aligned} &C + O_2 \longrightarrow CO_2 \quad 33873\text{kJ/kg (C)} \\ &C + 0.5O_2 \longrightarrow CO \quad 10258\text{kJ/kg (C)} \\ &\cdots\cdots \\ &H_2 + 0.5O_2 \longrightarrow H_2O \quad 119890\text{kJ/kg (H)} \end{aligned} \tag{7-21}$$

这种计算方法实质上是把焦炭看成是碳和氢的混合物，从理论上讲是不正确的。从反应的热效应的角度来看，单质炭和单质氢的燃烧热与焦炭燃烧热相比较，其中相差了由碳和氢生成焦炭的生成热。若把焦炭看作是稠环芳烃，由此生成热为500～450kJ·kg^{-1}，约占由式（7-21）计算得的总热效应的1%～2%。

目前工业上流行的计算方法是从上述总热效应扣除“焦炭脱附热”而得净热效应，即为可利用热。焦炭脱附热的数值是总热效应的11.5%。

2. 再生反应动力学

再生反应速度直接影响催化剂的活性、选择性，对装置的生产能力及设备的设计都起着决定性的作用。

通常认为沉积在催化剂上的焦炭是由多环芳烃组成的高分子化合物，氢碳原子比为0.4～1.0。烧焦过程中，由于氢的燃烧速率很快，炭的燃烧相对较慢，因此，烧焦动力学实质上就是烧炭动力学。影响烧炭反应速度的主要因素有再生温度、氧分压、催化剂的含碳量等。催化剂的分类也可能会对烧炭反应速度产生影响。

在实际应用中炭的燃烧可视为对碳与氧均为不可逆的一级反应，炭的燃烧速率($-r_c$)可以用基本的反应速率方程式来描述。

$$-r_c = -\frac{dC}{dt} = k_c PC \tag{7-22}$$

式中 C——催化剂上含碳量，%；

k_c——烧炭反应速率常数，$(MPa \cdot min)^{-1}$；

P——氧分压，MPa。

$$k_c = A\exp(-E/RT) \tag{7-23}$$

对于不同类型的催化剂，k_c 的值会有所不同。典型国产 REY 和 USY 催化剂在630～750℃范围内，活化能 E 分别为 $142100kJ \cdot mol^{-1}$ 和 $94000kJ \cdot mol^{-1}$，A 值分别为 1.78×10^{10} $(MPa \cdot min)^{-1}$ 和 6.57×10^{7} $(MPa \cdot min)^{-1}$。

对于微球催化剂，再生温度高达800℃，反应速度仍属化学反应区控制。

上述再生反应动力学方程是就单纯的化学反应本身而言，或者说是本征反应动力学。在实际生产中，待生催化剂是在流化床中再生的，流化状态对反应物的有效浓度有直接的影响，从而也对再生反应速度产生重要的影响。因此，只有通过深入研究，以取得能正确描述再生器内气固流动行为的数学模型，才能正确预测再生过程的实际反应速度。

国内常用的一种烧焦动力学方程是埃索研究工程公司推荐的烧炭速率公式，是在基本方程的基础上附以气固流型的某些假设导出的。

$$CBR = 0.5WVPT_0 C_R^{0.7} \tag{7-24}$$

式中 CBR——炭燃烧速率，$kg \cdot h^{-1}$；

W——再生器分布板以上催化剂总藏量，t（再生床层藏量约为总藏量的80%）；

V——再生器效率因数或称装置因数，其值与流化状态有关；

P——压力因数，$P = P_T \cdot P_0$；

P_T——再生器顶部压力［kPa（绝）］与基准压力129kPa之比；

P_0——氧分压因数，再生器出口烟气过剩氧含量［%（体）］和再生器入口空气氧含量［21%（体）］的对数平均值与出口烟气氧含量为2时的对数平均值（8.08）的比值。$P_0 = \frac{21 - O_2}{\ln 21/O_2} \times \frac{1}{8.08}$，其中 O_2 为烟气中过剩氧含量，8.08 为$\frac{21-2}{\ln 21/2}$；

T_0——再生器密相床温度因数；$T_0 = \exp$（15.46—13400/T），其中 T 为再生器密相床温度，K；

C_R——再生剂上的含碳量,%，对分子筛催化剂，C_R的指数取1。

上述方程可应用：

①对生产装置，可利用现有数据求得装置因数，用以评价再生器的效率；

②设计新装置，根据经验选取 V 值，计算催化剂藏量和再生器尺寸。

3. 再生操作的主要影响因素

（1）再生温度。温度越高燃烧速度越快。采用热稳定性较好的分子筛催化剂，再生温度可提高到650～700℃，特别是使用高温完全再生技术的装置温度可达720℃以上，使再生剂含碳量降到0.05%～0.02%。但再生温度也要受催化剂稳定性和设备材质的限制。提高再生温度不仅能降低再生剂含碳量，且能减少再生器内催化剂的藏量。这样可缩短催化剂在高温下的停留时间，为减少催化剂水热失活创造了有利条件。

（2）氧分压。氧分压是操作压力与再生气体中氧分子浓度的乘积。因此提高再生器压力或烟气中氧的浓度都有利于提高烧炭速率。再生器压力是由反应器和再生器压力平衡确定的，平时不作为调节手段。烟气中氧的浓度是操作变数，通常控制在1%～2%，使用分子筛催化剂后，为防止二次燃烧，一般烟气中氧含量控制在0.5%左右，但当采用完全再生时，烟气中含氧量常在3%以上，过高会增加能量损失。

（3）再生剂含碳量。再生剂含碳量越高则烧炭速率越高，但是再生的目的是要把炭烧掉，所以此因素不是调节操作的手段。

（4）再生器的结构形式。再生器的结构设置主要是考虑如何保证使流化质量良好，空气分布均匀并与催化剂充分接触，尽量减小返混，避免催化剂走短路。例如：采取待生催化剂以切线方向进再生器，催化剂与主风逆流接触等措施都可以改善烧炭效果。通常设备结构的综合影响以再生器效率因数来表示。据报道，当低床层气速（0.6～0.7m·s^{-1}）时，V 为180～220；当床层气速达1.2m·s^{-1}时，V=300～350，有的装置可高达430。

（5）再生时间。再生时间是指催化剂在再生器内的停留时间，是催化剂藏量与催化剂循环量之比。催化剂在再生器内的停留时间越长所能烧去的焦炭越多，再生剂含碳量就越低。但延长再生时间，实际就是提高藏量，也就需要加大再生器体积。同时催化剂在高温下停留时间增长会使减活过程加快。因此，采用增加藏量的办法来提高烧炭速率是不可取的。目前的趋势是设法提高烧炭强度。

$$\text{烧炭强度} = \frac{G\ (C_0 - C_R)}{W} \qquad (7-25)$$

式中 G——催化剂循环量，t·min^{-1}；

W——再生器催化剂藏量，t；

C_0，C_R——待生剂及再生剂含碳量,%。

采用提高再生温度、氧分压和改善气固接触等手段来降低藏量，以提高烧炭强度。目前再生时间一般为3～5min，甚至更短。

第五节　固体流态化原理

细小的固体颗粒被运动着的流体（气体或液体）所携带使之形成像流体一样能自由流动的状态，称为固体流态化，简称流态化或流化。工业上的固体流化是在容器内进行的。通常把容器和在其中呈流化状态的固体颗粒合在一起称为流化床。

流化催化裂化的反应器和再生器的操作情况、催化剂在反应器和再生器之间的循环输送以及催化剂的损耗等都与流化状态有密切关系。在实际生产和设计中也经常遇到大量与流态化有关的问题。

一、流化床的形成

（一）流化床的形成和转化

在一个底部装有流体分布器的圆筒内装入一定量的微球催化剂，当流体自底部向上通过分布器进入固体颗粒床层时，将会出现以下现象：当流速度较低，颗粒静止不动，处于堆紧状态，流体只在颗粒之间的缝隙穿过，这种情况称为固定床，如图 7－10（a）所示；当流速继续增大，颗粒开始松动，一些细粒在有限范围内运动，床层开始膨胀，这是开始流化的信号，但颗粒还不能自由运动，此时为膨胀床，如图 7－10（b）所示；当流速继续升高，这时全部颗粒都刚好悬浮在向上流动的气体或液体中，可自由运动，即颗粒开始流化（此时，随着流速增大，床层高度继续升高），这种情况称为流化床，如图 7－10（c）所示；当流速再升高到某一极值时，流化床上界消失，颗粒开始被气流带走，流速再继续增大，被带走的颗粒不断增多，直到全部被带走，这种情况称为稀相输送或气流输送，如图 7－10（d）所示。

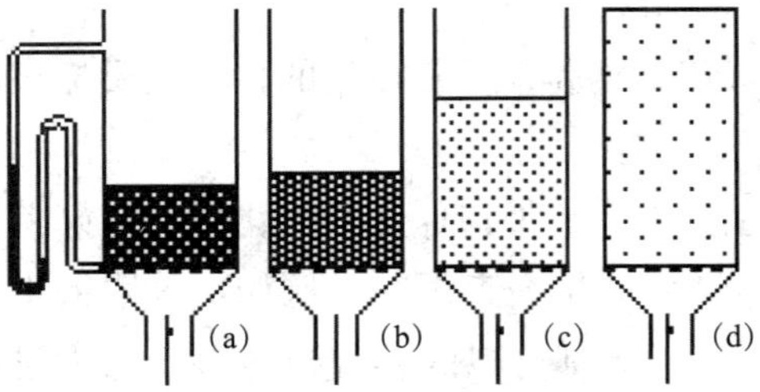

图 7－10　不同流速下床层状态的变化

（二）床层压降与流速的关系

图 7－11 是气体向上流动通过颗粒床层的压降与气速的关系图。

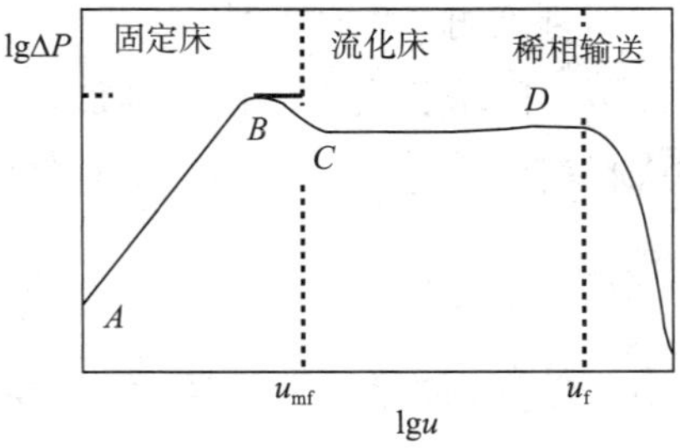

图 7－11　床层压降与气体线速的关系

1. 固定床阶段

在固定床阶段，气体通过粒子之间的空隙时因摩擦阻力而产生压降，摩擦阻力与气速的平方成正比，因此气速越大，床层的压降也越大，如图 *AB* 段所示。

2. 流化床阶段

当流速增大至 B 点，床层开始膨胀，颗粒发生振动重新排列，但还不能自由运动。床层压降通常达到一最大值，其值较床层静压（单位面积床层重力 W/F）稍大。原因是固定床颗粒之间相互靠紧，需要较大的推动力才能使床层松开，故出现驼峰，如图中 BC 所示。当气速增至 u_{mf}点，固定床突然“解脱”，床层空隙率增大，压降降低到床层静压，此时，床层处于临界流化状态，此刻的气体速度称为临界流化速度或最小流化速度 u_{mf}。当气速增大到 C 点时，作用于床层的各力达到平衡，整个床层被悬浮起来而固体颗粒自由运动，即

$$床层压降 \times 床层截面积 + 固体所受浮力 = 床中固体重$$

$$\Delta PF + V(1-\varepsilon)\rho_g g = V(1-\varepsilon)\rho_s g \tag{7-26}$$

式中 ΔP——床层压降，kg/m^2；

F——床层截面积，m^2；

V——床层体积，m^3；

ε——床层孔隙率；

ρ_s，ρ_g——固体颗粒及气体的密度，$kg \cdot m^{-3}$；

g——重力加速度，$9.81 m \cdot s^{-2}$。

式（7-26）也可以写成：

$$\Delta PF = V(1-\varepsilon)(\rho_s - \rho_g)g$$

在气-固系统中，因 $\rho_s \gg \rho_g$，所以可近似地写成：

$$\Delta PF = V(1-\varepsilon)\rho_s g \tag{7-27}$$

式（7-27）等号的右方就是固体颗粒的质量，当没有加入或带出固体时，它是一个常数。因此，在流化床阶段，当气速增大时 V 虽然增大，但 ε 随之增大，结果 ΔPF 基本保持不变，也就是 ΔP 基本不变，这是流化床的一个重要特征。即

$$\Delta P = W/F = H\rho \tag{7-28}$$

式中 W——床层中固体颗粒的总质量，kg；

H——床层高度（即料位高），m；

ρ——床层密度，$kg \cdot m^{-3}$。

利用流化床压降不变的原理，在试验室或工业装置中，可以通过测定流化床中不同高度的两点间压差，来计算床层的藏量或床层密度等。

3. 稀相输送阶段

当流速增大至某一数值后，床层上界面消失，床层空隙率增大，所有颗粒都悬浮在气流中并被气流带走。这时气流中颗粒浓度降低，由密相转变为稀相，这种状态称为稀相输送。此阶段的起始点的气速称为终端速度或带出速度，以 u_t表示。此阶段床层压降随着气速的增大而减小，直至全部固体被带出时，圆筒两端的压差就是气流通过空筒时的摩擦压降。

由上述讨论可知，不同气速下床层状态是不同的，当气速小于 u_{mf}时为固定床，在 u_{mf}

与 u_t 之间为流化床，大于 u_t 时则为稀相输送。

二、临界流化速度与带出速度

临界流化速度和带出速度都是由固体颗粒和流体的性质共同决定的，是与流化状态有重要关系的参数。

（一）临界流化速度 u_{mf}

有关 u_{mf} 的计算公式很多，且彼此间误差比较大，常用公式如下：

$$\text{对小颗粒，} Re<20 \text{ 时，} u_{mf}=\frac{d_p^2(\rho_s-\rho_g)g}{1650\mu} \tag{7-29}$$

$$\text{对大颗粒，} Re>1000 \text{ 时，} u_{mf}^2=\frac{d_p(\rho_s-\rho_g)g}{24.5\rho_g} \tag{7-30}$$

式中　u_{mf}——临界流化速度，$cm \cdot s^{-1}$；

d_p——固体颗粒直径 cm；

ρ_s，ρ_g——固体颗粒及气体的密度，$g \cdot cm^{-3}$；

g——重力加速度，$981cm \cdot s^{-2}$；

μ——流体黏度，$Pa \cdot s$；

Re——雷诺数，$Re=\frac{d_p\rho_g u_{mf}}{\mu}$。

上述计算式中的气速都是指空塔气速。对于具有一定筛分组成的颗粒，如裂化催化剂采用平均直径（d_p）。其计算公式如下：

$$d_p=\frac{1}{\Sigma\left(\frac{x_i}{d_{p,i}}\right)} \tag{7-31}$$

式中　x_i 是直径为 $d_{p,i}$ 的颗粒在全部颗粒中所占的质量分数。

临界流化速度的大小表示流化床形成的难易程度。临界流化速度越小，固体颗粒越容易流化。

（二）带出速度 u_t

当流体通过床层的速度大于固体颗粒在流体中的自由沉降速度时，颗粒就不再向下沉降，而将被流体带走，所以数值上与颗粒自由沉降速度相等的流体速度即为带出速度。下面介绍球形颗粒沉降速度的计算方法：

$$\text{当 } Re<0.4 \text{ 时，} u_t=\frac{d_p^2(\rho_s-\rho_g)g}{18\mu} \tag{7-32}$$

$$\text{当 } 0.4<Re<500 \text{ 时，} u_t=\left[\frac{4}{225}\cdot\frac{(\rho_s-\rho_g)^2g^2}{\rho_s\mu}\right]^{1/3}d_p \tag{7-33}$$

$$\text{当 } 500<Re<200000 \text{ 时，} u_t=\left[\frac{3.1g(\rho_s-\rho_g)d_p}{\rho_g}\right]^{1/3} \tag{7-34}$$

式中 $Re=\frac{d_p\rho_g u_t}{\mu}$，其他符号的意义同前。

由于催化剂的颗粒是非均匀的，它的带出速度只能按单个颗粒来说，不能按颗粒的平均直径计算，所以流化床理论上的最大流化速度应该是指最大颗粒的带出速度。要实现气流输送，输送气流速度必须大于带出速度。

[例 7-1] 某催化裂化装置，其再生器密相床层空塔速度为 $1.2\text{m}\cdot\text{s}^{-1}$，平衡催化剂的颗粒密度为 $1200\text{kg}\cdot\text{m}^{-3}$，再生烟气的密度为 $0.73\text{kg}\cdot\text{m}^{-3}$，黏度为 $0.37\times10^{-4}\text{Pa}\cdot\text{s}$，平衡催化剂的筛分组成为：

筛分组成/μm	0~20	20~40	40~80	80~110	>110
组分含量 x_i/%	0.66	11.64	71.2	12.2	4.3
组分平均直径 dp_i/μm	10	30	60	95	按 110μm 计算

试求其临界流化速度和最大流化速度。

解：(1) 催化剂颗粒平均直径。

$$d_{p,av}=\frac{1}{\sum x_i/d_{pi}}=\frac{1}{\frac{0.66}{10}+\frac{11.64}{30}+\frac{71.2}{60}+\frac{12.2}{95}+\frac{4.3}{110}}$$

$$=55.3\mu\text{m}=5.53\times10^{-3}\text{cm}$$

(2) 该再生器的临界流化速度。

用式 (7-28) 计算 u_{mf}：

$$u_{mf}=\frac{(5.53\times10^{-3})^2\times(1.2-0.73\times10^{-3})\times981}{1650\times3.7\times10^{-4}}=0.059\text{cm}\cdot\text{s}^{-1}$$

校核

$$Re=\frac{d_p\rho_g u_{mf}}{\mu}=\frac{5.53\times10^{-3}\times0.73\times10^{-3}\times0.059}{3.7\times10^{-4}}$$

$$=6.63\times10^4<20$$

所以式 (7-28) 适用。

(3) 最大流化速度，即最大颗粒的带出速度，用式 (7-32) 计算

$$u_t=\left[\frac{4}{225}\times\frac{(1.2-0.73\times10^{-3})^2\times981^2}{0.73\times10^{-3}\times3.7\times10^{-4}}\right]^{1/3}\times110\times10^{-4}$$

$$=49.5\text{cm}\cdot\text{s}^{-1}=0.495\text{m}\cdot\text{s}^{-1}$$

校核

$$Re=\frac{d_p\rho_g u_t}{\mu}=\frac{110\times10^{-4}\times0.73\times10^{-3}\times49.5}{3.7\times10^{-4}}=1.07$$

$0.4<Re<500$ 时，所以式 (7-32) 适用。

(4) 讨论。从计算结果来看，操作气速与临界流化速度之比（称为流化数）$\frac{1.2}{5.9\times10^{-4}}=2034$，比一般流化床用的数据 (10~100) 高得多。不仅如此，而且操作气速

比带出速度还高很多，即使对大颗粒的催化剂，u 与 u_t之比也达 2.42 倍。从前面对流化床形成的分析来看，为了保持流化床，理论上操作线速度应当在 u_{mf}与 u_t之间，一般流化床反应器也是这样设计的，但是催化裂化再生器则常常不是如此。为什么操作气速超过 u_t仍有密相床存在？在这种条件下操作的反应器又有什么特点？这些问题将在下面讨论。

三、流化床的一些基本特性

（一）流化床的类型

固体颗粒的流化性能与其粒径及其他性质有关。对于颗粒平均直径为 50～60μm，粒度分布范围为 20～100μm 的固体颗粒（如微球裂化催化剂），随着气速的增大，床层可分为几种不同的流化状态。

1. 散式流化床

当气速超过临界流化速度不多时，流化床内固体颗粒脱离接触，已具有一些流体特征，但颗粒均匀分布，颗粒间充满流体，无颗粒与流体的集聚状态，此时床层处于散式流态化。

在催化裂化装置中，催化剂的密相输送是处于散式流化状态的，如反应－再生系统中的立管、料腿、汽提段等处。

2. 鼓泡流化床

随着气速的增高，流化床中出现了气体的聚集相——气泡，此时气体主要以气泡形式通过床层，上升至床层界面时破裂并将夹带的部分固体颗粒带到床面以上的稀相空间，形成稀相区，在床面以下则是密相区。此时床层不是均匀的而是分成两相：一相是空隙率小、固体浓度大的气固均匀混合物的连续相，称颗粒相或乳化相；另一相是夹带少量固体颗粒以气泡形式通过床层的不连续相，称气泡相。由于气泡在床层破裂，所以床层界面起伏不稳，上下波动，床层压降相应地也随之波动。

3. 湍动流化床

当气速增大至一定程度时，由于气泡不稳定而分裂成更多的小气泡，床层内循环加剧，气泡分布较为均匀，气体与固体颗粒之间的传质系数也明显增大。此时气体夹带颗粒量增加，使稀相区的固体浓度增大，稀、密相之间的界面变得模糊不清。工业流化床再生器多属此类。

4. 快速流化床

气速再增大，气体夹带固体量已达到饱和携带量，密相床层的密度必须依靠提高固体颗粒的循环量才能维持。在快速床内，气泡趋向于消失而在床内呈现不同的密度分布。一般上部密度小，称为稀区；下部密度大，称为密区；而径向分布呈中心稀、靠壁处浓。催化裂化的烧焦罐再生器属此类。

（二）流化床的基本现象

1. 流化床的膨胀现象

在散式流化床状态，随着气速增大，床层的孔隙率增大，床层膨胀。流化床的体积与起始流化时床层体积之比称为膨胀比。若床直径不变，则床高增加，可以用床高与起始流化时的床高之比 H_B/H_{mf} 来表示床层膨胀的程度，亦称膨胀比。若床中固体重量一定时，床高和床层密度成反比。即：

$$\frac{V_0}{V_{mf}}=\frac{H_0}{H_{mf}}=\frac{\rho_{mf}}{\rho_0} \tag{7-35}$$

式中　V_0、H_0、ρ_0——气速为 u_0 时的流化床体积、床高和床层密度；

V_{mf}、H_{mf}、ρ_{mf}——临界流速下的床体积、床高和床层密度。

在设计流化床反应器和再生器时，需确定流化床的高度、密度等数值。因此，膨胀比是一个很重要的设计数据。影响膨胀比的因素很多，如固体颗粒的性质和粒径、气体的流速和性质、床径和床高等。图 7－12 表示了气速和床径对膨胀比的影响。气速越大或床径越小则膨胀比越大。

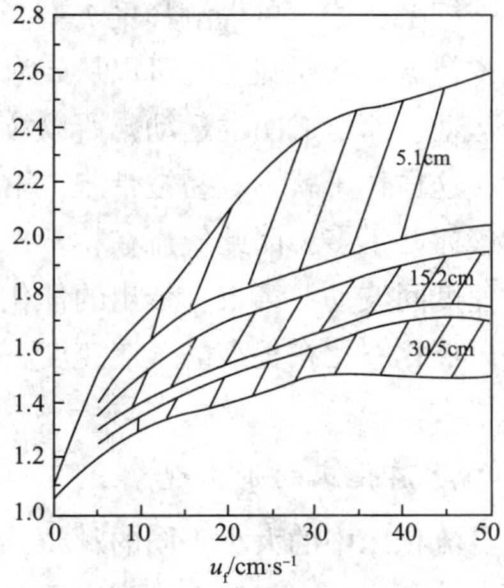

图 7－12　气速和床径对膨胀比的影响
（固体颗粒平均直径为 100μg；图中注字为床径）

2. 流化床的压力降恒定现象

流化床的压降不随气速的增大而发生变化，这一特性在前文已证明，在此不再叙述。

3. 流化床的气泡现象

在鼓泡床和湍流床中的气泡运动对流化床的流化状态、传热、传质起着十分重要的作用，同时对催化剂的分离、回收及损耗也有重要影响。

气流进入床层底部的分布板（管）后，以高速从小孔中喷出进入床层，形成许多小气泡，就像气体通入水中形成的气泡现象一样。气流速度和分布孔径越大，初生气泡也越大。气泡形成后在床层中向上运动，运动的速度大于气体在空床中的平均气速 u_0。气泡直径越大，其上升速度也越高。气泡的上半部呈半球形，气泡的尾部有一凹入部分，称为尾波区。尾波区夹带着固体颗粒，而气泡内则基本上不含固体颗粒。气泡周围还包着一层不太厚的粒子渗透层或云层，这是气泡的理想形状，如图 7－13 所示。在实际应用的聚式流化床中往往同时存在有大量气泡，由于它们之间的相互影响，气泡常变成不规则的形状。在大量气泡同时向上运动时，小气泡会互相聚合成更大的气泡。

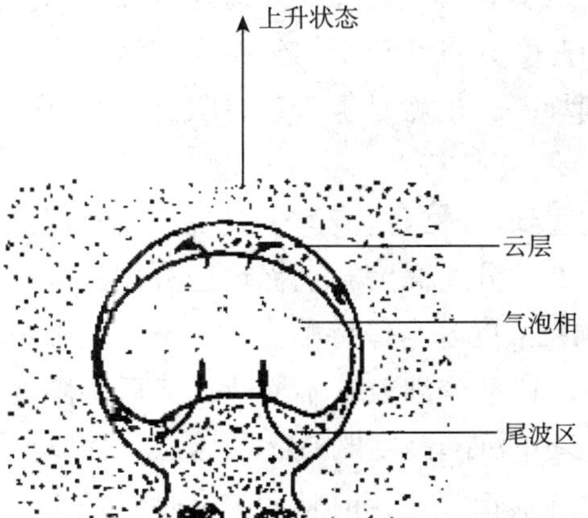

图 7－13　气泡形态及气固运动情况

气泡在流化床中的运动是造成粒子和气体返混的主要原因。气泡的尾波区压力较低，当气泡上升时，气泡周围的粒子被曳引到尾波区并随着气泡向上运动。当尾波区夹带的粒子增多时，它变得不稳定，于是在气泡上升过程中会甩下一部分夹带的粒子，而其余的粒子仍被带着上升。气泡上升到床层界面后破裂，携带着部分颗粒落回床层，这样就造成了固体粒子在流化床中的返混。

气泡内的气体与周围颗粒相中的气体也互相交换。气泡四周向下运动的粒子借摩擦力将颗粒相中的气体曳引向下，当气泡与粒子间的相对速度足够高时，这部分颗粒相中的气体由压力较低的尾波区进入气泡，而气泡中的部分气体由顶部透过气泡边界又渗入颗粒相中去。这样就形成了气体在流化床中的返混。

综上所述，可以解释例7-1的结果，即当实际操作气速大于带出速度时，为什么还能维持流化床层呢？这可以从鼓泡流化床的运动得到说明。第一，鼓泡流化的颗粒不是单个运动，而是成团的运动，所以粒子带出不仅受气流速度的影响，而且受到其他粒子的阻扰，这样粒子就不容易被带跑；第二，气体的大部分是以气泡形式通过，而在粒子连续相中气体并不多，因此气流在粒子连续相中的实际气速并不高，大约仍在临界流化速度和带出速度间波动；第三，带出的催化剂通过稀相重力沉降和旋风分离器仍可回到密相床层。所以催化裂化在很高的气流速度下操作，仍然可以维持流化床层，只是空隙率很高，膨胀比很大。

4. 流化床的带出现象

流化床中的大小不同的颗粒，各有不同的带出速度。由于流化床中的气体大都以气泡状态离开床面，气泡上升到床面时破裂，把大量所夹带的大小不同的颗粒抛向稀相空间。

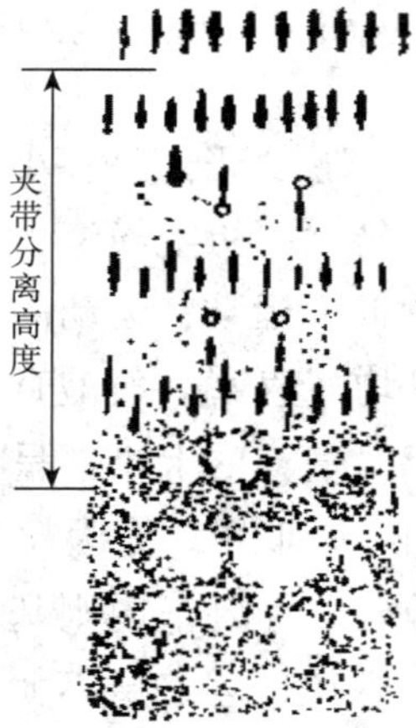

图7-14 带出现象和夹带分离高度

随着气流向上运动，被夹带的颗粒中的较大者（其带出速度高于稀相中的气速）受自身重力的影响在上升到一定距离后速度逐渐减至零，落回密相床层；而较小的颗粒（其带出速度小于稀相中的气速）则继续随着气体向上运动。在整个设备截面上从破裂的气泡中冲出的气体其速度是不等的，随着气体离开床面后的向上运动，沿整个设备截面的速度分布渐趋于均匀。当气体上升到某一高度时，气速分布达到均一，也就是等于表观气速（如图7-14所示）。

自床面向上，到气速达到均一，其值等于表观气速时的这段高度称为理论沉降高度或夹带分离高度，也称输送分离高度，简称TDH。在此高度固体颗粒浓度基本保持不变，这个固体颗粒浓度就叫气相的饱和携带量。这部分细粒若不回收，最后将随气体离开容器不再返回床层。理论沉降高度既然是从床层界面算起至气流中颗粒夹带量接近常数值处的高度，为了使气体流出流化床时颗粒的夹带量最小，所以这个高度应等于或小于稀相段的高度，也应该是气体离开稀相段的出口位置（即一级旋风分离器的入口中心）。计算 *TDH* 的方法很多，结果也不尽相同。在此只介绍Zenz和Herio提出的计算式：

$$TDH = D(2.7D^{-0.36} - 0.7) \times \exp\left(0.7u_f \times D^{-0.23}\right) \quad (7-36)$$

式中 D 和 u_f 分别为床径和气体线速。*TDH* 的大小主要决定于气速、床径和颗粒性质。气速越大，固体颗粒越难沉降，需要的理论沉降高度也增大；颗粒的带出速度越大，越易沉降，因此颗粒直径和密度越大，带出量越小。此外颗粒团聚性强时易造成粒团，也有利于沉降，所需要的理论沉降高度降低。

影响气体饱和携带量的主要因素有稀相段气速和催化剂颗粒密度等。稀相段气速高，带出能力强，气体中的催化剂浓度增大；使用颗粒密度大的催化剂，在稀相段气速相同的情况下，气体中催化剂浓度降低。根据国内大多数炼油厂的实践，催化裂化装置的再生器和反应器（或沉降器）稀相线速一般维持在 $0.5 \sim 0.6 m \cdot s^{-1}$。最近几年，由于使用了颗粒密度大的催化剂，国外再生器稀相气速提高到 $0.7 \sim 0.8 m \cdot s^{-1}$，有的甚至超过 $1.0 m \cdot s^{-1}$。

5. 不正常流化状态

常见不正常的流化状态可以分为两种类型：

①沟流。在大型流化床中，气泡在床层中最初就没有沿整个床截面均匀分布，而是聚集成几条沟渠，沿“捷径”上升，大量流体没有与粒子很好接触，使床层其他部位仍处于固定床阶段，这种气流在床层中严重短路的现象，称为沟流（如图 7－15 所示）。沟流现象发生后，床层密度很不均匀，气－固相接触不良，不利于气固相的传热、传质及化学反应；由于部分床层为死床，部分固体粒子不悬浮在气流中，故床层压降减小，始终低于理论值 W/F。沟流发生的原因主要与颗粒特性和气体分布器的结构有关。如颗粒很细、密度大、易于粘结成团；以及分布器设计不好，使气体分布不均匀等。催化裂化的再生器床层形成沟流，造成烟气氧含量上升，容易发生二次燃烧。

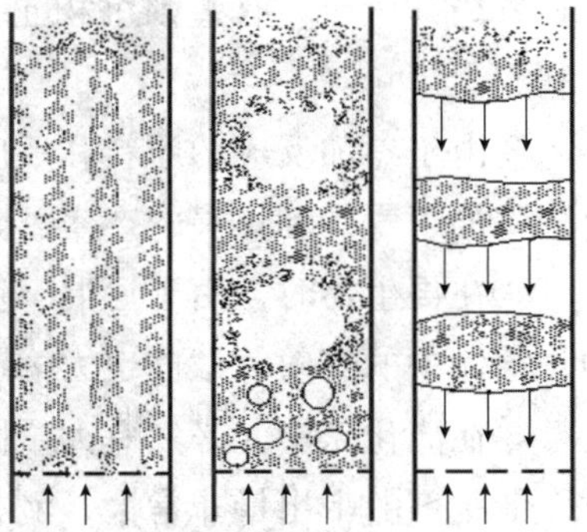

图 7－15　沟流和腾涌

②腾涌。在直径小的气－固流化床中，如果床层高度与直径的比值过大，气速过高时，就容易产生气泡的相互聚合，而成为大气泡。当气泡直径长大到与床径一样大时，就将床层分成为几段，成为相互间隔的一段气泡、一段颗粒层。颗粒层被气泡象推动活塞那样运动，当大气泡到达床层上部时崩裂，颗粒骤然散落，这种现象称为腾涌，也称为气节（如图 7－15 所示）。发生腾涌时，气泡向上推动颗粒层，由于颗粒层与器壁摩擦，使床层压降大于理论值 W/F，而在气泡崩裂时又低于理论值，从而造成床层压降波动十分剧烈，气－固接触很差，器壁受颗粒磨损加剧，同时引起设备振动，催化剂的损耗增加，返混现象更加严重，因此应尽量避免。床层直径越小（如小于 0.5m），越易发生腾涌现象，例如催化裂化装置中的立管等。当床径过小，床层过高时，可以增高挡板以破坏气泡的长大，从而避免腾涌现象的发生。

6. 流化床反应器的特点

流化床作为反应器与其他反应器相比的主要优点有以下几点：

①由于返混，使气固间的传热和传质速率高，床层各部分的温度均匀，避免了局部过热现象，因此对强放热反应（如再生反应）可以采用较高的温度来提高烧炭速率。

②由于流态化使固体颗粒具有流体的性质，装卸、输送都较为灵活，使得大量催化剂可以在反应器和再生器之间循环，同时还起热载体的作用，在两器之间成为传递热量的媒介，便于实现生产的连续化和自动化，操作简单可靠。

③气固接触面积大，因此传热、传质面积大，设备生产强度大大提高。加上颗粒流动平稳，床层温度分布均匀的特点，使催化裂化反应器和再生器内的传热构件可以取消，大大地简化了设备结构，这些都特别有利于催化裂化向大型方向发展。

流化床的主要缺点有以下几点：

①流化床中气泡的长大、腾涌和沟流等现象的产生，使气固接触不充分，对反应不利，因此一般鼓泡流化床反应器要达到很高的转化率是比较困难的。催化裂化原料转化率一般在50%～70%，要求不是很高，故利用流化床反应器是可以的。对催化裂化再生器，气泡的存在使气－固之间的传质速率降低，使烧焦反应过程常常表现为扩散控制而降低了烧焦速率。

②由于返混，造成催化剂在床层中的停留时间不均一，有些催化剂没有与反应物充分接触就离开床层，有些则沉积了过多的焦炭仍留在床层里，这一点对分子筛催化剂尤其不利。

③由于参加反应的原料和反应产物在流化床中返混，不可避免地增加了二次反应的机会，增加了气体和焦炭的产率，降低了轻质油收率。

④在再生器时，由于返混，使得床层中催化剂上的含碳量几乎降至与再生剂含碳量相同，气体中的有效氧浓度也大为下降，从而降低了再生反应速度和再生器的效率。

⑤在流化床中，必然有大量固体颗粒被带入稀相段。当流化数很大、流化床气速较高时，催化剂的带出量非常大。例如一座处理量为1200kt/a的催化裂化再生器，其反应器和再生器之间的催化剂循环量为1200～1500t/h，而从密相床层带出的催化剂量为循环量的1～3倍。因此在反应器和再生器内必须安装高效率的旋风分离器以回收催化剂，以降低催化剂的损耗。

⑥在流化床中，设备磨损率及催化剂的损耗率较大。所以要求反应器和再生器的内壁必须安装耐磨衬里，催化剂必须有较高的机械强度，并要求安装高效率的旋风分离器。

从上述流化床反应器的特点来看，它有有利的一面，也有不利的一面，对某一个反应过程，如果有利的一面占主导地位，则采用它；对于它的不利方面也不应当忽视，要逐步找出控制和克服的办法。

第六节　催化剂的流化输送

根据管路中气－固混合物的密度大小可将催化剂的流化输送分为稀相输送和密相输送两类。

一、稀相输送

稀相输送也称为气力输送。它是靠气体的流动来推动固体颗粒而进行输送的。稀相输送中的气－固混合物的密度一般小于 $100kg \cdot m^{-3}$。在提升管反应器、烧焦罐的稀相管、催化剂的加料管和卸料管等处都属于稀相输送。

（一）提升管中的气－固滑动现象

对于具有一定筛分组成的裂化催化剂，要实现稀相输送，操作气速必须大于最大颗粒的自由沉降速度 u_t，粒子才能有一个垂直向上的运动速度 u_p（$u_p = u - u_t$）。我们把气流速度 u 与颗粒速度 u_p 的比值称为滑落系数 ϕ。固体颗粒的上升速度总是落后于气体速度的这个现象称为滑落现象。

$$\phi = \frac{u}{u_p} = \frac{u}{u - u_t} > 1 \tag{7-37}$$

当气流速度增加时，颗粒速度也随之增加，使滑落系数逐渐减小而趋近于 1，也就是说此时催化剂的返混现象减小至最低程度。根据一些试验数据，微球裂化催化剂的 u_t 约为 $0.6m \cdot s^{-1}$。在 $u_t = 0.6 \sim 1.2m \cdot s^{-1}$ 范围内，气体线速对滑落系数的影响如图 7－16 所示。当气速 $> 25m \cdot s^{-1}$ 时，滑落系数几乎不再变化，其值很接近于 1.0。由于提升管反应器油气进口处的线速为 $4 \sim 8m \cdot s^{-1}$，原料油气在向上流动过程中，反应生成小分子油气，使气体体积增大，因此在提升管出口处的油气线速增大至 $10 \sim 18m \cdot s^{-1}$，催化剂也由比较低的初速度逐渐加快到接近油气的速度，使滑落系数比较接近于 1，即催化剂与油气几乎是同向、等速向上运动，返混很小，大大减小了二次反应。这种情况对分子筛催化剂是特别有利的。

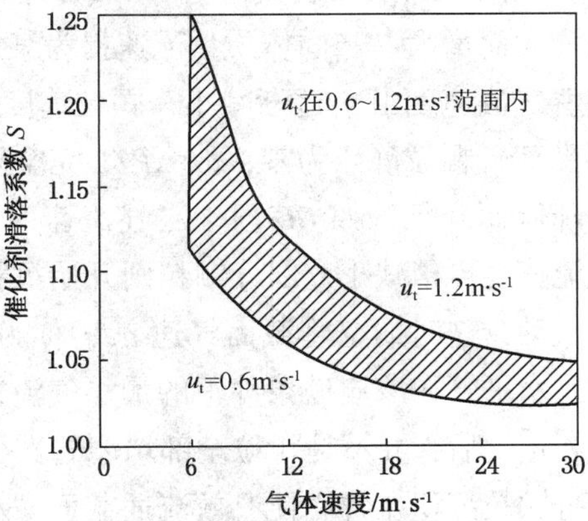

图 7－16　气体线速催化剂滑落系数的影响

由于滑落现象，稀相输送中按颗粒速度计算的实际流化密度 $\rho_{实}$ 大于按气流速度观测的表观密度 $\rho_{表}$。

$$\rho_{实} = \phi \cdot \rho_{表} \tag{7-38}$$

（二）稀相输送的流动特性和最小气流速度

为了保证颗粒能够达到稀相输送，必须有一个最小气流速度。在垂直管和水平管稀相输送的流动特性不完全相同，对最小气流速度的限制也不相同。

①在垂直管路中气流速度对管路压降的影响如图 7－17 所示。当固体质量流速 $G_s = 0$，即只有气体通过提升管时，单位管长的压降 $\Delta P/L$ 随着气速 u 的增大而增大。此 $\Delta P/L$ 主要是气体流动的压降。当固体质量流速为某定值 G_{s1} 时，所测压降是混合物密度产生的静压与混合物流动压降之和。在高气速 C 点时，提升管内固体密度较小，流动压降占主导地位。因此，当气速下降时，静压虽由于密度增大而增大，但摩擦压降却因气速下降而减

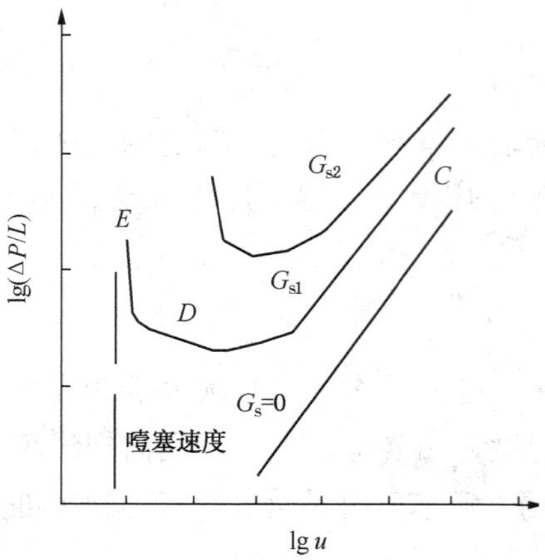

图 7－17　垂直管稀相输送特性

小，故总的 $\Delta P/L$ 下降，如 CD 段。当气速从 D 点再继续下降时，管内的固体密度急剧增大，于是静压的增大起主导作用，总的 $\Delta P/L$ 也随之急剧增大，如 DE 段。至接近 E 点时，管内密度太大，气流已不足以支持固体颗粒，因而出现腾涌。E 点处的气体表观速度即为噎塞速度。对于较大的固体质量流速，此转折点出现在较高的气速处，如图中 G_{s2}。

为了在提升管内维持良好的流动状态，管内气速必须大于噎塞速度。噎塞速度主要取决于催化剂的筛分组成、颗粒密度等物性。此外，管内固体质量流速或管径越大，噎塞速度也越高。根据试验，微球裂化催化剂用空气提升时的噎塞速度约为 $1.5m \cdot s^{-1}$。实际工业采用的气速在油气入口处为 $4 \sim 8m \cdot s^{-1}$，远高于此噎塞速度。但在预提升段，由于预提升蒸汽的流量较小，应注意维持这一段的气体速度大于 $1.5m \cdot s^{-1}$。

②在水平稀相输送管路中，气流速度对压降的影响如图 7－18 所示。与垂直管中一样，当固体质量流速 $G_s=0$，即只有气体通过提升管时，单位管长的压降 $\Delta P/L$ 随着气速 u 的增大而增大。当固体质量流速提为某定值 G_{s1} 时，所测压降此时只是混合物的流动压降。随着气流速度由 u_c 逐渐减小，颗粒速度也将随之降低，使管路中颗粒浓度增加。但因为是水平管，颗粒静压为零，故 $\Delta P/L$ 完全随气流速度的降低而降低，如 CD 段。当气流速度到达 u_D 后，气流速度再稍减小，部分颗粒则开始沉积在管底不再流动，这时的空管截面气速 u_D，称为沉积速度。它是水平管在该输送条件下的最小气流速度。到达沉积速度后，并不是颗粒全部堵塞管路，而且由于部分颗粒沉积在管底使有效流通截面减小，输送量减少，使 $\Delta P/L$ 突然上升，如 DE 段。如果继续降低气速，颗粒沉积越来越厚，管子有效流通截面越来越小，阻力相应越来越大，颗粒输送量也越来越小，直到完全堵塞，如 EF 段。

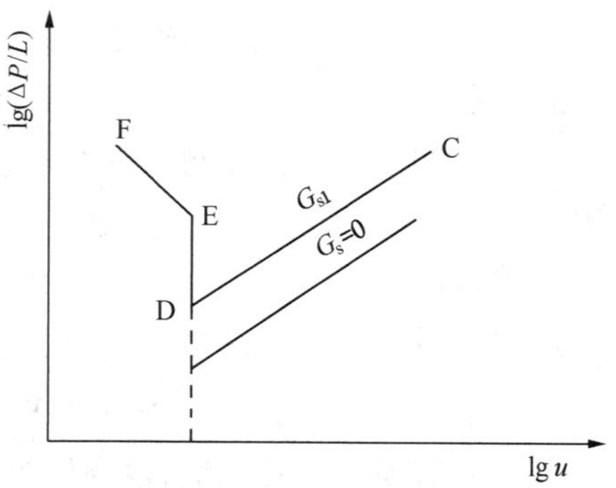

图 7－18　水平管稀相输送特性

当固体质量流速相同时，对于均匀颗粒，噎塞速度和沉积速度大约相等；对于不均匀颗粒，沉积速度是噎塞速度的 3～6 倍。

③斜管的稀相输送速度介于水平管路和垂直管路之间。当斜管与水平管成 10°时，其沉积速度与水平输送相差不大。斜管与垂直管成 8°时，其噎塞速度与垂直输送时无明显差别。斜管与水平成 22°～45°时，其沉积速度比水平输送时高 $1.5 \sim 3.0m \cdot s^{-1}$。

实际的稀相输送系统，往往既有垂直管段，又有水平和倾斜管段。对具有一定筛分组成的颗粒，应选择较大的沉积速度作为最小输送气速。但气速过高，会使压降增大，损失能量，磨损严重。一般操作气速在 $8 \sim 20m \cdot s^{-1}$ 的范围内。

二、密相输送

密相输送中的气－固混合物的密度大于100kg·m^{-3}。在流化催化裂化装置中，催化剂在反应器和再生器之间的循环属于密相输送，在IV型催化裂化装置采用U形管输送，而在提升管催化裂化装置则采用斜管或立管输送。

固体颗粒的密相输送有两种形态：黏滑流动和充气流动。当固体颗粒向下流动时，气体与固体颗粒的相对速度不足以使固体颗粒流化起来，此时固体颗粒之间互相压紧、阵发性地缓慢向下移动，这种流动形态称为黏滑流动。如果固体颗粒与气体的相对速度较大，足以使固体颗粒流化起来，此时的气－固混合物具有流体的特性，可以向任意方向流动，这种流动形态称为充气流动。充气流动时气体的流速应稍高于固体颗粒的起始流化速度。黏滑流动主要发生在粗颗粒的向下流动，例如移动床反应器内的催化剂运动就属于黏滑流动。充气流动主要发生在细颗粒的流动，例如催化裂化装置各段循环管路中的流动都属于充气流动。但如果气体流速低于起始流化速度，则在立管或斜管中有可能出现黏滑流动，这种情况应尽可能避免发生。

（一）密相输送基本原理

下面以水蒸气系统为例来说明密相输送基本原理。图7－19是一盛水的U形管，在其右上侧有加热器，使该处的水因受热而汽化。设$P'_1=P'_2=P$，当阀关闭时：

阀的左方1点处静压$P_1=\rho_{水}h+P$

阀的右方2点处静压$P_2=\rho_{水}h_2+\rho_{水汽}h_1+P$

由于$\rho_{水}>\rho_{水汽}$，故$P_1>P_2$。因此当阀打开时，水就会从左管流向右管，而在流动时，根据力学能量平衡原理，则有：

$$P_1-P_2=h_1(\rho_{水}-\rho_{水汽})=\Delta P_f+\Delta P_a \quad (7-39)$$

式中ΔP_f是流经阀及管线的摩擦压降，ΔP_a是速度改变时引起的压降，数值较小，可忽略。上式也可看作是推动力＝阻力，即由U形管两端的静压头之差产生的推动力用来克服流动时的阻力。显然，U形管两端的密度差越大，低密度料柱的高度越长，所产生的推动力就越大，管路中的流速也越大。应当注意，这时的P_1和P_2是指流体静止时1点和2点的压力。当流体流动时，1点和2点处的压力就不再是P_1和P_2了。

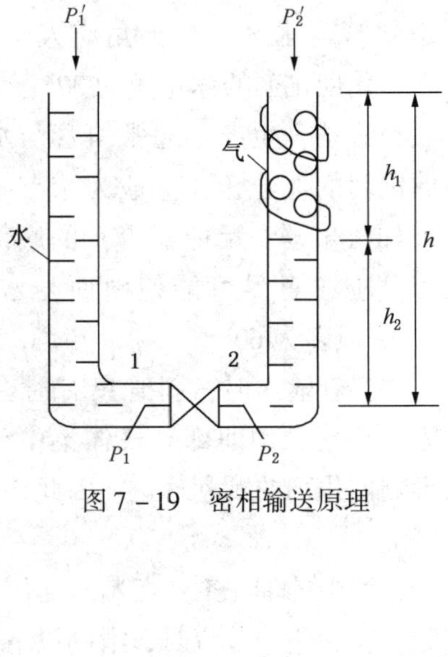

图7－19　密相输送原理

如果$P'_1\neq P'_2$，上述关系仍然成立，但P_1-P_2值可能增大或减小，甚至会变成负值，此时流动的方向就变成由右向左了。

（二）IV 型及提升管催化裂化的催化剂循环输送

IV 型催化裂化的 U 形管输送原理与上述情况相同。只不过是在 U 形管右侧的上方改用通入空气（增压风）的方法来降低这段管内的密度，由 U 形管两端密度差产生的静压头，造成输送的推动力，用来克服催化剂流动时的阻力。当推动力与阻力达到平衡时，就得到恒定的催化剂循环量。提升管式催化裂化装置常用斜管进行催化剂输送，上述输送原理也同样适用。催化剂在图 7－20 的斜管中流动时：

$$[P_1+(L\sin\theta)\ \rho]-P_2=\Delta P_{f,t}+\Delta P_{f,v} \tag{7-40}$$

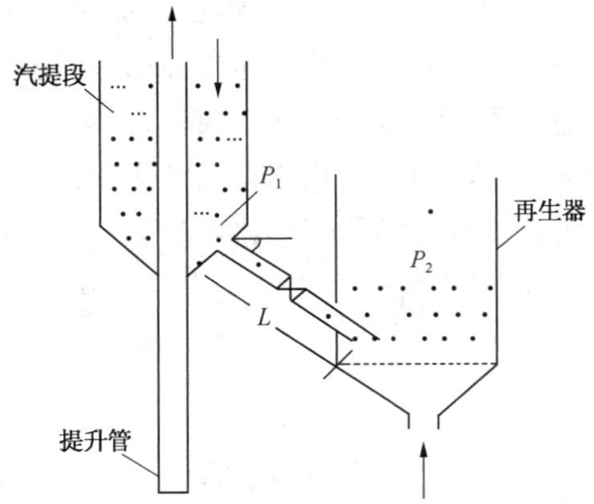

图 7－20　斜管输送

式中 ρ 为斜管中的密度，$\Delta P_{f,v}$ 和 $\Delta P_{f,t}$ 分别为滑阀及管路的摩擦压降。显然，当方程式左方的流动推动力不变时，调节滑阀开度即可改变 $\Delta P_{f,v}$ 的数值，从而也使 $\Delta P_{f,t}$ 发生变化。因 $\Delta P_{f,t}$ 近似地正比于催化剂在管中的质量流速的平方，于是催化剂的循环量得到调节。

在设计斜管时必须注意斜管的倾斜角度。图 7－21 是固体颗粒由垂直管通过底部小孔流动时的情景。在没有充气时，离底边 $H=(D/2)\tan\theta_f$ 处开始形成一个倒锥形的流动区，圆锥体以外的固体颗粒基本上不流动。这个倒圆锥周边和水平面的夹角 θ_f 称为内摩擦角。微球裂化催化剂的 θ_f 约 79°。颗粒的内摩擦角越小，越容易流动。由小孔流出的固体颗粒在下面自然堆成一圆锥体，锥体斜边与水平面的夹角 θ_r 称为休止角。也就是说，当固体颗粒处在倾斜角小于 θ_r 的平面上时，固体颗粒就停留在斜面上而不会下落。因此，输送斜管与水平面的夹角应大于催化剂的休止角。微球裂化催化剂的休止角为 32°。为了充分保证催化剂顺利流动，生产上通常斜管与水平面的夹角远大于催化剂的休止角，一般为 55°～63°。对于某些容器（如再生器、反应器等）的底部及汽提段内的挡板等，应注意尽可能使斜面与水平面的夹角大于 45°，一般多为 60°。

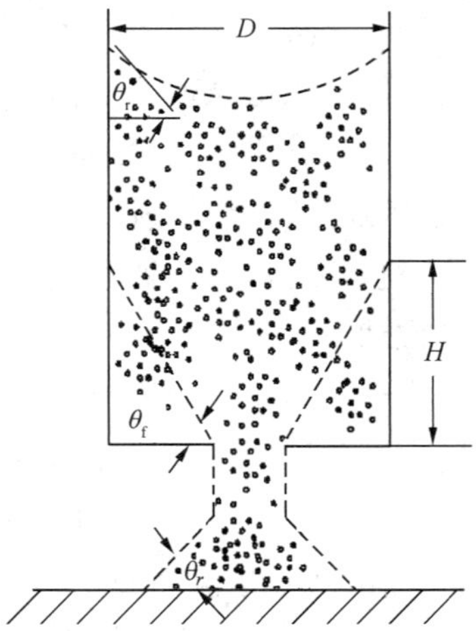

图 7－21　固体颗粒的休止角和内摩擦角

在斜管输送时，斜管里有时会发生一定程度的气固分离现象，即部分气体集中于管路的上方，从而影响催化剂的顺利输送。因此在气固混合物进入斜管前一般应先进行脱气以脱除其中的大气泡。

斜管中的催化剂还起料封作用，防止斜管两端气体串通，在压力平衡中是推动力的一部分。在管路中节流时，滑阀以下不是满管流动。因此滑阀以下的催化剂已经不起或者很少能起料封作用，所以滑阀的安装位置应尽量靠近斜管的下侧。滑阀以上斜管的长度应满足料封的需要，并留有余地，以免斜管中的催化剂密度波动时出现串气现象。

综上所述，密相输送与稀相输送的基本区别在于：密相输送时，催化剂颗粒不被气体加速，而是在少量气体松动的流化状态下靠静压头之差产生的推动力，来克服流动时的阻力。

（三）充气流动的压降

与一般流体流动相似，气-固混合物在流化状态下由1点流至2点（见图7-22）时的压降：

$$P_1 - P_2 = \Delta P_h + \Delta P_a + \Delta P_{f,t} + \Delta P_{f,v} \tag{7-41}$$

式中　ΔP_h——两点间的气-固料柱产生的静压差；

ΔP_a——因速度改变（包括加速、转向及出口）引起的压降；

$\Delta P_{f,t}$，$\Delta P_{f,v}$——管路及阀的摩擦压降。

现分别介绍各项压降的计算方法。

1. ΔP_h

料柱静压差 ΔP_h 在生产单位也经常称静压，一般有两种计算方法。

①由气体和固体颗粒的流量计算。

$$\Delta P_h = 9.81\times10^{-3}\times\Delta h\cdot\rho,\ \text{kPa} \tag{7-42}$$

式中　Δh——两点间垂直输送距离（向下流动，Δh 为负值），m；

ρ——管内气固混合物的密度，$kg\cdot m^{-3}$。

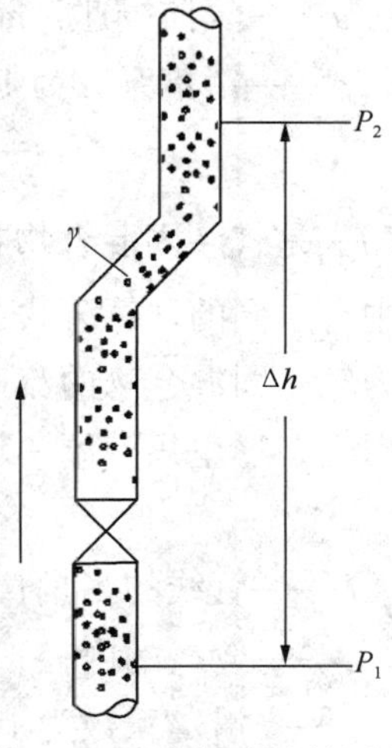

图7-22　充气流动的压降

$$\rho = \frac{G_{气} + G_{固}}{V_{气} + V_{固}} \tag{7-43}$$

式中　$G_{气}$、$G_{固}$——气体和固体的质量流率，$kg\cdot h^{-1}$；

$V_{气}$、$V_{固}$——气体和固体的体积流率，$m^3\cdot h^{-1}$。

通常 $G_{固} \gg G_{气}$，$V_{气} \gg V_{固}$，所以上式可简化成 $\rho \approx \frac{G_{固}}{V_{气}}$。该式适用于滑落系数 $\phi=1$、向下流动以及气速很高（如 $20m\cdot s^{-1}$）向上流动的情况。如果考虑滑落，即 $\rho = \phi\frac{G_{固}}{V_{气}}$。催化剂在提升管反应器中的 ϕ 值可参考图7-16。提升管上行管路中的 ϕ 值可取1.5或2。

②由实测两点压差计算。

在生产中常常是直接测定两点的压差，即 $P_1 - P_2 = \Delta P$。因此，由

$$\Delta P_h = \rho\Delta h = \Delta P - (\Delta P_a + \sum\Delta P_f)$$

得　$$\rho = [\Delta P - (\Delta P_a + \sum\Delta P_f)]/\Delta h \tag{7-44}$$

如果需要知道实际密度，必须先计算出 ΔP_a 与 $\sum\Delta P_f$。在实际生产和工艺计算中，由

于计算 ΔP_a 与 $\sum\Delta P_f$ 较麻烦而且也不易算得很准确，因此上式常简化成 $\rho' = \Delta P/\Delta h$，$\rho'$ 称作“视密度”，它同真实密度显然有些差别。在一般情况下，（$\Delta P_a + \sum\Delta P_f$）$\ll \Delta P$，所以视密度一般很接近实际密度。由视密度计算得的 ΔP 即 $\Delta P = \Delta h\rho'$ 常称作“蓄压”，它与料柱产生的静压是有区别的，其中还包括了 $\Delta P_a + \sum\Delta P_f$ 即

$$\Delta P = \Delta h\rho' = \Delta h\rho + \Delta P_a + \sum\Delta P_f \tag{7-45}$$

2. ΔP_a

ΔP_a 是由于速度变化（包括改变运动方向）引起的压降。

$$\Delta P_a = 5 \times 10^{-4} \times N\rho u^2,\ \text{kPa} \tag{7-46}$$

式中 N——系数（加速催化剂，$N=1$；出口损失或变径，$N=1$；每次转向，$N=1.25$）；

u——气体线速，$m \cdot s^{-1}$；

ρ——滑落系数为 1 时的气固混合物密度，$kg \cdot m^{-3}$。

3. $\Delta P_{f,t}$

$\Delta P_{f,t}$ 是气－固混合物在直线管路中流动时产生的压降。关于 $\Delta P_{f,t}$ 的计算，在不同的文献中有不同的计算公式，而且由不同的计算公式计算所得的结果常常差别很大。这主要是因为气－固混合物的流动状态比较复杂，而各种公式往往来源于不同的流动条件下的试验数据。在这里只介绍一种形式比较简单的计算公式：

$$\Delta P_{f,t} = 7.75 \times 10^{-6} \times \rho u^2 L/D,\ \text{kPa} \tag{7-47}$$

式中 L——管线的当量长度，m；

D——管线的内径，m；

ρ——滑落系数为 1 时的气固混合物密度，$kg \cdot m^{-3}$；

u——气体线速，$m \cdot s^{-1}$。

4. $\Delta P_{f,v}$

$\Delta P_{f,v}$ 是催化剂流经滑阀时产生的压降，可以用下面公式计算：

$$\Delta P_{f,v} = 7.5 \times 10^{-5} \times \frac{G^2}{\rho A^2},\ \text{kPa} \tag{7-48}$$

式中 G——催化剂循环量，$t \cdot h^{-1}$；

ρ——气固混合物的密度，$kg \cdot m^{-3}$；

A——阀孔流通面积，m^2。

（四）催化剂循环线路的压力平衡

从以上讨论可见，为了催化剂按照预定方向做稳定流动，不出现倒流、架桥及窜气等现象，保持循环线路的压力平衡是十分重要的。实际上这个问题与反应器－再生器压力平衡问题是紧密相关的。两器之间的压力平衡对于确定两器的相对位置及其顶部应采用的压力是十分重要的。

图 7－23 和表 7－13 列举了高低并列式提升管催化裂化装置的压力平衡典型实例。

表 7-13　高低并列式装置典型压力平衡　MPa

线路	再生剂线路		待生剂线路	
推动力	再生器顶压力	0.17286	沉降器顶压力	0.14372
	稀相静压	0.00223	沉降器静压	0.00077
	密相静压	0.016	汽提段静压	0.03507
	再生斜管	0.0220	待生斜管静压	0.03304
	小计	0.21309	小计	0.21260
阻力	沉降器顶压力	0.14372	再生器顶压力	0.17286
	稀相静压	0.00033	稀相静压	0.10137
	提升管总压降	0.0175	过渡段静压	0.00086
	帽压降	0.0001	再生器密相静压	0.00674
	再生滑阀压降	0.05144	待生滑阀压降	0.03077
	小计	0.21309	小计	0.21260

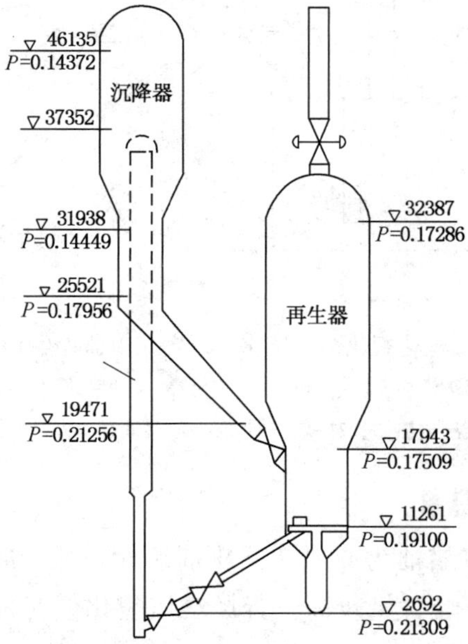

图 7-23　高低并列式装置压力平衡图

第七节　催化裂化工艺流程

传统催化裂化装置一般由反应－再生系统、分馏系统和吸收－稳定系统三部分组成。随着炼油工业的技术进步，新增烟气余热回收及脱硫脱硝系统。

一、反应－再生系统

反应－再生系统是装置的核心。图7－24是催化裂化装置反应－再生（单器再生）部分流程图。

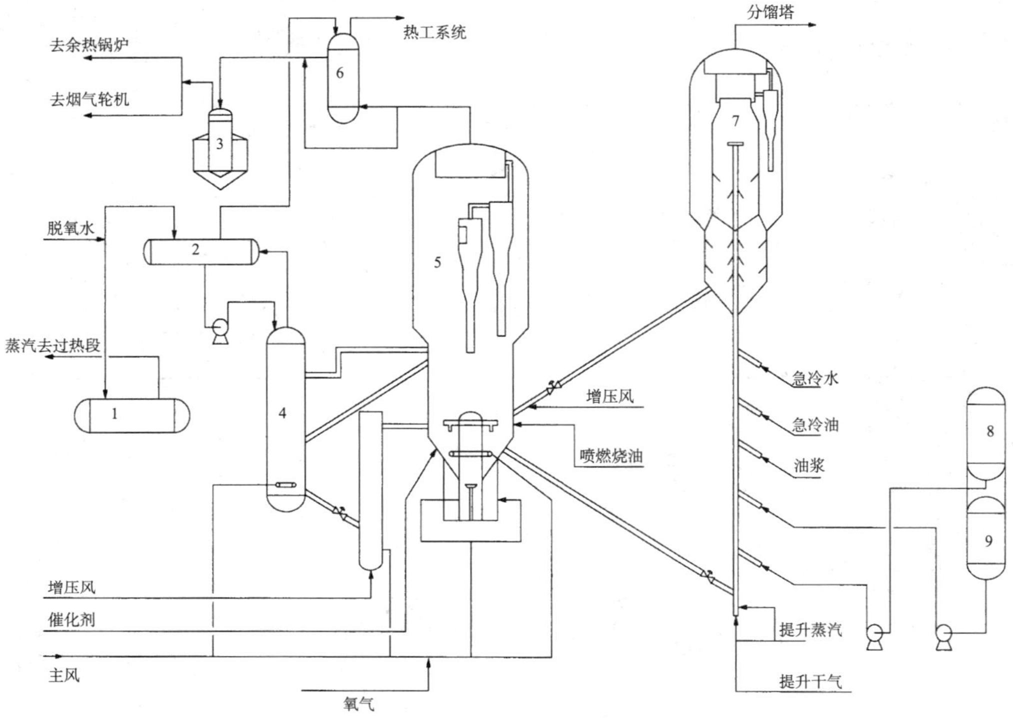

图7－24　催化裂化装置反应－再生（单器再生）原理流程

1—余热锅炉汽包；2—汽包；3—三旋；4—外取热器；5—再生器；6—蒸汽过热器；7—反应器；8—原料油罐；9—回炼油罐

（一）提升管反应器进料

早期的催化裂化装置以蜡油为原料，催化剂活性较低；原料油预热温度高、回炼比大、剂油比小。因回炼油芳烃含量较高，芳烃难以裂化但对催化剂酸性中心的吸附能力强，若回炼油从下喷嘴进入提升管，回炼油中的芳烃优先占据活性中心，对新鲜原料油裂化不利。若回炼油从上喷嘴进入，喷油处温度低不利于回炼油的汽化和裂化。所以早期的催化裂化装置多采用回炼油与新鲜原料油混合方式进入提升管反应器。

现代的催化裂化装置多加工重油，反应条件和提升管内的环境发生了很大的变化，催化剂活性和选择性有了大幅度提高，再生温度高、原料油预热温度较低、回炼比小、剂油比大。重油催化裂化需要高催化剂温度、大剂油比等苛刻条件将大分子汽化、打碎、再裂化，因此多采用分层进料，提升管反应器进料由下而上依次为新鲜原料、回炼油、回炼油浆、急冷水（含硫污水或除盐水）和急冷油（可以是粗汽油、轻柴油）进料喷嘴。急冷水和急冷油的主要作用是抑制二次裂化反应和热裂化反应，提高目的产品的收率。采用汽油降烯烃工艺的装置，在新鲜进料喷嘴下方适宜的部位还可增设MGD喷嘴，进料可以是粗汽油或稳定汽油等。

新鲜原料分为多路，每路设有流量控制阀，以保证各路进料流量均匀，然后经过相对的两个进料喷嘴进入提升管。雾化蒸汽控制方法与新鲜进料相同。因各装置加工的原料性质、喷嘴类型不同，雾化蒸汽一般占新鲜进料量的2%～8%，进料越重，所需雾化蒸汽量越大。

回炼油先分成两路，每路设有流量控制阀，每路再分为两支，支路加流量指示，保证各路进料流量均匀，然后经过两个相对的进料喷嘴进入提升管。雾化蒸汽约占回炼油量的5%。

回炼油浆的主要目的是回收催化剂及调节回炼比。从油浆泵来的330～350℃的油浆经过油浆喷嘴进入提升管。从除盐水泵来的除盐水或从分馏含硫污水泵来的部分含硫污水通过急冷水喷嘴与蒸汽混合后进入提升管。从分馏部分来的急冷油通过急冷油喷嘴，经蒸汽雾化后进入提升管。

在提升管内，各进料与高温催化剂接触，瞬时汽化，然后发生裂化反应。裂化油气经提升管出口快速分离器，绝大部分催化剂与油气分离。夹带少量催化剂的油气向上经沉降器旋风分离器，进一步分离出催化剂后，最后经集气室和大油气管线进入分馏塔。

重油催化裂化装置多使用金属钝化剂。金属钝化剂用计量泵从储罐中抽出，根据原料性质和平衡催化剂污染情况，按一定比例与新鲜进料混合后进入提升管反应器。若采用非水溶性的金属钝化剂，还需打入一定量的稀释柴油，以提高注入管线的线速，防止注入管线堵塞。

（二）再生部分和再生烟气的工艺流程

再生系统流程主要包括主风系统和再生烟气系统流程，与再生工艺方案密切相关。原则上主风管道布置应直而短，尽量降低系统压降，避免因节流浪费能量，主风流量调节要灵敏。压力相同或相近的几路主风可用一台主风机或数台主风机并联供风。用风压力相差较大且压头要求较高时（如外取热器流化风、空气提升管提升风等），宜设增压机，采用增压机或主风机与增压机串联供风。当用风流量很小（$<5\sim10Nm^3\cdot min^{-1}$）且压力要求较高时可用压缩空气。再生烟气系统流程由再生工艺决定，有烟气轮机+余热锅炉、烟气轮机+CO锅炉及烟气轮机+CO焚烧炉+余热锅炉等几种典型流程。

对于常规单段再生，来自沉降器汽提段的待生催化剂经待生催化剂分布器（船形或Y形分配器等）进入再生器床层，与贫氧主风逆向接触，烧掉催化剂上大部分氢和部分炭，然后与从三风分布器来的主风接触，烧焦后的催化剂经再生器底部的淹流管排出再生器。

夹带催化剂的再生烟气上升穿过床层料面进入设在稀相段的两级多组旋风分离器，绝大部分催化剂被分离下来返回催化剂床层。分离后的烟气经集气室排进再生烟道，经蒸汽过热器温度降到≤700℃，再经第三级旋风分离器（三旋），将烟气含尘量降到$\leq250mg\cdot m^{-3}$，大部分烟气进入烟气轮机（烟机）发电或带动主风机运行。烟气轮机出口烟气与其旁路烟气会合，最后经过余热锅炉，温度降到约180℃后排进大气。再生压力在再生烟气全部进烟气轮机时由烟气轮机入口蝶阀控制，在再生烟气部分进烟气轮机时由烟气轮机旁路阀自动控制。

对于重油催化裂化装置，再生器还设有内取热器或外取热器。

对于两个再生器串联的催化裂化装置，第一再生器中为不完全再生。一再催化剂料位由半再生单动滑阀控制。半再生催化剂经半再生立管、半再生单动滑阀与从一再外取热器来的冷催化剂一并用增压风送到第二再生器继续烧焦。二再再生催化剂经脱气罐和再生立管、再生滑阀进入提升管反应器。

第一再生器和第二再生器的稀相段都设有两级多组旋风分离器，因第二再生器操作温度高，多采用外旋，不设内构件。

部分装置采用第一再生器和第二再生器集气室出口烟气在烟道会合，再补入适量的主风，使烟气中 CO 完全燃烧。高温烟气经高温取热炉，温度降到≤700℃，依次进入第三级旋风分离器、烟气轮机、余热锅炉，最后排入大气。

第二再生器压力控制与常规单段再生相同。第一再生器和第二再生器的差压根据压力平衡由第一再生器出口双动滑阀自动控制。

当再生压力较高时，为降低烟气轮机旁路阀压降，在该旁路阀后烟道内一般还设有降压孔板。

产品收率和产品质量首先取决于反应部分的操作，要掌握好八大平衡关系——两器压力平衡、氧平衡、热平衡、生焦和烧焦平衡、转化率和反应深度平衡、催化裂化反应（或原料转化）与进料量的平衡、催化剂损耗与补充量的平衡、气体产量与气压机及吸收塔能力的平衡，以达到：既有足够的反应深度，又减少了二次反应，确保装置的处理能力和轻油收率；尽可能增加气体中烯烃的比例，以满足化工原料的要求；在保证装置热平衡的前提下，尽量减少焦炭产率；反应深度可由转化率表现，主要由平衡剂活性、剂油比、反应温度、反应时间、回炼比和急冷油量决定，压力对反应深度也有一定的影响。

反应 - 再生系统主要控制参数有四个。

（1）再生器压力控制。再生器压力分程控制烟机入口蝶阀（50% ~100%/100% ~0%）和旁路双动滑阀（0% ~50%/0% ~100%）。当再生器压力高于压力调节器的给定值时，先开大烟机入口蝶阀，若蝶阀全开仍不能维持再生器压力，则打开双动滑阀以维持再生器压力的平稳；反之，当再生器压力低于压力调节器的给定值时，先关小双动滑阀，继而再关小烟机入口蝶阀以维持再生器压力。

（2）反应温度控制与再生滑阀压降超弛控制。正常运行时，反应温度调节器控制再生滑阀的开度（调节再生催化剂的循环量）来保证反应温度的平稳。一旦再生滑阀开度过大而使滑阀压降过小可能导致催化剂倒流危险时，为防止油气、催化剂倒窜，再生滑阀压降调节器将自动取代反应温度来控制再生滑阀——关小再生滑阀以防油气、催化剂倒窜而发生危险。

（3）反应压力控制。在不同的操作阶段采用不同的手段来控制反应压力。如在反应进油后到气压机投运前采用分馏塔压力控制器控制富气压机入口放火炬小阀，配以压缩机入口压力调节放火炬大阀来控制反应压力。

（4）沉降器藏量控制。采用沉降器藏量控制待生滑阀的开度（调节待生催化剂的循环量）来保证反应沉降器藏量的平稳。当待生滑阀开度过大而使滑阀压降过小时，为防止油气、催化剂倒窜，待生滑阀压降调节器将自动取代沉降器藏量来控制待生滑阀——关小待生滑阀以防油气、催化剂倒窜而发生危险。

催化裂化装置的反应－再生系统还具有工艺连锁控制系统，一般采用 SIS 控制。它主要是防止装置在开、停工和生产操作过程中可能出现重大事故导致重大人身和经济损失，保护操作人员和生产设备的安全。

二、分馏系统

分馏系统的主要任务是根据反应在生成的混合物（油气）中各沸点的不同，将它们分离成富气、粗汽油、轻柴油、回炼油、油浆，并保证汽油干点、轻柴油凝点和闪点合格。典型的催化裂化分馏系统见图 7－25。

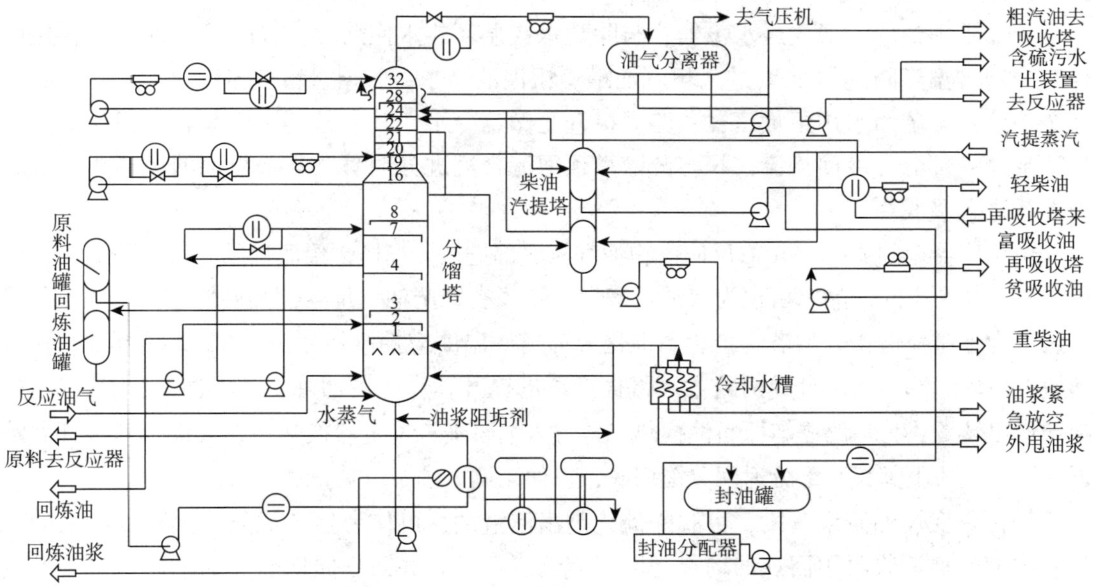

图 7－25　催化裂化分馏系统流程图

分馏系统主要包括分馏塔、轻柴油汽提塔、分馏系统冷换设备和粗汽油罐等。分馏塔一般设有 32 层固舌形塔盘（一中段可采用浮阀塔盘），分馏塔底部装有 8～10 层人字挡板。

由反应器来的 460～510℃反应产物（高温油气）进入分馏塔人字挡板底部，与人字挡板顶部返回循环油浆逆流接触，油气自下而上被冷却洗涤。油气经分离后得到富气、粗汽油、轻柴油、回炼油及油浆组分。从上到下依次为顶回流、一中回流、二中回流（或回炼油循环）和油浆循环。

循环油浆由油浆泵从分馏塔底抽出，温度为 340～350℃，一路至提升管作为回炼油浆回炼；另一路经原料油－油浆换热器与原料换热，然后进油浆蒸汽发生器产生 3.5MPa 饱和中压蒸汽，温度降为约 270℃，再分为两部分，一部分返回人字挡板上部及分馏塔底，另一部分经油浆冷却器进一步冷却至约 90℃送到罐区。

二中回流从分馏塔第4层塔盘，用二中回流泵抽出，先经稳定塔底重沸器，作为稳定塔底重沸器热源，温度降约250℃，返回分馏塔第7层塔盘。

回炼油从第2层塔盘自流入回炼油罐，用回炼油泵抽出，分为两路：一路打到第二层塔盘作为内回流，另一路去提升管作为回炼油。

一中段回流由一中泵从分馏塔第16层塔盘抽出，温度约为250℃，先作为解吸塔重沸器的热源，温度降到约180℃，然后进一中－原料换热器温度降至160℃，经一中空冷器返回分馏塔第19层塔盘。

轻柴油从分馏塔第20层自流入柴油汽提塔，用1.0MPa过热蒸汽汽提后由柴油泵抽出，经柴油富吸收油换热器温度降至140℃，再经柴油空冷器冷却到60℃，用泵加压经流控阀、水冷器、空冷器，温度降到约25℃作再吸收塔贫吸收油，其余柴油送出装置。

顶循环回流用顶回流泵由分馏塔第28层抽出，温度约150℃经顶回流空冷器、顶回流－循环水换热器以及顶回流后冷却器冷到约70℃返回分馏塔第32层塔盘。

分馏塔顶油气一般先经水冷器，与除盐水或循环热水换热后，温度降至80℃，再经联合空冷器，温度降到约40℃进入粗汽油罐。粗汽油罐中富气通过富气压缩机加压送到吸收稳定系统；含硫污水用泵加压，一路去提升管做急冷水，其余送到制硫装置。粗汽油经粗汽油泵，一部分经冷回流流控阀与分馏塔顶回流合流进分馏塔，其余粗汽油经过粗汽油罐液控伐进入吸收塔。

由反应器来的460～510℃反应产物油气从底部进入分馏塔，经底部的脱过热段后在分馏段分割成几个中间产品：塔顶为汽油及富气，侧线有轻柴油、重柴油和回炼油，塔底产品是油浆。为了避免催化分馏塔底结焦，催化分馏塔底温度应控制不超过380℃。循环油浆用泵从脱过热段底部抽出后分成两路：一路直接送进提升管反应器回炼，若不回炼，可经换热、冷却送出装置；另一路先与原料油换热，再进入油浆蒸汽发生器换热后，大部分作循环回流返回脱过热段上部，小部分返回分馏塔底，以便于调节油浆取热量和塔底温度。

如在塔底设油浆澄清段，可脱除催化剂出澄清油，可作为生产优质炭黑和针状焦的原料。浓缩的稠油浆再用回炼油稀释送回反应器进行回炼并回收催化剂（如不回炼也可送出装置）。

分馏塔塔顶油气经分馏塔顶换热器换热后，再经分馏塔顶油气空冷器、油气冷凝冷却器冷却至40℃，进入分馏塔顶油气分离器进行气、液、水三相分离。分离出的粗汽油（液相）经粗汽油泵升压后分成两路：一路作为吸收剂至吸收塔，另一路可作为备用降温汽油至提升管。富气（气相）进入气压机。含硫的酸性水（水相）由罐底分水斗进入酸性水缓冲罐储存缓冲，再由酸性水泵抽出，一部分作为分馏塔顶油气管线及富气洗涤水被送到分馏塔顶管道和气压机出口，另一部分被送出装置。

轻柴油和重柴油分别经汽提后，再经换热、冷却后出装置。一部分轻柴油被送到再吸收塔作吸收剂。

催化裂化装置的分馏塔有三个特点：

（1）进料是带有催化剂粉尘的过热油气，因此，分馏塔底设有脱过热段，用经过冷却到280℃左右的循环油浆与反应油气经过人字挡板逆流接触，它的作用是洗涤反应油气中催化剂并脱除过剩热量，使油气由过热状态变为饱和状态进入分馏塔的分馏段进行分馏。脱过热段又称为洗涤冷却段。

（2）全塔的剩余热量大而且产品的分离精确度要求比较容易满足。因此一般设有多个循环回流：塔顶循环回流、一至两个中段循环回流、油浆循环回流。全塔回流取热分配的比例随着催化剂和产品方案的不同而有较大的变化。如由无定形硅酸铝催化剂改为分子筛催化剂后，回炼比减小，进入分馏塔的总热量减少。又如由柴油方案改为汽油方案，回炼比也减少，进入塔的总热量也减少。同时入塔温度提高，汽油的数量增加，使得油浆回流取热和顶部取热的比例提高。一般来说，回炼比越大的分馏塔上下负荷差别越大，回炼比越小的分馏塔上下负荷趋于均匀。在设计中，全塔常用上小下大两种塔径。

（3）尽量减小分馏系统压降，提高富气压缩机的入口压力。分馏系统压降包括：油气从反应沉降器顶部到分馏塔的管线压降；分馏塔内各层塔板的压降；塔顶油气管线到冷凝冷却器的压降；油气分离器到气压机入口管线的压降。

为减少塔板压降，一般采用舌形塔板。为稳定塔板压降，回流控制产品质量时，采用了固定流量及利用三通阀调节回流油温度的控制方法，避免回流量波动对压降的影响。为减少塔顶油气管线和冷凝冷却器的压降，塔顶回流采用循环回流而不用冷回流。由于分馏塔各段回流比小，为解决开工时漏液问题，有的装置在塔中段采用浮阀塔板，以便顺利地建立中段回流。

三、吸收－稳定系统

吸收－稳定系统的主要任务是将富气和粗汽油分离成干气、液化气和蒸汽压合格的稳定汽油。图7－26是吸收－稳定系统工艺原理流程图。

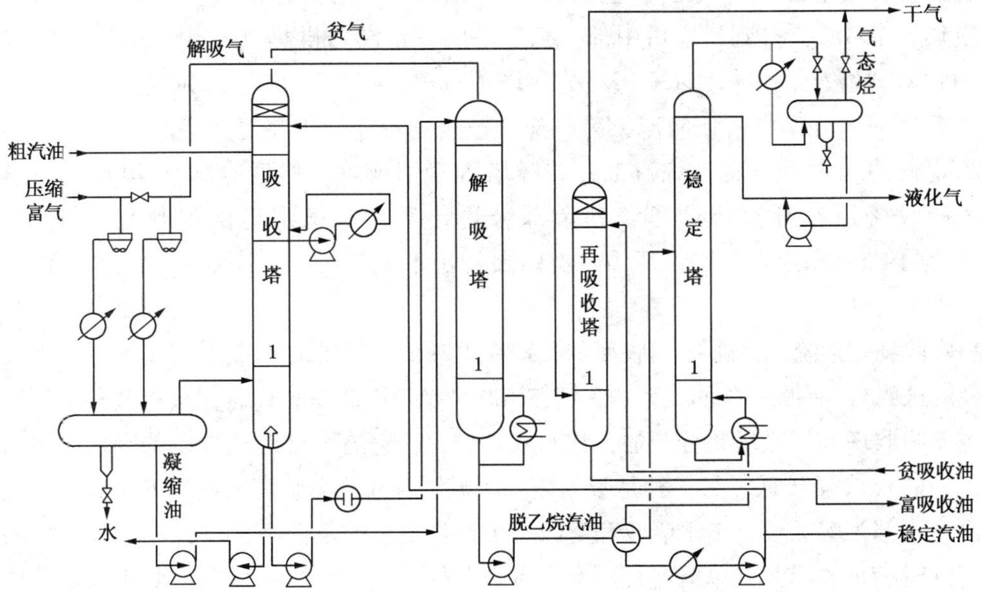

图7－26　吸收－稳定系统工艺原理流程图

吸收–稳定系统主要由吸收塔、再吸收塔、解吸塔及稳定塔组成。从分馏系统来的富气经气压机两段进行压缩，二段出口压力为1.6MPa（绝），经冷凝冷却后，与来自吸收塔底部的富吸收油以及解吸塔顶部的解吸气混合，然后进一步冷却到40℃，进入平衡罐（或称油气分离器）进行平衡汽化。汽液平衡后将不凝气和凝缩油（在解吸塔解吸出C_1、C_2组分）分别送去吸收塔和解吸塔。为了防止硫化氢和氮化物对后部设备的腐蚀，在冷却器的前、后管线上把粗汽油都打入软化水洗涤，污水分别从平衡罐和粗汽油水洗罐（图中末画出）排出。

吸收塔操作压力约1.4MPa（绝）。粗汽油作为吸收剂由吸收塔20层或25层打入。稳定汽油作为补充吸收剂由塔顶打入。从平衡罐来的不凝气进入吸收塔底部，自下而上与粗汽油、稳定汽油逆流接触，气体中$\geq C_3$组分大部分被吸收（同时也吸收了部分C_2）。吸收是放热过程，较低的操作温度对吸收有利，故在吸收塔设两个中段回流。吸收塔塔顶出来的携带有少量吸收剂（汽油组分）的气体称为贫气，经过压力控制阀去再吸收塔。经再吸收塔用轻柴油馏分作为吸收剂回收这部分汽油组分后返回分馏塔。从再吸收塔塔顶出来的干气被送到瓦斯管网。再吸收塔的操作压力约1.0MPa（绝）。

富吸收油中含有C_2组分不利于稳定塔的操作，解吸塔的作用就是将富吸收油中的C_2解吸出来。富吸收油和凝缩油从平衡罐底抽出与稳定汽油换热到80℃后，进入解吸塔顶部，解吸塔操作压力约1.5MPa（绝）。塔底部有重沸器供热（用分馏塔的一中循环回流作热源）。塔顶出来的解吸气除含有C_2组分外，还有相当数量的C_3、C_4组分，它们与压缩富气混合，经冷却进入平衡罐，重新平衡后又被送入吸收塔。塔底为脱乙烷汽油。脱乙烷汽油中的C_2含量应严格控制，否则带入稳定塔过多的C_2会恶化稳定塔顶冷凝冷却器的效果，被迫排出不凝气而损失C_3、C_4。

稳定塔实质上是一个从C_5以上的汽油中分出C_3、C_4的精馏塔。脱乙烷汽油与稳定汽油换热到165℃，打到稳定塔中部。稳定塔底有重沸器供热（常用一中循环回流作热源），将脱乙烷汽油中的C_4以下轻组分从塔顶蒸出，得到以C_3、C_4为主的液化气，经冷凝冷却后，一部分作为塔顶回流，另一部分被送去脱硫后出装置。塔底产品是蒸汽压合格的稳定汽油，先后与脱乙烷汽油、解吸塔进料油换热，然后冷却到40℃，一部分用泵打入吸收塔顶作补充吸收剂，其余部分送出装置。稳定塔的操作压力约1.2MPa（绝）。为了控制稳定塔的操作压力，有时要排出不凝气（称气态烃），它主要是C_2及少量夹带的C_3、C_4。

在吸收稳定系统，提高C_3回收率的关键在于减少干气中的C_3含量（提高吸收率、减少气态烃的排放），而提高C_4回收率的关键在于减少稳定汽油中的C_4含量（提高稳定深度）。

由于吸收塔和解吸塔是分开的，称为双塔馏程，它的优点是C_3、C_4的吸收率较高，脱乙烷汽油的C_2含量较低。另一种是吸收塔和解吸塔合成一个整塔，称为单塔流程，上部为吸收段、下部为解吸段。由于吸收和解吸两个过程要求的条件不一样，在同一个塔内比较难做到同时满足。因此，单塔流程虽有设备简单的优点，但C_3、C_4的吸收率较低，或脱乙烷汽油的C_2含量较高。故目前多采用双塔流程。

四、能量回收系统

再生高温烟气中可回收能量（以原料油为基准）约为 800MJ · t^{-1}，约相当于装置能耗的 26%，所以，不少催化裂化装置设有烟气能量回收系统，利用烟气的热能和压力能（当再生器的操作压力较高又设能量回收系统时）做功，通过驱动主风机以节约电能，甚至可以对外输出剩余电力。对一些不完全再生的装置，再生烟气中含有 5% ~10% 的 CO，可以设 CO 锅炉使 CO 完全燃烧以回收能量。图 7 – 27 是烟气能量回收系统流程图。

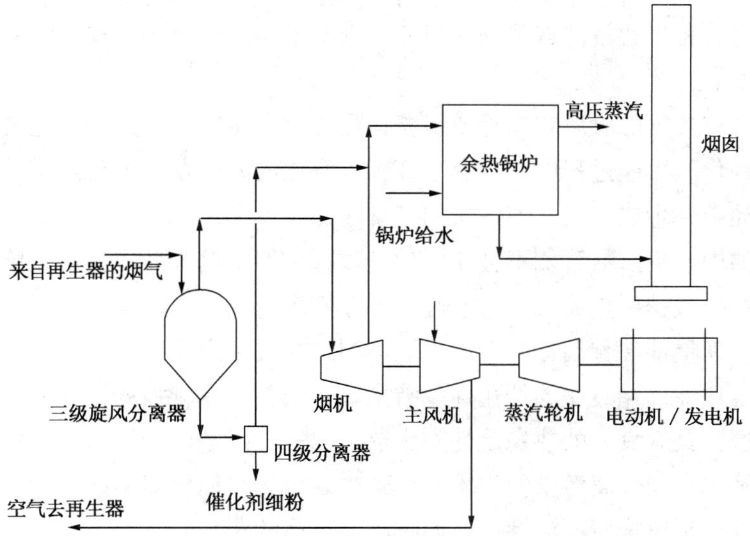

图 7 – 27　烟气能量回收系统工艺原理流程示意图

高温（约 700℃）烟气经过两级旋风分离器脱除绝大部分的催化剂后从再生器出来，首先进入高效三级旋风分离器，分出其中的催化剂，使烟气中的粉尘含量降低到 0. 29g · m^{-3} 烟气以下，然后经调节蝶阀进入烟机（或称烟气膨胀透平）膨胀做功，使再生烟气的压力能转化为机械能驱动主风机运转，供再生所需空气。开工时因无高温烟气，主风机由辅助电动机/发电机（或蒸汽透平）带动。烟气经烟机后，温度和压力都有降低（一般温降为 100% ~130%，烟机出口压力约为 110kPa），但仍含有大量的显热能，故经手动蝶阀和水封罐进入余热锅炉回收显热能，所产生的高压蒸汽供汽轮机或装置内外的其他部分使用。烟气温度降到 180℃左右被送至脱硫单元进行脱硫脱硝，最后通过烟囱排入大气。如果装置不采用完全再生技术，这时余热锅炉则是 CO 锅炉，用以回收 CO 的化学能和烟气的显热能。从三级旋风分离器出来的催化剂进入四级旋风器，进一步分离出催化剂，烟气直接进入余热锅炉。再生器的压力主要由该线路上的双动滑阀控制。

五、重油催化裂化

20 世纪 70 年代以前，催化裂化主要加工减压拔出的馏分油 VGO，渣油留给其他工艺去处理。从 90 年代开始，由于燃料油需求量下降、原油日趋变重变劣，重油催化裂化发展很快。重油催化裂化是以350～500℃的馏分油和一定数量的大于500℃的减压渣油为原料的石油加工工艺。中国从1990年以来所建的催化裂化装置无一不是掺炼渣油的，重油催化裂化装置已成为我国重油轻质化最主要的生产装置。常压重油、减压渣油与VGO不同，必须在工艺中解决下列五个问题：

①渣油中的镍、钒等重金属沉积在催化剂之上，使催化剂活性降低。在再生过程中，钒会破坏分子筛结构和堵塞孔径。镍会促进脱氢反应，导致生成氢气和焦炭。

②渣油中含有少量的钠、钾等碱金属。在苛刻的再生条件下会降低催化剂的酸性并加速破坏分子筛；渣油中的碱性氮化合物会破坏裂化催化剂的酸性。

③重油中含有相当数量沸点很高的组分，因此重油催化裂化过程必须妥善解决进料的有效雾化和蒸发。

④渣油中含有特重的胶质和沥青质组分，是生焦先兆物质。大部分这类重组分在提升管末端也不能汽化。反应过程中，只有一部分未汽化的分子发生裂化反应，其余部分将留在催化剂的孔径中并生成焦炭，使焦炭的产率增加。

⑤多数渣油中含硫。尽管硫不会使催化剂中毒，但是对产品质量有影响；分布到焦炭中的硫，会在再生过程中生成SO_x，造成大气的污染。

为此，要实现重油催化裂化一般要采取下列工艺技术措施：

①选择适合重油催化裂化的催化剂。裂化催化剂要具有较强的抗金属污染能力，对焦炭和氢选择性低，具有良好的热稳定性和水热稳定性，耐磨性能好。

②采取减轻催化剂金属污染的技术，以减少重金属在催化剂上的沉积，或钝化催化剂上的重金属，降低污染金属的活性，从而减小重金属的影响。

③选用高效进料喷嘴，加强原料油的雾化和汽化。

④提升管反应器按高温短接触时间进行设计和操作，以抑制二次反应和缩合生焦反应。

⑤采用低的反应压力。反应压力低有利于降低焦炭产率，同时气体产率上升。因此除选择低的反应压力外，还需往提升管中加注入稀释剂（包括水蒸气、酸性水和惰性气）以降低油气分压。

⑥外排油浆（不含催化剂细粉、密度>1g·cm^{-3}的澄清好的“浓缩”油浆）。油浆外排可提高加工能力10%左右，或提高掺炼减渣量10%以上，而焦炭产率并不增加；且液化气和汽油产率明显提高，干气、焦炭及柴油产率下降，焦炭产率可降低1%左右。外排的油浆可作为生产炭黑和针形焦的优良原料。

⑦再生器取热。在再生方面，除采用强化再生效率的技术外，必须设置取热器从再生器取出多余的热量，维持一定的原料预热温度和满足反应所必要的剂油比，这对渣油裂化操作是很关键的。

重油催化裂化工艺有其自己的技术特点。

（一）Stone&Webster-IFP的RFCC工艺

法国道达尔（Total）公司于20世纪80年代初期开发了重油催化裂化工艺。其后，将专利权转让给了石伟（Stone&Webster）公司。如今，石伟公司和法国研究院（IFP）是SW-IFP重油催化裂化（RFCC）的专利所有者。RFCC的反应－再生系统的工艺流程如图7－28所示。

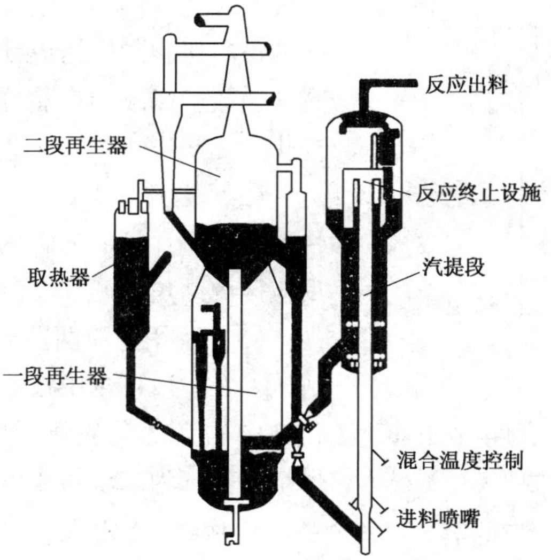

图7－28　RFCC的反应－再生系统的工艺流程

RFCC专利技术的主要特点如下：

①反应系统采用高度雾化的靶式喷嘴和混合温度控制（MTC）技术。靶式喷嘴为双流体喷嘴，结构简图见图7－29。原料油在压力下喷至靶板之上形成一层薄的油膜，靠蒸汽的剪力使原料油雾化成油滴，再通过特殊设计的喷口喷入提升管中。由于微细的油滴与高温催化剂接触仅几毫秒就使沥青质迅速汽化并裂解，从而生成单环、双环、三环芳烃产物。又由于采用单程裂化方式，致使渣油催化裂化的焦炭产率与馏分油裂化很接近，因而可以不设取热装置。为了使油剂迅速分开提升管出口装有垂直齿缝快速分离器。混合温度控制技术参见本章第八节。

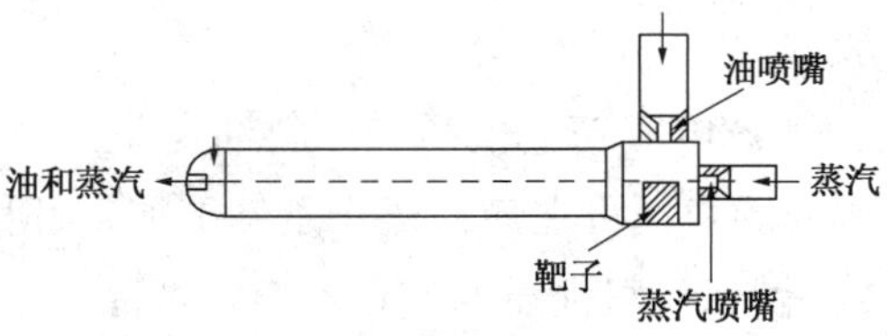

图7－29　靶式进料喷嘴简图

②湍流床两段再生。RFCC工艺采用两段再生，可以在不损害催化剂性能和不受再生器材质约束的条件下完成高碳差待生催化剂的再生。一段再生按不完全燃烧操作，再生烟气经烟机回收能量后送至CO锅炉。二段再生为完全燃烧操作，烟气不进烟气回收系统，直接与CO锅炉烟气混合后，去余热锅炉回收热能，最后进入烟气净化系统。

RFCC工艺采用了两段再生、混合温度控制技术，再配合使用取热后就会使装置具有更大的操作灵活性。

（二）UOP公司的RCC工艺

UOP（美国联合技术公司）与Ashland（亚什兰集团公司）合作开发的第一套加工常压重油的RCC装置于1983年建于美国卡特利茨堡（Catlettsburg）炼油厂。RCC装置反

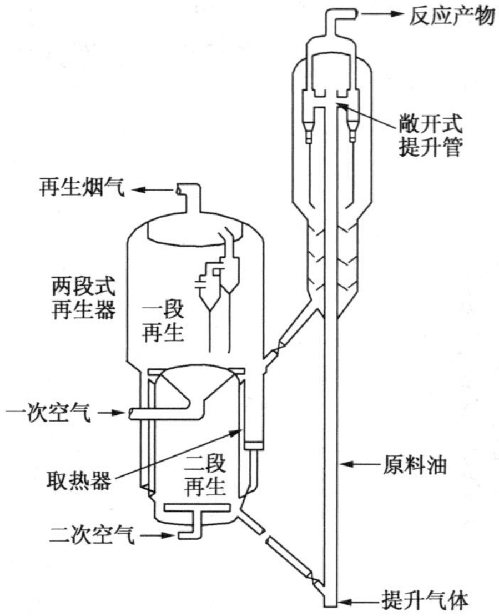

图 7－30　RCC 反应－再生系统流程

应－再生部分流程如图 7－30 所示。

RCC 专利技术的主要特点如下：

（1）在提升管下部设置了催化剂预提升段。用烃类及蒸气作提升剂使催化剂加速，然后与雾化的进料接触；专门设计的提升管使催化剂与进料快速接触以改善产品分布并使催化剂上的金属钝化。

（2）提升管出口为敞开式，使催化剂与油气快速分离，并且提升管内没有停滞区，以避免在反应区内结焦。

（3）采用逆流两段再生，在再生器之间设取热器。在一段再生中按部分燃烧方式烧掉待生催化剂中的大部分炭质，生成含 CO 和 CO_2 烟气。燃烧用空气为二段再生的烟气和补充的空气。然后，半再生催化剂进入下部的第二段再生器中，按完全燃烧方式烧去半再生催化剂上剩余的炭。从再生器底部送入二次空气。这种用两段再生调节装置热平衡和使用新式取热器来控制再生温度的手段，不仅可以调节再生温度，还可保持催化剂循环量实现适宜的反应苛刻度。另外，这种再生还具有最大限度地利用空气、只需一套烟气管线和一套旋风分离系统的特点。

（4）RCC 工艺的适应原料油变化的灵活性强。由于具有调节进料温度、烧焦量和剂油比的能力，可在最佳操作条件下加工各种原料（包括重瓦斯油、常压重油和掺炼减压渣油），做到原料性质的变化不会对产品质量造成影响。

一套建于韩国的蔚山的 RCC 于 1996 年 9 月开工。装置的设计能力为 40000bbl·d^{-1}，用中东原油的常压重油加氢处理的重油为原料油。第一开工周期运转了 312 天。经验证明，RCC 装置的操作灵活性好，可加工残炭为 5%～7% 的原料，处理量已超过设计能力的 30%。

（三）Kellogg 公司的 FCC（RFCC）工艺

Kellogg 公司的第一套重油催化裂化装置于 1961 年建于美国 Borger 炼油厂，使用正流式 C 型装置加工常压重油。20 世纪 80 年代初，Kellogg 公司又开发了超正流型催化裂化技术。正流式反应－再生部分流程见图 7－31。

Kellogg 重油催化裂化的主要技术特点如下：

（1）两器同轴布置。两器同轴布置特点是：催化剂在立管和提升管呈完全垂直流动；再生催化剂立管和待生催化剂立管均比较短，有利于催化剂循环；待生催化剂在汽提段和再生器分布均匀；反应－沉降器的总高度较低；节约建设框架用钢材、减少占地。

（2）再生器为逆流式，待生剂通过分配器均匀分布到密相床的顶部，空气从床层底部经过分布器进入床层下部。催化剂和空气的逆向流动使最初的烧焦在氧分压较低的条件下进行。迅速烧掉焦炭中的氢，在床层顶部生成大量的蒸汽。因此，再生过程中催化剂水热

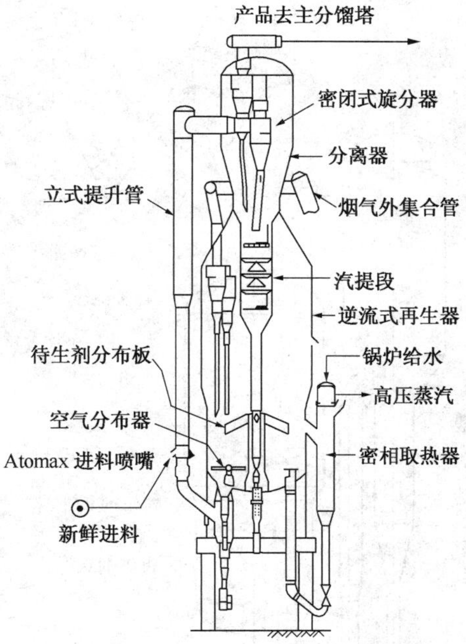

图 7-31　正流式反应-再生系统流程

减活效应大大降低了。

加工重质渣油时，可采用贫氧再生方式，并且贫氧再生有利于改善催化剂的活性；加工质量较好的渣油时，宜采用完全再生以简化操作。

（3）密闭式旋风分离器系统可以消除后提升管的热裂化反应和减少因此生成的干气和丁二烯产量。这对于反应温度 >540℃ 汽油模式的操作尤为重要，在高温下相对长的停留时间会导致干气收率增加，汽油和柴油收率减少。

（四）Exxon（埃克森美孚）公司的灵活裂化（Flexicracking IIIR）工艺

Exxon 公司所属的炼油厂共建了 23 套催化裂化工业装置，总加工能力约 62Mt/a。灵活裂化 IIIR 的反应-再生流程见图 7-32。

灵活裂化 IIIR 的主要技术特点如下：

（1）反应、再生器两器为并列式布置。为了降低框架高度，在工艺上作的改进有：采用适宜的提升管高度；缩短旋风分离器和沉降器的高度；合理布置反应-再生器，再生剂和待生剂循环系统采用了 J 形输送管，保证催化剂输送得平稳、顺畅。

（2）采用专利的进料喷嘴以便在低压降、低蒸汽量下实现快速雾化，并减少在雾化段内返混。

（3）采用适宜的提升管高度及提升管反应终止设施，以减少稀相段的裂化反应。

（4）改进汽提段结构设计，提高汽提性能，减少了生焦和减少反应产物在再生器中的损失。

（5）采用高速密相床降低催化剂藏量，低速的稀相段可使旋风分离器的催化剂带出量减少。

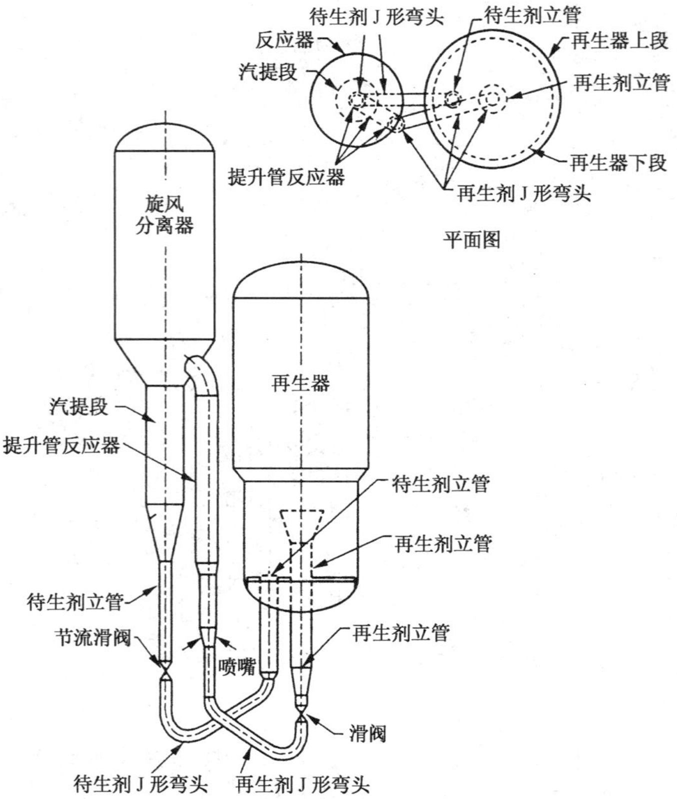

图 7－32　灵活裂化 IIIR 的反应－再生系统流程

六、中国的重油催化裂化技术

中国早在 20 世纪 60 年代就开始重油催化裂化的研究工作，70 年代在玉门和牡丹江等地进行了工业性试验。中国第一套重油催化裂化装置于 1983 年 9 月在石家庄炼油厂顺利投产。90 年代新建的催化裂化装置，全部是掺炼渣油的重油催化裂化装置。中国开发了许多独具特色的重油催化裂化工艺和设备，并取得了多项国内外专利。

以下重点介绍近年来国内开发成功的两项重油催化裂化工艺技术。

（一）ROCC-V 工艺

洛阳石化工程公司开发和设计的第一套 100kt·a^{-1}的 ROCC-V 重油催化裂化示范装置于 1996 年 5 月在洛阳石油化工工程公司炼油试验厂投产。第一套 1.0Mt·a^{-1}工业化装置于 1999 年 9 月在青岛石油化工厂投产。

ROCC-V 型重油催化裂化反应－再生部分流程见图 7－33。

ROCC-V 工艺的主要技术特点如下：

（1）沉降器和第一、第二再生器采用“三器联体”的同轴式结构，收到了降低投资和降低装置总高度的效果。

（2）反应系统对原料的适应性好，轻油收率高达 76%。

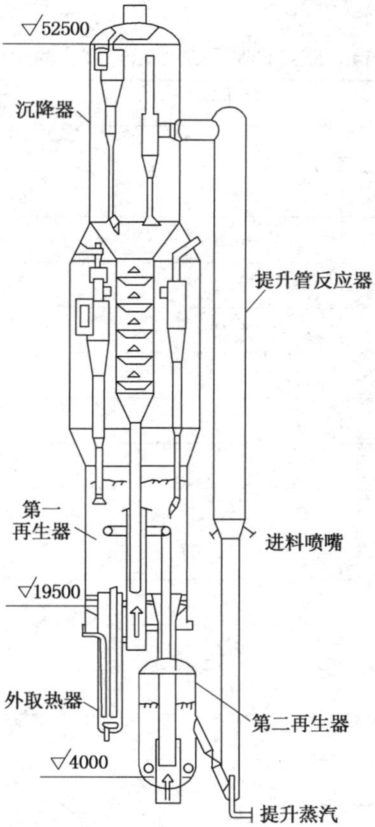

图 7－33　ROCC-V 型重油催化裂化反应－再生部分流程

（3）反应部分使用 LPC 型进料喷嘴，改善雾化效果；加长了粗旋风分离器升气管高度，减少过度裂化；采用新型结构的汽提段和两段汽提技术；使用反应终止剂抑制二次反应；缩短和优化了提升管高度，可避免过度裂化和减少提升蒸汽用量。

（4）再生系统操作方便，灵活性好；再生催化剂碳含量低［0.05%～0.08%］。

（5）再生部分采用烟气串联两段再生流程，下部的一段再生器为快速床，床层表观线速为 1.5～1.8$m \cdot s^{-1}$，催化剂的质量流速为 15～20$kg \cdot m^{-2} \cdot s^{-1}$。半再生催化剂和含过剩氧4%～6%的烟气一起通过特殊设计的低压降分布板进行再生器。第二段再生器的表观线速高达 2$m \cdot s^{-1}$。第二再生器的上部为稀相段，线速为 0.6～0.7$m \cdot s^{-1}$，从而使第二再生器下部形成一个空隙率 $\varepsilon = 0.85 \sim 0.9$ 的密相区而继续进行再生。再生后的催化剂通过特殊设计的挡板进入脱气区。一路催化剂进入提升管进行反应。另一路则在压力和物料平衡下自动返回第一再生器，以维持第一再生器的初始温度。这种再生技术的优点：一是离开第一再生器的烟气氧含量高于一般的高速床再生，从而有利于提高第一再生器的烧焦速度；二是尽管第二再生器的平均氧分压较低，但是由于第二再生器的高线速和高床层孔隙率，仍然可以在第二再生器内得到较高的烧焦速度；三是由于两个再生器串联叠置，只有一个烟气系统，简化了烟气的能量回收流程；四是反应沉降器和两个再生器同轴式布置，结构紧凑，节省了投资和占地面积，同时有利于催化剂的循环输送和装置的操作。

（6）工业示范装置的生产数据见表7－14。

表7－14　ROCC-V型工业示范装置的生产数据

项目	Ⅰ	Ⅱ	工业试验
原料性质			
相对密度 d_4^{20}	0.8915	0.8772	0.9087
残炭值/%	6.5	6.0	2.99
金属含量/$\mu g \cdot g^{-1}$			
镍	5.69	3.61	—
钒	5.70	4.92	—
族组成/%			
饱和烃	—	64.4	—
芳烃	—	—	15.2
胶质	—	—	20.3
反应条件			
反应压力/MPa	0.1	0.1	—
反应温度/℃	500	503	507
反应时间/s	3.0	2.6	—
剂油比	6.0	6.7	—
再生条件			
再生温度/℃			
一再生密相	672	670	660
二再生密相	705	710	670
再生压力/MPa			
一再生顶部	0.124	0.120	—
二再生顶部	0.138	0.14	—
第一再生器烧焦时间/min	6.36	10	—
第二再生器烧焦时间/min	2.0	3.2	—
产品收率/%			
液化气	11.0	10.0	10.88
汽油	52.0	46.5	44.61
柴油	24.0	29.5	27.37
油浆	—	—	7.06
焦炭	9.8	9.5	6.85
气体＋损失	3.2	4.5	3.23
轻油收率/%	76.0	76.0	71.98

（二）全大庆减压渣油催化裂化（VRFCC）工艺

中国石油化集团公司石油化工科学研究院、北京设计院和北京燕山石化公司合作开发的第一套全大庆VRFCC装置是由一套现有的重油催化裂化装置改建的，于1998年末在北京燕山石化公司炼油厂建成投产。装置可按不同的渣油掺炼比操作，产品方案也可按需要调节。

VRFCC工艺的主要技术特点如下：

（1）提升管出口设置旋流式快速分离（VQS）系统，有效地降低了焦炭含氢量。

（2）新鲜进料采用KH-4型喷嘴；回炼油采用靶式喷嘴；回炼油浆、急冷油等其他物料采用了喉管式喷嘴。提升管上部注入急冷油和急冷水以减少生焦及热裂化反应。

（3）采用重油裂化能力强、抗镍污染性能强、再生稳定性好和抗磨性能好的DVR-1催化剂。

（4）待生剂汽提段为高效、三段汽提以提高产品收率和降低再生器的烧焦负荷。

（5）采用富氧再生技术，增大再生器的烧焦能力，解决了在不改变再生器主体、主风量不足的前提下烧焦量增加约60%的难题。

（6）工业装置标定数据见表7-15。

表7-15　VRFCC工业标定数据

项目	方案Ⅰ	方案Ⅱ	方案Ⅲ
减压渣油掺炼比（对新鲜进料）/%	67.1	75.8	85.1
原料油性质			
密度（20℃）/g·cm^{-3}	0.9050	0.9048	0.9140
残炭/%	5.78	6.43	7.19
主要操作条件			
反应压力/MPa	0.13	0.13	0.13
再生压力/MPa	0.165	0.165	0.165
反应温度/℃	500	503	505
再生温度/℃	655	664	673
再生空气含氧/%（体）	23.3	24.1	24.4
主风用量（标准状态）/（m^3·t^{-1}进料）	1025	1011	1047
雾化蒸汽用量/kg·t^{-1}			
新鲜进料	66.8	66.0	71.8
回炼油	183	156	198
回炼油浆	19	19	20
预提升蒸汽用量/kg·t^{-1}进料	15	14	14
预提升干气用量（标准状态）/m^3·t^{-1}进料	13.9	13.2	13.5

续表

项目	方案Ⅰ	方案Ⅱ	方案Ⅲ
剂油比			
对新鲜进料	7.63	8.51	9.4
对总进料	5.69	6.34	7.19
催化剂循环量/$t \cdot h^{-1}$	756	851	942
取热器发生蒸汽量/$t \cdot t^{-1}$进料	0.49	0.53	0.58
回炼油量/$t \cdot t^{-1}$进料	0.09	0.11	0.09
油浆回炼量/$t \cdot t^{-1}$进料	0.23	0.23	0.22
急冷油用量/$t \cdot t^{-1}$进料	0.08	0.08	0.08
产品收率/%			
干气	3.27	3.73	4.15
液化气	10.49	9.52	9.39
汽油	44.67	43.01	41.10
柴油	27.95	28.83	28.74
油浆	3.51	4.09	5.05
焦炭	9.38	10.09	10.82
损失	0.73	0.73	0.75
轻油收率/%	72.62	71.84	69.84
液体产品总收率/%	83.11	81.36	79.23

第八节　催化裂化的设备

一、提升管反应器

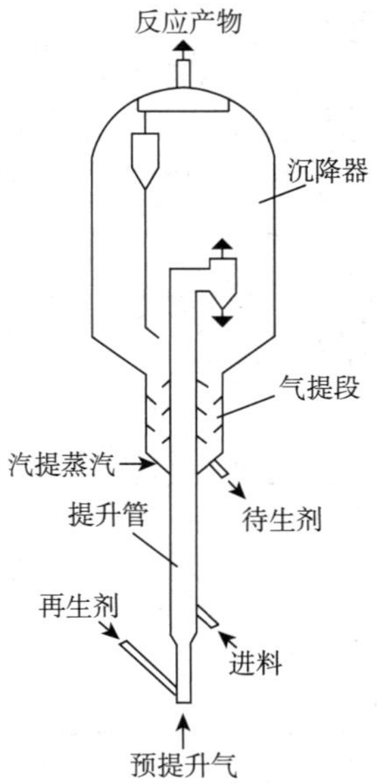

图 7－34　提升管反应器简图

提升管反应器有直立式和折叠式两种，各有其不同的特点，但基本结构是相同的。提升管反应器的基本型式如图 7－34 所示。按功能分段，提升管可以分为三段。

（1）预提升段。催化剂在提升管中的流化状态和流速对于转化率和产品选择性均十分重要。设置预提升段，用蒸汽－轻烃混合物作为提升介质一方面能够加速催化剂使催化剂形成活塞流向上流动外，另一方面还可使催化剂上的重金属钝化，有利于与油雾的快速混合，提高转化率和改善产品的选择性。预提升段的高度一般为 3～6m。

（2）裂化反应段。进料喷嘴以上的提升管的作用是为裂化反应提供所需的停留时间。提升管顶部催化剂分离段的作用是进行产品与催化剂的初步分离。催化裂化的主要产品是裂化的中间产物，它们可进一步裂化为不希望生成的小分子的轻烃，也可以缩合成焦炭，因此控制总的裂化深度、优化反应时间，并且在完成反应之后立刻进行产品、催化剂的快速分离是非常必要的。

对于重油催化裂化，为了优化反应深度，有的装置采用中止反应技术，即在提升管的中上部某个适当位置注入冷却介质以降低中上部的反应温度，从而抑制二次反应。此项技术的关键是如何确定注入冷却介质的适宜位置、种类和数量。目前国内有少数炼厂已采用注入中止剂技术。注入中止剂后，汽油和柴油的产率都有所提高。注入中止剂的效果与原工况及注入条件有关。有的还在注入中止剂的同时相应地提高或控制混合段的温度，称为混合温度控制（MTC）技术。MTC 技术是在进料喷嘴的后面用一种馏分油作循环油（见图 7－35），这样可将提升管的反应段分为两个独立的反应区，一是下部反应区，特点是高温、高剂油比和短接触时间的反应区；二是上部反应区，为常规的、较缓和条件下的裂化反应区。两个独立的裂化反应区可以对进料汽化率和对裂化产品进行微调。而在常规设计中，油－剂混合温度基本上取决于提升管出口温度，即混合温度比出口温度高20～40℃，且只能用剂油比做少许调整。采用 MTC 技术，可以在提升管出口温度不变（甚至降低）的情况下提高油剂温度。

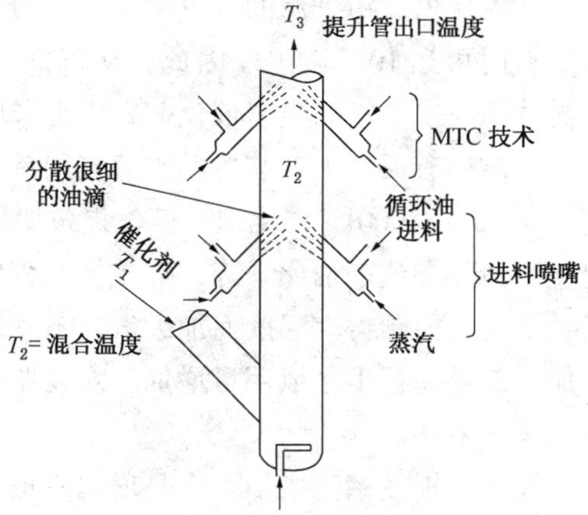

图 7－35　混合区温度控制图

这样就可以独立调节最佳的催化剂温度、催化剂循环量和需要的裂化深度。防止提升管出现过度裂化，即在保持较低提升管出口温度的条件下，在进料温度较高（促进原料气化）的条件下运转。表 7－16 为 MTC 技术对改善进料汽化的效果。数据表明，MTC 技术改善原料油汽化效果是明显的。

表 7－16　MTC 技术对改善进料汽化的效果

项目	使用前	使用后
提升管出口温度/℃	530	520
油剂混合温度/℃	565	585
进料汽化率/%	79.5	94.0

提升管下端进料喷嘴的作用是使原料充分雾化，在提升管内均匀分布和避免发生返混。对于重油催化裂化，改进喷嘴的这些功能更为重要。因为雾化效果不好将会造成催化剂局部过热，气体和焦炭收率增高。对进料喷嘴的性能要求包括：雾化油滴的平均直径接近催化剂的平均粒径；雾滴的空间分布均匀和具有适宜的流速以利于油剂混合。例如采用 LPC-1、KH、HW 等形式的喷嘴，可以使干气加焦炭的产率减少近 2%，液体产品收率增加近 3%。

提升管上端出口处设有气固快速分离构件，又称为提升管反应终止设施，其目的是使催化剂与油气快速分离以抑制反应的继续进行。快速分离构件有多种形式，比较简单的有半圆帽形、T字形的构件。为了提高分离效率，近年来较多地采用初级旋风分离器，并将其升气管尽可能靠近沉降器顶部的旋风分离器入口，缩短油气在高温下的接触时间，减少二次反应，防止在沉降器、油气管线及分馏塔底的器壁上结成焦块。这样可使干气产率降低1%以上，液体产品收率相应增加。实际上油气在沉降器及油气转移管线中仍有一段停留时间，从提升管出口到分馏塔为10～20s，温度为450～510℃。在此条件下还会有相当程度的二次反应发生，而且主要是热裂化反应，造成干气和焦炭产率增大。对重油催化裂化，此现象更为严重。因此，适当减小沉降器的稀相空间体积，缩短初级旋风分离器的升气管出口与沉降器顶的旋风分离器入口之间的距离是减少二次反应的有效措施之一。

（3）汽提段。汽提段的作用是用水蒸气脱除催化剂上吸附的油气及置换催化剂颗粒之间的油气，以免其被催化剂夹带至再生器，增加再生器的烧焦负荷。裂化反应中生成的催化焦、附加焦及污染焦的含氢量（质量分数）约为4%，但汽提段的焦的含氢量（质量分数）有时可达10%以上。因此，从汽提后的催化剂上焦炭的氢碳比可以判断汽提效果。汽提效率与水蒸气用量、催化剂在汽提段的停留时间、汽提段的温度及压力，以及催化剂的表面结构有关。工业装置的水蒸气用量一般为2～3kg/1000kg催化剂，对重油催化裂化则用4～5kg/1000kg催化剂。若汽提效率低，对装置的操作会造成以下影响：一是使再生温度升高，导致剂油比下降，造成提升管内产生局部过度裂化，使转化率和汽油选择性降低；二是为控制再生温度而加大汽提蒸气量，因而会使主分馏塔顶负荷增大，含硫污水量增加；三是使再生主风用量增加，对装置处理量产生影响；四是再生器发生局部过热，造成催化剂减活。

提高汽提效率的措施：一是增加汽提段的段数，使用高效的汽提塔板；二是调整催化剂的流通量，以提高催化剂与蒸汽的接触时间和改善油气的置换效果；三是增加蒸汽进口个数以改善蒸汽分布和汽提效率。

提升管反应器的直径由进料量确定。由于油气在提升管内的线速是不断变化的，反应时间 τ 可采用对数平均的方法近似地计算：

$$\tau = \frac{L}{u_{平}} = \frac{L}{\dfrac{u_{out} - u_{in}}{\ln u_{out}/u_{in}}} \tag{7-49}$$

式中 L——提升管有效长度，m；

$u_{平}$——油气平均速度，$m \cdot s^{-1}$；

u_{out}、u_{in}——油气在出口和入口处的速度，$m \cdot s^{-1}$。

近年来，对下行式管式反应器也有不少研究。下行式反应器的优点是：油气与催化剂一起自上而下流动，没有固体颗粒的滑落问题，流型可接近平推流而很少返混；有可能与管式再生器结合而节约投资等。这种反应器型式可能对要求高温、短接触时间的反应更为适合。关于下行式反应器的研究已有一些专利，但尚未见有工业化的报道。

二、再生器

再生器的主要作用是烧去结焦催化剂上的焦炭以恢复催化剂的活性，同时也提供裂化所需的热量。工业上有各种型式的再生器。大体上可分为三种类型：单段再生、两段再生、快速再生。表 7－17 列出了各种组合方式的再生型式以及它们的主要指标。

表 7－17　各种组合的再生型式

类别	型式	CO_2/CO（体）	烧炭强度/$kg \cdot t^{-1} \cdot h^{-1}$	再生剂含碳量/%
单段再生	常规再生	1～1.3	80～100	0.15～0.20
	助燃剂再生	3～200	80～120	0.10～0.20
	高温再生	200～300	100～120	0.05～0.10
两段再生	单器两段再生	1.5～200	150～200	0.05～0.10
	两器两段再生（不取热）	2～2.5	80～120	0.03～0.05
	两器两段再生（带取热）	2～150	80～120	0.03～0.10
	两器两段逆流再生	3～5	60～80	0.03～0.05
快速再生	前置烧焦罐再生	50～200	150～320	0.05～0.20
	后置烧焦罐再生	3～200	200～250	0.05～0.20
	烧焦罐－湍流床串联再生	50～200	200～350	0.05～0.20

（一）再生器的基本结构

单段再生的再生器的基本型式如图 7－36 所示。现以此图为例说明再生器的基本工艺结构。

再生器的壳体是用普通碳素钢板焊接而成的圆筒形设备。由于再生器操作温度已超过碳钢所允许承受的温度，以及壳体受到流化催化剂的磨损，因此在壳体内壁都敷设 100mm 厚的带龟甲网的隔热耐磨衬里，使实际的壳壁温度不超过 170℃，并防止壳体的磨损。壳体内的上部为稀相区，下部为密相区。再生器的结构尺寸计算如下：

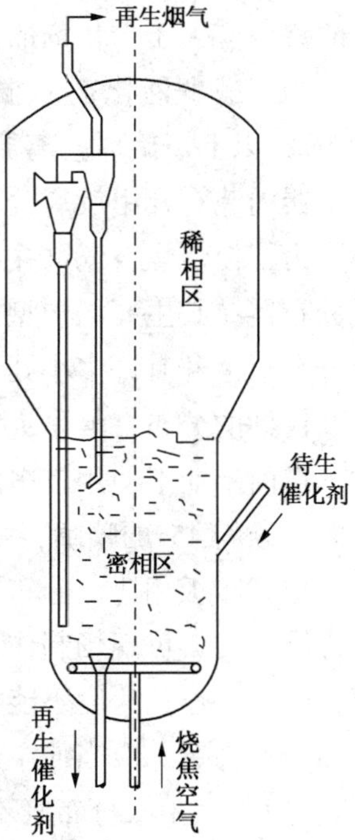

图 7－36　单段再生器的工艺结构

（1）密相段直径。根据密相床层中部的温度、压力、气体流率和操作线速确定。

$$D = \sqrt{\frac{4V_{气}}{\pi u}} \qquad (7-50)$$

式中　D——密相段直径，m；

$V_{气}$——烟气通过床层中部的体积流量（由再生器的物料平衡算得），$m^3 \cdot s^{-1}$；

u——床层气流线速，$m \cdot s^{-1}$。

气体线速即空塔线速一般有两种情况，一种是采用较低的气速，其范围是0.5~0.9 $m \cdot s^{-1}$；另一种是采用较高的气速，其范围是1.0~1.5$m \cdot s^{-1}$。高气速下可以有较高的烧炭强度，从而使藏量减少，但床层密度下降而使床层体积增大。因此，气速的选择有一合理的范围，目前推荐的线速为0.9~1.2$m \cdot s^{-1}$。当密相段采用低速床操作时，稀相段可与密相段同径。当密相段采用高速床操作时，则稀相段直径必须大于密相段。

（2）密相段高度。再生器密相段高度 H 与密相段藏量及床层密度有关。

$$H = \frac{W}{F\rho} \tag{7-51}$$

式中 W——密相段藏量（计算密相段容积时，应扣除床内料腿、淹流管等部件所占的体积。同时应注意：由烧炭速率方程式计算所得的藏量为再生器总藏量，应扣除稀相段的藏量。稀相段藏量占总藏量的20%~30%），kg；

ρ——密相床平均密度，$m^3 \cdot s^{-1}$；

F——密相段截面积，$m^2 \cdot s^{-1}$。

再生器密相段的高度一般为5~7m。

（3）稀相段直径。计算方法与密相段相同。但为了避免过多地带出催化剂及增大催化剂的损耗，稀相区的气速不能太高，对堆积密度较大的催化剂一般采用0.6~0.7$m \cdot s^{-1}$，对堆积密度较小的催化剂一般采用0.8~0.9$m \cdot s^{-1}$。

（4）稀相段高度。由密相床料面到一级旋风分离器入口之间的稀相空间高度应大于 TDH，国内设计时多采用9~11m。

（5）过渡段。当稀相段直径大于密相段直径时，两段之间锥体连接，锥体斜面与水平面的夹角应大于催化剂的休止角，一般为60°。

为了减少催化剂的损耗，再生器内装有两级串联的旋风分离器，其回收效率应在99.99%以上。旋风分离器的直径不能过大，以免降低分离效率。因此，在烧焦负荷大的再生器内装有几组旋风分离器，它们的升气管连接到一个集气室将烟气导出再生器。

为了使烧焦空气（主风）进入床层时能沿整个床截面分布均匀，在再生器下部装有空气分布器，其主要结构型式有分布板（碟形）和分布管（平面树枝形和环形）两类。碟形分布板上开有许多小孔，孔直径为16~25mm，孔数为10~20个/m^2。分布板可使空气得到良好的分布，但是大直径的分布板长期在高温下操作易变形，而使空气分布状况变差。目前工业上使用较多的是管式分布器。这种分布器有树枝形分布管或环形分布管上设有向下倾斜45°的喷嘴，空气由喷嘴向下喷出，然后返回向上，经过管排间的缝隙进入床层。与分布板相比，分布管除了同样可以获得较好的主风分布外，它还具有结构简单、制作检修方便、可现场制作、节省钢材、不易变形和压降小等优点。在设计分布管时应当注意：第一，过孔速度不能太高，以免增大设备和催化剂的磨损；第二，为了使主风分布均匀和操作稳定，应当使主风通过分布管时保证有一定压降（此压降与分布管的开孔面积有关）；第三，由于分布管不能像分布板一样起支撑再生器内全部催化剂的作用，分布管下面的再生器锥体部分会积存大量催化剂，因此可用珍珠岩填平，顶上铺一钢板。这样既便于停工卸催化剂时清扫，同时缩短开工加催化剂时间。

待生剂进入再生器和再生剂出再生器的方式及相关的结构型式随再生器的结构、再生器与反应器的相对位置等因素而不同，同时还应从反应工程的角度考虑如何能有较高的烧焦效率。一般来说，待生剂从再生器床层的中上部进入，并且以设有分配器为佳；再生剂从床层的中下部引出，通常是通过淹流管引出。

在再生器分布板（分布管）下还安装有辅助燃烧室（也有在再生器外安装的），它的作用是：用于开工时加热主风，以预热反应器、再生器使之升温；在反应再生系统紧急停工时维持系统的温度；在正常生产时只作为主风的通道，其结构有立式和卧式两种类型，其所用燃料为轻柴油或液化气。

在以馏分油为原料的催化裂化装置中，一般是处于热平衡操作。但对重油催化裂化装置，由于焦炭产率高，再生器内产生的热量过剩，这部分过剩热量必须取走才能维持两器的热平衡。工业上曾经采用在再生器内安装取热盘管或管束的办法来取走过剩的热量，称为内取热方式。由于其操作灵活性差及取热管易损坏，已逐渐被外取热方式替代。外取热方式是在再生器壳体外部设一催化剂冷却器（称外取热器），从再生器密相床层引出部分热催化剂，经外取热器冷却，温度降低 100～200℃，然后返回再生器。这种取热方式可以采用调节引出的催化剂流率的方法改变冷却负荷，其操作弹性可在 0～1 之间变动，这就使再生温度成为一个独立调节变量，从而可以适合不同条件下的反应－再生系统热平衡的需要。

目前工业应用的外取热器主要有两种类型，即下行式取热器和上行式取热器，见图 7－37 和图 7－38。

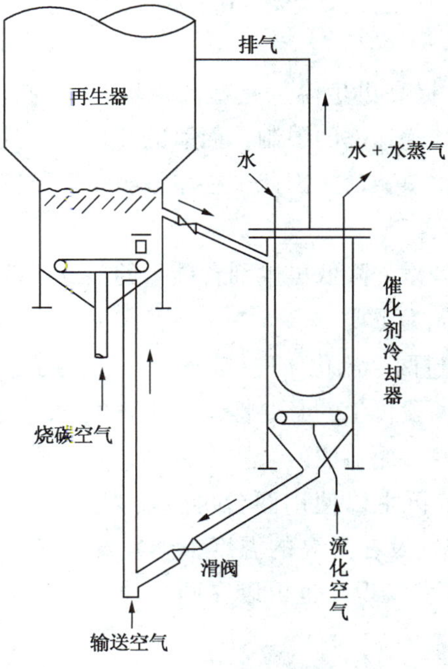

图 7－37　下行式外取热器

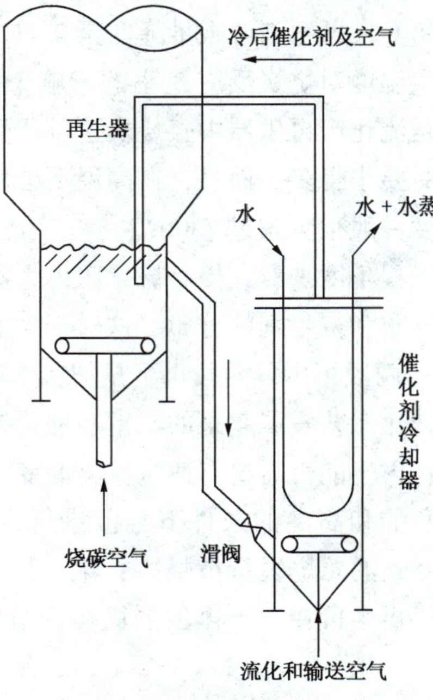

图 7－38　上行式外取热器

下行式外取热器的操作方式是从再生器来的催化剂自上而下通过取热器，流化空气以0.3~0.5$m \cdot s^{-1}$的表观流速自下而上穿过取热器使催化剂保持流化状态。取热器内分密相床层区和稀相区，夹带了少量催化剂的气体从上部的排气管返回再生器的稀相区。取热器内装有管束，通入软化水以产生水蒸气，从而带走热量。催化剂循环量由出口管线上的滑阀调节，取热器内密相料面高度则由热催化剂进口管线上的滑阀调节。

上行式外取热器的操作方式是热催化剂进入取热器的底部，输送空气以1.0~1.5$m \cdot s^{-1}$的表观流速携带催化剂自下而上经过取热器，然后经顶部出口管线返回再生器的密相床层的中上部。在取热器内的气固流动属于快速床范畴，其催化剂密度一般为100~200$kg \cdot m^{-3}$。催化剂的循环量由热催化剂入口管线上的滑阀调节。

以上主要讨论了再生器的一般工艺结构，下面对再生器的几种主要类型的工艺特点分别进行讨论。

（1）单段再生。单段再生是只用一个流化床再生器来完成全部再生过程，为湍流床再生。它的主要优点是：流程简单，操作方便；占地少；主风系统流程简单，耗电少；有利于能量回收、回收率高。

对分子筛催化剂，单段再生的温度多为650~700℃，甚至可达730℃。对热平衡操作的装置，再生温度与反应温度的差值ΔT（两器温差）和待生剂含碳量与再生剂含碳量的差值ΔC（碳差）之间有近似直线关系：

$$\Delta T = K\Delta C \tag{7-52}$$

式中的K值主要是再生烟气中CO_2/CO比值及过剩空气率的函数。在一定程度上，K值也受到待生剂的汽提效果及催化剂比热的影响。当ΔC达到0.7%~0.9%时，相应的ΔT为150~200℃，再生剂含碳量降低至0.1%~0.2%。

再生温度对烧炭反应速率的影响十分显著，提高再生温度是提高烧炭速率的有效手段。但是流化床再生器中，烧炭速率还受到氧的传递速率的限制，而氧的传递速率的温度效应相对要小得多。而且，在高温下会使催化剂水热减活。因此，在单段再生时，密相床层的温度一般很少超过730℃。

从工程角度来看，提高流化床再生器的再生效率，降低再生剂含碳量的措施是改善器内空气分布和待生剂的分布，这对于大型再生器尤为重要。

（2）两段再生。两段再生是把待生剂依次通过两个流化床进行烧焦，它是为了适应重油催化裂化工艺发展起来的。重油催化裂化采用两段再生的必要性是由于：裂化过程的生焦率高；再生能力需要有适应原料油变化的灵活性；原料油的杂质含量高，有必要分别在较为缓和的和高温的条件下分段进行再生。两段再生以使用两台再生器为主。第一段，80%~85%的总烧炭量被烧去；第二段，再用空气及在更高的温度下继续烧去余下的炭量。两段再生可在一个再生器筒体内分隔为两段来实现，也可以在两个独立的再生器内实现。

与单段再生相比，两段再生的主要优点有：第一，对全返混流化床反应器，从反应动力学角度来看，烧焦速率与再生剂含碳量成正比。由于在第一段再生时只烧去大部分焦炭，第一段出口的半再生剂的含碳量高于再生剂的含碳量，从而提高了第一段的烧焦速率；第二，在第二段再生时可以用新鲜空气（提高了氧的对数平均浓度）和更高的温度，于是也提高了烧炭速率；第三，焦炭中的氢燃烧速率高于炭燃烧速率，当烧去约80%的炭时，氢被大部分烧去，因此第二段内的水气分压可以很低，减轻了催化剂的水热老化程度。而且，第二段的催化剂藏量比单段再生器的藏量低，停留时间较短。这两个因素都为提高再生温度创造了条件。

对于再生剂含炭量要求很低时，例如$<0.1\%$时，两段再生有明显的优越性。但是当再生剂含炭量高于0.25%时，两段再生反而不如单段再生。

两段再生时，第一段和第二段的烧炭比例有一个优化的问题。除了考虑在第一段基本上烧去焦炭中的氢之外，还应从烧炭动力学的角度来进行优化。对工业装置，一般是在第一段烧去总烧炭量的80%～90%。

（3）快速床再生。单段再生和两段再生都属于鼓泡床和湍流床的范畴，传递阻力和返混对烧炭速率都有重要的影响。如果把气速提高到$1.2m\cdot s^{-1}$以上，而且气体和催化剂向上同向流动，就会过渡到快速床区域。此时，原先成絮状物的催化剂颗粒团变为分散相，气体转为连续相，这种状况对氧的传递十分有利，从而强化了烧炭过程。

此外，随着气速的提高，返混程度减小，中、上部甚至接近平推流，也有利于烧炭速率的提高。在快速流化床区域，必须有较大的固体循环量才能保持较高的床层密度，从而保证单位容积有较高的烧炭量。

催化裂化装置的烧焦罐再生（亦称高效再生）就是采用上述循环流化床的一种方式。图7－39是工业化的快速床再生简图。

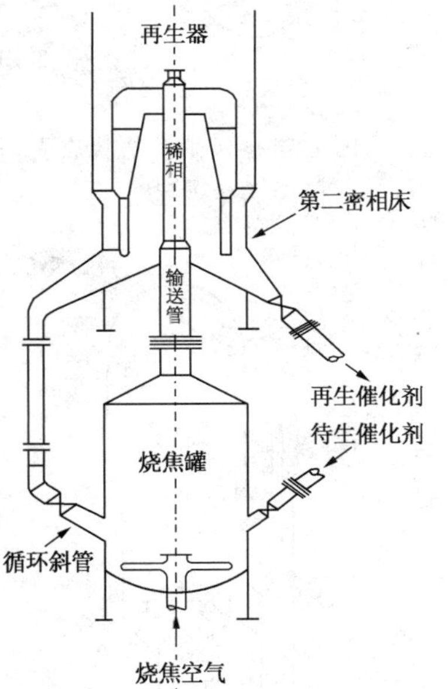

图7－39　快速床再生简图

图7－39中的核心设备是烧焦罐。为了保持烧焦罐的密相区的密度达到$70\sim120kg\cdot m^{-3}$，从第二密相床通过循环斜管引入大流量的催化剂。除了保持密相区的密度作用以外，循环催化剂还起到提高烧焦罐内起燃温度的作用。进入烧焦罐的待生剂的温度一般在500℃左右，不可能达到高效再生。因此，从第二密相床引入的高温再生剂，使烧焦罐底部的起燃温度提高到660～680℃。在工业装置中，烧焦罐的烧炭强度为$450\sim700kg\cdot t^{-1}\cdot h^{-1}$，烧去的炭量占总烧炭量的85%～90%。

稀相管内的密度很小，烧去的炭量不大，其主要作用是使CO进一步燃烧成CO_2。当烧焦罐的温度低于700℃时，CO的均相燃烧很难进行完全。

第二密相床的主要功能是作为再生器与反应器之间的缓冲容器，也需要一定的藏量。进入第二密相床的空气量只占烧焦总空气量的10%左右，气速很低，属于典型的鼓泡床，其烧炭强度只有$30\sim50kg\cdot t^{-1}\cdot h^{-1}$。

由于第二密相床烧焦强度低的问题，国内外都做了不少改进的开发研究工作。其主要的改进方向是提高气速、降低床层密度、减少氧气的传递阻力。国内开发成功的快速床串联再生工艺提高了第二密相床的烧炭强度，实现了提高总烧焦强度的目标。总烧焦强度可达 $300kg\cdot t^{-1}\cdot h^{-1}$。其中一段烧焦罐的烧焦强度可达到 $500kg\cdot t^{-1}\cdot h^{-1}$以上，二段高速湍流床的烧焦强度约提高到 $60kg\cdot t^{-1}\cdot h^{-1}$。其主要措施是通过缩小二段再生器体积、把烧焦罐出口的烟气全部引入第二密相床，使气速达到 $2m\cdot s^{-1}$，变成两个串联的快速流化床再生器。

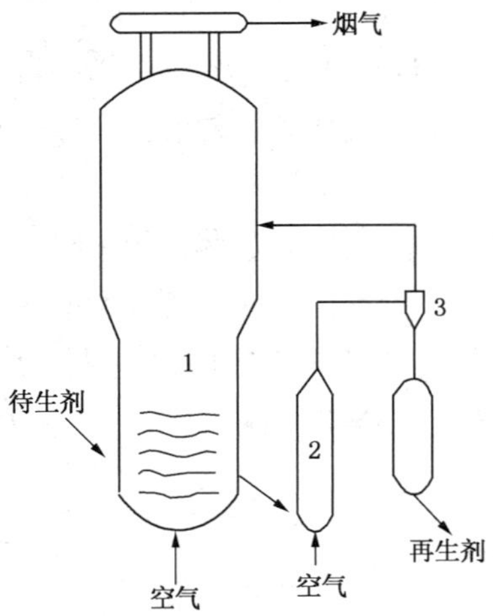

图 7－40　一种后置烧焦罐再生流程图

烧焦罐再生器实际上是由一个快速流化床（烧焦罐）与一个湍流床或鼓泡床（第二密相床）串联而成。对现有的工业装置，采用这种方式的难度很大。因此，现有装置的改造多采用在原有的湍流床再生器之后串联一个较小的烧焦罐，称为后置烧焦罐再生。比较常用的一种后置烧焦罐再生流程简图如图 7－40 所示。它主要特点是：烧焦强度高。第一段在较低的温度（不超过 700℃）、适宜的催化剂平均碳含量（0.15%～0.4%）条件下达到较高的烧焦强度。第二段在较高的温度（>720℃）、较高的气体流速和较低的碳含量条件下实现较高的烧焦强度，适用于已有的催化裂化装置改造为两段再生流程，可以提高处理能力。

（4）管式再生。管式再生是新式再生技术，结构简图如图 7－41 所示。采用提升管进行催化剂的烧焦再生，提升管的表观线速为 $3\sim10m\cdot s^{-1}$。为了保持提升管内催化剂呈活塞流，管上部线速较高，下部线速较低。燃烧用空气从提升管的不同高度分为 3～4 股被送入提升管中，以控制催化剂密度和氧浓度。氧的传质阻力和催化剂返混程度均较低，烧焦强度可达 $1000kg\cdot t^{-1}\cdot h^{-1}$。烧焦用提升管长度为 22m，管内烧焦量可占总烧焦量的 80% 左右。剩余焦炭和 CO 的燃烧在提升管上部的湍流床中进行。

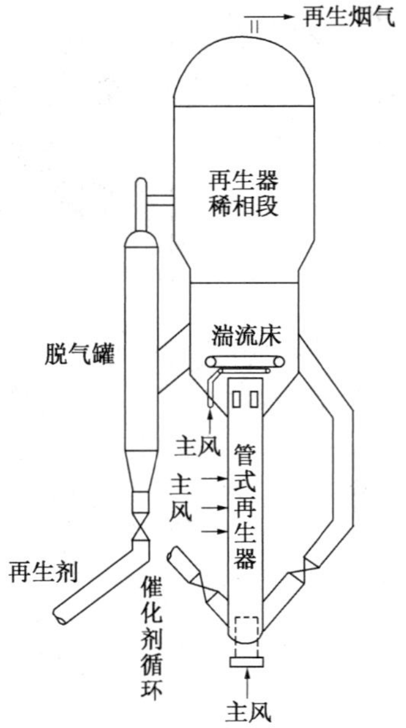

图 7－41　管式再生器简图

与单段再生相比，管式再生技术的优点有：第一，烧焦罐的烧焦强度很高（$1000kg\cdot t^{-1}\cdot h^{-1}$），再生剂碳含量低于 0.05%；第二，随再生催化剂带入反应系统的烟气量可减少 50%，有利于干气的加工和利用；第三，与常规的湍流床相比，烧焦环境有较大的改善。由于催化剂向气相的传热速率的提高，避免了催化剂表面过热，催化剂的减活速率降低。

三、专用设备和特殊阀门

（一）专用设备

催化裂化装置的主风机（有的还有增压机）、气压机是关键设备，具有烟气能量回收系统的还有烟气轮机。

主风机供给再生器烧焦用的空气。对于提升管装置，为了提高效率和满足压力平衡条件，通常要求主风机有较高的出口压力。目前国内所用主风机出口压力一般在300kPa（绝）以上。主风机的流量则根据装置处理量、焦炭产率和主风单耗确定。

气压机给来自分馏系统的富气升压，然后送去吸收稳定系统。气压机的型号根据富气流量和吸收塔的操作压力来选定。选择时必须考虑到富气流量和组成受处理量、反应条件、原料性质、催化剂被重金属污染程度等因素影响而变化幅度较大这一情况。为了提高吸收塔的操作压力，应尽量选用出口压力较高的气压机，以满足提高C_3、C_4回收率的要求。

烟气轮机是将再生烟气动能转变为机械能的设备。在同轴机组中，烟机的功率回收率是影响整个机组的重要因素。烟机入口参数是决定功率回收率的主要参数。目前由于广泛采用高温再生和CO完全燃烧技术，使再生温度、压力和烟气流量提高，同时由于烟机设计水平的提高，使烟机回收功率也不断提高。目前烟机回收功率一般可满足主风机所需功率的80%以上，有的还有剩余。烟机从结构上可分为单级、双级和多级三类。

（二）特殊阀门

流化催化裂化装置使用多种特殊阀门，如滑阀、塞阀、蝶阀、风动闸阀、阻尼单向阀等。下面仅对滑阀和塞阀作简单介绍。

滑阀分为单动和双动滑阀两种，是保证反应器和再生器催化剂正常流化和安全生产的关键设备。在提升管装置中，单动滑阀作调节阀使用，调节再生剂和待生剂的循环量，以控制反应温度。正常操作时，滑阀开度为40%～60%。双动滑阀装于再生器出口和放空烟囱之间。在没有烟气能量回收的装置中，双动滑阀与再生器出口和放空烟囱直接连接，其作用是控制再生器压力或两器差压，以保持两器平衡。在带有烟气能量回收机组的装置中，双动滑阀安装位置在三旋之后（见图7－42），它在正常操作中处于关闭状态，不起调节作用。

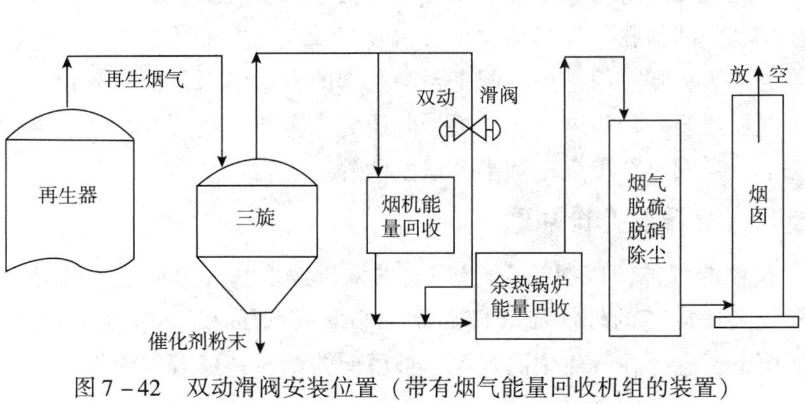

图7－42　双动滑阀安装位置（带有烟气能量回收机组的装置）

在同轴式催化裂化装置中，常利用塞阀调节催化剂循环。塞阀具有磨损均匀而且较小、高温下承受强烈磨损的部件少、安装位置较低、操作维修方便等优点。但适应性不如单动滑阀，因而限制了使用范围。塞阀一般安装在再生器底部，有空心塞阀和实心塞阀两种。

四、旋风分离器

（一）旋风分离器的结构

旋风分离器是催化裂化装置反应再生系统不可缺少的气固分离设备。为保证高的催化剂分离效率，多采用两级串联方式；为适应装置大型化，多采用数组旋分器并列方式。

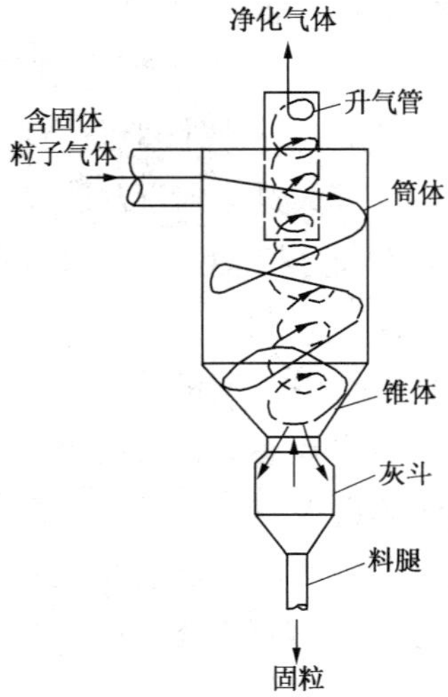

图 7－43　旋风分离器结构简图

目前多采用国外的 GE、Emtrol 型或国内开发的 PV、CG 和 YB 型高效旋风分离器。旋风分离器的示意结构如图 7－43 所示，它是由内圆柱筒（升气管）、外圆柱筒和圆锥筒以及灰斗组成。灰斗下端与料腿相连，料腿出口装有翼阀。

旋风分离器的壳体由 6mm 钢板制作，用于沉降器内的可采用碳钢，而用于再生器内的则多采用 18－8 合金钢制作。为了防止磨损，壳体内部敷有 20mm 厚的耐磨衬里。

圆锥筒是气固分离的主要场所。由于圆锥段直径逐渐缩小，所以，尽管流量不断减少（由于已除尘的气体不断被分出），但固体颗粒的旋转速度仍不断增加，因而离心力增大，对提高分离效率很有利。

灰斗起膨胀室的作用（即脱气作用），使快速旋转流动的催化剂从旋风分离器的锥体流出后，旋转速度减慢，同时将大部分夹带的气体分出，使它们重新返回锥体，以便使催化剂顺利地经料腿连续排出，不致因气体分不出去影响排料。灰斗长度应超过锥体延线交点，并留有适当余量。

料腿的作用是保证把回收的催化剂顺利地返回床层。由于气流通过旋风分离器时产生压力降，因此，灰斗处的压力低于外部压力。要使催化剂能从料腿排出，必须在料腿内保持一定的料柱高度，即料腿长度必须满足旋风分离系统压力平衡的要求。反应器一、二级料腿及再生器的二级料腿一般都用翼阀密封，翼阀的密封作用是依靠翼板本身的重量。当料腿内的催化剂积累至一定高度时，翼板受侧压力作用便突然打开，卸出催化剂后又依靠本身的重力关上。翼阀有全覆盖型和半覆盖型两种。

（二）旋风分离器的工作原理

含催化剂颗粒的气体，以 $20m \cdot s^{-1}$ 左右的入口速度切线方向进入筒体，在升气管与外筒体之间形成高速旋转的外涡流（使涡流中心形成低压区），由上而下直达锥体底部。在离心力的作用下，悬浮在气流中的颗粒，被甩向器壁，并随着气流旋转至下方，最后落入灰斗内，经料腿、翼阀返回密相床层。净化的气体受外涡流中心低压区的吸引，形成向上的内涡流，通过升气管排出，从而达到气固分离的目的。

（三）旋风分离器的效率

旋风分离器的效率为经旋风分离器回收的催化剂量占进入系统的催化剂总量的百分数。

$$\text{分离效率}\ \eta = \frac{\text{回收的催化剂量}}{\text{进入旋风分离器的催化剂总量}} \times 100\%$$

$$= 1 - \frac{\text{旋风分离器出口气体带走的催化剂量}}{\text{进入旋风分离器的催化剂总量}} \times 100\% \quad (7-53)$$

由于两器中的旋风分离器一般均为两级串联，当一、二级的分离效率为已知时，总分离与单级分离效率关系为：

$$\eta_{总} = \eta_1 + \eta_2\ (1 - \eta_1) \quad (7-54)$$

式中　η_1、η_2——分别为一、二级旋风分离器的分离效率，%。

旋风分离器的效率与固体颗粒在旋风分离器内的沉降速度 $u_{粒}$ 有关。

$$u_{粒} = \frac{d^2\rho}{18\mu} \cdot \frac{u^2}{R},\ \mathrm{m \cdot s^{-1}} \quad (7-55)$$

式中　d——固体颗粒直径，m；

ρ——固体颗粒密度，$\mathrm{kg \cdot m^{-3}}$；

$u_{粒}$——气体入口切线速度，$\mathrm{m \cdot s^{-1}}$；

μ——气体黏度，Pa · s；

R——气流旋转半径，m。

根据上式及结合生产实践，影响旋风分离效率的因素有：气体入口切线速度、旋转半径 R、固体颗粒直径和固体颗粒密度、气体黏度以及催化剂入口浓度。

第九节　反应－再生系统工艺计算

在工艺设计计算之前，首先要根据国民经济和市场的需要，以及具体条件选择好原料和生产方案，然后参考中型试验和工业生产数据，确定物料平衡和产品性质、选择相应的主要操作条件及装置型式。

反应－再生系统工艺计算主要包括以下内容：

1）再生系统

①再生器物料平衡，确定主风量及烟气量。

②再生器热平衡计算，确定催化剂循环量。

③再生器烧焦计算，决定藏量。

④再生器尺寸确定。

⑤空气分布器的计算。

⑥旋风分离系统的计算。

⑦双动滑阀的计算。

⑧辅助燃烧等的计算。

2）反应系统

①反应器物料平衡、热平衡，决定原料预热温度。结合再生器热平衡决定燃烧油量或取热设施。

②提升管反应器计算。

③沉降器及汽提段计算。

④旋风分离系统的计算。

3）其他计算

其他计算包括：两器压力平衡及催化剂辅助管线的计算；催化剂贮罐及能量回收（含散热量计算）；松动点的布置及限流孔板孔径等的计算。

在计算热平衡时要计算散热损失。一般采用经验计算。对于大装置再生器的散热损失可用下式计算：

$$散热损失 = 582 \times 烧炭量\ (kg \cdot h^{-1}),\ kJ \cdot h^{-1} \tag{7-56}$$

式中582是经验系数。

对于小装置，用此经验式会有较大的误差，必要时也可以用下式计算：

$$散热损失 = 散热表面积 \times 传热温差 \times 传热系数 \tag{7-57}$$

式中传热温差是指器壁表面温度与周围大气的温度之差，对有100mm厚衬里的再生器，其外表面温度一般约110℃。传热系数与风速有关，可查阅有关参考资料，一般情况下也可取71.2kJ·m^{-2}·$℃^{-1}$·h^{-1}。

反应器散热损失，对大型装置可用经验公式计算：

$$散热损失 = 465.6 \times 烧炭量,\ kJ \cdot h^{-1} \tag{7-58}$$

式中465.6是经验系数。其他情况下也可由式（7－57）计算。

下面只对以上项目中的一些主要内容进行计算。

[例7－2] 根据以下基础数据确定处理量为600kt/a掺炼渣油的高低并列式提升管催化裂化装置的原料油预热温度，并计算提升管反应器的直径和长度以及作出再生器物料平衡和热平衡。

基础数据：

①主要操作条件见表7－18。

表7－18 主要操作条件

操作条件	操作参数	操作条件	操作参数
再生器顶部压力（表）/MPa	0.1765	焦炭组成（H/C质量比）	8/92
再生温度/℃	700	再生剂含碳量/%	0.1
主风入再生器温度/℃	200	沉降器顶部压力（表）/MPa	0.1472
待生剂温度/℃	—	提升管出口温度/℃	510
大气温度/℃	30	新鲜原料油/kg·h^{-1}	—

续表

操作条件	操作参数	操作条件	操作参数
大气压力/MPa	0.1013	回炼油/kg·h^{-1}	—
空气相对湿度/%	70	回炼油浆/kg·h^{-1}	—
烟气组成/%（体）		提升管停留时间/s	2.8～3
CO（完全再生）	～0		
O_2	0.5		

②按汽油方案设计，其产品分布见表 7－19。

表 7－19 产品分布情况 %

干气	液化气	汽油	轻柴油	焦炭	损失	轻质油收率
2.9	9.9	52.0	28.8	6.6	0.4	80.8

③原料及产品性质见表 7－20。

表 7－20 原料及产品性质

项目	混合新鲜原料	汽油	轻柴油	回炼油	油浆
密度/kg·m^{-3}	0.8936	0.7202	0.8672	0.8908	0.9716
恩氏馏程/℃					
初馏点	313	44	202	196	215
10%	401	62	226	346	365
50%	477	114	272	381	406
90%	538	184	323	410	465
终馏点	560	197	340	440	503
平均相对分子质量	400	100	200	370	430
残炭/%	2.95	—	—	—	—

注：干气及损失平均相对分子质量为 22，液化气平均相对分子质量为 52。

④进入反应系统的水蒸气见表 7－21。

表 7－21 反应系统的水蒸气

名称	性质	压力（表）/kPa	温度/℃	流量/kg·h^{-1}
进料雾化蒸汽（占进料 5%）	过热蒸汽	294.3	400	4500
预提升蒸汽				600
汽提蒸气				1150
汽提段锥底松动蒸汽				150
再生滑阀前松动蒸汽				250
小计				6650
再生滑阀吹扫蒸汽	饱和蒸汽	981	183	50

续表

名称	性质	压力（表）/kPa	温度/℃	流量/kg·h^{-1}
再生斜管采样口吹扫蒸汽				50
再生斜管膨胀节吹扫蒸汽				150
提升管上段采样口吹扫蒸汽				25
提升管下段采样口吹扫蒸汽				25
进料事故蒸汽喷嘴吹扫				50
提升管卸料口吹扫蒸汽				30
提升管排污口吹扫蒸汽				20
小计				400

⑤进入再生器的吹扫、松动蒸汽见表7-22。

表7-22　再生器各处吹扫、松动蒸汽①

项目	数量/kg·h^{-1}	项目	数量/kg·h^{-1}
待生滑阀吹扫蒸汽	70	主风事故蒸汽喷嘴吹扫蒸汽	50
待生斜管膨胀节吹扫蒸汽	100	燃烧油喷嘴吹扫蒸汽	50
待生斜管采样口吹扫蒸汽	30	稀相喷水嘴吹扫蒸汽	100
待生斜管松动蒸汽	100	合计	400

①吹扫、松动蒸汽为981kPa（表）、183℃的饱和蒸汽。

解：1. 由提升管反应器的热平衡计算催化剂循环量

该装置由于掺炼常压渣油，焦炭产率已达6%，加上采用CO助燃剂完全再生技术，烧焦放热已超过两器热平衡需要，若不从再生器取走热量，势必使原料的预热温度太低（<150℃），这很不利于原料的雾化和产品分布，从而使焦炭产率升高。故把原料油的预热温度定为280℃，其余需要的热量主要由循环催化剂供给。正常操作时，可停掉原料预热炉，因原料油与分馏塔产品换热即可达到此预热温度。根据提升管反应器的热平衡就能求出催化剂循环量。设催化剂循环量为Gkg·h^{-1}。

1）反应系统的供热

①再生剂带入热量：

$$Q_1 = 1.097 \times (700-510)\ G = 208.43G\ (\mathrm{kJ \cdot h^{-1}})$$

式中，1.097是催化剂的平均比热容，kJ·kg^{-1}·℃$^{-1}$。

②湿烟气带入热量：

$$Q_2 = 0.001G \times 1.097 \times (700-510) = 2.07G\mathrm{kJ \cdot h^{-1}}$$

式中，设1t催化剂带入1kg湿烟气；1.097是催化剂的平均比热容，kJ·kg^{-1}·℃$^{-1}$。

③焦炭吸附热：

$$\text{焦炭产量} = 75000 \times 6\% = 4500\mathrm{kg \cdot h^{-1}}$$

$$烧炭量 = 4.5 \times 10^3 \times 0.92 = 4.14 \times 10^3 kg \cdot h^{-1} = 345 kmol \cdot h^{-1}$$

$$烧氢量 = 4500 - 4140 = 360 kg \cdot h^{-1} = 180 kmol \cdot h^{-1}$$

再生器的烧焦放热：

$$生成 CO_2 放热 = 4140 \times 33873 = 14023 \times 10^4 kJ \cdot h^{-1}$$

$$生成 H_2O 放热 = 360 \times 119890 = 4316 \times 10^4 kJ \cdot h^{-1}$$

$$合计放热 Q_{放} = 18339 \times 10^4 kJ \cdot h^{-1}$$

焦炭吸附热：

按目前工业上仍采用的经验方法计算，有

$$焦炭吸附热 = 焦炭脱附热 = 18339 \times 10^4 \times 11.5\% = 2109 \times 10^4 kJ \cdot h^{-1}$$

④总供热 $Q_{供}$：

$$Q_{供} = Q_1 + Q_2 + Q_3 = 208.43G + 2.07G + 2109 \times 10^4$$

$$= 210.5G + 2109 \times 10^4$$

2）反应系统的耗热

①反应热 Q_4（用催化碳法计算）：

$$总碳 = 烧炭量 = 4140 kg \cdot h^{-1}$$

$$附加碳 = 新鲜原料量 \times 新鲜原料的残炭\% \times 6$$

$$= 75000 \times 2.95\% \times 0.6 = 1327.5 kg \cdot h^{-1}$$

$$催化碳 = 总碳 - 附加碳 - 可汽提碳 = 4140 - 1327.5 - 0.02\% G$$

$$= 2812.5 - 0.02\% G kJ \cdot h^{-1}$$

$$Q_4 = 催化碳 \times 9127 kJ \cdot kg^{-1} 催化碳 = (2812.5 - 0.02\% G) \times 9127$$

$$= 2567 \times 10^4 - 1.825 G kJ \cdot h^{-1}$$

②提升管内水蒸气由入口状态升温至反应温度所需热量 Q_5：

$$过热水蒸气升温吸热 = 6650 \times (3508 - 3273) = 156.3 \times 10^4 kJ \cdot h^{-1}$$

$$饱和蒸汽升温吸热 = 400 \times (3508 - 2780) = 29.1 \times 10^4 kJ \cdot h^{-1}$$

$$Q_5 = (156.3 + 29.1) \times 10^4 = 185.4 \times 10^4 kJ \cdot h^{-1}$$

③提升管散热损失 Q_6：

根据式（7－58）得

$$Q_6 = 465.6 \times 烧炭量 = 465.6 \times 4140 = 192.8 \times 10^4 kJ \cdot h^{-1}$$

或

$$Q_6 = 散热表面积 \times 传热温差 \times 传热系数 = 250 \times (150 - 30) \times 71.2$$

$$= 213.6 \times 10^4 kJ \cdot h^{-1}$$

式中数据参考同类型装置选取，散热面积是提升管反应器和沉降器散热表面积之和。散热损失取大值，即取 $213.6 \times 10^4 kJ \cdot h^{-1}$

④原料油预热温度（一般为液相）升温至反应温度（气相）所需热量 Q_7 见表 7－23。

表 7-23 原料油预热升温所需热量

物流	流量/ $kg\cdot h^{-1}$	密度/ $kg\cdot m^{-3}$	进料			出料		
			温度/℃	焓（液）/ $kJ\cdot kg^{-1}$	热量/ $10^4kJ\cdot h^{-1}$	温度/℃	焓（液）/ $kJ\cdot kg^{-1}$	热量/ $10^4kJ\cdot h^{-1}$
新鲜原料	75000	0.8936	280	691	5182.5	510	1583	11872.5
回炼油	12500	0.8908	350	904	1130	510	1582	1977.5
回炼油浆	2500	0.9716	380	946	236.5	510	1537	384.3
合计					6549			14234.3

$$Q_7=(14234.3-6549)\times10^4=7685.3\times10^4 kJ\cdot h^{-1}$$

⑤总耗热 $Q_{耗}$：

$$Q_{耗}=Q_4+Q_5+Q_6+Q_7=2567\times10^4+1.825G+(185.4+213.6+7685.3)\times10^4$$
$$=10651.3\times10^4-1.825G kJ\cdot h^{-1}$$

3）求催化剂循环量 G

根据反应系统热平衡有

$$Q_{供}=Q_{耗}$$

即

$$210.5G+2109\times10^4=10651.3\times10^4-1.825G$$

$$G=\frac{(10651.3-2109)\times10^4}{210.5+1.825}=402.3\times10^3 kg\cdot h^{-1}\approx400t\cdot h^{-1}$$

4）剂油比

$$剂油比=\frac{催化剂循环量}{总进料量}=\frac{402\times10^3}{90000}\approx4.47$$

5）待生剂含炭量

$$循环催化剂炭差=\frac{烧炭量}{催化剂循环量+烧炭量}\times100\%$$
$$=\frac{4140}{402\times10^3+4140}\times100\%\approx1.02\%$$

待生剂含碳量 = 循环催化剂碳差 + 再生剂含碳量 = 1.02% + 0.1% = 1.12%

6）提升管反应器热平衡

提升管反应器热平衡计算结果汇总见表 7-24。

表 7-24 提升管反应器热平衡

供热/ $10^4kJ\cdot h^{-1}$		耗热/ $10^4kJ\cdot h^{-1}$	
再生剂带入热量	8386.5	反应热	2494
湿烟气带入热量	82.8	水蒸气升温吸热	185.4
焦炭吸附热	2109	散热损失	213.6
		进料升温汽化吸热	7685.3
合　计	10578.3	合　计	10578.3

2. 燃烧计算

①烧炭量及烧氢量：

烧炭量 $=4.5\times10^3\times0.92=4.14\times10^3\text{kg}\cdot\text{h}^{-1}=345\text{kmol}\cdot\text{h}^{-1}$

烧氢量 $=4500-4140=360\text{kg}\cdot\text{h}^{-1}=180\text{kmol}\cdot\text{h}^{-1}$

②理论干空气量：

炭烧成 CO_2 需要 O_2 量 $=345\times1=513\text{kmol}\cdot\text{h}^{-1}$

氢烧成 H_2O 需要 O_2 量 $=180\times1/2=90\text{kmol}\cdot\text{h}^{-1}$

则理论需要 O_2 量 $=345+90=435\text{kmol}\cdot\text{h}^{-1}=13920\text{kg}\cdot\text{h}^{-1}$

理论带入 N_2 量 $=435\times79/21=1636\text{kmol}\cdot\text{h}^{-1}=45820\text{kg}\cdot\text{h}^{-1}$

所以理论干空气量 $=435+1636=2071\text{kmol}\cdot\text{h}^{-1}$

或 $=13920+45820=59740\text{kg}\cdot\text{h}^{-1}$

③实际干空气量：

烟气中过剩氧的体积分数为3%，所以

$$3\%=\frac{\text{过剩 }O_2}{\text{理论干烟气量}+\text{过剩 }O_2+\text{过剩 }N_2\text{ 量}}$$
$$=\frac{\text{过剩 }O_2}{CO_2+N_2+\text{过剩 }O_2+\text{过剩 }O_2\times\frac{79}{21}}$$

故

$$\text{过剩 }O_2\text{ 量}=\frac{0.03\ (345+1636)}{1-3\%\left(1+\frac{79}{21}\right)}=69.3\text{kmol}\cdot\text{h}^{-1}=2219\text{kg}\cdot\text{h}^{-1}$$

$$\text{过剩 }N_2\text{量}=69.3\times79/21=260.7\text{kmol}\cdot\text{h}^{-1}=7300\text{kg}\cdot\text{h}^{-1}$$

所以

$$\text{实际干空气量}=2071+69.3+260.7=2401\text{kmol}\cdot\text{h}^{-1}=69259\text{kg}\cdot\text{h}^{-1}$$

④需湿空气量（主风量）：

大气温度30℃，相对湿度70%，查空气湿焓图，得空气的湿焓量为3.2% mol（水汽）/mol（干空气）。

所以

$$\text{空气中的水汽量}=2401\times0.032\%=76.8\text{kmol}\cdot\text{h}^{-1}=1382\text{kg}\cdot\text{h}^{-1}$$
$$\text{湿空气量}=2401+76.8=2477.8\text{kmol}\cdot\text{h}^{-1}$$
$$=2477.8\times22.4=5.55\times10^4=925\text{Nm}^3\cdot\text{h}$$

此即正常操作时的主风量，此风量乘110%可作为选主风机的依据。

⑤主风单耗：

$$\text{主风单耗}=\frac{\text{湿空气量}}{\text{烧焦量}}=\frac{5.55\times10^4}{4500}=12.33\text{Nm}^3\cdot\text{kg}^{-1}\text{焦}$$

⑥干烟气量：

由以上计算已知干烟气中的各组分的量，将其相加，即得总干烟气量。

$$总干烟气量 = CO_2 + O_2 + N_2$$

$$= 345 + 69.3 + 1896.7 = 2311 kmol \cdot h^{-1}$$

按各组分的相对分子质量计算各组分的质量流率，然后相加即得总干烟气的质量流率为 70519kg · h^{-1}。

⑦湿烟气量及烟气组成见表 7－25。

表 7－25　温烟气量及烟气组成

组分	流量		相对分子质量	组成（摩尔分数）/%	
	（kmol · h^{-1}）	（kg · h^{-1}）		干烟气	温烟气
CO_2	345	15180	44	14.9	13.18
O_2	69.3	2219	32	3.0	2.65
N_2	1896.7	53120	28	82.1	72.45
总干烟气	2311	70519	30.5	100.0	11.72
生成水汽	180	3240	18		
主风带入水汽	76.8	1382			
待生剂带入水汽①	22.2	400			
吹扫、松动蒸汽②	27.8	500			
总湿烟气	2617.8	76041	29.0		100.0

①按每吨催化剂带入 1kg 水汽；

②粗估算值，见表 7－19。

⑧烟风比：

烟风比＝湿烟气量/主风量（体）＝2617.8/2477.8≈1.06（体）

3. 再生器热平衡

①烧焦放热：

$$Q_1 = 18339 \times 10^4 kJ \cdot h^{-1}$$

②焦炭脱附热：

$$Q_2 = 2109 \times 10^4 kJ \cdot h^{-1}$$

③主风由 200℃升温至 700℃需热 Q_3：

$$干空气升温需热 = 69259 \times 1.09 \times (700 - 200) = 3774.6 \times 10^4 kJ \cdot h^{-1}$$

式中 1.09 是空气的平均比热容，kJ · kg^{-1} · $℃^{-1}$。

$$空气带入水汽升温需热 = 1382 \times 2.07 \times (700 - 200) = 144.4 \times 10^4 kJ \cdot h^{-1}$$

式中 2.07 是水汽的平均比热容，kJ · kg^{-1} · $℃^{-1}$。

$$Q_3 = (3774.6 + 144.4) \times 10^4 = 3919 \times 10^4 kJ \cdot h^{-1}$$

④焦炭升温需热 Q_4：

$$Q_4 = 4500 \times 1.097 \times (700 - 510) = 93.8 \times 10^4 kJ \cdot h^{-1}$$

假定焦炭的比热容与催化剂的相同，也取 1.097kJ·kg^{-1}·℃$^{-1}$。

⑤待生剂带入水汽需热 Q_5：

$$Q_5 = 400 \times 2.16 \times (700 - 510) = 16.4 \times 10^4 \text{kJ} \cdot \text{h}^{-1}$$

式中 2.16 是水汽的平均比热容，kJ·kg^{-1}·℃$^{-1}$。

⑥吹扫、松动蒸汽升温需热 Q_6：

$$Q_6 = 500 \times (3929 - 2780) = 57.5 \times 10^4 \text{kJ} \cdot \text{h}^{-1}$$

式中括弧内的数值分别是 176.5kPa（表）、700℃过热水蒸气和 981kPa（表）饱和蒸汽的热焓。

⑦散热损失 Q_7：

根据式（7－56）得

$$Q_7 = 582 \times \text{烧炭量（以 kg} \cdot \text{h}^{-1}\text{计）} = 582 \times 4140 = 241 \times 10^4 \text{kJ} \cdot \text{h}^{-1}$$

⑧循环催化剂带走热量 Q_8：

$$Q_8 = 402.3 \times 10^3 \times 1.097 \times (700 - 510) = 8385.1 \times 10^4 \text{kJ} \cdot \text{h}^{-1}$$

⑨再生器取热量 $Q_取$：

$$\begin{aligned} Q_取 &= Q_1 - (Q_2 + Q_3 + Q_4 + Q_5 + Q_6 + Q_7 + Q_8) \\ &= 18339 \times 10^4 - (2109 + 3919 + 93.8 + 16.4 + 57.5 + 241 + 8386.5) \times 10^4 \\ &= 3515.8 \times 10^4 \text{kJ} \cdot \text{h}^{-1} \end{aligned}$$

⑩再生器热平衡汇总

再生器热平衡计算结果汇总见表 7－26。

表 7－26　再生器热平衡

入方/10^4kJ·h^{-1}		出方/10^4kJ·h^{-1}	
焦炭燃烧热	18339	焦炭脱附热	2109
		主风升温	3919
		焦炭升温	93.8
		带入水汽升温	16.4
		吹扫、松动蒸汽升温	57.5
		散热损失	241
		加热循环催化剂	8386.5
		再生器取热	3515.8
合计	18339	合计	18339

4. 再生器物料平衡

再生器物料平衡见表 7－27。

表7－27 再生器物料平衡

入方/kJ·h^{-1}		出方/kJ·h^{-1}	
干空气	69259	干烟气	70519
水汽	2282	水　汽	5522
主风带入	1382	生成水汽	3240
待生剂带入	400	带入水汽	2282
松动、吹扫	500	循环催化剂	400000
焦炭	4500		
循环催化剂	400000		
合计	476041	合计	476041

5. 提升管反应器直径和长度的计算

为了能同时满足对提升管出、入口线速的要求，把提升管分成两段，上段直径大，下段直径小。下段入口进新鲜原料和回炼油，上段入口进回炼油浆，雾化蒸汽也分别进入。下段长度取10m。直提升管穿过汽提段，从底部进入沉降器，出口安装弹射快速分离器。

1）提升管反应器物料平衡

提升管反应器物料平衡见表7－28。

表7－28 提升管反应物料平衡

入　方				出　方			
项　目	平均相对分子质量	流　量		项　目	平均相对分子质量	流量	
		kg·h^{-1}	kmol·h^{-1}			kg·h^{-1}	kmol·h^{-1}
新鲜原料油	400	75000	187.5	干气＋损失	22	2475	112.5
回炼油	370	12500	33.8	液化气	52	7425	142.8
回炼油浆	430	2500	5.8	汽油	100	39000	390
催化剂循环量	—	400000	—	轻柴油	200	21600	108
再生剂带入湿烟气	29.0	400	13.8	焦炭	—	4500	—
提升管总蒸汽	18	5750	319.4	回炼油	370	12500	33.8
				回炼油浆	430	2500	5.8
				催化剂循环量	—	400000	—
				再生剂带入湿烟气	29.0	400	13.8
				提升管总蒸汽	18	5750	319.4
合计		496150	560.3	合计		496150	1126.1

2）提升管进料处的压力、温度

①压力。沉降器顶部的压力为147.15kPa（表），设进油处至沉降器顶部的总压降为12.5kPa，则提升管下段进油处的压力为：

147.15 + 12.5 = 159.65kPa（表）

②温度。280℃的新鲜原料油与350℃的回炼油混合后仍为液相，经雾化进入提升管与700℃的再生剂接触，立即完全汽化，而进口处的转化率设为0%，原料油与高温催化剂接触后的温度可由图7－44的热平衡计算。

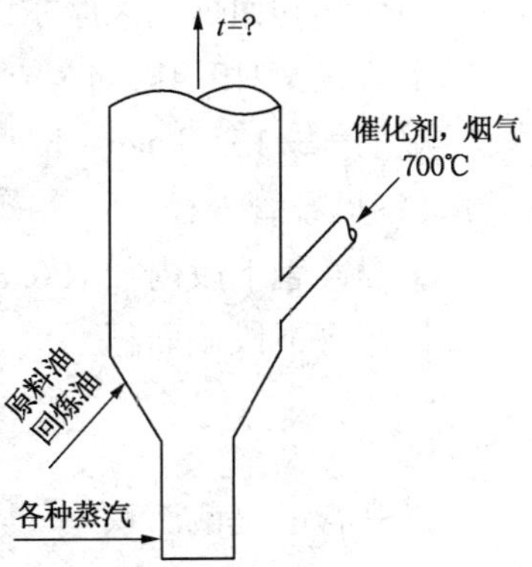

图7－44　热平衡图

催化剂和烟气由700℃降至t℃放出热量

$= 400000 \times 1.097 \times (700 - t) + 400 \times 1.09 \times (700 - t)$

$= 439200 \times (700 - t)\ (kJ \cdot h^{-1})$

式中1.097和1.09分别为催化剂和烟气的比热，kJ/(kg·℃)。

油和蒸汽升温及油汽化所吸收的热量计算见表7－29。

表7－29　油和蒸汽热量计算

物流	流量/kg·h^{-1}	密度/kg·m^{-3}	入方			出方		
			温度/℃	焓/kJ·kg^{-1}	热量/kJ·h^{-1}	温度/℃	焓/kJ·kg^{-1}	热量/kJ·h^{-1}
新鲜原料	75000	0.8936	280	691	5182.5×10^4	t	h_1	$7.5 \times 10^4 h_1$
回炼油	12500	0.8908	350	904	1130×10^4	t	h_1	$1.25 \times 10^4 h_1$
过热蒸汽	5225	—	400	3273	1710.1×10^4	t	h_2	$0.56 \times 10^4 h_2$
饱和蒸汽	375	—	183	2780	104.3×10^4	t		

油和水蒸气共吸收热量

$= (7.5h_1 + 1.25h_1 + 0.56h_2) \times 10^4 - (5182.5 + 1130 + 1710.1 + 104.3) \times 10^4$

$= (87.5h_1 + 0.56h_2) \times 10^4 - 8126.9 \times 10^4$

根据热平衡原理：

$439200(700 - t) = (87.5h_1 + 0.56h_2) \times 10^4 - 8126.9 \times 10^4$

设$t = 519$℃，查焓图得$h_1 = 1612kJ \cdot kg^{-1}$，$h_2 = 3528kJ \cdot kg^{-1}$，代入上式得：

左方$= 7949.5 \times 10^4$　右方$= 7952.7 \times 10^4$，相对误差$= 0.04\%$，所以$t = 519$℃。

3）回炼油浆入口处压力和温度

①压力：设原料入口处到回炼油浆入口处的压降为6kPa，则回炼油浆入口处压力为159.65 − 6 = 153.65kPa（表）。

②温度：取下段油气停留时间约1.15s，原料油转化率为40%，温降全由反应引起，则回炼油浆入口处温度为519 −（519 − 510）×4% ≈515℃（粗算）

该处的物流有：

转化的油气摩尔流率 =（干气 + 损失 + 液化气 + 汽油 + 轻柴油）×40%

=（112.5 + 142.8 + 390 + 108）×40%

$= 301.3kmol \cdot h^{-1}$

未转化的原料摩尔流率 $= 187.5 \times 60\% = 112.5kmol \cdot h^{-1}$

回炼油和回炼油浆摩尔流率 $=39.6\text{kmol}\cdot\text{h}^{-1}$

水蒸气 $=319.4\text{kmol}\cdot\text{h}^{-1}$

湿烟气 $=13.8\text{kmol}\cdot\text{h}^{-1}$

4）提升管直径

①提升管下段内径取0.80m，上段内径取0.85m，则

提升管下段截面积

$$F_{下}=\frac{\pi}{4}D^2=\frac{\pi}{4}\times0.8^2=0.502\text{m}^2$$

提升管上段截面积

$$F_{上}=0.85^2\times\frac{\pi}{4}=0.5675\text{m}^2$$

②核算提升管下段气速

原料油入口处物流摩尔流率 = 原料油 + 回炼油 + 水蒸气 + 烟气

$=187.5+33.8+311.1+13.8$

$=546.2\text{kmol}\cdot\text{h}^{-1}$

所以该处气体体积流率

$$V_{下,入}=546.2\times22.4\times\frac{519+273}{273}\times\frac{101.3}{159.65+101.3}$$

$$=13780\text{m}^3\cdot\text{h}^{-1}=3.828\text{m}^3\cdot\text{s}^{-1}$$

该处气体线速

$$u_{下,入}=\frac{V_{下,入}}{F_{下}}=\frac{3.828}{0.5024}=7.62\text{m}\cdot\text{s}^{-1}$$

提升管下段出口物流摩尔流率

= 转化油气 + 未转化油气 + 回炼油 + 水蒸气 + 烟气

$=301.3+112.5+33.8+311.1+13.8=772.5\text{kmol}\cdot\text{h}^{-1}$

式中的 $311.1=319.4-$ 回炼油浆雾化蒸汽（$6.94\text{kmol}\cdot\text{h}^{-1}$）$-$ 提升管上段采样口吹扫蒸汽（$1.39\text{kmol}\cdot\text{h}^{-1}$）

该处气体体积流率

$$V_{下,出}=772.5\times22.4\times\frac{515+273}{273}\times\frac{101.3}{153.65+101.3}$$

$$=19846\text{m}^3\cdot\text{h}^{-1}=5.513\text{m}^3\cdot\text{s}^{-1}$$

该处气体线速

$$u_{下,出}=\frac{V_{下,出}}{F_{下}}=\frac{5.513}{0.5024}=11.0\text{m}\cdot\text{s}^{-1}$$

③核算提升管上段气速

上段入口气体的总流率 $=786.6\text{kmol}\cdot\text{h}^{-1}$

该处气体体积流率 $V_{上,入}=786.6\times22.4\times\frac{515+273}{273}\times\frac{101.3}{153.65+101.3}$

$$=20208\text{m}^3\cdot\text{h}^{-1}=5.613\text{m}^3\cdot\text{s}^{-1}$$

该处气体线速 $u_{上,入}=\dfrac{V_{上,入}}{F_{上}}=\dfrac{5.613}{0.5675}=9.89\text{m}\cdot\text{s}^{-1}$

提升管出口处气体的总流率 $=1126.1\text{kmol}\cdot\text{h}^{-1}$

该处气体体积流率

$$V_{上,出}=1126.1\times22.4\times\frac{510+273}{273}\times\frac{101.3}{147.15+101.3}$$
$$=29500\text{m}^3\cdot\text{h}^{-1}=8.196\text{m}^3\cdot\text{s}^{-1}$$

该处气体线速

$$u_{上,出}=\frac{V_{上,出}}{F_{上}}=\frac{8.196}{0.5675}=14.44\text{m}\cdot\text{s}^{-1}$$

核算结果表明：提升管出、入口线速都在一般设计范围内，故所选内径（下段0.8m，上段0.85m）是可行的。

5）提升管长度

提升管下段平均线速

$$\bar{u}_{下}=\frac{u_{下,出}-u_{下,入}}{\ln u_{下,出}/u_{下,入}}=\frac{11.0-7.62}{\ln 11.0/7.62}=9.21\text{m}\cdot\text{s}^{-1}$$

下段停留时间

$$\tau_1=\frac{10}{9.21}=1.09\text{s}\ （估计1.1\text{s}合适）$$

提升管上段平均线速

$$\bar{u}_{上}=\frac{u_{上,出}-u_{上,入}}{\ln u_{上,出}/u_{上,入}}=\frac{14.44-9.89}{\ln 14.44/9.89}=12.02\text{m}\cdot\text{s}^{-1}$$

设总停留时间为3s，上段提升管长度 $L_{上}=12.02（3-1.09）=22.96\text{m}$

取上段长度为22m，则油气在提升管内的总停留时间为：

$$\tau_{总}=1.09+\frac{22}{12.02}=2.92\text{s}$$

6）核算提升管总压降

①料柱静压 ΔP_{h}。提升管内各点密度计算见表7－30。

表7－30 提升管密度计算

项目	下段		上段		对数平均值	
	入口	出口	入口	出口	下段	上段
催化剂流率/kg·h^{-1}	400×10^3	—	400×10^3	—	—	—
油气流率/m^3·s^{-1}	3.828	5.513	5.613	8.196	—	—
表观密度/kg·m^{-3}	29.03	20.15	19.79	13.56	24.32	16.48
气速/m·s^{-1}	7.62	11.0	9089	14.44	9.21	12.02
滑落系数 ϕ	取2	1.13	1.15	1.09	—	—
实际密度/kg·m^{-3}	58.06	22.77	22.76	14.78	35.29	18.48

$$\Delta P_{h,下}=9.81\times10^{-3}\rho h=9.81\times10^{-3}\times35.29\times10=3.460\text{kPa}$$

$$\Delta P_{h,上}=9.81\times10^{-3}\rho h=9.81\times10^{-3}\times18.48\times22=3.990\text{kPa}$$

$$\Delta P_{h}=\Delta P_{h,下}+\Delta P_{h,上}=3.46+3.99=7.45\text{kPa}$$

②速度变化引起的压降 ΔP_a

$$\Delta P_{a,下}=5\times10^{-4}N\rho u^2=5\times10^{-4}\times2\times24.32\times9.21^2=2.06\text{kPa}$$

$$\Delta P_{a,上}=5\times10^{-4}N\rho u^2=5\times10^{-4}\times2\times16.48\times12.02^2=2.38\text{kPa}$$

$$\Delta P_{a}=\Delta P_{a,下}+\Delta P_{a,上}=2.06+2.38=4.44\text{kPa}$$

③直管摩擦压降 ΔP_f

$$\Delta P_{f,下}=7.75\times10^{-6}\frac{L\rho u^2}{D}=7.75\times10^{-6}\times\frac{10\times24.32\times9.21^2}{0.8}=0.20\text{kPa}$$

$$\Delta P_{f,上}=7.75\times10^{-6}\times\frac{22\times16.48\times12.02^2}{0.85}=0.48\text{kPa}$$

$$\Delta P_{f}=\Delta P_{f,下}+\Delta P_{f,上}=0.20+0.48=0.68\text{kPa}$$

④提升管总压降 $\Delta P_{总}$

提升管下段压降 $\Delta P_{下}=\Delta P_{h,下}+\Delta P_{a,下}+\Delta P_{f,下}=3.46+2.06+0.20=5.72\text{kPa}$

$$\Delta P_{总}=\Delta P_h+\Delta P_a+\Delta P_f=7.45+4.44+0.68=12.57\text{kPa}$$

与前面假设的压降6kPa和12.5kPa很接近（相对误差都小于5%），因此前面计算时假设的压力不必重算。

7）预提升段的内径和高度

①内径。预提升段的烟气与预提升蒸汽的流率 $=13.8+1200/18=80.47\text{kmol}\cdot\text{h}^{-1}$

$$体积流率\approx80.47\times22.4\times\frac{700+273}{273}\times\frac{101.3}{159.65+101.3}$$

$$\approx249\text{m}^3\cdot\text{h}^{-1}=0.6928\text{m}^3\cdot\text{s}^{-1}$$

取预提升段气速 $1.5\text{m}\cdot\text{s}^{-1}$，则预提升段内径为：

$$D_{预}=\sqrt{\frac{0.6928}{1.5\times0.785}}=0.77\text{m}，取 D_{预}=0.7\text{m}$$

$$则预提升段实际气速=\frac{0.6928}{0.785\times0.7^2}=1.80\text{m}\cdot\text{s}^{-1}$$

②高度。考虑到进料喷嘴以下设有事故蒸汽进口管、人孔、再生剂斜管入口等，预提升段的高度取4m。

8）直提升管反应器尺寸

综合以上计算结果，直提升管反应器的尺寸如下：

预提升段长度4m，内径0.7m；

反应段下段长10m，内径0.8m；上段长22m，内径0.85m；

直提升管反应器全长36m。

[例7－3] 旋风分离器系统的工艺计算

旋风分离器系统的计算，首先是根据分离要求选择适宜的旋风分离器型式；其次是根据气体总流量和允许的入口气速确定旋风分离器的入口截面积（若已知入口截面积，可由气体负荷校核入口气速是否在要求的允许范围内)，之后根据选择型号的系列标准，就可以查出旋风分离器其他结构部分的尺寸；再次是核算料腿负荷（即料腿质量流速）是否在要求的允许范围内；最后是确定料腿的最小长度。

料腿的最小长度可通过旋风分离器系统的压力平衡计算得到。如在图 7－45 上，对一级料腿末端出口处作压力平衡，得：入口压力＋稀相段静压＋密相段静压＝料腿顶部压力＋料腿内料柱静压－催化剂通过翼阀的压降。

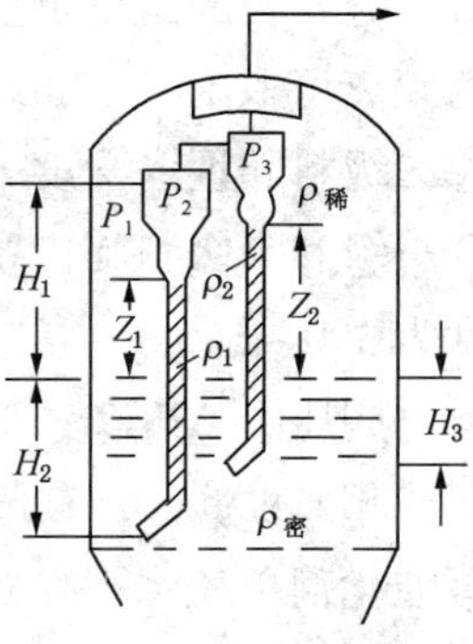

图 7－45　旋风分离器系统的压力平衡图

即：

$$P_1+H_1\rho_{稀}\times10^{-4}+H_2\rho_{密}\times10^{-4}=P_2+(Z_1+H_2)\ \rho_1\times10^{-4}-\Delta P_{阀}$$

整理后得：

$$Z_1=\frac{(P_1-P_2)+H_1\rho_{稀}\times10^{-4}+H_2(\rho_{密}-\rho_1)\times10^{-4}+\Delta P_{阀}}{\rho_1\times10^{-4}} \qquad (7-59)$$

即一级料腿的最小长度应当≥Z_1+H_2，为安全起见，在此值基础上再增加 1m。

同理，对二级料腿末端作压力平衡，整理得到计算二级料腿的最小长度关系式：

$$Z_2=\frac{(P_1-P_3)+H_1\rho_{稀}\times10^{-4}+H_3(\rho_{密}-\rho_2)\times10^{-4}+\Delta P_{阀}}{\rho_2\times10^{-4}} \qquad (7-60)$$

以上两计算公式中的各项意义及计算方法如下：

①旋风分离器压降（P_1-P_2）及（P_1-P_3）

$$(P_1-P_2)=4.98\times10^{-5}\times\frac{u_1^2}{g}(K\rho_{混}+3.4\rho_{气}) \qquad (7-61)$$

$$(P_1-P_3)=\frac{4.98\times10^{-5}}{g}[\ u_1^2(K\rho_{混}+3.4\rho_{气})+u_2^2\times11.6\rho_{气}] \qquad (7-62)$$

式中　P_1-P_2——一级旋风分离器的压降，kg·cm^{-2}；

P_1-P_3——一级和二级旋风分离器的压降之和，kg·cm^{-2}；

u_1，u_2——分别为一级和二级旋风分离器入口线速，m·s^{-1}；

$\rho_{混}$，$\rho_{气}$——分别为一级入口气固混合物及气体的密度，kg·m^{-3}；

g——重力加速度，9.81m·s^{-2}；

K——速度函数，其值由入口气速查图 7－46 确定。

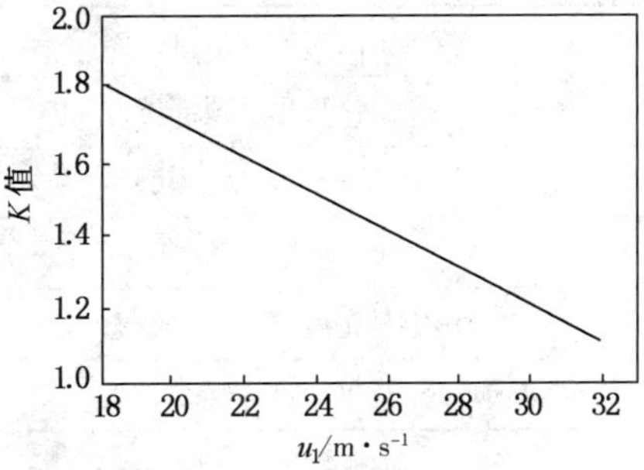

图 7－46　速度函数 K 值图

式（7－61）和式（7－62）在计算时对杜康型和布埃尔型旋风分离器大体上都能适用，但有一定误差。

②稀相高度 H_1，在设计时可取 9～11m。

③一级料腿埋入深度 H_2：当采用分布板时，料

腿出口距分布板的距离可取400～800mm；当使用分布管时，再生器的一级料腿出口距分布管的距离可取1.5～2m。

④二级料腿埋入深度H_3，可取1～2m。

⑤一级和二级料腿内密度ρ_1和ρ_2，可根据实测的生产数据选取（国内的实测值一级料腿密度为390～520kg·m^{-3}，二级料腿密度在360kg·m^{-3}左右），也可取480kg·m^{-3}。

⑥翼阀压降$\Delta P_{阀}$，一般可取0.0035kg·cm^{-2}（0.3433kPa）

⑦稀相密度$\rho_{稀}$，最好采用实测经验数据，目前国内旋风分离器效率一般都在99.99%以上，催化剂单耗水平在0.8kg·t^{-1}以下，可根据上述数据反推算稀相催化剂密度。再生器、反应器一级旋风分离器入口的催化剂浓度，可分别由图7－47和图7－48查得。这两张图是按密相床面到一级旋风分离器入口为4.9～5.2m考虑的，实际生产装置稀相段高度均高于此值，在设计中只应粗略估算。

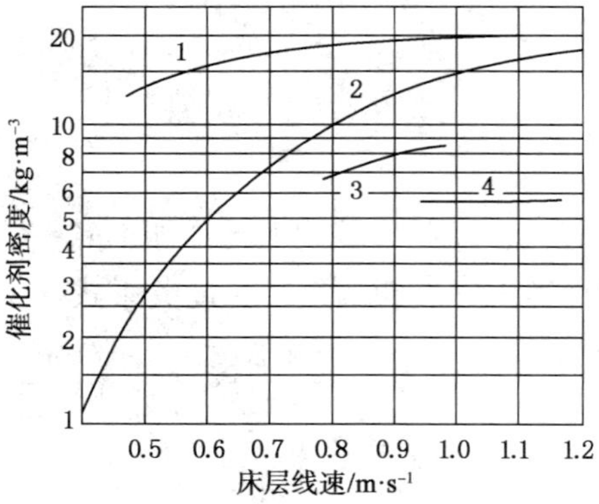

图7－47　再生器一级旋风分离器入口催化剂浓度

1—石油二厂改造前数据；2—胜利炼厂数据；3—石油二厂改造后数据；4—玉门炼油厂数据

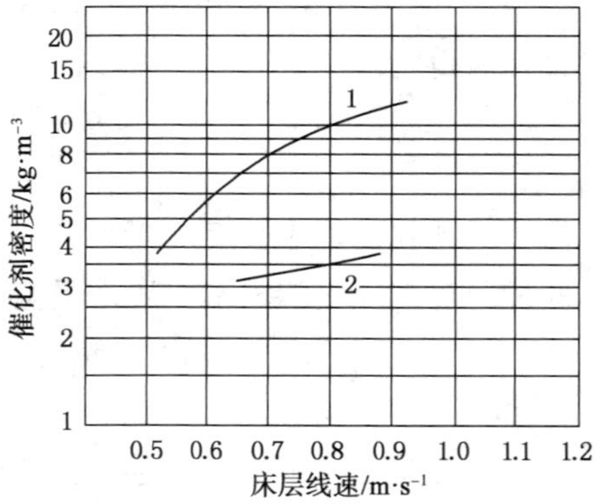

图7－48　反应器一级旋风分离器入口催化剂浓度

1—埃索准则（四）数据；2—石油二厂改造前数据

⑧根据上述方法算出（Z_1+H_2+1）的数值若大于原料选用的（稀相段高度＋料腿埋入深度），则应加高稀相段高度，以保证料腿有足够的长度。旋风分离器的具体安装高度除了要考虑必要的料腿长度之外，还要考虑实际沉降高度（*TDH*）。

某催化裂化装置的再生器壳体设计中决定再生器的密相段内径为5.03，稀相段内径为6.6m，密相床高度为6.7m，稀相沉降高度为11m。其余有关操作条件如表7－31所示。

表7－31　有关操作条件

项目	数据
再生器顶部压力/kPa	269.8
再生温度/℃	680
密相床密度/kg·m^{-3}	280
湿烟气密度（在标准状态下）/kg·m^{-3}	1.14
湿烟气流率［680℃，269.8kPa（绝）］/m^3·s^{-1}	17.53

试确定所需旋风分离器组数、旋分器压降及旋分器料腿长度。

解：1. 旋风分离器型式的选择

选用布埃尔型分离器，其主要尺寸见表7－32，两级串联。根据基础数据和工业经验作出再生器旋风分离器布置的参考计算图7－49。由于采用分布管，因此一级料腿出口不用翼阀，直接伸入密相床，出口处距分布管顶的距离为1.5m，出口安装防倒锥。根据目前国内经验，二级料腿伸入密相床层1.5m，出口处采用全覆盖翼阀。

表7－32　旋风分离器主要尺寸

项目	一级	二级
筒体外径/mm	1247	1167
入口面积/m^2	0.2905	0.2630
料腿直径/mm	$\phi 426 \times 12$	$\phi 168 \times 10$
料腿内截面积/m^2	0.127	0.0172

2. 旋风分离器组数的确定

①设选用3组，则一级入口总面积 F_1 为：

$$F_1 = 0.2905 \times 3 = 0.8715 m^2$$

$$一级入口线速\ u_1 = \frac{湿烟气流率\ V}{F_1} = 17.53/0.8715 = 20.11 m \cdot s^{-1}$$

根据对旋风分离器入口线速的要求：一级线速 ≤ $25m \cdot s^{-1}$；二级线速≤$35m \cdot s^{-1}$；最低不小于 $15m \cdot s^{-1}$。所以 u_1 在适宜范围内，因此选用3组并联是合适的。

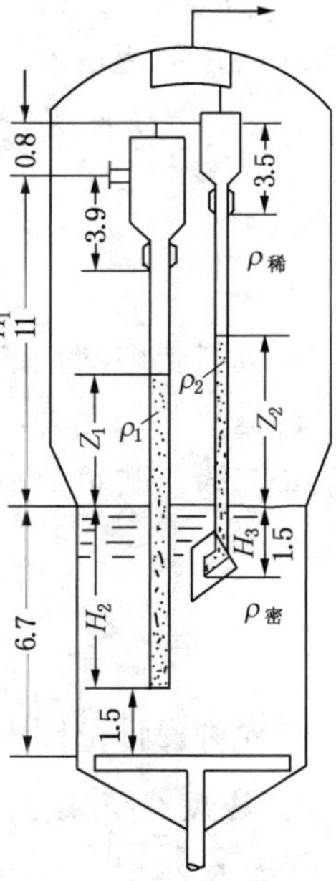

图7－49　再生器旋风分离器计算参考图

②复核二级入口线速　虽然采用CO助燃剂完全再生技术，极少发生二次燃烧事故，但为安全起见，仍设级间冷却蒸汽，正常操作时，只保留少量吹扫蒸汽以防堵塞管线。事故时，一级出口烟气按降低40℃计算级间冷却蒸汽用量。若采用1.0MPa（绝）、250℃的蒸汽作冷却蒸汽，则：

$$湿烟气质量流率 = 17.53 \times 1.14 \times \frac{273}{680+273} \times \frac{269.8}{101.3} = 15.25 kg \cdot s^{-1}$$

湿烟气由680℃降至640℃放出的热量为：

$$15.25 \times 1.09 \times (680-640) = 664.9 kJ \cdot s^{-1}$$

式中1.09是湿烟气的比热容，$kJ \cdot kg^{-1} \cdot ℃^{-1}$。

冷却蒸汽吸收的热量：

$$(640-250) \times 2.09 = 815.1 kJ \cdot kg^{-1}$$

式中2.09是蒸汽的比热容，$kJ \cdot kg^{-1} \cdot ℃^{-1}$。

所以，冷却蒸汽用量 $= 664.9/815.1 = 0.816 kg \cdot s^{-1}$

$$冷却蒸汽体积流率 \approx \frac{0.816}{18} \times \frac{640+273}{273} \times \frac{1.013}{2.698} \times 22.4 = 1.280 m^3 \cdot s^{-1}$$

所以二级入口气体流量 $\approx 17.53 + 1.280 = 18.81 m^3 \cdot s^{-1}$

在这里计算的二级入口流量是近似值，因为忽略了一级旋风分离器压降和湿烟气温度的变化，但引起的相对误差1%。对计算结果的影响极小。

$$二级入口面积\ F_2 = 0.263 \times 3 = 0.789m^2$$

所以二级入口线速 $= 18.81/0.789 = 23.8m \cdot s^{-1}$

二级入口线速也在允许范围内。

3. 核算料腿负荷

①一级旋风分离器入口固体浓度

$$稀相段截面积 = \frac{\pi}{4} \times 6.6^2 = 34.19m^2$$

$$稀相段线速 = \frac{17.53}{34.19} = 0.513m \cdot s^{-1}$$

根据图7-45，得一级入口催化剂浓度为 $3.05kg \cdot m^{-3}$，此值偏低，根据目前国内生产装置的催化剂单耗，取一级入口催化剂密度为 $7kg \cdot m^{-3}$。

②一级料腿负荷　进入旋分器的催化剂假定全部在一级旋分器回收下来，则通过一级料腿的催化剂流量 G_1：

$$G_1 \approx （湿烟气量）\times（一级入口密度）= 17.53 \times 7 = 122.7kg \cdot s^{-1}$$

$$一级料腿总截面积 = 0.127 \times 3 = 0.381m^2$$

$$一级料腿质量流速 = \frac{122.7}{0.381} = 322kg \cdot m^{-2} \cdot s^{-1}$$

一级料腿内催化剂质量流速在正常设计时采用值为 $244 \sim 366kg \cdot m^{-2} \cdot s^{-1}$。故计算的一级料腿负荷在允许设计范围内。

③二级料腿负荷　设一级旋分器回收效率为90%，则通过二级料腿的催化剂流量 G_2：

$$G_2 = 122.7 \times 10\% = 12.27kg \cdot s^{-1}$$

$$二级料腿总截面积 = 0.0172 \times 3 = 0.0516m^2$$

$$二级料腿质量流速 = 12.27/0.0516 = 238kg \cdot m^2 \cdot s^{-1}$$

在允许设计范围内。

4. 旋风分离器压力平衡

①旋风分离器压降

旋风分离器的压降的计算公式如下：

$$一级旋分器压降\ \Delta P_1 = 4.98 \times 10^{-5} \frac{u_1^2}{g}（K\rho_{混} + 3.4\rho_{气}）$$

由 $u_1 = 20.11m \cdot s^{-1}$，查图7-44得，$K = 1.71$

$$\Delta P_1 = 4.98 \times 10^{-5} \times \frac{20.11^2}{9.81} \times [1.71 \times (1.14 + 7) + 3.4 \times 1.14] = 0.0365kg \cdot cm^{-2}$$

$$二级旋风器压降\ \Delta P_2 = 4.98 \times 10^{-5} \times \frac{u_1^2}{g} \times 11.6\rho_{气}$$

$$= 4.98 \times 10^{-5} \times \frac{23.8^2}{9.81} \times 11.6 \times 1.14 = 0.0380kg \cdot cm^{-2}$$

②料腿长度

一级料腿长度 Z_1：

$$Z_1=\frac{(P_1-P_2)+H_1\rho_{稀}\times10^{-4}+H_2(\rho_{密}-\rho_1)\times10^{-4}+\Delta P_{阀}}{\rho_1\times10^{-4}}$$

$P_1-P_2=\Delta P_1=0.0365\mathrm{kg\cdot cm^{-2}}$

$H_1\rho_{稀}=3\times(10\times7)+(11-3)(1.5\times7)=294\mathrm{kg\cdot cm^{-2}}$

$H_2=6.7-1.5=5.2\mathrm{m}$

$\rho_{密}=280\mathrm{kg\cdot m^{-3}}$

ρ_1取 $350\mathrm{kg\cdot m^{-3}}$

$\Delta P_{阀}$取 $0.0035\mathrm{kg\cdot cm^{-2}}$

所以

$$Z_1=\frac{0.0365+294\times10^{-4}+5.2(280-350)\times10^{-4}+0.0035}{350\times10^{-4}}=0.943\mathrm{m}$$

所以一级料腿长度应 $>Z_1+H_2+1=0.943+5.2+1=7.143\mathrm{m}$。其实际长度为 12.3m，可以满足二级料腿压力平衡的需要。

从上计算可知实际料腿长度满足压力平衡要求。

二级料腿长度 Z_2：

$$Z_2=\frac{(P_1-P_3)+H_1\rho_{稀}\times10^{-4}+H_3(\rho_{密}-\rho_2)\times10^{-4}+\Delta P_{阀}}{\rho_2\times10^{-4}}$$

$H_3=1.5\mathrm{m}$，ρ_2取 $350\mathrm{kg\cdot m^{-3}}$，$\Delta P_{阀}$取 $0.0035\mathrm{kg\cdot cm^{-2}}$

$$Z_2=\frac{0.0365+0.0380+294\times10^{-4}+1.5(280-350)\times10^{-4}+0.0035}{350\times10^{-4}}=3.369\mathrm{m}$$

二级料腿长度应 $>Z_2+H_3+1=3.369+1.5+1=5.869$。其实际长度为 9.8m，可以满足二级料腿压力平衡的需要。

[例 7-4] 两器压力平衡的计算

两器压力平衡计算包括再生剂循环路线的压力平衡和待生剂循环路线的压力平衡。两者的计算方法及原理是相同的。

某提升管催化裂化装置，处理量为 $60\times10^4\mathrm{t\cdot a^{-1}}$，其有关工艺计算数据列于表 7-33，两器布置如图 7-50 所示。试作两器压力平衡。

表 7-33 有关工艺数据

项目	参数	项目	参数
提升管总进料量/$\mathrm{kg\cdot h^{-1}}$	160000	再生斜管内径/m	0.7
预提升蒸汽量/$\mathrm{kg\cdot h^{-1}}$	300	提升管入口线速/$\mathrm{m\cdot s^{-1}}$	4.5
带入提升管烟气量/$\mathrm{kg\cdot h^{-1}}$	750	提升管出口线速/$\mathrm{m\cdot s^{-1}}$	8.0
催化剂循环量/$\mathrm{kg\cdot h^{-1}}$	750000	预提升段气速/$\mathrm{m\cdot s^{-1}}$	1.6
再生器顶部压力/kPa（表）	121.63	提升管入口油气流率/$\mathrm{m^3\cdot h^{-1}}$	15850
沉降器顶部压力/kPa（表）	109.86	提升管出口油气流率/$\mathrm{m^3\cdot h^{-1}}$	58250
提升管内径/m	1.2	预提升段气体流率/$\mathrm{m^3\cdot h^{-1}}$	5660

解：以再生剂循环路线压力平衡计算为例。

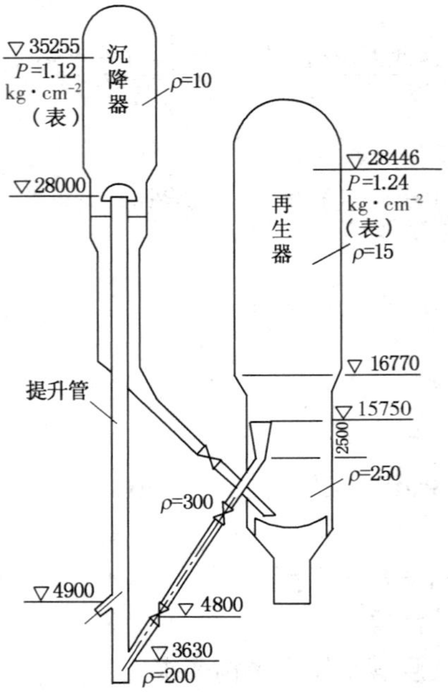

图 7－50　两器立面图

推动力：

①再生器顶部压力 $P_{再}$

$$P_{再}=121.63+101.33=222.96\text{kPa}$$

②再生器稀相段静压 ΔP_1

$$\Delta P_1=\rho\Delta h\times9.81\times10^{-3}=15\times(28.446-16.77)\times9.81\times10^{-3}=1.72\text{kPa}$$

③淹流管以上密相床层静压 ΔP_2

$$\Delta P_2=\rho\Delta h\times9.81\times10^{-3}=250\times(16.77-15.759)\times9.81\times10^{-3}=2.48\text{kPa}$$

④淹流管静压 ΔP_3

$$\Delta P_3=\rho\Delta h\times9.81\times10^{-3}=300\times(15.759-13.259)\times9.81\times10^{-3}=7.35\text{kPa}$$

⑤淹流管以下及下滑阀（上滑阀全开，下滑阀作调节）以上斜管静压 ΔP_4

$$\Delta P_4=\rho\Delta h\times9.81\times10^{-3}=300\times(13.259-4.800)\times9.81\times10^{-3}=24.89\text{kPa}$$

⑥下滑阀以下斜管静压 ΔP_5

$$\Delta P_5=\rho\Delta h\times9.81\times10^{-3}=200\times(4.800-3.630)\times9.81\times10^{-3}=2.29\text{kPa}$$

阻力：

①沉降器顶部压力 $P_{沉}$

$$P_{沉}=109.86+101.33=211.19\text{kPa}$$

②沉降器稀相段静压 ΔP_6

$$\Delta P_6=\rho\Delta h\times9.81\times10^{-3}=10\times(35.255-28)\times9.81\times10^{-3}=0.71\text{kPa}$$

③提升管进料口以上静压 ΔP_7

$$\bar{V}=\frac{58250-15850}{\ln(28250/15850)}=32576\ (m^3\cdot h^{-1})$$

$$\rho_{视}\approx\frac{(750+160)\times 10^3}{32576}\approx 27.93\ (kg\cdot m^{-3})$$

$$\bar{u}=\frac{8-4.5}{\ln(8/4.5)}=6.08\ (m\cdot s^{-1})$$

查得滑落系数为1.17，则

$$\rho_{实}\approx 27.93\times 1.17\approx 32.68\ (kg\cdot m^{-3})$$

所以

$$\Delta P_7=\rho\Delta h\times 9.81\times 10^{-3}=32.68\times(28-4.9)\times 9.81\times 10^{-3}=7.41kPa$$

④预提升段静压 ΔP_8

$$\rho_{视}\approx\frac{750\times 10^3}{5660}\approx 132.5\ (kg\cdot m^{-3})$$

取滑落系数为1.5，则

$$\rho_{实}\approx 132.5\times 1.5\approx 199\ (kg\cdot m^{-3})$$

所以

$$\Delta P_8=\rho\Delta h\times 9.81\times 10^{-3}=199\times(4.9-3.63)\times 9.81\times 10^{-3}=2.48kPa$$

⑤加速催化剂、出口伞帽处转向及出口损失引起的压降 ΔP_9

$$\Delta P_{10}=5\times 10^{-4}N\rho u_{出}^2$$
$$=5\times 10^{-4}\times(1+1.25\times 2+1)\times 42.4\times 8^2=6.10kPa$$

⑥提升管直管段摩擦阻力压降 ΔP_{10}

$$\Delta P_{10}=7.75\times 10^{-6}\times(L/D)\ \rho_{视}\ u^2$$
$$=7.75\times 10^{-6}\times(28-4.9)/1.2\times 42.4\times 6.09^2=0.23kPa$$

⑦预提升段摩擦压降 ΔP_{11}

$$\Delta P_{11}=7.75\times 10^{-6}\times(L/D)\ \rho_{视}\ u^2$$
$$=7.75\times 10^{-6}\times(4.9-3.63)/1.2\times 132.5\times 1.6^2=0.00278kPa$$

⑧再生斜管摩擦阻力 ΔP_{12}

在计算再生斜管静压静压 ΔP_3、ΔP_4、ΔP_5时采用的是视密度，因此它们已经包括了再生斜管的摩擦阻力。因此，在此不必再单独计算再生斜管的摩擦阻力。

再生剂循环路线压力平衡计算汇总见表7-34。

表7-34　再生剂循环路线压力平衡计算汇总表

推动力/kPa		阻力/kPa	
再生器顶部压力 $P_{再}$	222.96	沉降器顶部压力 $P_{沉}$	211.19
再生器稀相段静压 ΔP_1	1.72	沉降器稀相段静压 ΔP_6	0.71
淹流管以上密相床层静压 ΔP_2	2.48	提升管进料口以上静压 ΔP_7	7.41
淹流管静压 ΔP_3	7.35	预提升段静压 ΔP_8	11.24

续表

推动力/kPa		阻力/kPa	
淹流管以下及下滑阀以上斜管静压 ΔP_4	24.89	加速催化剂、出口伞帽处转向及出口损失引起的压降 ΔP_9	6.10
下滑阀以下斜管静压 ΔP_5	2.29	提升管直管段摩擦阻力压降 ΔP_{10}	0.23
		预提升段摩擦压降 ΔP_{11}	0.00278
		再生滑阀压降 $\Delta P_{阀}$	$\Delta P_{阀}$
合计	261.69	合计	$236.88+\Delta P_{阀}$

所以，再生滑阀压降 $\Delta P_{阀}=261.69-236.88=24.81\text{kPa}$

一般要求滑阀的压降为19.62～39.42kPa，因此所选定的数据及计算结果是合适的。

参考文献

[1] 张德义．努力提高催化裂化工艺技术水平，进一步增强我国炼油企业竞争能力［C］//催化裂化第九届年会报告论文选集，2003.3.

[2] 侯芙生．21世纪我国催化裂化可持续发展战略［J］．石油炼制与化工，2001，32（1）：1－6.

[3] 彭春兰，王光埙，杨光华．裂化催化剂高温再生时焦炭中氢的燃烧动力学［J］．石油学报（石油加工），1987，3（1）：17－26.

[4] NPRA AM－92－17.

[5] Fu C M，et al. Ind Eng Chem Prod Res Dev，1985，24，68－75.

[6] Xu C M，Lin S X，Yang G H. The Chemical Behavior of resin in Residum Catalytic Cracking. Proc Int Symp on Heavy Oil and Residue Upgrading and Utilization Fushun，China，1992［M］. Beijing：International Academic Publishers，1992，37.

[7] 徐春明，林世雄，杨光华．胜利减压渣油中胶质的催化裂化反应特征［J］．石油学报（石油加工），1994，10（2）：12－15.

[8] 徐春明，林世雄．渣油化学组成对催化裂化反应的影响［J］．石油学报（石油加工），1998，14（2）：1－5.

[9] 高金森，徐春明，林世雄，等．催化裂化提升管反应器气固液3相流动反应的数值模拟［J］．石油学报（石油加工），1996，15（3）：17－22.

[10] 彭春兰，王光埙，杨光华．裂化催化剂高温再生时焦炭中氢的燃烧动力学［J］．石油学报（石油加工），1987，3（1）：17－26.

[11] 燕青芝，程振民，于丰东，袁渭康．在流化床反应器内研究裂化催化剂烧炭再生的动力学［J］．石油学报（石油加工），2001，（17）2：38－44.

[12] Wang G X，Lin S X，Mo W J，et al. Kinetics of Combustion of Carbon and Hydrogen in Carbonaceous Doposits on Zeolite Type Cracking Catalysts［J］. Ind Eng Chem Proc Des Dev，1986，20（3）：627.

[13] Letzsch W S. NPRA AM－02－26.

[14] Schnaith M W，Sexson P A，Tree D R. NPRA Annual Meeting，AM－98－40.

[15] Meyers R A. Handbook of Petroleum Refing Process 2nd Ed. McGraw-Hill Book Co.

[16] 燕青芝，程振民，于丰东，袁渭康．在流化床反应器内研究裂化催化剂烧炭再生的动力学［J］．石油学报（石油加工），2001，(17) 2：38－44.
[17] 邱中红．剂油短时接触催化裂化工艺及催化剂［J］．炼油设计，2001，31 (3)：9－12.
[18] 陈俊武，曹汉昌．催化裂化工艺与工程［M］．北京：中国石化出版社，1995，783－807.
[19] 张建芳，山红红．两段提升管催化裂化新技术的开发［J］．石油学报（石油加工），2000，16 (5)：66－69.
[20] 山红红，张建芳．两段提升管催化裂化技术研究［J］．石油大学学报（自然科学版），1997，21 (4)：55－57.
[21] 张建芳．两段提升管催化裂化技术［C］//催化裂化协作组第九届年会，2002.
[22] GROSSB Heat Balancein FCC process and apparatus with dowm flower actor riser. US4411773，1983.
[23] GROSSB，RAMAGEMP. FCC reactor with hadown flow recator riser. US4385985，1983.
[24] 邓任生，金涌．气固超短接触下行床反应器的研究与开发［J］．油气加工，2000，10 (1)：26－33.
[25] 周佩玲．深度催化裂解（DCC）技术［J］．石油化工，1997，26 (8)：540－544.
[26] 侯言超．泰国0.7Mt/a催化裂解装置的设计和投产［J］．炼油设计，1999，29 (1)：8－11.
[27] 刘家琏．重质原料生产轻质烯烃技术新进展［J］．化工技术经济，1998，16 (1)：12－18.
[28] Niccum M W，et al. 1998NPRA Annual Meeting，AM－98－18，San Francisco：1998.
[29] Mc Quiston H L. Recent Developments in FCC Processing for Petroleum Production. Japan Petroleum Institute Refining Conference，Tokyo：1998.
[30] Hemler C L，Upson L L. Maximize Propylene Production. The European Refining Technology Conference，Berlin：1998.
[31] 钟乐，霍永清，王均华．常压渣油多产液化气和汽油（ARGG）工艺技术［J］．石油炼制与化工，1995，26 (6)：15－19.
[32] 韩淑茉，郝希仁．ARGG与RFCC装置工艺设计的主要差别［J］．催化裂化，1997，16 (5)：11－21.
[33] 刘怀元．MIO技术的工业应用［J］．石油炼制与化工，1998，29 (8)：10－13.
[34] 王卉群．MIO工艺及催化剂通过中国石油化工总公司技术鉴定［J］．石油炼制与化工，1997，28 (9)：19.
[35] 许友好，张久顺，龙军．生产清洁汽油组分的催化裂化新工艺MIP［J］．石油炼制与化工，2001，32 (8)：1－5.
[36] 钟孝湘，张执刚，黎仕克，等．催化裂化多产液化气和柴油工艺技术的开发与应用［J］．石油炼制与化工，2001，32 (11)：1－5.
[37] 崔华，王亚民，张久顺，钟孝湘．催化裂化协作组第七届年会论文集．2000：137.
[38] 梁凤印．催化裂化装置技术手册［M］．北京：中国石化出版社，2017.

第八章
催化加氢

催化加氢是在氢气存在下对石油馏分进行催化加工过程的通称。催化加氢技术包括加氢处理和加氢裂化两类。

加氢处理是指在加氢反应过程中，只有≤10%的原料油分子变小的加氢技术。它包括传统意义上的加氢精制和加氢处理技术。

加氢精制是各种油品在氢压下进行催化改质的统称，是在一定的温度、压力、氢油比和空速条件下，原料油、氢气通过反应器内催化剂床层，在加氢精制催化剂的作用下，把油品中所含的硫、氮、氧等非烃类化合物转化为相应的烃类及易于除去的硫化氢、氨和水，同时还使烯烃、二烯烃、芳烃和稠环芳烃选择加氢饱和，从而改善油品的使用性能。依照其所加工原料油的不同，它包括汽油（石脑油）加氢精制、喷气燃料加氢精制、柴油加氢精制等。

加氢精制的优点是原料油的范围宽，产品灵活性大，液体产品收率高［>100%（体）］，产品质量好。油品加氢精制工艺已经代替了传统的酸、碱化学精制工艺，从而避免了碱渣、酸渣的产生，有利于保护环境和改善工人劳动条件。

加氢处理是通过加氢精制反应和部分加氢裂化使原料油质量符合下一个工序要求。加氢处理多用于渣油和脱沥青油。

加氢裂化是指在加氢反应过程中，原料油分子中有10%以上变小的加氢技术。它包括传统意义上的高压加氢裂化（反应压力>14.5MPa）和缓和与中压加氢裂化（反应压力≤14.5MPa）技术。依照其所加工的原料油不同，可分为馏分油加氢裂化、渣油加氢裂化和馏分油加氢脱蜡等。

馏分油加氢裂化的原料主要有减压蜡油、焦化蜡油、裂化循环油及脱沥青油等，其目的是生产高质量的轻质油品，如石脑油、喷气燃料、柴油等。其特点是具有较大的生产灵活性，可根据市场需要，及时调整生产方案。渣油加氢裂化与馏分油加氢裂化有本质的不同，由于渣油中富集了大量硫化物、氮化物、胶质、沥青质大分子及金属化合物，催化剂的作用被大大降低。因此，热裂解反应在渣油加氢裂化过程中有重要作用。

加氢裂化是重质馏分油深度加工的重要工艺之一，不仅是炼油工业生产轻质油品的重要手段，而且也成为石油化工企业的关键技术；具有产品灵活的特点，采用不同的催化剂和操作方案，用不同原料可以选择性地生产液化气、石脑油、喷气燃料、轻柴油以及润滑油基础油等优质石油产品，其尾油可作为生产乙烯裂解原料或作为低硫的催化裂化原料；可以最大量生产优质中间馏分油并作为调整产品结构的重要手段；原料范围宽，操作方案多；炼油厂可以应用加氢裂化组合出不同的加工流程，提高全厂的产品质量，改变产品结构，从而提高全厂的经济效益；唯一能在重油轻质化同时制取低硫、低芳烃的清洁燃料的工艺，它不需要原料预处理，可以直接加工含硫 VGO；可以最大量生产高芳潜含量的优质重整原料，比直馏石脑油芳潜含量高 20% ~30%；采用不同的催化剂匹配及组合时，它又是生产符合 API（美国石油学会）标准的Ⅱ/Ⅲ类高档润滑油基础油的关键技术。

第一节　催化加氢过程的化学反应

一、加氢处理过程的化学反应

从化学的角度来看，加氢处理过程的主要反应可分为两大类：一类是氢直接参与的化学反应，如加氢饱和、氢解；另一类是临氢条件下的化学反应，如异构化反应等。

（一）加氢脱硫（HDS）反应

石油馏分中的含硫化合物在催化剂和氢气的作用下，进行氢解反应，转化为相应烃类和 H_2S。石油馏分中有代表性的含硫化合物主要有硫醇、硫醚、二硫化物、噻吩和硫芴。加氢脱硫反应是加氢处理过程中最主要的化学反应。

1. 各类硫化物的脱硫反应

①硫醇

$$RSH + H_2 \longrightarrow RH + H_2S$$

②硫醚

$$R\text{-}S\text{-}R + 2H_2 \longrightarrow 2RH + H_2S$$

③二硫化物

$$(RS)_2 + 3H_2 \longrightarrow 2RH + 2H_2S$$

④噻吩

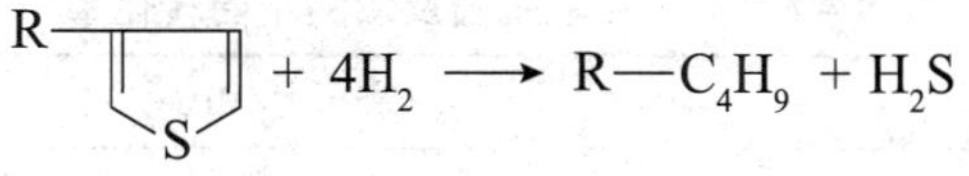

⑤硫芴

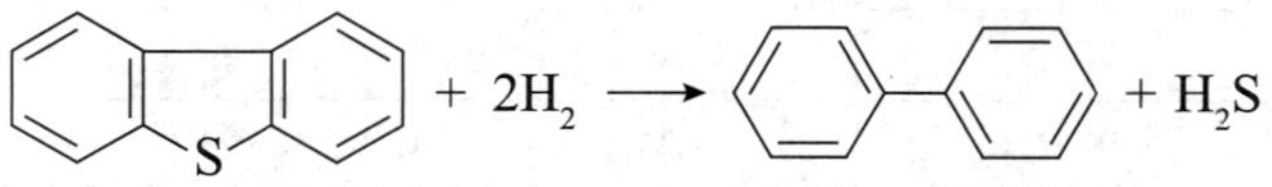

2. 加氢脱硫反应的热力学

对于多数含硫化合物来说，在相当大的温度和压力范围内，其脱硫反应的化学平衡常数都是相当大的。因此，在实际的加氢过程中，对大多数含硫化合物来说，决定脱硫率高低的因素是反应速率而不是化学平衡。表 8－1 列出了各类含硫化合物在不同温度下加氢脱硫反应的化学平衡常数。由表 8－1 可见，除噻吩类在 627℃（远超过工业反应温度）以外，所有含硫化合物的反应平衡常数在很大的温度范围内都是正值，而且数值较大，说明从热力学角度来看，它们都可以达到很高的平衡转化率。

表 8－2 列出了噻吩在不同温度和压力下的加氢脱硫反应的平衡转化率。由表 8－2 可见，压力较低时，温度的影响明显；而温度较高时，压力的影响显著。对噻吩类硫化物来说，进行深度脱硫时，反应压力应不低于 4MPa，反应温度应不高于 700K（约 427℃）。

表 8－1　含硫化合物加氢脱硫反应的化学平衡常数及热效应

反应	$\lg K_P$			ΔH（700K）/ $kJ \cdot mol^{-1}$
	500K	700K	900K	
$CH_3SH + H_2 \longrightarrow CH_4 + H_2S$	8.37	6.10	4.69	
$C_2H_5SH + H_2 \longrightarrow C_2H_6 + H_2S$	7.06	5.01	3.84	－70
n-$C_3H_7SH + H_2 \longrightarrow C_3H_8 + H_2S$	6.05	4.45	3.52	
$(CH_3)_2S + 2H_2 \longrightarrow 2CH_4 + H_2S$	15.68	11.42	8.96	
$(C_2H_5)_2S + 2H_2 \longrightarrow 2C_2H_6 + H_2S$	12.52	9.11	7.13	－117
CH_3-S-S-$CH_3 + 3H_2 \longrightarrow 2CH_4 + 2H_2S$	26.08	19.03	14.97	
C_2H_5-S-S-$C_2H_5 + 3H_2 \longrightarrow 2C_2H_6 + 2H_2$	22.94	16.79	13.23	
 $+ 2H_2 \longrightarrow n$-$C_4H_{10} + H_2S$	8.79	5.26	3.24	－122
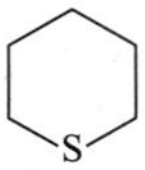 $+ 2H_2 \longrightarrow n$-$C_5H_{12} + H_2S$	9.22	5.92	3.97	－113
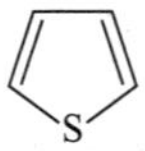 $+ 4H_2 \longrightarrow n$-$C_4H_{10} + H_2S$	12.07	3.85	－0.85	－281
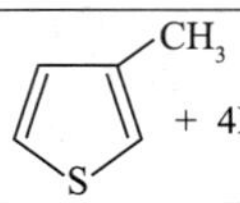 $+ 4H_2 \longrightarrow i$-$C_5H_{12} + H_2S$	11.27	3.17	－1.43	－276

表 8－2　噻吩加氢脱硫反应的平衡转化率①

温度/K	压力/MPa			
	0.1	1.0	4.0	10.0
500	99.2	99.9	100	100
600	98.1	99.5	99.8	99.8
700	90.7	97.6	99.0	99.4
800	68.4	92.3	96.6	98.0
900	28.7	79.5	91.8	95.1

①转化率数据为摩尔分数。

在加氢精制过程中，各种类型硫化物的氢解反应都是放热反应。在工业操作条件下（不大于427℃），反应基本不可逆，不存在热力学限制，但随着温度的升高，某些硫化物的反应受热力学影响，平衡常数变小，对反应不利，故较低的温度和较高的操作压力有利于加氢脱硫反应。

3. 加氢脱硫反应的动力学

石油馏分中各类含硫化合物的C—S键的键能比C—C或C—N键的键能要小，因此，在加氢过程中，含硫化合物中的C—S键先行断开而生成相应的烃类和H_2S。表8－3列出了几种键的键能。

表8－3　各种键的键能

键	C—H	C—C	C═C	C—N	C═N	C—S	N—H	S—H
键能/kJ·mol^{-1}	413	348	614	305	615	272	391	367

各种有机含硫化合物在加氢脱硫反应中的反应活性，因分子结构和分子大小不同而异。

分子大小相同，则脱硫活性：噻吩＜四氢噻吩—硫醚＜二硫化物＜硫醇。

类型相同，则脱硫活性：相对分子质量大且结构复杂的硫化物＜相对分子质量小且结构简单的硫化物。

噻吩类衍生物的活性：多取代基＜小取代基＜无取代基。若取代基数量相同，则：距硫原子位置近（空间位阻）＜距硫原子位置远。

噻吩类硫化合物的反应活性是最低的。表8－4列出了某些噻吩类化合物的加氢反应速率常数。

表8－4　某些噻吩类化合物的加氢反应速率常数

化合物	相对反应速率常数
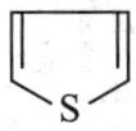	100
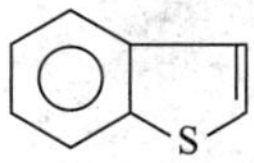	58.7
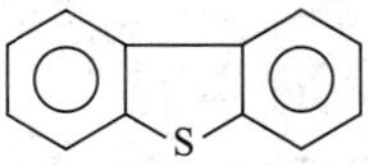	4.4
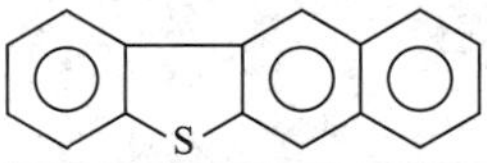	11.4

注：反应条件：300℃，7.1MPa，Co-Mo/Al_2O_3催化剂。

这些模型硫化物的氢解反应属于表面催化反应，硫化物和氢分子分别吸附在催化剂不同类型的活性中心上，其反应速率可以用Langmuir-Hinshelwood（兰格缪尔－修斯伍德）动力学方程来描述。在实际石油馏分中硫化物的组成和结构十分复杂，并且不同类型的硫化物在不同馏分中的分布有相当大的差异，因此石油馏分加氢脱硫反应动力学远比纯硫化物复杂。石油馏分加氢脱硫通常用幂函数反应速率表达式：

$$r_{HDS}=k\left[\alpha(1-x)\right]^{\alpha}\times f(P_{H})\times e^{-E/RT} \tag{8-1}$$

式中　x——转化率；

α——原料油中的初始硫含量，取决于所用的原料，取值为1～2。

在单体硫化物中，噻吩型硫化物是最稳定的，因而深度脱硫的主要问题是噻吩类物质。对于噻吩而言，若想达到深度脱硫的目的，反应压力应不低于4MPa，反应温度不高于700K（约427℃）。噻吩类硫化物脱硫有两条途径：一是加氢饱和环上的双键，然后开环脱硫；二是先开环脱硫生成二烯烃，然后二烯烃再加氢饱和。一般认为这两种反应均会发生。噻吩的加氢脱硫反应是通过加氢和氢解两条平行途径进行的，由于硫化氢对C-S键氢解有强抑制作用，而对加氢影响不大，因此认为，加氢和氢解是在催化剂的不同活性中心上进行的。

（二）加氢脱氮（HDN）反应

石油馏分中的含氮化合物在催化剂和氢气的作用下，进行氢解反应，转化为相应烃类和NH_3。含氮化合物对产品质量的稳定性有较大危害，并且在燃烧时会排放出NO_x污染环境。

1. 各类氮化物的HDN反应

①脂肪胺及芳香胺。

$$R—CH_2—NH_2+H_2 \longrightarrow R—CH_3+NH_3$$

②吡啶、喹啉类型的碱性杂环化合物。

吡啶：

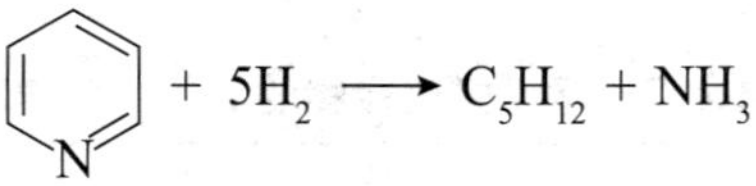

喹啉：

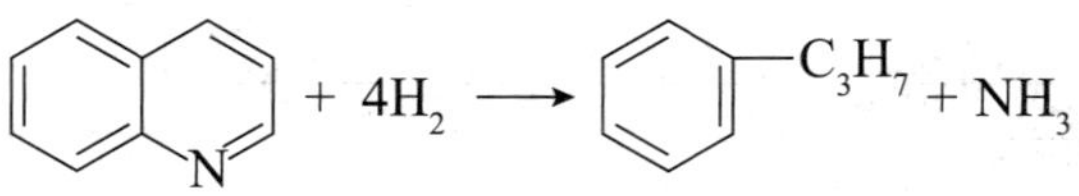

③吡咯、茚及咔唑型的非碱性氮化物。

吡咯：

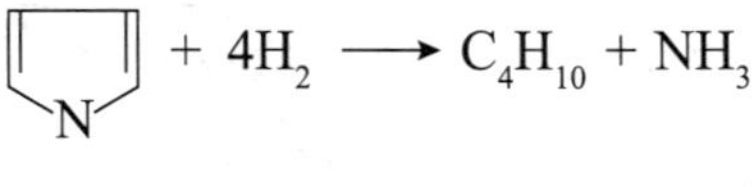

在各族氮化物中，脂肪胺类的反应能力最强，芳香胺类次之，碱性或非碱性氮化物（特别是多环氮化物）很难反应。

2. 加氢脱氮反应的热力学

C═N键能比C—N大一倍，因此在实际加氢脱氮反应过程中C—N键氢解前含氮原子的杂环必须先加氢饱和。由于热力学平衡问题，在某些情况下杂环氮化物与其加氢产物的热力学平衡能够限制和影响总的加氢脱氮反应的速率。

以吡啶加氢脱氮反应为例：

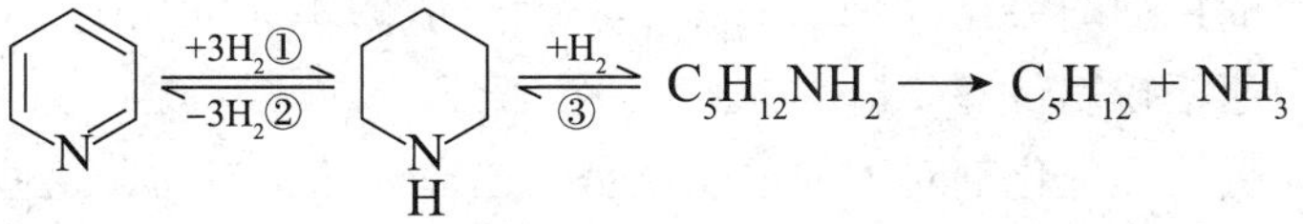

从反应机理可以看出，吡啶和哌啶之间的平衡可能影响到总的加氢脱氮的反应速率。如果第③步 C—N 键氢解比第①步慢，则哌啶的平衡浓度是主要的限制，在这种情况下 C—N 键氢解速率以及总的加氢脱氮的反应速率比没有明显的热力学限制的反应速率要低。反之，如果第一步是反应速率控制步骤，则环饱和的平衡不影响总的加氢脱氮速率。由于在实际工业过程的条件下往往属于第一种情况，因此考虑热力学平衡问题具有重要的实际意义。研究指出，在 Ni-W/Al_2O_3 催化剂上，在总压 5.0MPa 的压力下，反应温度为 350℃以下时，第③步是控制步骤；在 350℃以上时，第①步是控制步骤。375℃以上时，哌啶转化率随温度的升高而下降。其原因是达到某一温度后，由于哌啶平衡浓度下降的影响大于因温度升高而使哌啶氢解（C—N 键断裂）的速率常数的增加，因此总的加氢脱氮反应速率下降。但是，达到最高转化率的温度与操作压力有关，压力越高，达到最高转化率的温度越高。在相当高的压力下，吡啶和哌啶之间的平衡限制已经不再存在，因此高压有利于加氢脱氮反应。

3. 加氢脱氮反应动力学

不同馏分中氮化物的加氢反应速率差别很大。轻油馏分中难以加氢的烷基杂环氮化物含量极少，因此这些低沸点馏分完全脱氮并不困难，例如含氮量为 240μg · g^{-1} 的催化裂化汽油（127 ~204℃），在约 2MPa、316℃、空速 4.0h^{-1} 反应条件下加氢脱氮，生成油含氮量 <0.5μg · g^{-1}。

催化裂化柴油（204 ~354℃）的脱氮难度急剧增加，要在 7MPa、371℃、1.0h^{-1} 的条件下，才能将原料油中 360μg · g^{-1} 的氮降至 0.5μg · g^{-1}。343 ~566℃的直馏重瓦斯油馏分的加氢脱氮非常困难，在 7MPa、371℃、1.0h^{-1} 的条件下，氮含量从 900μg · g^{-1} 下降到 158μg · g^{-1}。而含氮 2800μg · g^{-1} 的脱沥青渣油，即使在 42MPa、393℃、0.5h^{-1} 的苛刻条件下，加氢生成油含氮量仍高达 250μg · g^{-1}。

馏分越重，加氢脱氮越困难。这主要是重馏分氮化物的分子结构复杂，空间位阻效应增强，且氮化物中芳香杂环氮化物增多。

加氢脱氮反应包括两种不同类型的反应，加氢和 C—N 键断裂。对于杂环氮化物来说，如果杂环氮化物的加氢反应是加氢脱氮反应速率的控制步骤，那么生成的饱和杂环氮化物立即反应，因此第一步杂环饱和的平衡对总的加氢脱氮速率没有影响。然而，如果氢解反应（C—N 键断裂）是速率控制步骤，则可逆的杂环饱和反应可以达到平衡。饱和杂环化合物的分压决定于与温度有关的速率常数以及饱和杂环化合物的分压，而后者是由杂环化合物加氢饱和的平衡常数所决定的。当升高反应温度时，速率常数增加，但是杂环化合物的加氢饱和的平衡常数下降，从而降低了饱和杂环化合物的分压。因此随着反应温度的升高，总的加氢脱氮速率有一个极大值。

在实际工业反应条件下总的加氢脱氮反应速率的控制步骤取决于加氢和氢解反应速率之比，这一比值与催化剂的类型和性质有关。对于一般的工业催化剂，C—N 键氢解反应通常是脱氮反应的速率控制步骤。

目前通用的加氢处理催化剂对于加氢脱氮是非选择性的，然而，这些催化剂对于加氢脱硫具有很高的选择性。

此外，一种值得注意的现象是，含有两个氮原子的六元杂环氮化物一般比只含一个氮原子的六元杂环氮化物更容易加氢脱氮。这可能是因为在六元环中第 2 个氮原子的存在降低了共振能，从而使这类化合物中的氮原子比较容易脱除。例如，吡嗪加氢脱氮反应速率显著高于吡啶。

动力学研究表明，对较轻馏分中的氮化物，在转化率不是太高的情况下，加氢脱氮反应可看作一级反应；但对较重的馏分以及在较高转化率条件下，加氢脱氮反应动力学可用拟二级反应动力学方程和或混合反应动力学方程描述。

（三）加氢脱氧（HDO）反应

含氧化合物通过氢解反应生成相应的烃类及水。

1. 含氧化合物的 HDO 反应

①酚类

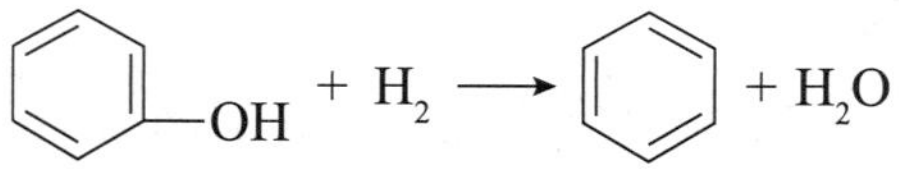

②环烷酸

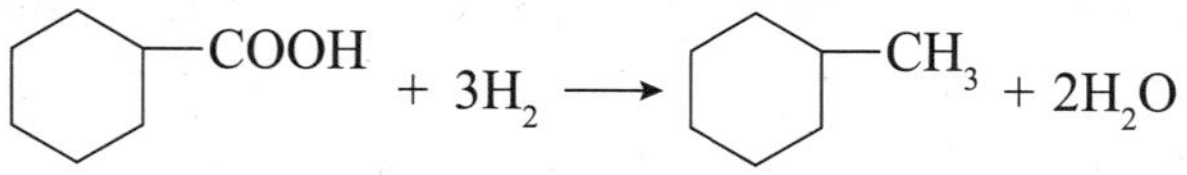

含氧化合物反应活性的顺序是：呋喃环类 > 酚类 > 酮类 > 醛类 > 烷基醚类。

从动力学上看，含氧化合物在加氢精制条件下分解很快。对杂环氧化物，当有较多取代基时，反应活性较低。

2. HDO、HDS 及 HDN 的比较

在工业加氢处理反应过程中，S、N 和 O 是同时脱除的。因此必然会存在 HDS、HDN 和 HDO 之间的相互影响。在加氢处理过程中，HDN 反应速率的任何改善对整体加氢处理过程都有重要作用，因为含氮化合物的吸附会使催化剂表面中毒。氮化物的存在会导致活化氢从催化剂表面活性中心脱除，从而使 HDO 反应速率下降。因此为保持高的 HDO 反应速率必须持续提供活化氢。催化剂表面的活化氢浓度对 HDO 反应和 HDN 反应的影响要比对 HDS 的大，因为前二者受热力学平衡的影响。为了达到高度脱氧和脱氮，应避免热力学平衡的限制，因此必须保持足够高的氢分压。假定 C—S、C—N 和 C—O 键断裂反应是整个反应速率的控制步骤，在高氢分压下，三种反应的相对反应速率的顺序为：HDS > HDO > HDN。在氢分压接近常压或接近工业操作条件（氢分压为 13.9MPa）下，则三种反

应的相对反应速率顺序为 HDS > HDN > HDO。

（四）加氢脱金属（HDM）反应

随着加氢原料的拓宽，尤其是渣油加氢技术的发展，加氢脱金属的问题越来越受到重视。原油中的金属主要集中在渣油中。渣油中的金属有镍、钒、铁、钙等，对催化裂化、加氢裂化的反应性能影响较大。HDM 的主要目的就是脱除渣油中的金属杂质。

渣油中的金属可分为卟啉化合物（如镍和钒的络合物）和非卟啉化合物（如环烷酸铁、钙、镍）。以非卟啉型存在的金属化合物反应活性高，很容易在 H_2/H_2S 存在条件下，转化为金属硫化物沉积在催化剂表面上。而以卟啉型存在的金属化合物是先可逆地生成中间产物。然后中间产物进一步氢解，生成的硫化态镍以固体形式沉积在催化剂上。

1. 沥青胶束的金属桥的断裂

$$R—M—R' \xrightarrow{H_2,\ H_2S} MS_2 + RH + R'H$$

2. 卟啉金属镍的氢解

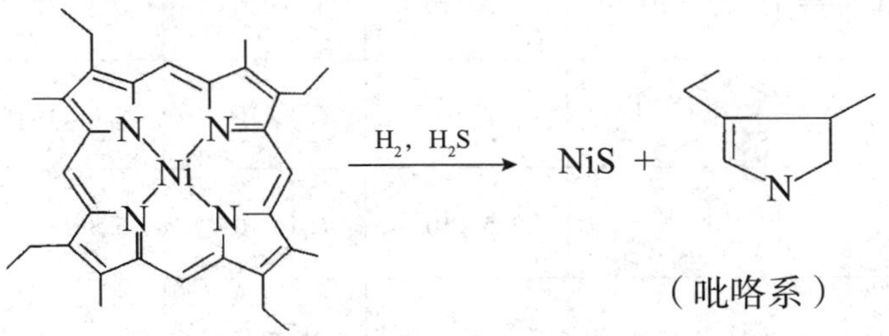

根据金属含量和转化深度，加氢脱钒及脱镍的反应动力学可用一级或二级反应方程式，这有点类似于脱硫反应的动力学。在低转化率情况下，可用一级反应方程式描述，而在较高转化率情况下，则用二级反应方程式描述。

渣油中镍和钒等金属的脱除与硫和氮的脱除大不相同。一般来讲，镍和钒是以金属硫化物的形式沉积在催化剂上，并随着沉积物的积累而引起催化剂失活。因此，HDM 反应产物对催化剂性能的影响比 HDS 和 HDN 的反应产物对催化剂的影响更大。

（五）烯烃加氢饱和

烯烃通过加氢，转化为相应的烷烃，使产品得到饱和。例如：

$$R—CH—CH_2 + H_2 \longrightarrow R—CH—CH_3$$

$$R—CH═CH—CH═CH_2 + 2H_2 \longrightarrow R—CH_2—CH_2—CH_2—CH_3$$

焦化汽油、焦化柴油和催化裂化柴油在加氢精制的操作条件下，其中的烯烃加氢饱和反应是完全的。但由于烯烃加氢饱和反应是放热效应，且热效应较大，因此对不饱和烃含量高的油品进行加氢时，要注意控制反应温度，避免反应器的超温。

（六）芳烃加氢饱和

催化加氢的加氢饱和，主要是稠环芳烃（萘系烃、蒽类、菲类化合物）的加氢饱和。例如：

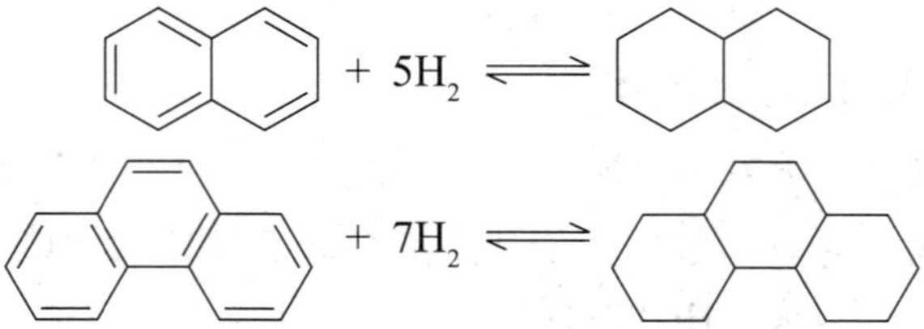

在一般的工艺条件下，芳烃加氢饱和困难，尤其是单环芳烃，需要较高的压力及较低的反应温度。在芳烃的加氢反应中，多环芳烃转化为单环芳烃比单环芳烃加氢饱和要容易得多。

一些稠环芳烃加氢平衡常数及它们的相对反应速率常数列于表 8－5。

表 8－5　芳烃加氢反应化学平衡常数及相对反应速率常数

反应	$\lg K_P$			相对反应速率常数
	500K	600K	700K	
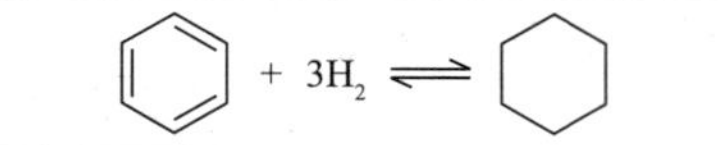	1.3×10^{2}	2.3×10^{-2}	4.4×10^{-5}	1.0
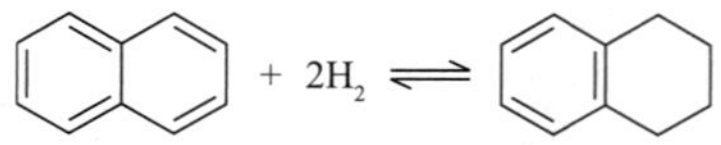	5.6	3.2×10^{-2}	8.0×10^{-4}	23.0
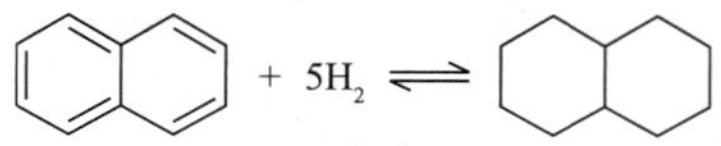	2.5×10^{2}	1.6×10^{-4}	6.3×10^{-9}	2.5
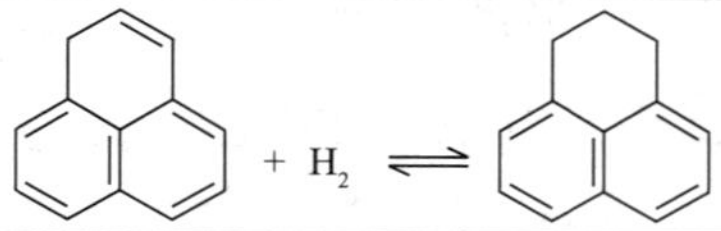	0.8	5.0×10^{-3}	1.4×10^{-4}	13.8
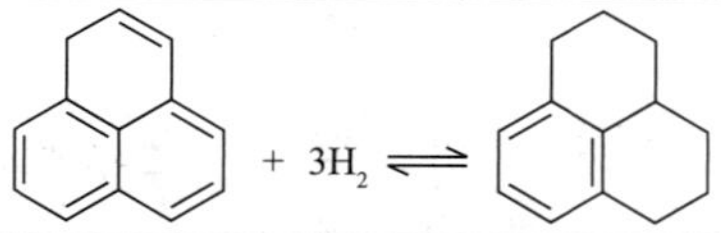	0.5	2.5×10^{-5}	1.8×10^{-8}	4.6
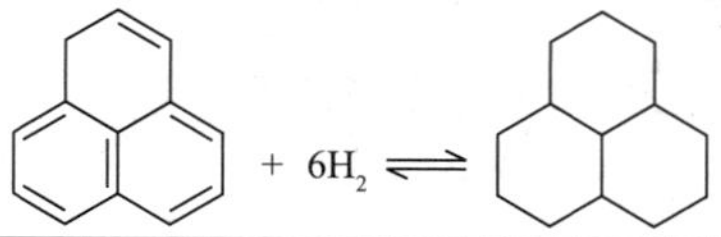	0.8	1.3×10^{-10}	4.0×10^{-14}	2.9

由表 8－5 可见：

① 芳烃加氢反应的化学平衡常数随温度的升高而减小。

② 在 600～700K 温度范围内，芳香环完全加氢饱和反应的化学平衡常数随分子中环的增多而减小。

③ 在 600～700K 温度范围内，稠环芳烃第一个环饱和反应的平衡常数最大，双环饱和反应次之，芳环全部饱和的反应最小。

④ 600K 以上芳烃加氢的平衡常数都较小，因而必须在较高的压力下才能提高平衡转化率。

⑤ 从相对反应速率常数来看，稠环芳烃中的第一个芳香环的加氢饱和是比较容易的，其反应速率常数比苯的要大一个数量级；而其最后剩下的一个芳香环的加氢饱和是比较困难的，其反应速率与苯的接近。

此外，芳环上带有烷基侧链，则芳香环的加氢会变得困难。因此，要使芳烃深度转化，必须在较高压力下进行。压力提高，平衡右移，有利于提高加氢产物的平衡浓度。随着反应温度升高，加氢平衡常数呈数量级下降，因此芳烃深度饱和加氢必须在较低温度下进行。

综上所述，稠环芳烃加氢有两个特点：一是每个环加氢脱氢都处于平衡状态，二是稠环芳烃的加氢是逐环依次进行的，并且加氢难度随环数递减增加。

二、加氢裂化过程的化学反应

加氢裂化是指在加氢反应过程中，原料油分子中有10%以上变小的加氢技术。下面主要讨论各种烃类在由加氢组分和酸性载体构成的双功能催化剂上的C—C键裂解加氢反应。

加氢裂化过程采用双功能催化剂，其中的酸性功能由催化剂的载体硅铝酸或分子筛提供。而催化剂的加氢功能则由金属活性组分（Ni、W、Mo、Co）的氧化物或硫化物提供。因此，烃类的加氢裂化反应可看作为催化裂化反应与加氢反应的组合，其反应机理是正碳离子且遵循β-断裂法则。因此，在催化裂化过程中最初发生的反应在加氢裂化过程中也基本出现，但是催化裂化过程中的某些二次反应（如二次裂化和生焦反应）由于氢气及具有加氢功能催化剂的存在而被抑制或终止。这正是导致加氢裂化和催化裂化两种工艺过程在设备、操作条件、产品分布和产品质量等诸多方面不同的根本原因。

（一）烷烃的加氢裂化反应

烷烃加氢裂化包括原料分子C—C键断裂的裂化反应以及生成的不饱和烃分子碎片的加氢饱和反应。

正构烷烃的典型双功能转化机理可以用图8－1来表示。

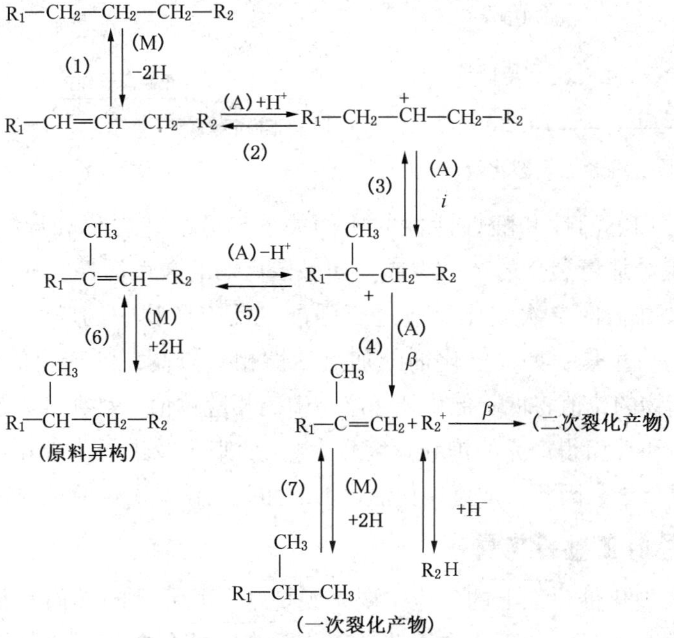

图8－1　正构烷烃的典型双功能转化机理

（M）—金属位；（A）—酸性位；i—异构化反应；β—β-断裂

正构烷烃在双功能催化剂上的加氢裂化反应步骤可以描述如下：

①正构烷烃在催化剂的加、脱氢位（金属活性中心）上吸附。

②吸附的正构烷烃脱氢生成正构烯烃［反应（1）］。

③正烯烃从加、脱氢位扩散到酸性位（酸性活性中心）。

④烯烃在酸性位获得质子生成仲正碳离子［反应（2）］。

⑤仲正碳离子通过质子化环丙烷中间物生成叔正碳离子［反应（3）］；仲正碳离子通过β-断裂生成正构烯烃和伯正碳离子的概率很小，故该反应在图中未予表示。

⑥叔正碳离子通过β-断裂生成异构烯烃和一个新的正碳离子［反应（4）］。

⑦叔正碳离子失去质子生成异构烯烃［反应（5）］。

⑧正、异构烯烃从酸性位扩散至金属位。

⑨正、异构烯烃在金属位上加氢饱和［如反应（6）和反应（7）］。

⑩新生的正碳离子（如R_2^+）既可获得负氢离子变成烷烃，也可继续发生β-断裂（二次裂化），直至生成不能再进行β-断裂的C_3和i-C_4正碳离子为止。这正是加氢裂化气体产物中富含的C_3和i-C_4的原因。

从转化机理可以看出，烷烃在双功能催化剂上不仅发生裂化反应，同时还发生异构化反应。这种异构化反应虽然是在氢压下进行的，但氢并未进入反应的化学计量中，在反应完成之后氢并没有消耗，因此，这一过程又叫临氢异构化。烷烃的裂化反应和异构化反应的途径，可简单用图 8－2 与图 8－3 表示。

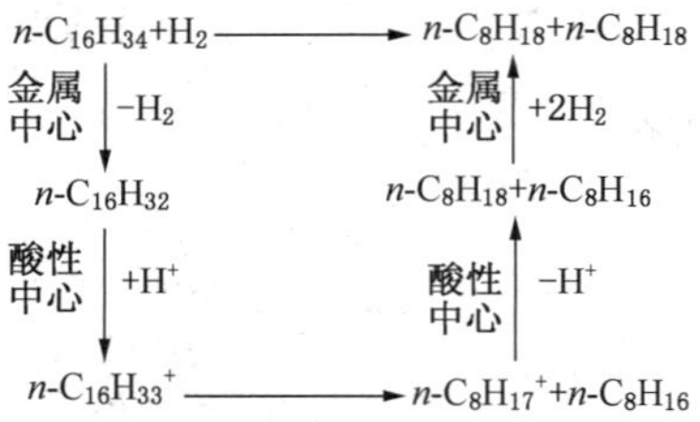

图 8－2　长链烷烃加氢裂化反应途径

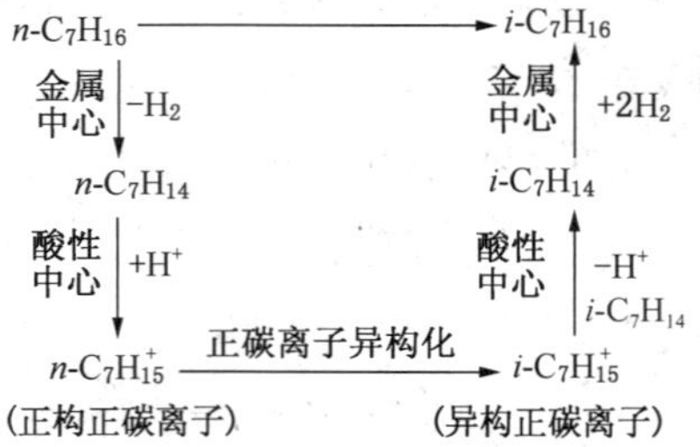

图 8－3　正庚烷异构化反应途径

改变催化剂的加氢活性和酸性活性的比例关系，可改变裂化和异构化反应进行的程度，也就改变了烷烃加氢裂化的产品组成。如果催化剂的酸性活性相对较高，则产物的异构化程度也较高，并会使二次裂化反应过于强烈，反应产物中的较小分子及不饱和烃增多，严重时还会造成生焦；如果催化剂的加氢活性相对较高，则产物的异构化程度较低，异构产物与正构产物的比值将低于催化裂化产品中的相应比值，且在加氢裂化过程中形成的烯烃会很快加氢饱和（所得产品的饱和程度较大），而来不及进一步裂化或吸附于催化剂表面而脱氢缩合生成焦炭。因此，加氢裂化催化剂的加氢活性与酸性活性要很好地匹配。

（二）环烷烃的加氢裂化反应

环烷烃在加氢裂化催化剂上的反应主要是脱烷基、六元环的异构和开环反应。环烷正碳离子与烷烃正碳离子最大的不同在于前者裂化困难，只有在苛刻的条件下，环烷正碳离子才发生β-断裂。

带长侧链的单环环烷烃主要是发生断侧链反应。六元环烷相对比较稳定，一般是先通过异构化反应转化为五元环烷烃后再断环成为相应的烷烃。双六元环烷烃在加氢裂化条件下往往是其中的一个六元环先异构化为五元环后再断环，然后才是第二个六元环的异构化和断环。这两个环中，第一个环的断环是比较容易的，而第二个环则较难断开。此反应途径如图 8－4 所示。

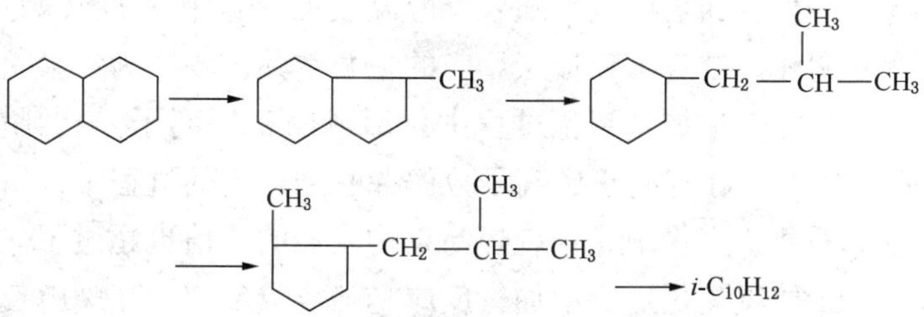

图 8－4　环烷烃加氢裂化反应途径

环烷烃加氢裂化产物中的异构烷烃与正构烷烃之比及五元环烷烃与六元环烷烃之比都比较大。

（三）芳香烃的加氢裂化反应

苯在加氢条件下反应首先生成六元环烷，然后发生前述相同反应。以下将分述烷基苯和多环芳烃的加氢裂化反应。

1. 烷基苯的加氢裂化

烷基苯加氢裂化反应主要有脱烷基、烷基转移、异构化、环化等反应，使得产品具有多样性。

C_1 ~ C_4 侧链烷基苯的加氢裂化，主要以脱烷基反应为主，异构和烷基转移为次，分别生成侧链为异构程度不同的烷基苯以及苯、二烷基苯。

烷基苯侧链的裂化既可以是脱烷基（环 C—α-C 断裂，生成苯和烷烃），也可以是侧链中的 C—C 键断裂（生成烷烃和较小的烷基苯）。对正烷基苯，后者比前者容易发生，对脱烷基反应，则 α-C 上的支链越多，越容易进行，以正丁苯为例，脱烷基速率有以下顺序：

叔丁苯 > 仲丁苯 > 异丁苯 > 正丁苯

短烷基侧链比较稳定，甲基、乙基难以从苯环上脱除。C_4 或 C_4 以上侧链从环上脱除很快。对于侧链较长的烷基苯，除脱烷基、侧链等反应外，还可能发生侧链环化反应生成双环化合物。苯环上烷基侧链的存在会使芳烃加氢变得困难，烷基侧链的数目对加氢的影响比侧链长度的影响大。

2. 多环芳烃的加氢裂化

多环芳烃的加氢裂化因其在提高轻质产品收率、改善产物质量和延长装置运转周期等方面的重要作用，长期以来备受研究者们的关注。

在加氢裂化条件下，多环芳烃的反应非常复杂，它只有在芳香环加氢饱和反应之后才能开环，并进一步发生随后的裂化反应。因此，在讨论多环芳烃加氢裂化反应时，必须同时考虑芳烃的加氢饱和反应。

（四）加氢裂化反应的热力学和动力学特点

1. 热力学特点

加氢裂化反应的热力学有如下特点：

①烃类裂解和烯烃加氢饱和等反应化学平衡常数较大，不受热力学平衡常数的限制。

②芳烃加氢反应，随着反应温度的升高和芳烃环数的增加，芳烃加氢平衡常数值下降。稠环芳烃各个环加氢反应的平衡常数值顺序为：第一环 > 第二环 > 第三环。

③由于在加氢裂化过程中，形成的正碳离子异构化的平衡转化率随碳数的增加而增加，因此，在这些正碳离子分解并达到稳定的过程中，所生成的烷烃异构化程度超过了热力学平衡，产物中异构烷烃与正构烷烃的比值也超过了热力学平衡值。

④加氢裂化反应中加氢反应是强放热反应，而裂解反应则是吸热反应。但裂解反应的吸热效应远低于加氢反应的放热效应，总的结果表现为放热效应。

单体烃的加氢反应的反应热与分子结构有关，芳烃加氢的反应热低于烯烃和二烯烃的反应热，而含硫化合物的氢解反应热与芳烃加氢反应热大致相等；单体烃加氢裂化反应热与烃的相对分子质量无关，而取决于温度和产品的组成。整个过程的反应热与断开的一个键（并进行碎片加氢和异构化）的反应热和断键的数目成正比。

表 8－6 列出了加氢裂化过程中一些反应的平均反应热。

表 8－6　一些反应的平均反应热

反应类型	反应热/$kJ \cdot mol^{-1}$	反应类型	反应热/$kJ \cdot mol^{-1}$
烯烃加氢饱和	－104.7	加氢脱氮	－93.04
芳烃加氢饱和	－32.56	环烷烃加氢开环	－9.304
加氢脱硫	－69.78	烷烃加氢裂化	－1.477

2. 反应动力学特点

在加氢裂化条件下，裂解反应和异构化反应为一级反应，而加氢反应则属于二级反应。但在实际工业条件下，通常采用大量的过剩氢气，因此总的加氢裂化反应表现为拟一级反应。

加氢裂化是一个复杂的反应体系，它在进行加氢裂化的同时，还进行加氢脱硫、加氢脱氮、加氢脱金属等反应，它们之间相互影响，使得动力学问题变得相当复杂。下面以催化裂化循环油在 10.3MPa 下的加氢裂化反应为例（见图 8－5），简单地说明一下这些反应之间的相对反应速率。

由图 8－5 可看出，多环芳烃很快加氢生成多环环烷芳烃，其中的环烷环较易开环，继而发生异构化、断侧链（或脱烷基）等反应。分子中含有两个芳环以上的多环芳烃，其加氢饱和及开环断侧链的反应都较容易进行（相对速率常数为 1～2）；含单芳环的多环化合物，苯环加氢较慢（相对速率常数只有 0.1），但其饱和环的开环和断侧链的反应仍然较快（相对速率常数大于 1）；但单环环烷较难开环（相对速率常数 0.2）。因此，多环芳烃加氢裂化，其最终产物可能主要是苯类和较小分子烷烃的混合物，而不像催化裂化条件下主要是缩合生成焦。这正是两类催化反应的根本不同点，也是加氢裂化可以维持长周期运转，而催化裂化则必须连续烧焦的主要原因。

通过以上的分析讨论，可以概括出加氢裂化反应的特点：

①稠环芳烃加氢裂化通过逐环加氢裂化生成较小分子的芳烃及芳烃一环烷烃。

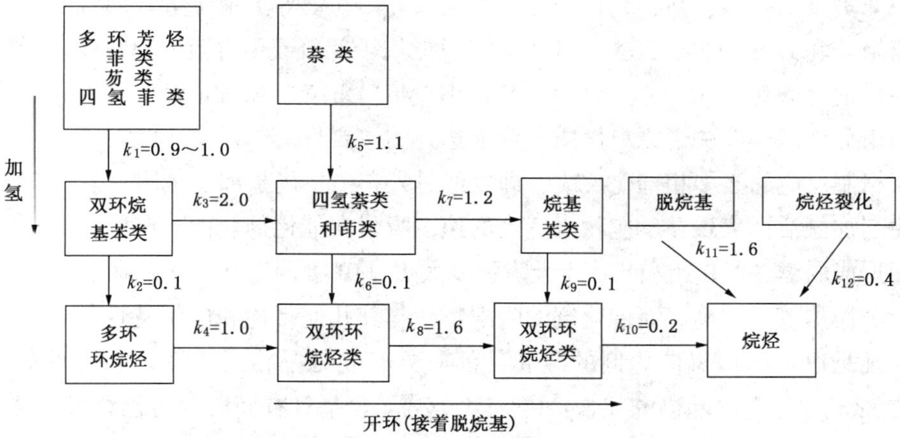

图 8－5　催化裂化柴油加氢裂化各反应的相对反应速率常数

②双环以上环烷烃在加氢裂化条件下，发生异构、裂环反应，生成较小分子的环烷烃，随着转化深度增加，最终生成单环环烷烃。

③单环芳烃和环烷烃比较稳定，不易裂开，主要是侧链断裂或生成异构体。

④烷烃异构化与裂化同时进行，反应产物中异构烃含量一般超过热力学平衡值。

⑤烷烃裂化在正碳离子的β位置断裂，所以加氢裂化很少生成 C_3 以下的小分子烃。

⑥非烃基本上完全转化，烯烃也基本全部饱和。

加氢裂化主要是以生产轻质发动机燃料、中间馏分油或重油改质为目的。在加氢裂化反应进行的同时，还发生加氢脱硫、脱氮、脱金属及其他脱杂质反应，几种反应相互影响。因此，研究这一复杂体系中的某一具体的反应，已难以说明问题，也无太大的意义，必须将体系中的绝大多数反应统筹考虑，才能得到具有实际意义的动力学模型，以指导科研和实际生产。

第二节　加氢催化剂

催化加氢技术是炼油工业中重油轻质化及改善油品最有效的手段之一，其技术关键在于加氢催化剂。

一、加氢催化剂的种类和组成

（一）加氢精制催化剂

加氢精制催化剂是由活性组分、助剂和载体组成的，其作用是加氢脱除硫、氮、氧和重金属以及多环芳烃加氢饱和。该过程原料的分子结构变化不大，根据各种反应需要，伴随有加氢裂化反应，但转化深度不深，转化率一般在10%左右。表明加氢精制催化剂需要加氢和氢解双功能，而氢解所需的酸度要求不高。

1. 加氢精制催化剂的活性组分

加氢金属组分是加氢精制催化剂加氢活性的主要来源，通常是第 VIB 族及Ⅷ族的金属，其中非贵金属有镍、钴、钼、钨等，贵金属有铂和钯等。由于贵金属催化剂容易被有机硫、氮组分和 H_2S 中毒而失去活性，所以只能用于低硫或不含硫的原料中。最常用的加氢精制催化剂金属组分最佳组合为 Co-Mo、Ni-Mo、Ni-W、Ni-Mo-W、Co-Ni-Mo 等。选用哪种金属组分搭配，取决于原料性质及要求达到的主要目的。

加氢精制反应属于多相催化反应，即要经过外扩散、内扩散、吸附（脱附）反应等步骤。催化剂加氢活性表现在反应物以适当的速度吸附在催化剂表面，吸附的分子和催化剂表面之间形成弱键，ⅤB 族和ⅥB 族吸附强度太大，IB 吸附太弱或不吸附，而Ⅷ族吸附强度适宜，因而加氢活性高。而催化剂的吸附特性与其几何特性和电子特性有关。多位学理论认为：凡是适合作加氢催化剂的金属，都应具有立方晶格或六角晶格，例如 W、Mo、Fe、Cr 是形成体心立方晶格的元素；Pt、Pd、Co、Ni 是具有面心立方晶格的元素；MoS_2、WS_2是具有层状的六角对称晶格。半导理论认为：反应物分子在催化剂表面的化学吸附主要是靠 d 电子层的电子参与形成催化剂和反应物分子间的共价键，而过渡元素具有未填满的 d 电子层，这是它们具有加氢催化活性的重要原因。

以上分析表明，只有那些几何特性和电子特性都符合一定条件的元素才能用作加氢催化剂的活性组分。W、Mo、Co、Ni、Fe、Cr、V 都属于具有未填满 d 电子层的过渡元素，同时它们都具有体心或面心立方晶格或六角晶格，因此它们均适宜用作加氢催化剂的活性组分。

由于双金属比单金属组分加氢性能好、氢解能力强，因此在工业加氢精制催化剂中多采用双金属组分，且不同活性组分之间有一个最佳配比范围。

不同金属组分的搭配，在 HDS、HDN、HDO 的活性顺序为：

$$\text{Co-Mo} > \text{Ni-Mo} > \text{Ni-W} > \text{Co-W}$$

$$\text{Ni-Mo} = \text{Ni-W} > \text{Co-Mo} > \text{Co-W}$$

$$\text{Ni-Mo} > \text{Co-Mo} > \text{Ni-W} > \text{Co-W}$$

提高活性组分的含量，对提高活性有利。但综合生产成本及活性增加幅度分析，活性组分的含量应有一个最佳范围。目前加氢精制活性组分含量一般为 15% ~35%。

2. 加氢精制催化剂中的助剂

为了改善加氢精制催化剂活性、选择性、稳定性、机械强度等方面的性能，在制备催化剂过程中，往往要添加少量的助剂或添加剂，如 P、B、F、Ti、Zr、Mg、Zn。

助剂可分为结构性助剂和调变性助剂。结构性助剂的作用是增大表面，防止烧结，提高催化剂的结构稳定性；调变性助剂的作用是改变催化剂的电子结构、表面性质或者晶型结构，从而改变催化剂的活性和选择性。

助剂本身活性并不高，但与主要活性组分搭配后却能发挥良好作用。

3. 加氢精制催化剂的担体（载体）

加氢精制催化剂的载体分为两大类：一类为中性载体，如活性氧化铝、活性炭、硅藻土等；另一类为酸性载体，如硅酸铝、硅酸镁、活性白土、分子筛等。一般来说，载体本身并没有活性，但可提供适宜反应与扩散所需的孔结构，担载分散金属均匀的有效表面积和一定酸性，同时应提高催化剂的稳定性和机械强度，并保证催化剂具有一定的形状和大小，使之符合工业反应器中流体力学条件的需要，减少流体流动阻力。目前，最广泛使用的担体是氧化铝（γ-Al_2O_3），是因它原料来源广泛、价格便宜且具有较高的抗破碎强度和热稳定性，催化剂氧化再生时稳定，粘结性好，易于制成粒度小的异形条，有利于扩散，提高堆积密度，增加活性，降低压降；另外表面积适中，孔径与孔分布可调节，添加某些助剂可调节酸度及能控制孔结构。

（二）加氢裂化催化剂

加氢裂化反应是催化裂化正碳离子反应伴随加氢反应，因此加氢裂化催化剂需要具有裂化功能和加氢功能，即加氢裂化催化剂属双功能催化剂。主要由提供加氢/脱氢功能的金属组分和提供裂化功能的酸性组分构成的。这两种功能不同平衡可以制备出性能各异的加氢裂化催化剂，从而可以满足用户对不同工艺过程及工艺条件、加工不同原料油、生产不同目的产品的各种需要。

1. 加氢裂化催化剂的活性组分

加氢裂化催化剂的活性组分与加氢精制催化剂是一样的，不再细述。在此要说明的是加氢裂化催化剂中不同金属组分与配比可适应不同的加工原料和生产目的。如 Mo-Co 金属组分广泛用于渣油加氢脱硫及加氢裂化上；Ni-Mo/沸石可最大量生产石脑油；而 Ni-W/沸石催化剂多用于生产中间馏分油。

2. 加氢裂化催化剂的助剂

加氢裂化催化剂曾用过的少量助剂为 P、F、Sn、Ti、Zr、La 等，目的是调变担体的性质，减弱主金属与担体之间、主金属与助金属之间强的相互作用，改善负载型催化剂的表面结构，提高金属的还原能力，促使其还原为低价态，以提高金属的加氢性能；另一目的是将助剂引入沸石，影响酸强度变化，改善沸石裂化性能和耐氮性能。

3. 加氢裂化催化剂的担体

加氢裂化的担体作用除具有赋予催化剂机械强度，帮助消散热量防止熔结，增加活性组分的表面，保持活性组分微小晶粒的隔离，以减少熔结和降低对毒物的敏感性的共性外，还具有特殊作用（担负催化剂裂解活性中心的作用），这是加氢裂化催化剂担体最重要的作用。

（1）提供酸性中心。加氢裂化反应中的裂化和异构化性能，主要靠酸性担体提供的固体酸中心。

（2）提高催化剂的热稳定性。加氢裂化总体来说是一个放热反应，要防止反应热的积蓄而造成催化剂烧结使催化剂活性下降，要扩大散热面积和增加导热系数，将反应热及时散发而保持催化剂的活性。

（3）提供合适的孔结构和增加有效表面。加工不同原料和生产不同目的产品的催化剂对孔结构有不同的要求。催化剂的有效表面和孔结构是影响其活性和选择性的主要因素之一，而催化剂的有效表面和孔结构在很大的程度上又取决于载体。

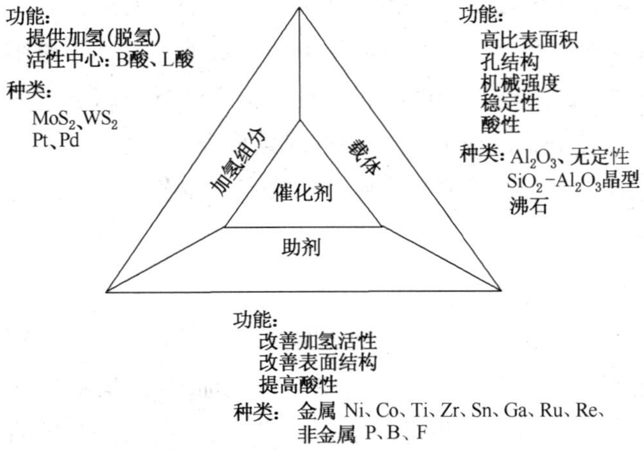

图 8－6 加氢裂化催化剂组成及其功能

（4）与活性组分作用形成新的化合物。活性组分与载体间不仅是吸附关系，而且还形成新化合物，这些化合物将对催化剂性质有重要影响。载体分为酸性和弱酸性两种：酸性载体有无定形硅铝、硅镁和沸石分子筛；弱酸性载体主要是氧化铝。

综上所述，加氢裂化催化剂是由加氢组分、载体、助剂三部分组成的，三者之间相互影响，如图 8－6 所示。

二、国内外典型的加氢催化剂

（一）典型的加氢精制催化剂

加氢精制的目的是脱硫、脱氮、脱金属及多环芳烃饱和，其中加氢脱氮反应进行最慢，且重质馏分油加氢脱氮受扩散步骤控制影响，催化剂孔径大小与集中程度十分重要。因此加氢精制催化剂要求具有很好的加氢脱氮功能。目前加氢精制催化剂有 200 多个品种。表 8－7 为国外 UOP 公司和丹麦 Topsoe 公司典型的加氢精制催化剂。

表 8－7 国外典型的加氢精制催化剂

项目	UOP 公司催化剂			丹麦 Topsoe 公司催化剂		
	HC-F	HC-K	HC-P	TK-515	TK-525	TK-555
金属总量/%	*b*	1.46*b*	1.53*b*	—	—	—
NiO/%	—	—	—	3.4	4.1	3.8
MoO_3/%	—	—	—	14.0	20.3	24.0
催化剂孔体积/mL·g^{-1}	*c*	0.84*c*	0.85*c*	0.50	0.50	0.33
最佳孔径所占比例/%	77	83	91.8	—	—	—
形状	三叶草	四叶草	柱	环状三叶草	柱	三叶草
尺寸/mm	Φ1.6	Φ1.0×Φ1.2	Φ1.1	1/32″、1/20″、1/16″、1/8″	1/16″	1/20″、1/16″、1/8″
表面积/m^2·g^{-1}	—	—	—	180	220	160
堆积密度/kg·L^{-1}	*d*	1.13*d*	1.24*d*	0.55～0.64	0.66	0.84
压碎强度/N·mm^{-1}	*n*	2.38*n*	0.78*n*	—	—	—
脱氮相对活性/%	100	146	171	100	130	178
相对脱硫活性/%	—	—	—	100	128	164

表 8－8 为中国石油化工股份有限公司抚顺石油化工研究院（FRIPP）开发的 3936 催化剂与 20 世纪 80 年代开发的 3822 催化剂性能的对比。

表 8－8　3936 催化剂与 3822 催化剂性能对比

项目	3936 催化剂	3822 催化剂	项目	3936 催化剂	3822 催化剂
金属含量/%	$1.09b$	b	堆积密度/$kg \cdot L^{-1}$	$1.2d$	d
孔体积/$m^3 \cdot g^{-1}$	$0.097c$	c	压碎强度/$N \cdot mm^{-1}$	$1.63n$	n
表面积/$m^2 \cdot g^{-1}$	$1.15e$	e	相同脱氮率所需温度/℃	$t-7 \sim t-8$	t
最佳孔径所占比例/%	83	43.4			

（二）典型的加氢裂化催化剂

根据不同原料和目的产品，选用不同特性的加氢裂化催化剂。表 8－9 为几种不同类型加氢裂化催化剂的性能。

表 8－9　不同类型加氢裂化催化剂性能

原料	目的产品	催化剂					
		酸强度	担体	加氢活性	金属	表面积/$m^2 \cdot g^{-1}$	最适孔径/$mL \cdot g^{-1}$
HAGO VGO LCO	石脑油	强	沸石	中等	Pt，Pd Mo-Ni W-Ni	>350	0.85～5.0
VGO HAGO CGO DAO	喷气燃料 柴油 FCC 和蒸汽裂解制乙烯原料 润滑油基础料	中等	无定形 无定形＋沸石	强	Mo-Ni W-Ni	230～300	4.0～10.0
VGO DAO	高黏度指数润滑油	中弱	无定形 无定形＋沸石	强	Pt，Pd Mo-Ni W-Ni	约 300	4.0～10.0
VGO CGO	FCC，RFCC 的原料	弱	无定形 无定形＋ 沸石	强	Mo-Ni W-Ni Mo-Co W-Mo-Ni Mo-Ni-Co	150	3.0～8.0

加氢裂化催化剂的加氢金属组分一直以来都没有明显变化，非贵金属催化剂通常采用 W-Ni 或 Mo-Ni，贵金属催化剂通常采用 Pt、Pd。但在催化剂的制备过程中，加氢金属组分添加方法一直在改进，在组分配比及含量上则根据催化剂类型及制备方法不同而有所调整。与此相比，裂化组分几十年来变化很大，已从最初使用无定形硅铝发展到现在越来越多地使用分子筛。

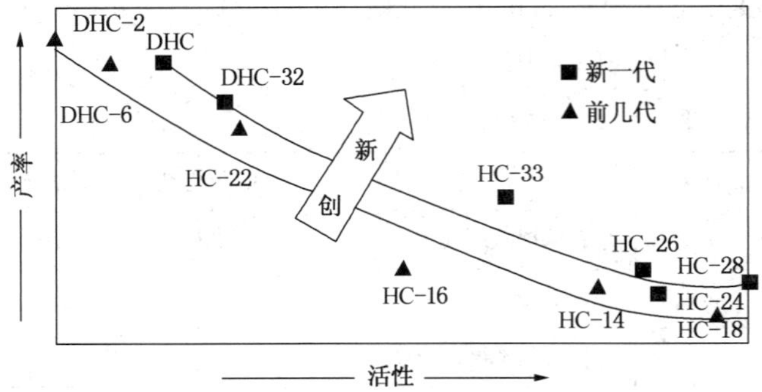

图 8－7　UOP 公司加氢裂化催化剂性能关系

国外研究加氢裂化催化剂的主要公司有 UOP 公司、Chevron 公司、Criterion Catalist/Ze-olyst International 公司以及 Akzo nobel/Nippon Ketjen 公司等。其中，UOP 公司加氢裂化催化剂目前已在世界各地 140 多套加氢裂化装置上工业应用，占据了很大的市场份额。因此，UOP 公司加氢裂化催化剂的发展现状和水平具有较大的代表性。图 8－7 为 UOP 公司新旧两代加氢裂化催化剂性能关系。

我国是世界上最早掌握加氢裂化技术的少数几个国家之一，早在 20 世纪 50 年代就开始研究开发加氢裂化催化剂，至今已先后研制成功 20 多种性能各异的加氢裂化催化剂，并在工业装置上广泛应用。表 8－10 为抚顺石油化工研究院（FRIPP）开发的典型加氢裂化催化剂。

表 8－10　FRIPP 典型加氢裂化催化剂性能特点

类型	牌号	主要特点	原料	产品	外形	担体	金属组分
中油型加氢裂化催化剂	3824	灵活生产中间馏分油和部分石油脑	VGO、CGO、LGO 等	喷气燃料、柴油、部分石脑油	圆柱条形	Y 沸石	Ni-MO-P
	3903	灵活生产中间馏分油和部分石油脑，活性高	VGO、CGO、LGO 等	喷气燃料，柴油，部分石脑油	圆柱条形	Y 沸石、SiO_2、Al_2O_3	Ni-W
	3971	灵活生产中间馏分油和部分石油脑，高抗氮	VGO、CGO、LGO 等	喷气燃料，柴油，部分石脑油	圆柱条形	Y 沸石、SiO_2、Al_2O_3	Ni-W
	3976	灵活生产中间馏分油和部分石油脑，高抗氮，高活性，高灵活性	VGO、CGO、LGO 等	喷气燃料，柴油，石脑油	圆柱条形	Y 沸石、SiO_2、Al_2O_3	Ni-W
轻油型加氢裂化催化剂	3825	轻馏分油型催化剂	VGO、CGO、LGO 等	化工石脑油，喷气燃料，柴油，乙烯料	圆柱条形	Y 沸石	Ni-Mo
	3905	抗氮能力提高，中压，产气少	VGO、CGO、LGO	化工石脑油、喷气燃料、柴油、乙烯料	圆柱条形	Y 沸石	Ni-W
	3955	活性高，耐氮性能好	VGO、CGO、LGO	化工石脑油、喷气燃料、柴油、乙烯料	圆柱条形	Y 沸石	Ni-W

续表

类型	牌号	主要特点	原料	产品	外形	担体	金属组分
高中油型加氢裂化催化剂	3901	最大量生产中间馏分油，柴油产品凝点低	VGO、CGO	最大量柴油、喷气燃料、部分石脑油	圆柱条形	专有	Ni-W
	3974	最大量生产喷气燃料及柴油，灵活性大	VGO、CGO、LCO 等	喷气燃料，柴油，部分石脑油	圆柱条形	Y 沸石，SiO_2、Al_2O_3	Ni-W
单段加氢裂化催化剂	3912	灵活性高	VGO	喷气燃料、柴油、乙烯料、部分石脑油	圆柱条形	Y 沸石	Ni-W
	3973	最大量生产柴油及喷气燃料，并可用于生产润滑油料	VGO	柴油、喷气燃料、部分石脑油及润滑油料、喷气燃料、柴油、乙烯料	圆柱条形	Y 沸石，SiO_2、Al_2O_3	Ni-W
	ZHC-01	高灵活性高	VGO	部分石脑油、喷气燃料、柴油、乙烯料	圆柱条形	Y 沸石、SiO_2、Al_2O_3	Ni-W
	ZHC-02	高灵活性	VGO	部分石脑油、柴油、喷气燃料	圆柱条形	SiO_2、Al_2O_3	Ni-W
	FC-14	最大量生产中间馏分油	VGO	部分石脑油及润滑油料	圆柱条形	专有	Ni-W
缓和加氢裂化催化剂	3832	耐氮性能好，中油选择性好	VGO	乙烯料、FCC 进料、柴油、少量石脑油	圆柱条形	专有	Ni-W

第三节　加氢过程的主要影响因素

加氢工艺种类繁多，它们加工的原料不同，所用催化剂不同，得到的产品也不同。影响加氢过程的因素很多，它们关系到各种产品，特别是目的产品的分布和质量以及催化剂的使用寿命及装置运转周期，同时也影响到工业装置的公用工程消耗及操作成本。因此，研究加氢过程的影响因素具有十分重要的意义。本节着重讨论反应压力、温度、空速及氢油比这四大工艺参数对加氢过程的影响。

一、氢分压

在加氢过程中，反应压力起着十分关键的作用，这一点与其他炼油轻质化工艺（如催化裂化、焦化等）有较大的不同。

反应压力的影响是通过氢分压来体现的，系统中氢分压决定于反应总压、氢油比、循环氢纯度、原料油的汽化率以及转化深度等。为了方便和简化，一般都以反应器入口的循环氢纯度乘以总压来表示氢分压。

氢分压对反应过程的影响，总的来说是提高氢分压有利于加氢过程反应的进行，有利于提高反应速率。

（一）压力对加氢精制过程的影响

1. 加氢脱硫和脱氮过程

增加氢分压对加氢脱硫和加氢脱氮反应都有促进作用。脱硫率和脱氮率都随压力的升高而增加，但对两者的影响程度不同。压力对提高加氢脱氮反应速率的影响远远大于脱硫。这是由于加氢脱氮反应需要先进行氮杂环的加氢饱和所致，而提高压力可显著地提高芳烃的加氢饱和反应速率。

对于硫化物的加氢脱硫，在压力不太高时就可达到较高的转化深度。而对于馏分油的加氢脱氮，由于比加氢脱硫困难，因此需要提高压力。二次加工柴油馏分含有较多的氮化物，其加氢处理通常需要在中等压力下进行。蜡油和渣油中杂原子化合物相对分子质量大，较难进行加氢反应，其加氢处理和加氢裂化通常在高压下进行。

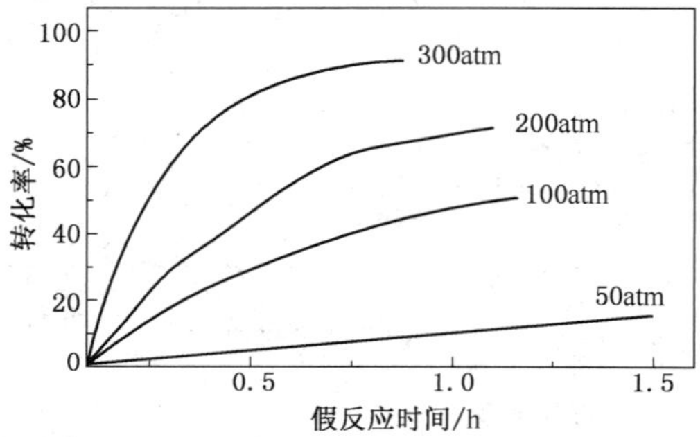

图 8－8　反应压力对芳烃转化率的影响

（1atm＝101kPa）

2. 加氢脱芳烃过程

芳烃加氢反应的转化率也是随反应压力升高而显著提高的，见图 8－8。

（二）压力对加氢裂化过程的影响

烷烃和环烷烃的加氢裂化反应不需要很高的氢分压就可以达到高的反应速度。但由于加氢裂化还需要转化芳烃，特别是双环以上的芳烃，这些芳烃的裂化需要经历芳环加氢饱和过程，因此需要较高的氢分压。

1. 对裂化转化深度的影响

图 8－9 表示了压力对转化深度的影响。结果表明，在固定反应温度及其他条件下，压力对转化深度有正的影响。

2. 对产品分布和质量的影响

反应压力对裂化产品的产品分布和质量影响如表 8－11 所示。

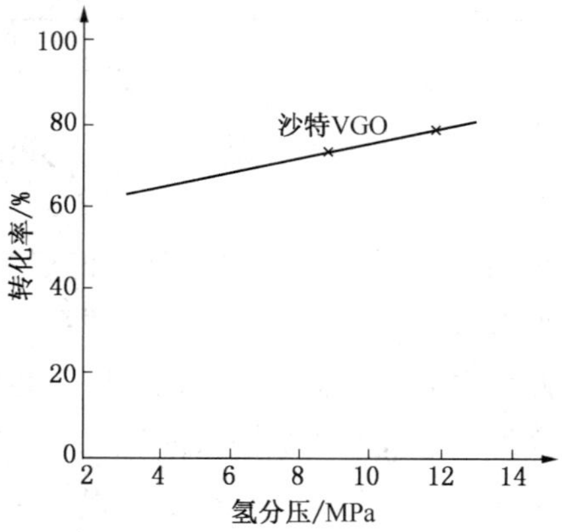

图 8－9　氢分压对裂化转化率的影响

注：原料为沙特 VGO，温度为 380℃，空速为 $1.5h^{-1}$，氢油体积比为 900。

表 8-11 不同压力下裂化产品的分布及质量

反应氢分压/MPa	14.0（高压）	7.0（中压）	反应氢分压/MPa	14.0（高压）	7.0（中压）
产品分布/%			喷气燃料	34.8	34.0
H_2S+NH_3	2.5	2.5	柴油	41.7	40.6
C_1+C_2	0.5	0.5	产品性质		
C_3+C_4	3.8	4.1	喷气燃料烟点/mm	30	23.0
石脑油	19.0	20.0	柴油十六烷值	68	58

注：试验原料为馏程 340～530℃的 VGO，硫含量 2.3%，氮含量 0.08%，两段工艺流程复杂，裂化段采用含沸石分子催化剂，尾油全循环。

从表 8-11 中可以看出，压力对产品分布没有影响，这是因为加氢裂化反应遵循正碳离子反应和 β-断裂的反应机理，而这一催化反应过程基本上与氢气分压无关。但产品的质量受氢分压影响较大，重质原料在轻质化过程中都要进行脱硫、脱氮和芳烃饱和等加氢反应，从而大大改变了产品质量。随着压力增加，喷气燃料烟点和柴油十六烷值都显著增加。

加氢裂化特别是在压力比较高时，是一种能在重油轻质化的同时，柴油产品质量可直接满足清洁柴油标准的工艺技术。

虽然提高氢分压时可显著促进加氢脱氮、芳烃加氢饱和、加氢裂化等反应的进行，但同时氢耗和反应热明显增加，催化剂床层温升增加。在考虑采用较高氢分压时，需要分析新氢量的供给、系统压力的平稳及冷氢量的调节等是否具备，还要考虑到催化剂的合理使用寿命。

综上所述，氢分压对加氢过程的影响可以得出以下几点基本结论：

①氢分压与物料组成和性质、反应条件、过程氢耗和总压等因素有关。

②随着氢分压的提高，脱硫率、脱氮率、芳烃加氢饱和转化率也随之增加。

③对于 VGO 原料而言，在其他参数相对不变的条件下，氢分压对裂化转化深度产生正向影响。

④重质馏分油的加氢裂化，当转化率相同时，其产品的分布基本与压力无关。

⑤反应氢分压是影响产品质量的重要参数，特别是产品中的芳烃含量与反应氢分压有很大的关系。

⑥反应氢分压对催化剂失活速度也有很大影响，过低的压力将导致催化剂快速失活而不能长期运转。

目前工业上装置的操作压力一般为 7.0～20.0MPa。

二、反应温度

（一）温度对加氢精制过程的影响

1. 加氢脱硫和脱氮过程

温度对 HDS 和 HDN 反应速率的影响遵循阿伦尼乌斯方程。在一定的反应压力下，反应速率常数的大小与反应的活化能和反应温度有关。对于特定的原料油和催化剂，反应的活化能是一定的。因此，提高温度时反应速率常数增加，反应速率加快。

对于不同原料、不同的催化剂，反应的活化能不同，温度对反应速率的影响也不同。活化能越高，提温时反应速率提高得也越快。但是，由于 HDS 和 HDN 反应是放热反应，从化学平衡上讲，提高反应温度会减少正反应的平衡转化率，对正反应不利。不过 HDS 反应在常规工业加氢反应温度范围内不受热力学控制，因此提高温度脱硫速率增加；而对于 HDN 反应，由于原料中大量存在的氮杂环化合物的脱氮过程，首先需要经历环的加氢饱和，而此反应为受热力学限制的化学平衡反应，因此加氢脱氮究竟是受热力学控制还是受动力学控制需做具体分析。

2. 加氢脱芳烃过程

加氢脱芳烃是一个可逆的放热过程，且受热力学的限制。当反应温度增加时，脱氢反应速率亦随之增加，这将抵消温度增加对于芳烃加氢反应速率的影响。

（二）温度对加氢裂化过程的影响

1. 对裂化转化率的影响

温度对加氢裂化过程的影响，主要体现对裂化转化率的影响。图 8－10 为反应温度对转化率的影响。在其他反应参数不变的情况下，提高温度可加快反应速率，也就意味着转化率的提高。随着转化率的增加导致低分子产品的增加而引起反应产品分布发生很大变化，这必然导致产品质量的变化。还应指出，加氢裂化为双功能多相催化反应，过程中的加氢、脱氢反应同样受到反应温度的影响，它与产品的饱和率、杂质脱除率直接有关，从而导致产品质量的变化。转化率是实际操作中的一个主要控制指标。转化率的调整一般通过调整裂化反应温度来实现。在一定转化范围，反应温度与转化率基本上呈线性关系。

2. 对产品分布和质量的影响

反应温度与转化率呈线性关系，当反应温度提高，转化率增加时，必然会对产品分布和性质产生影响。图 8－11 示出了大庆 VGO 在高压加氢裂化时的规律性结果，随转化率增加 <130℃轻石脑油持续增加，且在转化率增为 60% 时增长速率加快；而柴油组分收率则在转化率为 60% 左右有一最大值，然后随即下降，说明过高的转化率将导致二次裂解的加剧。

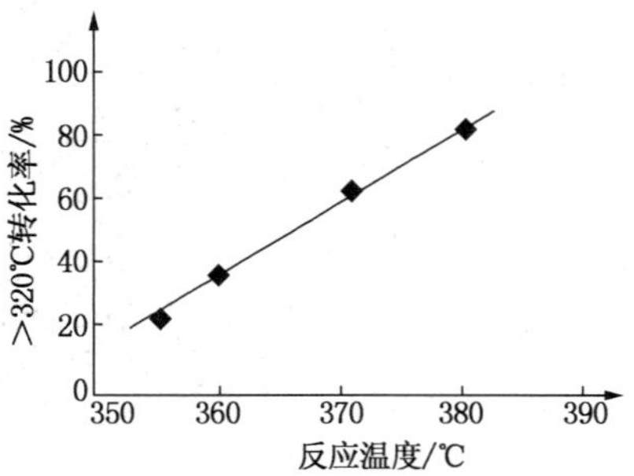

图 8－10　反应温度对转化率的影响

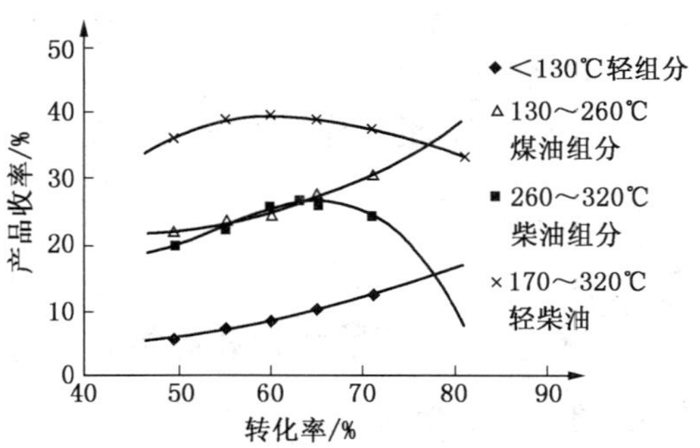

图 8－11　转化率与产品收率的关系

表8－12的数据为转化率对产品质量的影响，变化明显的是与芳香性有关的物化性质。重石脑油具有高的芳烃潜含量，且随转化率增加而有所减少，但仍维持在一个较高的水平。而柴油组分的十六烷值则逐步增加，尾油的*BMCI*值则大幅度降低，是十分理想的乙烯原料。

表8－12　产品质量与转化率的关系

>320℃裂解率/%（体）	22.1	33.9	48.4	60.6
65～180℃重石脑油				
密度（20℃）/kg·m⁻³	765.3	762.7	761.5	759.5
芳烃潜含量/%	66.6	62.9	56.6	56.1
180～320℃柴油				
密度（20℃）/kg·m⁻³	832.7	822.0	814.1	810.8
凝点/℃	－19	－18	－19	－19
十六烷值	46.0	47.0	50.0	54.0
>320℃尾油性质				
密度（20℃）/kg·m⁻³	812.1	805.1	803.5	801.9
凝点/℃	29	29	28	30
氮含量/μg·g⁻¹	1.4	<1	<1	<1
*BMCI*值	6.4	3.5	2.7	1.8

转化率与产品分布的变化规律说明，由于二次裂解的加剧而增加了气体及轻组分的产率，从而降低了中间馏分油的收率，总液收率也有所降低。这种过度追求高的单程转化率是不经济的：当转化率高于60%时，不仅目的产品的收率减少，同时化学氢耗也将增加，这也说明为什么在100%转化的加氢裂化工艺过程中，一般都控制单程转化率为60%～70%。然后将未转化尾油进行循环裂化，以提高过程的选择性。

在实际应用中，应根据原料性质和产品要求来选择适宜的反应温度。

（三）反应温度监测与安全控制

加氢反应器内反应温度的增加会加快反应速度，从而释放较多的热量，如果不及时地将反应热从系统中取出，势必引起反应器床层温度骤升，导致反应温度失控，严重时会损坏催化剂及反应器。此外，反应温度的高低还影响反应深度、产物分布等，因此控制反应温度非常重要。

1. 反应温度控制的组成

①反应器床层温度测量：一般采用多点测量，测量点分布于整个催化剂床层内部。典型的测量方式有3点、4点、12点、24点等。国内已有加氢裂化装置多采用3支（或4支）铠装热电偶横插入设备内一个共用保护管内，每一横截面测量3点（或4点）温度。

②反应器床层温度控制：一般由冷态的急冷氢控制床层温度。冷态的急冷氢进入反应器后，与上床层高温油气混合，降低温度，均匀分配到下床层，实现对下床层温度的控

制。急冷氢流量的大小由其中一支测量温度的急冷氢调节阀控制，其测量值在DCS显示。

③反应温度调节阀的选择：冷氢调节阀一般采用气关式（FO），当净化压缩空气故障时，调节阀打开，防止床层温度急剧上升。

2. 加氢精制反应器入口温度的控制

氢气在循环氢加热炉升温后，与原料油混合后的温度即为加氢精制反应器入口温度。如果入口温度太低，就不会发生反应；温度太高，又会导致床层超温。对于第2或第3床层，如果注入急冷氢不当，将导致床层入口温度超高，或床层严重超温，甚至损坏催化剂及设备。因此，加氢精制反应器入口温度一般由温度调节器与加热炉燃料气（油）压力（流量）调节器串级控制反应器入口温度，以克服来自燃料方面的干扰。

加氢精制反应器入口温度调节器为主调节器，它的输出值是燃料气压力调节器（副调节器）的给定值。当入口温度偏离给定值时，则温度调节器的输出值发生变化，即燃料气压力调节器的给定值变化，进入加热炉燃料气量变化，使反应器入口温度达到给定值。当燃料气压力变化时，即压力调节器的测量值发生变化，而此时的给定值未变（即温度调节器的输出未变化），因此压力调节器的输出变化，调节阀开度相应改变而维持压力不变。因此，当燃料气压力变化（即干扰）还未引起炉出口温度（反应器入口温度）变化之前，燃料气压力已由副回路压力调节器进行了修正。

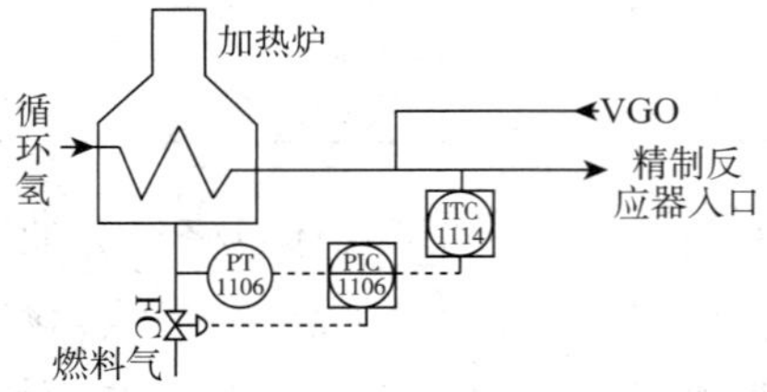

图8－12　精制反应器入口温度与燃料气压力串级控制

图8－12为加热炉出口温度与燃料气压力串级控制，当炉出口温度变化，TIC-1114输出信号发生变化。改变PIC-1106的给定，使燃料气的压力改变，达到控制温度的目的。当系统燃料气压力波动，PT-1106测得其信号传输给PIC-1106，PIC-1106调节器自动跟踪调节。

TIC-1114、PIC-1106采用反作用调节器。TIC-1114温度升高，TIC-1114输出减少，降低PIC-1106给定，瓦斯压力降低，减少燃烧量，温度得到控制。当系统瓦斯压力上升，PIC-1106测量增加，因PIC-1106采用反作用调节器，其输出减少，阀关小，保持瓦斯压力恒定，保证了温度的稳定。

加氢裂化装置有很多台加热炉，共用一个燃料气（油）系统，各个炉子单独进行温度控制，燃料压力常有波动，采用串级控制有利于克服加热炉燃料带来的干扰。在调节过程中，副回路具有先调、快调、粗调的特点；主回路则相反，具有后调、慢调、细调的特点。主、副回路互相配合与单回路控制（如只设温度控制）相比，能够大大改善调节过程的品质。串级控制回路因为有此优点，在炼油厂、化工厂获得了广泛应用。

循环氢加热炉被加热的介质为氢气，因此，在循环氢加热炉炉管上，设有表面热电偶以监视炉管工况。对加热炉设有连锁系统确保安全运行的情况，有的加热炉还设有一套完整的燃烧控制系统以提高效率。

3. 加氢精制反应器床层温度的控制

加氢裂化装置精制反应器床层温度由急冷氢进行温度控制。加氢精制反应器一般由1～3层催化剂床层组成，其氮、硫、氧、非烃化合物的氢解反应及烯烃、芳烃的加氢均为放热反应。因此反应器、床层出口温度必然会上升，为了使二床层入口温度不致过高，在二床层入口温度处设有温度调节器，通过调节冷氢入口管线上的调节阀，控制二床层入口温度。

当入口温度上升时，温度调节器的测量值上升与给定值产生偏差；经调节器运算输出一个变化后的信号给调节阀，使其开度加大，注入更多的急冷氢，使其入口温度下降与给定值一致。

4. 加氢裂化反应器入口温度控制

①尾油循环式：在循环氢加热炉升温后，氢气与加氢精制反应器流出物及循环油混合后的温度即加氢裂化反应器入口温度。当入口温度超高时，易造成反应器温度失控，因此必须严格控制。采用反应器入口温度调节器与燃料气（油）压力（流量）调节器进行串级控制。

一般裂化反应器入口温度给定在350～390℃，当测量值大于此值时，温度调节器的输出值变化，使燃料气压力调节器的给定值也发生变化，则调节器的输出改变，而使燃料气管线上的调节阀开度减小，从而减少供给加热炉的燃料量，使循环氢加热炉出口温度下降，使反应器入口温度下降达到给定值。相反，则调节的结果使供给加热炉的燃料增加，而使反应器入口温度上升达到给定值。总之，严格地控制入口温度，以满足工艺过程的要求。

②一次通过式：是由加氢精制反应器流出物及裂化反应器入口冷氢构成加氢裂化反应器入口温度。当入口温度上升时，温度调节器的测量值上升与给定值产生偏差；经调节器运算输出一个变化后的信号给冷氢调节阀，使其开度加大，注入更多的急冷氢，使其入口温度下降与给定值一致。

5. 加氢裂化反应器床层温度控制

分子筛载体的加氢裂化催化剂，反应温度增加10℃，反应速率提高（裂化活性上升）1倍，催化剂床层入口温度较低的变化，将带来床层出口温度较大的变化。因此，加氢裂化装置的一个重要要求是必须提供或具有能精确或仔细控制反应温度的手段，避免操作失误或设备失灵时，催化剂床层“飞温”，如图8－13所示。为此，把催化剂床层分为几层，控制每层入口温度，就会控制好每层出口温度，这样只要最后一层入口温度达到给定值，出口温度就能满足要求了。采用各层之间注入急冷氢的方法控制下一层入口温度，尽量控制各层催化剂床层的入口温度相同，每层催化剂床层温升不大于10～20℃（根据工艺过程确定），以利延长催化剂的使用寿命。

第一催化剂床层入口温度即反应器入口温度，由加热炉燃烧或急冷氢流量来控制；第二催化剂床层入口温度控制，由放在第二床层的入口层温度调节器运算输出一个变化后的信号，给第一、第二床层之间的管线上冷氢调节阀，使其开度发生变化，从而使第二床层入口温度与给定值一致；第三、第四催化剂床层入口温度控制与第二床层相同。第四催化剂床层出口温度较入口高10～20℃。

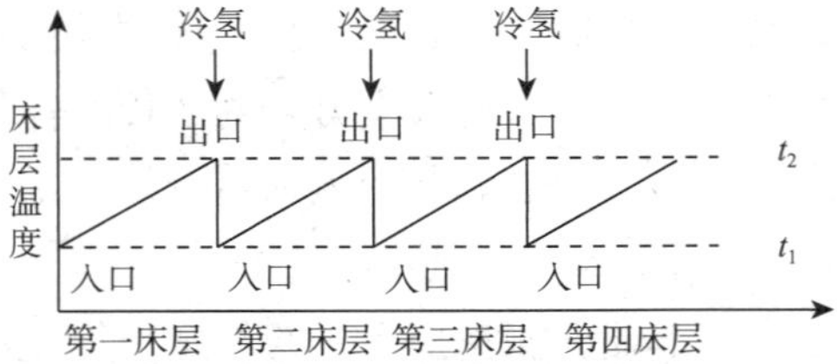

图8－13　裂化反应器床层温度示意图

为保证在催化剂床层温度骤然上升时，有足够的急冷氢进入反应器，不致造成床层温度失控（或称“飞温”），急冷氢管线上应设置大尺寸的调节阀，使之能流过更多的氢气量，此阀正常时的开度约为全行程的1/3。

三、空速

空速是影响加氢过程的另一个重要参数，在工业应用中，一般习惯使用比较方便的体积空速。空速是控制加氢过程的一个重要参数，也是一个重要的技术经济指标。因为空速的大小决定了工业装置反应器的体积，还决定了催化剂用量，这两项所需资金，在装置总投资中占有相当大的份额。空速是根据催化剂性能、原料油性质及要求的反应深度而变化的。对于给定的加氢装置，进料量增加时，空速增大，意味着单位时间里通过催化剂的原料油量多，原料油在催化剂上的停留时间短，反应深度浅；反之亦然。因此降低空速对于提高加氢过程反应的转化率是有利的。

空速与反应温度在一定范围内是互补的，即当提高空速而要保持一定的反应深度时，可以用提高反应温度来进行补偿，反之亦然。但是从工业应用的实际来看，对某一种催化剂，当原料油固定时，温度与空速的互补范围是有限的。

（一）空速对加氢精制过程的影响

就加氢脱硫、脱氮以及烯烃饱和而言，随着馏分增重，硫、氮化合物与烯烃的结构不同，它们的加氢反应速率差别较大，如以重馏分中氮化物加氢脱氮反应速率为1，则轻馏分中氮化物为它的20倍，而硫化物在重、轻馏分中相应为它的70倍与100倍。因此，对轻质油来说，即使在3MPa压力下，加氢脱硫、脱氮及烯烃饱和，可以采用较高的空速。

在柴油深度加氢脱硫和加氢脱芳烃工艺中，通常需要降低空速，以便能在较低的反应温度下达到高的脱硫率。因为提高反应温度虽然可以增加脱硫率，使得产品中的硫含量降低，但同时会带来产品颜色变差的问题。而且，降低空速更有利于芳烃加氢饱和反应的进行。

对于含氮量高的重质油加氢精制，空速对加氢脱氮的影响更为重要。重质油加氢处理过程中，脱金属、脱硫反应最快，多环芳烃加氢成单环芳烃次之，而脱氮反应更慢，单环芳烃加氢反应最慢。因此对于含氮量高的重质油加氢处理，考虑加氢脱氮反应深度的要求，在高压下，宜采用较低的空速。

（二）空速对加氢裂化过程的影响

1. 对裂化转化率的影响

空速对裂化转化率的影响见图 8－14。从中可以看出，随着空速的降低，裂化转化率增加。

2. 对产品分布及质量的影响

空速对加氢裂化产品的分布及质量也有一定的影响。图 8－15 显示了不同空速对产品分布的影响。当反应温度不变时，随着空速减少及转化深度的增加，轻、重石脑油产率增加很快，而中间馏分油特别是 260～350℃馏分的重柴油组分产率，在高转化率（低空速）时则有所下降。这一结果与温度影响的规律是相近的，即过高的单程转化率将导致二次裂化反应的增加。

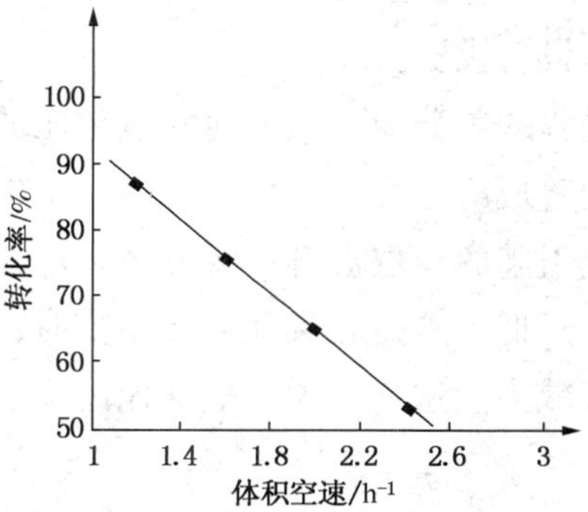

图 8－14　空速对裂化转化率的影响

注：原料为大庆 VGO，温度为 370℃，
氢分压为 6.37MPa，氢油体积比为 1000∶1。

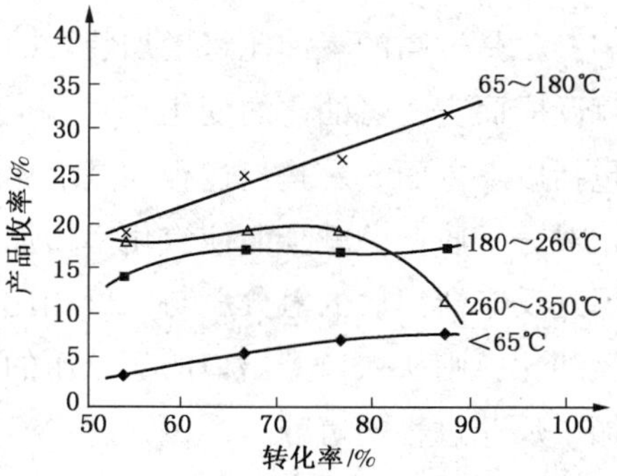

图 8－15　空速变化（转化率）对产品分布的影响

注：原料为大庆 VGO，温度为 370℃，
氢分压为 6.37MPa，氢油体积比为 1000∶1。

不同空速通过调节温度可达到相同的转化率，见表 8－13。在这种情况下，总的液体收率，轻、重石脑油及中间馏分的收率均基本相同，说明在一定范围内温度与空速可相互补偿，在同一转化率下空速对过程的选择性没有什么影响。同样，轻质产品的主要性质如重石脑油的芳烃潜含量、柴油十六烷值、尾油的 BMCI 也十分接近。

表 8－13　VGO-MHC 相同转化率试验结果

转化率/%（体）	37.4	38.0	转化率/%（体）	37.4	38.0
反应压力/MPa	7.35	7.35	产品主要性质		
裂化体积空速/h^{-1}	1.6	2.0	65～180℃重石脑油	—	—
裂化段反应温度/℃	366	371	芳烃含量/%	11.0	12.6
主要产品分布/%			芳烃潜含量/%	61.46	60.00
<65℃轻石脑油	3.10	3.04	180～320℃柴油	—	—
65～180℃重石脑油	12.19	12.57	凝点/℃	－6	－7
180～350℃柴油	30.34	30.08	十六烷值	54	54
>350℃尾油	53.62	53	>320℃尾油性质	—	—
>C_5 液体产物	99.25	99.25	BMCI 值	10.8	9.6

加氢过程空速的选择要根据装置的投资、催化剂的活性、原料性质、产品要求等各方面综合考虑。

一般重整料预加氢的空速为2.0～10.0h^{-1}；煤油馏分加氢的空速为2.0～4.0h^{-1}；柴油馏分加氢精制的空速为1.2～3.0h^{-1}；蜡油馏分加氢处理空速为0.5～1.5h^{-1}；蜡油加氢裂化空速为0.4～1.0h^{-1}；渣油加氢的空速为0.1～0.4h^{-1}。

四、氢油比

氢油比是单位时间里进入反应器的气体流量与原料油量的比值。工业装置上通用的是体积氢油比，它是指每小时单位体积的进料所需要通过的循环氢气的标准体积量。

氢油比对加氢过程的影响主要有三个方面：一是影响反应的过程；二是对催化剂寿命产生影响；三是过高的氢油比将增加装置的操作费用及设备投资。

仅就反应而言，氢油比的变化其实质是影响反应过程的氢分压。氢油比对氢分压的主要影响包括以下方面。一是当过程的氢油比较低时，随着反应过程的氢耗的产生，反应生成物中相对分子质量的减少而使汽化率增加；由反应热引起的床层温升，将导致反应器催化剂床层到反应器出口的氢分压与入口相比有相当大的降低。二是在其他参数不变时，如果增加氢油比，则从入口到出口的氢分压的下降将显著减少。这就是说，氢油比的增加实质上增加了反应过程的氢分压。

（一）氢油比对加氢精制过程的影响

在直馏喷气燃料、石油脑等加氢精制过程中，除微量的硫、氮非烃化合物经加氢后物性稍有变化外，绝大多数分子尺寸没有因精制而变小，这样反应物流中的汽化率变化很小；另外，氢耗也相对较低，所使用的氢油比就相对较低。

氢油比对脱硫率的影响规律是当反应温度较低（343℃）而空速又较高（4.0h^{-1}）时，脱硫率先随氢油比的增加而提高；继续增加氢油比，脱硫率反而有所下降。但当反应温度较高和空速较低时，继续增加氢油比则脱硫略有增加，没有呈现下降的趋势。

氢油比对脱氮率的影响规律与脱硫率不同，无论是高、低反应温度或高、低空速，其脱氮率均有一个最高点，继续增加氢油比则脱氮率有所下降。

氢油比低，导致氢分压下降（在反应化学耗氢较大时更为突出），造成脱硫率、脱氮率有所下降。另外，如果原料中硫含量较高而氮含量较低时，包括循环氢在内的反应物流中硫化氢含量较高，则高浓度的硫化氢会抑制加氢催化脱硫活性。当氢油比过高时，反应床层中的气流速度相当大，减少了催化剂床层的液体藏量，从而减少了液体反应物在催化剂床层的停留时间，以致脱硫率、脱氮率有所降低。对脱氮反应而言，反应物流中的硫化氢浓度增加对脱氮效果有促进作用，增加氢气流率使硫化氢浓度减少，降低了脱氮效果。

（二）氢油比对加氢裂化过程的影响

1. 对裂化转化率的影响

氢油比对裂化转化率的影响见图 8-16。从中可以看出，随着氢油比的增大，裂化转化率增加。

2. 对产品分布及质量的影响

氢油比的变化实质上主要是影响过程的氢分压，从某种意义上讲，它对裂化深度、产品分布及质量的影响机理与氢分压的影响基本上是相同的。

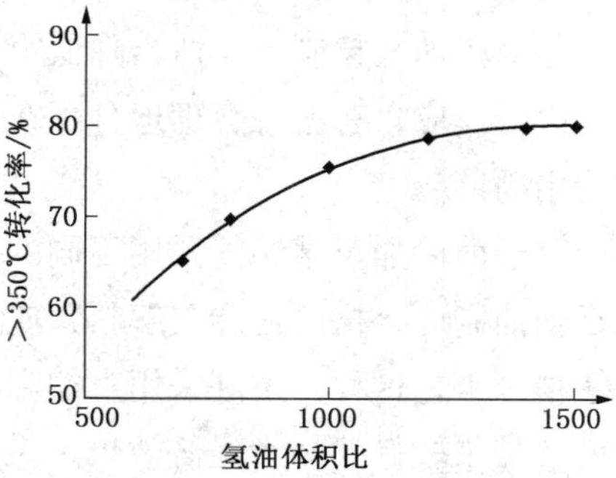

图 8-16　氢油体积比对裂化转化率的影响

氢油比对催化剂的寿命有显著影响，高的氢油比对减缓催化剂的失活速度、延长装置运转周期是十分有益的。提高氢油比可以提高氢分压，这在许多方面对反应是有利的，所以在实际生产中所用的氢油比大大超过化学反应所需的数值。但这增大了动力消耗，使操作费用增大，因此要根据具体条件选择最适宜的氢油比。此外，加氢过程是放热的，大量的循环氢可以提高反应系统的热容量，从而减少了反应温度变化的幅度。

第四节　加氢精制工艺过程

加氢精制工艺过程多种多样，按原料加工的轻重和目的产品的不同，可分为石脑油、煤油、柴油和润滑油等石油馏分的加氢精制，其中包括直馏馏分和二次加工产物，此外还有渣油的加氢脱硫。加氢精制装置所用氢气多数来自催化重整的副产氢气。当重整的副产氢气不能满足需要，或者没有催化重整装置时，氢气由制氢装置提供。石油馏分加氢精制尽管因原料不同和加工目的不同而有所区别，但是其化学反应基本原理相同，反应器一般都采用固定床绝热反应器，因此，各种石油馏分加氢精制的原理工艺流程原则上没有明显的差别。

一、石脑油加氢精制

石脑油泛指终馏点低于 220℃ 的轻馏分，一般富含烷烃，是裂解乙烯较为理想的原料。石脑油加氢精制是指对高硫原油的直馏石脑油和二次热加工石脑油（如焦化石脑油）进行加氢精制，脱除其中硫、氮等杂质及进行烯烃饱和，从而获得乙烯裂解原料。

焦化石脑油一般含有较多的二烯烃，总烯烃含量可高达 40%，同时还含有大量的硫、氮化合物，所以一般都采用两段加氢精制工艺过程。第一段在低温下加氢，饱和易结焦的二烯烃；二段再采用较苛刻的操作条件，进行脱硫、脱氮和烯烃饱和。

常用的催化剂是以氧化铝或含硅氧化铝为载体的钼-钴型或镍-钨型，反应条件为：压力 3.0～5.0MPa，温度 220～390℃，空速 1.0～5.0h^{-1}，氢油比 100～500。

焦化石脑油采用一段法是可以生产优质石脑油的。但是由于烯烃含量高，床层温升很大（可达125℃），不方便操作，而且会缩短催化剂使用周期。

在两段加氢精制中，适当降低第一反应器入口温度，使部分烯烃饱和转移到第二反应器来进行反应，总温升合理地分配在两个反应器的床层中，既易操作，又有利于延长催化剂使用周期。

鉴于两段加氢精制能采用不同的操作条件，又可以充分发挥催化剂的性能，因此，焦化石脑油制取合格的乙烯裂解料，应采用两段加氢精制为宜。无论是一段还是两段石脑油加氢精制工艺过程，最好采用直馏和二次热加工混合石脑油进料为宜，这样可以减轻加工难度，带来较好的技术经济效果。

图 8－17 为焦化石脑油加氢精制典型工艺流程。

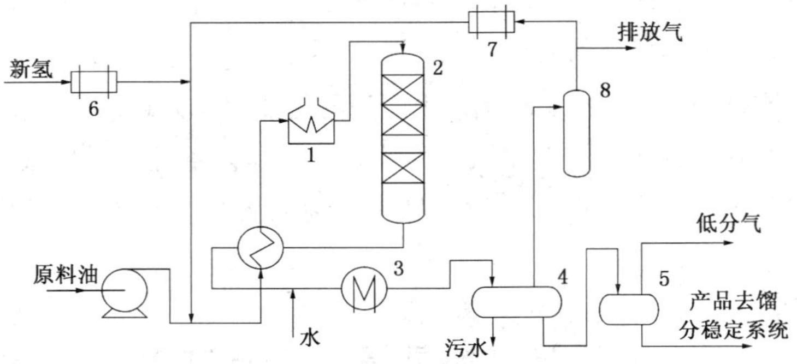

图 8－17　焦化石脑油加氢精制典型工艺流程

1—加热炉；2—反应器；3—冷却器；4—高分；

5—低分；6—新氢压缩机；7—循环氢压缩机；8—沉降罐

二、喷气燃料临氢脱硫醇

硫醇是喷气燃料中的有害杂质。油品中的少量硫醇会使油品发出臭味并且对飞机材料有腐蚀作用，影响喷气燃料的热安定性。随着我国加工中东高硫原油的增多，直馏喷气燃料中的硫醇含量更高。目前从直馏喷气燃料中脱除硫醇的技术有多种，如抽提、吸附、氧化及抽提和氧化组合的工艺技术。这些技术都是非临氢的方法，虽然投资费用较低，但都存在着不同程度的环境污染，并且对原料的适应性较差。采用加氢精制工艺，虽然能达到脱硫醇的目的，总硫、烟点、色度等指标也都有改善，但该工艺又存在着投资及操作费用高的缺点。为此，石油化工科学研究院（RIPP）研制开发了一种喷气燃料临氢脱硫醇技术。该技术集合了非临氢及加氢两种工艺的特点，在投资及操作费用较低的条件下，克服了常规非临氢脱硫醇法用于高硫油生产喷气燃料时质量不稳定的弱点，生产出对环境友好且符合喷气燃料质量标准的产品。

表 8－14 为喷气燃料临氢脱硫醇的效果。喷气燃料临氢脱硫醇工艺原则流程见图8－18。

表 8－14 喷气燃料临氢脱硫醇生产操作参数及效果

项目	卡塔尔：伊重（5：1）		伊轻：伊重（1：1）	
	原料	产物	原料	产物
生产操作参数				
体积空速/h	3.8		3.8	
反应压力/MPa	1.60		1.58	
反应温度/℃	246		246	
原料及产品性质				
馏程/℃				
初馏点	154	161	151	155
50%	191	193	193	188
90%	217	219	219	216
终馏点	239	238	238	238
冰点/℃	－55.4	—	－55.6	－55.3
硫醇硫/μg·g⁻¹	191.0	5.7	98.1	6.9
总硫/%	0.2062	0.1225	0.2170	0.1601
赛氏比色/号	+30	+30	+30	+30
铜片腐蚀/级	—	1	—	1
银片腐蚀/级	—	0	—	0

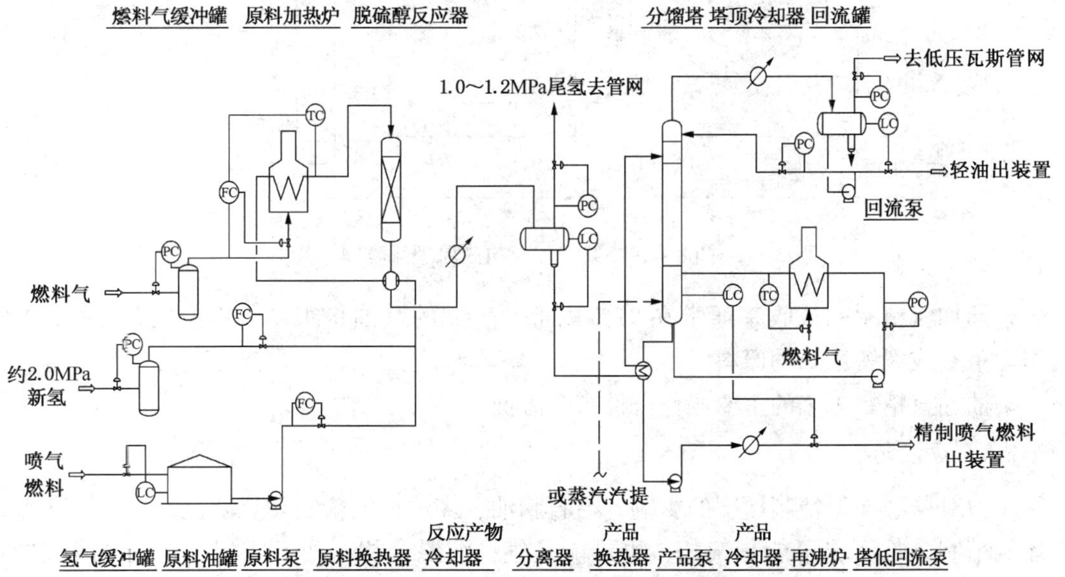

图 8－18 气燃料临氢脱硫醇工艺原则流程（一次通过）

喷气燃料临氢脱硫醇技术具有高的脱硫醇性能，并兼有脱酸、脱色及一定的脱硫功能。应用该技术生产出的喷气燃料馏分，硫醇硫含量小于 10μg·g⁻¹，且改善了喷气燃料馏分的腐蚀性能和产品的色度，烟点有所提高，其他各项指标也符合 3 号喷气燃料质量标准。

三、柴油加氢精制

柴油原料有多种来源，其中包括直馏柴油、FCC柴油焦化柴油、加氢裂化柴油等。这些物料中除加氢裂化柴油外，其他柴油馏分都不同程度地含有一些污染杂质和各种非理想组分。它们的存在对柴油的使用性能和环境影响很大。如柴油中的硫化物一方面对机件有腐蚀作用，另一方面柴油燃烧时硫化物对废气中生成的有害颗粒物有贡献且生成的 SO_x 使柴油机尾气转化器中的催化剂中毒，使污染物排放增加，污染大气。柴油中的氮化物、烯烃及其他极性物（如胶质）含量高时，其氧化安定性一般较差，储存中易变色、生成胶质和沉渣，使用中易生成积炭。因此各种柴油原料馏分必须经过精制或改质后才能作为商品柴油组分。

柴油加氢精制装置由反应系统、产品分离系统和循环氢系统共三部分组成。在二次加工柴油加氢精制装置中，大多数还设有原料脱氧和生成油注水系统。典型的柴油加氢精制工艺流程见图8－19。

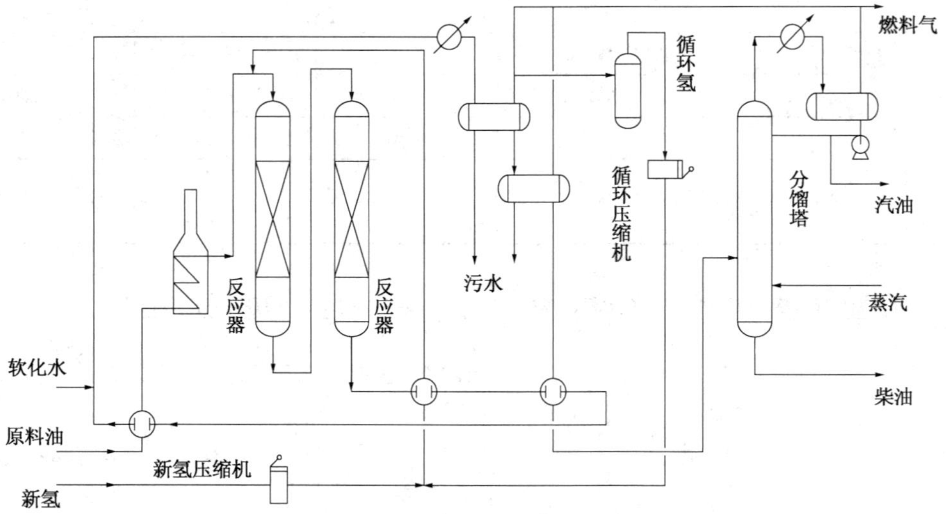

图8－19　柴油加氢精制原理流程图

柴油加氢精制的液收率通常在97%以上，生成的汽油量很少，占产物的1%～2%，可作为重整或裂解乙烯的原料。

柴油加氢精制工艺的主要操作条件有三方面。

1. 反应压力

压力对柴油加氢精制深度的影响，与石脑油、煤油加氢精制相比要复杂些，因为柴油在加氢精制条件下，可能是气相，也可能是气、液混合相。处于气相时，提高反应的压力，导致反应时间的延长，从而增加了加氢精制的深度，特别是氮的脱除率有较明显的提高，而对硫没有什么影响。

当加氢精制压力逐渐提高到反应系统出现液相时，再继续提高压力，则加氢精制的效果反而变坏。这是因为有液相存在时，氢通过液膜向催化剂表面扩散的速度降低，这个扩散速度成为影响整个反应的控制因素，它与氢分压成正比，而随着催化剂表面上液层厚度的增加而降低。因此，在出现液相后，提高反应压力会使催化剂表面的液层加厚，降低了反应速率。由此可见，为了使柴油加氢精制达到最佳效果，应当选择刚好使原料油完全汽化的氢分压。

柴油馏分（180～360℃）的反应压力一般为4.0～8.0MPa（氢分压3.0～7.0MPa）。

2. 反应温度

升温可提高脱硫的速率；对于脱氮和芳烃饱和反应，应避免在受热力学平衡制约的条件下操作。如果反应温度过高，就会发生单环和双环烷的脱氢反应而使十六烷值降低，导致柴油燃烧性能变坏。柴油馏分加氢处理的反应温度一般为300～400℃。

3. 空速和氢油比

在较低的氢分压下，适当降低空速，也可达到较高的反应深度。柴油馏分加氢精制的空速一般为1.2～3.0h^{-1}。

在加氢精制过程中，维持较高的氢分压，有利于抑制缩合生焦反应。为此，加氢过程中所用的氢油比远远超过化学反应所需的数值。柴油馏分加氢精制的氢油比一般为150～600$Nm^3 \cdot m^{-3}$。

第五节　加氢裂化工艺过程

目前工业上大量应用的加氢裂化工艺主要有：单段工艺、一段串联工艺、两段工艺三种类型。这些工艺类型可采用不同的工艺流程。工艺类型和流程的选择与原料性质、产品要求和催化剂等因素有关。

一、加氢裂化工艺流程

（一）单段加氢裂化工艺

单段加氢裂化流程指流程中只有一个（或一组）反应器，原料油的加氢精制和加氢裂化在同一个（组）反应器内进行。所用催化剂为无定形硅铝催化剂，它具有加氢性能较强，裂化性能较弱以及一定抗氮能力的特点。该工艺最适合于最大量生产中间馏分油。

现以大庆直馏重柴油馏分（330～490℃）为例来简述单段加氢裂化流程，见图8－20。

原料油经泵升压至16.0MPa与新氢及循环氢混合后，再与420℃左右的加氢生成油换热至320～360℃进入加热炉。反应器进料温度为370～450℃，原料在反应温度380～440℃、空速1.0h^{-1}、氢油体积比约为2500：1的条件下进行反应。为了控制反应温度，向反应器分层注入冷氢。反应产物经与原料换热后温度降至200℃，再经冷却，温度降到30～40℃之后进入高压分离器。反应产物进入空冷器之前注入软化水以溶解其中的NH_3、H_2S等，以防水合物析出而堵塞管道。自高压分离器顶部分出循环气，经循环氢压缩机升压后，返回反应系统循环使用。自高压分离器分离出部分生成油，经减压系统减压至0.5MPa，进入低压分离器，在低压分离器中将水脱出，并释放出部分溶解气体，作为富

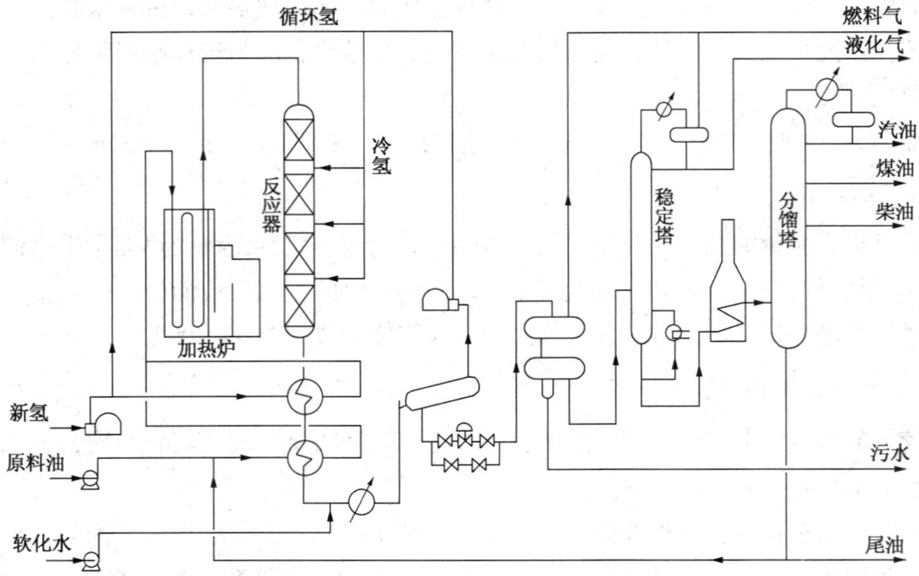

图 8－20　单段加氢裂化工艺流程

气送出装置，可以作燃料气用。生成油经加热送入稳定塔，在 1.0～1.2MPa 下蒸出液化气，塔底液体经加热炉加热至 320℃后送入分馏塔，最后得到轻汽油、喷气燃料、低凝点柴油和塔底油（尾油）。尾油可一部分或全部作循环油，与原料混合再去反应。

单段加氢裂化可以用三种方案操作：原料一次通过，尾油部分循环及尾油全部循环。大庆直馏蜡油按三种不同方案操作所得产品收率和产品质量见表 8－15。由表中数据可见，采用尾油循环方案可以增产喷气燃料和柴油。特别是喷气燃料增加较多，从一次通过的 32.9% 提高到尾油全部循环的 43.5%，而且对冰点并无影响。

表 8－15　单段加氢裂化不同操作方案的产品收率及产品性质

操作方案	一次通过				尾油部分循环			尾油全部循环		
指标	原料油	汽油	喷气燃料	柴油	汽油	喷气燃料	柴油	汽油	喷气燃料	柴油
收率/%	—	24.1	32.9	42.4	25.3	34.1	50.2	35.0	43.5	59.8
ρ_{20}/g·cm^{-3}	0.8823	—	0.7856	0.8016	—	0.7280	0.8060	—	0.7748	0.7930
沸程/℃										
初馏点	333	60	153	192.5	63	156.3	196	—	153	194
干点	474	172	243	324	182	245	326	—	245.5	324.5
冰点/℃	—	—	－65	—	—	－65	—	—	－65	—
凝点/℃	40	—	—	－36	—	—	－40	—	—	－43.5
总氮/μg·g^{-1}	470	—	—	—	—	—	—	—	—	—

对单段加氢裂化流程有四点需要说明。

1. 反应温升和反应器温升

加氢过程为放热反应，随着反应的深入，释放出的热量越来越大，反应温度也出现升高现象，称为反应温升。在工业加氢反应器上，体现为反应器温升。反应器的温升状况可用反应器温升和反应总温升或沿反应器轴向存在的催化剂床层总温升表征。

反应器温升指的是反应器出口温度与入口温度的差值；而催化剂床层总温升则为每个催化剂床层温升的算术和。

当反应器内只设置一个催化剂床层时，反应器温升等于反应温升或催化剂床层总温升。

催化剂床层总温升取决于原料油的性质、原料油和循环氢量、加氢深度等。原料油中含有加氢反应放热量大的组分（如硫化物、氮化物和烯烃等）越多，反应温升越大；原料油流率增加，总的放热量增加，催化剂床层总温升增加；循环氢量下降，或者氢油比下降，由气体带走的热量减少，催化剂床层总温升增加。

表征加氢深度的脱硫率、脱氮率、芳烃饱和率和加氢裂化转化率等也在一定程度上影响催化剂床层总温升。由于不同的原料油性质和不同的反应深度需要不同的化学氢耗量，因此化学氢耗量与催化剂床层总温升有较好的相关性。

当反应温升过高而不加以控制时，可能导致如下后果。第一，反应器内形成高温反应区。反应物流在高温区内激烈反应，甚至发生二次、三次裂解反应，放出更多的反应热，使反应温度更高，如此恶性循环，可能导致温度超过催化剂允许的最高使用温度，损坏催化剂，甚至可能引起催化剂床层“飞温”，引发事故。第二，随着运转时间的推移，催化剂逐渐失活，当提高反应温度加以弥补时，将使得靠近反应器下部的一部分高温区的催化剂过早地到达设计的最高操作温度，而被迫停工。而此时处于反应器上部低温区的催化剂尽管仍有较高的活性，但没有得到利用，因而劣化装置经济效益。第三，对产品质量和选择性不利。在加氢处理反应中，加氢脱氮和芳烃加氢饱和反应受热力学平衡制约，当反应温度提高到某一数值后，平衡转化率下降，使脱氮率、芳烃饱和率下降，产品质量下降。在加氢裂化反应中，高的反应温度会加速二次裂解反应，导致中馏分选择性下降，气体产量增加。

但是借助一定的反应温升可以使得在较低的反应器入口温度下达到所需的较高催化剂床层平均温度；另外，按高反应温升方式操作，可减少催化剂床层间冷氢的注入量，降低循环氢压缩机负荷，降低能耗。

催化剂床层内除了沿反应器轴向存在温度梯度以外，床层的某一横截面上不同位置的温度也有可能不同。将同一截面上最高点温度与最低点温度之差称为催化剂床层径向温差，或称径向温升。

径向温差的大小反映了反应物流在催化剂床层里分布均匀性的好坏。一旦催化剂床层出现较大的径向温差，其对催化剂的影响几乎与轴向温升相同，而对产品质量、选择性方面所造成的影响则远大于轴向温升。可接受的催化剂床层径向温差取决于反应器直径的大小和反应类型。反应器直径越大，容许的径向温差也越大；加氢裂化工艺容许的径向温差比加氢处理工艺的小。通常在加氢裂化工艺中，当催化剂床层径向温差超过11℃时已经认为物流分配不好了，当超过17℃时就应该考虑停工处理。

反应温升主要通过调节加热炉出口温度和催化剂床层间的冷氢量进行控制。

2. 催化剂装填

在加氢裂化反应器中，催化剂一般分层装填，这可把催化剂床层总温升分担到每个催化剂床层，使每层催化剂的温升不至于太高，保护催化剂性能。

3. 加权平均床层温度（WABT）

加氢反应器催化剂床层内各点温度是不一样的。为了得知反应平均温度，通常用反应器加权平均温度。

4. “炉前混氢”和“炉后混氢”工艺

氢和原料在炉前混合后进加热炉加热的，为炉前混氢工艺。图 8－18 的工艺流程即为炉前混氢工艺；氢在炉中加热后才与原料油混合的，为炉后混氢工艺。

单段加氢裂化工艺具有如下特点：

①采用裂化活性相对较弱的无定形或含少量分子筛的无定形催化剂，其优点是：具有较强的抗原料油中有机硫、氮的能力，催化剂对温度的敏感性低，操作中不易发生“飞温”。

②中馏分选择性好且产品分布稳定，初末期变化小。

③流程简单，投资相对较少且操作容易。

④床层反应温度偏高，末期气体产率较高。

⑤原料适应性差，不宜加工干点及氮含量过高的 VGO 原料。

⑥装置的运转周期相对较短。

（二）单段串联工艺

在单段串联工艺流程中设置两个（组）反应器，第一反应器（一反）装有脱硫脱氮活性好的加氢精制催化剂，以脱除重质馏分油进料的硫、氮等杂质，同时使部分芳烃被加氢饱和。第二反应器（二反）装有含沸石分子筛的裂化催化剂。两个反应器的反应温度及空速可以不同，而且很重要的一点是要控制精制反应器出口精制油中的氮含量，以保证进入裂化反应器中的进料不会因氮含量过高而引起裂化催化剂中毒。

单段串联工艺简化流程见图 8－21。按此流程，重质馏分油进料经预热后与氢气混合进入一反，在加氢精制催化剂上进行加氢脱硫、加氢脱氮以及芳烃饱和等反应；精制油不经任何冷却、分离直接进入二反，物流中含有硫、氮化合物加氢后转化成的硫化氢、氨及少量的轻烃。主要裂化反应在二反中进行。未转化的重馏分油（尾油）可循环回反应器再裂化，也可按一次通过方式操作，不将尾油循环。尾油可作为优质的催化裂化或制取乙烯的原料，还可用作润滑油的原料。

与单段工艺相比，单段串联工艺具有如下优点：

①产品方案灵活，仅通过改变操作方式及工艺条件或者更换催化剂，可以根据市场需求对产品结构在相当大范围内进行调节。

②原料适应性强，可以加工更重的原料，其中包括高干点的重质 VGO 及溶剂脱沥青油。

③可在相对较低的温度下操作，因而热裂化被有效抑制，可大大降低干气产率。

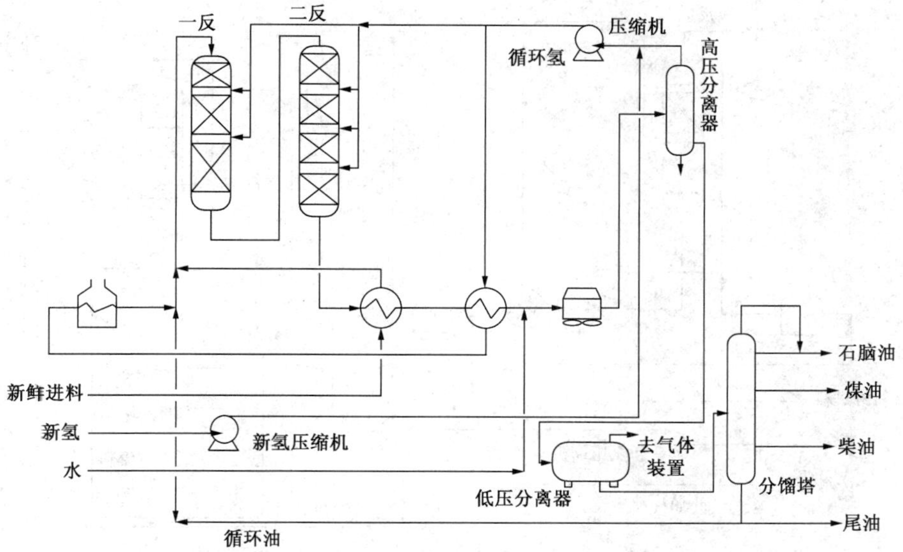

图 8-21　串联法加氢裂化工艺原理流程

(三) 两段加氢裂化工艺流程

在两段加氢裂化的工艺流程中设置两个（组）反应器，但在单个或一组反应器之间，反应产物要经过气液分离或分馏装置将气体及轻质产品进行分离，重质的反应产物和未转化反应产物再进入第二个或第二组反应器，这是两段过程的重要特征。它适合处理高硫、高氮减压蜡油，催化裂化循环油，焦化蜡油，或这些油的混合油，亦即适合处理单段加氢裂化难处理或不能处理的原料。

两段工艺简化流程见图 8-22。该流程设置两个反应器，一反为加氢处理反应器，二反为加氢裂化反应器。新鲜进料及循环氢分别与一反出口的生成油换热，经加热炉加热，混合后进入一反，在此进行加氢处理反应。一反出口物料经过换热及冷却后进入分离器，分离器下部的物流与二反流出物分离器的底部物流混合，一起进入共用的分馏系统，分别将酸性气以及液化石油气、石脑油、喷气燃料等产品进行分离后送出装置，由分馏塔底导出的尾油再与循环氢混合加热后进入二反。这时进入二反物流中的硫化氢及氨均已脱除干净，硫、氮化合物含量也很低，消除了这些杂质对催化剂裂化活性的抑制作用，因而二反的温度可大幅度降低。此外，在两段工艺流程中，二反的氢气循环回路与一反的相互分离，可以保证二反循环氢中仅含很少量的硫化氢及氨。

与单段工艺相比，两段工艺具有如下特点：

①气体产率低，干气少，目的产品收率高，液体总收率高。

②产品质量好，特别是产品中芳烃含量非常低。

③氢耗较低。

④产品方案更灵活。

⑤原料适应性强，可加工更重质、更劣质原料。

表 8-16 列出了一组高氮难裂化重质蜡油原料加氢裂化工艺数据。从中可以看出，对

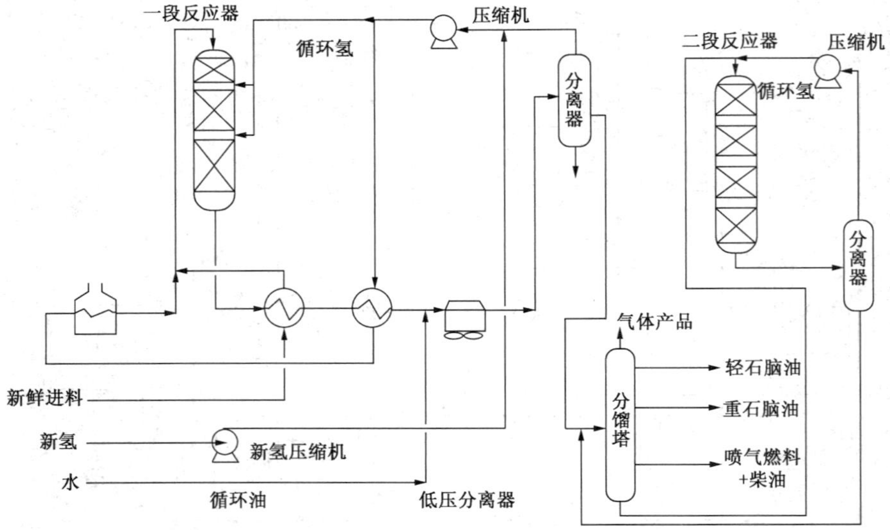

图 8－22 两段加氢裂化工艺原理流程

于加氢裂化工艺而言该原料是极难加工的，但采用两段工艺，可灵活地裂化为轻质产品，且质量优良。

表 8－16 两段工艺用于加工重质 VGO 原料

装置进料性质	巴西原油的 HVGO		装置进料性质	巴西原油的 HVGO	
密度（15.6℃）/kg·m^{-3}	949		多环芳烃质量含量/%	30	
氮/μg·g^{-1}	3500		馏程		
硫/%	0.8		5%	320	
总芳烃质量含量/%	50		50%	450	
	全转化	部分转化		全转化	部分转化
产品质量产率/%			烟点/mm	>27	>25
石脑油	23	11	柴油性质		
喷气燃料	26	18	硫/μg·g^{-1}	<10	<10
柴油	46	27	氮/μg·g^{-1}	<1	<1
尾油	4	43	十六烷值	55	53
石脑油性质			尾油性质		
硫/μg·g^{-1}	<10	<10	硫/μg·g^{-1}	<5	<5
MON/RON	55/65	55/65	氮/μg·g^{-1}	<1	<1
喷气燃料性质			黏度指数	>120	>100
硫/μg·g^{-1}	<10	<10	倾点（溶剂脱蜡后）/℃	－12	
氮/μg·g^{-1}	<1	<1			

两段工艺流程较为复杂，因而装置投资和操作费用较高，宜在装置规模较大时或采用贵金属裂化催化剂时选用。

二、加氢裂化产品特点

（一）加氢裂化产品特点

1. 气体产品

①原料中烃类裂解时所产生的低分子烃类，如 CH_4、C_2H_6、C_3H_8 和 C_4H_{10} 等。

②原料中非烃化合物，如含硫、氮、氧等原子的非烃类在氢解时形成 H_2S、NH_3 和 H_2O 等。

③原料氢中带入的其他组分如 CH_4、CO、CO_2 和 N_2 等，CO 及 CO_2 在过程中转化为 CH_4 和 H_2O。其含量将随供氢来源不同而异，若采用重整氢气时还将带有少量 C_2H_6、C_3H_8 及 C_4H_{10} 等。

原料烃在催化加氢裂化过程中，碳链的断裂依正碳离子反应机理进行，所生成的低分子气体烃大部分为 C_3H_8 和 C_4H_{10} 并且异构烷烃较多，而生成的 CH_4 和 C_2H_6 很少，异构烃含量一般高于正构烃的一倍以上。

2. 液体产品

①石脑油　可以直接作为汽油组分或溶剂油等石油产品，也可作为中间产品经加工而生产石油化工原料或运输燃料，例如通过催化重整生产轻芳烃、高辛烷值汽油或通过蒸汽裂解装置生产乙烯等轻烯烃。

由于加氢裂化具有深度加氢、异构能力强等功能，因此获得的石脑油有以下共同特点：一是异构烃含量多，通常为正构烃的 2~3 倍甚至更多；二是芳烃含量少，一般小于 10%，基本没有不饱和烃；三是非烃含量较低。

②中间�分油　中间馏分油主要指喷气燃料、轻柴油、取暖用油及灯用煤油等石油产品，其质量的共同要求是良好的燃烧性能及安定性，大多数产品还要求有好的低温流动性。

加氢裂化喷气燃料烯烃含量低，芳烃含量少，结晶点（冰点）低，烟点高，是优质的喷气燃料。

加氢裂化柴油硫含量很低，小于 0.01%，芳烃含量也较低，十六烷值 >60，着火性能好，安定性高，符合低硫柴油的要求，适合用来调合生产低硫车用柴油。

③加氢裂化尾油与其他重油轻质化工艺不同的是，加氢裂化过程尾油同样获得了很好的加氢改质，硫、氮等杂质极少，环状烃含量或环数减少，链烷烃含量增加。如果将这部分优质尾油加以利用，则不仅会使加氢裂化的加工费用降低（氢耗、能耗下降），并可增加处理新鲜原料的能力，有较好的经济效益。如果利用其制取具有更高价值的产品（如润滑油、石蜡等）时，则经济效益会更提高一步。

（二）加氢裂化产品与其他石油二次加工产品的比较

加氢裂化产品与其他石油二次加工产品的比较有下列特点：

①加氢裂化的液体产率高，C_5以上液体产率可达94%～95%以上，体积产率则超过110%。而催化裂化液体产率只有75%～80%，延迟焦化只有65%～70%。

②加氢裂化的气体产率很低，通常C_1～C_4只有4%～6%，C_1～C_2更少，仅1%～2%。而催化裂化C_1～C_4通常达15%以上，C_1～C_2达3%～5%。延迟焦化的产气量较催化裂化略低一些，C_1～C_4占6%～10%。

③加氢裂化产品的饱和度高，烯烃极少，非烃含量也很低，故产品的安定性好。柴油的十六烷值高，胶质低。

④原料中多环芳烃在进行加氢裂化反应时经选择断环后，主要集中在石脑油馏分和中间馏分中，使石脑油馏分的芳烃潜含量较高，中间馏分中的环烷烃也保持较好的燃烧性能和较高的热值。而尾油则因环状烃的减少，*BMCI*值降低，适合作为裂解制乙烯的原料。

⑤加氢裂化过程异构能力很强，无论加工何种原料，产品中的异构烃都较多，例如气体C_3、C_4中的异构烃与正构烃的比例通常在2～3以上，<80%石脑油具有较好的抗爆性，其*RON*可达75～80。喷气燃料冰点低，柴油有较低的凝点，尾油中由于异构烷烃含量较高，特别适合于制取高黏度指数和低挥发性的润滑油。

⑥通过催化剂和工艺的改变可大幅度调整加氢裂化产品的产率分布，汽油或石脑油馏分可达20%～65%，喷气燃料可达20%～60%，柴油可达30%～80%。而催化裂化与延迟焦化产品产率可调节的范围很小，一般都小于10%。

第六节　渣油加氢技术

随着原油的重质化、劣质化（硫、氮、金属杂质含量增加），以及环保法规的日益严格，对炼油企业生产清洁油品并做到清洁生产的要求越来越高。渣油加氢技术在解决这些问题时显出了诸多优点，因此受到人们愈来愈多的关注。渣油加氢主要有固定床、移动床、沸腾床及悬浮床等，它们主要应用于生产低硫燃料油；脱除渣油中硫、氮和金属杂质，降低残炭值，为下游重油催化裂化或焦化提供优质原料；渣油加氢裂化生产轻质馏分油。

一、渣油加氢的化学反应

在渣油加氢过程中，发生的主要反应有加氢脱硫、脱氮、脱氧、脱金属等反应，以及残炭前身物转化和加氢裂化反应。其中加氢裂化反应对生成轻质油品具有最重要的作用。这些反应进行的程度和相对的比例不同，渣油的转化程度也不同。根据渣油加氢转化深度的差别，习惯上曾将其分为渣油加氢处理（RHT）和渣油加氢裂化（RHC）。在渣油加氢处理中主要发生脱除杂原子化合物的反应，原料油中>538℃部分转化为轻馏分的转化率（称为轻质化率）小于50%。在渣油加氢裂化中，同样发生脱除杂原子化合物的反应，但此时轻质化率高于50%。

（一）加氢脱硫反应

各种类型硫化物的氢解反应都是放热反应，总体反应热大约为2300kJ·Nm^{-3}氢耗。

加氢脱硫反应是渣油加氢过程中的主要反应，对反应器中总反应的贡献率最大。

（二）加氢脱金属反应

渣油加氢脱金属反应也是渣油加氢处理过程中所发生的重要化学反应之一。在催化剂的作用下，各种金属化合物与 H_2S 反应生成金属硫化物，生成的金属硫化物随后沉积在催化剂上，从而得到脱除。脱除的金属在催化剂颗粒内的沉积分布规律是：

①围绕着催化剂颗粒中心，沉积的金属基本呈对称分布。

②铁主要沉积在催化剂的外表面，呈薄层状。

③镍、钒沉积的最大浓度出现在催化剂颗粒内，靠近边缘的地方。镍的穿透深度比钒大得多，这与其化合物的反应性和扩散性有关。

（三）加氢脱氮反应

原油中的氮有70%～90%存在于渣油中，而渣油中的氮又大约有80%富集在胶质和沥青质中。研究表明，胶质、沥青质中的氮绝大部分以环状结构（五元环吡咯类和六元环吡啶类的杂环）形式存在。

一般杂环氮化物的加氢脱氮反应首先是芳环和杂环加氢饱和，然后是环的一个 C—N 键断裂（即氢解），因此，采用芳烃加氢饱和性能好的催化剂以及较高的氢分压，对加氢脱氮反应有利。

加氢脱氮反应也是放热反应，反应热大约为 $2720kJ \cdot Nm^{-3}$ 氢耗，但由于原料油中氮含量低，脱除率只有50%～60%，因此它对反应器中总反应热的贡献率不大。

（四）加氢脱残炭（HDCR）反应

加氢脱残炭反应也是渣油加氢过程中的重要反应，残炭的降低率是渣油加氢工艺一项重要指标。渣油的残炭值高，则意味着其中的多环芳烃、胶质和沥青质等高沸点组分含量高，在加工过程中的生焦趋势大。

研究表明，五环以及五环以上的稠环芳烃都是生成残炭的前身物。渣油中胶质和沥青质的残炭值最高，这与胶质和沥青质中含有大量的稠环芳烃和杂环芳烃有关。

在渣油加氢反应过程中，作为残炭前身物的稠环芳烃逐步被加氢饱和，稠环度逐步降低，有些变成少于五环的芳烃，就已不再属于残炭前身物了。加氢脱残炭实际上就是减少残炭的前身物含量，其反应过程大致包括如下步骤：

①杂环上的 S、N 等杂原子的氢解，以及镍和钒等重金属络合物的解离。

②稠环芳烃的加氢饱和，包括残炭前身物稠环芳烃加氢饱和为环数少的芳烃，以及芳烃饱和为同等环数的环烷烃。

③环烷烃的加氢开环生成烷烃。

④大分子的已部分饱和的多环芳烃、环烷烃及烷烃加氢裂化为小分子的芳烃、环烷烃和烷烃，异构化反应也同时进行。

（五）加氢裂化反应

渣油加氢过程中发生的裂化反应以临氢热裂化反应为主，遵从自由基反应机理。

二、固定床渣油加氢技术

到目前为止，馏分油的加氢大多数采用固定床加氢技术，而渣油加氢已开发了四种工艺类型，即固定床、沸腾床（膨胀床）、悬浮床（浆液床）和移动床。在实际生产中，可以单独采用这些工艺，也可将其组合使用。例如为加工劣质渣油，可将移动床和固定床结合，增长开工周期。

四种渣油加氢反应器示意图见图 8－23，主要操作参数控制范围及其特点比较列于表 8－17。

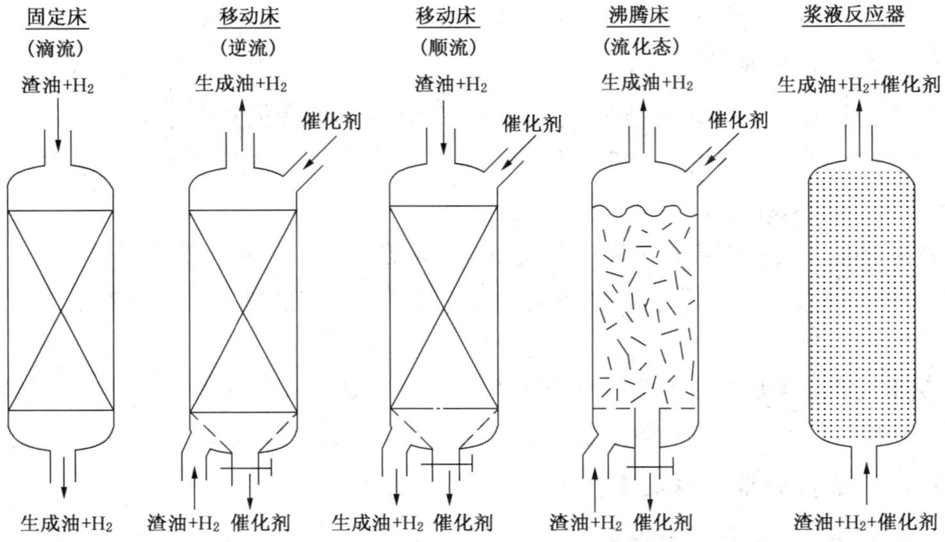

图 8－23　渣油加氢反应器类型

表 8－17　各渣油加氢工艺操作参数的一般范围

项目	固定床	沸腾床（膨胀床）	悬浮床（浆液床）	移动床
原料油	AR 或 VR	VR	VR	AR 或 VR
Ni + V/$\mu g \cdot g^{-1}$	<200	<700～800	>700	>200
残炭/%	<10～20	20～25	20～25	20～25
压力/MPa	10～20	15～21	10～30	10～20
温度/℃	370～420	400～470	450～480	370～450
空速/h^{-1}	0.15～0.35	0.2～1.0	0.7～1.5	0.1～0.5
渣油转化率/%	20～50	60～90	80～95	60～80
脱硫率/%	85～95	60～90	50～70	90
脱氮率/%	30～60	30～50	20～40	—
脱金属/%	70～90	80～98	90～98	85～98
残炭转化率/%	55～70	60～80	70～90	70～85
化学氢耗/$Nm^3 \cdot m^{-3}$	100～200	200～300	250～300	150～300

续表

项目	固定床	沸腾床（膨胀床）	悬浮床（浆液床）	移动床
装置运转周期/月	6～24	连续运转	连续运转	连续运转
相对催化剂耗量①	1	1.4～2	—	0.55～0.7
催化剂相对装量（体积）②/%	约60	约40	约1	约60
产品质量	可作为低硫燃料油或二次加工原料	轻油作成品油，渣油还需加工或作燃料油	含硫高，需进一步加氢脱硫	可得到低硫轻、重油品
反应历程	催化反应	催化＋热反应	热反应	催化＋热反应（少）
技术难易程度	设备简单，易操作	复杂	较复杂	较复杂
技术成熟性投资	成熟	较成熟	开发中	逐渐成熟
投资	中等	较高	中等	较高
工业装置套数	53	13	3（工业示范）	4

①相同进料，运转周期均为一年；
②相对于反应器容积。

在渣油加氢四种工艺中固定床渣油加氢工艺的工业应用最多。图8－24为固定床渣油加氢工艺流程图。

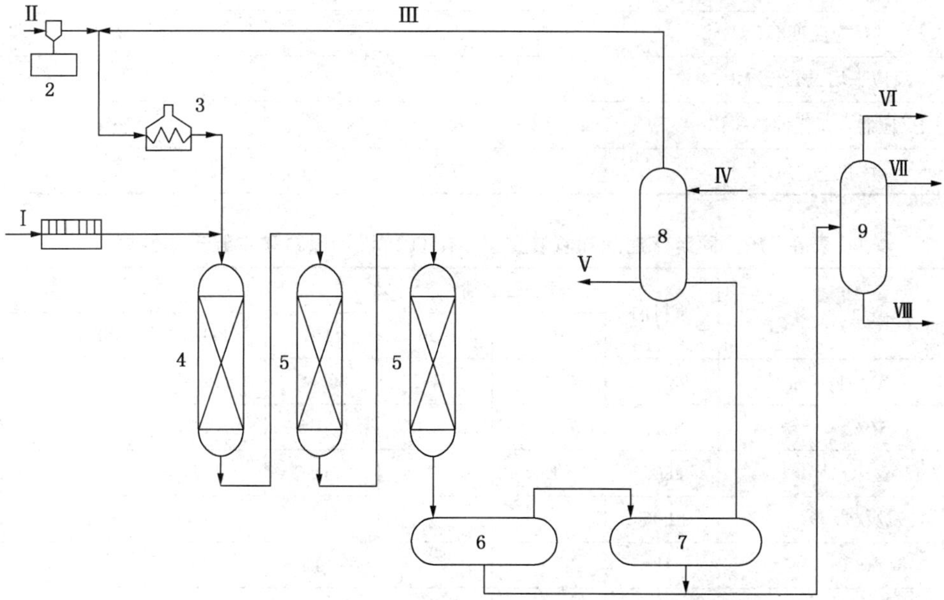

图8－24　固定床渣油加氢处理的原则流程
1—过滤器；2—压缩机；3—管式炉；4—脱金属反应器；5—脱硫反应器；
6—高压分离器；7—低压分离器；8—吸收塔；9—分馏塔物流；
Ⅰ—新鲜原料；Ⅱ—新鲜氢；Ⅲ—循环氢；Ⅳ—再生胺溶液；Ⅴ—饱和胺溶液；
Ⅵ—燃料气和宽馏分汽油；Ⅶ—中间馏分油；Ⅷ—宽馏分渣油

已过滤的原料在换热器内首先与由反应器来的热产物进行换热，然后进入炉内，使温度达到反应温度。一般是在原料进入炉前将循环氢气与原料混合。此外，还要补充新鲜氢。由炉出来的原料进入串联的反应器。反应器内装有固定床催化剂。大多数情况是采用液流下行式通过催化剂床层。催化剂床层可以是一个或数个，床层间设有分配器，通过这些分配器将部分循环氢或液态原料送入床层，以降低因放热反应而引起的温升。控制冷却剂流量，使各床层催化剂处于等温下运转。催化剂床层的数目取决于产生的热量、反应速度和温升限制。

由反应段出来的加氢生成油首先被送到热交换器，用新鲜原料冷却，然后进入冷却器，在高低压分离器中脱除溶解在液体产物中的气体。将在分离器内分离出的循环氢通过吸收塔，以脱除其中的大部分的硫化氢。在某些情况下，可以将循环气进行吸附精制，完全除去低沸点烃。有时还要对液体产物进行碱洗和水洗。加氢生成油经过蒸馏可制得柴油（200～350℃馏分）、催化裂化原料油（350～500℃馏分）和 >500℃残油。

加氢脱硫过程的形式可分单段、两段或多段，可以不循环操作；也可令部分加氢生成油与原料混合，实行部分循环或全循环操作，以提高总精制深度。

表 8－18 为某炼油厂固定床渣油加氢装置反应系统主要工艺操作参数，原料和产品的性质列于表 8－19。

表 8－18　固定床渣油加氢装置（S-RHT）反应系统设计主要工艺条件

项目	运转初期（SOR）	运转末期（EOR）
反应温度/℃	385	404
反应平均氢分压/MPa	14.7	14.7
反应器入口气油体积比	650	650
体积空速/h^{-1}	0.2	0.2

表 8－19　固定床渣油加氢装置（S-RHT）设计原料和主要产品性质

项目	原料油	石脑油		柴油		加氢渣油	
		SOR	EOR	SOR	EOR	SOR	EOR
密度（20℃）/$kg \cdot m^{-3}$	987.5	758.2	754.1	867.5	865.6	927.5	934.9
S/%	3.10	0.0015	0.0018	0.015	0.0245	0.52	0.61
N/$\mu g \cdot g^{-1}$	2800	15	17	305	320	1500	2000
残炭/%	12.88	—	—	—	—	6.48	8.00
凝点/℃	18	—	—	－15	－15	—	—
黏度（100℃）/$mm^2 \cdot s^{-1}$	200	—	—	—	—	—	—
Ni/$\mu g \cdot g^{-1}$	26.8	—	—	—	—	9.0	11.6
V/$\mu g \cdot g^{-1}$	83.8	—	—	—	—	8.7	11.4
Fe/$\mu g \cdot g^{-1}$	<10	—	—	—	—	1.1	1.2
Na/$\mu g \cdot g^{-1}$	<3	—	—	—	—	2.1	2.4

续表

项目	原料油	石脑油		柴油		加氢渣油	
		SOR	EOR	SOR	EOR	SOR	EOR
Ca/μg·g^{-1}	<5	—	—	—	—	0.3	0.5
初馏点/℃	—	100	97	197	194	—	—
50%/℃	—	134	136	297	294	—	—
终馏点/℃	—	176	178	352	351	—	—

第七节 催化加氢主要设备

一、固定床反应器

加氢反应器是加氢过程的核心设备，它操作于高温高压临氢环境下，且进入反应器内的物料中往往含有硫和氮等杂质，将与氢反应分别形成具有腐蚀性的硫化氢和氨。另外，由于加氢过程是放热过程，且反应热较大，会使床层温度升高，但又不应出现局部过热现象。因此，反应器在内部结构上应保证：气、液流体的均匀分布；及时排除过程的反应热；反应器容积的有效利用；催化剂的装卸方便；反应温度的正确指示和精密控制。

在加氢过程中，到目前为止仍然还是采用固定床的工艺过程为多，下面只介绍固定床的反应器。

（一）反应器筒体

根据介质是否直接接触金属器壁，分为冷壁反应器和热壁反应器两种结构。

冷壁反应器内壁衬有隔热衬里，因此，筒体工作条件缓和，设计制造简单，价格较低，早期使用较多。但是由于隔热衬里大大降低了容积利用率（系反应器中催化剂装入体积与反应器容积之比），一般只有50%～60%，因此单位催化剂容积平均用钢量较高。同时因衬里损坏而影响生产的事故也时有发生。随着冶金技术和焊接制造技术的发展，热壁反应器已逐渐取代冷壁反应器。热壁结构与冷壁结构相比，具有以下优点：

（1）器壁相对不易产生局部过热现象，从而可提高使用的安全性。而冷壁结构在生产过程中隔热衬里较易损坏，热流体渗（流）到壁上，导致器壁超温，使安全生产受到威胁或被迫停工。

（2）可以充分利用反应器的容积，其有效容积利用率可达80%～90%。

（3）施工周期较短，生产维护较方便。

（二）反应器内构件

催化加氢反应器的特点是多层绝热、中间氢冷、挥发组分携热和大量氢气循环的气、液、固三相反应器，在进行反应器设计时应考虑以下方面：

（1）反应器具有良好的反应性能。液固两相能接触良好，以保持催化剂内外表面有足够的润湿效率，使催化剂活性得到充分发挥，系统反应热能及时有效地导出反应区；尽量降低温升幅度与保持反应器径向床层温度的均匀，尽量减少二次反应。

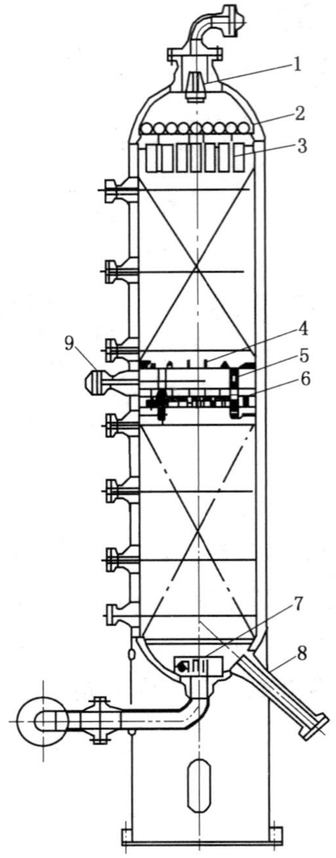

图 8－25　热壁反应器

1—入口扩散器；2—气液分配器；3—去垢篮筐；4—催化剂床层支持盘；5—催化剂连通管；6—急冷氢箱及再分配盘；7—出口收集器；8—催化剂卸出口；9—急冷氢管

（2）反应器压力降低，以减少循环压缩机的负荷，节省能源。反应器内部结构应以达到气液均匀分布为主要目的。典型的反应器内构件包括：入口扩散器、气液分配器、去垢篮筐、催化剂支持盘、急冷氢箱及再分配盘、出口集合器等，如图 8－25 所示。

1. 入口扩散器

入口扩散器位于反应器顶部，对反应物料起到预分配的作用，同时也可以防止物流直接冲击气液分配盘的液面。上开两个长口，物料在两个长口及水平缓冲板孔的两个环形空间中分配。

2. 气液分配器

气液分配器一般采用泡帽形式。液体被气流携带通过泡帽的降液管，控制适当的气液流速可使泡帽降液管出口气液流处于喷射流型。泡帽齿缝的高度和宽度对液体均匀分布都至关重要。这种分配器使整个床面液相分配均匀，不论气相、液相负荷如何变化，分配器上的液面会自动调节，不会出现断流、液泛而影响操作。一般降液管开孔率为 15%，安装水平度允许误差为 ±5mm，压降为 980～1470Pa，泡帽式分配结构可以获得床层截面温差小于 1℃的效果。

3. 去垢篮筐

为了使反应进料携带的固体杂质能够在较大的流通面积上沉积，减少床层压降，在每三个泡帽下面，安装一个金属网编织成的篮筐，外部均匀装填粒度上大下小的瓷球。篮筐用铁链固定在分配盘梁上。由于篮筐表面积大，即使部分被堵，气液流也可得到较好的分配。

4. 催化剂支持盘

催化剂支持盘由 T 形横梁、格栅、金属网及瓷球组成。T 形横梁横跨筒体，顶部逐步变尖，以减少阻力。

5. 急冷氢箱与再分配盘

急冷氢箱与再分配盘置于两个固定床层之间。在冷氢箱中打入急冷用的冷氢，是为了导走加氢反应所放出的反应热，控制床层的反应温度不超过规定值。冷氢管喷出的氢气流呈均匀的两股与上床层来的反应物初步混合后进入冷氢箱，在此进行均匀混合。冷氢箱底部是均布开孔的喷液塔盆，气液两相均匀喷射到下层的再分配盘上。再分配盘与顶分配盘结构一样，起到对下床层截面均匀分配的作用。有些设计自催化剂支持盘到再分配盘之间设置几个连通管，内填充瓷球，卸催化剂只要打开底封头上的卸料口，就可以卸出全部催化剂。

（三）固定床加氢反应器工艺尺寸的确定

1. 催化剂装入量

根据装置年处理量和空速，可用下式计算出催化剂需要量。

$$V_c = C/(T\rho S_v) \tag{8-2}$$

式中 V_c——催化剂体积用量，m^3；

C——年加工油质量，kg；

T——年有效生产时间，h；

ρ——油的密度，$kg \cdot m^{-3}$；

S_v——体积空速，h^{-1}。

2. 反应器的容积

反应器的容积按以下公式计算：

$$V_R = V_c/V_F \tag{8-3}$$

式中 V_R——反应器容积，m^3；

V_c——催化剂用量，m^3；

V_F——有效利用率，无因次。

设有内保温的反应器，其有效利用率只有0.5~0.6；无内保温的反应器，当催化剂不分层置放时，有效利用率约为0.8。

3. 反应器的直径和高度

关于反应器的高度和直径的确定方法，一般只能根据实验、生产经验和工艺要求来确定。一般来说，应着重考虑反应热的排除、混相进料的分配以及干净床层压力降。

对反应热不大的气相进料，由于不必注入冷氢，而且物流处于气相，容易均匀分布，催化剂不需分层置放，所以采用较小的长径比。但分配情况是压力降的函数，也就是说，当床层深度较浅，压力降过低，将使流体分布不均，催化剂接触效率差。生产实践证明，在单位床层高度（m）压力降为0.0023~0.0115MPa、长径比为0.85~0.80时，工艺装置催化剂的利用率与试验室或中型装置数据大致吻合。所以，单位床层高度压力降大于0.0023MPa以及长径比大于1.0是决定反应器直径和高度的一个重要条件。

目前一些反应器的长径比约4~9；催化剂床层深度一般为4~6m，最大床层深度达11.8m。

二、加氢加热炉

加氢装置反应器进料加热炉，一般简称为加氢炉。加氢炉是为装置进料提供热源的关键设备。管内被加热的是易燃、易爆的氢气或烃类物质，危险性大、使用条件比较苛刻。根据装置所需的炉子热负荷（一般相对于常减压装置炉子热负荷小）和反应流出物换热流程（炉前混氢工艺或炉后混氢工艺）等特点，主要使用箱式炉、圆筒炉和阶梯炉等炉型，且以箱式炉居多。

在箱式炉中，对于辐射炉管布置方式有立管和卧管排列两类。这主要是从热强度分布和炉管内介质的流动特性等工艺角度以及经济性（如施工周期、占地面积等）来考虑的。仅加热氢气的加氢加热炉，都采用立管形式，因为它是纯气相加热，占地较少。而对于氢和原料油混合后才进入加热炉加热的混相流情况，有许多是采用卧管排列方式的。这是因为只要采取足够的管内流速就不会发生气液相分层流，且还可避免如立管排列那样每根炉管都要通过高温区（当采用底烧时）。这对于两相流来说，当传热强度过高时很容易引起局部过热、结焦现象；而卧管排列就不会使每根炉管都通过高温区，可以区别对待。

在炉型选择时，还应注意到加氢加热炉的管内介质都存在着高温氢气，有时物流中还含有较高浓度的硫或硫化氢，将会对炉管产生各种腐蚀。在这种情况下，炉管往往选用比较昂贵的高合金炉管。为了能充分地利用高合金炉管的表面积，应优选双面辐射的炉型，因为像单排管双面辐射与单排管单面辐射相比，其热的有效吸收率要高 1.49 倍。相应的炉管传热面积可减少 1/3，既节约昂贵的高合金管材，同时又可使炉管受热均匀。

三、高压换热器

加氢装置使用较多的是螺纹环锁紧式和密封盖板封焊式两种具有独特特点的高压换热器，且以前者使用得更多。

螺纹环锁紧式换热器的管束多采用 U 形管式。它的特点是：

①由于管箱与壳体锻成或焊成一体，所以密封性能可靠。

②由于它的螺栓很小，很容易操作，所以拆装方便。同时，拆装管束时，不需移动壳体，可节省许多劳力和时间。

③金属用量少，结构紧凑，占地面积小。

密封盖板封焊式换热器的管箱与壳体主体结构也和螺纹环锁紧式换热器一样，为一整体型。它的特点是管箱部分的密封是依靠在盖板的外圆周上施行密封焊来实现的。

此种换热器也具有密封性能可靠、结构简单、金属耗量比螺纹环锁紧式换热器少以及像螺纹锁紧式换热器那样由于管箱与壳体为一体型所带来的各种优点。主要缺点是：当需要对管束进行抽芯检查或清洗时，首先需要用砂轮将密封盖板外圆周上的封焊焊肉打磨掉，才能打开盖子完成这一作业，然后重装时再行封焊。这样的多次作业对于高温高压设备来说是不理想的。

四、冷却器

加氢反应的产物与反应进料、氢气及分馏塔进料多次换热后，温度为 120～200℃，需要再冷却到 37～66℃后，在高压分离器中分离气液，一般采用空气冷却器来冷却。

反应生成物的主要组分是烃类和氢气，还有硫化氢、氨和水。空气冷却器的腐蚀主要发生在回弯头和管子的入口等能改变流向和流体搅动剧烈的部位，属于冲刷腐蚀。

加氢装置所用冷却器有喷淋式、套管式和管壳式三种。为了节省用水、减少对环境的污染，近来多采用空冷器。空冷器的传热系数低，翅片管传热系数一般只有63～83$kJ \cdot m^{-2} \cdot h^{-1} \cdot ℃^{-1}$。空冷器要求热流入口温度不超过250℃，否则会使铝翅片受热膨胀，加大了翅片与光管间的间隙，影响传热。

五、高压分离器

高压分离器（高分器）是加氢装置中的重要设备。反应器出来的油气混合物经冷却后，在高压分离器分离为气体、液相生成油和水。高分器有热高分和冷高分两类。

热高分是在高温（操作温度一般高于300℃）、高压临氢（含H_2S）条件下操作，设备的选材原则与热壁加氢反应器的相同；冷高分的操作温度一般小于120℃，介质中含油、H_2、H_2S、NH_3和H_2O，设备选材主要考虑防止低温硫化氢应力腐蚀和氢致开裂腐蚀等。

高压分离器有卧式和立式两类。催化加氢过程常用立式高压分离器。与卧式相比，立式占地少，金属材料耗量小。

六、加氢反应器的防腐蚀

由于反应系统条件苛刻，加氢反应系统的材质选择及保护要满足高温、高压、临氢及含有硫化氢等要求。材质选用除满足强度条件外，还需考虑氢脆、氢腐蚀、硫化氢腐蚀、铬钼钢的回火脆化、硫化物应力腐蚀开裂和奥氏体不锈钢堆焊层剥离现象等因素。

（一）氢脆

所谓氢脆，就是由于氢残留在钢中所引起的脆化现象。产生了氢脆的钢材，其延性和韧性降低甚至产生裂纹。但是，在一定条件下，若能使氢较彻底地释放出来，钢材的力学性能仍可得到恢复，因此说氢脆是可逆性的，也称作一次脆化现象。高温高压临氢反应器在操作状态下，金属筒体材料会吸收一定量的氢，在停工过程中，若冷却速度太快，使吸藏的氢来不及扩散出来，造成过饱氢残留在器壁内，就可能在温度低于150℃时引起亚临界裂纹扩展，对设备的安全使用带来威胁。

氢脆多发生在反应器内件支持圈角焊缝上以及堆焊奥氏体不锈钢的梯形槽法兰密封面的槽底拐角处。这种损伤和反应器堆焊层奥氏体基体中的铁素体含量有密切的关系。不锈钢焊缝金属中的铁素体越多，氢脆后的延性和韧性就越差。

为防止氢脆损伤发生，主要应从结构设计上、制造过程中和生产操作方面采取措施。如在操作过程中，在装置停工时冷却速度不应过快，且停工过程中应采用使钢中吸藏的氢能尽量释放出去的工艺过程，以减少器壁中的残留氢含量。另外，尽量避免非计划的紧急停工，因为此状况下器壁中的残留氢浓度会很高。

（二）高温氢腐蚀

高温氢腐蚀是在高温高压条件下扩散侵入钢中的氢与不稳定的碳化物发生化学反应，

生成甲烷气泡（包含甲烷的成核过程和成长），即 $Fe_3C + 2H_2 \longrightarrow CH_4 + 3Fe$，并在晶间空穴和非金属夹杂部位聚集，引起钢的强度、延性和韧性下降与劣化，同时发生晶间断裂。由于这种脆化现象是发生化学反应的结果，所以它具有不可逆性，也称永久脆化现象。

高温氢腐蚀是一个金属脱碳过程，它有两种形式：表面脱碳和内部脱碳。当温度较高（550℃以上）而压力较低（1.4MPa 以下）时，碳钢会发生表面脱碳；温度大于 221℃且压力大于 1.4MPa 时，则发生内部脱碳。

表面脱碳不产生裂纹，在这点上，与钢材暴露在空气、氧气或二氧化碳等一些气体中所产生的脱碳相似。表面脱碳的影响一般很轻，其钢材的强度和硬度局部有所下降而延性提高。

内部脱碳是由于氢扩散侵入到钢中发生反应生成了甲烷，而甲烷又不能扩散出钢外，就聚集于晶界空穴和夹杂物附近，形成了很高的局部应力，使钢产生龟裂、裂纹和鼓包，其力学性能发生显著的劣化。

刚开始发生高温氢腐蚀时裂纹很微小，但到后期，无数裂纹相连，形成大裂纹以致突然断裂。

在甲烷气泡的形成过程中，包含着甲烷气泡的成核过程和长大，因此，关键的问题不在于气泡的产生，而是气泡的密度、大小和生长速率。在气泡形成初期，机械性能不发生明显改变，这一阶段称为“孕育期”（或称潜伏期）。“孕育期”对于工程上的应用是非常重要的，它可被用来确定设备所采用钢材的大致安全使用时间。“孕育期”的长短取决于钢种、杂质含量、氢压和温度等。为了抗高温氢腐蚀，加氢反应器必须使用加有铬、钼、钨、钒、钛等形成稳定碳化物的合金钢。

（三）硫化氢腐蚀

硫化氢对铁的腐蚀在 260℃以上加快，生成 FeS 和 H_2。硫化铁锈皮的形成，会阻碍 H_2S 接触母材，减缓腐蚀速度；而当氢气和硫化氢共存时，腐蚀速度加快，因为原子氢能不断侵入硫化物的垢层中，造成垢层疏松多孔，使 H_2S 介质扩散渗透。另外，H_2S 的存在，会阻止氢原子再结合成 H_2，使溶解在钢中的原子氢浓度增大到 $10\mu g \cdot g^{-1}$以上（一般为 $2 \sim 6\mu g \cdot g^{-1}$），容易造成氢脆开裂。

采用不锈钢堆焊层和非金属耐热衬里均可防止硫化氢对铬钼的腐蚀。

目前，加氢设备的发展趋势，是随加氢工业的发展和装置规模的逐渐增大而向大型化方向发展。随着设备大型化的发展，高强度低合金钢的推广，高压设备新型结构的研制，以及其他方面的科技成就，都将使加氢装置的基建投资进一步降低，经济效益大大提高。所有这些都是加快发展加氢工艺、提高原油加工深度的有利因素。

第八节　加氢过程反应热及氢耗量的计算

本节主要介绍反应热、氢耗量及相平衡的计算。

一、加氢过程的热平衡

（一）反应热计算

反应热是工艺设计中不可缺少的数据，反应热的数值关系到工艺流程的选择、热的利用以及反应器的结构设计等。

加氢反应是放热反应，而裂化反应是吸热反应。在加氢裂化过程中，通常加氢反应的热效应大于裂化反应的吸热效应，最终表现出来的净效应是放热过程。

单体烃加氢的反应热与分子结构有关，芳烃加氢的反应热低于烯烃和二烯烃的反应热，而含硫化合物的氢解反应热与芳烃加氢反应热大致相等。

在加氢精制过程中某些含硫化合物的反应热已在表 8－1 中列出。每一个双键加氢反应的反应热大约为 112kJ · mol^{-1}，按消耗 1g 氢计算，烯烃加氢反应热约为 59kJ，芳烃加氢反应约为 35kJ。某些单体烃的加氢反应热如表 8－20 所示。

表 8－20　某些单体烃的加氢反应热

反应	反应热	
	kJ/gH_2	kJ · mol^{-1}产物
n-$C_5H_{10}+H_2\longrightarrow C_5H_{12}$	－58.38	－117.4
n-$C_7H_{14}+H_2\longrightarrow C_7H_{16}$	－63.0	－126.0
	－60.06	－117.6
	－34.86	－205.0
	－34.7	－338.76

单体烃加氢裂化反应热与烃的相对分子质量无关，而取决于温度和产品的组成。在 800K 条件下，C—C 键断开并将碎片饱和成甲烷和正构烷烃，放出 61.9kJ · mol^{-1}热量；只生成正构烷烃时，放出 51.8kJ · mol^{-1}热量；生成异构烷烃时，放出 66.8kJ · mol^{-1}热量。整个过程的反应热与断开的每个键（并进行碎片加氢和异构化）的反应热和断键的数目成正比。表 8－21 为各种单体烃加氢裂化反应热的数据。在加氢精制过程中，主要发生 C—S 键断开。加氢脱硫反应热的大小与 C—S 键氢解程度有关，与反应温度无关。轻馏分油（石脑油、汽油和煤油馏分）含硫化合物的含量一般不很高（不超过 0.5%），即使 C—S 键全部发生氢解，所放出的热量也不超过 3kJ · mol^{-1}原料。显然这些热量无论对系统的热力学状态还是动力学状态都不会发生明显的影响。但是重质油加氢过程中必须考虑 C—S 键的氢解反应热。因为原料的含硫量较高，所以在进行热计算时，必须考虑这部分热量。在中间馏分油加氢精制过程中出现的反应器床层不等温现象，并非由 C—S 键氢解反应引起，而是由于过程中发生了不饱和烃加氢反应和加氢裂化反应。

表 8-21　单体烃加氢裂化反应热（根据生成热计算）

加氢裂化反应	反应热/$kJ \cdot mol^{-1}$		
	700K	800K	900K
n-$C_6H_{14} + H_2 \longrightarrow CH_4 + C_5H_{12}$	-60.6	-61.9	-63.5
n-$C_3H_{18} + H_2 \longrightarrow CH_4 + C_7H_{16}$	-60.6	-61.9	-63.5
n-$C_{10}H_{22} + H_2 \longrightarrow CH_4 + C_9H_{20}$	-60.6	-61.9	-63.5
n-$C_{10}H_{22} + H_2 \longrightarrow C_2H_6 + C_8H_{18}$	-51.4	-52.7	-54.3
n-$C_{10}H_{22} + H_2 \longrightarrow C_3H_8 + C_7H_{16}$	-49.7	-51.0	-52.7
i-$C_8H_{18} + H_2 \longrightarrow CH_4 + i$-$C_7H_{16}$	-61.4	-62.3	-63.5
i-$C_8H_{18} + H_2 \longrightarrow C_3H_8 + C_5H_{12}$	-46.0	-47.2	-48.5
环 $C_6H_{12} + H_2 \longrightarrow n$-$C_6H_{14}$	-45.0	-46.4	-47.8
环 C_6H_{11}-$C_2H_5 + H_2 \longrightarrow n$-$C_8H_{18}$	-36.4	-42.6	-44.5
环 $C_5H_9CH_3 + H_2 \longrightarrow n$-$C_6H_{14}$	-60.5	-60.8	-61.0
环 C_5H_9-$C_3H_7 + H_2 \longrightarrow n$-$C_8H_{18}$	-60.2	-60.4	-60.9

关于石油馏分加氢反应热的计算方法主要有两种：

①用生成热求取，即：

$$Q_{反} = 生成物生成热 - 反应物生成热$$

②根据原料和产物的族组成计算反应热。这个方法认为，过程的反应热，例如烷烃的加氢裂化过程的反应热 $Q_{反}$，与断开键的数目 r 和 1 个键的分解热效应（包括碎片的加氢和异构化）$\Delta H'_{C—C}$成正比。当 1 分子原料转化时有 r 个 C—C 键断开，并生成（$r+1$）个氢化的碎片，则过程的反应热可以用下式计算：

$$Q = r \cdot \Delta H'_{C—C} \qquad (8-4)$$

式中　$\Delta H'_{C—C}$——1 个 C—C 键断开并生成加氢产物的反应热。

由于过程的反应热与原料的相对分子质量无关，因此，可以根据原料和生成物的物质的量来计算反应热。下面以烷烃加氢裂化为例说明本法的原理。

烷烃加氢裂化反应式如下：

$$C_nH_{2n+2} + H_2 \longrightarrow C_{n-b}H_{2(n-b)+2} + C_bH_{2b+2}$$

若有 1mol 烷烃加氢裂化并有 r mol C—C 键断开，生成（$r+1$）mol 产物，则该过程的反应热为：

$$Q_{反} = r \cdot \Delta H'_{C—C}$$

若加氢裂化过程的总括反应为：

$$C_nH_{2n+2} + rH_2 \longrightarrow \sum v'_i C_iH_{2i+2}$$

式中　n，i——分别代表原料和产物中的平均碳原子数；

v'_i——由 1mol 原料生成平均碳原子数为 i 的产物的物质的量。

则

$$r = (n-1) - \sum v'_i\ (i-1) \qquad (8-5)$$

式中　（$n-1$）——原料分子中 C—C 键的数目；

$\sum v'_i\ (i-1)$——所得产物分子中 C—C 键的数目。

对于烷烃：

$$n=(M_n-2)/14,\ i=(M_i-2)/14$$

式中　M_n，M_i——分别为原料和产物的相对分子质量。

故可得烷烃加氢裂化过程的反应热为：

$$Q_{反}=\Delta H'_{C-C}\ [(M_n-16)-\sum v'_i\ (M_i-16)]/14 \qquad (8-6)$$

如表 8－38 所示，烷烃加氢裂化反应热与原料相对分子质量无关，只与反应温度有关。若取 400℃时 $\Delta H'_{C-C}=-63.3\text{kJ}\cdot\text{mol}^{-1}$，则对 1kg 原料计算反应热的计算式为：

$$Q_{反}=-4521\ [\ (M_n-16)-\sum\ (M_n/M_i)\ v_i\ (M_i-16)]/M_n \qquad (8-7)$$

式中 v_i为以 1kg 原料为基准的产物的质量产率。式（8－7）曾被用来对加氢裂化反应器进行模拟计算，所得结果如表 8－22 所示。

表 8－22　石油馏分（350～500℃）加氢裂化反应热的计算结果

原料	产品收率（质量分数）				用式（8－7）计算的反应热值/kJ·mol⁻¹
	气体（$M=45$）	汽油（$M=130$）	柴油（$M=215$）	残油（$M=380$）	
360～500℃（汽油方案）	0.17	0.51	0.25	0.09	－396.0
360～500℃（柴油方案）	0.10	0.15	0.69	0.08	－297.0

用方法①和式（8－7）分别计算正癸烷加氢裂化反应热所得结果非常接近（分别为 $535\text{kJ}\cdot\text{mol}^{-1}$和 $538\text{kJ}\cdot\text{mol}^{-1}$）。由计算结果可见，加氢裂化反应热与转化深度有关，亦即随产品产率的变化而改变。

在实际生产中，当缺少计算所必需的原始数据时可以利用经验数据估算反应热。例如，根据经验介绍，在加氢脱硫过程中，消耗 1m^3氢气放出约 3.1kJ 热量，或溴价下降 1 个单位时每千克进料放出 8.14kJ 热量，或原料含硫量下降 1% 时每千克进料放出 16.0kJ 热量。也可以参考表 8－23 中的经验数据选取加氢过程的相应反应热数值。

表 8－23　石油馏分加氢过程反应热经验数据

过程	反应热/℃
重质油加氢生产汽油	
馏分油（330～490℃）	294～420
加氢裂化	420～504
加氢精制	约 210
焦化柴油（180～330℃）	
加氢精制	315～420
加氢裂化	约 1890
加氢脱硫	2416～2835
加氢脱氮	2416～2835
烯烃加氢	5292
芳烃加氢	1512～3024

［**例 8-1**］利用生成热的数据计算馏分油加氢裂化反应热。已知加氢裂化过程中物料平衡和油品的元素组成如下：

入方	流量/kg·h^{-1}	出方		流量/kg·h^{-1}
进料	207 （其中新鲜进料 100）	生成油		187.4
氢气	3.31	生成气	C_1	7.17
			C_2	5.90
			C_3	4.83
			C_4	1.69
			H_2S	0.20
			NH_3	0.49
			H_2O	1.64
		损失		0.98
合计	210.3	合计		210.3

元素组成分析如下：

项目	C	H	S	N	0
原料油（质量分数）/%	87.93	8.30	0.18	1.10	2.09
生成油（质量分数）/%	88.80	8.59	0.09	1.02	1.44

如前所述，过程反应热 $Q_{反} = \Sigma\ (\Delta M_1) - \Sigma\ (\Delta M_2)$，$\Delta M_1$ 表示生成物生成热，ΔM_2 表示反应物生成热。由于缺少计算生成热所需要的原料油和生成油组成数据，所以采用文献中推荐的计算公式来估算生成热：

$$\Delta M_{生} = (78.29W_C + 338.5W_H + 22.2W_S - 42.7W_O) - \Delta H_{燃}$$

式中　$\Delta M_{生}$——生成热，kcal·kg^{-1}；

$\Delta H_{燃}$——高热值燃烧热，为负值，kcal·kg^{-1}。

高热值燃烧热 $\Delta H_{燃}$ 燃可用下式求得：

$$\Delta H_{燃} = 81W_C + 300W_H - 26\ (W_O - W_S)$$

由此求得原料油高热值燃烧热为 9638kcal·kg^{-1}，生成油高热值燃烧热为 9787kcal·kg^{-1}。故：

原料油生成热 $\Delta M_{生} = (78.29 \times 87.93 + 338.85 \times 8.3 + 22.2 \times 0.18 - 42.7 \times 2) - 9638$

$= -29.4\ (\text{kcal} \cdot \text{kg}^{-1})$

生成油生成热 $\Delta M_{生} = (78.29 \times 88.8 + 338.85 \times 8.3 + 22.2 \times 0.09 - 42.7 \times 1.44) - 9787$

$= -13.5\ (\text{kcal} \cdot \text{kg}^{-1})$

故生成物生成热如下表：

生成油	187.4×13.5=2525（kcal·h^{-1}）
甲烷	7.17×1115=8000（kcal·h^{-1}）
乙烷	5.90×673=3970（kcal·h^{-1}）
丙烷	4.83×563=2720（kcal·h^{-1}）
丁烷	1.69×511=864（kcal·h^{-1}）
H_2S	0.20×141=28（kcal·h^{-1}）
NH_3	0.49×646=316（kcal·h^{-1}）
H_2O	1.64×3795=6200（kcal·h^{-1}）
共计	24623（kcal·h^{-1}）

以上各组分生成热数据均可由有关手册查得，由此可得过程反应热为：

$$Q_{反}=\sum(\Delta M_1)-\sum(\Delta M_2)$$

以1kg原料计：

$$Q_{反}=(24623+29.4\times207)/207=148.3\text{kcal}\cdot\text{kg}^{-1}\text{工作原料}$$

或按1kg新鲜原料计算，得：

$$Q_{反}=148.3\times207/100=307.0\text{kcal}\cdot\text{kg}^{-1}\text{新鲜原料}$$

（二）加氢过程反应热的排出

如上所述，工业加氢过程的热效应多为放热过程。工业加氢反应器是绝热反应器，为了保证加氢过程能够在最佳温度下进行，确保加氢反应器恒温操作，必须及时将反应热从系统中排出。反应热的排出也是反应器设计中需要着重考虑的问题之一。

工业加氢装置排出反应热的办法是将催化剂分层置放，在各层之间注入冷介质（冷氢），并用改变冷氢量来调节反应器床层温度分布。

加氢反应器不同高度注入冷氢后温度分布如图8－26所示。

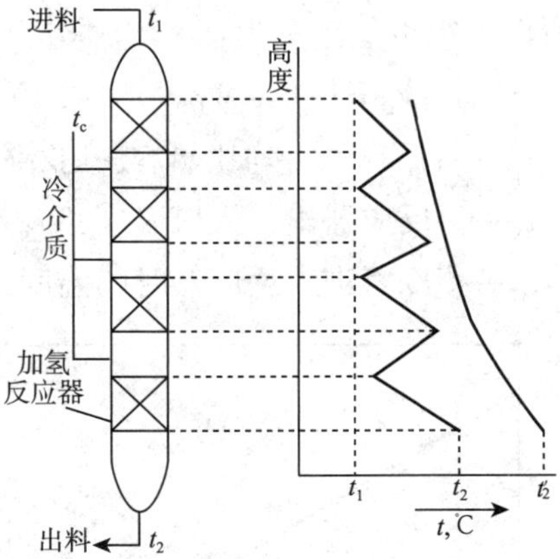

图8－26　加氢反应器冷氢注入方式及温度分布

t_1—进料入口温度；t_2—注冷介质时反应器出口温度；t'_2—无冷介质时反应器出口温度；t_c—冷氢温度

实践证明，采用冷氢作为冷却介质有以下优点：对加氢反应的平衡转化率有利；对加快反应速度有利；对提高催化剂稳定性有利；有利于提高单位反应空间的效率。虽然冷氢量的增加会引起反应物体积的增大，使停留时间缩短，但是研究表明，反应速度加快的效果可以抵消停留时间缩短的影响，因而总的效果仍然是使反应速度加快。此外，采用冷氢作为冷却介质还具有温度调节灵敏、操作方便、不易产生超温现象等优点。因此，注冷氢作为加氢装置反应系统的取热手段是加氢工业装置上普遍采用的方法。

对于反应热不大的加氢反应器，也可以不采用注冷氢的措施。

（三）冷氢量的计算及反应器的热平衡计算

冷氢量的计算实质上是反应器的热平衡计算。

当不注入冷氢时，反应热主要消耗在升高进料（油品和氢气）和催化剂床层的温度以及通过反应器壁的热量损失上面。在稳定状态下，催化剂床层的温升，在热平衡计算中可以忽略不计。

在操作平稳时，反应热平衡如下：

反应热 = 原料油升温吸热 + 循环氢升温吸热 + 冷氢升温吸热 + 反应器热损失

即

$$Q_R = W_O (i_{O2} - i_{O1}) + V_g (i_{g2} - i_{g1}) + V_C (i_{C2} - i_{C1}) + Q_L \tag{8-8}$$

式中 Q_R——反应热，放热为正，$kJ \cdot h^{-1}$；

W_O——原料油流量，$kg \cdot h^{-1}$；

i_{O2}，i_{O1}——原料油在反应器出、入口温度下的焓值，$kJ \cdot kg^{-1}$；

V_g——循环氢流量，$m^3 \cdot h^{-1}$；

i_{g2}，i_{g1}——循环氢在出、入口温度下的焓值，$kJ \cdot m^{-3}$；

V_C——冷氢量，$m^3 \cdot h^{-1}$；

i_{C2}，i_{C1}——冷氢在反应器出、入口温度下的焓值，$kJ \cdot m^{-3}$；

Q_L——反应器热损失，$kJ \cdot h^{-1}$。

若冷氢就是用循环氢，则式（8－8）可以改写成：

$$Q_R = W_O (i_{O2} - i_{O1}) + V_g c_p (t_2 - t_1) + V_C c_p (t_2 - t_C) + Q_L \tag{8-9}$$

所以可得冷氢用量为：

$$V_C = [Q_R - W_O (i_{O2} - i_{O1}) - V_g c_p (t_2 - t_1) - Q_L] / [c_p (t_2 - t_C)] \tag{8-10}$$

式中 c_p——循环氢平均比热容，kJ/（$m^3 \cdot$℃）；

t_2，t_1——反应器出、入口温度，℃；

t_C——冷氢进入反应器时的温度，℃。

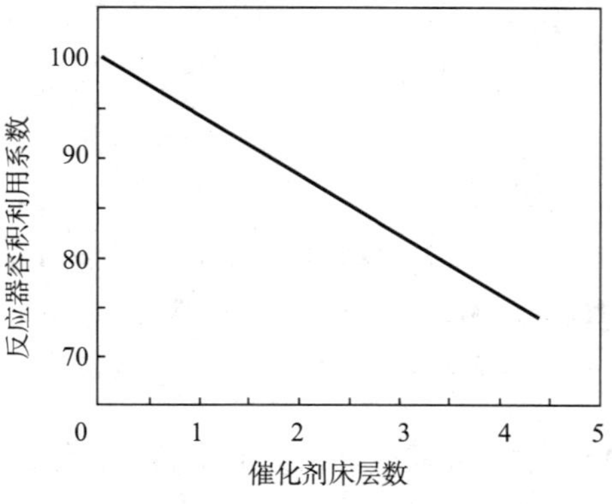

图 8－27 催化剂床层数与加氢反应器容积利用系数的关系

在设计工业加氢反应器内催化剂置放层数时，还必须考虑反应器的容积利用系数。因为反应器的体积一定时，催化剂置放层数越多，容积利用系数越低。而容积利用系数越低，为了处理同样数量的原料，就需增大反应器的尺寸，而这必然造成设备投资增加。所以，在反应器内流体分布、温度分布、接触效率、进出口温差以及容积利用系数之间存在着复杂的依赖关系，一般要通过最佳方案比较来确定。图8－27为催化剂床层数与反应器容积利用系数的关系。对于如何设计出具有良好的流体和温度分布、接触效率高、床层少、进出口温差小、容积利用系数高的反应器内部结构，是研究设计部门应解决的重要课题。生产经验和计算结果表明，对于反应热较小的加氢精制反应器，一般只需设置两层，按4：6或3：7分配催化剂的装填量。对于瓦斯油加氢裂化反应器，催化剂可以分成三层，各层催化剂量大致相等，循环氢和冷氢量按60：40进行分配，可以达到最佳操作效果。

二、加氢过程氢耗量的计算

加氢装置所消耗的氢气有两个来源：一是由催化重整副产氢气供给；二是如果重整氢不能满足需要或无重整装置，必须建设一套与加氢裂化装置配套的制氢装置，其投资约占联合装置总投资的三分之一。而加氢裂化加工1t原料所消耗氢气的费用占总费用的60%~80%。由此可见，氢的消耗量，对加氢过程的经济效果起着很大的影响。所以，无论在制订加工方案或具体设计某一加氢装置时，都必须同时仔细研究氢气的供应问题，并详细核算加氢过程的各项消耗量。

（一）影响氢耗量的因素

对不同原料油和不同的加工过程，耗氢量是不一样的。各种加氢过程的耗氢量如表8-24所示。由表可见，加氢裂化，尤其是两段加氢裂化氢耗最高，汽油加氢精制、重整原料加氢精制耗氢量最少。

表8-24　各种加氢过程的氢耗量

加氢过程		氢耗量（占原料百分比）/%
减压瓦斯油一段加氢裂化	一次通过	0.9~1.2
	尾油循环	1.5~1.8
减压瓦斯油两段加氢裂化		2.4~4.1
直馏柴油加氢精制		0.5~1.0
焦化柴油加氢精制		0.7~0.8
焦化汽油加氢精制		0.76~1.53
重整原料预加氢精制		0.1~0.2

氢纯度对氢耗量的影响可由表8-25看出。新氢纯度高，耗氢量就低。这是因为，如果新氢纯度低，其中必含有较多的其他组分（N_2、CH_4等），这些组分不能溶解于生成油中，而是有相当大部分积存在循环气中，降低了氢气纯度。为了维持循环氢的纯度，需要释放一部分循环氢，并同时补充一部分新氢，这样就增大了新氢耗量。所以，生产中总希望新氢纯度越高越好，因为这既能降低新氢耗量，又能降低系统的总压。二次加工柴油加氢精制所要求的氢气纯度比直馏柴油要高一些。在加氢裂化过程中不管哪一种原料，都希望新氢纯度在95%以上。

表 8－25　氢气纯度对耗氢量的影响

新氢纯度	加氢精制耗氢百分比			350～500℃馏分加氢裂化耗氢百分比		
	直馏柴油	二次加工柴油	二次加工汽油	5.0MPa	10.0MPa	15.0MPa
96%	0.428	0.965	0.592	1.240	1.791	4.08
85%	0.475	1.538	0.783	1.644	2.381	5.230

各种制氢方法得到的新氢组成如表 8－26 所示。

表 8－26　各种制氢方法得到的新氢组成

制氢过程	新氢组成/%（体）									
	H_2	CO	CO_2	N_2	CH_4	C_2H_6	C_3H_8	C_4H_{10}	Ar	总计
天然气蒸汽转化	95.1	0.001	—	0.34	4.56	—	—	—	—	100
重油部分氧化	98.0	—	—	0.63	0.53	—	—	—	0.84	100
重整副产氢	89.8	0.002	—	—	6.8	1.3	1.2	0.1	—	100
油田气水蒸气转化	94.1	$<10^{-4}$	<0.02	—	5.95	—	—	—	—	100

（二）氢耗量的计算

在加氢过程中新氢主要消耗在以下四个方面。

1. 化学耗氢量

加氢过程大部分氢气消耗在化学反应上面，即消耗在脱除油品中的硫、氮、氧以及烯烃和芳烃饱和反应以及加氢裂化和开环等反应上。原料的化学组成是影响化学耗氢量的主要原因。

2. 设备漏损量

设备漏损量是指管道或高压设备法兰连接处及循环氢压缩机运动部位等处的漏损。漏损量的大小与设备制造和安装质量有关。一般设备漏损量占总循环氢量的 1%～1.5%（体积分数），或 1～15$Nm^3 \cdot m^{-3}$原料油。

3. 溶解损失量

溶解损失量是指在高压下溶于生成油中的气体在生成油减压时这部分气体排出时而造成的损失。这部分损失与高压分离器的操作压力、温度和生成油的性质及气体的溶解度有关。

不同原料加氢精制过程中的溶解损失，可以近似用表 8－27 的数据估算。氢气和甲烷、低分子烷烃和硫化氢在油中的溶解度见图 8－28 和图 8－29。加氢裂化的溶解损失近似地可取 10$Nm^3 \cdot m^{-3}$原料油。

表 8－27　不同原料加氢精制的溶解损失

精制原料	汽油	馏分油	减压瓦斯油
溶解损失/$Nm^3 \cdot t^{-1}$原料油	6.4～10.0	4.1～7.7	3.4～6.8

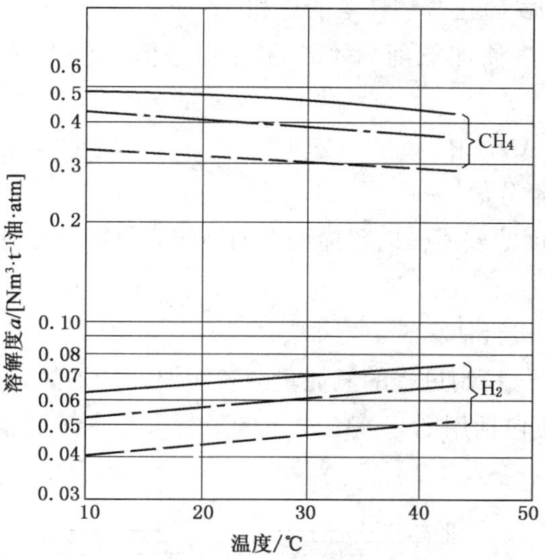

图 8－28　氢和甲烷在油中的溶解度

实线——直馏柴油，$K=11.9$，$M=245$；

虚线——减压馏分油，$K=11.8$，$M=360$；

点划线——催化裂化轻循环油，$K=10.9$，$M=210$

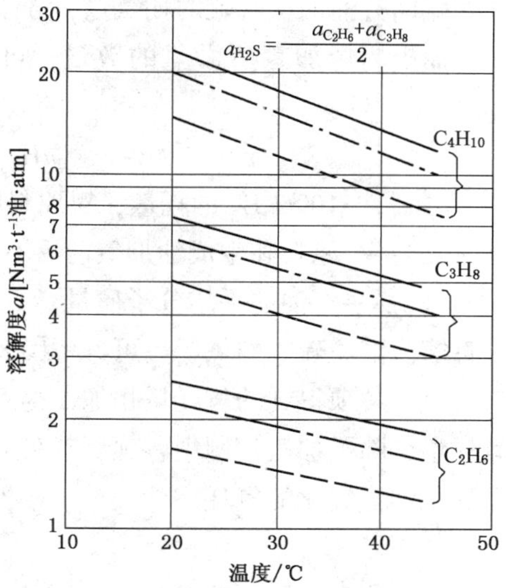

图 8－29　低分子烷烃和硫化氢在油中的溶解度

实线——直馏柴油，$K=11.9$，$M=245$；

虚线——减压馏分油，$K=11.8$，$M=360$；

点划线——催化裂化轻循环油，$K=10.9$，$M=210$

4. 弛放损失量

为了维持循环氢的纯度而排出一部分循环氢，构成了弛放损失，可以近似地取 5～10$Nm^3 \cdot m^{-3}$原料油，或通过对系统作气体平衡计算求出。

（三）化学耗氢量的计算方法

化学耗氢量的数据，通常由研究单位根据中小型试验通过系统的物料平衡及氢平衡求得。当缺少试验数据时，可以根据原料油和生成油的分析数据进行估算。下面介绍一些经验估算法。

还原 1% 的硫、氮、氧为 H_2S、NH_3 和 H_2O 所需要的氢数量为：

硫　12.5$Nm^3 \cdot m^{-3}$原料油

氮　53.7$Nm^3 \cdot m^{-3}$原料油

氧　44.6$Nm^3 \cdot m^{-3}$原料油

在加氢脱硫过程中，硫化物加氢所需氢还可用下式计算：

$$nH_2 = mS \tag{8-11}$$

式中　nH_2——加氢脱硫化学耗氢量，以 100% H_2 计，对原料的质量分数，%；

S——原料含硫质量分数，%；

m——与硫化物类型有关的常数，不同类型硫化物的 m 值如表 8－28 所示。

表 8－28　不同类型硫化物的常数

含硫化合物	H_2	元素硫	RSH	RSR′	RS_2R'	$C'_nH_{2n-4}S$	$C_nH_{2n}S$
m	0	0.0625	0.062	0.125	0.0938	0.2500	0.125

含硫馏分油加氢脱硫的耗氢量，等于各种含硫化合物耗氢的总和。

汽油中烯烃加氢所需氢的数量，可根据汽油加氢前后不饱和度的差值，利用下式计算：

$$nH_2 = 2\ (\Delta\alpha)/M_c \tag{8-12}$$

式中 nH_2——100% H_2 的耗量，对原料的质量分数，%；

$\Delta\alpha$——原料和生成油加氢前后不饱和度的差值，以单烯烃占油品的质量分数计算；

M_c——汽油的平均分子质量。

直馏渣油脱硫时的氢耗量可参考图 8－30 进行估算。

将上面各项得到的氢耗量相加便得到了加氢精制过程的氢耗量。若需要计算加氢裂化的氢耗量，除了加氢精制中各项氢耗外，还应包括用图 8－31 求出的氢耗。把各项相加，即得到了加氢裂化的氢耗。

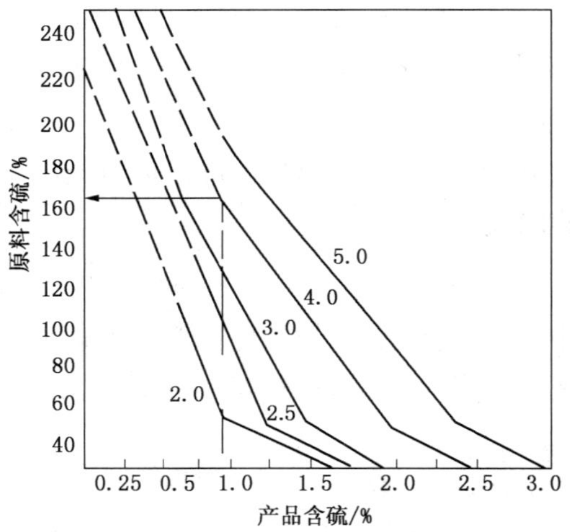

图 8－30 直馏渣油加氢脱硫氢耗图

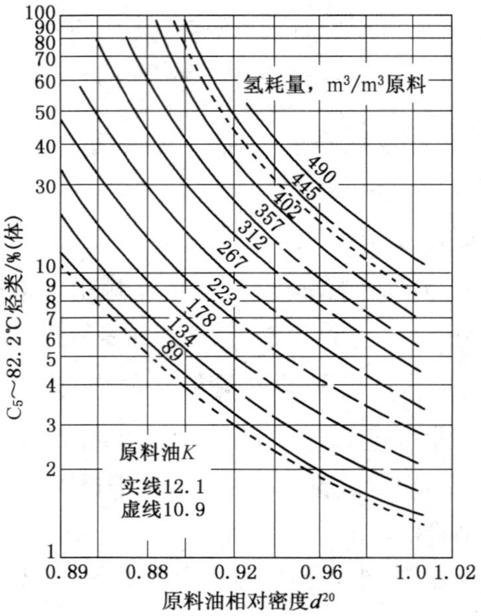

图 8－31 加氢裂化氢耗图

［例 8－2］已知原料油（瓦斯油）和生成油中硫、氮、氧和烯烃含量的差值，试估算加氢精制过程的氢耗。

现将结果列入表 8－29。由于第二种原料包括烯烃加氢，所以耗氢量高得多。

表 8－29 两种原料加氢精制氢耗量的估算

项目	原料油和生成油分析差值		耗氢量/$Nm^3 \cdot m^{-3}$原料油	
	1	2	1	2
漏损	—	—	1.25	1.25
溶解损失/%	—	—	5.1	5.1
硫/%	0.7	1.8	8.75	22.5
氮/%	0.1	0.2	5.35	10.7

续表

项目	原料油和生成油分析差值		耗氢量/$Nm^3 \cdot m^{-3}$原料油	
	1	2	1	2
氧/%	0.1	0.2	4.46	8.92
烯烃/%	—	30	—	33
总计	—	—	24.91	81.47

参考文献

[1] 林世雄．石油炼制工程［M］.3 版．北京：石油工业出版社，2000.
[2] 侯祥麟．中国炼油技术［M］．北京：中国石化出版社，1991.
[3] 李大东．加氢处理工艺与工程［M］．北京：中国石化出版社，2004.
[4] 李淑培．石油加工工艺学（中）［M］．北京：中国石化出版社，1991.
[5] 梁文杰．石油化学［M］．山东：石油大学出版社，1999.
[6] 中国石化公司人事部．催化加氢技术（第一分册 加氢精制）．中国石化总公司人事部，1993.
[7] 中国石化公司人事部．催化加氢技术（第二分册 加氢裂化）．中国石化总公司人事部，1993.
[8] 梁朝林．高硫原油加工［M］．北京：中国石化出版社，2003.
[9] 李春年．渣油加工工艺［M］．北京：中国石化出版社，2002.
[10] 丛义春，高金森，徐春明．国内外加氢技术的最新进展［J］．当代石油石化，2003，11（12）.
[11] 沈本贤、程丽华、王海彦、扬基和．石油炼制工艺学［M］．北京：中国石化出版社，2017.

第九章
催化重整

第一节　概　述

催化重整是以石脑油为原料，在一定温度、压力、临氢和催化剂条件下生产高辛烷值汽油及轻芳烃（苯、甲苯、二甲苯，简称BTX）的重要炼油过程，同时也副产相当数量的氢气。

催化重整是世界各国炼油厂和石油化工厂的重要工艺之一，受到了广泛重视。据统计，2016年世界主要国家和地区原油总加工能力为4579$Mt \cdot a^{-1}$，其中催化重整处理能力480$Mt \cdot a^{-1}$，约占原油加工能力的11.0%。我国于1965年建成了第一套催化重整工业装置，但长时间以来，由于我国重整原料较少，加上对汽油辛烷值要求不高，汽油中重整汽油组分较少，催化重整能力远低于世界平均水平。随着环保法规的日益严格，世界各国普遍提高了对汽油品质的要求，各国清洁汽油的标准都朝着高辛烷值、低（超低）硫、低烯烃、低苯和低芳烃方向发展，而催化重整汽油虽然芳烃含量高，因其具有辛烷值高、烯烃含量低，基本不含硫、氮、氧等杂质的特点，是在清洁汽油生产中不可缺少的理想的汽油调合组分。

芳烃是现代石油化工三大合成（合成纤维、合成塑料和合成橡胶）的基本原料，此外还是医药、洗涤剂、溶剂、涂料等的原料。按世界范围计算，催化重整装置生产的BTX约占世界BTX生产量的70%。图9－1为催化重整获得芳烃的示意流向图。

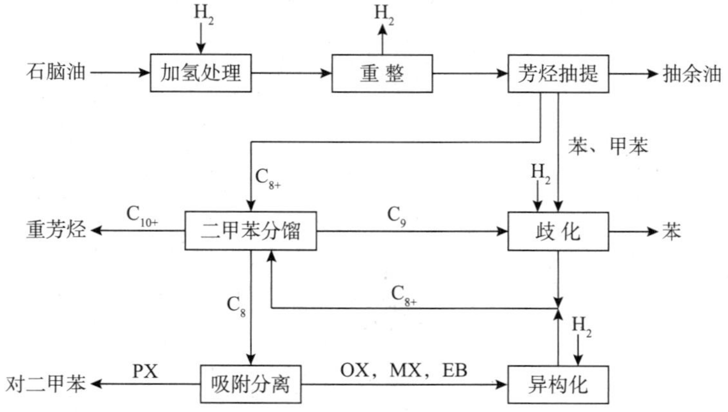

图9－1　催化重整以生产芳烃为目的示意流程图

在现代炼油厂中，催化重整过程除用于生产高辛烷值汽油调合组分和芳烃外，另一种重要作用就是为各种加氢装置提供廉价氢气。催化重整的纯氢产率为3.5%～4.0%，纯度一般为85%～92%（体积分数）。随着环境保护要求的日益严格，炼油厂加氢装置的建设越来越多，对氢气的需求日益增加，作为氢源供应者的催化重整装置也就倍受人们重视，世界炼油厂的加氢装置的用氢量约一半左右是催化重整装置提供的。催化重整在现代炼油和石油化工工业中扮演着越来越重要的角色。

第二节　催化重整的化学反应

一、催化重整化学反应的类型

催化重整是在催化剂存在下烃类分子结构发生重排、转变为相同碳数的芳烃，同时产生氢气的过程。主要包括以下五类反应。

1）六元环烷烃的脱氢反应

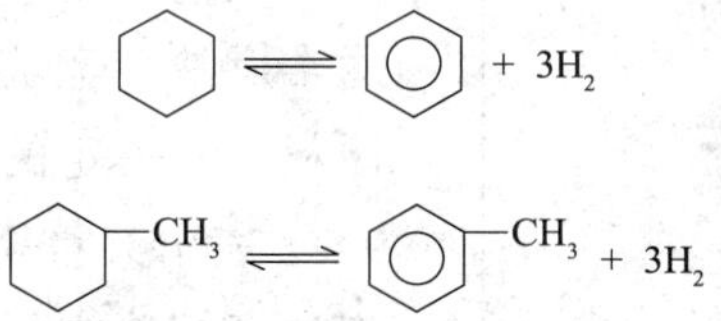

2）五元环烷的异构脱氢反应

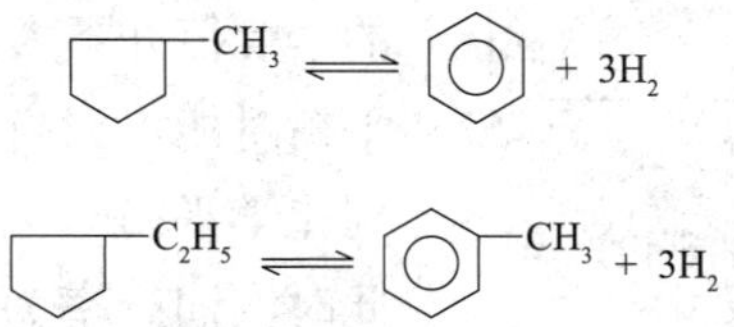

3）烷烃的环化脱氢反应

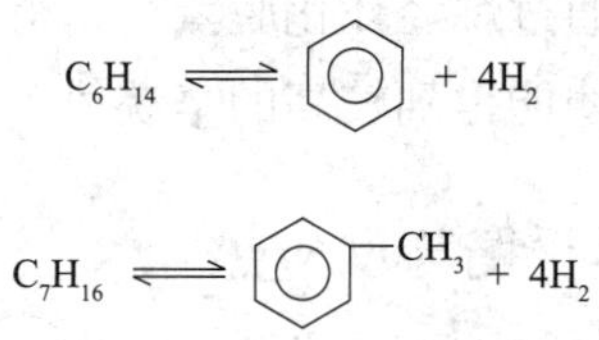

4）异构化反应

$$n\text{-}C_7H_{16} \rightleftharpoons i\text{-}C_7H_{16}$$

5）加氢裂化反应

$$n\text{-}C_8H_{18} + H_2 \longrightarrow 2i\text{-}C_4H_{10}$$

除以上五类主要反应外，还有烯烃、芳烃深度脱氢，缩合而造成的生焦反应。在重整汽油中曾发现有痕量的芘、芴等稠环芳烃，它们是生焦的前身物。这种稠环芳烃吸附在催化剂表面，高温下继续脱氢缩合，最终转化成积炭，造成催化剂失活。

以上前三类反应都是生成芳烃的反应，无论生产目的是芳烃还是高辛烷值汽油，这些反应都是有利的。尤其是正构烷烃的环化脱氢反应会使辛烷值大幅度地提高。这三类反应的反应速率是不同的：六元环烷的脱氢反应进行得很快，在工业条件下能达到化学平衡，是生产芳烃的最重要的反应；五元环烷的异构脱氢反应比六元环烷的脱氢反应慢很多，但大部分也能转化为芳烃；烷烃环化脱氢反应的速率较慢，在一般铂重整过程中，烷烃转化为芳烃的转化率很小。铂锡等双金属和多金属催化剂重整的芳烃转化率有很大的提高，主要原因是降低了反应压力和提高了反应速率。

异构化反应对五元环烷异构脱氢反应生成芳烃具有重要意义。对于烷烃的异构化反应，虽然不能生成芳烃，但能适当提高汽油辛烷值。

加氢裂化反应生成较小的烃分子，而且在催化重整条件下的加氢裂化（不包含异构化反应），有利于提高汽油辛烷值。但是过多的加氢裂化反应会使液体产物收率降低，因此对加氢裂化反应要适当控制。

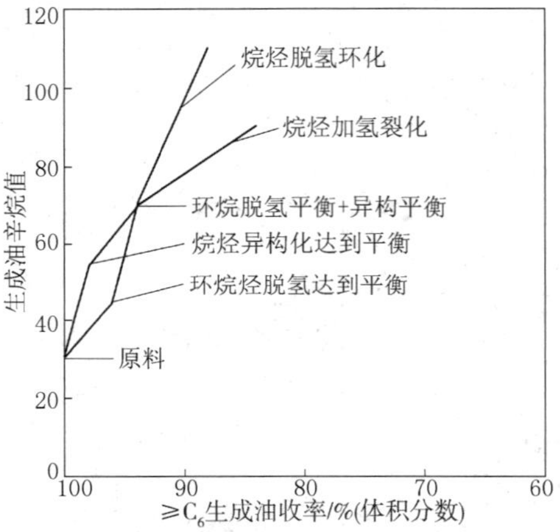

图 9－2　某重整原料的生成油理论产率与辛烷值的关系

在以高辛烷值汽油为生产目的时，既要求汽油的辛烷值高，又要求 C_{5+} 生成油的收率高。反应产物的产率与质量之间的这对矛盾，通常反映在辛烷值－产率关系上。对于一定的原料，有一定的辛烷值－产率的理论关系。图 9－2 表示某重整原料的化学反应、汽油产率、汽油辛烷值之间的理论关系。该原料的辛烷值为 31，环烷脱氢反应达到化学平衡时，汽油的辛烷值并不太高，烷烃异构化反应达到化学平衡时能得到高一些的辛烷值。当这两者都达到化学平衡时，汽油的辛烷值可达到 70 左右，此时汽油产率为 93%（体）。超过此点以后，进一步提高辛烷值可由烷烃脱氢环化反应和加氢裂化反应来达到。由图可见，通过烷烃环化脱氢可以得到很高的辛烷值，而加氢裂化则要在大大降低汽油产率的情况下才能得到较高的辛烷值。

二、催化重整反应的化学平衡与反应热

催化重整反应中的环烷烃脱氢及烷烃环化脱氢反应都是可逆反应，而且反应的热效应也较大，因此必须讨论反应的化学平衡和反应热效应问题。

化学平衡常数 K_P 的数值在反应方面提供了极其有价值的情况。如果 K_P 的数值很大，表明在反应达到平衡以前，正反应几乎已经完成。如果 $K_P<1$，那么在反应接近平衡时，正反应远未完成。表 9－1 给出了常压、500℃下各种典型的催化重整反应的 K_P 和反应热 ΔH。

表 9－1　典型重整反应的反应热与化学平衡常数

反应	K_P	ΔH/kJ·mol^{-1}
环己烷⇌苯＋$3H_2$	6×10^5	221
甲基环戊烷⇌环己烷	0.086	－16
正己烷⇌苯＋$4H_2$	0.78×10^5	266
正己烷⇌2-甲基戊烷	1.1	－6
正己烷⇌1-己烯＋H_2	0.037	130

从表 9－1 可见，各类反应的平衡常数有较大的不同。在催化重整装置运转中，为增产芳烃或提高重整油的辛烷值，往往是改变工艺参数，以达到提高过程的转化率。这些条件的改变，能使反应过程的平衡发生移动。在工业生产中，特别希望在 $K_P<1$ 的化学反应（如甲基环戊烷⇌环己烷）完成时，改变一下反应条件使化学平衡发生移动，这是十分有意义的。

从表 9－1 还可见，脱氢反应是强吸热反应，异构化反应是微放热反应。

三、催化重整化学反应的热力学和动力学分析

（一）六元环烷烃的脱氢反应

六元环烷烃的脱氢反应是催化重整中最重要的有代表性的反应，也是重整生成芳烃的重要来源。它是强吸热反应，而且在碳环数相同时，支链碳原子数越少的环烷烃脱氢的反应热越大。反应的平衡常数很大，而且平衡常数随着环烷烃的碳原子数的增加而增加。

根据化学平衡常数可以计算出反应产物的平衡浓度。表 9－2 列出了六元环烷烃脱氢反应在不同反应温度和压力下的苯及甲苯的平衡浓度。

表 9－2　六元环烷脱氢反应

压力/MPa	温度/K	环己烷⇌苯＋$3H_2$		甲基环己烷⇌甲苯＋$3H_2$	
		产物中的苯/%		产物中的甲苯/%	
		试验值	计算平衡值	试验值	计算平衡值
2	700	70	72	83	85
2	756	90	89	92	96
2	783	93	95	—	—
4	700	33	31	48	45
4	783	92	94	—	—

注：催化剂 $Pt/SiO_2\cdot Al_2O_3$；空速 $3h^{-1}$（体）；氢油比（摩尔比）4。

由表 9－2 可见，在压力不变时，温度升高，反应向着吸热方向进行，产物中芳烃平衡浓度计算值增大，也即平衡转化率增大。而在温度不变，压力升高时，平衡转化率下降，但在高温下，压力的影响很小。

工业生产中，为了减少催化剂上的积炭以延长催化剂的寿命，在反应器中保持一定的氢分压，即向反应系统中通入氢气并且维持一定的反应压力。向反应系统中通入的氢气量用氢油比（摩尔比或体积比）表示。图9－3表示了氢油比对甲苯平衡浓度的影响。

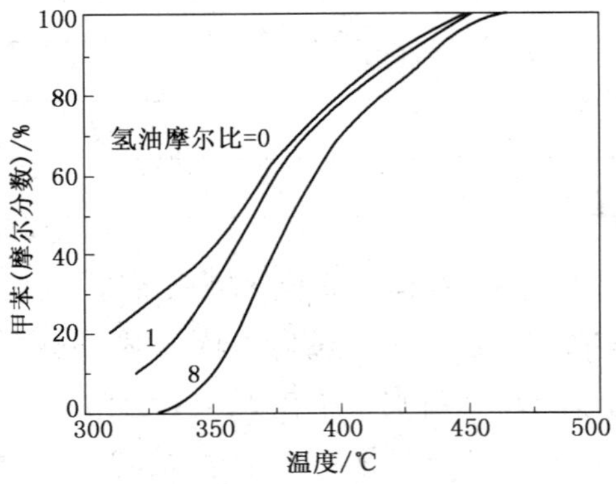

图9－3　氢油比对甲基环己烷-甲苯-氢气体系平衡组成的影响

由图9－3可见，随氢油比增加，甲苯平衡浓度下降。但在450℃以上时，甲基环己烷绝大部分被转化，氢油比在3～10（摩尔比）范围内变化时对甲苯的平衡浓度的影响不大。

从图9－3中还可看出，六元环烷烃脱氢反应速率很快，在试验条件下，都能达到平衡，并且随着碳原子数增多，六元环烷烃脱氢反应速率也加快。对于甲基环己烷的脱氢反应，甚至在较大空速下，反应也能达到平衡。

由此可见，六元环烷脱氢生成芳烃的转化率主要受化学平衡即温度和压力的影响，反应速率一般不会影响反应达到平衡。由于六元环烷烃脱氢是重整反应中生成芳烃的主要反应，工业生产中采用保持较高的温度以获得高芳烃产率。

（二）五元环烷烃的脱氢反应

五元环烷烃在重整原料的环烷烃中占有相当大的比例。因此，五元环烷烃的异构脱氢反应是仅次于六元环烷烃脱氢反应的重要反应。

五元环烷烃异构脱氢反应分两步进行，即先异构化生成六元环烷烃，再脱氢生成芳烃。由于五元环烷烃异构化反应是轻度放热反应，而六元环烷烃脱氢是强吸热反应，所以五元环烷烃的脱氢反应仍为强吸热反应，只是反应热稍小于同碳数的六元环烷烃脱氢反应。

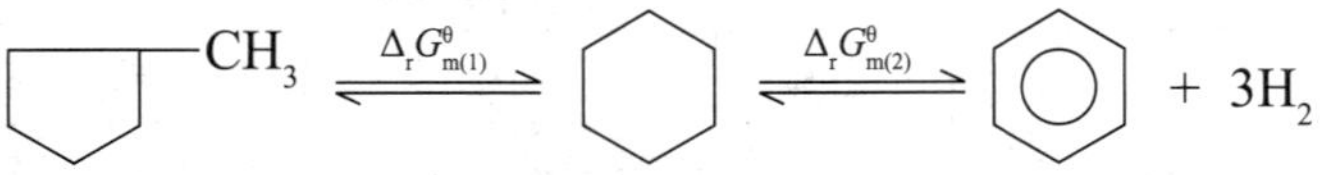

几种烷基环戊烷脱氢异构化反应在常压、500℃下的反应热和平衡常数列于表9－3。

表9－3　几种烷基环戊烷脱氢异构化反应热和化学平衡常数（773K）

反应	K_P（0.1MPa）	ΔH/kJ·mol^{-1}
甲基环戊烷⇌苯＋$3H_2$	5.6×10^4	205
乙基环戊烷⇌甲苯＋$3H_2$	1.4×10^6	192
丙基环戊烷⇌乙苯＋$3H_2$	1.6×10^6	193

由表9－3可见，五元环烷烃的异构脱氢反应与六元环烷烃的脱氢反应在热力学规律上是很相似的，即它们都是强吸热反应，在重整反应条件下的化学平衡常数都很大，反应可以充分地进行。但是，从反应速率来看，这两类反应却有相当大的差别，五元环烷烃异

构脱氢反应的速率较低。当反应时间较短时，五元环烷烃转化为芳烃的转化率会距离平衡转化率较远，这种情况在铂重整时更为明显。

与六元环烷烃相比，五元环烷烃还较易发生加氢裂化反应，这也使转化为芳烃的转化率降低。提高五元环烷烃转化为芳烃的选择性主要靠寻找更合适的催化剂和工艺条件，例如催化剂的异构化活性对五元环烷烃转化为芳烃有重要的影响。

（三）烷烃的环化脱氢反应

从热力学角度来看，分子中碳原子数≥6 的烷烃都可以转化为芳烃，也可得到较高的平衡转化率。例如在 700K 时，正己烷转化为苯的 $\Delta G = -40.90\text{kJ}\cdot\text{mol}^{-1}$，正庚烷转化为甲苯的 $\Delta G = -60.80\text{kJ}\cdot\text{mol}^{-1}$。图 9－4 和图 9－5 表示了上述两反应的平衡组成。由图可见，提高反应温度、降低反应压力及氢油比，苯或甲苯的平衡产率将随之增加；但氢油比在4～10（摩尔比）的范围内变化时影响不大。这些规律与环烷烃反应的规律是相似的。另外，在相同的反应条件下，相对分子质量较大的烷烃有较高的平衡转化率。

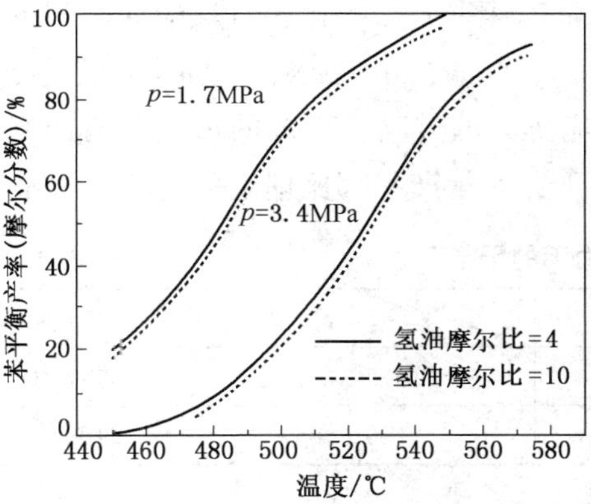

图 9－4　正己烷-苯-氢体系的平衡组成

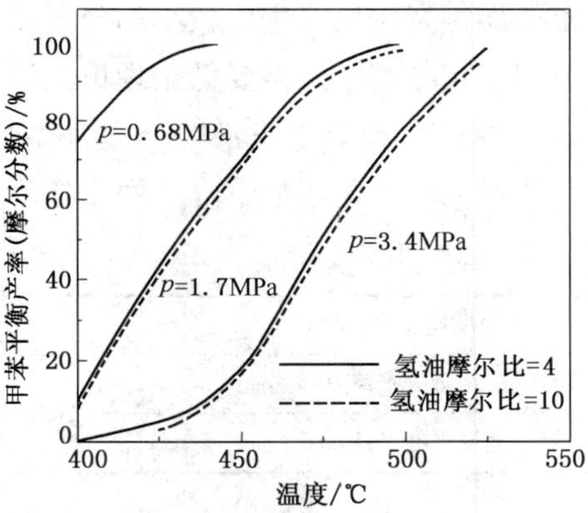

图 9－5　正庚烷-甲苯-氢体系的平衡组成

从热力学理论分析，烷烃在重整条件下环化脱氢的平衡转化率比较高，但是在实际生产中，当使用铂催化剂时，烷烃的转化率却很低，距离平衡转化率很远。即使在使用铂铼催化剂时，实际转化率也还是距离平衡转化率较远。表 9－4 列出了正庚烷转化为甲苯的实际产率与平衡产率的数据。

表 9－4　甲苯实际产率与平衡产率比较表

反应压力/MPa	1.34	2.32	3.33
实得甲苯最大产率/%（mol）	约 40	约 25	约 17
甲苯理论平衡产率/%（mol）	>90	约 60	约 30

注：在 770K、氢油比 5、空速为 3h^{-1} 条件下。

由表 9－4 可见，实际甲苯产率仅为平衡产率的一半左右，对于这种现象就需要从动力学角度来分析。

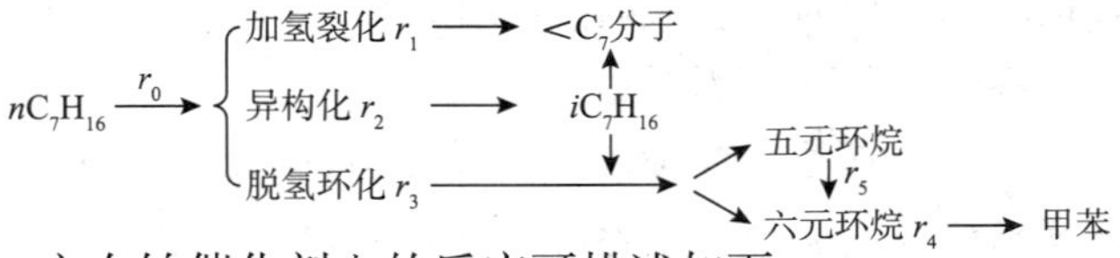

以正庚烷为例，它在铂催化剂上的反应可描述如下：

在 Pt/Al_2O_3 催化剂上、770K、1.48MPa 及氢油比（摩尔比）为 5 时测得各反应的起始反应速率（即转化率为零时的反应速率）如表 9－5 所示。

表 9－5　起始反应速率　　mol/(g 催化剂·h)

r_0	r_1	r_2	r_3	r_4	r_5
6.24	0.05	0.13	0.06	0.95	0.13

由以上数据可以看到，环化脱氢速率 r_3 比芳构化反应速率 r_4 低得多，因此正庚烷转化成芳烃的速率取决于环化脱氢的速率。在环化脱氢的同时，正庚烷还进行加氢裂化和异构化反应，加氢裂化反应生成较小的分子，而且其反应速率 r_1 与环化脱氢反应速率相近，因此，甲苯的实际产率总是要低于理论上的平衡产率。例如，在 770K、氢油摩尔比为 5、空速为 $3h^{-1}$ 时所得的结果如表 9－6 所示。随着反应压力的升高，甲苯的理论平衡产率和实得甲苯的最大产率都明显下降。而在各反应压力下，实得产率都比理论平衡产率低得多。

表 9－6　不同反应压力下的甲苯产率

反应压力/MPa	1.34	2.32	3.33
实得甲苯最大产率/%（mol）	约 40	约 25	约 17
甲苯理论平衡产率/%（mol）	>90	约 60	约 30

图 9－6 显示了随着反应深度的增加，正庚烷通过各种反应产生不同产物的情况。由图可见，当总转化率接近 100% 时，环化脱氢的转化率也只有 40%～50%，而其余的正庚烷主要是通过加氢裂化反应转化成小分子。

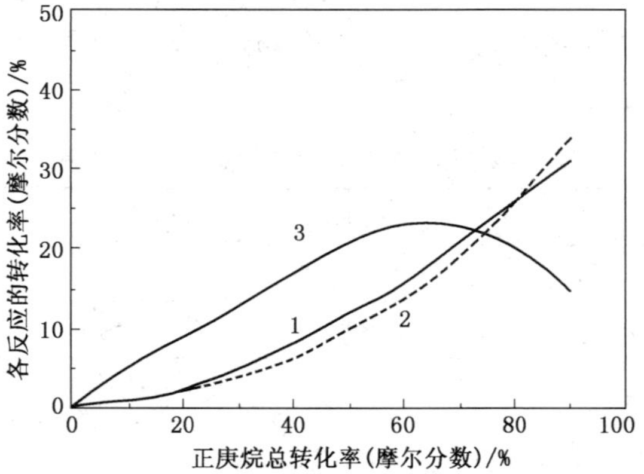

图 9－6　正庚烷的转化

1—环化脱氢反应；2—加氢裂化反应；3—异构化反应

反应条件：温度 769K；压力 1.52MPa；氢油摩尔比 5。

环化脱氢反应速率随烷烃的相对分子质量增大而加快。例如，在相同的反应条件下，正壬烷的环化脱氢反应速率是正庚烷的1.5倍。

（四）异构化反应

在催化重整条件下，各种烃类都能发生异构化反应，其中最有意义的是五元环烷烃异构化生成六元环烷烃和正构烷烃的异构化反应。

正构烷烃异构化可提高汽油的辛烷值。同时，异构烷烃比正构烷烃更易于进行环化脱氢反应，故正构烷烃异构化也间接地有利于生成芳烃。

正构烷烃的异构化反应是轻度放热的可逆反应。例如在700K时，K_P^θ 与 $\Delta_r H_m$ 值如表9－7所示。

表9－7　正构烷烃异构化的 K_P^θ 与 $\Delta_r H_m$ 值

反应	K_P^θ	$\Delta_r H_m$/kJ·mol^{-1}
正己烷→2-甲基戊烷	1.38	－6.11
正庚烷→2-甲基己烷	3.34	－4.65

低温有利于提高平衡转化率，但低温时，异构化反应速率较慢，反应难以达到平衡，所以，实际上采用较高温度时异构化的产率反而会增加，这是由于反应实际上并未达到化学平衡，但提高反应温度加快了异构化反应速率。温度过高时，由于加氢裂化反应加剧，异构物的产率又下降。反应压力和氢油比对异构化反应的影响不大。

（五）加氢裂化反应

加氢裂化反应是包括裂化、加氢、异构化的综合反应。它主要是按正碳离子机理进行的反应，因此产物中＜C_3的小分子很少。加氢裂化反应生成较小的烃分子和较多的异构物，因而有利于辛烷值的提高。但由于同时生成＜C_5的小分子烃而使汽油产率下降。

在加氢裂化反应中，各类烃的反应有：烷烃加氢裂化生成小分子烷烃和异构烷烃；环烷烃加氢裂化而断环，生成异构烷烃；芳香烃的苯核较稳定，加氢裂化时主要是侧链断裂，生成苯和较小分子的烷烃；含硫、氮、氧的非烃化合物在加氢裂化时生成氨、硫化氢、水和相应的烃分子。

加氢裂化是中等程度的放热反应，可以认为加氢裂化反应是不可逆反应，因此一般不考虑化学平衡问题而只研究它的动力学问题。图9－7是770K下正庚烷加氢裂化反应的动力学曲线。由图可以看到，反应压力高有利于加氢裂化反应的进行。加氢裂化反应速率较低，其反应结果一般在最后的一个反应器中才明显地表现出来。

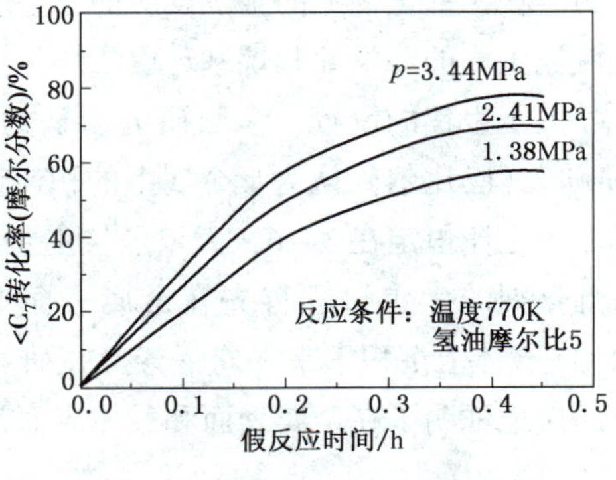

图9－7　正庚烷的加氢裂化反应

以上分析的各类烃重整反应速率是有差别的，表9－8给出了各类烃的相对反应速率。

表9－8　各种烃的相对反应速率①

化学反应类型	直链烷烃		烷基环戊烷		烷基环己烷	
	C_6	C_7	C_6	C_7	C_6	C_7
（烷烃）异构化	10	13	—	—	—	—
（环烷）异构化	—	—	10	13	—	—
环化脱氢	1.0②	4.0	—	—	—	—
加氢裂化	3.0	4.0	—	—	—	—
开环	—	—	5	3	—	—
脱氢作用	—	—	—	—	100	120

①试验原料为纯组分，铂催化剂，压力0.5～2.1MPa，温度450～550℃，氢油比5～7；
②以此项为标准。

由表9－8可见，六元直链烷烃的环化脱氢反应速率仅为加氢裂化速率的1/3；六元环戊烷烃的异构化比开环快1倍；七元烷基环戊烷异构化是开环的4倍；反应速率最快的是七元环己烷，它的脱氢反应速率是基准反应（六元烷烃环化脱氢）的120倍。也就是说，烷烃生成芳香烃的相对反应速率是很低的，烷基环戊烷比烷烃高；只有烷基环己烷，不仅反应速率快，而且可定量地转化为芳香烃。为了使烷烃更多地转化为芳烃，关键在于提高烷烃的环化脱氢反应速率。提高反应温度和降低反应压力有利于烷烃转化为芳烃，但是催化剂上积炭速率加快，生产周期缩短。工业过程中广泛采用比铂催化剂有更好选择性的铂锡等双金属和多金属催化剂，使许多反应的速率加快，大大地提高了芳烃的产率。

（六）生焦反应

重整过程中的生焦反应机理目前研究的还不是很充分。一般来讲，生焦倾向的大小同原料的分子大小及结构有关，馏分越重、含烯烃越多的原料通常越容易生焦。有的研究者认为，在铂催化剂上的生焦反应的第一步是生成单环双烯和双环多烯；有的认为烷基环戊烷脱氢生成的环戊烯和烷基环戊二烯是生焦的中间物料。

关于生焦的位置，多数研究者认为在催化剂的金属表面和酸性表面均有焦炭沉积。Barbier（巴比尔）认为，金属上的积炭量很少，在很长的重整反应时间内，炭与可接近的铂原子之比恒定在3～6，大量焦炭主要沉积在Al_2O_3载体上。Sarkany（萨卡尼）则认为重整催化剂的生焦过程首先在金属表面形成焦炭前身物，进而缩合成焦炭，最后转移到Al_2O_3载体上沉积下来。刘耀芳等在研究含铂催化剂上积炭的烧炭动力学时所得的结果，也间接地证明了在金属表面和载体表面都有焦炭沉积这一观点。

第三节　重整催化剂

一、重整催化剂的组成和种类

（一）组成

现代重整催化剂由基本活性组分（如铂、钯、铱、铑）、助催化剂（如铼、锡等）和酸性载体（如含卤素的 γ-Al_2O_3）所组成。所谓助催化剂是指某些物质，这些物质在单独使用时并不具备催化活性，但是将适量的这些物质加入到催化剂中却能提高催化剂的活性或稳定性，或改进催化剂的某些其他方面的性能。

1. 金属组分

贵金属如铂、钯、铱、铑等是重整催化剂的基本活性组分，是催化剂的核心。铂具有强烈的吸引氢原子的能力，因此对脱氢芳构化反应具有催化功能。一般来说，催化剂的脱氢活性、稳定性和抗毒能力随铂含量的增加而增强，但当铂含量接近1%时，再继续提高铂含量几乎没有益处。铂是贵金属，铂催化剂的制造成本主要决定于它的含铂量。20世纪70年代后期以来，随着载体和催化剂制备技术的改进，使得活性金属组分能够更均匀地分散在载体上，重整催化剂的含铂量趋向于降低。近年来，工业用重整催化剂的含铂量大多是0.2%～0.3%。

近20多年，铂铼双金属重整催化剂已取代了单铂催化剂。铼的主要作用是减少或防止金属组分“凝聚”，提高了催化剂的容炭能力和稳定性，延长了运转周期，特别适用于固定床反应器。工业用铂铼催化剂中的铼与铂的含量比一般为1～2。较高的铼含量对提高催化剂的稳定性有利。

铂锡重整催化剂在高温低压下具有良好的选择性和再生性能，而且锡比铼价格便宜，新鲜剂和再生剂不必预硫化，生产操作比较简便。虽然铂锡催化剂的稳定性不如铂铼催化剂好，但是其稳定性也足以满足连续重整工艺的要求，因此近年来已广泛应用于连续重整装置。

在重整催化剂中也曾经添加过铱等其他金属，但都未被广泛采用。

2. 载体氧化铝

重整催化剂是负载型催化剂，一般均以活性氧化铝作为载体。它的主要作用体现在以下方面：

①作为催化剂的活性组成部分。重整催化剂是双功能催化剂，其催化功能之一的酸性功能由含卤素的氧化铝载体提供。氧化铝载体酸性对重整催化剂的性能影响很大。酸性过强，催化剂的加氢裂化活性会过强，影响重整的液体收率；酸性过弱，催化剂的活性降低。

②分散贵金属。载体具有较大的比表面积，它能使活性组分很好地分散在其表面上，

从而更有效地发挥其作用，节省活性组分的用量，且能提高催化剂活性和选择性。

③提高催化剂的容炭能力。在反应过程中，金属活性中心上生成的积炭前身物可以迁移至氧化铝载体上，在氧化铝载体上进一步生成积炭。

④提高了催化剂的稳定性和机械强度。

载体应具有适当的孔结构。孔径过小不利于原料和产物的扩散，且易于在微孔口结焦，使内表面不能充分利用，从而使活性迅速下降。近年来用作重整催化剂载体的 γ-Al_2O_3 的孔分布趋向于集中，其中孔径小于4nm 的微孔显著减少甚至消灭。多数载体的外形是直径为1.5～2.5mm 的小球或圆柱状，也有为了改善传质和降低床层压降而采用异形条状、涡轮形等形状。

重整催化剂的堆积密度多在500～700kg·m^{-3}范围内。

（二）种类

重整贵金属催化剂按其所含金属元素的种类分为单金属催化剂（如铂催化剂）、双金属催化剂（如铂铼催化剂、铂铱催化剂等），以及以铂为主体的三元或四元多金属催化剂（如铂铱钛催化剂或含铂、铱、铝、铈的多金属催化剂）。

在现代重整工业装置中，单铂催化剂已被淘汰。目前工业实际使用的主要是两类催化剂，即主要用于固定床重整装置的铂铼催化剂和主要用于移动床连续重整装置的铂锡催化剂。从使用性能来比较，铂铼催化剂有更好的稳定性，而铂锡催化剂则有更好的选择性及再生性能。从重整催化剂的分类来看，虽然只有两类，但是其具体牌号却名目繁多，各种牌号的催化剂的性能也有差别。表9－9、表9－10 列出了一些应用比较广泛的有代表性的重整催化剂。

表9－9　某些工业固定床用重整催化剂

商品牌号	金属组元（质量分数）/%		形状	堆积密度/kg·m^{-3}	生产公司	应用时间
	铂	其他				
CB-7	0.21	Re0.42	ϕ1.5～2.5 球	820	中国石化	1990
3933	0.21	Re0.45	圆柱体	780	中国石化	1995
R-62	0.22	Re0.44	ϕ1.6 球	721	美国 UOP	1982
E-803	0.22	Re0.44	ϕ1.4×5 条	780	美国 ENGELHARD	1985

表9－10　国内外连续重整催化剂

	RIPP 编号	工业牌号	活性组分	性能特点	首次应用
国内连续重整催化	PS-Ⅱ	3861	Pt-Sn	反应性能、抗磨性能好	1990 年
	PS-Ⅲ	GCR-10	Pt-Sn	同上、低铂	1994 年
	PS-Ⅳ	3961-/GCR-100A	Pt-Sn	高水热稳定性和活性	1996 年
	PS-Ⅴ	GCR-100/3981	Pt-Sn	同上、低铂	1998 年
	PS-Ⅵ	FR-11/RC011	Pt-Sn-R_1	高选着性、低积炭、低铂	2001 年
	PS-Ⅶ	RC031	Pt-Sn-R_2	同 PS-Ⅵ、高铂	2004 年

续表

	UOP 催化剂牌号	主要特征	应用产品	堆密度/kg·m^{-3}	活性组分
国外连续重整催化	R-132，134	高活性	汽油或者BTX	0.56	Pt，P
	R-162，164	高密度		0.67	Pt，P
	R-232，234	低碳		0.56	Pt，P
	R-262，264	高活性高密度		0.67	Pt，P
	R-272，274	低碳高产率		0.56	Pt，P
	R-284	高活性高密度		0.67	Pt，P
	R-334	高活性选择性		0.56	Pt，P

对于催化剂的选择应当重视其综合性能是否良好。一般来说，可以从以下三个方面来考虑：

①反应性能。对固定床重整装置，重要的是要有优良的稳定性，同时也要有良好的活性和选择性。催化剂的稳定性可以从容炭能力/生焦速率之比来进行比较。使用稳定性好的催化剂，在必要时可适当降低反应压力和氢油比，从而带来提高液体产品收率和降低能耗的效果。对连续重整装置，则要求催化剂具有良好的活性、选择性以及再生性能，而稳定性不是主要矛盾。

②再生性能。良好的再生性能无论是对固定床重整装置还是连续重整装置都很重要，而对连续重整装置则尤为重要。连续重整催化剂要经历频繁的再生，通常每 3 ~ 7 天，系统中的催化剂就得循环再生一遍。催化剂的再生性能主要决定于它的热稳定性。

③其他理化性质。如比表面积对催化剂的保持氯的能力有影响；机械强度、外形和颗粒均匀度对反应床层压降有重要影响，对连续重整装置，此等性能尤为重要；催化剂的杂质含量及孔结构在一定程度上会对其稳定性有影响。

表 9 – 11 和表 9 – 12 列举了几种催化剂的反应条件及反应结果。

表 9 – 11　几种铂铼催化剂的反应性能

	催化剂	国产 CB-6	进口 E-603	国产 CB-7	进口 E-803
原料油	馏程/℃	82 ~ 159，直馏汽油		72 ~ 172，直馏汽油	
	质量分数组成 P/N/A/%	55.30/41.69/3.01		53.14/42.84/3.75	
反应条件	压力/MPa	1.47		1.18	
	液时空速/h^{-1}	2.0		2.0	
	氢油比	1200（体积比）		5.7（摩尔比）	
产物	重整油产率/%	83.9	82.5	83.02	82.05
	重整油 *RON*	96.0	95.1	97.5	97.9
	辛烷值产率/%	80.54	78.46	80.94	80.32
	芳烃产率/%	46.7	46.4	—	—
	催化剂积炭/%	4.5	4.4	4.76	5.58
连续运转时间/h		1690		2015	

表 9-12　两种铂锡催化剂的活性评价结果

	催化剂	国产 3861	进口 CR-201	国产 3861	进口 CR-201
原料油	馏程/℃	90～169		76～173	
	质量分数组成 P/N/A/%	64.4/26.0/9.4		53.18/40.18/6.64	
反应条件	压力/MPa	0.6		0.69	
	液时空速/h^{-1}	2.0		1.5	
	氢油比（摩尔比）	3.0		5.7	
	温度/℃	472	475	510	510
产物	液体收率/%	87.0	87.1	81.4	80.6
	重整油 *RON*	97.5	97.7	102.0	102.0
	氢气产率/%	3.2	3.2	—	—

从以上两表的数据可以看到：国产重整催化剂的性能与国外的催化剂的性能水平基本上相当。

随着催化剂性能的不断改进，催化重整工艺技术也有了很大的进步，从而明显地提高了重整装置的效率和经济效益。表 9-13 列出了催化重整主要工艺参数、反应器型式与催化剂发展的相互关系。

表 9-13　催化重整主要工艺参数与催化剂的关系

催化剂	反应压力/MPa（表）	氢油摩尔比
单铂催化剂，半再生式	2.5～3.5	6～8
铂铼催化剂，半再生式	1.3～2.8	3.5～6.4
第一代连续重整，双金属催化剂	0.9～1.2	3～4
第二代连续重整，双金属催化剂	0.3～0.5	1～2
第三代连续重整，双金属催化剂	0.35	1～2

催化剂的升级换代对工艺过程的操作条件和反应器设备型式产生了重大影响，从最初使用单金属铂催化剂时的高压、高氢油比转变为使用双、多金属时的低压、低氢油比，直到当前以移动床连续再生代替固定床半再生式，可在超低压、超低氢油比下操作。反应压力和氢油比的不断降低不仅提高了重整汽油的辛烷值和收率，而且降低了装置能耗，从而提高了经济效益。

二、重整催化剂的双功能

重整反应中包括两大类反应：脱氢和裂化反应、异构化反应。这就要求重整催化剂具有两种催化功能。铂重整催化剂就是一种双功能催化剂，其中的铂构成脱氢活性中心，促进脱氢、加氢反应；而酸性载体提供酸性中心，促进裂化、异构化等正碳离子反应。氧化铝载体本身只有很弱的酸性，甚至接近于中性，但含少量氯或氟的氧化铝则具有一定的酸性，从而提供了酸性功能。

重整反应的历程如图9－8所示。图中平行于横坐标写出的反应在催化剂的酸性中心发生，平行于纵坐标写出的反应在加氢－脱氢活性中心发生。反应物若为正己烷，正己烷首先在金属中心脱氢生成正己烯；正己烯转移到附近的酸性中心，在那里接受质子产生仲正碳离子；然后仲正碳离子发生异构化，进而作为异己烯解吸并转移到金属中心，在那里被吸附并加氢成异己烷。另一方面，仲正碳离子能够反应生成甲基环戊烷，再进一步反应生成环己烯，最后生成苯。

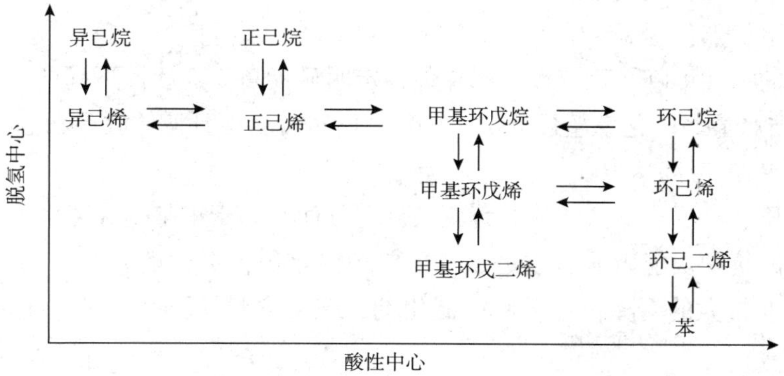

图9－8 C_6烃重整反应历程

由图9－8可见，在正己烷转化为苯的过程中，烃分子交替地在催化剂的两种活性中心进行反应。因此，正己烷转化为苯的反应速度取决于过程中各个步骤的反应速度，而其中反应速度最慢的步骤则起控制作用。因此重整催化剂的两种功能必须适当配合才能得到满意的结果。也就说，重整催化剂这两种功能在反应中是有机配合的，而不是互不相干的。如果只是脱氢活性很强，则只能加速六元环烷的脱氢，而对于五元环烷和烷烃的芳构化及烷烃的异构化则反应不足，不能达到提高汽油辛烷值和芳烃产率的目的。反之，如果只是酸性功能很强，则会有过度的加氢裂化，使液体产物收率下降，五元环烷和烷烃转化为芳烃的选择性下降，同样也不能达到预期的目的。因此，如何保证这两种功能得到适当的配合是制备重整催化剂和生产操作中的一个重要问题。

在这里还须指出：金属铂除了具有加氢、脱氢的功能之外，也还具有异构化、环化脱氢及氢解的功能，但是其反应机理不是酸性催化剂的正碳离子反应机理。也就是说，重整反应不仅仅按图9－8的反应历程，在单独的活性金属表面也能发生异构化、环化脱氢和氢解反应。

因此，对工业重整催化剂主要有以下几点使用要求：

①活性高　芳烃转化率高，或重整汽油辛烷值高；

②选择性好　氢解反应少，液体产物收率高，裂解气体产率低、氢气产率高；

③稳定性好　在高温下能保持良好的金属分散度，积炭倾向小，能在保持高活性下长周期运转；

④机械强度高　催化剂不被粉碎，床层压降要小。

三、双（多）金属催化剂的特点及发展方向

1967 年第一个铂铼金属催化剂实现工业化。此后，各种双金属、多金属催化剂相继出现。双金属及多金属催化剂仍然是以铂为主要活性组分，又加入了一种或几种其他金属组分用以改进催化剂的活性、稳定性、选择性及其他性能。

（一）铂铼系列

铂铼催化剂是工业上应用最早、最广泛的一种催化剂系列。与铂催化剂相比，铂铼催化剂主要有以下优点：

①催化剂的活性下降，稳定性和选择性稳定明显提高。其活性下降的速度只有最好的铂催化剂的1/5，芳烃转化率超过100%（可达130%），而且液体收率和氢气纯度都较高，汽油的辛烷值 *RON* 可高达100。

②适于低压、高温、低氢油比的苛刻条件，从而有利于重整生成芳烃的化学反应。

③催化剂的抗积炭能力显著改进。对于单铂催化剂，炭含量为14%时，选择性（C_5^+收率）已经有非常大的下降；对于铂铼催化剂，在炭含量达到20%时，选择性仅有很小的降低。

④具有很强的氢解性能，开工时需要进行预硫化。采用预硫化可以有效抑制开工时过量的氢解反应和放热效应。

铂铼催化剂最突出特点是稳定性和选择性好。这是因为铼的引入改善了铂的分散度，使铂能够更均匀地分布在载体上，而抑制了铂晶粒的凝聚，这样，就使积炭较分散，而不是集中地沉积在催化剂的活性中心。从而使铂铼催化剂的容炭能力比铂的强。另外，铼的加入还增强了加氢能力，尤其是可促进二烯烃加氢，使积炭前身物（如环戊二烯类）的数量减至最小，抑制了积炭生成。所以铂铼催化剂有较好的稳定性，脱氢功能增强，选择性提高。

铂铼催化剂的不足之处：只改进了催化剂的稳定性而没有提高其活性；开工时，因催化剂的加氢裂解性能太强，会放出大量的热，产生超温现象，因此，必须掌握好开工技术，防止烧坏催化剂；铼为稀有贵金属，成本高。

（二）铂锡系列

由于铼是稀有贵金属，为了降低催化剂的制造成本，又发展了铂锡系列催化剂。锡比铼更容易得到，价格也便宜得多，特点是活性高，产率高和稳定性好，寿命长。因此铂锡催化剂得到广泛应用。

铂锡重整催化剂有较好的低压稳定性能，因此主要应用于低压连续再生式的重整装置。锡与铼不同，对各类重整反应没有活性。不仅如此，在一定条件下锡对铂的活性还起到毒化和抑制的作用。但随着反应条件的变化，这种看似不利的因素可以向有利的方向转化。即在缓和的条件下，反应是受抑制的；而在苛刻的高温、低压条件下，铂锡催化剂的优越性得到充分发挥，表现为活性、选择性和稳定性均明显地优于铂催化剂。如在低温下（315℃），随着锡的引入脱氢活性逐渐下降，苯是唯一的产物；而在高温（500℃）条件

下，适量的锡的引入有利于反应的进行，苯的生成量会达到一个最大值。铂锡催化剂在高温、低压的苛刻条件下的反应性能不仅优于单铂催化剂，而且优于其他类型的双金属催化剂。

四、重整催化剂的失活

在生产过程中，重整催化剂的活性下降有多方面的原因，表 9－14 列举了几种导致催化剂失活的原因。

表 9－14　重整催化剂失活的原因

失活原因	可逆失活	不可逆失活
积炭	√	
S、N 化合物中毒	√	
金属面积降低（烧结）	√	
载体面积降低（烧结）		√
氯含量降低	√	
重金属污染		√
催化剂颗粒破碎生成细粉	√	
设备腐蚀产物（细粉的沉积，硫化铁等屑状物）	√	

重整催化剂分为可逆失活和不可逆失活，又分别称为暂时失活和永久失活。永久失活采取再生的方法其活性是得不到恢复的，而暂时失活可采取必要的措施使催化剂的性能得到恢复或部分恢复。一般来说，在正常生产中，催化剂活性的下降主要是由于积炭引起的。

（一）积炭失活

根据多种技术表征手段如红外光谱、X 射线衍射、透射电镜和电子能量损失能谱的分析，重整催化剂上的积炭主要是缩合芳烃，具有类石墨结构，在催化剂上的分布是不均匀的且以三维的形式沉积。积炭的成分主要是碳和氢，其 H/C 原子比一般在 0.5～0.8 的范围。在催化剂的金属活性中心和酸性活性中心上都有积炭，但是积炭的大部分是在酸性载体 γ-Al_2O_3上。在金属活性中心的积炭在氢的作用下有可能解聚而消除，但是在酸性中心的积炭在氢的作用下则难以除去。

对一般铂催化剂，当积炭增至 3%～10% 时，其活性大半丧失；而对铂铼催化剂，则积炭达 20% 左右时其活性才大半丧失。

催化剂因积炭引起的活性降低可以采用提高反应温度的办法来补偿。但是提高反应温度有一定的限制，重整装置一般限制反应温度不超过 520℃（固定床），连续重整装置可达 535℃左右。当反应温度已提到限制温度而催化剂活性仍不能满足要求时，则需要用再生的办法烧去积炭并使催化剂的活性恢复。再生性能好的催化剂经再生后其活性可以基本上恢复到原有的水平。

催化剂上积炭的速度与原料性质和操作条件有关。原料的终馏点高、不饱和烃含量高时积炭速度快。反应条件苛刻，如高温、低压、低氢油比、低空速等也会使积炭速度加快。

（二）水氯平衡

前已述及，重整催化剂的脱氢功能和酸性功能应当有良好的配合。酸性功能主要是靠催化剂上卤素组元提供如氯和氟。现在，双（或多）金属重整催化剂绝大多数为全氯型。酸性中心的主要毒物就是破坏酸性中心的物质，如能生成氨、水以及含有碱金属或碱土金属的化合物。

当原料含水量过高或反应时生成水过多（原料油中的含氧化合物在反应条件下会生成水），则这些水分会冲洗氯而使催化剂含氯量减小。在高温下，水的存在还会促使铂晶粒的长大和破坏氧化铝载体的微孔结构，从而使催化剂的活性和稳定性降低。水和氯还会生成 HCl 而腐蚀设备，另外，水对环化脱氢反应也有阻碍作用。

氧及有机氧化物在重整条件下会很快变为水，所以必须避免原料中氧及有机氧化物的存在。

催化剂上的氯在运转过程中被系统中水洗去，为了维持水氯平衡就要不断补氯，氯的注入量取决于重整的反应温度和催化剂的物理化学性质（因为在高温下氯被水洗掉的情况更为严重），同时也要注意不同催化剂的特点（因为不同催化剂的氯保持能力有所不同）。

关于如何保持水氯平衡，现在还没有统一的方法。目前在工业装置上大体采用以下几种方法：

①在反应器上安装特殊的催化剂采样器，直接采出催化剂样来分析它的含氯量。

②根据操作情况判断催化剂的氯含量。如当生成油辛烷值下降时，可先考虑注氯，注氯后，如果反应器的温降或生成油的辛烷值有回升趋势就继续注氯，至产物中裂化气量有所增加（加氢裂化反应加剧）为止。也可根据提高反应温度对生成油辛烷值的影响程度来判断，如果温度提高 3℃，辛烷值应升高一个单位以上；如果辛烷值升高低于一个单位，说明需要注氯。

③根据经验关系确定。实际经验表明，原料油和循环氢中的 H_2O/HCl 比值与催化剂含氯量之间有一定的关系，可以作出关联曲线。根据原料油的含水量、含氯量及操作条件可以计算出需要的注氯量。催化剂不同，上述的关联关系也会有所不同。

注氯通常是采用四氯乙烯等有机氯化物。注水通常采用醇类（例如异丙醇等），因为用醇类可以避免腐蚀。醇的用量按生成的水分子折算。

（三）中毒

催化剂中毒是工业催化剂操作过程中最严重的问题之一，催化剂中毒后会导致催化剂的活性和选择性发生变化。催化剂中毒常见的类型是由于气相中或反应过程中生成的杂质导致，在这种情形下，毒物吸附在催化剂的活性位上，导致催化剂活性暂时或永久性失活。

1. 永久性中毒

在永久性毒物中，砷是最值得注意的。砷与铂有很强的亲和力，它会与铂生成 $PtAs_2$，使金属失去加氢、脱氢功能，造成催化剂的永久性中毒。当催化剂上砷含量超过 $200\mu g \cdot g^{-1}$ 时，催化剂的活性完全丧失。对某些铂催化剂的试验结果表明，若要求催化剂的活性保持在原来活性的80%以上，则该催化剂上的砷含量应小于 $100\mu g \cdot g^{-1}$。实际上，工业装置常限制重整原料油的砷含量不大于 $1\mu g \cdot kg^{-1}$。

在一般石油馏分中，其含砷量随着沸点的升高而增加，而原油中的砷约90%集中在蒸馏残油中。石油中的砷化合物会因受热而分解，因此二次加工汽油常含有较多的砷。砷中毒的现象首先在第一反应器中反映出来。此时第一反应器的温降大幅度减小，说明第一反应器内的催化剂失活。随着中毒程度的增大，第二、第三反应器的温降也会随之减小。

铅与铂可以形成稳定的化合物，造成催化剂中毒。石油馏分中含铅很少，铅的来源主要是原料油被含铅汽油污染所致。多年来，铅一直被视为含铂催化剂的毒物，但是在文献报道中却出现过用铅作添加组分改善了铂催化剂的活性和稳定性的研究结果。

铜、铁、汞等毒物主要是来源于检修不慎而使这些杂质进入管线系统。钠也是铂催化剂的毒物，所以禁止使用 NaOH 来处理重整原料。

2. 非永久性毒物

（1）硫。原料中的含硫化合物在重整反应条件下生成 H_2S。若不从系统中除去，则 H_2S 在循环氢中积聚，导致催化剂的脱氢活性下降。当原料中硫含量为0.01%～0.03%时，铂催化剂的脱氢活性分别降低50%和80%。原料中允许的硫含量与采用的氢分压有关，当氢分压较高时，允许的硫含量可以较高。一般情况下，硫对铂催化剂是暂时性中毒，一旦原料中不再含硫，经过一段时间后，催化剂的活性可望恢复。但是如果长期存在有过量的硫，也会造成永久性中毒。多数双金属催化剂比铂催化剂对硫更敏感，因此对硫的限制也更严格。硫与铼生成 Re_2S 或 ReS_2 型化合物，这类化合物难以用氢还原成金属。

但硫也不应完全脱净，因为有限的硫含量可以抑制氢解反应和深度脱氢反应，尤其对新鲜的或刚再生过的铂铼催化剂在开工时，要有控制地对催化剂进行预硫化。UOP公司在新修改的规定中也要求原料油的硫含量应在 $0.15 \sim 0.5\mu g \cdot g^{-1}$ 范围内。

硫对催化剂的活性、选择性和稳定性有着极其重要的影响。就催化剂的稳定性而言，以铂铼催化剂为例，吸附在铼上的硫限制了石墨化积炭的生成；而对铂铑催化剂，引入铑后催化剂的活性较高，因此可以允许原料中存在一定的硫。另外，硫酸盐也会使催化剂中毒。

（2）氮。原料中的有机含氮化合物在重整反应条件下转化为氨，氨与催化剂表面的酸性中心发生反应生成氯化氨，减少了催化剂表面的酸性中心的数量，从而使催化剂的金属功能与酸性功能失调，使催化剂性能变差。一般认为，氮对催化剂的作用是暂时性中毒。

（3）CO 和 CO_2。CO 能与铂形成络合物，造成铂催化剂永久性中毒，但也有人认为是暂时性中毒。CO_2 能被还原成 CO，也可看成是毒物。

原料油中一般不含有 CO 和 CO_2，重整反应中也不产生 CO 和 CO_2，只是在再生时才会产生并随催化剂进入反应器。开工时引入系统中的工业氢气和氯气中也可能含有少量的CO和CO_2，因此要限制使用气体中的CO的含量小于0.1%，CO_2含量小于0.2%。

（四）烧结

烧结是由于高温导致催化剂活性面积损失的一种物理过程。根据重整催化剂活性位的类型，烧结可分为金属烧结和载体烧结。在金属位上，催化活性的损失主要是由于金属颗粒的长大和聚结造成的，其相反的过程称为金属的再分散（金属颗粒变小）；在载体上，高温操作导致比表面积降低（伴随着载体的孔结构发生变化），导致酸性位活性降低。金属烧结是可逆的，可以通过适当措施使金属获得再分散，但是载体烧结是不可逆的，无法使其恢复活性。

催化剂组成、温度、氯含量以及载体的性质都会对催化剂的烧结有重要影响。如在催化剂中引入氯提高了Al_2O_3的酸性，使得金属与载体间的相互作用加强，阻止了铂晶粒的移动，因此金属烧结减弱。对于比表面积较小的载体，金属与载体的相互作用力减弱，因此金属容易烧结。

五、重整催化剂的再生

重整催化剂因积炭失去活性可以通过再生来恢复活性。催化剂再生过程由烧焦、氧化氯化、干燥、还原硫化四个步骤组成。对所有再生部分来说，再生化学原理是相同的。

（一）烧焦

烧焦就是用含氧的氮气烧掉催化剂上积炭的过程。

$$\text{焦炭} + O_2 \longrightarrow CO_2 + H_2O + \text{热量}$$

积炭（焦炭）的主要成分是碳和氢。在烧焦时，积炭中的氢的燃烧速度比碳的燃烧速度快得多，因此在烧焦时主要是考虑碳的燃烧。

在相同的烧焦温度和氧分压的条件下，重整催化剂上的焦炭的燃烧速度要比裂化催化剂上焦炭的燃烧速度高得多。重整催化剂的再生问题不能用一个动力学方程来描述烧炭的全过程，整个烧炭过程可以分成三个阶段：第一阶段的烧炭速率很高，第二阶段则较慢，而第三阶段又较快。从烧焦性能来看，重整催化剂上的焦炭包括三种类型的焦炭，它们的烧炭速率之所以不同主要是由于所沉积的位置不同。第一种类型（Ⅰ型碳）沉积在少数仍裸露的铂原子上，受到铂的催化氧化作用；第二种类型（Ⅱ型碳）是以多分子层形式沉积在Al_2O_3载体上及被焦炭覆盖的金属铂上；第三种类型（Ⅲ型碳）则是在大部分焦炭都烧去后残余的受新裸露的金属铂影响的焦炭。这三种焦炭的烧炭速率常数k之比是：$k_1:k_2:k_3=50:1:(2\sim3)$。在全部焦炭中，Ⅱ型碳占绝大部分。三种类型的焦炭的烧炭动力学方程如下：

$$\frac{dC}{dt}=kP_{O_2}^{0.55}C \tag{9-1}$$

式中 C——催化剂上碳含量，%；

t——反应时间，min；

P_{O_2}——气相中的氧分压，10^5Pa。

在工业装置的再生过程中，最重要的问题是要通过控制烧焦反应速率来控制好反应温度。过高的温度会使催化剂的金属铂晶粒聚集，如果铂晶粒长大到7nm，就会使重整产率下降；另外，过高的温度还可能会破坏载体的结构，而载体结构的破坏是不可恢复的，增加了催化剂永久性损害的风险，所以必须控制燃烧温度。一般来说，应当控制再生时反应器内的温度不超过500～550℃。

固定床反应器的催化剂再生过程是在压力0.5～0.7MPa，循环气（含氧0.2%～0.5%的氮气）量500～1000Nm^3·m^{-3}催化剂·h^{-1}）的条件下进行。烧焦通常分成几个阶段，表9－15为铂铼催化剂的烧焦步骤和烧焦条件。每一个阶段的结束可以根据反应器出、入口的氧含量是否相等来判断，如果出入口氧含量相等，说明已不再消耗氧气，该阶段已结束，可升温至下一阶段。当最后一阶段结束时，为保持烧焦的完全，需将循环气中的氧含量提高到2%～3%再维持4h。有些装置并不把再生过程分段，而是根据实际烧焦的进展情况，逐步提高再生温度，此时主要控制入口氧含量和床层温升。

连续再生式重整的催化剂再生后，催化剂的含碳量≯0.02%。

表9－15 铂铼催化剂再生条件

阶段	烧焦温度/℃	升温速度/℃·h^{-1}	允许床层最高温升/℃	允许床层最高温度/℃
1	250	25～30	<50	<800
2	300	20～25	<50	<800
3	350	20～25	<50	<800
4	400	20～25	<50	<500
5	450	20～25	<50	<500
6	480	20～25	<50	<500

（二）氧化氯化

在烧焦过程中，催化剂上的氯会大量流失，铂晶粒也会聚集，导致催化剂的性能下降，因此催化剂在烧焦后，需要进行氯化更新，以调整氯含量并氧化和分散催化剂上的铂金属。这些反应是通过氧和氯化物的复合反应进行的，可概括如下：

$$\text{氯化物} + O_2 \longrightarrow HCl + CO_2 + H_2O$$

$$HCl + O_2 \rightleftharpoons Cl_2 + H_2O$$

$$\text{载体}-OH + HCl \rightleftharpoons \text{载体}-Cl + H_2O$$

催化剂上需要有氯化物来维持适当的酸性功能活性。但氯化物过多或过少在重整反应器中会产生不良影响，所以必须控制催化剂上的氯含量。可以通过氯化物的注入量来对催化剂上的氯含量进行控制。在正常操作期间，根据催化剂系列，氧化的催化剂上氯化物含量保持在1.1%～1.3%。这对于催化剂酸性功能是一个优化范围。

氧化和再分散反应可以概括如下：

$$\text{金属} + O_2 \xrightarrow{Cl_2} \text{氧化的金属（分散的）}$$

即催化剂在含氧气氛下，注入一定量的有机氯化合物，高温下使金属充分氧化，在聚集的铂金属表面上形成 Pt-O-Cl 而自由移动，使得较大的金属晶粒再分散。

氧化氯化的效果与循环气中氧、氯和水含量及氯化温度、时间有关。一般循环气中氧浓度为 8mol%，氯化温度为 490～510℃，氯化时间为 6～8h。

（三）干燥

过量的水汽来自催化剂烧焦过程。热的、干燥气体流过催化剂时，能将水从催化剂载体上除去：

$$载体-H_2O+干燥气体\longrightarrow 载体+气体+H_2O$$

催化剂在重新进入重整反应器之前越干燥，它的所有性能将越好。高温、足够的干燥时间和足够的干燥气流量均有助于干燥。

（四）还原和硫化

催化剂再生的最后一步是把金属从氧化态转化成还原态。从催化剂厂来的新鲜催化剂或经再生后的催化剂中的金属组分都处于氧化状态，必须先还原成金属状态后才能使用。还原反应在氢气存在下发生如下反应：

$$氧化的金属+H_2\longrightarrow 还原的金属+H_2O$$

还原过程是在 480℃左右及氢气气氛下进行的，还原时必须严格控制还原气中的水和烃。因为水会使铂晶粒长大和载体表面积减少，从而降低催化剂的活性和稳定性。

关于还原时所用氢气的纯度，历来工业上都对其有着较高的要求。近年有些研究结果认为：在氢气中含氮 10%～40%时，对铂晶粒分散度及催化剂活性并无明显影响，但还原度会差些，可以通过提高氢分压或延长还原时间来补偿。研究工作还表明，在氢气中含氧 10%时，对铂晶粒分散度及催化剂活性也没有明显影响，而且氢气中含有氧还有抑制碳氢化合物杂质的不利影响的作用。氢气中含有少量甲烷时，对还原结果无明显的影响，但是相对分子质量较大的碳氢化合物会对铂晶粒分散度及催化剂活性有明显的负作用。

还原态的铂铼催化剂或某些多金属重整催化剂，具有很高的氢解活性，如果不进行硫化，将在进油初期发生强烈的氢解反应，放出大量的反应热，使催化剂床层温度迅速升高，出现超温现象。一旦出现这种现象，往往会造成严重后果，轻则造成催化剂大量积炭，损害催化剂的活性和稳定性，重则烧坏催化剂和反应器。对催化剂进行硫化，目的在于抑制新鲜或再生后催化剂过度的氢解活性，以保护催化剂的活性和稳定性，改善催化剂初期选择性。

铂锡催化剂不需预硫化，因为锡能起到与硫相当的抑制作用。连续再生重整催化剂在使用全过程中都不需要预硫化。

预硫化时采用二甲基二硫醚或二甲基硫醚（要求分析纯，纯度≥99%）等硫化剂，用预加氢精制油稀释后经加热进入反应系统。硫化剂的用量一般为百万分之几。预硫化的温度为 350～390℃，压力为 0.4～0.8MPa。

第四节　催化重整原料及其预处理

重整催化剂比较昂贵和“娇嫩”，易被多种金属及非金属杂质中毒而失去催化活性，为了保证重整装置能够长周期运转，目的产品收率高，则必须选择适当的重整原料并予以精制处理。

一、重整原料的选择

催化重整原料一般为直馏石脑油、加氢裂化石脑油、焦化石脑油、催化裂化石脑油、乙烯裂解石脑油抽余油，包含 C_6 ~ C_{11} 的各种烃（烷烃、环烷烃和芳烃）。对重整原料的选择主要有三方面的要求，即馏程、族组成和毒物及杂质含量。

（一）馏程

重整原料馏程取决于生产目的。以生产高辛烷值汽油为目的时，馏程较重较宽一些。当以生产芳烃为目的时，馏程较轻较窄一些。生产各种芳烃的适宜馏程列于表 9 – 16。

表 9 – 16　生产各种芳烃时的适宜馏程

目的产物	适宜馏程/℃
苯	60 ~ 85
甲苯	85 ~ 110
二甲苯	110 ~ 145
苯 – 甲苯 – 二甲苯	60 ~ 145
高辛烷值汽油	90 ~ 180
轻芳烃 – 汽油	60 ~ 180

小于六碳原子的环烷烃及烷烃，则不能进行芳构化反应，如也作为重整原料进入反应系统，它并不能生成芳烃，而只能降低装置的处理能力。因此重整原料中不包括五碳烷烃和环烷烃，< 60℃的馏分烃分子的碳原子数小于六。

对生产高辛烷值汽油来说 ≤ C_6 的烷烃本身已有较高的辛烷值，而 C_6 环烷转化为苯后其辛烷值反而下降，而且有部分被裂解成 C_3、C_4 或更低的低分子烃，降低重整液体产品收率，使装置的经济效益降低。因此，重整原料一般应切取大于 C_6 馏分，即初馏点在 90℃左右。至于原料的终馏点则一般取 180℃，因为烷烃和环烷烃转化为芳烃后其沸点会升高。如果原料的终馏点过高则重整汽油的干点会超过规格要求，通常原料经重整后其终馏点升高 20 ~ 30℃。若从全炼厂综合考虑，为保证喷气燃料的生产，重整原料油的终馏点不宜 > 145℃。此外，终馏点过高，烃在重整过程中形成多环芳烃的量明显增加，多环芳烃与催化剂的积炭有关，它会缩短催化剂的运转周期。

在同时生产芳烃和高辛烷值汽油调合组分时，可采用 60 ~ 180℃宽馏分作重整原料，这时，重整生成油可通过分馏塔，切取其中的 C_6 ~ C_8 部分或全部馏分去进行抽提以获取芳烃，其余部分则作为高辛烷值汽油的调合组分。

（二）族组成

原料中族组成（PONA）是一项重要指标，反映了用它生产高辛烷值重整油的难易程度，对反应条件的影响比较大。P、O、N、A 分别代表重整原料中烷烃、烯烃、环烷烃和芳烃的百分含量，其中烯烃已在进行重整反应前被除去，因此重整进料中一般不再含有烯烃。我国目前的重整原料主要是直馏轻汽油馏分（生产中也称为石脑油），但其来源有限，因为国内原油一般重整原料油收率仅有4%～5%，不够重整装置处理。为了扩大重整原料的来源，可在直馏汽油中混入焦化汽油、催化裂化汽油、加氢裂化汽油、乙烯裂解的抽余油或芳烃抽提的抽余油等。表 9－17 为几种国内外重整原料的烃族组成，由表 9－17 可见，不同原油石脑油的烃组成差异很大。

表 9－17　重整原料油烃组成

原料油	大庆直馏	胜利直馏	辽河直馏	大港直馏	加氢裂化重石脑油①	伊朗直馏	阿曼直馏	沙轻直馏
馏程/℃	初馏点～160	65～180	初馏点～180	96～172	82～177	95～169	92～170	86～148
烷烃/%	64.36	48.60	38.1	43.33	48.17	56.03	65.89	68.52
环烷烃/%	34.13	37.11	46.3	41.55	48.30	27.21	22.78	16.75
芳烃/%	1.51	14.29	15.6	15.12	3.53	16.76	11.33	14.73

①胜利 VGO 加氢裂化重石脑油。

（三）芳烃潜含量

生产上通常用“芳烃潜含量”来表征重整原料的反应性能，芳烃潜含量高（即含环烷烃多的原料）是良好的重整原料。环烷烃含量高的原料不仅在重整时可以得到较高的芳烃产率和氢气产率，而且可以采用较大的空速，催化剂积炭少，运转周期较长。“芳烃潜含量”的实质是当原料中的环烷烃全部转化为芳烃时所能得到的芳烃量。其计算方法如下（以下五式中的含量皆为质量分数）：

$$\text{芳烃潜含量（\%）}=\text{苯潜含量}+\text{甲苯潜含量}+C_8\text{芳烃潜含量} \quad (9-2)$$

$$\text{苯潜含量（\%）}=C_6\text{环烷（\%）}\times 78/84+\text{苯（\%）} \quad (9-3)$$

$$\text{甲苯潜含量（\%）}=C_7\text{环烷（\%）}\times 92/98+\text{甲苯（\%）} \quad (9-4)$$

$$C_8\text{芳烃潜含量（\%）}=C_8\text{环烷（\%）}\times 106/112+C_8\text{芳烃（\%）} \quad (9-5)$$

式中的 78、84、92、98、106、112 分别为苯、六碳环烷、甲苯、七碳环烷、八碳芳烃和八碳环烷的分子量。

$$\text{重整转化率（\%）}=\text{芳烃产率（\%）}/\text{芳烃潜含量（\%）} \quad (9-6)$$

重整转化率也称为芳烃转化率。实际上，式（9－6）的定义不是很准确，因为在芳烃产率中包含了原料中原有的芳烃和由环烷烃及烷烃转化生成的芳烃，其中原有的芳烃并没有经过芳构化反应。此外，在铂重整中，原料中的烷烃极少转化为芳烃，而且环烷烃也不会全部转化成芳烃，故重整转化率一般都小于 100%。但铂铼重整及其他双金属或多金属重整，由于促进了烷烃的环化脱氢反应，使得重整转化率经常大于 100%。

重整指数也是描述重整原料油质量的具体指标。重整原料的 $N+A$、$N+2A$ 或 $N+3.5A$ 就称为重整指数或芳构化指数。重整指数通常用（$N+2A$）表示，N 表示环烷烃含量，A 表示芳烃含量，它的具体定义为：

$$(N+2A)=\sum C_i^{\mathrm{N}}\%+2\sum C_i^{\mathrm{A}}\%$$

式中 $C_i^{\mathrm{N}}\%$——原料中环烷烃的体积百分数；

$C_i^{\mathrm{A}}\%$——原料中芳烃的体积百分数；

i——碳原子数。

原料中环烷烃和芳烃的含量越高，重整生成油的芳烃产量越大，辛烷值越高，这就是重整指数的基本含义。

（四）杂质含量

重整原料中含有少量的砷、铅、铜、铁、硫、氮等杂质会使催化剂中毒失活。水和氯的含量控制不当也会造成催化剂减活或失活。为了保证催化剂在长周期运转中具有较高的活性，必须严格限制重整原料中杂质含量。重整原料中杂质含量的限制要求见表 9－18。

表 9－18　重整原料中杂质含量的限制要求　　μg·g^{-1}

杂质	含量	杂质	含量
硫	0.15～0.5	氮	≤0.5
氯化物	≤0.5	砷	≤0.001
水	≤2	氟化物	≤0.5
铅	≤0.01	磷化物	≤0.5
铜	≤0.01	溶解氧①	≤0.5

①只是针对从罐区来料。

二、重整原料的预处理

重整原料的预处理由预分馏、预加氢、预脱砷、预脱氯等单元组成，其典型工艺流程见图 9－9，其目的是切取符合重整要求的馏分和脱除对重整催化剂有害的杂质及水分。

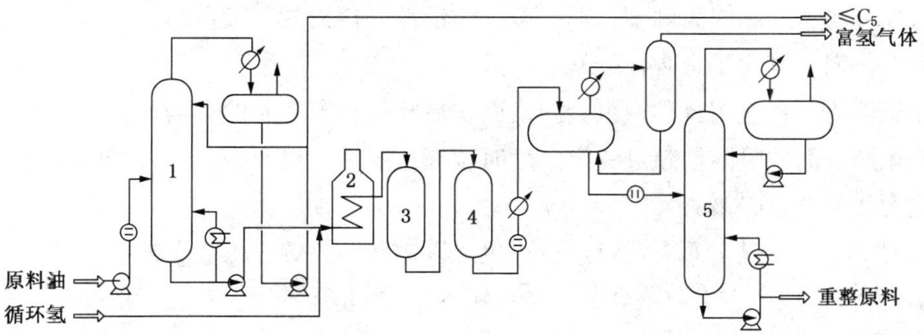

图 9－9　重整原料预处理工艺原则流程图

1—预分馏塔；2—预加氢加热炉；3，4—预加氢反应器；5—脱水塔

（一）预分馏

预分馏的作用是切取适宜馏程的重整原料。在多数情况下，进入重整装置的原料是原油初馏塔和常压蒸馏塔塔顶 <180℃（生产高辛烷值汽油时）或 <130℃（生产轻芳烃时）汽油馏分。在预分馏塔，切去 <80℃或 <60℃的轻馏分（拔头油），同时也脱去原料油中的部分水分。

（二）预加氢

预加氢的作用是脱除原料油中对催化剂有害的杂质，使杂质含量达到限制要求。同时也使烯烃饱和以减少催化剂的积炭，从而延长运转周期。

1. 预加氢的作用原理

预加氢是一个在催化剂和氢压的条件下将原料中的杂质脱除的过程，主要发生如下反应：

①含硫、氮、氧、氯等化合物在预加氢条件下发生氢解反应，生成硫化氢、氨、水和氯化氢等，经预加氢汽提塔或脱水塔分离出去。

②烯烃通过加氢生成饱和烃。烯烃饱和程度用溴价或碘价表示，一般要求重整原料的溴价或碘价 <1g/100g 油。

③砷、铅、铜等金属化合物先在氢压下分解成单质金属，然后吸附在催化剂表面。

因脱除这些金属杂质是靠吸附的方法，所以，在生产过程中这些杂质在催化剂表面的积累量逐渐增多，影响催化剂脱金属效果，尤其当砷积累超过 0.8% 时，便不能保证脱砷要求，而催化剂再生时，靠烧焦的方法也不能将砷除去。为了使预加氢催化剂有较长的使用寿命，原料油在进入预加氢时含砷量限制在 $100\mu g \cdot kg^{-1}$ 以下，否则，必须先经预脱砷。

预加氢反应是放热反应。在预加氢反应中，脱砷、脱硫反应最快，其次是烯烃饱和反应，而脱氮反应最慢。

2. 预加氢催化剂

常用的预加氢催化剂是钼酸钴或钼酸镍。在铂铼等双金属或多金属重整中，由于操作压力较低，条件更苛刻，故又发展了适应低压预加氢的钼钴镍催化剂。在这三种金属中，钼为主活性金属，钴和镍为助催化剂，载体为活性氧化铝。一般主活性金属含量为 10% ~ 15%，助催化剂金属含量为 2% ~5%。

预加氢催化剂在使用过程中也会因表面积炭及受有害杂质的影响而失去活性。当有害杂质在催化剂表面的吸附量超过一定限度时，催化剂活性也会丧失。钼酸钴催化剂允许最大含砷量为 0.6% ~0.8%。

催化剂由于积炭过多而失活可进行再生。以钼酸钴为例，工业上常用含氧 0.3% ~3%（体）的水蒸气 – 空气混合气在常压及 400 ~450℃下进行再生，在适宜的操作条件下，钼酸钴催化剂可以再生 5 ~10 次。

目前国内外用于预加氢装置上的石脑油加氢催化剂牌号很多，因此在选择重整预加氢催化剂时，要结合原料油性质、装置状况来综合考虑以选择合适的加氢催化剂。例如，加工掺入杂质含量较高的二次加工石脑油时，因二次加工石脑油氮化物含量高，催化剂的加氢脱氮活性显得极为重要，在这种情况下，通常应考虑优先选用 Ni-W、Ni-Mo 系列催化剂。

3. 预加氢工艺流程及操作条件

预加氢工艺流程为：从预脱砷反应器出来的原料油进入预加氢精制反应器；预加氢精制后的生成油经换热、冷却后进入高压油气分离器，分出的富氢气体（主要是氢气、轻质烃和少量的 H_2S、NH_3和 H_2O 等）出装置可用在加氢精制等用氢装置；分出的液体油因溶解有少量水、氨、硫化氢等，需送至蒸馏脱水塔除去以上溶解物，经脱水后的塔底油便可作为重整进料。

典型的预加氢反应条件为：压力 2.0～2.5MPa；氢油体积比（标准状态）100～200；空速 4～10h^{-1}；氢分压约 1.6MPa。若原料的含氮量较高，例如大于 1.5$\mu g \cdot g^{-1}$，则须提高反应压力。

（三）预脱砷

砷不仅是重整催化剂最严重的毒物，也是各种预加氢精制催化剂的毒物。因此，必须在加氢预精制前把砷降至较低程度。重整原料含砷量限制在 1～2$\mu g \cdot kg^{-1}$以下。如果原料油的含砷量＜100$\mu g \cdot kg^{-1}$，可以不经过脱砷，只需预加氢精制后即符合要求。

工业上使用的预脱砷方法主要有三种：吸附法、氧化法和加氢法。

吸附法采用吸附剂将原料油中的砷化合物吸附在脱砷剂上而被脱除。常用的脱砷剂是浸渍有 5%～10% 硫酸铜的硅铝小球。目前常用吸附法，用过的吸附剂在每次停工时予以更新。

氧化法采用氧化剂与原料油在反应器中混合进行氧化反应，砷化合物被氧化后经蒸馏或水洗除去。常用的氧化剂是过氧化氢异丙苯，也有用高锰酸钾的。

加氢法实质上与预加氢精制基本相同。由预分馏塔底出来的 90～180℃的原料与从重整部分来的富氢气体混合，经预加氢加热炉加热至 320～370℃进入预脱砷反应器。加氢预脱砷反应器与预加氢精制反应器串联，两个反应器的反应温度、压力及氢油比基本相同。预脱砷所用的催化剂是四钼酸镍加氢精制催化剂。

（四）预脱氯

直馏石脑油中氯主要以有机氯的形式存在，其含量与原油来源有关，一般在 30～40$\mu g \cdot g^{-1}$左右。含有有机氯的原料油经过预加氢后，有机氯转化为氯化氢，会造成设备腐蚀。同时氯化氢与预加氢生成的氨结合生成氯化铵，造成管线堵塞。此外氯对重整催化剂也有毒害作用。

为了解决氯化氢造成的腐蚀设备、堵塞管线和对重整催化剂的危害，工业上在预加氢单元后增加脱氯罐，在与预加氢相同的条件下，使氯化氢与脱氯剂反应而脱除。可以使用的脱氯剂有：Fe_2O_3、Cu、Mn、Zn、Mg、Ni、NaOH、KOH、Na_2O、Na_2CO_3、CaO、$CaCO_3$等。用过的脱氯剂在每次停工时予以更新。

第五节　催化重整工艺流程

催化重整装置一直分为两种类型，这是由于它具有两个重要作用。一方面它是将低辛烷值的石脑油转化成高辛烷值的汽油组分的重要途径；另一方面，它还是生产三苯芳烃的主要手段。生产的目的产品不同时，采用的工艺流程也不相同。生产高辛烷值汽油时，工艺流程比较简单，由原料预处理、重整反应等部分组成。生产芳烃的工艺流程除了上述原料预处理、重整反应部分外，还必须把目的产品——芳烃从重整生成油中分离出来，这就需要芳烃抽提过程和单体芳烃的精馏或其他的方法使单体芳烃——苯、甲苯、各种二甲苯分离出来。

一、重整反应系统的工艺流程

工业重整装置广泛采用的反应系统流程可分为两大类：固定床反应器半再生式工艺流程和移动床反应器连续再生式工艺流程。

（一）固定床半再生式重整工艺流程

固定床半再生式重整是最普通的催化重整工艺，它的特点是当催化剂运转一定时期后，活性下降而不能继续使用时，需就地停工再生（或换用异地再生好的或新鲜的催化剂），再生后重新开工运转，因此称为半再生式重整过程。

典型的固定床半再生式铂铼重整工艺流程见图 9－10。经预处理的原料油与循环氢混合，再经换热、加热后进入重整反应器。重整反应是强吸热反应，反应时温度下降，因此为得到较高的重整平衡转化率和保持较快的反应速度，就必须维持合适的反应温度，这就需要在反应过程中不断地补充热量。为此，半再生式装置的固定床重整反应器一般由三至四个绝热式反应器串联，反应器之间由加热炉加热到所需的反应温度。每半年至一年停止进油，全部催化剂就地再生一次。

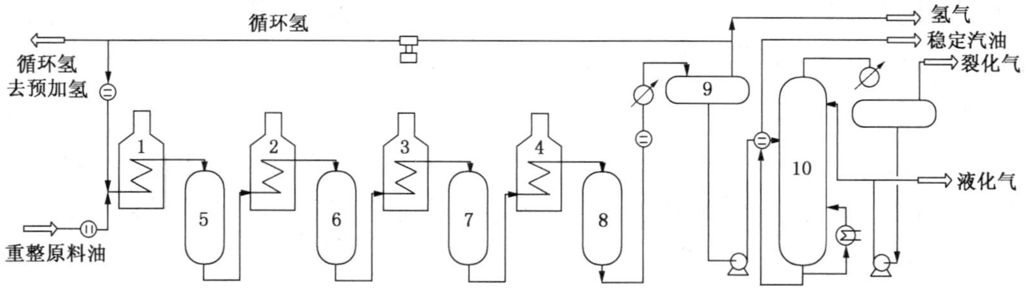

图 9－10　铂铼重整反应原则流程

1，2，3，4—加热炉；5，6，7，8—重整反应器；9—高压分离器；10—稳定塔

反应器的入口温度一般为 480～520℃，使用新鲜催化剂时，反应器入口温度较低。随着生产周期的延长，催化剂的活性逐渐下降，各反应器入口温度逐渐提高。铂铼重整反应

的其他操作条件为：空速1.5～2h^{-1}；氢油比（体）约1200：1；压力1.5～2MPa。

自最后一个反应器出来的重整产物温度很高（490℃左右），为了回收热量而进入一大型立式换热器与重整进料换热，再经冷却后进入油气分离器，分出含氢85%～95%（体）的气体（富氢气体）。经循环氢压缩机升压后，大部分含氢气体被送回反应系统作循环氢使用，少部分去预处理部分。分离出的重整生成油进入脱戊烷塔，塔顶蒸出≤C_5的组分，塔底是含有芳烃的脱戊烷油，作为芳烃抽提部分的进料油。如果重整装置只生产高辛烷值汽油，则重整生成油只进入稳定塔，塔顶分出裂化气和液态烃，塔底产品为满足蒸气压要求的稳定汽油。稳定塔和脱戊烷塔实际上完全相同，只是因生产目的不同而名称不同。

（二）固定床半再生式重整反应的主要操作参数

影响重整反应的主要操作因素除催化剂和原料的性质外，有反应温度、反应压力、氢油比、空速等（这些参数的改变将影响产品质量、产率和催化剂的失活速率）；不仅如此，还与装置的工程投资及操作费用密切相关，反映了技术水平的高低。

1. 反应温度

提高反应温度不仅能使化学反应速度加快，而且对强吸热的脱氢反应的化学平衡也很有利，可以提高重整生成油的辛烷值，但是提高反应温度会使加氢裂化反应加剧、液体产物收率下降、催化剂积炭加快以及受到设备材质的限制。因此，在选择反应温度时应综合考虑各方面的因素。在实际操作中，反应压力、空速和氢油比一旦确定后，任意改变的可能性很小，但反应温度是需要随时控制的主要参数，要根据原料组成和产品辛烷值要求的不同，确定不同的反应温度。工业重整反应器的入口温度多在480～530℃范围。在操作过程中随着反应时间的推移，催化剂因积炭而活性下降，为了维持足够的反应速度，保持产品的辛烷值不变，往往需要逐步提高反应温度。

催化重整采用多个串联的绝热反应器，这就提出了一个反应器入口温度分布问题。实际上各个反应器内的反应情况是不一样的：例如环烷脱氢反应主要是在前面的反应器内进行；而反应速度较低的加氢裂化反应和环化脱氢反应则延续到后面的反应器。因此，应当按各个反应器的反应情况分别采用不同的反应条件。在反应器入口温度的分布上曾经有过几种不同的做法：由前往后逐个递降；由前往后逐个递增；或几个反应器的入口温度都相同。近年来，多数重整装置趋向于采用前面反应器的温度较低、后面反应器的温度较高的方案。

重整反应主要是吸热过程，各反应器出口温度比入口温度低，温差大小取决于反应热的大小，同时也与氢油比有关，因为循环氢在反应器内也起着热载体的作用，载热体量大则温降减少。重整反应器一般是3～4个串联，图9－11为某重整反应器温度分布图。由图9－11可以看出，各反应器的温降差异很大。温降最大的是第一反应器ΔT_1，这是由于第一反应器中主要进行的是速度最快且强吸热的六元环烷烃脱氢反应；第二反应器里的化学反应，主要进行五元环烷烃异构脱氢，还伴随一些放热的裂化反应，因而第二反应器的温降ΔT_2比ΔT_1显著减少；到后部第三和第四反应器时，环烷脱氢很少发生，所发生的吸热反应是以烷烃环化脱氢反应为主，但这种反应速度较慢，比较难于进行，必须在较苛刻的反应条件下才能进行。这样，伴随的副反应就更多了，除裂化反应外，还有歧化、脱烷基等，多是放热反应，因此，后部反应器的温降（ΔT_3、ΔT_4）就更小了。总的趋势是：

$$\Delta T_1 > \Delta T_2 > \Delta T_3、\Delta T_4$$

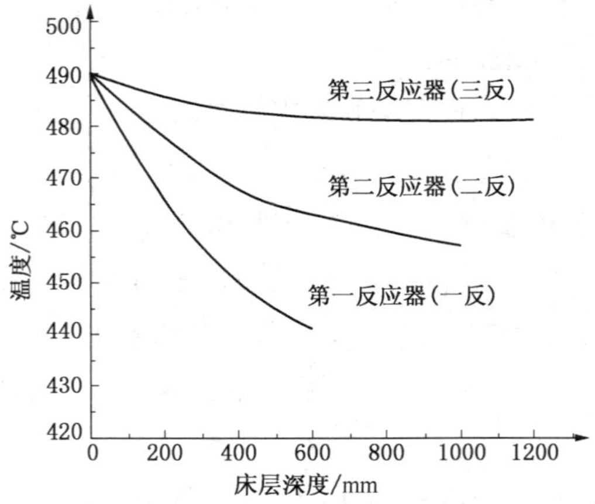

图 9－11　某重整反应器温度分布

重整装置各反应器内的主要反应及温降见表 9－19。

表 9－19　重整装置各反应器内的主要反应及温降

反应器名称	主要反应	组成变化	温降/℃
第一反应器	六元环烷脱氢，烷烃异构	环烷烃下降多，芳烃有增加	70～80
第二反应器	环烷脱氧，五元环烷异构脱氢及开环，C_7 烷烃裂解	环烷烃继续下降，芳烃有增加 C_5～C_6 有增加	30～40
第三反应器	烷烃脱氢环化，加氢裂化	C_7^+ 烷烃减少，芳烃增加	15～25
第四反应器	烷烃脱氢环化，加氢裂化	C_5～C_6 先增加，后略有下降，芳烃增加	5～10

由前部反应温降曲线可以看出，反应温降主要集中在反应器床层外部，在床层内部很大区域中几乎没有温降。因此，为了有效地利用催化剂，各反应器催化剂装填比例是很重要的。把过多的催化剂装入前部反应器实际上是一种浪费。为了促进反应速度较慢的烷烃环化和异构化等反应，重整各反应器催化剂常采用前面少、后面多的装填方式。在使用四个反应器串联时，催化剂的装入比例一般为 1∶1.5∶3.0∶4.5。

由于催化剂床层温度是变化的，所以常用加权平均温度来表示反应温度。所谓加权平均温度（或称权重平均温度），就是考虑到处于不同温度下的催化剂数量而计算得到的平均温度。定义如下：

$$加权平均进口温度 = \sum_{i=1}^{3\sim4} x_i T_i^{入}，(i_{max}=3 或 4) \tag{9-7}$$

$$加权平均床层温度 = \sum_{i=1}^{3\sim4} x_i \frac{T_{i入} + T_{i出}}{2}，(i_{max} = 3 或 4) \quad (9-8)$$

式中　x_i ——各反应器内装入催化剂量占全部催化剂量的分率；

$T_{i入}$ ——各反应器的入口温度；

$T_{i出}$ ——各反应器的出口温度。

床层温度变化不是线性的，严格地讲，各反应器的平均床层温度不应是出、入口的算术平均值，而应是积分平均值或根据动力学原理计算出的当量反应温度。但由于后者不易求得，所以一般简单地用算术平均值。

2. 反应压力

催化重整的反应压力是反应的基本参数，也是重整技术先进性的一个标志。提高反应压力对生成芳烃的环烷脱氧、烷烃环化脱氢反应都不利，但对加氢裂化反应却有利。因此，从增加芳烃产率的角度来看，希望采用较低的反应压力。在较低的压力下可以得到较高的汽油产率和芳烃产率，氢气的产率和纯度也较高。但是在低压下催化剂受氢气保护的程度下降，积炭速度较快，从而使操作周期缩短。解决这个矛盾的方法有两种：一种是采用较低压力，经常再生催化剂；另一种是采用较高的压力，虽然转化率不太高，但可延长操作周期。如何选择最适宜的反应压力，还要考虑到原料的性质和催化剂的性能。例如高烷烃原料比高环烷烃原料容易生焦，重馏分也容易生焦，对这类易生焦的原料通常要采用较高的反应压力；催化剂的容焦能力大、稳定性好，则可以采用较低的反应压力。铂铼等双金属催化剂及多金属催化剂有较高的稳定性和容焦能力，可以采用较低的反应压力，既能提高芳烃转化率，又能维持较长的操作周期。半再生式铂铼重整一般采用1.8MPa左右的反应压力，铂重整采用2～3MPa的压力，连续再生式重整装置的压力可低至约0.8MPa，新一代的连续再生式重整装置的压力已降低到0.35MPa。

在现代重整装置中，最后一个反应器的催化剂通常占催化剂量的50%。所以，通常选用最后一个反应器入口压力作为反应压力是合适的。在实际操作中，由于受设备设计条件的限制，反应压力调节的余地不大。

3. 空速

空速为单位时间、单位催化剂上所通过的原料油数量。重整空速以催化剂的总用量为准，定义如下：

$$重量空速 = \frac{原料油流量\ (t \cdot h^{-1})}{催化剂总用量\ (t)} \quad (9-9)$$

$$体积空速 = \frac{原料油流量\ (m^3 \cdot h^{-1}，按20℃液体计)}{催化剂总用量\ (m^3)} \quad (9-10)$$

空速反映了原料与催化剂的接触时间长短，降低空速可以使反应物与催化剂的接触时间延长。催化重整中各类反应的反应速度不同，空速的影响也不同。环烷烃脱氢反应的速度很快，在重整条件下很容易达到化学平衡，空速的大小对这类反应影响不大；但烷烃环化脱氢反应和加氢裂化反应速度慢，空速对这类反应有较大的影响。所以，在加氢裂化反应影响不大的情况下，适当采用较低的空速对提高芳烃产率和汽油辛烷值有好处。

通常在生产芳烃时，采用较高的空速；生产高辛烷值汽油时，采用较低的空速，以增加反应深度，使汽油辛烷值提高，但空速太低加速了加氢裂化反应，汽油收率降低，导致氢消耗和催化剂结焦加快。

选择空速时还应考虑到原料的性质。对环烷基原料，可以采用较高的空速；而对烷基原料则需采用较低的空速。

空速高低决定反应器的大小。降低空速一般对反应是有利的，但反应器要大，要装入较多的催化剂。由于重整催化剂中含有贵金属铂，价格昂贵，对投资影响比较大。另外，由于空速与反应温度有关，为了生产一定辛烷值的产品，提高空速时需要提高反应温度，而温度又不宜过高，因此一般在催化剂藏量和装置处理量一定的情况下，空速不作为调节手段。目前一般工业装置采用的体积空速为1.0～2.0h^{-1}左右。

4. 氢油比

氢油比表示循环氢量与重整进料的比值，其定义为循环气中的纯氢与液体进料的摩尔比，即

$$氢油比=\frac{循环气中纯氢的摩尔流率（mol\cdot h^{-1}）}{液体进料的摩尔流率（mol\cdot h^{-1}）} \quad (9-11)$$

为方便起见，有时也用氢油比来表示循环氢量与重整进料的比值，即

$$氢油比=\frac{循环气中纯氢的体积流率（Nm^3\cdot h^{-1}）}{液体进料的体积流率（m^3\cdot h^{-1}）}（标准状态） \quad (9-12)$$

在重整反应中，除反应生成的氢气外，还要在原料油进入反应器之前混合一部分氢，这部分氢并不参与重整反应，工业上称之为循环氢。通入循环氢的目的一是为了抑制生焦反应，减少催化剂积炭，起到保护催化剂的作用；二是起到热载体的作用，减小反应床层的温降，使反应温度不致降得太低；三是稀释原料，使原料更均匀地分布于催化剂床层。

在总压不变时，提高氢油比意味着提高氢分压，虽然不利于芳构化反应，增加加氢裂化，但有利于抑制催化剂上积炭，操作周期增长。提高氢油比使循环氢量增大，压缩机消耗功率增加，在氢油比过大时会由于减少了反应时间而降低了转化率。

由此可见，对于稳定性高的催化剂和生焦倾向小的原料，可以采用较小的氢油比；反之则需用较大的氢油比。使用铂铼催化剂的固定床半再生的氢油比一般≤5，新的连续再生式重整的氢油比可降至1～3。

综上所述，可以将各类反应的特点和各种因素的影响简要地归纳为表9－20。

表9－20　催化重整中各类反应的特点和操作因素的影响

反应		六元环烷脱氢	五元环烷异构脱氢	烷烃环化脱氢	异构化	加氢裂化
反应特性	热效应	吸热	吸热	吸热	放热	放热
	反应热/$kJ\cdot kg^{-1}$	2000～2300	2000～2300	约2500	很小	约840
	反应速度	最快	很快	慢	快	慢
	控制因素	化学平衡	化学平衡或反应速度	反应速度	反应速度	反应速度

续表

反应		六元环烷脱氢	五元环烷异构脱氢	烷烃环化脱氢	异构化	加氢裂化
对产品产率的影响	芳烃	增加	增加	增加	影响不大	减少
	液体产品	稍减	稍减	稍减	影响不大	减少
	$C_1 \sim C_4$ 气体	—	—	—	—	增加
	氢气	增加	增加	增加	无关	减少
对重整汽油性质影响	辛烷值	增大	增大	增大	增大	增大
	密度	增大	增大	增大	稍增	增大
	蒸气压	降低	降低	降低	稍增	增大
参数增大时产生的影响	温度	促进	促进	促进	促进	促进
	压力	抑制	抑制	抑制	无关	促进
	空速	影响不大	影响不很大	抑制	抑制	抑制
	氢油比	影响不大	影响不大	影响不大	无关	促进

在一定催化剂性能条件下，催化重整操作参数的选择与调整取决于两个条件：一个是原料性质，一个是产品要求，这些是由工厂的实际情况来决定的。也就是说，不同原料和产品要求的催化重整装置，应当选用不同的反应条件，而且这些条件之间在一定范围内可以互相补偿。催化重整操作参数及原料油性质对重整反应方向性影响见表 9－21。

表 9－21　催化重整操作参数及原料油性质对反应的影响

操作参数		产品辛烷值	重整油收率	氢产率	积炭速率
反应压力↗		↘	↘	↘	↘
反应温度↗		↗	↘	↗	↗
空速↗		↘	↗	↘	↘
氢油比↗		→	→	→	↘
原料油	芳烃潜含量↗	↗	↗	↗	↘
	初馏点↗	↗	↗	↗	↘
	终馏点↗	↗	↗	→	↗

（三）连续再生式重整

连续重整，即催化剂连续再生的重整工艺，反应器和再生器都采用移动床反应器，催化剂在反应器和再生器之间不断地进行循环反应和再生，一般每 3～7d 全部催化剂再生一遍。由于催化剂上的积炭可以在重整反应不停工的条件下及时除掉，允许重整在苛刻度比较高的反应条件下操作——压力和氢油比比较低，产品收率比较高，而且周期长，操作比较稳定。

1. UOP 与 IFP/Axens 连续重整反应再生系统流程对比

UOP 公司常压再生连续重整工艺原则流程见图 9－12。

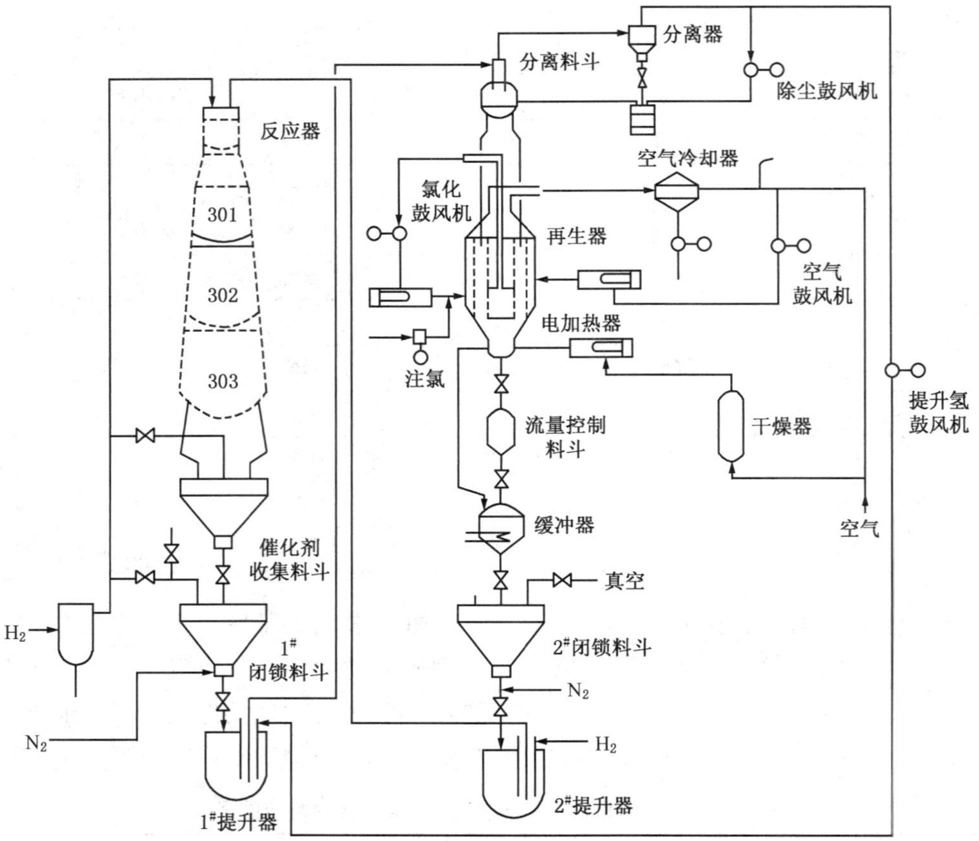

图9－12　UOP公司常压再生工艺原则流程图

IFP/Axens分批再生连续重整工艺原则流程见图9－13。

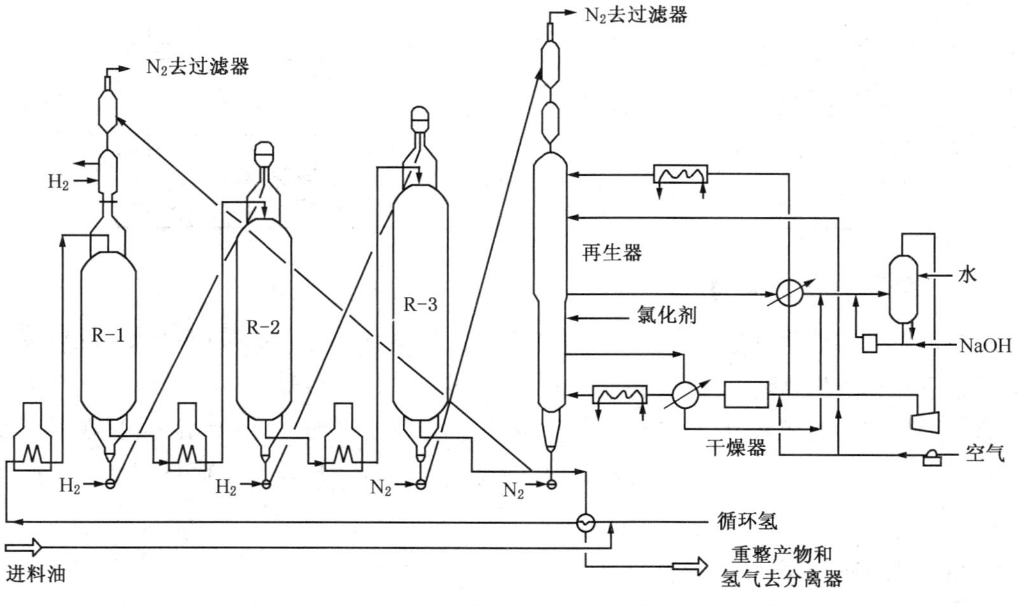

图9－13　IFP/Axens公司分批再生工艺原则流程图

UOP 和 IFP/Axens 连续重整专利各有特点，在反应器布置、再生系统控制方法、催化剂烧焦和还原技术等方面都存在一些差异，但其在工程上最本质的差别有两点：

①反应器布置：UOP 采用重叠式，IFP/Axens 采用并列式；

②再生回路流程：UOP 采用热循环，IFP/Axens 采用冷循环。

UOP 和 IFP/Axens 连续重整技术比较见表 9－22。

表 9－22　连续重整技术比较表

项目	Cyclemax（UOP）	Regen C（Axens）
1. 反应器		
布置方式	重叠式	并列式
结构	径向、扇形筒	径向、圆套筒
物流进出口流向	上进上出	上进下出
2. 催化剂再生		
压力/MPa（g）	0.25	约 0.55
再生方式	连续一段烧焦	连续两段烧焦
再生器结构	倒梯形套筒中心管，减少催化剂在高温区停留时间	两段圆套形中心管
再生器气中水含量/$mg \cdot L^{-1}$	35000（高水，影响催化剂寿命）	2000（低水，可延长催化剂寿命）
再生气洗涤	Chlosorb	全部再生气体
3. 再生气循环系统		
再生气体循环流程	热循环再生器—鼓风机—空冷—再生器	冷循环再生器—换热—空冷—洗涤—干燥—压缩—换热—电加热—再生器
4. 催化剂提升		
待生剂提升方式	“L” 阀组件，N_2 提升	提升器，N_2 提升
再生剂提升方式	“L” 阀组件，H_2 提升	提升器，N_2 提升
反应器间	重力	提升器，H_2 提升
催化剂输送管线安装方式	竖直安装，带特殊转向管件	有一定斜角，带弯头
5. 闭锁料斗		
安装位置	再生器的下游	再生器上游
工作介质	氢气	氮气
作用	将再生催化剂按循环量要求分批输送，由催化剂再生控制系统进行控制，通过开关气阀用压力平衡控制催化剂流动，实现了催化剂输送无阀操作。正常操作时，催化剂管线上特殊阀门不动作。催化剂在再生器内的流动是间歇脉冲式的流动	升压至与再生器压力一致，在定时器的控制下将催化剂送入再生器，以定时器设定的时间控制上下催化剂管线上的 4 个特殊阀门开关来控制再生催化剂循环量，即为有阀操作，特殊阀门要求高。催化剂在再生器内的流动为连续流动

续表

项目	Cyclemax（UOP）	Regen C（Axens）
6. 催化剂还原		
还原方式	不同的两段还原温度进行两种金属的还原	一段还原
对还原氢的要求	可直接使用重整氢，不需要氢提纯系统	需要系统提供99%（体积分数）的高纯氢，或装置内设置重整氢提纯系统
7. 其他		
催化剂除尘	用 N_2 淘析去粉尘收集器，采用一套催化剂粉尘收集系统	用 N_2 淘析去粉尘收集器，采用两套催化剂粉尘收集系统
占地面积	较小	较大
设备制造、安装	叠置式反应器精度要求较高，尤其是同心度；内件配置较麻烦，安装与维修困难	反应器单台制造相对简单，安装与维修也相对容易

从表9－22可见，这两种方式各有优缺点。UOP反应器重叠布置与Axens并列布置相比，催化剂提升次数少、流程简单、占地少，但反应器整体较高，设备制造、运输都比较困难，同时反应器框架很高，操作维修不方便。Axens再生回路冷循环与UOP热循环相比，设备和管线材质要求低，在国内容易制造，催化剂再生条件比较好，Axens与UOP的引进内容和投资基本相当。但Axens流程复杂，设备数量多，能耗比UOP增加约3%左右。从已投产的工业装置来看，两家技术都是成功的，技术水平基本相当。

2. 国内某连续重整反应再生系统工艺流程

国内某炼油厂连续重整反应再生系统工艺流程如图9－14所示。

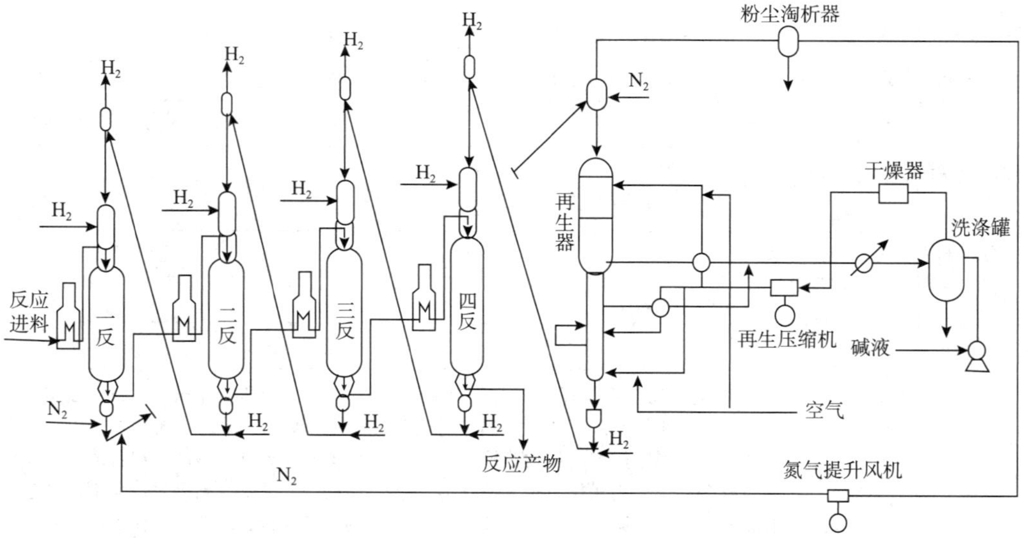

图9－14 逆流连续重整工艺流程示意图

国内开发应用的逆流连续重整工艺技术与国外顺流移动床连续重整相比，特色和优势主要表现在三个方面：

①反应器间催化剂的流动方向与反应物流的方向相反，从而改善了反应条件，反应更为合理，有利于提高产品收率和延长催化剂寿命。

②催化剂由低压向高压的输送采取分散料封提升的方法，省去了传统的闭锁料斗的升压方法，简化了流程，节约投资。

③优化再生器操作条件，既有利于催化剂在反再系统之间的输送，又有利于再生。

连续重整技术是催化重整近年来的重要进展之一。具有较强的优势，如可以采用比较高的苛刻度，芳烃转化率超过100，能把重整油的辛烷值*RON*提高到100以上，有利于生产高标号汽油和提高芳烃及氢气的产率；可以把反应压力降下来，有利于提高重整生成油和氢气的产率；可以处理芳烃潜含量较小和积炭因素较高的原料，对原料的适应性比较大。因此，新建催化重整或原有催化重整扩建改造都优先选择连续再生重整技术。

（四）催化剂再生工艺流程

以UOP连续再生重整为例，详见图9－12。催化剂依靠自重力连续地依次流过串联的3个（或4个）移动床反应器，从最后一个反应器底部流到催化剂收集器的待生催化剂含碳量（质量分数）为3%～7%。催化剂首先被来自于反应器置换气换热器的循环氢汽提置换出所携带的烃类，然后继续向下流至1#提升器。自提升风机来的提升氮气将1#提升器内的催化剂提升至再生器顶部的分离料斗；在分离料斗中，淘析气将催化剂中的少量粉尘从分离料斗顶部吹出，送到粉尘收集器中。用于淘析和提升的氮气一起由提升风机加压循环。分离料斗中的催化剂依靠重力作用进入再生器顶部。

待生催化剂在再生器内自上而下依次经过预热区、烧焦区、再加热区、氯氧化区、干燥区、冷却区。从再生风机出口引出的密封气体用于预热来自分离料斗的催化剂；在烧焦区，催化剂通过内外两个倒梯形筛网之间的环形区向下流动，与由再生风机提供的热再生气体接触，实现催化剂烧焦，所需温度由再生气空冷器和再生气电加热器来调节；催化剂向下流动，进入氯氧化区，由再生注氯罐及再生注氯泵来的有机氯化物经蒸气套管加热汽化后进入氯氧化区，氯化气体（由空气和有机氯化物组成）穿过催化剂床层并向上流动，完成了对催化剂的氯补充；在干燥区，要除去烧焦所产生的水分，以确保催化剂的良好性能，催化剂在该区的流动与在氯化区相似，热的干燥空气向上流经催化剂床层，从干燥区出口排出。干燥区所需温度由空气电加热器提供；冷却区位于再生器底部，用干燥的冷空气对催化剂进行冷却。

冷却后的催化剂自再生器底部流出，经过氮封罐使催化剂由氧环境切换为氢气环境后进入闭锁料斗，通过闭锁料斗来控制催化剂的循环量，同时将催化剂切换到与反应器相同的压力。催化剂依靠重力自2#闭锁料斗底部送到另一2#提升器，由再接触罐出口来的富氢气体作为提升气，通过增压气聚集器、增压气加热器，将再生过的催化剂提升到反应器顶部的还原区。氧化态的催化剂流经还原区，用富氢气体对催化剂进行还原（采用二段还原工艺）。还原氢气来自增压气聚集器，所需温度由一号还原气电加热器、二号还原气电加热器控制。含碳量小于0.02%的再生催化剂依靠重力自还原区底部流入一反、二反、三反、四反，完成催化剂的循环。

增压气聚集器液体靠自身压力送至重整反应产物分离器。

从再生器排出的酸性气体与循环碱液充分混合后，送入放空气体洗涤塔。酸性气体在放空气体洗涤塔再经碱洗后，其含氯量达到排放标准，直接排入大气，废碱液排装置统一处理。再生注碱罐的新鲜液经再生注碱泵加压后与系统来的脱盐水一起进入循环碱液系统，作为对系统排出废碱液的补充。

含有催化剂粉末的淘析气体进入粉尘收集器，定期将粉尘通过收集器下部的粉尘收集罐装桶回收。

在反应器底部的“L”阀组之后及氮封罐顶部有两处催化剂添加系统，各包括1个催化剂添加料斗、1个催化剂加料闭锁料斗。操作时定期将催化剂加入到再生工序中，以补充作为粉末而被除去的催化剂。

二、重整芳烃的抽提过程

当以生产芳烃为生产目的时，还须将脱戊烷重整油中大量的低分子芳烃分离出来，它们是芳香系石油化工的基础。由重整油中分出的重整芳烃已成为低分子芳烃的一个重要来源。

由重整油中分离芳烃的方法很多，目前国内广泛采用的是芳烃抽提蒸馏塔技术。

（一）芳烃抽提的生产原理

含苯二元共沸物、含甲苯二元共沸物的共沸点及其共沸物组成见表9-23、表9-24。

表9-23　含苯二元共沸物

烃组分	纯组分沸点/℃	共沸物沸点/℃	共沸物苯质量含量/%
正己烷	68.7	68.5	4.7
甲级环戊烷	71.8	71.4	9.3
2，2-二甲基戊烷	79.3	75.8	46.3
环己烷	80.8	77.7	51.8
2，2，3-三甲基丁烷	80.9	76.6	49.7
2，4-二甲基戊烷	80.5	76.6	50.5
2，3-二甲基戊烷	89.8	79.2	79.5
正庚烷	98.4	80.1	99.3
2，2，3-三甲基戊烷	99.2	80.1	97.7
苯	80.1	—	—

表 9－24 含甲苯二元共沸物

烃组分	纯组分沸点/℃	共沸物沸点/℃	共沸物甲苯质量含量/%
乙基环戊烷	10.5	103.0	7
1，1，3-三甲基环戊烷	104.5	103.0	16
1，2，4-三甲基环戊烷	109.5	107.0	39
1，2，3-三甲基环戊烷	110.5	108.0	42
2，3，4-三甲基戊烷	113.5	109.0	60
2-甲基庚烷	117.6	110.3	82
1，3-二甲基环己烷	120.1	110.6	96
甲苯	110.63	—	—

抽提蒸馏分离芳烃工艺是利用选择性溶剂从富含芳烃的窄馏分中直接提取某种高纯度芳烃或芳烃混合物。原料首先进行预分馏，切除轻、重组分，留下中心馏分送去抽提蒸馏。在抽提蒸馏过程中，通过加入选择性溶剂，提高目的芳烃和其他组分间的相对挥发度 α，从而使精馏分离成为可能。溶剂和原料馏分在抽提蒸馏（ED）塔接触形成气液两相，由于溶剂与芳烃的作用力更强，使非芳烃富集于气相从塔顶排出；芳烃组分富集于液相并被提纯，从塔底排出。富集芳烃的液相进入溶剂回收塔，在塔内进行芳烃与溶剂的分离，贫溶剂循环使用。

对于烃类混合物，在常压范围内气相可作为理想气体处理，通过精馏方法分离关键组分 i、j 的难易程度可以用相对挥发度 α_{ij} 表征：

$$\alpha_{ij}=\frac{y_i/x_i}{y_j/x_j}=\frac{\gamma_i p_i^0}{\gamma_j p_j^0}$$

式中 x——液相摩尔分数；

y——气相摩尔分数；

γ——液相活度系数；

p^0——纯组分饱和蒸气压。

相对挥发度 α 越远离 1，越有利于精馏分离。在恒沸组成时两组分相对挥发度为 1，通过普通精馏方法无法实现恒沸溶液的分离。在式中，p_i^0/p_j^0 在通常温度范围内基本不变，改变相对挥发度的唯一途径就是通过加入溶剂来改变其活度系数比 γ_i/γ_j。加入选择性溶剂后，原料溶液的组分、组成均发生了变化，分子间相互作用改变，因而也使原料组分的活度系数比值发生变化，从而使相对挥发度 α_{ij} 尽可能远离 1，有利于精馏分离。这就是抽提精馏的基本原理。

（二）工艺流程

用环丁砜抽提芳烃的工艺流程（见图 9－15）一般包括抽提、溶剂回收和溶剂再生。

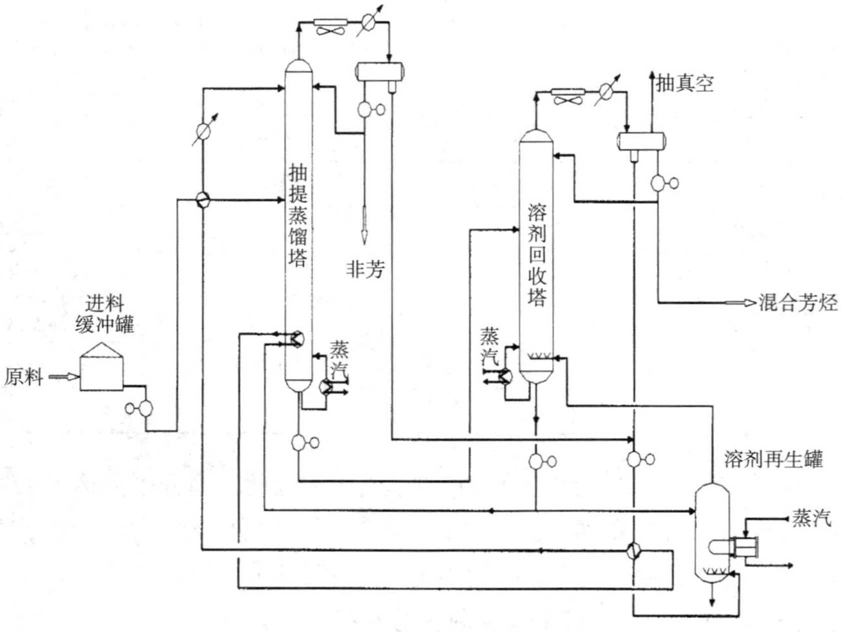

图 9－15　芳烃抽提的工艺流程

（1）抽提部分。

进料从塔中部进入抽提蒸馏塔，贫溶剂从塔顶进入抽提蒸馏塔。塔底由蒸汽及贫溶剂加热后，溶剂和进料在抽提蒸馏塔接触形成气夜两相，由于溶剂与非芳烃的作用力更强，使非芳烃富集于气相，于塔顶排出；芳烃富集于液相并被提纯，于塔底排出。

（2）溶剂回收部分。

溶剂回收部分的任务是从提取液中分离出芳烃，回收并使之循环使用。

从抽提塔底过来的富含芳烃的富溶剂进入溶剂回收塔，在负压条件下，利用芳烃和溶剂沸点的不同，通过精馏，较轻的芳烃从塔顶分出，较重的溶剂从塔底抽出后返回抽提蒸馏塔循环使用。

（3）溶剂再生部分。

环丁砜溶剂是一种无色透明的液体，可与水、丙酮、甲苯等互溶，是优良的非质子极性溶剂。它在使用的过程中极易发生老化分解，产生酸性物质，高温还导致聚合物的生成。在部分抽提装置中，环丁砜循环系统设备腐蚀严重，溶剂高温换热设备腐蚀尤其严重。

溶剂再生的原理就是利用溶剂老化所生成的大分子与环丁砜沸点和挥发度不同，采用减压和加热升温技术使杂质与环丁砜分离，得到比较纯净的环丁砜，实现溶剂的再生。

（三）抽提过程的主要操作参数

（1）抽提蒸馏塔。

①溶剂比。溶剂比是抽提蒸馏塔贫溶剂流量和进料流量的比值，它是调节芳烃回收率的重要手段。目前对于单苯抽提，溶剂比是 3～4；对于多苯抽提，溶剂比是 4～5。溶剂比增大，芳烃回收率增加，但芳烃的质量下降，并且会增加能耗；溶剂比降低，芳烃回收

率降低。溶剂比的大小根据进料组成来决定，当进料组成有明显改变时，要及时调整溶剂量，保证溶剂比适当。一般在原料中，芳烃含量高及抽提温度较低时溶剂比可适当提高些；当芳烃含量降低或抽提温度升高时，溶剂比可适当降低，但此时也要注意保证有足够的溶剂比，因为这是保证回收率的一个重要因素。

②贫溶剂入塔温度。温度高则溶剂的溶解度大，但选择性降低。在操作中，温度一般是恒定的，只有在原料中重组分显著增多、溶解度降低时，才考虑升高溶剂温度。目前贫溶剂入塔温度多在100℃左右。

③灵敏板温度。抽提蒸馏塔是指在精馏塔的逐板计算中，某一塔板和相邻的塔板相比组分变化较大，表现为温度变化大。在操作发生变化时，该板的温度变化最为灵敏，称为灵敏板。控制灵敏板温度是同时保证芳烃产品纯度和收率的重要手段。当灵敏板温度过低时，芳烃中的非芳烃含量迅速上升；当灵敏板温度过高时，则抽余油中损失的芳烃将大幅提高，芳烃回收率减少。因此，灵敏板温度的控制值必须在合理范围内。

④回流比。非芳烃蒸馏塔回流的作用是回收溶剂，由于溶剂与芳烃沸点差较大，所以仅需要较小的回流比。与普通精馏不同，提高回流比后，降低了溶剂浓度，不仅使溶剂的选择性降低，同时容易产生液－液两相，使操作不稳定。因此，在有效回收溶剂的前提下，应该尽量维持小回流比，目前多在0.3左右。

（2）溶剂回收塔。

①压力。塔顶压力控制在－0.06MPa，而塔内部压差则随着塔负荷（包括溶剂负荷和芳烃负荷）的增加而增加。塔压高则贫溶剂和芳烃分离效果下降，贫溶剂中芳烃含量增加；塔压低则贫溶剂中芳烃含量下降，但塔压过低则回流罐芳烃蒸气损耗增加，芳烃回收率下降。塔压一般保持恒定，尽量避免其波动。

②塔底温度。在一定真空度的前提下，塔底温度是控制贫溶剂中芳烃含量的重要手段之一，但塔底温度太高，也会使塔顶芳烃产品夹带溶剂，甚至造成抽提油纯度不合格。当贫溶剂中芳烃含量高时，可以适当提高塔底温度，降低贫溶剂中的芳烃量。目前塔底温度多在170℃左右。

③回流比。回流比过高会造成贫溶剂中芳烃含量高，芳烃回收率降低，在产品溶剂含量合格的前提下，要使回流比尽可能小；低回流比既可降低能耗，又可降低贫溶剂芳烃含量。目前回流比多在0.5左右。

三、芳烃精馏

由溶剂抽提出的芳烃是一种混合物，其中包括苯、甲苯、各种二甲苯异构体、乙基苯和各种不同结构的C_9和C_{10}芳烃，利用精馏可得到具有使用价值的各种单体芳烃。

（一）芳烃精馏产品要求及工艺特点

为了获得各种单体芳烃，应了解各种单体芳烃的一些物理特性。表9－25为各种单体苯类芳烃的物理特性。

表9-25　各种单体苯类芳烃的物理特性

项目	密度（20℃）/kg·m^{-3}	折光率	沸点/℃	熔点/℃
苯	880	1.5011	80.1	5.5
甲苯	867	1.4969	110.6	-95
邻二甲苯	880	1.5055	144.4	-25.2
间二甲苯	864	1.4972	139.1	-47.9
对二甲苯	861	1.4958	138.35	13.3
乙基苯	867	1.4983	136.2	-94.9

由表9-25可见，只有甲苯、对二甲苯以及间二甲苯与乙基苯的沸点差过低难于用精馏法分离，其他各单体芳烃都能用精馏法加以分离，获得高纯度的苯类产品。

芳烃精馏与一般石油蒸馏相比有如下特点：

①产品纯度高，应在99.9%以上，同时要求馏分很窄，如苯馏分的沸程是79.6～80.5℃；

②塔顶和塔底同时出合格产品，不能用抽侧线的方法同时取出几个产品。塔顶和塔底产品不允许重叠，否则将会造成产品不合格；

③由于产品纯度要求高，所以用一般油品蒸馏塔产品质量控制方法不能满足工艺要求。以苯为例，若生产合格的纯苯产品，常压下，其沸点只允许波动0.0194℃，而采用常规的改变回流量控制顶温是难以做到的，须采用温差控制法。

（二）温差控制的基本原理和操作特点

实现精馏的条件是精馏塔内的浓度梯度和温度梯度。塔内浓度变化不是在塔内自上而下均匀变化的，在塔内某一块塔盘上将出现显著变化，这块显著变化的塔盘。通常被称为灵敏塔盘，灵敏塔盘上的浓度变化对产品的质量影响最大。在实际生产操作中，只要控制好灵敏塔盘，就能取得芳烃精馏的平稳操作。因此，温差控制就以灵敏塔盘为控制点，选择塔顶或某层塔板作为参考点，通过这两点温差的变化就能很好地反映出塔内的浓度变化情况。图9-16为苯塔的温差调节系统控制图。

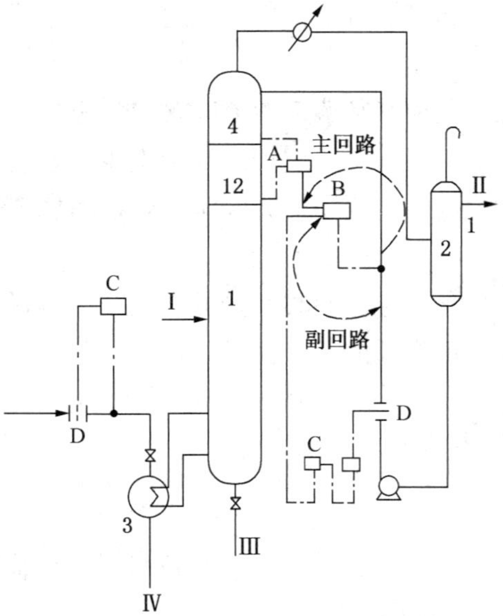

图9-16　苯塔的温差调节系统控制图

1—精馏塔；2—回流罐；3—重沸器；
A—温差变送器；B—温差调节器；
C—流量变送器；D—孔板；
Ⅰ—原料；Ⅱ—芳烃产品；
Ⅲ—重芳烃；Ⅳ—热载体

温差控制常用于苯塔、甲苯塔，其本质是压力补偿后的温度控制，以消除压力波动对产品质量的影响。在精密精馏过程中，尽管塔的压力控制在很小范围波动，但产品纯度要求非常高，组成变化引起的温度变化比压力变化引起的温度变化小得多，微小的压力波动也会造成明显的效应。如苯、甲苯分离，压力变化6.7kPa，苯的沸点变化2℃，已超过质量指标的规定。这样的压力波动是完全可能发生的，因此需要考虑补偿压力微小波动的影响。当压力波动时，各板温度的变化方向是一致的，两板间的温度差变化非常小，因此可采用温差作为被控变量，保持产品纯度符合要求。温差控制实施的关键在于选择适当的参比温度点和灵敏温度点。通常情况下，苯塔设有48块塔板，苯产品从第4块（自上而下）板抽出，进料口为24块板，控制14块板（灵敏板）与4块板（参考温度点）的温差。

这种控制方法能起到提前发现、提前调节，只要保持塔顶温度的稳定，塔顶产品质量就有了保证。

（三）芳烃精馏工艺流程

芳烃精馏工艺流程取决于混合芳烃的组成和要求的产品种类。目前中国以生苯、甲苯和混合二甲苯的装置占大多数，即三塔流程占大多数，因此以下仅简单叙述三塔流程。流程示意图见图9－17。

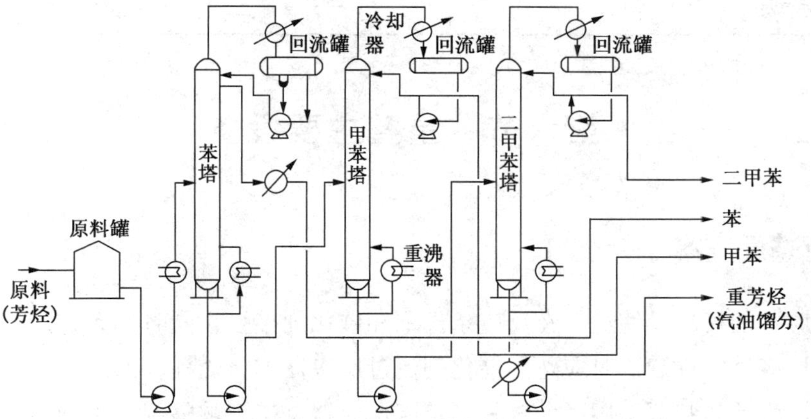

图9－17　芳烃精馏流程图

芳烃混合物经加热后进入苯塔中部，塔顶产物经冷凝冷却器冷却至40℃左右进入回流罐，经沉降脱水后，打至苯塔顶作回流，苯产品是从塔侧线抽出，经换热冷却后进入成品罐。

苯塔底芳烃用泵抽出打至甲苯塔中部，甲苯塔顶馏出的甲苯经冷凝冷却后进入甲苯回流罐。一部分作甲苯塔顶回流，另一部分去甲苯成品罐。

甲苯塔底芳烃用泵抽出后，打至二甲苯塔中部，塔顶馏出的二甲苯经冷凝冷却后，进入二甲苯回流罐，一部分作二甲苯塔顶回流，另一部分去二甲苯成品罐。塔底重芳烃经冷却后入混合汽油线。

二甲苯塔所得为混合二甲苯，其中有间位、对位、邻位及乙基苯。有的装置为了进一步分离单体二甲苯，而将二甲苯塔顶得到的混合二甲苯送入乙苯塔，在塔顶得到沸点低的乙基苯，塔底为脱乙苯的C_8芳烃，再采用两段精馏将脱乙苯的C_8芳烃进行分离。所谓两段精馏就是需要首先将沸点较低的间、对二甲苯在一塔中脱除，然后在第二个塔中脱除沸点比邻二甲苯高的C_9重芳烃。间、对二甲苯，它们的沸点差仅有0.7℃，难于用精馏的方法分开。但由于它们具有很高的熔点差，可以用深冷法进行分离。或者利用它们对某些吸附剂的选择性，用吸附法进行分离。

苯塔、甲苯塔、二甲苯塔均在常压下操作，其主要操作条件见表9-26。

表9-26 芳烃精馏工艺条件

项目	苯塔	甲苯塔	二甲苯塔
塔顶压力/MPa（g）	0.02~0.05	0.02~0.05	0.02~0.05
进料温度/℃	90~100	140~150	160~165
塔顶温度/℃	85~92	115~125	140~150
侧线温度/℃	83~91		
温差/℃	2~4	2~5	
塔底温度/℃	140~150	160~165	170~180
回流比（对产品）	2~7	2~4	1.5~3
实际塔板数/块	44~60	40~54	40~54

第六节 重整主要设备

一、重整反应器

重整反应器的目的是使进料在反应条件下和催化剂接触，同时不允许产品将催化剂带走。此外，反应器内件制造时应达到催化剂流过反应器不会受损害的质量。按重整反应器类型分，半再生重整装置采用径向轴式固定床反应器，连续重整装置采用径向轴式移动床反应器。

1. 径向轴式固定床反应器

图9-18为固定床热壁径向反应器，圆筒形，高径比一般略大于3。反应器外壳由20号碳钢板制成，当设计压力为4MPa时，外层厚度约40mm。壳体内衬100mm厚的耐热水泥层，里面有一层厚3mm的高合金钢衬里。衬里可防止碳钢壳体受高温氢气的腐蚀，水泥层则兼有保温和降低外壳壁温的作用。为了使原料气沿整个床层截面分配均匀，在入口处设有分配头。油气出口处设有钢丝网以防止催化剂粉末被带出，入口处设有事故氮气线。反应器内装有催化剂，其上方及下方均装有惰性瓷球以防止操作波动时催化剂层跳动而引起催化剂破碎，同时也有利于气流的均匀分布。催化剂床层中设有呈螺旋形分布的若干测温点，以便检测整个床层的温度分布情况，这对催化剂再生尤为重要。

径向反应器的中心部位有两层中心管，内层中心管的壁上钻有许多几毫米直径的小孔，外层中心管的壁上开了许多矩形小槽。沿反应器外壳壁周围排列几十个开有许多小长形孔的扇形筒，在扇形筒与中心管之间的环形空间是催化剂床层。反应原料油气从反应器顶部进入，经分布器后进入沿壳壁布满的扇形筒内，从扇型筒小孔出来后沿径向方向通过

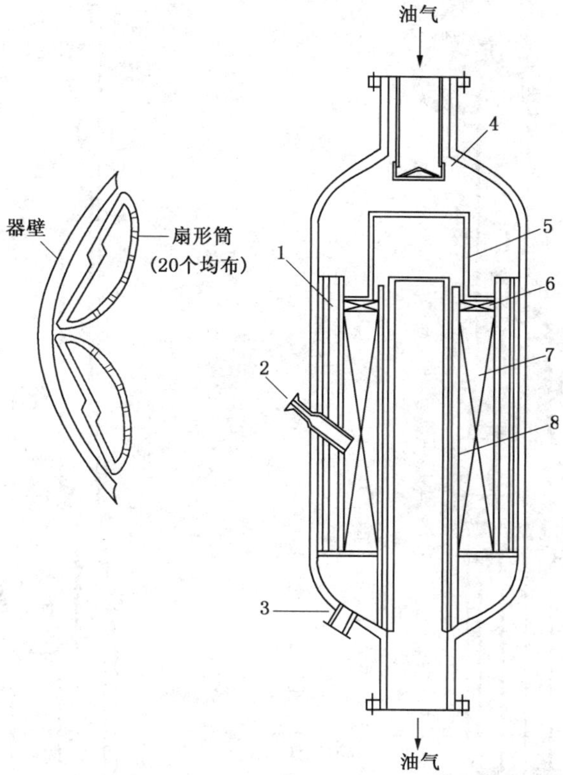

图 9－18　径向轴式反应器

1—扇形筒；2—催化剂取样口；3—催化剂卸料口；4—分配器；
5—中心管罩帽；6—瓷球；7—催化剂；8—中心管

催化剂床层进行反应，反应后进入中心管，然后导出反应器。中心管顶上的罩帽是由几节圆管组成，其长度可以调节，用以调节催化剂的装入高度。

2. 径向轴式移动床反应器

与轴向反应器相比，径向反应器内部气体流通面积比较大，气流以较低的流速径向通过催化剂床层，径向流过的床层厚度比较薄。由于流体阻力与流通面积的平方呈反比，与流通路程的长度呈正比，因此径向反应器物流通过反应器的压力降比轴向反应器小，有利于减小临氢系统的压力降，这一点对连续重整装置尤为重要。连续重整（移动床）采用径向轴式反应器结构与半再生固定床重整的反应器类似，由于多个反应器串联叠在一起，加上催化剂流动，其结构相对更加复杂（见图 9－19）。不但连续重整装置的反应器采用径向式反应器，而且其再生器也是采用径向式的。

催化剂在反应器内依靠重力自上而下流动，反应物料从催化剂外侧环形分气空间（扇形筒）横向穿过催化剂床层，进入中心收集管内。作为移动床反应器，除了要求反应器上下物流分配均匀外，还要求不会发生催化剂不流动的“贴壁”现象。

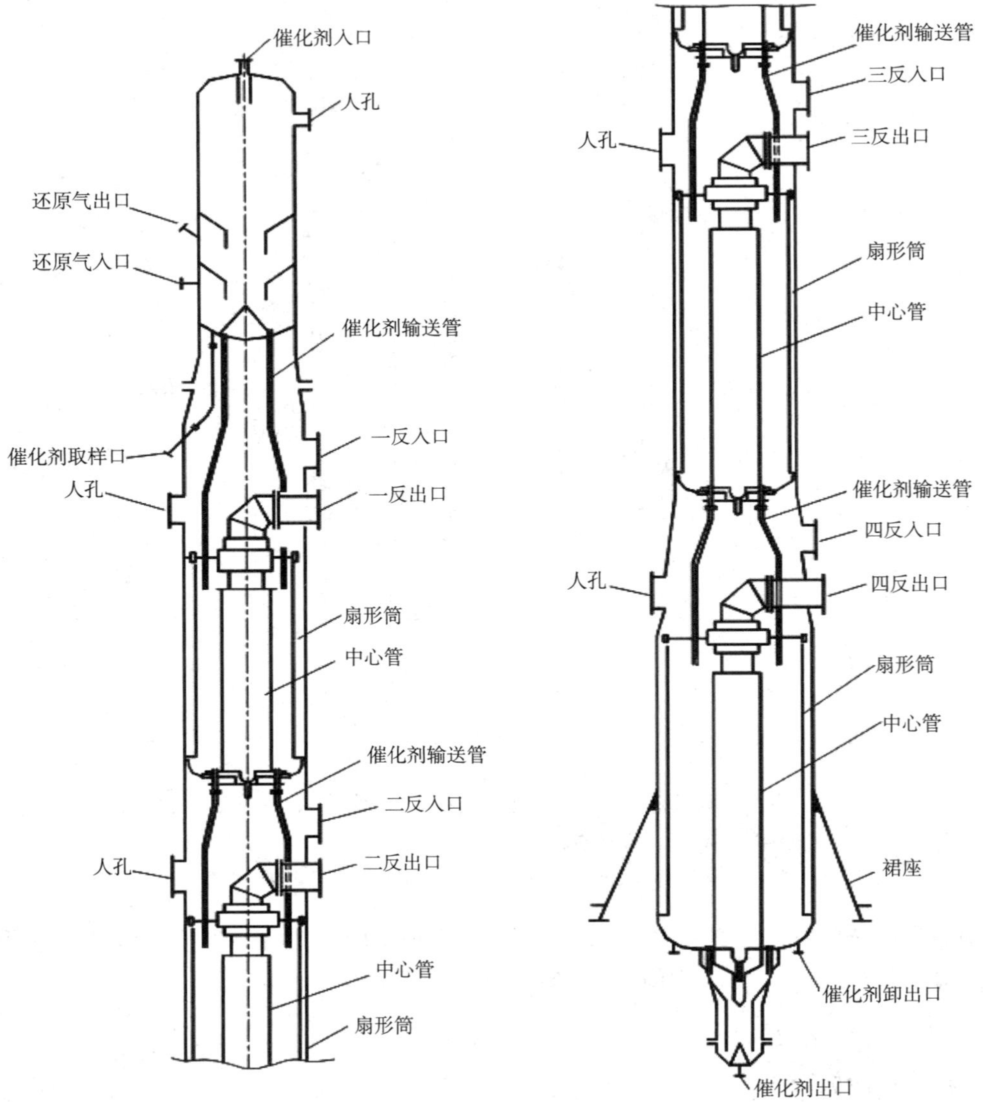

图 9－19　径向轴式移动床重叠反应器

催化剂向下流入盖板下面的一反和其后面的反应器的扇形筒和中心管之间。然后催化剂向下流过反应器，通过一个低压的中间总管离开中心管的底座，通过催化剂输送管流进下一个反应器。催化剂流出最后一个反应器后向下流进催化剂收集罐，这个收集罐和重叠式反应器的底部连在一起。

油气从扇形筒的内部的气相空间进入催化剂床层，径向地通过催化剂床层后进入中心管。油气通过中心管流出反应器。在设计上油气可以向上或向下流出中心管。油气在通过催化剂床层的时候会产生很大的温降，这是因为重整反应是强吸热反应。所以为了完成反应，油气在进入第二反应器前必须被预热。经过预热后，油气进入第二反应器重复上述的工艺。

在上流式的中心管设计中，中心管和内部的膨胀节用螺栓进行连接，膨胀节用螺栓连接在反应器内部的接管上。膨胀节上有一个环形的圈用来支持盖板。设置膨胀节的目的是满足开工和冷却时的需要，在这些过程中不锈钢和1-1/4Cr-1/2Mo或2-1/4Cr-1Mo的器壁有不同的膨胀或收缩量。

中心筛网是由覆盖在有孔的环形板上的丝网制成的。丝网的作用是防止催化剂随物流流出反应器，环形板的作用是提供压降上的需要来很好地维持通过催化剂床层的物流分布。

为了保证扇形筒的位置需要使用胀圈。胀圈分成三个或四个部分，用螺栓连接在一起。通过焊接在器壁上的支撑板来对每个胀圈进行支持。每台反应器从上到下有四个或五个胀圈。

二、重整再生器

（一）固定床再生器

半再生式重整催化剂采用在反应器内就地再生，反应器也就是再生过程的再生器。

（二）移动床再生器

UOP连续重整再生器结构如图9－20所示。再生器自上而下分为4个区：烧焦区、氧氯化区、干燥焙烧区和冷却区。烧焦区为径向床结构；氧氯化区、干燥焙烧区和冷却区为同心筒结构。

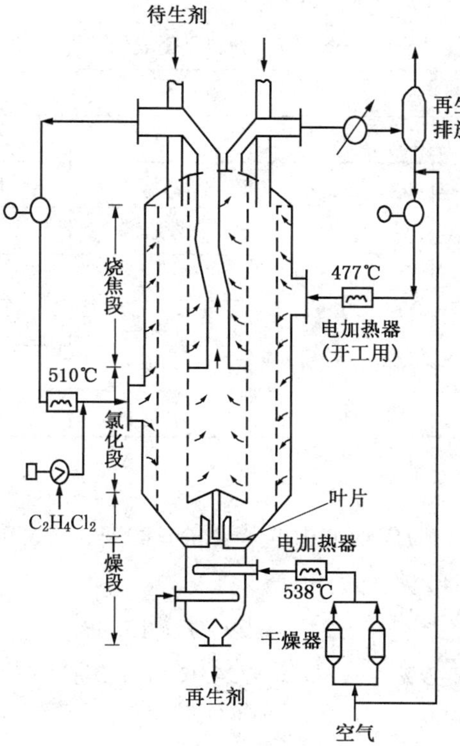

图9－20　连续重整装置的再生器

第七节　重整工艺计算

一、总物料平衡及芳烃转化率

重整装置的总物料平衡是以精制油为进料，产物为高辛烷值汽油或芳烃。如果装置生产高辛烷值汽油，至此，产物可全部出装置；如果生产芳烃，则含有芳烃的脱戊烷油只是中间产物，还需经过后续加工才能将芳烃和非芳烃分离，再进一步分离混合芳烃便可得到单体芳烃。若已知脱戊烷油中的芳烃含量即可计算出芳烃的转化率和产率。

［**例 9－1**］某催化重整装置每小时进料 18.6t。原料油含六碳环烷烃 9.98%、七碳环烷烃 18.38%、八碳环烷烃 12.59%、苯 1.41%、甲苯 4.07%、乙苯 0.41%、间（对）二甲苯 2.49%、邻二甲苯 0.64%（以上都是质量分数）。经重整反应后得脱戊烷油 16.63t、戊烷油 0.54t、脱戊烷塔顶气体 0.09t、脱丁烷塔顶气体 0.64t、重整氢 0.63t。脱戊烷油中含苯 6.96%、甲苯 20.02%、乙苯 2.33%、间（对）二甲苯 9.24%、邻二甲苯 3.29%、重芳烃 2.52%（以上都是质量分数）。试作总物料平衡并计算芳烃的产率和转化率。

解：按 1h 进料为基准进行计算

（1）总物料平衡

物料平衡如表 9－27 所示。

表 9－27　物料平衡表

入方			出方		
	流量/$t\cdot h^{-1}$	%		流量/$t\cdot h^{-1}$	%
进料	18.6	100.0	脱戊烷油	16.63	89.4
			戊烷油	0.54	2.9
			裂化气	0.73	3.9
			重整氢	0.63	3.4
			损失	0.07	0.4
合计	18.6	100.0	合计	18.6	100.0

（2）芳烃产率

苯产率＝脱戊烷油收率×脱戊烷油中的苯含量＝89.4%×6.96%＝6.23%

甲苯产率＝89.4%×20.02%＝17.9%

C_8芳烃产率＝89.4%×(2.33＋9.24＋3.29)%＝13.3%

总芳烃产率＝6.23%＋7.9%＋3.3%＝37.43%（不包括重芳烃）

（3）芳烃转化率

计算芳烃潜含量：

苯潜含量＝9.98%×78/84＋1.41%＝10.68%

甲苯潜含量 = 18.38% × 92/98 + 4.07% = 21.32%

C_8芳烃潜含量 = 12.59% × 106/112 + 0.41% + 2.49% + 0.64% = 15.44%

芳烃潜含量 = 10.68% + 21.32% + 15.44% = 47.44%

计算芳烃转化率：

苯转化率 = 苯产率/苯潜含量 = 6.23%/10.68% = 58.4%

同理，

甲苯转化率 = 17.9%/21.32% = 84.0%

C_8芳烃转化率 = 13.3%/15.44% = 86.3%

总芳烃转化率 = 37.43%/47.44% = 79%

由以上计算结果可见：分子量越大的环烷烃越容易转化为芳烃。

在生产中，为了了解各反应器的效率，有时需要考察各个反应器的芳烃转化率。此时，除了需要知道进料的流量和组成外，还需要从各反应器的出口采样，经冷凝冷却后测量其中的气体和液体量，以计算所采样中液体所占的百分含量，同时分析所采液体中各芳烃的含量。

[**例 9-2**] 接上例，重整进料油 18.6t · h^{-1}，循环氢 30000Nm^3 · h^{-1}，循环氢密度为 0.195kg · Nm^{-3}。各反应器出口采样的气体和液体量见表 9-28，液体中芳烃含量见表 9-29。试分析各反应器的芳烃转化情况。

表 9-28　各反应器出口气体和液体量

反应器	气体量/kg	液体量/kg	液体所占比例/%
一反	0.125	0.333	72.6
二反	0.15	0.365	71
三反	0.227	0.385	63

表 9-29　各反应器出口液体油芳烃质量分数　　%

项目	一反	二反	三反
苯	3.68	5.37	6.08
甲苯	11.65	18.45	22.25
乙苯	1.57	2.36	2.68
间（对）二甲苯	5.97	9.04	10.83
邻二甲苯	1.94	3.14	3.83
重芳烃	1.22	2.21	2.93

解：

（1）先计算各反应器的液体收率（基准：对一反进料）

进一反循环氢流量 = 30000 × 0.195 = 5.85 × 10^3 （kg · h^{-1}）

进一反原料油流量 = 18.6 × 10^3 （kg · h^{-1}）

进一反物料中液体所占比例 = 18.6 × 10^3/(18.6 × 10^3 + 5.85 × 10^3) = 76.2%

各反应器的液体收率（对一反进料，累计）=采样中液体%/一反进料中液体%

所以，一反液体收率 =72.6/76.2 =95.4%

二反液体收率 =71/76.2 =93.2%

三反液体收率 =63/76.2 =82.8%

（2）计算各反应器累计芳烃产率

各反应器累计芳烃产率 = 液体收率 × 所采液体样中的芳烃含量

例如：一反苯的产率 =95.4% ×3.66% =3.49%

二反苯的产率 =93.2% ×5.37% =5%

依次类推。

（3）计算各反应器的累计芳烃转化率

各反应器累计芳烃转化率 = 该反应器的芳烃产率/原料的芳烃潜含量

例如：一反累计苯转化率 =3.49/10.68 =32.7%

二反累计苯转化率 =5/10.68 =46.8%

依次类推。

（4）各反应器中新生成的芳烃

=该反应器的累计芳烃产率—前一反应器的累计芳烃产率

例如：一反新生成苯 =3.49% -1.41% =2.08%（对原料油）

二反新生成苯 =5% -3.49% =1.51%（对原料油）

依次类推。

步骤（2）至步骤（4）的计算结果汇总于表 9 -30。

表 9 -30　计算结果汇总

芳烃	累计芳烃产率/%			累计芳烃转化率/%			新生成芳烃/%		
	一反	二反	三反	一反	二反	三反	一反	二反	三反
苯	3.49	5	5.05	32.7	46.8	47.3	2.08	1.51	0.05
甲苯	11.1	17.2	18.45	52.1	80.7	86.5	7.03	3.1	1.25
C_8 芳烃	9.07	13.54	14.35	58.8	87.7	93.1	5.53	4.47	0.81
$C_6 \sim C_8$ 芳烃	23.66	35.74	37.85	50	75.5	79.8	14.64	12.08	2.11
重芳烃	1.16	2.06	2.43	—	—	—	1.16	0.89	0.37

比较三个反应器的转化情况（新生成芳烃）来看，第一反应器转化最多，第三反应器转化最少。从液体收率来看，第三反应器下降得最多，这说明在三反中发生了较多的加氢裂化反应。

二、单体烃分子转化情况分析

通过对原料和产物的分析，考察各个单体烃的增减情况，可以具体了解到重整过程中各种烃类的转化情况，可以更好地了解催化剂对不同烃类反应的活性。重整反应中各种单体烃分子的转化可通过其物料平衡来考察。以 100kg 原料油为基准进行计算，其基本方法如下：

①计算原料油中各单体烃的千摩尔数。

②计算脱戊烷油中各单体烃的千摩尔数。

③以上两步计算结果的差值即各单体烃的转化情况。

[**例 9-3**] 某重整原料含环己烷 3.88%，脱戊烷油收率为 90.5%，脱戊烷油中含环己烷 0.696%。以 100kg 原料为基准，试计算环己烷的转化率。

解：原料油中环己烷量为 3.88/84 = 0.0462kmol

脱戊烷油中环己烷量为 90.5 × 0.696% = 0.63kg

转化的环己烷量为 3.88 - 0.63 = 3.25kg

或 3.25/84 = 0.0387kmol

环己烷转化率 = 0.0387/0.0462 = 83.4%

[**例 9-4**] 某铂铼重整装置的原料油和生成油的组成分析结果列于表 9-31。以 100kg 原料油为基准计算得的各组分的摩尔数也列于表 9-31 中。根据表 9-31 的数据作以下计算和分析。

表 9-31 某铂铼重整装置的原料油和生成油组成

组成		原料油	差值	生成油		差值
		质量分数/%	kmol	对原料质量分数/%	kmol	kmol
烷烃	C_3	0.04	0.000908	—	—	-0.000908
	C_4	0.04	0.000698	—	—	-0.000698
	C_5	0.10	0.001387	4.51	0.0625	+0.061113
	C_6	14.64	0.170	18.7	0.217	+0.047
	C_7	19.94	0.199	11.7	0.1168	-0.0822
	C_8	15.95	0.1396	4.52	0.0396	-0.10
	C_9	4.32	0.0337	0.511	0.00398	-0.029220
	C_{10}	0.47	0.0033	—	—	-0.0033
	合计	55.5	0.548584	39.94	0.43988	-0.108704
环烷烃	C_5	0.17	0.00243	0.319	0.00455	+0.00212
	C_6	10.15	0.1206	0.899	0.0168	-0.10992
	C_7	14.82	0.151	0.341	0.00347	-0.14753
	C_8	11.90	0.106	—	—	-0.106
	C_9	4.14	0.0328	—	—	-0.328
	合计	41.18	0.41283	1.559	0.0187	-0.39413
芳烃	C_6	0.52	0.00666	7.43	0.0952	+0.08854
	C_7	1.0	0.01085	15.89	0.1725	+0.16165
	C_8	1.72	0.0162	14.96	0.141	+0.1248
	C_9	—	—	6.22	0.0517	+0.0517
	合计	3.24	0.03371	4.45	0.4604	+0.42669

①计算各组分的原料油和生成油之间的差值，也列于此表中。正数表示反应生成的数值，负数表示反应时生成其他的化合物。

②计算芳烃转化率。

$C_6 \sim C_8$芳烃潜含量 = 苯潜含量 + 甲苯潜含量 + C_8芳烃潜含量

$$= (10.15\% \times 78/84 + 0.52\%) + (14.82\% \times 92/98 + 1.0\%) + (11.9\% \times 106/112 + 1.72\%)$$

$$= 9.94\% + 14.9\% + 12.98\% = 37.82\%$$

所以

$$C_6 \sim C_8\text{芳烃转化率} = [(7.43 + 15.89 + 14.96)/37.82] \times 100\% = 101\%$$

芳烃转化率超过了100%，这说明即使是全部环烷烃都转化为芳烃（实际上是不可能的），也还有些芳烃是从烷烃转化而来的，这是铂铼重整的主要优点。

在铂铼重整中仍然是大分子的转化率高，例如：

苯转化率 = (7.43/9.94) × 100% = 74.6%

甲苯转化率 = (15.89/14.9) × 100% = 106.5%

C_8芳烃转化率 = (14.96/12.98) × 100% = 115%

③苯的增加量（0.08854kmol）少于C_6环烷的减少量（0.10992kmol），这说明C_6环烷有一部分裂化了而没有转化为苯，这部分裂化的环烷主要是甲基环戊烷。对$C_7 \sim C_9$来说，芳烃增大的量都大于相应的环烷减少的量，这说明$C_7 \sim C_9$环烷的转化率高，而且$C_7 \sim C_9$烷烃的环化脱氢反应也较C_6烷烃易于发生。

④考察烷烃的环化脱氢反应和加氢裂化反应。为比较这两种反应发生的程度，可用“选择性指数”来衡量，其定义为：

选择性指数 = 环化脱氢摩尔数/加氢裂化摩尔数

选择性指数越高，说明环化脱氢反应发生得越多（相对于加氢裂化而言）。

表9－31的数据表明苯增加的摩尔数少于C_6环烷减少的摩尔数。由于环烷脱氢反应比烷烃环化脱氢反应容易得多，因此，可以近似地认为增加的苯全部是由C_6环烷转化而得，而C_6烷烃则基本上没有发生环化脱氢反应。

对$C_7 \sim C_9$烷烃的反应的选择性指数列于表9－32。

表9－32　$C_7 \sim C_9$烷烃的选择性指数

	项目	C_7	C_8	C_9
①	芳烃增加摩尔数	0.16165	0.1248	0.0517
②	环烷减少摩尔数	0.14753	0.106	0.0328
③ = ① − ②	环化脱氢摩尔数	0.01412	0.0188	0.0189
④	烷烃减少摩尔数	0.0822	0.10	0.02972
⑤ = ④ − ③	加氢裂化摩尔数	0.06808	0.0812	0.01082
⑥ = ③/⑤	选择性指数	0.208	0.232	1.745

以上数据说明了烷烃的相对分子质量越大，它的选择性指数也越大，即越容易发生环

化脱氢反应。而 C_6烷烃则很难发生环化脱氢反应，因此在铂铼重整中苯的转化率也不算高，还有待于深入研究以解决提高苯产率的问题。

三、催化重整反应器的理论温降

重整反应需要的热量以及在绝热反应器中的温降对加热炉的设计是重要的基础数据。而且，反应器内的温降的大小也是考察反应深度的一个简单而又直接的指标。

反应器的理论温降可按式（9－13）计算：

$$\text{理论温降}=\frac{\text{反应热（吸热）}+\text{热损失}}{\text{物料量}\times\text{物料平均比热}} \tag{9-13}$$

严格地说，在计算反应吸收热量时应考虑到在重整过程中发生的全部反应。但是在一般不需要十分精确的工艺计算时，可以用近似的方法来处理。下面以生产芳烃的重整过程为例，说明理论温降的计算方法。

①根据反应过程中新生成的芳烃量计算芳构化反应消耗的热量。芳构化反应的反应热可以取用表 9－33 列出的数据。这些数据是 700K 时的反应热，当温度差别不大时可近似地把反应热看作是常数。

表 9－33　芳构化反应的反应热

项目	环烷烃脱氢反应热/kJ·kg^{-1}产物	烷烃环化脱氢反应热①/kJ·kg^{-1}
苯	2822	3375
甲苯	2345	2742
二甲苯	2001	2282
三甲苯	约 1675	约 1926

①均按正构烷烃反应计算。

②加氢裂化反应热可取 921kJ·kg^{-1}裂化产物。加氢裂化量可按下式计算：

加氢裂化量＝（重整原料量）—（脱戊烷油量）—（实得纯氢量）

如果缺乏实得纯氢量的数据，可根据新生成的芳烃计算出反应放出的氢气量，并以此数据代替实得纯氢量。

③异构化反应热很小，可以忽略。

［例 9－5］某铂重整装置每小时重整进料 18600kg，得脱戊烷油 16630kg、裂化气及重整氢中的纯氢 274kg。在反应中新生成苯 895kg·h^{-1}、甲苯 2574kg·h^{-1}、C_8芳烃 1808 kg·h^{-1}、重芳烃 281kg·h^{-1}。循环氢量为 5850kg·h^{-1}，其组成（体积）见表 9－34。

表 9－34　循环氢组成%（体积）

组分	H_2	CH_4	C_2H_6	C_3H_8	iC_4H_{10}	nC_4H_{10}	C_5H_{12}
组成	90.11	6.16	1.6	1.27	0.34	0.24	0.28

解：(1) 反应热

因为采用单铂催化剂，不考虑烷烃环化脱氢反应热。

环烷脱氢反应热（吸热）$=895\times2822+2574\times2345+1808\times2001+281\times1075=1265\times10^4\text{kJ}\cdot\text{h}^{-1}$

加氢裂化量 $=18600-16630-274=1696\text{kg}\cdot\text{h}^{-1}$

加氢裂化反应热 $=1696\times921=156.2\times10^4\text{kJ}\cdot\text{h}^{-1}$（放热）

所以，总净反应热 $=1265\times104-156.2\times10^4=1108.8\times10^4\text{kJ}\cdot\text{h}^{-1}$

（2）反应器散热损失

三个反应器表面积共 70m^2，平均器壁温度 90℃，大气温度 20℃。取散热系数 62.8 $\text{kJ}\cdot\text{m}^{-2}\cdot℃^{-1}\cdot\text{h}^{-1}$，所以，

散热损失 $=62.8\times(90-20)\times70=30.8\times10^4\text{kJ}\cdot\text{h}^{-1}$

（3）理论温降计算

循环氢的平均比热和平均相对分子质量的计算如表 9－35 所示。

油气和循环氢混合物的平均比热 $=3.4\times\dfrac{18600}{18600+5850}+\dfrac{35.3324}{4.36}\times\dfrac{5850}{18600+5850}=4.525\text{kJ}\cdot\text{kg}^{-1}\cdot℃^{-1}$

理论温降 $=\dfrac{1108\times10^4+30.8\times10^4}{4.525\times(18600+5850)}=103℃$

表 9－35 循环氢的平均比热容和平均相对分子质量

组分	组成 y_i（体）/%	相对分子质量 M_i	Cp_i	M_iy_i	Cp_iy_i/kJ·kmol^{-1}·℃$^{-1}$
H_2	90.11	2	29.3	1.82	26.4022
CH_4	6.16	16	58.6	0.98	3.6098
C_2H_6	1.6	30	103.0	0.48	1.6480
C_3H_8	1.27	44	148.6	0.55	1.8872
iC_4H_{10}	0.34	58	192.6	0.19	0.6548
nC_4H_{10}	0.24	58	192.6	0.14	0.4622
C_5H_{12}	0.28	72	238.7	0.20	0.6684
平均相对分子质量				4.36	
平均比热容					35.3326

四、反应器工艺尺寸的确定

（一）反应器容量

每个反应器内的催化剂装入量由处理量、液时空速、反应器个数及各反应器的装剂比例决定。根据每个反应器的催化剂装入量和催化剂的堆积密度即可计算出催化剂所占用的体积。反应器的催化剂的装入量，可按式（9－14）计算：

$$V=\frac{S}{S\rho_{催}}\qquad(9-14)$$

式中 V——催化剂装入量，m^3；

G——原料油流量，$kg \cdot h^{-1}$；

S——重量空速，h^{-1}；

$\rho_{催}$——催化剂堆积密度，$kg \cdot m^{-3}$。

［**例 9-6**］某铂重整装置处理量 $150t \cdot a^{-1}$，采用三个反器串联，催化剂装入比为 1：2：2，催化剂堆积密度为 $730kg \cdot m^{-3}$，质量空速为 $3.5h^{-1}$，试计算各反应器催化剂的装入量。

解：每年有效生产时间按 8000 小时计，则

$$G = \frac{150000 \times 10^3}{8000} = 18750kg \cdot h^{-1}$$

$$催化剂总容量\ V = \frac{18750}{3.5 \times 730} = 7.339m^3$$

则

$$一反催化剂容量\ V_1 = \frac{1}{5}V = \frac{1}{5} \times 7.339 = 1.468m^3$$

$$二反催化剂容量\ V_2 = \frac{2}{5}V = \frac{2}{5} \times 7.339 = 2.936m^3$$

$$三反催化剂容量\ V_3 = \frac{2}{5}V = \frac{2}{5} \times 7.339 = 2.936m^3$$

（二）径向反应器流动压降

径向反应器设计中的重要问题是要使流体沿整个催化剂床层轴向高度均匀分布。反应原料气流由反应器上部进入沿圆周排列的扇形分气筒，从大面积开孔处出来，穿过环形催化剂床层进入开孔率低的中心集气管，然后离开反应器。见图 9-21。

气流沿催化剂床层轴向高度均匀分布的必要条件是：

$$(P_1 - P'_1)/(P_2 - P'_2) = 1 \qquad (9-15)$$

即催化剂层外侧面与内侧面之间的静压差沿轴向高度保持相等。此时，通过催化剂层上部和下部的气流流量 Q_1 和 Q_2 相等。在工程上要完全达到均匀分布是很困难的，但是应努力做到逼近。例如，当上部压差与下部压差之比大于 0.9 时，$Q_1/Q_2 > \sqrt{0.9} = 0.95$，此时便可认为气流在整个轴向高度上是均匀分布的。

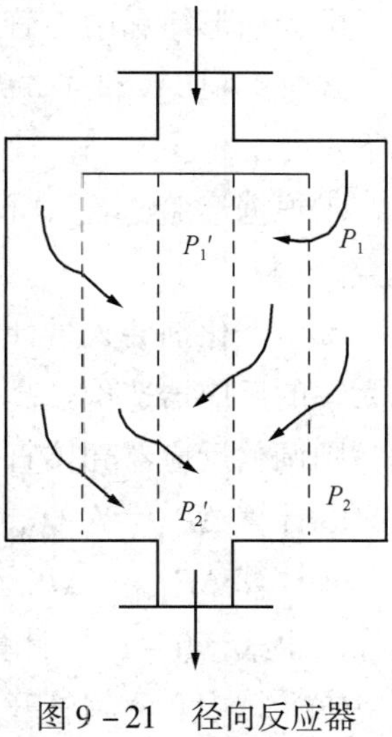

图 9-21 径向反应器

下面再进一步分析在设计径向反应器时如何才能作到气流均匀分布。气流基本均匀分布时

$$(P_1 - P'_1)/(P_2 - P'_2) \geq 0.9 \qquad (9-16)$$

若 $\Delta P_{总}$、$\Delta P_{分}$、$\Delta P_{集}$ 分别表示床层总压降、扇形分气筒主液道压降和中心管主流道压降，则

$$\Delta P_{总} = P_1 - P'_2$$

$$\Delta P_{分} = P_1 - P_2$$

$$\Delta P_{集} = P'_1 - P'_2$$

将此三式代入前面的式（9－16）中，得

$$(\Delta P_{总} - \Delta P_{集})/(\Delta P_{总} - \Delta P_{分}) \geqslant 0.9 \quad (9-17)$$

由上式可见，在较小的总压降时，为了使气流沿床高均匀分布，应适当减小 $\Delta P_{集}$ 或增大 $\Delta P_{分}$，即适当增大中心集气管的管径或减小扇形筒的截面积。根据重整反应器的结构情况，采用前者较为合适。

将式（9－16）取为等式，得

$$\Delta P_{总} = 10\Delta P_{集} - 9\Delta P_{分} \quad (9-18)$$

式（9－18）说明，当 $\Delta P_{集}$、$\Delta P_{分}$ 一定时，即当中心集气管和扇形分气筒的工艺尺寸确定后，使气流沿床高均匀分布的反应器最小总压降就被决定了。而反应器的总压降由四部分组成，即

$$\Delta P_{总} = \Delta P_{分孔} + \Delta P_{床层} + \Delta P_{外套孔} + \Delta P_{集孔} \quad (9-19)$$

式中 $\Delta P_{分孔}$——气流通过扇形筒小孔时的压降；

$\Delta P_{床层}$——气流通过催化剂床层时的压降；

$\Delta P_{外套孔}$——气流通过中心集气管外套管小孔时的压降；

$\Delta P_{集孔}$——气流通过中心集气管小孔时的压降。

因为扇形筒和中心管是大开孔率均匀开孔，所以 $\Delta P_{分孔}$ 和 $\Delta P_{外套孔}$ 很小，常常可以忽略。式（9－18）和式（9－19）是重整径向反应器设计的基本关系式。设计的基本步骤如下：

①根据经验选定中心集气管管径，初选反应器壳体直径，并以此确定扇形分气筒个数。

②由催化剂装入量计算催化剂床层高度，以此确定反应器的高度，核算高径比。高径比太小的反应器造价较高。国内重整径向反应器的高径比一般为 2～3。如果高径比不合适，则调整反应器壳体直径，重新计算。

③计算 $\Delta P_{集}$、$\Delta P_{分}$，并由式（9－18）计算 $\Delta P_{总}$。

④计算 $\Delta P_{分孔}$、$\Delta P_{床层}$、$\Delta P_{外套孔}$。

⑤由式（9－19）计算 $\Delta P_{集孔}$。

⑥计算中心集气管开孔面积，这就是使气流均匀分布时中心管的最大开孔面积。

参考文献

[1] 林世雄．石油炼制工程［M］.3 版，北京：石油工业出版社，2000.
[2] 侯祥麟．中国炼油技术［M］.2 版．北京：中国石化出版社，2001.
[3] 徐承恩．催化重整工艺与工程［M］．北京：中国石化出版社，2006.
[4] 寿德清，山红红．石油加工概论［M］．北京：石油大学出版社，1996.
[5] 沈本贤，刘纪昌．基于分子管理的石脑油资源优化利用．中国工程院化工、冶金与材料工程学部第

五届学术年会论文集［M］. 北京：中国石化出版社，2005.
［6］孙兆林. 催化重整［M］. 北京：中国石化出版社，2006.
［7］李成栋. 催化重整装置技术问答［M］. 北京：中国石化出版社，2006.
［8］邵文. 中国石油催化重整装置的现状分析［J］. 炼油技术与工程，2006，36（7）：1－4.
［9］王树德. 中国石化催化重整装置面临的形势与任务［J］. 炼油技术与工程，2006，36（7）：1－4.
［10］李亚军，等. 发展催化重整装置改善我国油品质量［J］. 现代化工，2005，25（2）：5－8.
［11］胡德铭. 我国催化重整装置发展空间的探讨［J］. 炼油技术与工程，2004，34（10）：5－9.
［12］胡德铭. 催化重整工艺进展［J］. 当代石油石化，2002，10（9）：16－19.
［13］徐又春，韩宇才. 低压组合床重整装置的技术经济性探讨［J］. 炼油设计，2002，32（12）：38－41.
［14］徐又春，阎观亮. 低压组合床催化重整装置的设计及考核［J］. 炼油设计，2002，32（1）：8－13.
［15］袁忠勋. 催化重整——中国21世纪的炼油工艺［J］. 催化重整通讯，2001（4）：1－7.
［16］冯敢，杨森年. 催化重整催化剂的开发和应用［J］. 催化重整通讯，2001（1）：1－8.
［17］胡德铨. 近期国外催化重整和芳烃生产技术的主要进展［J］. 石油化工动态，2000，8（6）：28－33.
［18］王少飞. UOP连续重整第三代再生技术的应用［J］. 石油炼制与化工，2000，31（6）：9－12.
［19］罗加弼. 我国催化重整面临的机遇与挑战［J］. 催化重整通讯，1999（4）：8－18.
［20］王治卿，王佩琳，马志军. 催化重整装置技术手册［M］. 北京：中国石化出版社，2017.

第十章
优质清洁燃料生产技术

全世界石油燃料约占石油总产量的三分之二，它在满足人类需求的同时，也产生了大量的二氧化碳、一氧化碳、烃类的氧化物、硫的氧化物、氮的氧化物以及颗粒物（PM）等有害物质，给地球环境和人类健康带来极大危害。

目前我国的油品质量标准已领先于多数发展中国家，部分省市地区已达到发达国家水平。2017 年 1 月 1 日起在全国范围执行国五标准，2019 年 1 月 1 日起执行国Ⅵ车用汽油和车用柴油标准，参照了目前国际上最严格的车用燃料标准，硫含量 $10\mu g \cdot g^{-1}$ 维持不变，进一步严格控制汽油中的烯烃、芳烃、苯、蒸气压等主要环保指标。我国油品质量标准升级的总体趋势是汽油硫含量降至 $10\mu g \cdot g^{-1}$，烯烃、芳烃、苯体积分数继续下降至 15%、35%、0.8%，柴油硫含量降至 $10\mu g \cdot g^{-1}$，多环芳烃体积分数继续下降至 7%。2019 年，在我国国Ⅵ油品质量标准实施后，主要技术指标达到欧Ⅵ标准质量要求，其中汽油烯烃含量和柴油多环芳烃含量指标甚至优于欧Ⅵ标准，我国油品标准已达到世界先进水平。因此，提高车用燃料的质量、清洁度、燃烧效率已成为当前炼油工业的首要任务。

石油经一次、二次加工，甚至多次加工后所得到的汽油、喷气燃料、煤油、柴油以及生产润滑油的馏分等。这些产品通常含有各种杂质，例如含有硫、氮、氧等化合物，含有胶质、某些不饱和烃和芳烃。这些杂质的存在会显著影响油品的质量，为使其全面地满足使用要求，需要将油品的杂质除去，使其满足产品规格要求，以提高产品的质量，提高燃料的燃烧效率，降低燃料的消耗，充分发挥发动机动的效能，提高功率，减少磨损和腐蚀，保证发动机及其他机件和设备正常工作。另外，燃料燃烧后会生成大量废气排放到大气中，因此，燃料精制对减少大气污染、保护环境也有重要意义。

第一节　脱硫和脱硫醇

一、脱硫

在含硫原油的二次加工过程中，原油中硫化物的相当大部分都转化成硫化氢，存在于炼厂气中。在很多天然气中也含有硫化氢。含硫气体作为石油化工生产的原料或作燃料时，会引起设备和管线的腐蚀、催化剂中毒，污染大气、危害人体健康。同时，气体中的硫化氢也是制造硫黄和硫酸的原料，因而需要将炼厂气和天然气脱除硫化氢后，再作为石油化工生产的原料或燃料。

（一）脱硫方法

气体脱硫过程的类别很多，这些过程可以分为两个基本类别：一类是干法脱硫，它是将气体通过固体吸附剂的床层来脱去硫化氢；另一类是湿法脱硫，它是用液体吸收剂洗涤气体，以除去气体中的硫化氢。

干法脱硫所使用的固体吸附剂有氧化铁、氧化锌、活性炭、泡沸石和分子筛等。这类方法适用于处理含微量硫化氢的气体，它脱除硫化氢的效率极高，脱硫后气体的硫化氢含量可以降低到 $1\mu g \cdot g^{-1}$ 以下。但是干法脱硫是间歇操作、设备笨重、投资较高。

湿法脱硫按照吸收剂吸收硫化氢的特点又可分为化学吸收法、物理吸收法、直接转化法和其他方法等。

（1）化学吸收法。使用可以与硫化氢反应的碱性溶液进行化学吸收，溶液中的碱性物和硫化氢在常温下结合生成络盐，然后用升温或减压等方法分解络盐，释放出硫化氢。因为是化学吸收，所以基本上不受硫化氢分压的影响。但是和络离子结合的 HS^{-1} 离子在水溶液中水解产生 H_2S，所以在本法所用的水溶液上不同程度地必然存在有 H_2S 的分压。

$$HS^- + H_2O \rightleftharpoons H_2S + OH^-$$

化学吸收法的共同特征之一是大部分溶液呈碱性，吸收是以解离 H_2S 的形式进行。

化学吸收法所用的吸收剂大致上可分为两类：一类是醇胺类，例如一乙醇胺、二乙醇胺、三乙醇胺、甲基二乙醇胺（$OH—CH_2—CH_2)_2N—CH_3$、二甘醇胺和二异丙醇胺等；另一类是碱性盐类，例如碳酸钾、碳酸钠、碳酸钾和乙醇胺、碳酸钠和三氧化二砷、二甲基甘氨酸钾等。工业上一般用乙醇胺。甘醇胺和丙醇胺是新发展起来的脱硫溶剂，其性能比乙醇胺好，技术经济指标也比较先进，有逐渐取代乙醇胺的趋势。

（2）物理吸收法。利用硫化氢的分压效应，用有机溶剂吸收硫化氢。吸收剂如磷酸三正丁酯、醇胺－环丁砜的水溶液、聚乙烯乙二醇二甲醚等。

（3）直接转化法。将除去的硫化氢在吸收液中直接转化成元素硫。

（4）其他方法。使用特殊的溶液（例如 *N*-甲基-2-吡咯烷酮）选择性脱除硫化氢。

（二）炼厂气醇胺脱硫原理及工艺

湿式脱硫具有连续操作、设备紧凑、处理量大、投资和操作费用较低等优点，因而在石油工业中应用最广的气体脱硫方法是湿式脱硫法。目前在我国炼厂中气体脱硫装置所用的吸收剂大多是乙醇胺类。

醇胺溶液具有使用范围广、反应能力强、稳定性好、易回收等优点。由于一乙醇胺（$HO—CH_2—CH_2—NH_2$）能与羰基（COS）反应而不能再生，所以一乙醇胺一般只用于天然气和其他不含 COS、CS_2 的气体脱硫。在炼厂气中通常含有 COS，所以选用 *N*-甲基二乙醇胺（$HOCH_2CH_2)_2NCH_3$ 溶液作为吸收剂来脱除硫化氢。

乙醇胺是一种弱的有机碱，它的碱性随温度的升高而减弱。乙醇胺能吸收气体中的硫化氢生成硫化物和酸式硫化物，吸收二氧化碳生成碳酸盐和酸式碳酸盐。以一乙醇胺为例，其化学反应如下：

脱除硫化氢：

$$2HOCH_2CH_2NH_2 + H_2S \rightleftharpoons \underset{\text{硫化铵盐}}{(HOCH_2CH_2NH_3)_2S}$$

$$(HOCH_2CH_2NH_3)_2S + H_2S \rightleftharpoons \underset{\text{酸式硫化铵盐}}{2(HOCH_2CH_2NH_3)\ HS}$$

脱除二氧化碳：

$$2HOCH_2CH_2NH_2 + CO_2 + H_2O \rightleftharpoons \underset{\text{碳酸铵盐}}{(HOCH_2CH_2NH_3)_2CO_3}$$

$$(HOCH_2CH_2NH_3)_2CO_3 + CO_2 + H_2O \rightleftharpoons \underset{\text{酸式碳酸铵盐}}{2(HOCH_2CH_2NH_3)\ HCO_3}$$

在25～45℃时，反应由左向右进行（即吸收），吸收气体中的H_2S和CO_2；而当温度升到105℃及更高时，则反应由右向左进行（即解吸）。此时生成的胺的硫化物和碳酸盐分解，逸出原来吸收的H_2S和CO_2，因此乙醇胺可以循环使用。

乙醇胺法气体脱硫过程的流程如图10－1所示。

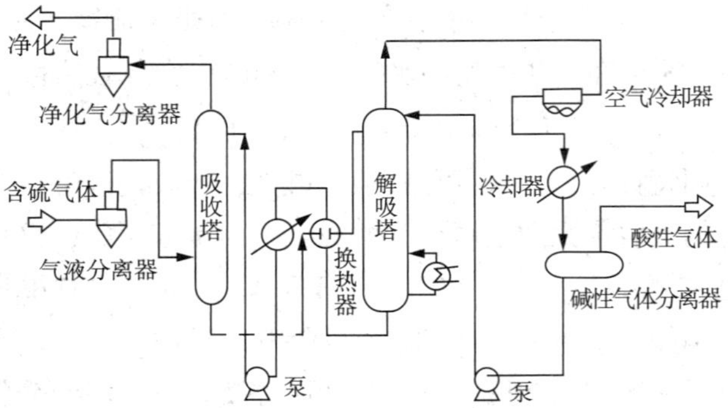

图10－1　气体脱硫装置流程示意图

含硫气体经冷却至40℃，并在气液分离器内分离出水和杂质后，进入吸收塔的下部，与自塔上部引入的温度为45℃左右的乙醇胺溶液（贫液）逆向接触。乙醇胺溶液吸收气体中的硫化氢和二氧化碳，气体得到精制。净化后的气体自塔顶引出，进入净化气分离器，分出携带的胺液后出装置。吸收塔底的乙醇胺溶液（富液）借助吸收塔的压力从塔底压出，经调节阀减压、过滤和换热后进入解吸塔上部。在解吸塔内与下部引进的蒸气（由重沸器产生的二次蒸气）直接接触，升温到120℃左右，乙醇胺溶液中吸收的硫化氢和二氧化碳以及存在于气体中的少量烃类大部分被解吸出来，从塔顶排出。塔底溶液引出，进入重沸器的壳程，被管程的水蒸气加热后返回解吸塔。再生后的乙醇胺溶液从解吸塔底部排出，与吸收后的乙醇胺溶液（富液）换热，再经冷却器冷却至40℃左右，由循环泵打入吸收塔上部循环使用。解吸塔顶部出来的酸性气体（硫化氢、二氧化碳、水蒸气和烃类的混合物气体）经空气冷却器冷却至40℃以下，进入酸性气体分离器。在分离器内分离出液体，液体被送回解吸塔顶作为回流。分离出的气体干燥后被送往硫黄回收装置。

气体脱硫装置所用的吸收塔和解吸塔多为填充塔，液化气脱硫则多用板式塔。

一乙醇胺溶液浓度为15%～20%，二乙醇胺溶液浓度为15%～25%，采用较低的溶液浓度对减轻溶液的"发泡"现象有利。

吸收塔底富液中酸性气体（H_2S+CO_2）的摩尔数与溶液中乙醇胺的摩尔数的比值称为溶液负荷（或酸性气体负荷），它是决定气体脱硫装置技术经济指标的重要因素。溶液负荷的选择主要依据对装置腐蚀的影响。在用碳钢制造换热器、解吸塔和重沸器时，溶液浓度应限制在0.35mol（酸性气）·mol^{-1}（乙醇胺）以下；在使用合金钢制造设备时，溶液浓度可限制在0.70以下。

乙醇胺吸收是化学吸收，因而吸收塔压力主要取决于原料气体的压力和净化后气体输送的压力。例如，加氢装置的循环氢脱硫压力高压15MPa，而炼厂气脱硫压力则为0.8～1.0MPa。解吸塔顶压力取决于根据产品要求的贫液解吸温度下的平衡蒸气压力，一般为0.135～0.215MPa。通常要求保证有足够的压力使酸性气体能进入硫黄回收装置，使解吸塔出来的乙醇胺溶液能通过换热器而进入溶液泵。

乙醇胺会变质，尤其是一乙醇胺。由于存在氧气，气体中的硫化氢氧化生成游离的硫，硫在加热的条件下与一乙醇胺反应生成二硫化碳和硫脲，还生成能氧化分解的酸、甲酰胺和高分子化合物。由于存在二氧化碳，乙醇胺生成碳酸铵根。由于存在二硫化碳，乙醇胺生成硫代氨基甲酸酯。由于存在氰氢酸（HCN），乙醇胺生成甲酰胺和甲酸。这些生成物的热稳定性都很高，在解吸塔中不能用加热的方法来再生。

乙醇胺溶液的"发泡"现象是由新设备中残留的润滑脂、进入吸收塔的气体携带的烃类凝液和液体雾沫以及硫化氢腐蚀设备所生成的硫化铁等引起的。为减轻溶液的"发泡"现象，除了使用分离器或吸附器等除去烃类凝液和采用较低浓度的乙醇胺溶液外，可以加入消泡剂。炼厂气的特点是烯烃较多，还可以加入聚合抑制剂。

贫液进入吸收塔的温度在25～40℃范围内，在此温度内乙醇胺溶液以很快的速度吸收硫化氢。

吸收后的乙醇胺溶液（富液）的再生温度主要取决于净化产品的规格要求和原料气体中H_2S和CO_2的相对含量。一乙醇胺和H_2S的络合物较易分解，当原料气中H_2S对CO_2的比值较高时，采用溶液再生温度110～116℃，绝大部分H_2S已被解吸。过高的再生温度不能继续减少溶液中残存的H_2S含量，反而增加设备的腐蚀和乙醇胺溶液的分解。

近年来，环丁砜脱硫方法发展很快，一般是以含环丁砜35%～45%、二异丙醇胺45%～50%和水10%～15%的溶剂为吸收剂。此溶剂既有物理吸收作用，又有化学吸收剂——二异丙醇胺可使处理过的气体中残留的酸性气体减少到最低值。净化后的气体中H_2S含量可降至5mg·m^{-3}以下。环丁砜对设备的腐蚀性也远比乙醇胺的轻微，高温下的腐蚀速率只是乙醇胺的1/4～1/10，一般不产生发泡现象。此外，炼厂加氢裂解、加氢精制装置有富余的氨，用氨作脱硫剂硫容量大，又能再生，循环使用更符合炼厂清洁生产工艺的需要。

二、液化气脱硫醇

液化气的主要成分是C_3、C_4烃类组分，广泛用作工业、家用燃气。由于富含可供化工利用的烯烃组分（主要是丙烯、异丁烯和1-丁烯），液化气还占据着巨大的化工原料市场，这些组分经过气体分离后可用于生产高附加值的化工产品。随着液化气产量的增加和市场对C_3、C_4烯烃制成的精细化工产品需求的扩大，为增加综合经济效益，大多数炼油厂已经将目光瞄准液化气深度利用。而对液化气充分合理的利用，首要问题就是液化气脱硫净化，它是保证液化气进行深加工化工利用的关键。液化气中的硫醇不仅具有恶臭和弱酸性，而且在一定条件下对设备产生腐蚀和加速腐蚀，燃烧会引起环境污染。此外，从液化气中分离出来的C_3、C_4烯烃组分作为化工原料时，其中的硫醇易使下游工艺中的催化剂失活。因此液化气脱硫醇精制是炼油厂生产的重要环节。

（一）液化气脱硫醇原理

碱洗是液化气脱硫和硫醇的传统方法，工艺流程简单，容易操作，投资也少。但这种方法的缺点是脱硫效果好而脱硫醇效率低。

硫醇的酸性随着相对分子质量的增大而减弱，而且与氢氧化钠溶液生成的盐容易水解，因此仅用碱洗方法只能除去大部分低分子硫醇，而对相对分子质量较大的硫醇，则难以通过碱洗来脱除。因此，还需在液化气碱洗后增设专门的催化脱硫醇系统，即利用一种催化剂使液化气中的硫醇在强碱液（氢氧化钠溶液）及空气存在的条件下氧化成二硫化物。其化学反应式为：

$$2RSH + \frac{1}{2}O_2 \xrightarrow[\text{碱液}]{\text{催化剂}} RSSR + H_2O$$

最常用的催化剂是磺化酞菁钴或聚酞菁钴等金属酞菁化合物。采用这种催化剂的催化氧化脱硫醇法亦称梅洛克斯法（Merox Process）。

（二）液－液法催化氧化脱硫醇

液化气中含有的硫化氢等会降低脱硫醇的效果、缩短催化剂寿命，因此在脱硫醇前需用5%～10%浓度的氢氧化钠溶液进行预碱洗。经过预碱洗后的原料油进入抽提部分的硫醇抽提塔内，与含有催化剂的碱液逆流接触，液化气中的硫醇被碱液抽提出来而进入水相由塔底排出。含硫醇的碱液（含催化剂）经加热至40℃左右进入氧化塔，同时混以空气，在氧化塔中，硫醇被氧化成二硫化物，然后进入二硫化物分离罐。在分离罐中，二硫化物因不溶于水，蓄积在上层而分出，同时，过剩的空气亦分出。由分离罐下部出来的是催化剂－碱溶液，送回抽提塔循环使用。由抽提塔顶出来的是脱去硫醇的液化气，经砂滤塔除去残留的碱液即为精制的液化气。催化氧化脱硫醇法的工艺流程如图10－2所示。

所用碱液是浓度为4%～25%的氢氧化钠溶液，催化剂在碱液中的浓度一般为10～125$\mu g \cdot g^{-1}$。磺化酞菁钴的平均相对分子质量为730，含钴8.1%，含硫8.8%，其使用寿命约8000～14000m^3（原料）$\cdot kg^{-1}$（催化剂）。

上述流程中，除氧化塔（实质上是催化剂再生塔）在40℃操作外，其他各部分都在常温下操作，压力是1.6～2.0MPa。因此，此法中的油品和碱液都是处于液相，故此法亦称为液－液法催化氧化脱硫醇。

此法的工艺和操作都较简单，投资和操作费用较低，而脱硫醇的效果好，对液化石油气，硫醇脱除率可达 100%。

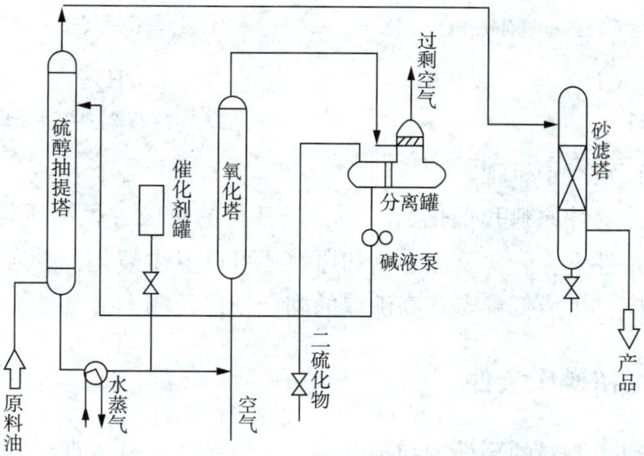

图 10－2　催化氧化脱硫醇法的工艺流程

第二节　烷基化过程技术

烷基化是指烷烃与烯烃的化学加成反应，在反应中烷烃分子的活泼氢原子的位置被烯烃所取代。由于异构烷烃中的叔碳原子比正构烷烃中的伯碳原子上的氢原子活泼得多，因此必须用异构烷烃作为烷基化原料。

在炼油工业中，烷基化过程是在催化剂（硫酸或者氢氟酸）作用下，将低分子量烯烃（主要由丙烯和丁烯组成）与异丁烷反应，形成烷基化物（主要由高级辛烷值的带侧链异构烷烃组成）。烷基化汽油是一种不含烯烃、芳烃，低硫、高辛烷值、蒸气压较低、带支链的烷烃混合物，是理想的汽油调合组分。

烷基化汽油主要有两方面优势：首先由于烷基化油辛烷值高、敏感性低，其研究法辛烷值和马达法辛烷值之差不大于 3 个单位，可以把更多敏感性高而辛烷值低的汽油组分调合到成品汽油中；其次是烷基化油的蒸气压低，可使汽油调合组分中增加廉价的高辛烷值组分（如丁烷）的加入量，提高产品的经济效益。

一、烷基化反应

石油炼制工业中的烷基化工艺技术主要有液体酸法和固体酸法。液体酸法烷基化工艺是目前国内外广泛采用的工艺技术，主要以美国杜邦（DuPont）公司 STRATCO 为代表的硫酸法和以 Philips 公司为代表的氢氟酸法。

在无水氯化铝、硫酸、氢氟酸或固体超强酸等酸性催化剂的作用下，异构丁烷与丁烯合成高辛烷值的异构烷烃。

如异丁烯和异丁烷烷基化反应生成辛烷值为 100 的 2，2，4-三甲基戊烷（俗称异辛烷）。

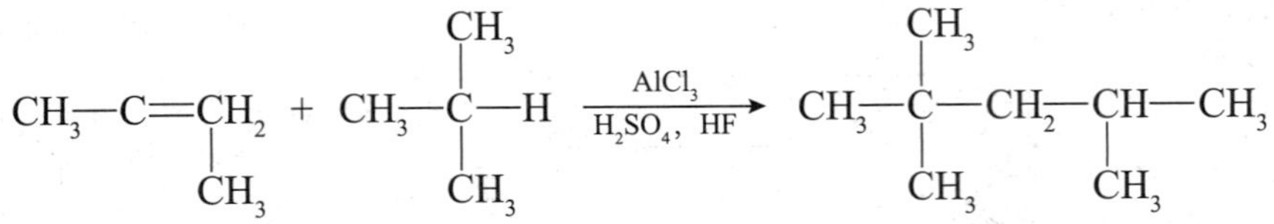

异丁烯　　异丁烷　　2，2，4-三甲基戊烷

反应机理遵循正碳离子机理。

烷基化所使用的烯烃原料和催化剂不同，烷基化的反应过程和所得产物也有所不同。在过于苛刻的反应条件下，一次反应产物和原料还可以发生裂化、叠合、异构化、歧化和自身烷基化等副反应，生成低沸点和高沸点的副产物以及酯类（酸渣）和酸油等。

二、工艺流程和操作条件

烷基化装置一般由原料的预处理和预分馏、反应系统、分离催化剂、产品中和、产品分馏、废催化剂处理、压缩冷冻共七部分组成。工业上用得较多的有硫酸法和氢氟酸法。

（一）硫酸法烷基化

1. 工艺流程

以采用自冷冻的阶梯式反应器的装置为例简述，见图 10－3。

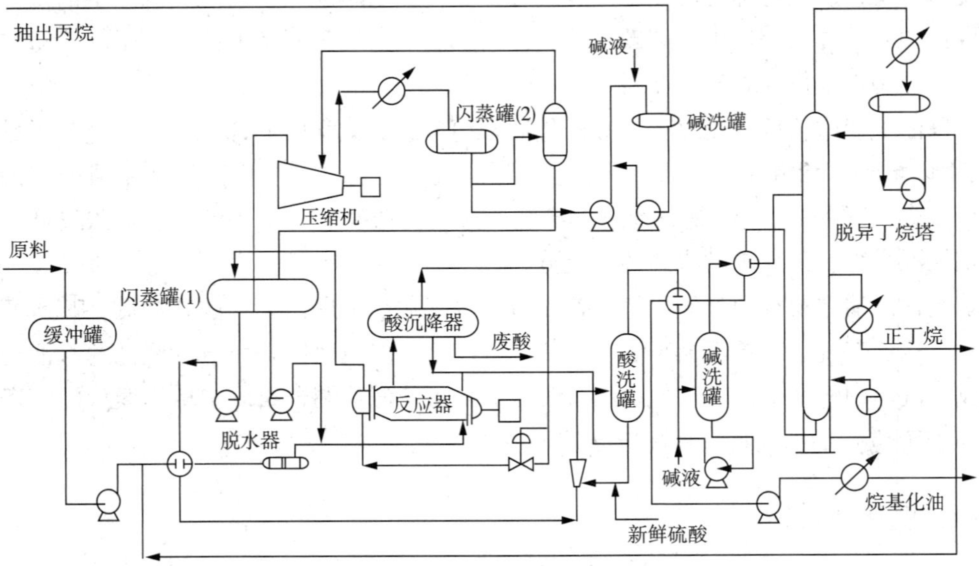

图 10－3　硫酸法烷基化工艺流程图

自催化裂化、延迟焦化装置来的液态烃（液化石油气）经脱硫和碱洗后，经缓冲罐进入脱丙烷塔，在约 1.7MPa 和塔底温度 100℃ 条件下进行分馏：塔顶出来的丙烷－丙烯馏分经冷凝冷却后，一部分作塔顶回流，另一部分被送出装置；塔底的丁烷－丁烯馏分压入异丁烷塔。异丁烷塔操作压力为 0.6～0.7MPa，塔底温度为 60℃；塔顶出来的异丁烷－丁烯馏分经冷凝冷却后，一部分作塔顶回流，另一部分作烷基化反应的原料；塔底的正丁烷馏分经冷却后被送出装置。

来自异丁烷塔顶的异丁烷－丁烯馏分经换冷后，分几路进入阶梯式反应器的反应段；来自反应产物分馏塔顶的循环异丁烷与来自反应器沉降段的循环硫酸经混合器混合后进入反应器；来自压缩冷冻系统的循环冷冻剂（主要是异丁烷）也进入反应器。异丁烷和丁烯在硫酸催化剂作用下，在压力为0.25MPa、温度10℃和搅拌条件下进行烷基化反应。反应热被一部分异丁烷自身汽化取走，反应产物和硫酸自流到反应器的沉降段，进行液相分离。分出的硫酸用泵送出循环使用。当硫酸浓度（质量分数）降到85%时，需排出废酸另换新酸。反应产物经碱洗、水洗后进入产物分馏塔。

产物分馏塔：塔顶分出来的未反应的异丁烷，经冷凝后被送到反应器作循环异丁烷用；塔底物料被送至正丁烷分馏塔。正丁烷分馏塔：塔顶分出的正丁烷馏分冷凝后，一部分作塔顶回流，另一部分被送回预分馏部分的异丁烷塔；塔底物料压入产品再蒸馏塔。再蒸馏塔塔底温度约210℃，塔顶分出的轻烷基化油经冷凝冷却后一部分作塔顶回流，另一部分经碱洗和水洗后被送出装置作为航空汽油或用作汽油的高辛烷值组分；塔底物料为重烷基化油，经冷却后被送出装置，可作为农用柴油的调合组分、催化裂化原料或无臭油漆溶剂油原料等。

烷基化装置的热源可采用水蒸气或其他热载体。

在整个工艺流程中，反应系统是装置的核心部分，流程中采用的是阶梯式反应器。这种反应器通常分为七段，前五段是反应段，每段都装有螺旋桨搅拌器。良好的搅拌条件有利于促进异构烷烃溶解于硫酸中，更重要的是，由于搅拌使硫酸与烃类形成乳化液，使原料与硫酸的接触表面增大，给反应创造出先决条件。第六段为沉降段，烷基化产物和硫酸在其中进行沉降分离。分离出来的烷基化产物溢流至最后一段，由此用泵抽出，经碱洗及水洗后即可进行分馏。

烷基化反应器除阶梯式反应器外，还有立式反应器和卧式带机械搅拌的管壳式反应器。

2. 工艺条件

（1）反应温度。反应温度随烯烃的种类和催化剂浓度的不同而变化，一般在0～30℃范围内，丙烷烷基化时约30℃，对丁烷则为0～20℃。温度过高则副反应增加，温度过低则反应速度低，而且烃类和硫酸的乳化液变得稠而不易于流动，因此在工业上很少采用低于0℃的反应温度。

（2）异丁烷循环。为了抑制烯烃的叠合等副反应，反应系统中有大量的过剩异丁烷进行循环以维持高的异丁烷对烯烃的比例。原料中的异丁烷与烯烃的体积比（液体）为20～40，而在反应器内由于大量异丁烷循环，其比值一般为500～700。前一种比值称外比，后者则称内比。除此之外，异丁烷－烯烃的原料并不是一次全部加入到第一个反应段而是分批加入五个反应段，这样对提高内比有利。催化剂中的烯烃浓度大小对产生副反应的程度关系很大，除了要控制异丁烷与烯烃的比值外，还应当控制烯烃的进料速度，通常控制在0.1～0.6$m^3 \cdot m^{-3}$（催化剂）$\cdot h^{-1}$。

（3）原料纯度。原料中含有乙烯会增大催化剂的消耗量，而且生成的硫酸酯混入产品会腐蚀设备，因此应避免乙烯混入原料。此外，还应注意除去原料中的二烯烃、硫化物等杂质并注意限制水分含量。

（4）催化剂。提高硫酸浓度有利于提高烷烃在酸中的溶解量，但氧化性增强，会促使烯烃氧化。同时，烯烃的溶解度比烷烃高得多，为了抑制烃氧化、叠合等副反应的发生，硫酸浓度不宜过高。所以，用作烷基化催化剂的硫酸浓度一般控制在86%~99%。为了增加硫酸与原料的接触面，在反应器内需要使催化剂与反应物处于良好的乳化状态，并适当提高酸与烃的比例以利于提高烷基化产物的质量和收率，反应系统中催化剂量为40%~60%（体积分数）。

（二）氢氟酸法烷基化

1. 工艺流程

氢氟酸法烷基化过程比硫酸法出现稍晚，其典型的工艺流程见图10-4。

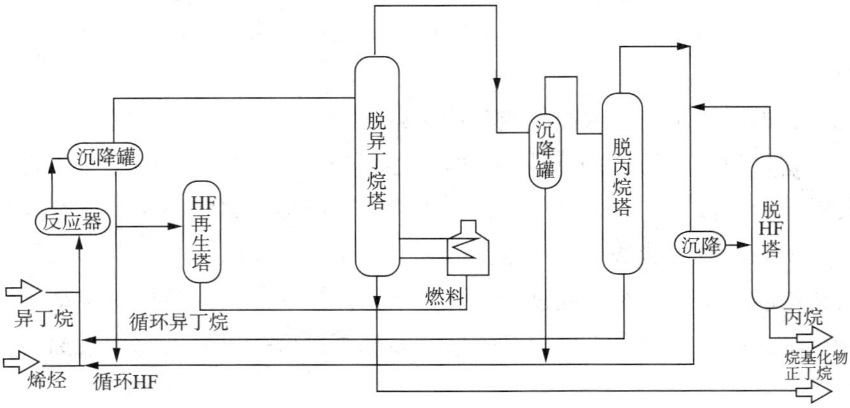

图10-4 氢氟酸法烷基化工艺原则流程图

异丁烷和烯烃在反应器中与氢氟酸接触后，在沉降罐内反应产物沉降分离，氢氟酸循环回反应器，同时有一部分氢氟酸在再生塔内再生。沉降罐上部分出来的产品在脱异丁烷塔内脱除异丁烷和较轻组分。脱异丁烷塔底产品为烷基化油，可以作为车用汽油调合组分；如生产航空汽油调合组分，则需要脱除丁烷和进行再蒸馏。一部分脱异丁烷塔顶的气体被送去脱丙烷塔，而丙烷在脱氢氟酸塔内脱除酸后被送出装置。

2. 工艺条件

氢氟酸法烷基化采用的反应温度可高于室温，这是因为它的副反应不如硫酸法剧烈，而且氢氟酸对异丁烷的溶解能力也较大。由于反应温度不低于室温，因此不必像硫酸法那样要采用冷冻的办法来维持反应温度，从而大大简化了工艺流程。

氢氟酸浓度过高会使烷基化产物的品质下降；但浓度过低时，除了会对设备产生严重腐蚀外，还会显著增加烯烃叠合和生成氟代烷的副反应。因此，工业上使用的氢氟酸催化剂浓度为86%~95%。氢氟酸不仅是烷基化反应的催化剂，它也能促进烯烃叠合。为了抑制副反应，氢氟酸法也采用大量异丁烷循环，反应系统中催化剂量为50%~60%（体积分数）。要获得最高收率、最好质量的产品，关键是选择适宜的操作参数。主要参数有：异丁烷与烯烃的比、反应温度、酸与烃的比例、反应时间等。这些参数是相互关联的，在实际操作中既要考虑产品的质量及收率，也要考虑物耗、能耗指标，更要考虑三废问题。

三、烷基化技术进展

随着环保法规日益严格和化学工程技术发展，目前又开发了固体酸、离子液体和间接烷基化等新技术。

固体酸烷基化技术不使用有毒且有腐蚀性的氢氟酸或硫酸。全球首套AlkyClean固体酸烷基化技术于2015年8月在中国开工投产，烷基化油生产能力为$10 \times 10^4 t \cdot a^{-1}$。目前该套装置运转正常，表现出良好的可靠性和稳定性。由于AlkyClean技术降低了工厂操作人员的健康和安全风险，避免了液体酸再生或后处理需要耗费的额外能量及产生的废物和污染。固体酸烷基化技术有望成为主流的清洁汽油生产技术。

离子液体属于类似盐的液体，以前用作溶剂和催化剂。现已发现离子液体的催化性能优于硫酸和氢氟酸。异丁烷在离子液体催化剂中的溶解能力比在硫酸和氢氟酸中高，有利于异丁烷在离子液体中扩散。从离子液体中分离烷基化产物也更容易，因为反应过程中不易形成难分离的乳化液。最近开发的复合离子液体催化剂显示了巨大前景，复合离子液体催化剂提高了C_8选择性，尤其是三甲基戊烷，对辛烷值有很大的提升。

间接烷基化工艺主要是为丁烯转化为烷基化油过程而开发的，但也可以加工来自炼厂催化裂化装置、蒸汽裂解装置或脱氢装置的$C_3 \sim C_5$烯烃。该工艺分为两步，第一步是利用一种具有适中酸度的催化剂，比如固体磷酸（SPA）或磺酸型离子交换树脂，促进原料中含有的异丁烯和一些$C_3 \sim C_5$烯烃的聚合。在第二步过程中，把第一步得到的高相对分子质量的异构烯烃与碱金属或贵金属催化剂充分接触后，生成以异辛烷为主的汽油调合组分，烷基化油的*RON*可达101～102。

第三节　异构化过程技术

异构化过程是在一定的反应条件和催化剂存在下，将正构烷烃转变为异构烷烃的过程。工业上主要用C_5、C_6烃类为原料异构化生成支链化合物，如异戊烷、异己烷等。C_5/C_6烷烃异构化技术可以使轻石脑油的辛烷值提高约20个单位，其产品异构化油是一种高辛烷值且环境友好的汽油调合组分。但由于C_5/C_6异构烷烃要比正构烷烃沸点低、蒸气压大，在调合过程中要根据调合汽油饱和蒸气压的限定值控制调入比例。

一、异构化反应和异构化催化剂

（一）温度对异构化反应平衡的影响

烷烃的异构化反应是可逆反应，异构体之间存在着热力学的平衡关系。从不同温度下的戊烷和己烷的异构体平衡组成（图10－5）可以看出，温度越低，平衡对生成异构烷越有利。在己烷的异构体中，以2，2-二甲基丁烷的辛烷值较高，在低温度下它的平衡浓度非常大。

从不同温度下戊烷和己烷异构化平衡产物的辛烷值图（图 10－6）也可以看出，温度越低达到反应平衡的异构体混合产物的辛烷值越高。因而，从热力学平衡的观点出发，异构化过程应在较低的温度下进行，以便达到较高的异构烷转化率，获得辛烷值较高的产物。

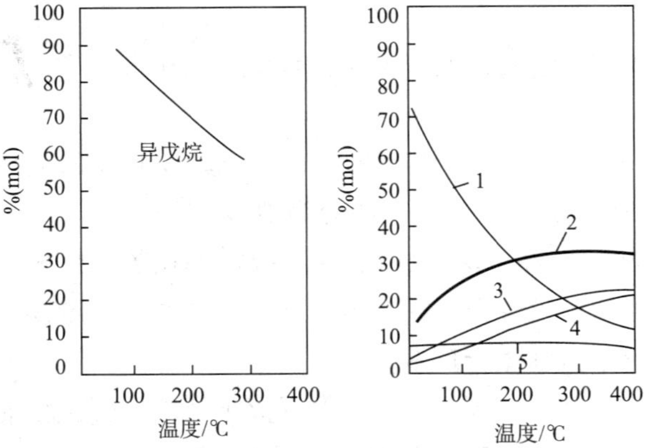

图 10－5　戊烷和己烷的异构体平衡组成

1—2，2-二甲基丁烷；2—2-甲基戊烷；

3—3-甲基戊烷；4—正己烷；5—二甲基丁烷

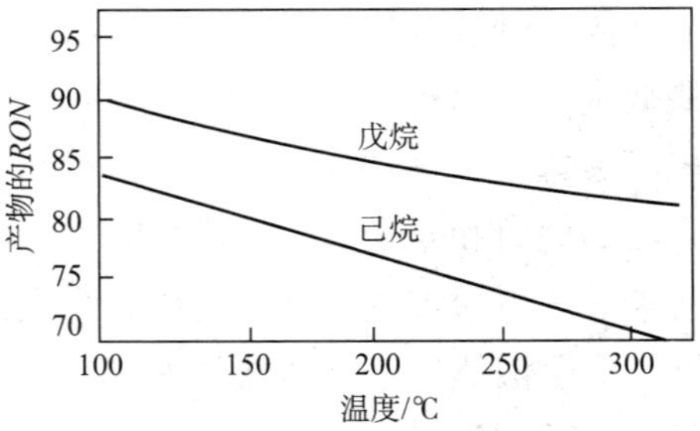

图 10－6　戊烷和己烷异构化平衡产物的辛烷值

异构化反应是分子数目不变的反应，在通常条件下反应平衡组成不受总压的影响。

（二）异构化催化剂

烷烃异构化过程所使用的催化剂品种很多，目前工业上应用的主要是金属/酸性载体双功能催化剂，它可分中温型（高于 199℃）和低温型（低于 199℃）两种。这类催化剂与重整催化剂相似，是将镍、铂、钯等有加氢活性的金属负载在氧化铝类或泡沸石等有固体酸性的担体上，组成双功能型催化剂。

1. 高温双功能型催化剂

这种双功能型催化剂需在较高的反应温度下使用。一般来说，担体的酸性提高后，催化剂的异构化活性增大，反应温度可以降低。载体对催化剂使用温度的影响见表 10－1。

表 10－1　载体对催化剂使用温度的影响

催化剂载体	催化剂具有较强活性所需的温度/℃
氧化铝	510
氧化硅－氧化铝，氧化铝－氧化硼	320～450
具有强酸性的泡沸石	316～330
具有更强酸性的丝光沸石	<280

烷烃异构化的反应可以用正碳离子机理来解释。

高温双功能催化剂的烷烃异构化反应由所载的金属组分的加氢脱氢活性和担体的固体酸性协同作用，进行以下反应：

$$正构烷 \underset{金属}{\rightleftharpoons} 正构烯 \underset{酸性中心}{\rightleftharpoons} 异构烯 \underset{金属}{\rightleftharpoons} 异构烷$$

正构烷首先靠近具有加氢脱氢活性的金属组分脱氢变为正构烯；生成的正构烯移向担体的固体酸性中心，按照正碳离子机理异构化变为异构烯；异构烯返回加氢脱氢活性中心加氢变为异构烷。

这类双功能型催化剂在戊烷、己烷异构化过程中副反应少、选择性好。但因其在较高的反应温度下才有活性，平衡对异构烷的生成不利，单程反应时异构烷收率低。

2. 低温双功能型催化剂

低温双功能型催化剂是用无水三氯化铝或有机氯化物（如四氯化碳、氯仿等）处理铂－氧化铝催化剂而制成，具有较好的活性和选择性。低温双功能催化剂具有非常强的路易士酸性中心，可以夺取正构烷的负氢离子而生成正碳离子，使异构化反应得以进行。而具有加氢活性的金属组分则将副反应过程中的中间体加氢除去，抑制生成聚合物的副反应，延长催化剂的寿命。这类催化剂在工业上是在固定床内、在氢压和 90～200℃下操作。国外的异构化工艺主要使用此类催化剂。

二、烷烃异构化的工艺流程

C_5/C_6 异构化工艺按有无氢气参与可分为临氢异构化工艺和非临氢异构化工艺。临氢异构化工艺与非临氢异构化工艺相比对原料的要求严格，辛烷值提高低，但是因为氢气的加入裂解反应少，液相产品收率高，催化剂再生周期长。随着炼厂氢气成本的降低，临氢异构化工艺成为 C_5/C_6 异构化工艺的主要工艺。

华东理工大学、金陵石化和中国石化建设工程公司（SEI）共同开发了 C_5/C_6 异构化工艺，并于 2002 年建成了工业放大装置。该工艺采用金陵石化研究院和华东理工大学研发的 CI－50 催化剂（为中温型钯催化剂），不需要前处理设备，流程如图 10－7 所示。原料经脱异戊烷塔分离，塔顶的异戊烷并入稳定塔进料中，塔底的正戊烷和戊烷以上组分经加热炉加热送入反应器，反应产物经高分分离出氢气作为循环氢返回反应器，液相进入稳定塔。该工艺异构化产品 *RON* 为 82.5。

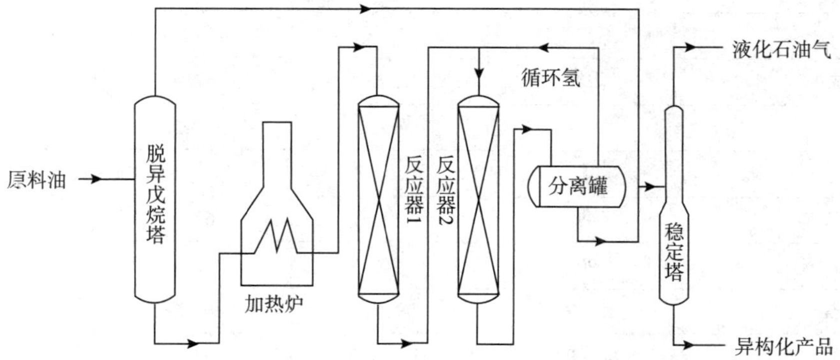

图 10－7　C_5/C_6 异构化工艺流程

国外的异构化工艺有 UOP 的 Penex 异构化工艺、Axens 公司的 Isomerization 等异构化工艺。表 10－2 为国外主要的 C_5/C_6 异构化工艺催化剂对原料的要求。从表中可以看出，此两种催化剂对原料的要求苛刻，对污染物的要求均达到 $\times 10^{-6}$级。而国内的工艺对原料要求较为宽松，简化了流程并减少了投资。表 10－3 为国内外主要的 C_5/C_6 异构化工艺的对比。从表中可以看出，国外的异构化工艺主要选用的催化剂为低温型双功能催化剂，而国内的工艺选用的是中温型双功能催化剂。国外工艺反应温度较低而反应压力高；Isomerization 空速较高可节省催化剂用量，其他相差不大；国内工艺氢油摩尔比远高于国外工艺。国内外的工艺流程均提供了脱异戊烷塔可选方案及循环流程可选方案。

表 10－2　国外主要的 C_5、C_6 异构化工艺催化剂对原料的要求

催化剂厂商	Penex	Isomerization
型号	I-84	ATIS-21
水/μg·g^{-1}	0.05	0.1
总硫/μg·g^{-1}	0.1	0.5
氧化物/μg·g^{-1}	0.1	0.1
总氮/μg·g^{-1}	0.1	0.1

表 10－3　国内外主要的 C_5、C_6 异构化工艺的对比

工艺参数	Penex	Isomerization	RISO	华东理工大学
反应条件				
催化剂	I-84	ATIS-21	RISO	CI－50
反应温度/℃	125～144	120～165	260	260
反应压力/MPa	3.1	3.5	17	1.8
空速/h^{-1}	0.5	1.52	0.68	0.8
氢油摩尔比	0.05	0.06	2.6	4.3
工艺流程				
脱戊烷塔	可选	可选	可选	可选
循环流程	可选	可选	可选	无
加热炉	不需要	不需要	需要	需要
循环氢	不需要	不需要	需要	需要
干燥和碱洗	需要	需要	不需要	不需要
助催剂	需要	需要	不需要	不需要
产品				
C_5异构化率/%	88	88	62.8	64
C_6异构化率/%	90	90	82.3	82
液相收率/%	约 100	99.14	98.95	98.3
RON（最高）	90～92	91～91.5	82.6	82.5

C_5/C_6 异构化技术可有效地提高烷烃的辛烷值，且其产品不增加烯烃和芳烃的含量，是优良的汽油调合组分，是一种环境友好的炼油技术。

第四节　高辛烷值醚类的合成技术

甲基叔丁基醚（MTBE）的辛烷值高，与烃类完全互溶，具有良好的化学稳定性，蒸气压不高，综合性能优良，是目前广泛采用的高辛烷值调合组分。它不仅能有效提高汽油辛烷值，而且还能降低排气中 CO 的含量，同时降低汽油生产成本。我国从 20 世纪 70 年代末开始进行生产技术的研究，先后开发出列管反应、绝热外循环反应、混相床反应、催化蒸馏技术和混相反应蒸馏等五代技术，并成功用于工业生产。我国的催化蒸馏与混相催化蒸馏生产 MTBE 技术达到了世界先进水平。虽然近几年推广使用乙醇汽油，添加 MTBE 受到一定限制，但作为特殊的航空汽油在发展中国家仍有应用市场。

一、MTBE 的合成反应及催化剂

以异丁烯和甲醇为原料合成 MTBE 的反应式为：

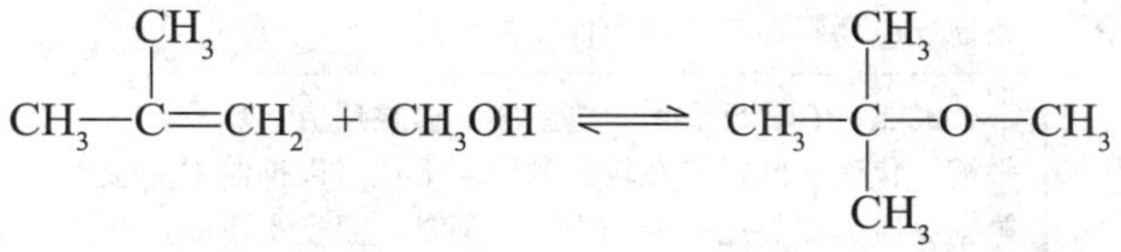

在合成 MTBE 的过程中，还同时发生少量的下列副反应：

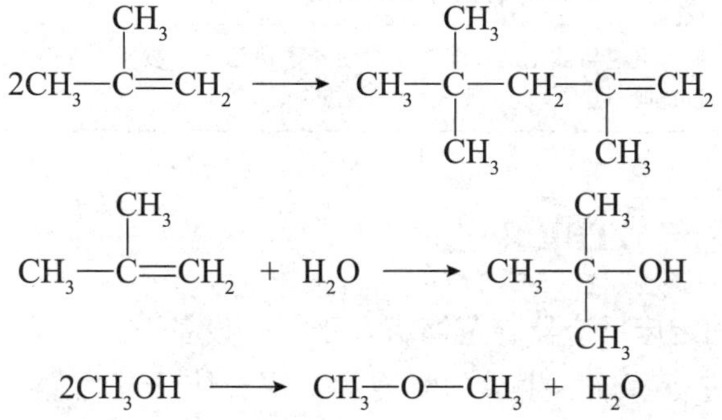

上述反应生成的异辛烯、叔丁醇、二甲基醚等副产品的辛烷值都不低，对产品质量没有不利影响，可留在 MTBE 中，不必进行产物分离。

催化醚化反应是在酸性催化剂作用下的正碳离子反应。工业上使用的催化剂一般为磺酸型二乙烯苯交联的聚苯乙烯结构的大孔强酸性阳离子交换树脂。金属离子会置换催化剂中的质子，碱性物质（如胺类等）也会中和催化剂的磺酸根，从而使催化剂失活。因此，原料必须进行脱除金属离子和碱性物质的预处理。

此类催化剂不耐高温，耐用温度通常低于 120℃。正常情况下，催化剂寿命可达两年或两年以上。

二、生产 MTBE 的工艺流程及反应条件

工业生产的催化醚化反应在固定床或膨胀床内进行，反应物料为液相。反应后的物流

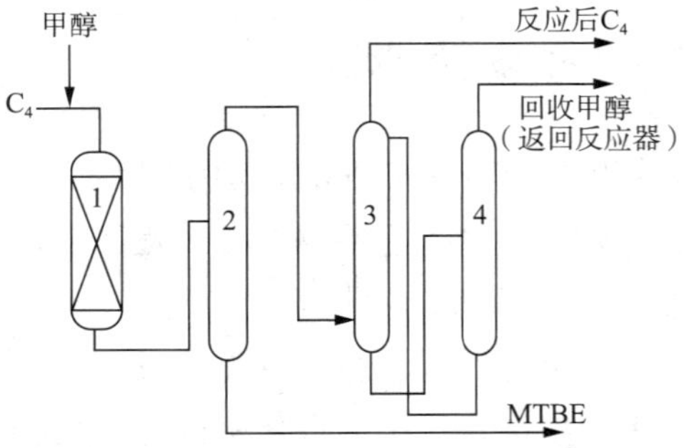

图 10－8　MTBE 催化蒸馏工艺原理流程图
1—反应器；2—共沸分馏塔；
3—甲醇水萃取塔；4—甲醇回收塔

中除产物 MTBE 之外，还有未反应的甲醇以及除异丁烯以外的其他 C_4组分。由于甲醇与 C_4或 MTBE 都会形成共沸物，在产物分离时可以有多种方案，图 10－8 所示的是其中的一种。在这个流程中，用三个塔在压力下进行产物分离。先在第一个塔内将甲醇与 C_4的共沸物蒸出，从塔底得到 MTBE 产物，然后用水萃取的方法从共沸物中回收甲醇，最后从甲醇水溶液中蒸出甲醇返回反应器。反应后剩下的 C_4组分主要是正丁烯和异丁烷等，可作为烷基化的原料。

生产 MTBE 的主要反应条件见表 10－4。

表 10－4　主要操作参数及分析

操作参数	因素分析
反应压力：1.0～1.5MPa	使反应物料在反应器内保持液相
反应温度：50～80℃	合成 MTBE 的反应系中等程度的放热反应，反应可逆。采用较低的温度有利于提高平衡转化率。同时，在较低的温度下还可以抑制甲醇脱水生成二甲醚以及异丁烯叠合等副反应，提高反应的选择性。但是，温度也不能过低，否则反应速度太慢
醇烯比：甲醇、异丁烯摩尔比约为 1.1∶1	提高醇烯比可抑制异丁烯叠合副反应，同时提高异丁烯的转化率，但是会增大反应产物分离设备的负荷和操作费用
空速：1～$2h^{-1}$	空速与催化剂性能、原料中异丁烯浓度、要求达到的异丁烯转化率、反应温度等有关

三、催化蒸馏生产 MTBE 工艺

催化蒸馏工艺将固定床反应器与蒸馏塔合于一个设备，利用反应放出的热量进行蒸馏。生成的醚连续分出，使反应平衡有利于醚的生成，异丁烯的转化率可提高到 99%。图 10－9 是催化蒸馏生产 MTBE 工艺原理流程图。

我国齐鲁石化公司研究院开发的混相反应蒸馏技术，综合了混相反应与催化蒸馏的特点。控制催化蒸馏塔反应段的温度（反应物料的泡点温度），反应在液相和气相混相条件下进行，异丁烯的转化率可提高到 99% 以上。该技术可使反应热全部利用，装置结构简单。

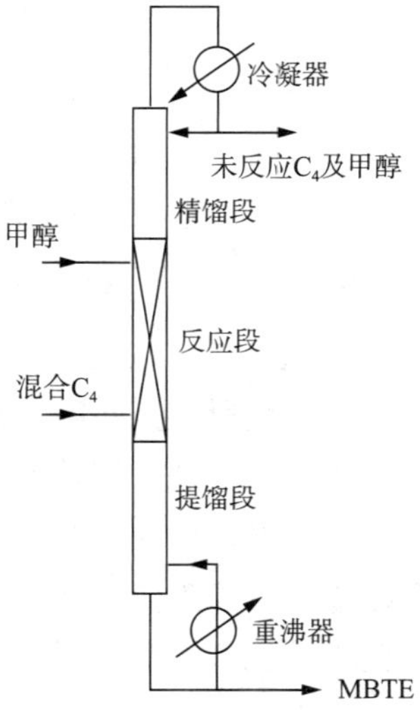

图 10－9　合成 MTBE 非均相催化精馏过程示意图

根据催化裂化汽油富含烯烃的特点，直接以催化裂化轻汽油为原料进行醚化也能生产出新配方汽油（富含混合醚）。比如，奈斯特公司的 NExTAME 工艺就是将经过选择加氢的 C_5～C_7催化裂化轻汽油进行醚化，用于生产氧含量符合要求的新配方汽油。我国在这方面的应用也取得了较好的成果。

第五节　清洁汽油的技术要求及清洁化技术

城市区域的六种主要空气污染物——挥发性有机物（碳氢化合物）、一氧化碳、氮氧化合物、硫氧化物、铅、颗粒物，汽车尾气中均有。改善油品质量或使用替代燃料是改善汽车尾气污染的最有效手段。为此各国都制定了清洁燃料标准，各炼油厂发展清洁燃料生产技术，以达到法规要求成为当务之急。各国开发的技术主要分为清洁燃料生产、替代燃料开发等。

表 10－5 为我国车用汽油Ⅵ（A）技术要求和试验方法，从标准的发展变化可以看出，社会对清洁燃料的要求越来越高。

表 10－5　车用汽油Ⅵ（A）技术要求和试验方法

项　目		质量指标			试验方法
		89 号	92 号	95 号	
抗爆性					
研究法辛烷值（*RON*）	不小于	89	92	95	GB/T 5487
抗爆指数（*RON*＋*MON*）/2	不小于	84	87	90	GB/T 503、GB/T 5487
铅含量/$g \cdot L^{-1}$	不大于	0.005			GB/T 8020
馏程					GB/T 6536
10％蒸发温度/℃	不高于	70			
50％蒸发温度/℃	不高于	110			
90％蒸发温度/℃	不高于	190			
终馏点/℃	不高于	205			
残留量（体）/％	不大于	2			
蒸气压/kPa					
从 11 月 1 日至 4 月 30 日		45～85			GB/T 8017
从 5 月 1 日至 10 月 31 日		40～65			
胶质含量/$mg \cdot 100mL^{-1}$					
末洗胶质含量（加入清静剂前）/$mg \cdot 100mL^{-1}$	不大于	30			GB/T 8019
溶剂洗胶质含量/$mg \cdot 100mL^{-1}$	不大于	5			
诱导期/min	不小于	480			GB/T 8018
硫含量/$mg \cdot kg^{-1}$	不大于	10			SH/T 0689
硫醇（满足下列指标之一，即判为合格）博士实验		通过			SH/T 0174
硫醇硫含量（质量分数）/％	不大于	0.001			GB/T 1792
铜片腐蚀（50℃，3h）/级	不大于	1			GB/T 5096

续表

项　目		质量指标			试验方法
		89号	92号	95号	
水溶性酸或碱		无			GB/T 259
机械杂质及水分		无			目测
苯含量/%（体）	不大于	0.8			SH/T 0713
芳烃含量/%（体）	不大于	35			GB/T 11132
烯烃含量/%（体）	不大于	18			GB/T 11132
氧含量/%	不大于	2.7			SH/T 0663
甲醇含量/%	不大于	0.3			SH/T 0663
锰含量/$g \cdot L^{-1}$	不大于	0.002			SH/T 0711
铁含量/$g \cdot L^{-1}$	不大于	0.01			SH/T 0712
密度/$kg \cdot m^{-3}$		720～775			GB/T 1884、GB/T 1885

为了保持汽车尾气三效转化器的活性，必须控制铅和硫的含量，以防催化剂中毒失活。汽油无铅化以后，控制硫含量则十分重要。我国催化裂化汽油占我国汽油总量的75%～80%，而催化裂化汽油所含硫占汽油总硫含量的90%以上，即经济有效降低催化汽油硫含量成为炼油工业解决我国汽油清洁化的唯一途径。

为满足清洁汽油生产，国内外相继开发了多种FCC汽油脱硫新技术。常用的汽油脱硫、脱硫醇技术包括加氢脱硫和非加氢脱硫两类。加氢脱硫虽然能够满足汽油脱硫的要求，但需要在很高氢分压下进行，消耗大量氢气，并且导致汽油辛烷值损失和操作成本较高；非加氢脱硫主要包括吸附脱硫、生物脱硫、氧化脱硫以及膜分离等。其中吸附法用于汽油或柴油脱硫时，由于汽油中的硫多以稠环类化合物存在，吸附剂可以选择性地脱除汽油中的稠环类含硫化合物，对汽油中的烯烃无影响，也不会出现烯烃的饱和问题，同时由于吸附脱硫具备设备投资低、脱硫率高等优点，因此成为催化裂化汽油脱硫的研究热点。

一、汽油脱硫醇

适用于液化气脱硫醇精制的Merox液－液抽提氧化脱硫醇方法同样可以用于催化裂化汽油的脱硫醇精制，该方法在本章第一节第二部分已有叙述。在抽提脱硫醇基础上增加氧化脱臭部分，把油品中的微量硫醇转化成二硫化物。汽油中含有的硫化氢、酚类、环烷酸等会降低脱硫醇的效果、缩短催化剂寿命，因此在脱硫醇前需用5%～10%浓度的氢氧化钠溶液进行预碱洗，以除去这些酸性杂质。

Merox液－液抽提氧化脱硫醇法的工艺和操作较简单，投资和操作费用较低，对汽油硫醇脱除率达到80%以上，但此法会排放含有催化剂的废碱液。汽油脱硫醇方面的技术进展主要体现在如何减少废碱液的排放和提高对汽油有机硫的脱除率。

目前，一般采用固定床法催化氧化脱硫醇。固定床法是先把催化剂载于载体上，以氢氧化钠溶液润湿后，将原料通过此床层并通入空气。在脱臭过程中，定期向床层注入碱液。固定床法还可用于煤油脱臭，其优点是不必碱液循环。固定床法工艺流程详见图 10－10。

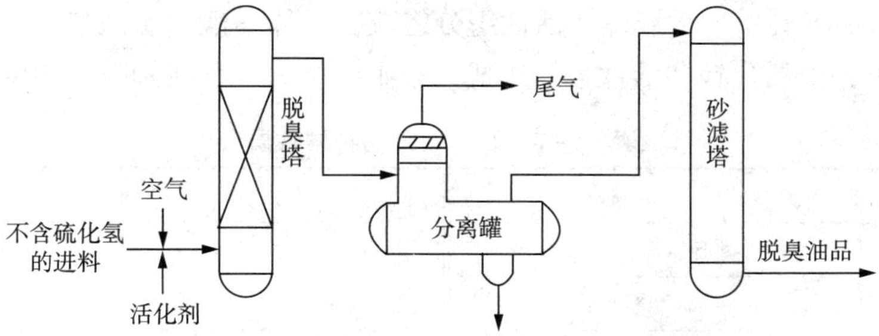

图 10－10 固定床法催化氧化脱硫醇的工艺流程

液－固法是改进的液－液法，在液－液法的反应器中填充活性炭。液－固法兼有液－液法和固定床法的优点。

1978 年以来，美国 UOP 公司在脱臭过程中使用了活化剂以提高脱臭率和延长催化剂寿命。使用的活化剂主要有羟基季铵盐、羟烷基季铵盐、烷基季铵盐及烷基季铵碱等。采用液－固－活化剂法脱臭不仅不需要催化剂－碱液循环，而且大大降低催化剂和碱的消耗量。表 10－6 是液－固－活化剂与常规方法的比较。由表 10－6 可见，采用活化剂对煤油脱臭的效果更为显著。

表 10－6 几种脱臭方法的消耗比较

方法		催化剂/$g \cdot m^{-3}$（油）	NaOH/$g \cdot m^{-3}$（油）	活化剂/$g \cdot m^{-3}$（油）
催化汽油脱臭，脱后硫醇硫 < 10μg · g^{-1}	液－液法	0.1223	122.3	0
	液－固法	0.0205	61.7	0
	液－固－活化剂法	0.0132	39.7	0.0023
喷气燃料脱臭，脱硫醇率 > 85%	液－固法	0.0595	178.6	0
	液－固－活化剂法	0.0149	44.6	0.0026

上述各法脱臭过程中总要消耗碱并有一定量的废碱液排出。苏贻勋等于 1984 年研究出无碱液脱臭法，该法的特点是使用一种碱性活化剂和助溶剂（醇类）。催化剂、活化剂和助溶剂形成的溶液可以与汽油或煤油完全互溶而成一均相体系，向该体系通入空气即可使硫醇氧化而脱臭。该法的优点是：完全不用碱液，也无废液排出；活化剂用量极微，虽留存于油中，但对油品质量没有影响。中国石油大学还开发出固体碱精制技术，以代替液体碱洗精制。

二、S Zorb 吸附脱硫技术

源自美国康菲公司的 S Zorb 技术具有脱硫深度高和辛烷值损失低的特点。中国石化独家整体收购了 S Zorb 技术，从此开始全面负责该技术的后续研发、工程设计、面向全球的技术转让和技术服务等工作。

（一）S Zorb 吸附剂

S Zorb 吸附剂主要由所谓载体和活性组分组成，载体一般由金属氧化物和非金属氧化物组成，活性组分由氧化锌和活性金属组成。表 10－7 为一种新鲜吸附剂的物理性质。

表 10－7　装置新鲜剂物理性质

项目	性质	项目	性质
名称	S Zorb SRT sorbent	颜色	灰绿色粉末
载体	硅石和氧化铝混合物	粒度/μm	65～75
组分	氧化锌、镍	装填密度/$kg \cdot m^{-3}$	约为 1001

（二）吸附原理及化学反应

不同吸附剂的吸附脱硫机理不同。Babich（巴比奇）等以 NiO/ZnO 双金属吸附剂为模型，提出的吸附脱硫机理如图 10－11 所示。首先，NiO/ZnO 吸附剂表面上的 NiO 在 H_2 的作用下转变成还原态活性 Ni。由于在含 S 化合物中，S 原子相对带负电荷，而在吸附剂中 Ni 原子瞬间会带正电荷，由于正负电荷之间的诱导作用，S 原子会逐渐接近 Ni 原子，从而形成如图所示的过渡态，随后在强吸附势能的作用下，与 Ni 原子形成类似硫化镍的中间态，最终含硫化合物中的 S—C 或 S—H 键断裂，S 原子与 Ni 原子完全键合而吸附到 Ni 上，形成不同状态的硫化镍（NiS、NiS_2、α-Ni_7S_6 等），S 原子从其化合物中脱离出来，断裂剩余的烃类部分则返回原料油中。

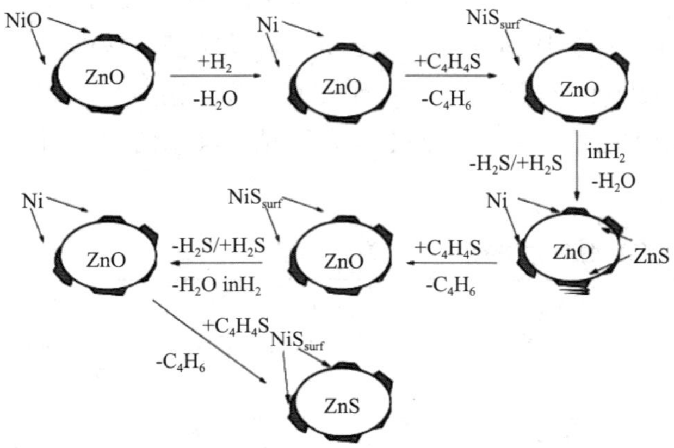

图 10－11　NiO/ZnO 型吸附剂吸附脱硫理示意图

在吸附剂循环使用过程中，在不同阶段，发生不同的化学反应。

在吸附剂脱硫阶段，在反应器内的反应在临氢条件下进行，吸附剂中的活性组分镍（或钴）及氧化锌在反应器内与含硫化合物主要发生的反应有：

$$R\text{-}S + Ni(Co) + H_2 \longrightarrow R\text{-}2H + Ni(Co)S \qquad (10-1)$$

$$Ni(Co)S + ZnO + H_2 \longrightarrow Ni(Co) + H_2O + ZnS \qquad (10-2)$$

在吸附剂再生阶段，再生器内主要发生系列氧化反应，使吸附剂的活性组分转化为氧化物。吸附剂的氧化过程主要发生以下反应：

$$ZnS + 1.5O_2 \longrightarrow ZnO + SO_2 \qquad (10-3)$$

$$3ZnS + 5.5O_2 \longrightarrow Zn_3O(SO_4)_2 + SO_2 \qquad (10-4)$$

$$C + O_2 \longrightarrow CO_2 \qquad (10-5)$$

$$C + 0.5O_2 \longrightarrow CO \quad (10-6)$$

$$H_2 + 0.5O_2 \longrightarrow H_2O \quad (10-7)$$

$$Hi(Co) + 0.5O_2 \longrightarrow Ni(Co)O \quad (10-8)$$

在活性组分还原阶段，在还原器内以氧化态存在的活性金属必须还原为原先的 0 价态，部分以盐类形式存在的锌也要转化为氧化锌的形式。主要的反应包括：

$$Ni(Co)O + H_2 \longrightarrow Ni(Co) + H_2O \quad (10-9)$$

$$Zn_3O(SO_4)_2 + 8H_2 \longrightarrow 2ZnS + ZnO + 8H_2O \quad (10-10)$$

在 S-Zorb 工艺的反应温度范围内，（噻吩类）主要发生加氢脱硫反应、不饱和烃的加氢饱和反应和烯烃的加氢异构反应的反应。它们都是放热反应，降低温度有利于反应平衡的正向进行。其中芳烃加氢饱和反应是强放热反应，烯烃加氢异构反应则是微放热反应。在 S Zorb 反应吸附脱硫温度下，烯烃与硫化氢生成硫醇的反应转化率很小，并且 H_2S 在反应体系里含量很少，所以脱硫后的产物不会继续生成硫醇。

（三）吸附工艺流程

S Zorb 脱硫工艺通过反应硫化物中的硫转移到吸附剂上，通过对吸附剂再生，使其变为 SO_2进入再生烟气中，烟气再去硫黄回收或碱洗系统。S Zorb 装置主要包括 3 个单元：吸附反应器、再生器和还原系统，如图 10 – 12 所示。S Zorb 工艺的独特之处是借鉴了催化裂化工艺中的 CCR 技术，采用了流化床反应器以及吸附剂连续再生系统。原料油进入吸附反应器后，在一定压力、温度和临氢操作条件下，经过换热器汽化后，注入到流化床反应器底部，在气流上行过程中，吸附剂与油气中的有机硫化物进行脱硫反应；部分吸附剂循环，大部分吸附剂从反应器中连续取出进入再生系统，在空气气氛中氧化燃烧，脱除其吸附的含硫化合物；再生后的吸附剂在返回反应器前，要用氢气做进一步处理，以确保脱硫率稳定。利用该技术在一个单独的反应器中对全馏程 FCC 汽油进行脱硫处理，表现出非常高的脱硫选择性，并且辛烷值损失较小。

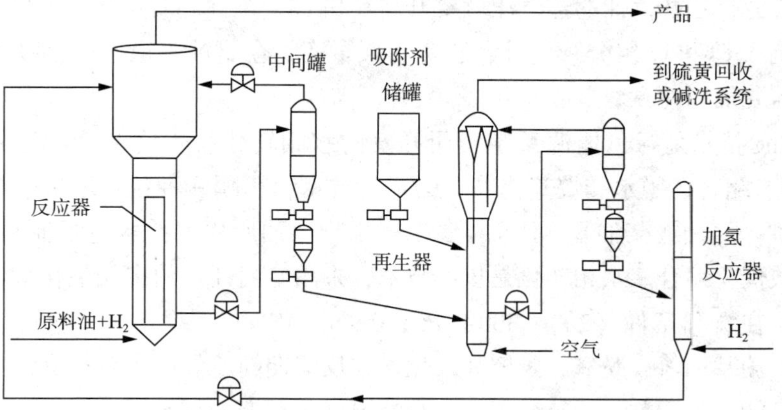

图 10 – 12　S Zorb 吸附脱硫工艺流程

在反应过程中，由于没有硫化氢进入汽油产品中，能够阻止硫化氢与烯烃重新结合生成硫醇，避免了最终产品中硫含量的增加。S Zorb 再生烟气送入碱液吸收或硫黄回收装置进行处理；氧化再生后的吸附剂与 H_2还原再生，吸附剂返回反应器系统循环使用。

S Zorb 技术与其他吸附脱硫技术相比具有以下特点：辛烷值损失低，体积损失少，把硫脱到 10μg · g^{-1}以下，无须传统加氢所消耗的氢气量，且氢气纯度要求不高，70% 的氢气纯度也可运转；与 FCC 装置同步运行；不需要分离器；运转费用少，运转周期长；投资成本较合理。

中国石化某 S Zorb 装置规模、原料及产品性质、主要操作参数见表 10－8。

表 10－8　某 S Zorb 装置原料性质及主要操作参数

项目	运行数据	项目	运行数据
催化裂化装置规模/10^4t · a^{-1}	150	反应温度/℃	417
原料性质		反应空速（WHSV）/h^{-1}	4.9
硫含量/μg. g^{-1}	284	再生器温度/℃	496
烯烃含量/%	28.0	待生、再生吸附剂硫差/%	3～5
产品性质		吸附剂 0～20μm 细粉/%	≯3
硫含量/μg · g^{-1}	21.2	汽油收率/%	98.89
烯烃含量/%	25～27	吸附剂单耗/kg 剂 · t^{-1}原料	0.02
RON	90.22	氢耗/%	0.22
抗爆指数损失	0.78	单位能耗/kg 标油 · t^{-1}原料	4.16

三、生物汽油生产技术

目前，生物汽油的主要商业品种是生物乙醇。但乙醇的能量密度较低，单位体积的能量只有常规汽油的 66%。常规汽油中只允许直接掺入 10% 的乙醇；若调入 20% 以上的乙醇，汽车发动机就要进行较大改造。乙醇的蒸气压很高（77.3kPa），常规汽油中调入 10% 的生物乙醇，乙醇汽油的蒸气压就要升高 6.9kPa，炼油厂要生产蒸气压合格的乙醇汽油就不能再调入 C_4和 C_5组分。此外，乙醇含氧量高，会腐蚀管道，还会吸收管道中的水分和杂质，需要加以注意。

BioForming 技术是绿色能源系统公司开发的水相转化技术（APR）与常规加工技术（如加氢处理、缩合、脱水和烷基化等）的组合技术，用哪几种技术取决于需要生产的目的产品（汽油、煤油或柴油）。示范装置生产生物汽油所用的技术包括原料制备、加氢、水相转化和酸催化缩合。水相转化是核心技术，采用专门开发的多相催化剂，几台反应器串联和并联，在缓和条件（200～300℃和 1.0～9.0MPa）下操作。反应包括转化生产氢气、醇脱氢、羰基加氢、脱氧、氢解和环化。在反应期间原位产生氢气是该工艺的一项关键技术。绿色能源公司称，示范装置的运行情况好于预期，每天生产 130gal 生物汽油，高于预期的 100gal。工艺流程如图 10－13 所示。

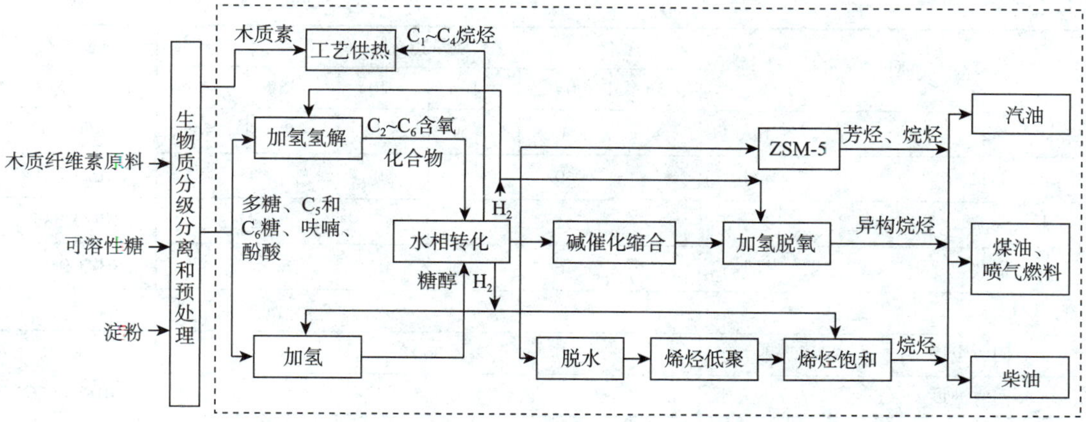

图 10－13　美国威斯康星州 Madison 生物汽油示范装置工艺流程

生物汽油在能量密度上比生物乙醇高30%。此外，生物汽油还可以很容易地调入石油基汽油中，包括调入已经混有乙醇的汽油中。

第六节　清洁柴油的技术要求及清洁化技术

柴油的主要污染物 SO_x且对 NO_x、PM（颗粒物）的形成有促进作用。柴油芳烃影响发动机的点火性能，易形成 NO_x、PM。密度及十六烷值与 PM 的排放量有很好的相关性。因此，世界各国柴油的质量标准对上述成分的要求越来越严格。理想的清洁柴油应兼顾地区和季节的变化，控制挥发性、无硫、无多环芳烃、十六烷值在 55 以上。表 10－9 为我国车用柴油（VI）技术要求和试验方法。

表 10－9　我国车用柴油（VI）技术要求和试验方法

项目		质量指标						试验方法
		5#	0#	－10#	－20#	－35#	－50#	
凝点/℃	不大于	5	0	－10	－20	－35	－50	GB/T 510
氧化安定性（总不溶物/mg·100mL^{-1}）	不大于	2.5						SH/T 0175
硫含量/mg·kg^{-1}	不大于	10						GB/T 380
酸度（KOH 计）/mg·100mL^{-1}	不大于	7						GB/T 258
10%蒸余物残炭/%	不大于	0.3						GB/T 268
灰分/%	不大于	0.01						GB/T 508
铜片腐蚀（50℃，3h）/级	不大于	1						GB/T 5096
水分/%（体）	不大于	痕迹						GB/T 260
润滑油性								
磨痕直径（60℃）/μm	不大于	460						SH/T 0765
多环芳烃含量/%	不大于	7						SH/T33400
运动黏度（20℃）/mm^2·s^{-1}		3.0～8.05		2.5～8.0		1.8～7.0		GB/T 265

续表

项目		质量指标						试验方法
		5#	0#	-10#	-20#	-35#	-50#	
冷滤点/℃	不大于	8	4	-5	-14	-29	-44	SH/T 0248
闪点（闭口）/℃	不小于	60			50	45		GB/T 261
十六烷值	不小于	51			49	47		GB/T 386
十六烷指数	不小于	46			46	43		SH/T 0694
馏程/℃								
50%回收温度	不大于	300						GB/T 6536
90%回收温度	不大于	355						
95%回收温度	不大于	365						
密度（20℃）/kg·m^{-3}		800～850			790～840			GB/T 1884 GB/T 1885
脂肪酸甲酯/%（体）	不大于	1.0						NB/SH/T 0916

不断降低硫和芳烃含量并控制多环芳烃以及提高十六烷值是清洁柴油的发展趋势。它给炼油企业提出了改进燃料产品质量的明确方向。

一、脱硫技术

加氢脱硫（HDS）是制取清洁柴油最有效的方法之一（已在第八章中详细介绍），除此之外，还有非加氢脱硫技术。非加氢脱硫技术是在加氢脱硫技术成本高、柴油低硫化进展缓慢的形势下发展的一项柴油脱硫技术，具有生产成本低、反应条件温和、不耗氢气和环境友好等特点。主要包括氧化脱硫、生物脱硫以及吸附脱硫（本章第五节已介绍）等。

（一）氧化脱硫技术

氧化脱硫技术是利用有机硫化物与氧化物在极性溶剂中的溶解性不同，以及硫原子有 d 轨道电子容易氧化的特点，在常压和低于100℃的条件下选择性氧化，然后进行液/液萃取脱除柴油中硫化物。

硫原子有 d 轨道电子的特性，可使硫化物很容易与氧化剂反应生成极性更强的硫化物——砜，然后用极性溶剂将砜从柴油中萃取出来，最终达到脱硫的目的。经氧化、萃取后，柴油中硫的含量大大降低，另外，芳烃的含量、密度也会降低，十六烷值也有所提高，而对燃料的其他性质则无影响。

硫化物的氧化活性，其大小顺序为：甲基苯基硫化物 > 苯硫酚 > 二苯基硫化物 > 4，6-二甲基二苯并噻吩 > 4-甲基二苯并噻吩 > 二苯并噻吩 > 苯并噻吩 > 噻吩。这一结果和HDS过程中的硫的活性相反，说明了在HDS中难处理的噻吩化合物在氧化过程中却很容易脱除。

二苯并噻吩的氧化示意图见图10－14。选择性氧化/萃取脱除柴油中硫化物的工艺流程示意图见图10－15。

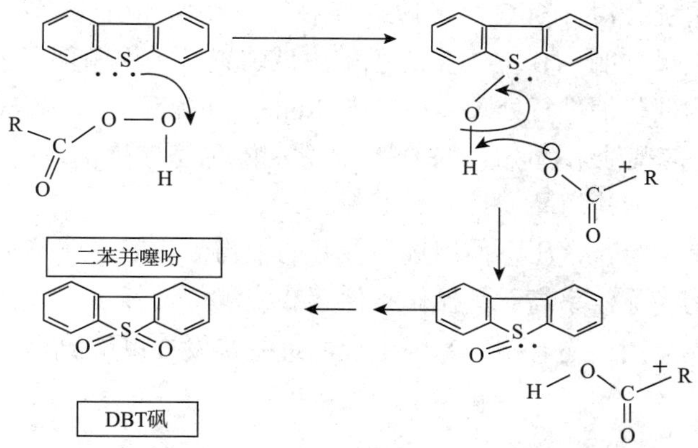

图 10-14　选择性氧化示意图

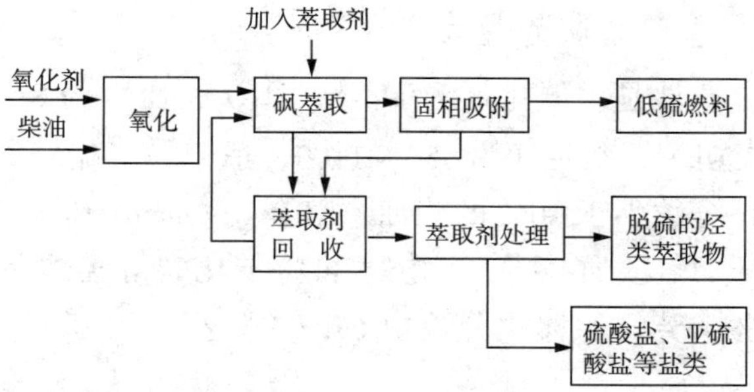

图 10-15　选择性氧化/萃取脱除柴油硫化物流程示意图

氧化脱巯工艺与传统的脱硫工艺相比，不仅可以得到超低硫含量的柴油产品，而且工艺设备投资和操作费用较低，工艺条件比 HDS 缓和得多。另外，柴油中的硫是以有机硫化物的形式脱除，减少了对环境的污染，有着广泛的应用前景。

（二）生物脱硫

生物脱硫又称为生物催化脱硫（Biocatalytic Desulfurizaton，简称 BDS）是指一种在常温常压下利用某些特殊菌种对燃料油中的含硫化合物有极高消化能力的特点，使存在于油中的非水溶性有机硫化物在生物催化剂（细菌）的作用下转化为水溶性化合物，从而从油中分离出来的过程。生物脱硫反应示意图如图 10-16 所示。

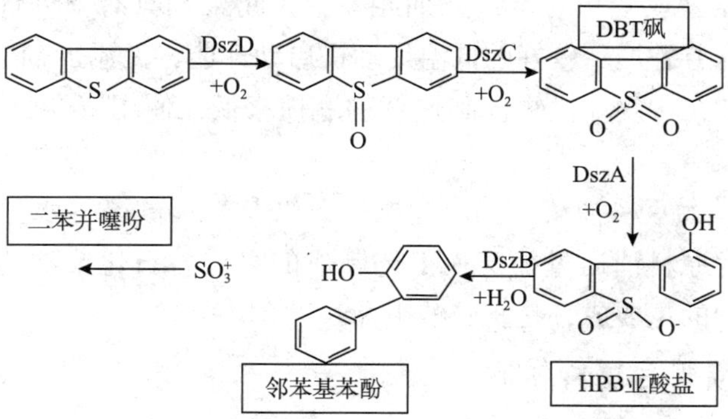

图 10-16　生物脱硫反应示意图

美国能量生物系统公司（EBC）于1997年在得克萨斯州伍德兰兹（Woodlands）设计建成反映最新研究成果的11.4L·d^{-1}生物脱硫中试装置。采用循环工艺，首先对石油进行氧化，然后再用生物催化剂进行处理。EBC与Kellogg（家乐氏）、Brown&Root（布朗路特公司）共同设计了一套柴油生物脱硫（BDS）装置，除加工该炼油厂的柴油（795m^3·d^{-1}）外，还副产新型芳烃磺酸盐商品（约4.54kt·a^{-1}）。

生物脱硫技术是常温、常压下使用选择性好的生物催化剂，对柴油馏分中难以脱除的二苯并噻吩类硫化物脱除效率高，其操作条件缓和、氢气消耗少、工艺简单，但是，要想在工业上得到大规模应用，还有待于基因工程的进一步发展以解决生物催化剂的稳定性和速度问题。

二、脱芳烃技术

（一）单段苛刻加氢精制脱芳烃技术

该技术的典型反应条件是：催化剂为Mo-Ni/Al_2O_3，压力为8～14Pa、温度为320～410℃、空速为0.5～3.0h^{-1}、氢油比为550～1100，适于加工硫、氮、芳烃含量高的柴油馏分，可获得芳烃体积分数小于10%的柴油。ABB、Lummus Crest等公司使用的Synshift工艺技术属于单段中压加氢改质技术，该技术可将催化裂解轻循环油中硫的质量分数由1.5090%降至0.0006%，芳烃的体积分数由67.7%降至18.5%，十六烷值由30.8提高至44.8。

（二）两段加氢脱芳烃技术

柴油加氢脱芳烃的另一种方法是先进行加氢精制，然后再利用高活性贵金属催化剂进行加氢的两段工艺技术。Engelhard De Meem公司和Raytheon公司共同开发的催化剂及技术属于脱硫、脱芳烃两段工艺。READRTM催化剂以Pt-Pd为金属加氢组分，以无定型硅铝小球为载体，具有较强的抗硫氮中毒能力。在第二段，脱芳烃催化剂在进料柴油硫质量分数为0.025%、氮质量分数为0.01%的条件下，仍有较高的脱芳烃活性。

三、生物柴油生产技术

作为能够代替柴油的生物柴油的出现不仅有效缓解了我国能源消耗过高的紧张局面，在环保方面也具有显著成效。与常规柴油相比，生物柴油具有下列优点：优良的环保特性，硫含量低，不含芳香烃；较好的低温发动机启动性能，无添加剂冷滤点达－20℃；较好的润滑性能，喷油泵、发动机缸体和连杆的磨损率低，使用寿命长；良好的燃烧性能，十六烷值高。

生物柴油主要以大豆、油菜、棉、棕榈等，以及工程微藻等水生植物油脂和动物油脂、餐饮垃圾油等为原料油通过酯交换工艺制成的可代替石化柴油的再生性清洁柴油燃料。商业化生物柴油的主要成分是脂肪酸甲酯。

（一）生物柴油调合燃料标准

美国等国家都在20世纪90年代后相继出台了生物柴油标准。目前中国生物柴油调合燃料标准是 GB 25199—2015，详见表 10－10。

表 10－10 B5 车用柴油（V）技术要求和试验方法

项目		质量指标			试验方法
		5 号	0 号	－10 号	
氧化安定性（总不溶物）/mg·100mL^{-1}	不大于	2.5			SH/T 0175
硫含量/mg·kg^{-1}	不大于	10			SH/T 0689
酸值（以 KOH 计）/mg·g^{-1}	不大于	0.09			GB/T 7304
10% 蒸余物残炭/%	不大于	0.3			GB/T 17144
灰分/%	不大于	0.01			GB/T 508
铜片腐蚀（50℃，3h）/级	不大于	1			GB/T 5096
水含量/%	不大于	0.030			SH/T 0245
机械杂质		无			GB/T 511
运动黏度（20℃）/mm^2·s^{-1}		2.5～8.0			GB/T 265
闪点（闭口）/℃	不低于	55			GB/T 261
冷滤点/℃	不高于	8	4	－5	SH/T 0248
凝点/℃	不高于	5	0	－10	GB/T 510
十六烷值	不小于	51			GB/T 386
密度（20℃）/kg·m^{-3}		810～850			GB/T 1884 GB/T 1885
馏程 50% 回收温度/℃ 90% 回收温度/℃ 95% 回收温度/℃	 不高于 不高于 不高于	 300 355 365			GB/T 6536
润滑性 校正磨痕直径（60℃）/μm	 不大于	460			SH/T 0765
生物柴油（脂肪酸甲酯，FAME）含量/%（体）		1.0～5.0			GB/T 23801
多环芳烃/%	不大于	11			GB/T 25963

（二）生物柴油生产原理

由于生产生物柴油的原料不同，其生产原理也不同。动植物油脂为原料生产生物柴油的原理是甘油酸酯与甲醇发生醇解反应；而用脂肪酸为原料时，则是脂肪酸与甲醇发生酯化反应。动植物油脂主要是废油或劣变油，如地沟油、泔水油、酸败油等，另外还有一些不能食用的野生植物油（如麻风籽油等）；脂肪酸主要来源于动植物油生产过程中产生的下脚料，如物理脱酸过程中得到的粗脂肪酸，用水化油脚或碱炼皂脚生产的酸化油等。

（三）生产工艺流程

生物柴油的生产方法分为物理法、化学法、物理化学法和生物法等多种，但目前真正用于工业生产并有实用价值的主要是化学法。本文只介绍化学法生产工艺。

化学法生产生物柴油的过程主要包括：

①酯交换，即油脂的醇解或脂肪酸的酯化。

②甲醇的精馏回收。

③粗品脂肪酸甲酯的精馏提纯。

④副产品甘油的提纯等。

核心工序是酯交换。当原料酸值低于4（一般以不高于2为宜）的油脂，生产生物柴油的工艺如下：

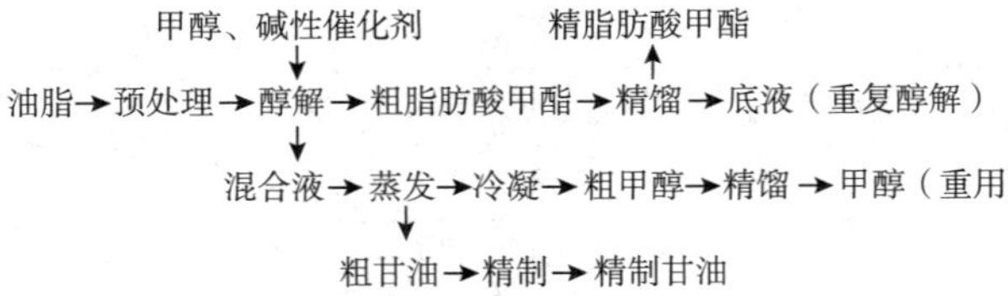

1）醇解工艺条件

采用碱性催化剂，也可用酸性催化剂。以碱性催化剂为好，可以在较低的温度和较短的时间内醇解完全，以避免低级脂肪酸在高温下挥发及不饱和脂肪酸氧化等不良结果。常用的碱性催化剂有：

①甲醇钠。效果最好，用量为油重量的0.1%～1%。

②氢氧化钠或氢氧化钾。醇油摩尔比为7：1比较合理，继续增大甲醇用量，效果不明显，反应压力为常压。理论上，加压有利于反应的进行，但增加了设备投资和工艺难度，一般为常压。反应温度在无甲醇回流系统时为64℃（不能高于甲醇的沸点64.5℃）；有甲醇回流系统时为65℃，建议设甲醇回流系统。搅拌要求充分，以保证脂肪酸、甲醇、催化剂充分接触。甲酯转化率可达95%。

2）粗脂肪酸甲酯提纯工艺条件

以粗脂肪酸为原料，生产生物柴油的工艺为真空精馏；操作残压≤3kPa；分别在248、262℃获得两个不同馏分，前者即为生物柴油（其甲酯含量达99%以上），后者为未反应的脂肪酸，可重复甲酯化。生产生物柴油的工艺如下：

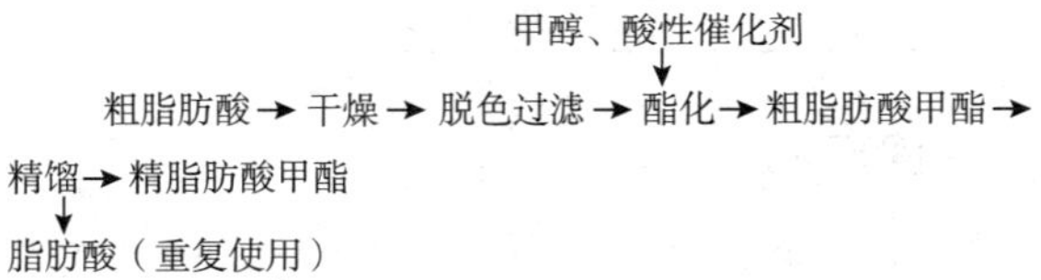

3）酯化工艺条件

催化剂为酸性催化剂。常用的有：

①浓硫酸（视原料与反应情况，用量为1%～20%不等）。

②HCl气体的甲醇饱和溶液（用量5%左右）。

③BF_3的甲醇溶液（用量12%～14%）。由于碱性催化剂可与脂肪酸反应，所以甲酯化不能用碱性催化剂。醇酸体积重量比（1～1.2）：1。甲醇用量越大，反应越完全，但反应后回收成本也越大。

实践表明，当醇酸体积重量比超过 1.2：1 时，继续增大甲醇用量，效果不明显，一般以（1～1.2）：1 比较合理。反应压力、温度及搅拌等工艺条件都与油脂醇解相同。另外，由于酯化反应过程中有水生成，反应系统应设置除水装置。无除水装置时，可在系统中添加吸水干燥剂。只有保证甲醇浓度在95%以上，反应才能充分有效地进行。

生物柴油在结构和性能方面更接近石油基燃料，作为一种代用能源显得越来越重要。生物柴油生产工艺正在向着多联产、节能、清洁化的方向发展，在未来生物柴油产业发展中，开发新型生产工艺和选择原料油源应是需要重点解决的两个问题。

参考文献

[1] 林世雄，等．石油炼制工程［M］.3 版．北京：石油工业出版社，2000.

[2] 侯祥麟，等．中国炼油技术［M］.2 版．北京：中国石化出版社，1991.

[3] 梁文杰．石油化学［M］. 山东：石油大学出版社，1995.

[4] J. H. Gary，G. E. Handwerk. Peroleum Refining—Technology and Economics，3rded［M］. Marcel Dekker Inc.，1994.

[5] 侯祥麟. Advances of Refining Technology in China［M］. Beijing：China Prtro chemical Press. 1997.

[6] 鲍杰，严国祥，邬晓风，合成 MTBE 非均相催化精馏过程数学模拟［J］. 化学工程，994，5：6－7.

[7] 赵延飞，晏乃强，吴旦，等，石油的非加氢脱硫技术研究进展［J］. 石油与天然气化工，2004，33（3）：177.

[8] 寿德清，山红红．石油加工概论［M］. 北京：石油大学出版社，1996.

[9] 陈绍洲，常可怡．石油加工工艺学［M］. 上海：华东理工大学出版社，1997.

[10] 张以祥，曹湘洪，史济春．燃料乙醇与车用乙醇汽油［M］. 北京：中国石化出版社，2004.

[11] 陈述卫．烷基化装置工艺技术方案比选［J］. 炼油技术与工程，2014，44（8）：35－38.

[12] 卜岩，郭蓉，侯娜．烷基化技术进展［J］. 当代化工，2012，41（1）：69－72.

[13] 靳爱民．首套固体酸烷基化装置开始建设［J］. 石油炼制与化工，2013，44（9）：65－66.

[14] 耿英杰．烷基化生产工艺与技术［M］. 北京：中国石化出版社，1993.

[15] 李劭，王昊，王曼曼．C5/C6 烷烃异构化技术及进展［J］. 当代化工，43（5）：858－862.

[16] 华炜．S Zorb 吸附剂及其工艺进展［J］. 中外能源，2013，18（3）：70－78.

[17] MEIER P F，REED L E，GREENWOOD G J. Removing gasoline sulfur［J］. Hydrocarbon Engineering，2001（6）：26－32.

[18] GISLASON J. Refiners sulfur dilemma：Phillips sulfur-removal process near commercialization［J］. Oil & Gas Journal，2001，99（47）：72－76.

[19] 孙征，佟芳华，高雪．汽油深度脱硫吸附剂研究进展［J］. 石化技术与应用，2011，29（4）：376－380.

[20] 冯丽娟，王振永，李春虎，等．汽油吸附脱硫研究进展［J］. 化学研究与应用，2006，18（11）：1257－1261.

[21] 董群，王德秋，张广源，等．流化催化裂化汽油脱硫固体吸附剂研究新进展［J］. 化学反应工程与工艺，2007，23（6）：560－566.

[22] 李宝忠，张忠清，王凤秀．汽油与柴油吸附脱硫技术研究与开发（I）——国内外发展现状［J］.

石油化工高等学校学报，2002，15（3）：31－35.
[23] 单佳慧，刘晓勤，岳军，等．吸附法深度脱除燃料油中硫化物的研究进展［J］．化工进展，2007，26（5）：651－656.
[24] BABICH I V，MOULIJN J A. Science and technology of novel processes for deep desulfurization of oil refinery streams：Areview［J］. Fuel，2003，82（6）：607－631.
[25] 林伟．氧化硅源和氧化锌颗粒大小对 S Zorb 吸附剂脱硫活性的影响［J］．石油学报：石油加工，2012，28（5）：739－743.
[26] 邹亢，黄南贵，徐广通．S Zorb 吸附剂 Rietveld 物相定量方法研究［J］．石油学报：石油加工，2012，28（4）：598－604.
[27] 李国忠，王登，宋华．燃料油液相吸附脱硫机理及研究进展［J］．精细石油化工，2011，28（2）：78－82.
[28] 余贺，赵基钢，侯晓明，沈本贤．S Zorb 反应吸附脱硫反应过程的热力学分析［J］．化工进展，2014，33（11）：2843－2847.
[29] 郭璇，朴香兰，朱慎林．清洁柴油生产技术进展［J］．化工环保，2004，24（2）：99－102.
[30] 李文波，李玉道，王海瑛．国外清洁汽油生产技术进展［J］．化工环保，2002，22（3）：173－176.
[31] 李维彬，张浩，田淑梅，张淑艳，邴淑秋．石油加工中生物脱硫技术的进展［J］．炼油与化工，2007（04）：4－7；56.
[32] 周秀杰．柴油非加氢脱硫工艺进展［J］．石化技术，2013（02）：61－65.

第十一章 润滑油基础油的生产

随着机械设备制造技术的飞速发展以及节能环保意识的不断增强，润滑油产品的升级换代受到高度重视。未来基础油产品的发展趋势向着高黏度指数、低倾点、低硫或无硫、低挥发度、更长的使用寿命方向发展。

基础油是润滑油的主要成分，决定着润滑油的基本性质，润滑油基础油的性能与其化学组成有密切关系，见表 11－1。

表 11－1　基础油化学组成对其性质的影响

性能	化学组成影响	解决方法
黏度	馏分越重黏度越大。沸点相近时，烷烃黏度小，芳烃黏度大，环状烃居中	蒸馏切割馏程合适的馏分
黏温特性	烷烃黏温特性好，环状烃黏温特性不好，环数越多黏温特性越差	脱除多环短侧链芳烃
低温流动性	长链烃凝点高，低温流动性差	脱除高凝点的烃类
抗氧化安定性	非烃类化合物安定性差。烷烃易氧化，环烷烃次之，芳烃较稳定。烃类氧化后生成酸、醇、醛、酮、酯	脱除非烃类化合物
残炭	润滑油中的多环芳烃、胶质、沥青质是形成残炭的主要物质	提高蒸馏精度，脱除胶质沥青质
溶解能力	溶解能力指对添加剂和氧化产物的溶解能力。一般来说，烷烃的溶解能力差，芳烃的溶解能力强	—
闪点	安全性指标。馏分越轻闪点越低，轻组分含量越多闪点越低	蒸馏切割馏程合适的馏分，并汽提脱除轻组分

综合表 11－1 分析可知，异构烷烃、少环长侧链烃是润滑油的理想组分；胶质沥青质、短侧链多环芳烃以及流动性差的高凝点烃类为润滑油的非理想组分。

通过常减压蒸馏得到的润滑油原料只是按馏分轻重或黏度大小加以切割的，其中必然含有许多对润滑来说很不理想的成分，要制成合乎质量要求的基础油须经过一系列的加工过程，以除去非理想的烃类组分和非烃类杂质。即基础油的生产目的就是脱除润滑油原料中的非理想组分。

基础油的生产有物理法和加氢处理法。

我国主要以物理法生产基础油，经过多年的工业实践已总结出一套成熟的工艺方法，即溶剂精制－溶剂脱蜡－白土补充精制，通称为“老三套”工艺。具体过程包括：

（1）常减压蒸馏切割得到各种馏程的润滑油馏分和减压渣油（减压渣油经溶剂脱沥青得到残渣润滑油馏分）；

（2）溶剂精制除去各种润滑油馏分中的非理想组分；

（3）溶剂脱蜡以除去高凝点组分，降低其凝点；

（4）白土或加氢补充精制。

物理法生产基础油受原油本身化学组成的限制很大，低硫石蜡基原油是润滑油的良好原料。

润滑油溶剂精制与溶剂脱蜡又有两种流程：先精制后脱蜡称为正序流程；先脱蜡后精制称为反序流程。两种流程各有特色，正序流程可以副产蜡产品，而反序流程可以副产凝点较低的高附加值抽出油。本书介绍的为正序流程。究竟采用哪一种更好，要视原料的含蜡量、装置的设备处理能力大小、蜡是否需要精制等多种因素决定。

近几十年来，基础油生产技术不断取得了新的突破，加氢工艺逐步取代传统的溶剂精制（老三套）技术；但是，国内基础油生产工艺仍以传统“老三套”为主，产品质量只能达到API Ⅰ及Ⅱ类标准。目前部分炼厂建设的加氢基础油生产装置合计产能已超过1Mt·a^{-1}。

第一节　溶剂脱沥青

溶剂脱沥青是以液态的丙烷等小分子烃类为抽提溶剂，将渣油分离成残炭、重金属、硫和氮含量均较低的脱沥青油和含“油分”较少的脱油沥青的工艺过程。该工艺技术始于1936年，国外至今已有近200套。我国也有相当数量的装置，单套装置的规模为0.25～0.4Mt·a^{-1}。因多以丙烷作为溶剂，故称丙烷脱沥青。

溶剂脱沥青工艺是从减压渣油制取高黏度润滑油基础油、催化裂化或加氢裂化原料油的一个重要加工过程，也是生产微晶蜡必不可少的关键环节。其工艺概述见表11－2及图11－1。脱沥青油中含有较多的多环长侧链芳烃，它不但有较高的黏度和很好的抗氧化性，而且对添加剂及氧化产物有很好的溶解能力，所以国外对重负荷柴油机的基础油规定必须加入一定的脱沥青油。

表11－2　溶剂脱沥青工艺概述

原料	减压渣油		
工艺原理	溶剂抽提分离（液液萃取）		
主要设备	抽提塔		
工艺条件	温度50～90℃、压力3～4MPa，溶剂比6～8（体积）		
产品	脱沥青油		脱油沥青
产品特性	残炭值低、色泽好、安定性好	残炭值低、金属含量少	含“油分”少、含蜡量少
产品用途	制取高黏度润滑油基础油	重油催化裂化原料	生产高质量的沥青产品
所用溶剂	丙烷	丁烷	丙烷或丁烷

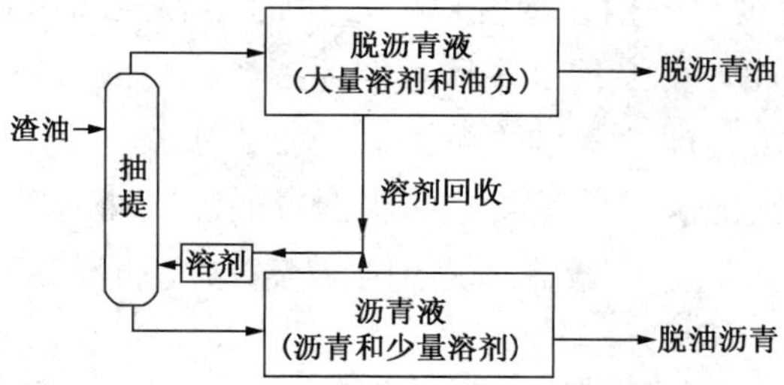

图 11－1　溶剂脱沥青工艺概述

一、丙烷脱沥青的原理

图 11－2 表示某渣油在丙烷溶剂中的溶解度与温度的关系。温度＜23℃时，由于石蜡及胶质、沥青质不溶于丙烷，系统分为两相，随着温度升高，溶解能力逐渐加大。23～40℃区间，丙烷与原料互溶成为一相。但由于丙烷常温常压下呈气态，加压后才呈液态，当升到临界状态时，溶剂表现为气体性质，它将不溶解溶质而将溶质全部析出。这种变化是逐渐形成的，即在靠近临界温度而未达到临界温度的某一区域（40～96.84℃）内，随着温度的升高，丙烷密度减小（液体性质减弱、气体性质增强），丙烷对渣油的溶解度降低。

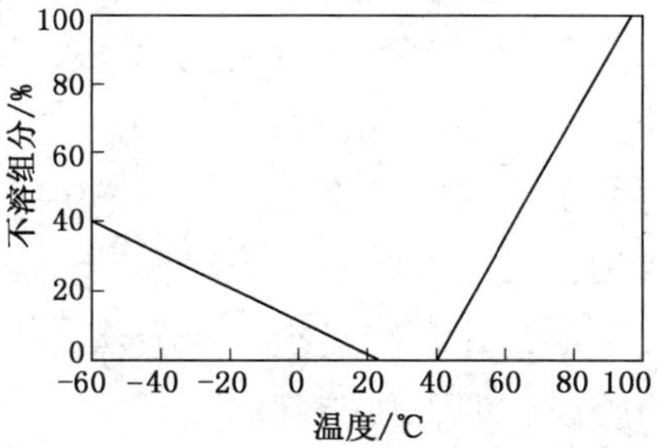

图 11－2　丙烷－渣油体系溶解度原理图

［丙烷：渣油＝2：1（体积比）］

低温段，溶质全部溶解于溶剂中的温度称为临界溶解温度 t_1（如图 11－2 的 23℃）。温度继续升高开始有溶质析出的温度称为第二临界溶解温度 t_2（如图 11－2 的 40℃）。分为两相的温度与渣油各组成在丙烷中的溶解度有关，溶解度越小，析出的温度越低。丙烷对渣油中各组分的溶解度大小的排列次序为烷烃＞环烷烃类＞高分子多环烃类＞胶质、沥青质。自丙烷临界温度以下至40℃范围内，随着温度升高，最先析出的是胶质、沥青质，并按溶解度的大小，逐步析出溶在丙烷中的油分；当溶液的温度接近丙烷的临界温度（96.84℃）时，丙烷中所有渣油组分全部析出。利用这一特性，可采用不同的温度将渣油分离成密度、黏度和残炭值不同的组分。

由以上分析可知，比 t_1 低或 t_2 高的温度范围都能形成两相。但是，在前一温度范围固体烃（蜡）会和沥青同时分出而不适宜采用。因此，工业上丙烷脱沥青装置都是在第二临界溶解温度 t_2 以上的温度下操作的，最高温度为溶剂的临界温度（丙烷的临界温度为96.84℃）。在此温度范围内，丙烷对渣油中的饱和烃和单环芳烃等（在炼厂常把这部分称为油分）溶解能力很强，对多环和稠环芳烃溶解能力较弱，而对胶质和沥青质则很难溶解甚至基本不溶，即“溶油不溶沥青”。利用这一特性，通过调节适应的温度等操作条件，将渣油分离成满足质量要求的脱沥青油和脱油沥青。所得脱沥青油的残炭值及金属含量较低、H/C 原子比较高，达到生产高黏度润滑油和改善催化裂化进料的要求。

二、丙烷脱沥青的工艺流程

丙烷脱沥青的工艺流程包括抽提和溶剂回收两部分。因生产目的不同，所采用的抽提方法及溶剂回收方法各异，溶剂脱沥青工艺流程有多种形式。工业上应用最广泛的是亚临界溶剂抽提－近临界溶剂回收工艺流程。其主要特点是以生产高黏度润滑油基础油为目的、抽提塔在低于临界点的条件下操作、溶剂回收在近临界条件下进行。下面分抽提和溶剂回收两部分作介绍。

（一）抽提部分

抽提的任务是把丙烷溶剂和原料油充分接触而将原料油的润滑油组分溶解出来，使之与胶质、沥青质分离。

图 11－3 为一种两段抽提流程示意图。抽提部分的主要设备是抽提塔，工业上多采用转盘塔。抽提塔内分为两段，下段为抽提段，上段为沉降段。原料（减压渣油）经换热降温至合适的温度后进入第一抽提塔的中上部，循环溶剂由抽提塔的下部进入。由于两相的密度差较大（油的相对密度为0.9～1.0，丙烷为0.35～0.4），二者在塔内逆流流动、接触，并在转盘搅拌下进行抽提。减压渣油中的胶质、沥青质与部分溶剂形成的重液相向塔底沉降并从塔底抽出，送去溶剂回收后得到脱油沥青。脱沥青油与溶剂形成轻液相经升液管进入沉降段。沉降段中由加热管提高轻液相的温度，使溶剂的溶解能力降低，其目的是保证轻液相中的脱沥青油的质量。

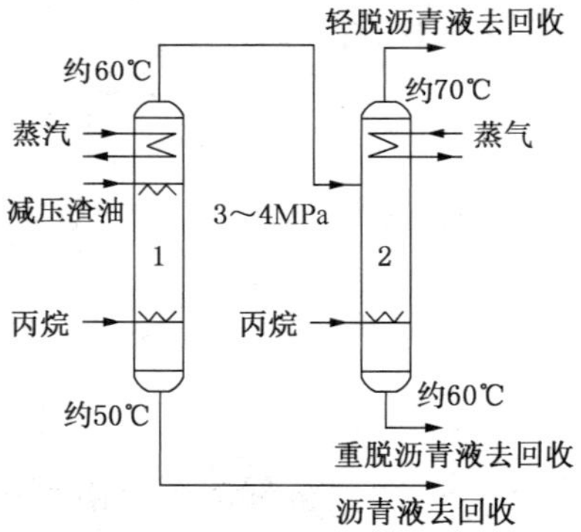

图 11－3　一种两段抽提流程

由第一个抽提塔来的提余液在第二抽提塔内再次用丙烷抽提，塔顶出来的称轻脱沥青液，塔底出来的称为重脱沥青液。经溶剂回收后分别得到质量不同的轻脱沥青油（残炭值一般<0.7%）和重脱沥青油（残炭值一般>0.7%）。轻脱沥青油作为润滑油料，重脱沥青油作为催化裂化原料，也可作为润滑油的调合组分。

两段抽提流程可以得到三种产品，操作比较灵活，可以同时生产出高质量的轻脱沥青油和脱油沥青。如果只用一个抽提塔（称为一段法），在生产低残炭值的脱沥青油和高标号沥青时，两者质量难以同时兼顾。两段法抽提的流程还有其他的形式，如有的是由第一抽提塔塔顶得轻脱沥青液，第二抽提塔塔顶得重脱沥青液、塔底得沥青液。

但两段法设备较复杂，能耗较大。故在产品的数量与品种能满足要求的情况下，尽可能用一段法。在一段脱沥青时输入抽提塔的丙烷分为两部分：一部分称为主丙烷起主要抽提作用；另一部分的丙烷量较少，是从抽提塔底输入的，能使沥青中部分润滑油能得到再次抽提，从而提高脱沥青油收率，这一部分丙烷称为副丙烷。

在低温下，减压渣油的黏度很大，不利于进行抽提，因此抽提塔的操作温度要稍高些。为了保证溶剂在抽提塔内为液相状态，操作压力应比抽提温度下丙烷的蒸气压高0.294~0.392MPa。工业丙烷脱沥青装置抽提塔采用的一般操作条件为：温度50~90℃、压力3~4MPa，溶剂比6~8（体积比）。采用的溶剂不同时，抽提操作的温度及压力须作相应的改变。

（二）溶剂回收部分

溶剂回收系统的任务就是从抽提塔中引出的轻、重脱沥青油溶液和沥青液中回收丙烷以便循环使用，同时得到轻脱沥青油、重脱沥青油以及脱油沥青等产品。

丙烷在常压下沸点为-42.06℃，通过降低压力可以很容易地回收溶剂。但回收的气体溶剂又需加压液化才能循环使用，能耗高。所以，要考虑选择合适的回收条件，尽量使丙烷呈液态回收，或使蒸馏出来的气态丙烷能用冷却水冷凝成液体，减少对丙烷气的压缩，节省动力。

图11-4为一种典型的丙烷脱沥青工艺原理图，其溶剂回收由四部分组成，即轻脱沥青液溶剂回收、重脱沥青液溶剂回收、脱油沥青液中溶剂回收、低压溶剂回收。

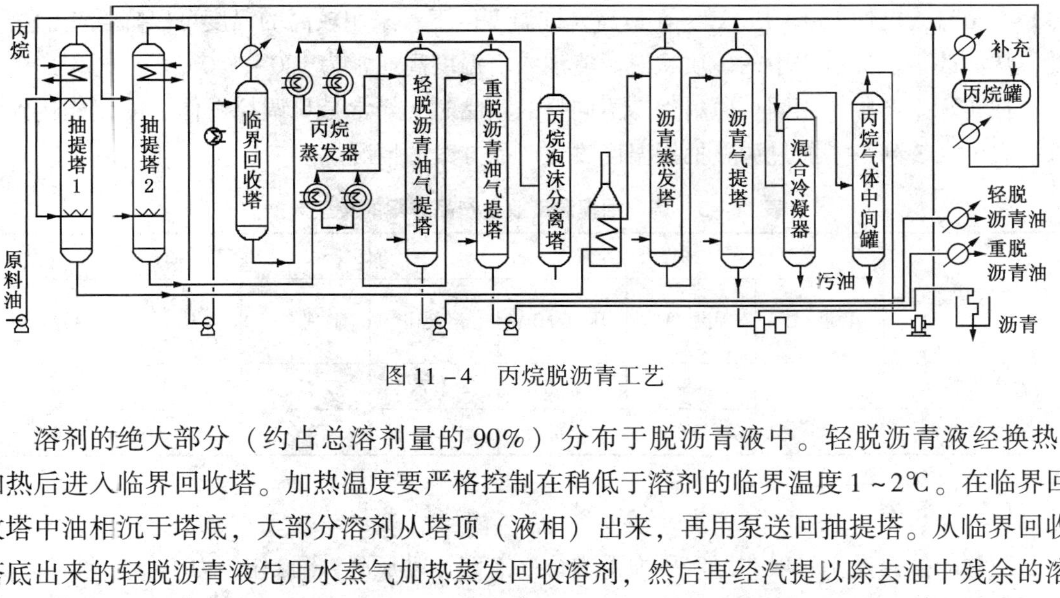

图11-4 丙烷脱沥青工艺

溶剂的绝大部分（约占总溶剂量的90%）分布于脱沥青液中。轻脱沥青液经换热、加热后进入临界回收塔。加热温度要严格控制在稍低于溶剂的临界温度1~2℃。在临界回收塔中油相沉于塔底，大部分溶剂从塔顶（液相）出来，再用泵送回抽提塔。从临界回收塔底出来的轻脱沥青液先用水蒸气加热蒸发回收溶剂，然后再经汽提以除去油中残余的溶剂。由气提塔塔顶出来的溶剂蒸气与水蒸气经冷却分离出水后，溶剂蒸气经压缩机加压，冷凝后重新使用。重脱沥青液和脱油沥青含溶剂相对少些，可直接经过蒸发和汽提两步来回收其中的溶剂。

三、影响溶剂脱沥青的主要因素

影响溶剂脱沥青过程的主要操作因素有温度、溶剂组成、溶剂比、压力和原料油的性质。以下讨论各因素对亚临界溶剂抽提过程的影响。

（一）温度

改变温度会改变溶剂的溶解能力，从而影响抽提过程，操作温度越靠近临界温度则温度的影响越显著。因此，调整抽提过程各部位的温度常常是调整操作的主要手段。为了保证脱沥青油的质量和收率，抽提塔内的温度是顶高、底低，形成温度梯度。

抽提塔顶部温度提高，溶剂的密度减小、溶解能力下降、选择性加强。脱沥青油中的胶质、沥青质少，残炭值低，但收率降低。抽提塔底部温度较低时，溶剂溶解能力强，沥青中大量重组分被溶解，因而沥青中含油量减少，软化点高，脱沥青油收率高。可见，适宜的温度梯度是保证产品质量和收率的重要条件，温度梯度通常为20℃左右。顶部温度可通过改变顶部加热盘管蒸汽量来调节，而底部温度由溶剂进塔温度决定。

塔顶、塔底的温度高低应根据原料性质、脱沥青油及沥青质量要求而定。对胶质、沥青质含量多的原料，轻脱沥青油残炭要求不大于0.7%时，塔顶、塔底温度都相应高些，顶部温度高以保证轻脱沥青油的质量，底部温度高主要考虑减少油品的黏度，以保证抽提效率。

不同的溶剂要求的抽提温度也不同，常用溶剂的抽提温度为：丙烷50～90℃；丁烷100～140℃；戊烷150～190℃。在最高允许温度以下，采用较高的温度可以降低渣油的黏度，从而改善抽提过程中的传质状况。渣油入塔温度高通常为120～150℃。

在实际生产中，用同一原料生产不同目的产品时，经常是只调控操作温度就能达到要求。表11－3列举了通过调整抽提温度改变产品方案的情况。

表11－3　调整抽提温度改变产品方案的典型数据

产品方案	抽提塔操作条件				轻脱沥青油		
	顶温/℃	底温/℃	压力/MPa	溶剂比	收率/%	100℃黏度/ $mm^2 \cdot s^{-1}$	残炭/%
普通润滑油	63	48	3.43	3.7	27	24.6	0.9
航空润滑油	75	50	3.43	3.7	23	21.3	0.7

（二）压力

正常的抽提操作一般在恒定压力下进行（忽略流动压降），操作压力不作为调节手段。在选择操作压力时必须注意两个因素：

①为了保证抽提操作是在双液相区内进行，对某种溶剂和某个操作温度都有一个最低限压力，此最低限压力由体系的相平衡关系确定，操作压力应高于此最低限压力。

②在近临界溶剂抽提或超临界溶剂抽提的条件下，压力对溶剂的密度有较大的影响，因而对溶剂的溶解能力的影响也大。

（三）溶剂组成及溶剂比

1. 溶剂组成

各种低分子烷烃都有一定的脱沥青能力，但效果不同。从表11－4可知：乙烷对渣油溶解度小，脱沥青油收率低，丁烷以上的低分子烷烃对渣油溶解能力强，对油和胶质、沥青质选择性差，一部分胶质、沥青质未被除去，脱沥青油质量差；而丙烷既具有一定的溶解能力，又有较好的选择性。因此，与其他低分子烷烃相比，丙烷是良好的脱沥青溶剂，特别适合于用作生产润滑油料。当目的产品为催化裂化或加氢裂化原料时，则多采用丁烷或戊烷作溶剂。为了调节溶剂的溶解能力和选择性，或受溶剂来源限制，也可采用混合溶剂。

表11－4　几种溶剂的脱沥青效果

溶剂	脱沥青油				脱油沥青
	收率/%	残炭/%	d_4^{20}	100℃黏度/mm·s^{-1}	软化点/℃
乙烷	11.0	0.07	0.909		软
丙烷	75.0	2.35	0.950	18	80
丁烷	88.8	5.12	0.965	23	153
戊烷	95.2	6.23	0.969	41	163

在实际生产中，工业溶剂不可能是单一的溶剂，而溶剂的组成直接影响脱沥青的结果。比如一般工业丙烷来源于催化裂化气体分馏装置，丙烷中会含有其他烃类，由于各种烃类的基本性质不同（见表11－5）而影响抽提操作及效果。因此对溶剂的其他组分含量要加以限制，如对于生产重质润滑油为主的丙烷脱沥青装置，为了保证脱沥青油质量与收率，降低溶剂比，减少溶剂消耗，对丙烷溶剂的要求是：丙烷含量不小于80%，C_2不大于2%，C_4不大于4%，丙烯含量也要尽量低。

溶剂组成不同要求的适宜操作条件也不同。

表11－5　几种溶剂的正常沸点及临界参数

名称	常压沸点/℃	临界温度/℃	临界压力/MPa
乙烷	－88.60	32.18	4.87
丙烷	－42.07	96.81	4.26
异丁烷	－11.27	134.98	3.65
正丁烷	－0.5	152.01	3.80
异戊烷	27.85	187.80	3.32
正戊烷	36.07	196.62	3.37

2. 溶剂比

溶剂比为溶剂量与原料油量之比，有体积比和质量比之分，工业上多用体积比。溶剂比的大小对脱沥青过程的经济性、脱沥青油的收率和质量、过程的能耗都有重要影响。

以丙烷作溶剂为例，当少量丙烷加入到渣油中时，完全互溶，这时只是降低了渣油的黏度，而无沥青析出。继续加入丙烷，渣油中油分的浓度就不断降低，胶质和沥青质仍不会析出。其原因是靠渣油的油分对它们溶解，当丙烷增加到一定量时，渣油中的油分的浓度更低了，以至不能溶解渣油中的全部胶质、沥青质，于是它们就从溶液中分离出来。此时溶液分成两层，上层为溶有脱沥青油的丙烷层，下层为黏度较大的溶有丙烷的沥青层。此时分出的沥青软化点较低，因为胶质、沥青质黏度很大，溶剂不能将其中油分完全溶解分出。所得到的脱沥青油中也还含有少量胶质、沥青质，再继续增加丙烷达到渣油体积的3～4倍时，沥青层中的油分更多地溶于丙烷，沥青层黏度增大，软化点升高。与此同时，脱沥青油中的胶质、沥青质也进一步分离出来。对于制取润滑油原料来说，这样的溶剂比已足够了。溶剂比再加大时，丙烷层中的胶质、沥青质不会继续分出，而由于丙烷量的增加，溶进丙烷层中的胶质、沥青质增多，使脱沥青油残炭反而升高。图11－5和图11－6示出了脱沥青油收率及其残炭值与溶剂比之间的关系。由图11－5可见，溶剂比一定时，丙烷对油分的溶解度随着抽提温度的升高而减小，脱沥青油的收率、残炭均降低。在工业装置的抽提温度范围内（60～90℃），一定温度下，脱沥青油收率随着溶剂比的增大而提高；脱沥青油的残炭值随着溶剂比的增加而先减后增，曲线的转折点大约在溶剂比为6：1时。丙烷用量大小关系到装置设备大小和能耗，因此确定丙烷用量的原则应该是：在满足产品质量和收率的要求下，尽量降低溶剂比。在一定温度下，对于不同的原料和产品，都有一个适宜的溶剂比。丙烷脱沥青装置使用的溶剂比一般为（4：1）～（6：1）（体）。

在原料油进入抽提塔之前，多先用部分溶剂对原料油进行预稀释以降低渣油的黏度，改善传质状况，这部分溶剂的量一般为原料量的0.5～1.0倍（体）。

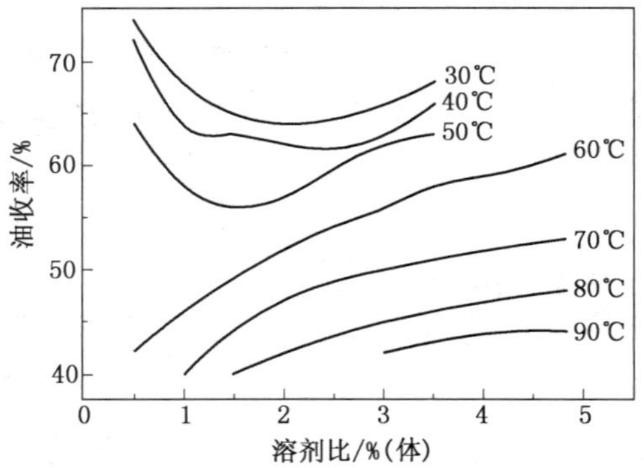

图11－5 脱沥青油收率与溶剂比的关系

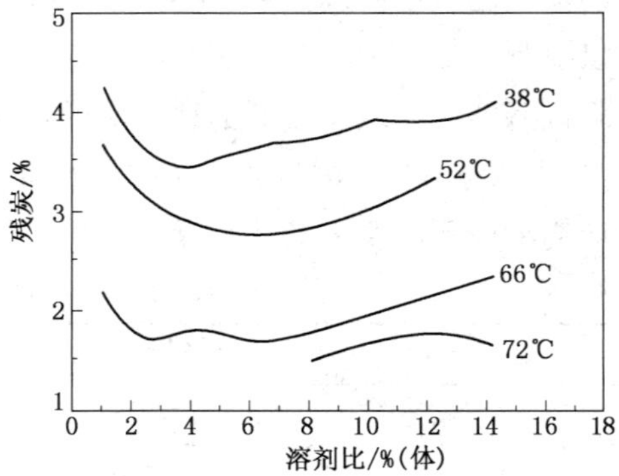

图11－6 脱沥青油的残炭与溶剂比的关系

（四）原料油性质

一般情况下，在正常生产时，原料油的组成、性质不会被当作调整操作的参数。但是原料油的组成、性质与抽提效果有着密切的关系。当原料油的组成、性质发生变化时，有关的操作参数须及时作必要的调整。

渣油中油分含量多时，为使胶质、沥青质分离出来，所需的溶剂比就得大，脱沥青油收率也高，相应黏度较低。原料中含油量少而又需制取低残炭值的残渣润滑油时，所得脱沥青油黏度高、收率低，所需溶剂比虽小，但必须采用比较苛刻的操作条件。由于其中润滑油组分的化学结构接近于胶质，所以，必须提高抽提温度，以提高丙烷的选择性，才能保证脱沥青油的质量。

原料油的组成、性质不仅取决于原油性质，而且与减压蒸馏的拔出深度有关，拔出越深渣油越重，油分含量越低。在生产催化裂化原料时，也有将糠醛抽出油、催化裂化油浆掺混入减压渣油作为脱沥青原料。这样可以改善脱沥青装置的原料性质（如黏度降低、密度增大），从而改善抽提操作。此外，在有利于重油催化裂化操作的同时，也降低了脱油沥青的蜡含量，提高了沥青质量。

四、超临界技术在渣油脱沥青中的应用

传统的溶剂脱沥青过程是在溶剂的临界点以下的温度、压力条件下进行的操作。为了降低操作能耗，超临界溶剂抽提和超临界溶剂回收的技术应用得到重视和发展。

当溶剂处于其临界温度以上及高于其临界压力的条件时，此溶剂即处于超临界流体状态。超临界流体的最大特性是气液不分，但可以通过改变压力、温度来使流体具有液体或气体的性质，在这个变化过程中不需相变热。

超临界流体具有类似液体的密度及溶解能力，与液体溶剂相比，超临界流体的黏度小、扩散系数大，对传质和相间分离十分有利。用超临界溶剂对渣油进行脱沥青抽提时，由于超临界流体的黏度低、传质速率高，以及轻液相与重液相的密度差大，容易分层等原因，抽提塔的结构可以大为简化，其体积也可以缩小。从试验室研究和工业试验的结果来看，甚至在渣油和溶剂经过静态混合器后，只需进入一个沉降器（代替抽提塔）就可完成抽提和分层的任务。

溶剂脱沥青过程使用大量的溶剂，回收单元的投资和操作费用对整个装置的经济效益有重要影响。传统的回收方法是将溶液加热使其中的溶剂蒸发，这种方法的能耗较大。能耗大的主要原因是溶剂汽化时需大量的蒸发潜热。近年来，近临界溶剂回收（在一些文献中也称作准临界回收或临界回收）和超临界溶剂回收技术的应用使溶剂回收的能耗有了显著的降低。在超临界条件或近临界条件下，溶剂的密度对温度、压力的变化比较敏感，通过恒压升温、或恒温降压、或同时升温降压等手段可以较大地减小溶剂的密度，从而也降低了溶剂的溶解能力。当溶剂的密度降低到一定程度时（例如 0.2g/mL 以下），溶剂对脱沥青油的溶解能力已经很低，溶剂与脱沥青油分离成轻、重两个液相，从而达到回收溶剂的目的。采用此方法可以把提取液中的绝大部分溶剂分离出来，残存在脱沥青油中的少量溶剂可经进一步的汽提分出。在上述的分离过程中，由于没有经历由液相到气相的相变化，不需要提供汽化潜热，因而降低了能耗。据报道，与蒸发回收相比，其能耗可降低 28%。

利用超临界流体的溶解能力随温度、压力（密度）而连续变化的特点，超临界流体抽提可以有两种原理流程。第一种流程的特点是：抽提段和回收段保持相同的温度，抽出相经减压使超临界流体丧失对溶质的溶解能力达到分离溶质、回收溶剂的目的，溶剂经增压循环使用。第二种的特点是：抽提段和回收段的压力保持不变，抽出相经加热升温使超临

界流体丧失对溶质的溶解能力，分出溶质、回收溶剂，溶剂经冷却至抽提所需温度循环使用。当然，还可以设计既升高温度又降低压力的流程，但要从能耗高低来考虑如何选择流程。

工业上已有的溶剂脱沥青装置的抽提塔绝大多数是在溶剂的临界点以下操作。近临界溶剂回收方法方便易行，节能效益也很好，因而得到了广泛的应用。若抽提部分是在超临界条件下操作，操作压力和温度都较高，则采用超临界溶剂回收方法可能更合适。在实际应用中，超临界流体所处的条件范围多采用对比温度 T_r 为1.0～1.2、对比压力 P_r 为1.5～2.5。

第二节　润滑油的溶剂精制

在减压馏分油和丙烷脱沥青油中含有多环短侧链芳烃，含硫、含氮、含氧化合物和胶质等润滑油非理想组分，它们的存在会造成油品黏度指数低、抗氧化安定性差、酸值高、腐蚀性强、颜色深。为使产品能达到润滑油基础油的要求，必须除去这些非理想组分。常用的精制方法有：酸碱精制、溶剂精制、吸附精制、加氢精制等。目前，我国主要采用溶剂精制法，其工艺基本情况见表11－6及图11－7。

表11－6　溶剂精制工艺概述

原料	减压馏分油、丙烷脱沥青油	
工艺原理	液－液抽提（或萃取）分离	
主要设备	抽提塔	
工艺条件	温度60～120℃，压力0.5MPa，溶剂比3～6（体积比）	
产品	精制油	抽出油
产品特性	黏度指数、抗氧化安定性、酸值、腐蚀性、颜色、残炭等符合规格要求	富含多环芳烃，含硫、含氮、含氧化合物和胶质
产品用途	制取润滑油基础油	提取橡胶操作油、调合燃料油
所用溶剂	糠醛、酚、*N*-甲基吡咯烷酮（简称NMP）	

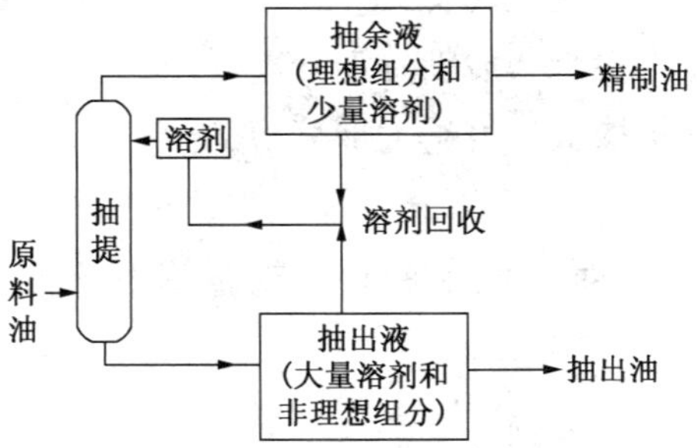

图11－7　溶剂精制基本工艺原理

一、溶剂精制原理

（一）精制原理

溶剂精制的原理就是利用某些有机溶剂对润滑油原料中所含的各种烃类具有不同溶解度的特性，非理想组分在溶剂中的溶解度比较大，而理想组分在溶剂中的溶解度比较小。这样在一定条件下，可将润滑油原料中的理想组分与非理想组分分开。这种分离过程属于液－液抽提（或萃取）过程。由于是物理过程，精制油品的收率取决于原料油中理想组分的含量，因此，生产润滑油的原料选择至关重要。

（二）理想溶剂

同一原料中非理想组分的极性和密度均比理想组分的要大，因此其溶剂一般要求具有较强的极性和较大的密度，同时还需考虑溶剂回收循环使用。所以，作为理想的精制溶剂应具备下述条件：

①选择性好，对非理想组分的溶解能力强，以保证精制油品的质量；对理想组分溶解力小，以提高精制油收率。

②溶解能力强，有利于采用较低溶剂比，降低装置能耗。

③与油有较大的密度差，黏度小，有利于逆相流动、传质和分离。

④与油有较大的沸点差，易回收；沸点过高，回收成本高；沸点过低，则需高压回收，成本也大。

⑤应有较高的化学安定性、热安定性、抗氧化安定性，能反复循环使用。

⑥无毒或毒性小，不易燃易爆，对设备腐蚀性小。

⑦来源方便，价格便宜。

实际上，这些条件同时都达到的溶剂是不存在的。比如，溶剂的选择性与溶解能力常常是矛盾的，即选择性强的溶剂其溶解能力小。随着温度的升高，油品在溶剂中的溶解度增加，但选择性降低。溶剂的选择性是指溶剂对润滑油的理想组分与非理想组分的溶解度差别，溶解度相差越大，则溶剂选择性越好。

（三）常用溶剂

目前工业使用的溶剂主要有糠醛、酚和 NMP（*N*-甲基吡咯烷酮）三种，每种溶剂均有自己的优点和不足之处，还没有一个全面性质均佳的溶剂。三种溶剂的性质见表 11－7，实际使用中的表现比较见表 11－8。

表 11－7　三种主要溶剂的性质

性质	糠醛	酚	NMP
分子式	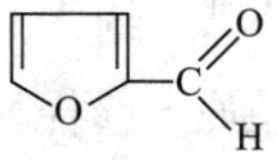	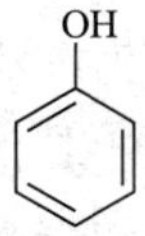	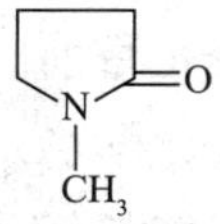
相对分子质量	96.03	94.11	99.13

续表

性质		糠醛	酚	NMP
25℃密度/g·cm^{-3}		1.159	1.071	1.029
沸点/℃		161.7	181.2	201.7
熔点/℃		-38.7	40.97	-24.4
与水生成的共沸物	常压共沸点/℃	97.45	99.6	（不产生）
	共沸物含溶剂/%	35.0	9.2	—
20℃时在水中溶解度/%		5.9	8.2	—
比热容/kJ·kg^{-1}·K^{-1}		1.742	2.349	1.758
蒸发潜热/kJ·kg^{-1}		446.3	478.6	482.6

表 11-8　三种主要溶剂的使用性能比较

性质	糠醛	酚	NMP
相对成本	1.0	0.36	1.5
适用性	极好	好	很好
选择性	极好	好	很好
溶解能力	好	很好	极好
稳定性	好	很好	极好
腐蚀性	有	腐蚀	小
毒性	中	大	小
乳化性	低	高	中
剂油比大小	中等	低	很低
抽提温度	中等	中等	低
精制油收率	极好	好	很好
产品颜色	很好	好	极好
能量费用	中	中	低
投资	中	中	低
操作费用	中	中	低
维修费用	低	中	低

从表中数据可见，三种溶剂各有优缺点，选用时须结合具体情况综合考虑。在我国糠醛的价格较低，来源充分（我国是糠醛出口国），适用的原料范围较宽（对石蜡基和环烷基原料油都适用），毒性低，与油不易乳化而易于分离，加以工业实践经验较多。因此，糠醛是目前国内应用最为广泛的精制溶剂，约占总处理能力的 80%。NMP 在溶解能力和热及化学稳定性方面都比其他两种溶剂强，选择性则居中，所得精制油质量好、收率高，装置能耗低。加之该溶剂毒性小、安全性高，使用的原料范围也较宽，全世界 NMP 精制在润滑油精制中所占比例已超过了 50%。过去 NMP 不能国产化，应用受限；现在 NMP 已

经国产化，采用NMP比例正逐步扩大。虽然酚的溶解能力强，但毒性大，适用原料范围窄，已被逐渐淘汰。

二、糠醛精制工艺流程

不同溶剂的精制原理相同，在工艺流程上也大同小异。现阶段我国应用最多的是糠醛精制，因此给予重点介绍，其余两种精制方法请自行参阅其他的有关资料。

糠醛精制工艺流程见图11－8，该流程包括溶剂抽提、溶剂回收和溶剂干燥三个部分。工艺流程已充分考虑了糠醛对热和氧不稳定、与水生成共沸物、含水会降低溶解力等特性。

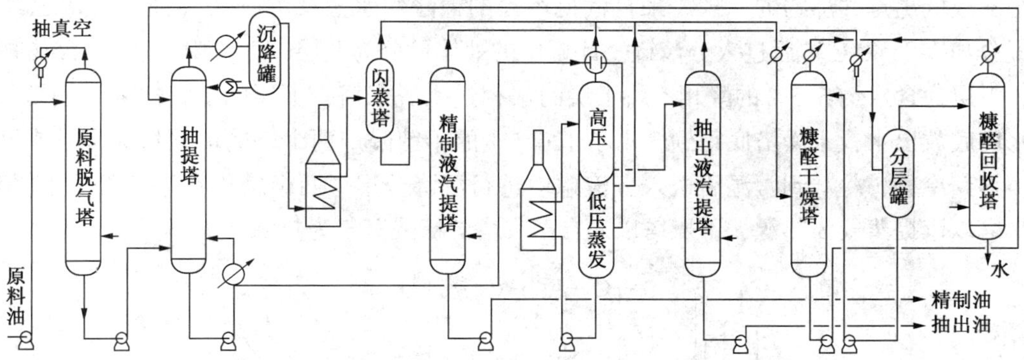

图11－8　糠醛精制工艺流程

（一）糠醛溶剂抽提

原料油经换热后先进入原料脱气塔，在真空、水蒸气汽提下脱除原料油中溶解的氧，以防止糠醛与氧作用生成酸性物，并进而缩合生成胶质，造成设备的腐蚀和堵塞。脱气后的原料油从抽提塔下部进入，糠醛从塔的上部进入，依靠密度差使两股液流在塔内逆向流动进行萃取。油中的非理想组分溶解进入糠醛相至塔底出抽出液（提取液），油中的理想组分不断上升至塔顶出精制液（提余液）。

（二）溶剂回收

溶剂回收的能耗可占到溶剂精制总能耗的75%～80%，它包括精制液和抽出液两个系统。精制液中含溶剂少，而抽出液中含糠醛量多，可达85%以上，这部分溶剂回收的能耗要占溶剂回收总能耗的70%，所以各炼厂均将抽出液的溶剂回收列为节能工作的重点。

精制液因含溶剂少，其溶剂回收较为简单。精制液经过加热炉加热（控制炉出口温度≤220℃）后，先进入闪蒸塔回收部分溶剂，然后进入汽提塔脱除残余溶剂。汽提塔在减压下操作，以降低糠醛的汽化温度，防止糠醛变质。

抽出液中因含有大量溶剂，在使用蒸发方法回收时应设法充分利用溶剂的冷凝潜热，以降低溶剂回收的能耗，为此常用双效蒸发或三效蒸发等多效蒸发流程。所谓多效蒸发是指以多塔多次蒸发替代一塔一次蒸发，而且各塔的操作压力、温度不同，溶剂在低压下蒸发时所需要的热量是来自与高压蒸出的溶剂蒸气的冷凝潜热，从而达到降低加热炉的热负荷以及装置能耗的目的。图 11－8 采用了双效蒸发流程，其回收溶剂的加热炉负荷为单效蒸发时的 61% 左右；采用三效蒸发的能耗更低，其加热炉的热负荷只有单效蒸发时的 40% 左右。多效蒸发后，抽出液进入减压汽提塔脱除抽出油中的残留溶剂。

（三）溶剂干燥和脱水

糠醛含水会明显降低其溶解能力，用于抽提的糠醛应控制含水量在 0.5% 以下。虽然糠醛的沸点（161.7℃）与水的沸点有较大差别，但糠醛与水会形成共沸物，低温时糠醛与水部分互溶，因此无法用简单的蒸馏法将两者分开。在生产中，糠醛与水的分离要采用双塔流程（见图 11－9）。它是基于在常温下糠醛与水为部分互溶、在蒸发汽化时糠醛与水会形成低沸点共沸物的原理。来自汽提塔顶的糠醛与水蒸气混合物（糠醛含量 35%），冷凝冷却（约 40℃）后进入分液罐。此罐中的液体可分为两层，上层为含醛约 6.5% 的水相，下层为含水约 6.5% 的醛相。将上层的水相送入脱水塔，下层的醛相送入干燥塔，在脱水塔底放出水，干燥塔底得到含水小于 0.5% 的干糠醛。两个塔的塔顶均为醛－水共沸物，将其冷凝、冷却到常温后送入分液罐中进行沉降分层。两个塔均在近于常压下操作，脱水塔以汽提蒸气为热源，干燥塔以来自蒸发塔的糠醛蒸气为热源。

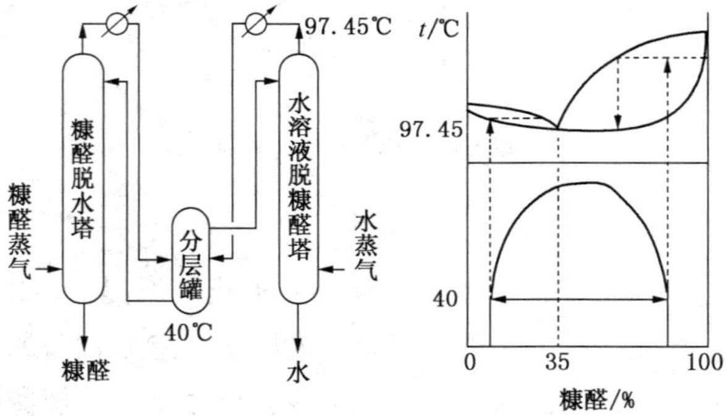

图 11－9　双塔回收流程和原理图

三、影响糠醛精制的主要因素

影响抽提过程的因素主要是抽提温度和溶剂比两项。

（一）抽提温度

溶剂精制为液－液萃取过程，其首要条件是必须使抽提系统保持两个液相。因此，溶剂精制的抽提操作温度有一个允许范围，其上限是体系的临界溶解温度，即体系成为单个液相的最低温度，其下限则是润滑油和溶剂的凝固点温度。

临界溶解温度的高低决定于溶剂的种类、原料油的组成以及溶剂比。根据相似相溶原理，原料油中含稠环芳烃越多，临界溶解温度就越低。随着烃类侧链长度的增加，临界溶解温度升高；随着芳香环和环烷环环数的增加，临界溶解温度急剧下降。图 11－10 为糠醛和 NMP 的临界溶解温度曲线。由图可见，在其他条件相同时，糠醛的临界溶解温度比

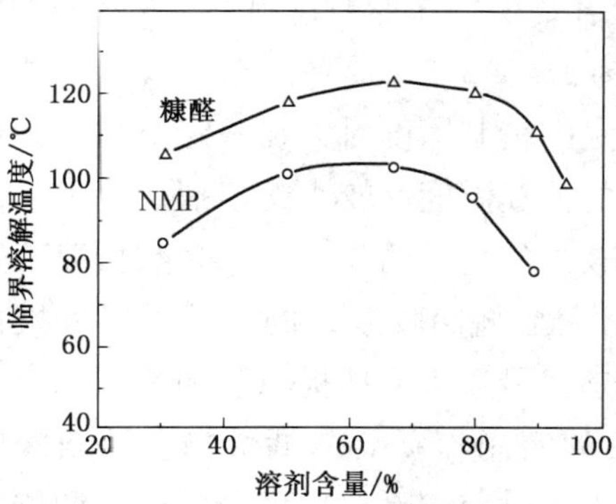

图 11-10 临界溶解温度曲线

NMP 的高，表明糠醛的溶解能力相对较低。某温度下，溶剂比很小时，溶剂全部溶于油中完全互溶成一相；溶剂比增加到溶剂在油中的溶解度达到饱和后，再继续增加溶剂比，则系统出现两相，要使其形成一相，则需提高温度（即临界溶解温度提高）；溶剂比增加到一定值后，油容易全部溶于溶剂中，即临界溶解温度反而降低。

在实际生产中，抽提温度一般比临界溶解温度低 20～30℃，适宜的操作温度还需综合考虑。图 11-11 表示了抽提温度对精制油的质量和收率的影响规律：在溶剂比不变的条件下，随着温度的升高，溶解度增大，精制油收率下降；精制油的黏度指数则是随着温度的升高先增大后下降。在溶解度不太大时，溶解度随着温度升高而增大，非理想组分更多地溶于溶剂而被除去，精制油的黏度指数升高；当溶解度增大至一定程度后，溶剂选择性降低得过多，于是精制油的黏度指数转而下降。在精制油黏度指数出现最高值对应的温度下，溶剂具有较高的溶解度和较好的选择性。但是，在实际生产中，该点温度并不一定就是最合理的抽提温度。因为除精制油质量外，还需考虑精制油的收率、装置能耗等因素。

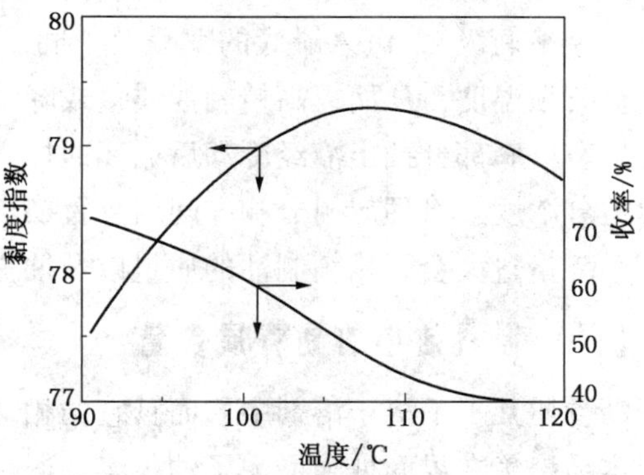

图 11-11 温度对溶剂精制过程的影响

原料油不同抽提温度也不同，对馏分重的、黏度大的、含蜡量多的原料油，选用的温度应高些。

为保证精制油的质量和收率，溶剂精制的抽提塔有一温度梯度：塔顶温度高（60～100℃）、塔底温度低。例如糠醛精制抽提塔内的温度梯度为 20～50℃。塔顶温度较高、溶解度高，可以保证精制油的质量；塔底温度较低、溶解度低，可以使理想组分从抽出液分离出来返回塔顶，保证精制油的收率。

（二）溶剂比

温度等条件一定时，溶剂的溶解度及选择性不变，提高溶剂比可提高溶解总量，因此，精制油的质量提高，但其收率则降低。增大溶剂比也不会出现精制油黏度指数先提高后降低的现象。

适宜的溶剂比应根据溶剂性质、原料油性质及精制油的质量要求，通过试验来综合考虑。一般来说，精制重质润滑油原料（非理想组分含量多、黏度大）时采用较大的溶剂比，而在精制较轻质的原料油时则采用较小的溶剂比。例如在糠醛精制时，对重质油料采用的溶剂比为3.5～6，对轻质油料采用的溶剂比为2.5～3.5。提高溶剂比或提高抽提温度都能提高精制深度。对于某个油品要求达到一定的精制深度时，在一定范围内，可用较低的抽提温度和较大的溶剂比，也可以用较高的抽提温度和较小的溶剂比。由于低温下溶剂的选择性较好，采用前一种方法可以得到较高的精制油收率，故多数情况下选用前一种方案。但是也应当注意到提高溶剂比会增大溶剂回收系统的负荷、增大操作费用，同时也会降低装置的处理能力。因此，如何选择最适宜的抽提温度和溶剂比应当根据技术经济分析的结果综合考虑。此外，对油品的精制深度要掌握恰当，精制深度过大，油中所含有的具有天然抗氧化性质的硫化物也被过分清除，反而会使油品的抗氧化能力下降。

（三）抽提塔循环回流

图11－8描述了抽提塔塔顶及塔底循环回流。塔顶精制液经冷却降温进入沉降罐（相当于一个平衡级），沉入罐底的糠醛及中间组分经换热升温返回抽提塔；既加强分离效果又调节塔顶温度，从而提高精制油质量或降低溶剂比，但塔顶循环量过大，会降低沉降分离效果。塔底部分抽出液经冷却后循环回抽提塔，可以降低塔底温度、提高塔底流体中非理想组分浓度，将理想组分和中间组分置换出去，从而提高分离精确度和精制油收率。但塔底循环量过大会影响精制油的质量以及抽提塔的处理能力。

（四）原料油中的沥青质含量

沥青质几乎不溶于溶剂中，而且它的相对密度介于溶剂与原料油之间，因此，在抽提塔内容易聚集在界面处，增大了油与溶剂通过界面时的阻力。同时，油及溶剂的细小颗粒表面被沥青质所污染，不易聚集成大的颗粒，使沉降速度减小，严重时甚至使抽提塔无法维持正常操作。因此，对原料油中的沥青质含量应当严格限制。

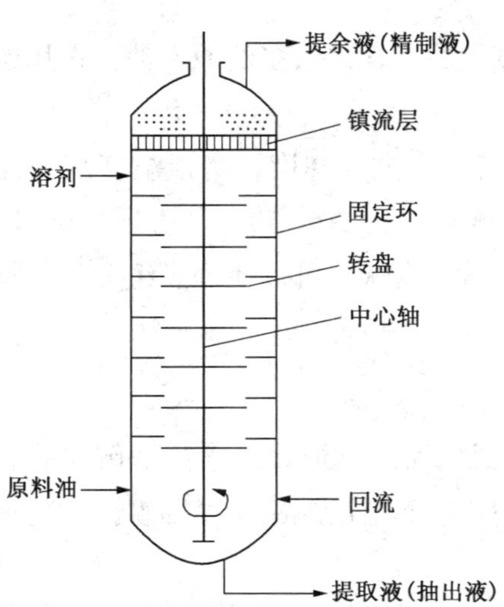

图11－12　转盘抽提塔结构示意图

（五）抽提塔的效率

润滑油溶剂精制多用转盘塔和填料塔。转盘塔的结构见图11－12。塔壁上设有一系列等间距的固定环，塔的中心轴上装有一组水平的转盘，每个转盘正好位于两个固定环的中间。中心轴由电力带动。设计使用转盘塔的意图是：当转盘转动时带动塔内流体一起转动，液流中产生高的速度梯度和剪应力，剪应力一方面使连续相产生强烈的旋涡，另一方面使分散相破裂成细小的液滴。这样就增大了两相接触面积，有利于提高抽提效率。但是在实际生产中，许多转盘抽提塔的操作状况并不理想。一些研究结果表明，大型转盘抽提塔内的轴向返混十分严重，塔高的60%～

90%都是用来补偿轴向返混，只有很小比例的塔高对两相逆流接触传质是有效的，因此塔的效率非常低。研究结果还表明，转盘塔的结构参数和操作参数与许多因素有关，这些关系还有待于进一步的研究。

近年来开发的一些适用于润滑油溶剂抽提的新型填料，如内弯弧形筋片扁环填料（DH-1 填料），以及采用转盘－填料复合塔，更具有处理能力大和传质效率高的优点。

（六）溶剂质量

由于糠醛的化学不稳定性而易生成糠酸及油品中的酸性物质被抽提进入循环糠醛溶剂等因素的影响，糠醛溶剂在循环使用过程中，其酸度呈增加趋势。严重时影响精制效果、引起设备腐蚀、增加剂耗和装置能耗，水的存在会加速对设备的腐蚀。因此，润滑油糠醛精制生产过程对循环糠醛溶剂的酸度及水分有较严格的要求（一般要求糠醛溶剂的酸度≯10mgKOH·100g^{-1}）。保证溶剂质量的主要措施有：保证新鲜溶剂质量、原料油脱气脱水、溶剂回收加热温度不超过230℃（一般控制在220℃）、溶剂干燥脱水、用氮气密封。当循环糠醛溶剂的酸度超标时，目前国内主要采用在糠醛水溶液中加入无机碱或单乙醇胺碱性物质的办法，以降低溶剂酸度。

第三节　润滑油溶剂脱蜡

为了保证润滑油的低温流动性，必须将润滑油料中的高凝点组分（蜡）脱除。常用方法有：冷榨脱蜡、分子筛脱蜡、尿素脱蜡、细菌脱蜡、溶剂脱蜡以及加氢降凝（包括催化脱蜡、加氢异构等）等。我国主要采用溶剂脱蜡法，其工艺基本情况见表 11－9 及图11－13。

表 11－9　溶剂脱蜡工艺概述

原料	溶剂精制油	
工艺原理	结晶过滤分离	
主要设备	套管结晶器、鼓式真空过滤机	
工艺条件	温度－40～－20℃、压力0.5MPa，溶剂比3～6（体积比）	
产品	脱蜡油	脱油蜡
产品特性	凝点（倾点）低	熔点高
产品用途	制取润滑油基础油	制取各种牌号蜡产品
所用溶剂	丁酮和甲苯	

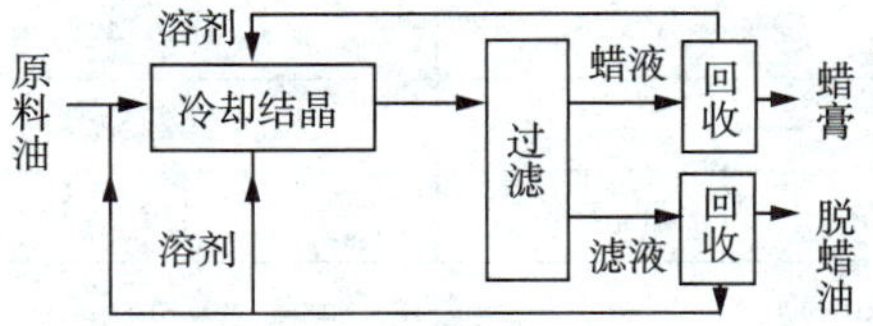

图 11－13　溶剂脱蜡过程概况

一、溶剂脱蜡原理

（一）脱蜡原理

一般情况下，随着温度的降低，蜡会因在油中的溶解度减小而结晶析出，并形成包油的网状结构，从而使油品失去流动性。而溶剂脱蜡工艺是在溶剂稀释、“溶油不溶蜡”等作用下，降低温度使蜡结晶析出并长大晶粒，但不形成包油的网状结构，通过过滤分离、回收溶剂后，得到低凝点的脱蜡油和高熔点的蜡。

（二）理想溶剂

溶剂脱蜡过程所用溶剂需具有以下性质：

①溶剂在脱蜡温度下的黏度小，有利于蜡的结晶。

②溶剂应具有良好的选择性，即对油有良好的溶解能力，而在脱蜡温度下，对蜡的溶解度小。

③溶剂的沸点不应很高，它的热容和蒸发潜热要低，以便于用简单蒸馏的方法回收。但沸点也不能过低，以避免在高压下操作。

④溶剂的凝点应较低，在脱蜡温度下不会结晶析出。

⑤溶剂应无毒，不腐蚀设备，而且化学安定性好，容易得到。

满足以上所有要求的理想溶剂是不存在的，但使用混合溶剂基本能满足生产要求。目前工业上使用最广泛的溶剂是丁酮与甲苯混合溶剂，故常称酮苯脱蜡。其中的丁酮是极性溶剂，有较好的选择性，但对油的溶解能力较低；甲苯是非极性溶剂，对油有较好的溶解能力，但选择性欠佳。将两种溶剂按一定的比例混合后使用，其中的丁酮充当蜡的沉淀剂，甲苯充当油的溶解剂。使用混合溶剂进行脱蜡，还可根据不同的原料油性质，灵活地调节溶剂的配比组成，以适应不同的脱蜡要求。

（三）常用溶剂

工业溶剂脱蜡常用丁酮、甲苯混合溶剂，其主要性质见表 11－10。

表 11－10　丁酮、甲苯溶剂的性质

项目	丁酮	甲苯
分子式	$CH_3COC_2H_5$	$C_6H_5CH_3$
相对分子质量	72.06	92.06
密度（20℃）/$g\cdot cm^{-3}$	0.8054	0.8670
常压沸点/℃	79.6	110.6
熔点/℃	－86.4	－94.99
临界温度/℃	262.5	320.6
临界压力/MPa	4.1	4.16
黏度（20℃）/$10^{-6}m^2\cdot s^{-1}$	0.53	0.68
闪点/℃	－7	8.5

续表

项目		丁酮	甲苯
蒸发潜热/kJ·kg^{-1}		443.6	362.4
比热容（20℃）/kJ·kg^{-1}·℃$^{-1}$		2.297	1.666
溶解度（10℃）/%	溶剂在水中	22.6	0.037
	水在溶剂中	9.9	0.034
爆炸极限/%（体）		1.97～10.1	6.3～6.75

丁酮－甲苯混合溶剂是一种良好的选择性溶剂，它们对油的溶解能力强，对蜡的溶解能力低，同时黏度小，冰点低，腐蚀性不大，沸点不高，毒性也不大。但其闪点低，应特别注意安全。

二、溶剂脱蜡工艺流程

溶剂脱蜡过程由如图 11－14 所示的五个系统组成，各系统作用见表 11－11。

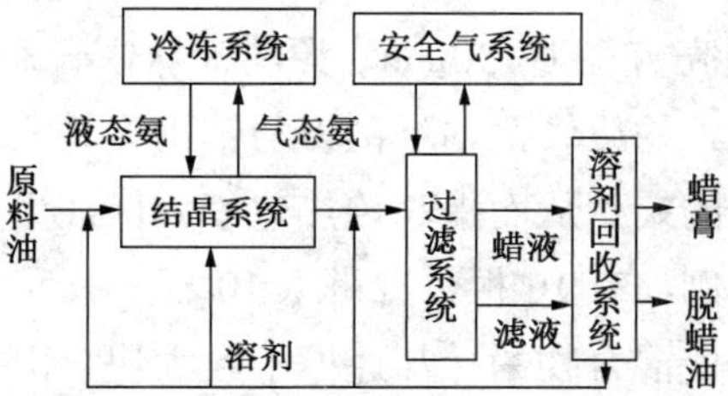

图 11－14　溶剂脱蜡过程原理流程图

表 11－11　溶剂脱蜡工艺各系统的作用

系统	作用
冷冻系统	制冷降温，取出结晶时放出的热量。一般以氨为介质，液氨汽化吸热带走热量，然后再压缩冷却液化循环
结晶系统	将原料油和溶剂混合后的溶液冷却到所需的温度，使蜡从溶剂中结晶出来，并供给必要的结晶时间，使蜡形成便于过滤的状态
过滤系统	将已冷却后析出的蜡和油分开
溶剂回收系统	把蜡和油中的溶剂分离出来。包括从蜡、油和水中回收溶剂
安全气系统	溶剂的爆炸浓度低、爆炸范围宽，因此在过滤系统中及溶剂罐需用安全气（惰性气体）封闭保护。工业上大部分采用氮气作为安全气，也有用空气燃烧脱氧后作为安全气的

以下重点介绍结晶、过滤、溶剂回收系统流程。

（一）结晶系统

结晶系统原理流程见图 11－15。原料油先经蒸汽加热（热处理），使原有结晶全部熔化，再在控制的有利条件下重新结晶。对脱沥青油原料，通常是在热处理前加入一次溶剂稀释，对馏分油原料则可以直接在第一台结晶器的中部注入溶剂稀释，称为“冷点稀释”。

通常在前面的结晶器用滤液作为冷源以回收滤液的冷量，后面则用氨冷结晶器。原料油在进入氨冷结晶器之前先与二次稀释溶剂混合。由氨冷结晶器出来的油－蜡－溶剂混合物与三次稀释溶剂混合后去滤机进料罐（三次稀释溶剂是经过冷却的由蜡系统回收的湿溶剂）。由于湿溶剂含水，在冷冻时会在传热表面结冰，因此在冷却时也用结晶器。氨冷结晶器的温度通过控制液氨罐的压力来调节。

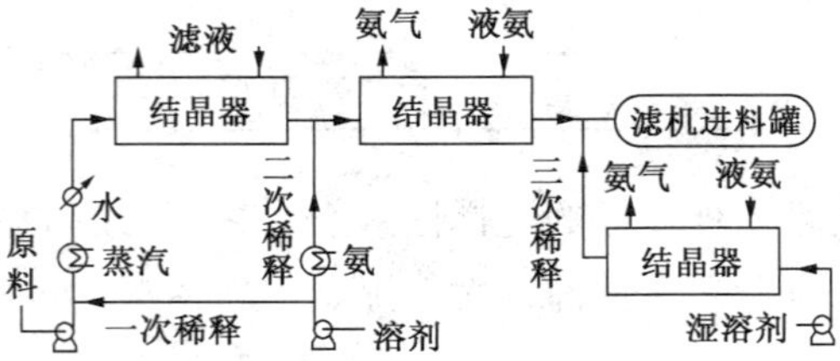

图 11－15　结晶系统原理流程

大型的溶剂脱蜡装置需使用多台结晶器，为了保证有足够的停留时间和减小压降，这些结晶器采用多路并联。

酮苯脱蜡过程的结晶器一般都用套管式结晶器。它是由直径不同的两根同心管组成。通常外壳直径为200mm，内壳直径为150mm。原料油从内管通过，冷冻剂走夹层空间。内管中心有贯通全管的装有刮刀的旋转钢轴，刮刀与轴用弹簧相连使刮刀紧贴管壁，这样可以不断刮掉结在冷却表面上的蜡，从而提高传热速率，保证生产正常进行。一般每根套管长13m，若干根组成一组，例如有16根、12根、10根等几种。原料油和溶剂在套管结晶器内有一定的停留时间以便使混合物的冷却速度不致太快。由于油－蜡－溶剂混合物是个复杂体系，没有可供实用的准确的传热计算公式，工业设计中一般都采用经验的总传热系数，其值为41～52W·m^{-2}·℃$^{-1}$)。设计时，在计算出传热面积之后还应核算在套管内的冷却速度是否在允许范围之内。一般冷却速度应控制在60～80℃·h^{-1}，结晶后期可适当加大冷却速度。

（二）过滤系统

过滤系统的主要作用是将蜡与油分离，其原理流程见图11－16。其主要设备是鼓式真空过滤机，结构原理见图11－17。

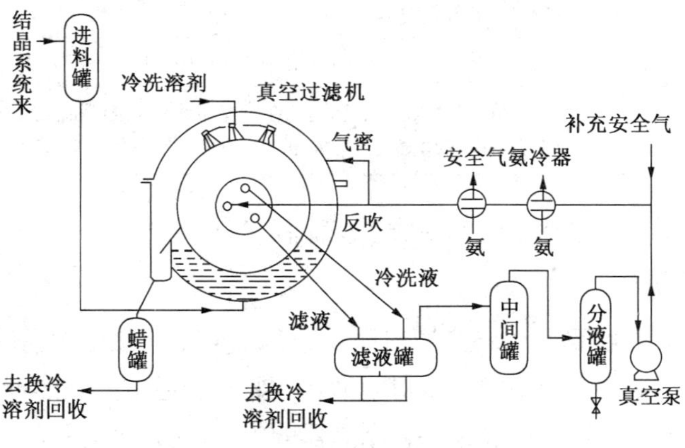

图 11－16　过滤系统原理流程

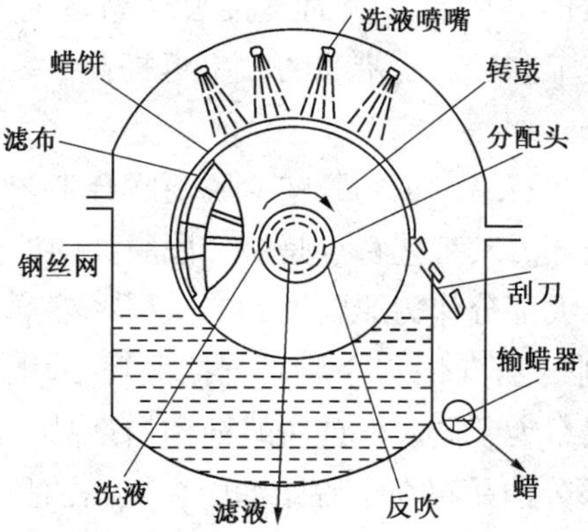

图 11－17　鼓式真空过滤机示意图

从结晶系统来的低温油－蜡－溶剂混合物进入高架的滤机进料罐后，自流进各台过滤机的底部。滤机装有自动控制仪表控制进料速度。

过滤机的主要部分是装在壳内的转鼓，转鼓蒙以滤布，部分浸没于冷冻好的原料油－溶剂混合物中（浸没深度为滤鼓直径的 1/3 左右）。滤鼓分成许多格子，每格都有管道通到中心轴部，轴与分配头紧贴，但分配头不转动。当某一格子转到浸入混合物时，该格与分配头真空吸出滤液部分接通，以 26～52kPa 的残压将滤液吸出。蜡饼留在滤布上，经受洗液冷洗，当转到刮刀部分时接通惰性气反吹，滤饼即落入输蜡器，用螺旋搅刀送到滤机的一端落入下面的蜡罐。我国目前通用的滤机每台有 $50m^2$ 过滤面积。滤机的抽滤和反吹都用惰性气体循环，滤机壳内维持 1～3kPa（表压）以防空气漏入。惰性气体中含氧量达到 5% 时应立即排空换气，以保证安全。反吹压力一般为 0. 03～0. 045（表压）。

过滤后的蜡饼经冷洗后落入蜡罐，然后送去溶剂回收系统。冷洗液中含油量很少，经中间罐后可作稀释溶剂，这样可以减小溶剂回收系统的负荷。滤液被送回结晶系统进行换冷后进入溶剂回收系统。

过滤机在操作一段时间后，滤布就会被细小的蜡结晶或冰堵塞，需要停止进料，待滤机中的原料和溶剂混合物滤空后，用 40～60℃的热溶剂冲洗滤布，此操作称为温洗。温洗可以改善过滤速度，又可减少蜡中带油，但温洗次数多及每次温洗时间长则占用过多的有效生产时间。

过滤系统的关键问题是要提高过滤速度。影响过滤速度的主要因素是蜡晶的粒度和滤液的黏度，过滤速度随着蜡晶粒度的增大和滤液黏度的降低而提高。滤机的操作条件（如过滤的真空度、滤机内的液面高度、滤鼓的转速等）对过滤速度也有影响，应根据实际情况作适当的调节。

在处理含蜡量多的油料时，滤布上积存的蜡饼较厚，造成冷洗的困难，会因蜡的含油量过高而使脱蜡油收率降低。为此可采用两段过滤和滤液循环工艺，将一段过滤所得到的含油量较多的蜡，再加溶剂进行稀释后送往二段过滤（二段过滤的温度可略高于一段 3～4℃）。一段滤液即脱蜡油液，经换冷后送至溶剂回收系统，一段冷洗液及二段滤液因含油量很少、温度低，可不经过溶剂回收系统而直接去结晶系统作第二次、第三次稀释溶剂用，故称滤液循环。采用该工艺后，脱蜡油的收率可提高 8% ~10%，蜡膏的含油量也从 10% ~16% 降低到 4% ~8%。

为了能同时生产基础油和石蜡，可用脱蜡－脱油联合工艺，包括一段脱蜡、二段脱油和滤液在三段之间的逆流循环。其工艺特点是蜡二段脱油的滤液全部作为蜡一段脱油的稀释溶剂，蜡一段脱油的滤液大部分作为原料油的二次稀释溶剂，形成滤液的逆流循环。在保证稀释比的前提下，溶剂不经汽化、冷却而直接循环使用，减少了溶剂回收系统的负荷，可显著降低装置的能耗。为了同时保证脱蜡油和蜡产品，部分蜡一段脱油的滤液经溶剂回收后得到蜡下油（该部分油品存在于脱蜡油中会提高油品的凝点，存在于蜡中会降低蜡的熔点）出装置。

以大庆减压三线油为原料的脱蜡－脱油工艺的操作条件、产品质量和收率列于表 11－12 及表 11－13。所得精蜡的含油量可小于 0.4%，能满足食品蜡的要求。

表 11－12　大庆减三线油脱蜡—脱油工艺数据

脱蜡		一段脱油	
原料油温度/℃	65	总溶剂比	2.5
溶剂组成（甲乙酮：甲苯）	65：35	稀释	2.0
总溶剂比	3.7	冷洗	0.5
一次稀释	0.5	过滤温度/℃	15
二次稀释	1.0	二段脱油	
三次稀释	1.2	总溶剂比	2.0
冷洗	1.0	稀释	1.0
过滤温度/℃	－22	冷洗	1.0
过滤速度/kg 原料油·m^{-2}·h^{-1}	150 ~180	过滤温度/℃	20

表 11－13　大庆减三线油脱蜡—脱油工艺产品质量

原料和产品	d_4^{20}	凝点/℃	含油量/%	收率/%
原料油	0.8624	>50	—	100.00
脱蜡油	0.8967	－16	—	58.52
精蜡	—	熔点 >58℃	<0.4	25.86
蜡下油	—	—	—	15.62

（三）溶剂回收系统

由过滤系统出来的滤液（溶剂和油）和蜡液（蜡和溶剂）分别进入溶剂回收系统，见图 11－18。

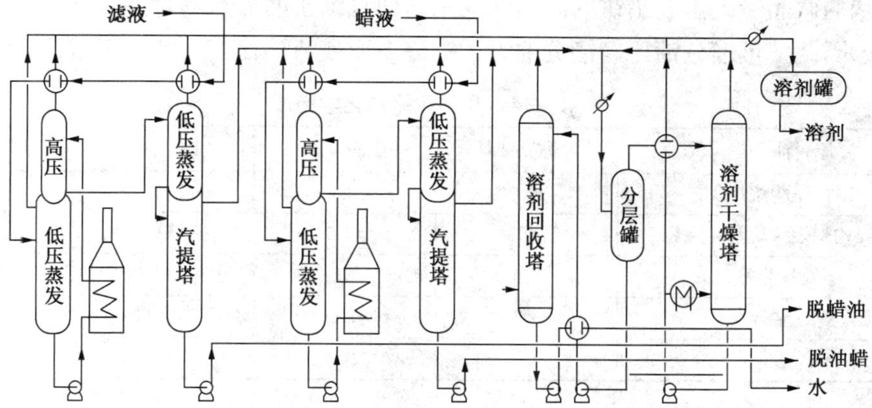

图 11 - 18　溶剂回收系统工艺原理流程图

回收的方法都是采用蒸发 - 汽提方法。为了减小能耗采用多效蒸发方式。依次进行低压蒸发、高压蒸发、再低压蒸发。高压蒸发塔的操作压力和温度分别为 0.3 ~ 0.35MPa 及 180 ~ 210℃，低压蒸发塔在稍高于常压下操作，蒸发温度为 90 ~ 100℃。由汽提塔底得到的脱蜡油和蜡中含溶剂量一般可低于 0.1%。

滤液各蒸发塔及蜡液第二个、第三个蒸发塔出来的溶剂蒸气经冷凝后进入溶剂罐（干溶剂），可作为循环溶剂使用。由蜡液第一个蒸发塔及两个汽提塔出来的蒸气含有水分，经冷凝后均进入溶剂分水罐。在分水罐内，上层为含水 3% ~ 4% 的湿溶剂，下层为含溶剂（主要是丁酮）约 10% 的水。由于丁酮与水会形成共沸物（沸点 68.9℃、含水 11%），因此溶剂与水的分离可以采用双塔分馏方法，最后得到基本上不含溶剂的水和含水低于 0.5% 的溶剂。双塔分离回收溶剂的原理与糠醛脱水相同。

国外有的装置采用惰性气汽提代替水蒸气汽提，惰性气体中的溶剂则通过原料在吸收塔回收。由于惰性气和溶剂不再需要经过汽化、冷凝，故可减小能耗。这样做还可以减少系统中的水分并减少了结冰，因而节省了冰的融化和水的蒸发所消耗的能量，也可减少过滤系统的温洗过程。

三、影响溶剂脱蜡过程的主要因素

溶剂脱蜡过程的工艺条件应能满足以下两个要求：保证脱蜡油的凝点达到要求；形成的蜡结晶状态良好而易于过滤分离，以提高脱蜡油收率和装置处理能力。

因溶剂脱蜡工艺流程长、工艺复杂、设备多，其影响因素很多，对其主要因素讨论如下。

（一）原料油性质

原料油的含蜡量及蜡组成取决于原油性质及馏程。不同原油的含蜡量及蜡组成分布不一样，同一原油各馏分中的含蜡量及蜡组成分布也不同。

表 11 - 14 为几种馏分脱出的粗蜡的化学组成数据。表中数据显示，随着馏分沸点的升高，蜡中的正构烷烃含量减小、异构烃及芳烃含量增大，相应的晶体颗粒由片状石蜡逐

渐变成针状的微晶蜡，生成蜡饼的渗透性变差，而且细小的晶粒易堵塞滤布，过滤分离的难度增大。因此，重馏分油比轻馏分油难于过滤，而残渣油比馏分油难于过滤。

表 11－14　几种粗蜡的化学组成

原料油		低黏度油料	一般润滑油料	中性油料	渣油润滑油料
化学组成/%	正构烷烃	70.7	33.4	16	12
	异构烷烃＋烷基环烷烃	20	43.5	61	48.5
	烷基芳香烃	8.5	20	23	35.5
	烯烃	0.3	0.6	—	1.5
	胶质	0.5	2.5	—	2.5

原料油的馏程宽窄也影响脱蜡过程。馏程越窄，其蜡性质越接近、结晶越好。馏程过宽时，分子大小不一、结构不同的蜡混在一起，形成共结晶，影响结晶体的成长，并容易包油，致使过滤困难。同样道理，当原料含胶质、沥青质较多时，因共结晶作用，使固体烃析出时不易连接成大颗粒晶体，而是生成微粒晶体，易堵塞滤布，降低过滤速度；同时由于易黏连，蜡的含油量大。但原料油中含有少量胶质时却可以促使蜡结晶连接成大颗粒，提高过滤速度。此外，原料油中含水较多时易在低温下析出微小冰晶，吸附于蜡晶表面妨碍蜡晶生长，而且易堵塞滤布，增大过滤难度。

因此，对溶剂脱蜡油质量有一定要求，轻质原料与重质原料应分别处理，并应根据具体原料性质调整操作条件。

（二）溶剂组成

由于溶剂的稀释作用和对蜡也有一定的溶解度，脱除溶剂后的脱蜡油的凝点比脱蜡温度要高得多。因此，为能得到预期的产品，必须把溶剂－润滑油料冷却到比脱蜡油所要求的凝点更低的温度。这个温度差称为脱蜡温差（脱蜡温差＝脱蜡油的凝点－脱蜡温度）。

溶剂的选择性越差，则溶剂对蜡的溶解度越大，脱蜡温差也越大。显然，这对脱蜡过程是很不利的，因为要得到同一凝点的油品，脱蜡温差大时就必须使脱蜡温度降得更低。例如：为制取凝点为－18℃的残渣润滑油，当脱蜡温差为24℃时脱蜡温度必须冷到－42℃；但若脱蜡温差为10℃，则脱蜡温度只需冷到－28℃。因此，必须提高溶剂的选择性，降低脱蜡温差，使脱蜡过程不必在过分低的温度下操作，从而节省冷量、降低操作能耗。

溶剂的选择性与溶解力往往是矛盾的，实际生产中主要通过调节溶剂组成使混合溶剂具有较高的溶解能力和较好的选择性。提高甲苯含量可提高溶剂的溶解力；而丁酮是蜡的沉淀剂，提高丁酮含量可提高溶剂选择性，但可使第二液相（分出润滑油）的温度升高。

溶剂组成应根据原料油的黏度、含蜡量以及脱蜡深度等具体情况来确定。对重质油料，宜增加甲苯量减少丁酮量；反之则增加丁酮量减少甲苯量。对于含蜡量高的油料，溶剂中的丁酮含量则可以较大些。当脱蜡深度大时，也就是要求脱蜡温度低时，由于低温下溶剂的溶解能力降低、原料油的黏度增大，此时，溶剂中丁酮的比例应小些，同时增大甲苯的含量。

溶剂的组成不仅影响对油的溶解能力，而且还会影响结晶的好坏。在含酮较多的溶剂中结晶时，蜡的结晶比较紧密、带油较少，易于过滤。从有利于结晶的角度来看，常常希望用含酮较多的溶剂。但是含酮量过大容易产生第二个液相，不利于过滤。在酮含量较小的情况下，过滤速度和脱蜡油收率随酮含量的增大而增大。但是当酮含量增大至一定程度后，再增大酮的含量时，过滤速度和脱蜡油收率反而下降。其原因是当溶剂中的酮含量增大到一定程度后，再增大酮的含量就不能使油在低温下全部溶于溶剂中，而使不该析出的组分也被析出，此时黏稠的液体与蜡混在一起，使过滤速度和脱蜡油收率反而下降。一般情况下，溶剂组成为丁酮40%～65%、甲苯35%～60%。

（三）溶剂比

溶剂比是溶剂量与原料油量之比，它分为稀释比和冷洗比两部分。溶剂的稀释比应足够大，从而可以充分溶解润滑油，在过滤温度下降低油的黏度，使之利于蜡的结晶，易于输送和过滤。同时，这也可使蜡中的含油量减小，提高脱蜡油的收率。但稀释比增大也增大了油和蜡在溶剂中的溶解量，使脱蜡温差增大，同时也增大了冷冻、过滤、溶剂回收的负荷。表11－15为一组典型数据。因此，溶剂比大小的选择应经过综合的考虑。一般来说，若原料油的沸程较高，或黏度较大，或含蜡较多，或脱蜡深度较大（即脱蜡温度较低）时，须选用较大的溶剂比。通常，在满足生产要求的前提下趋向于选用较小的溶剂比。

表11－15　溶剂比影响溶剂脱蜡过程的典型数据

溶剂比（本）	过滤时间/s	脱蜡油收率/%	脱蜡油凝点/℃	脱蜡温差/℃
4：1	12	76.3	2	7
4.5：1	10	78	2	7
5：1	8	79.5	2	7
6：1	5	83	2	11

（四）溶剂加入方式

溶剂的加入对蜡晶的生长有相互矛盾的影响：一方面使黏度降低有利于蜡晶长大；另一方面因稀释而使蜡分子扩散距离加大，不利于蜡晶长大。为利于蜡晶生长，生产中一般采用多次加入方式（多次稀释法），即在冷冻前和冷冻过程中逐次把溶剂加入到脱蜡原料中。逐步充分利用溶剂的稀释作用，又不致蜡分子扩散距离加大，从而改善蜡的结晶，提高过滤速度，并可在一定程度上减小脱蜡温差。

在采用多次稀释方式时，在一定范围内降低第一次稀释的稀释比及增大依次稀释溶剂中的酮含量可使脱蜡温差减小，有利于结晶，并使蜡中带油减少。国内有的溶剂脱蜡装置还采用将稀释点后移的“冷点稀释”方式，即将脱蜡原料油冷却降温至蜡晶开始析出、流体黏度较大时，才第一次加入稀释用溶剂。冷点稀释方式在用于轻馏分油时其效果较好，对重馏分油则效果差些，而对残渣油则不起作用。冷点稀释方式用于石蜡基原料油时的效果比用于环烷基原料油好。

进行多点稀释时，加入的溶剂的温度应与加入点的油温或溶液温度相同或稍低。温度过高，则会把已结晶的蜡晶体局部溶解或溶化；温度过低，则溶液受到急冷，会出现较多的细小晶体，不利于过滤。

（五）冷却速度

冷却速度是指单位时间内溶剂与脱蜡原料油混合物的温度降（$℃ \cdot h^{-1}$）。

在脱蜡过程中，当温度降低到某个温度后，原料油中的蜡就达到过饱和状态，此时，蜡结晶就开始析出，首先是生成蜡的晶核。过饱和度越大，从过饱和状态到饱和状态的时间就越短，生成的晶核数目就越多，结晶也就越细小。因此，在冷冻初期，冷却速度不宜过快。此外，冷却速度过快，溶液的黏度增大较快，对结晶也不利。所有这些情况都会造成过滤的困难，所以在脱蜡的过程中常常需要控制冷却速度，特别是冷却结晶初期的冷却速度。

对套管结晶器来说，一般在结晶初期，冷却速度最好在60～80$℃ \cdot h^{-1}$，而后期则可提高到150～250$℃ \cdot h^{-1}$，有的高达300$℃ \cdot h^{-1}$。提高冷却速度可以提高套管结晶器的处理能力。

（六）加入助滤剂

助滤剂能与蜡分子产生共晶，将薄片形蜡晶改变成类似树枝形状的大晶，可明显提高过滤速度，从而提高设备处理能力和提高脱蜡油收率。

助滤剂是一些表面活性物质，按化合物的结构大体可分为三种：

（1）萘的缩合物，烷基链的平均碳数为25～40，缩合物的平均相对分子质量在2000以上。

（2）无灰高聚物添加剂，如丙烯酸酯、聚甲基丙烯酸酯、乙烯醋酸乙烯酯、聚α烯烃、聚乙烯吡咯烷酮和乙丙共聚物等。据报道，添加0.05%的聚α烯烃助滤剂，过滤速度可提高到2～3倍。

（3）有灰的润滑油添加剂，如硫化烷基酚、烷基水杨酸钙等。

第四节　润滑油的白土补充精制

润滑油料经过糠醛溶剂精制、溶剂脱蜡之后，仍可能含有未被除净的硫化物、氮化物、环烷酸、胶质和残留的极性溶剂。为确保基础油的抗氧化安定性、光安定性、腐蚀性、抗乳化性和颜色、透光度等质量指标合格，必须进一步精制将这些有害杂质去除。

工业上常用的补充精制方法有两种：白土补充精制和加氢补充精制。

一、白土精制原理

（一）白土的组成及性质

白土是一种结晶或无定型物质，多微孔、比表面积大。白土有天然的和活性的两种。天然白土就是风化的长石；活性白土是将白土用8%～15%的稀硫酸活化、水洗、干燥、粉碎而得，它们的化学组成见表11－16。活性白土规格见表11－17，它的比表面积可达450$m^2 \cdot g^{-1}$，其活性比天然白土大4～10倍，所以工业上多采用活性白土（白土用量3%～15%）。

表 11－16　白土的化学组成

组成	水分/%	SiO_2/%	Al_2O_3/%	Fe_2O_3/%	CaO/%	MgO/%
天然白土	24～30	54～68	19～25	1.0～1.5	1.0～1.5	1.0～2.0
活性白土	6～8	62～63	16～20	0.7～1.0	0.5～1.0	0.5～1.0

表 11－17　活性白土规格

名称	脱色率/%	游离酸/%	活性度①	粒度（通过 120 目筛）/%	水分/%
质量指标	≥90	<0.2	≥220	≥90	≤8

①白土的活性度用常温下（20～25℃）中和 100g 白土试样所消耗 0.1mol · L^{-1} NaOH 溶液的毫升数表示。白土的活性度越大，白土质量就越好、活性越好、吸附精制能力越强。活性度与白土的化学组成、颗粒度、水分及表面清洁程度有关。

（二）白土精制原理

油品中残留的少量胶质、沥青质、环烷酸、磺酸、酸渣、选择性溶剂、水分、机械杂质等为极性物质，白土对它们有较强的吸附能力，而对理想组分的吸附能力极其微弱。白土吸附各种烃类能力的顺序为：胶质、沥青质 > 芳烃 > 环烷烃 > 烷烃；芳烃和环烷烃的环数越多，越易被吸附。

白土精制就是利用白土的吸附选择性，在一定温度下用活性白土处理油料，吸附而除掉极性杂质，降低油品的残炭值及酸值（或酸度），改善油品的颜色及安定性。

二、白土精制工艺过程

白土精制有渗滤法和接触法，目前普遍使用接触法。

润滑油白土补充精制流程见图 11－19。原料油经加热后进入混合器与白土混合 20～30min，然后用泵送入加热炉。加热以后进入真空蒸发塔，蒸出在加热炉中裂化产生的轻组分和残余溶剂，塔底悬浮液进入中间罐。从中间罐先打入史式过滤机，滤掉绝大部分白土，然后再通过板框式过滤机脱除残余固体颗粒。经补充精制后得到符合质量要求的润滑油基础油。

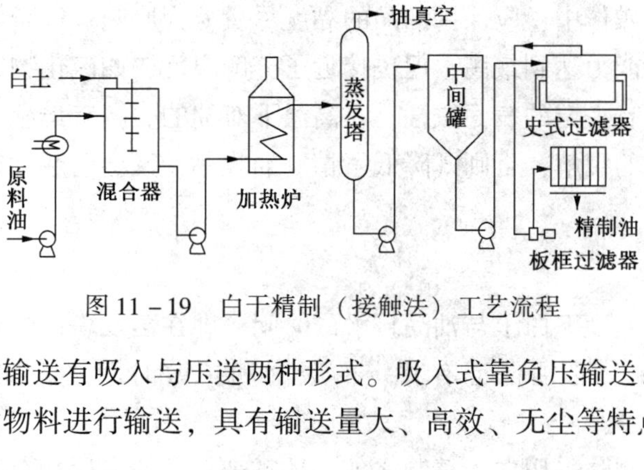

图 11－19　白干精制（接触法）工艺流程

精制所用白土的输送有吸入与压送两种形式。吸入式靠负压输送；压送式是用高于大气压的压缩空气吹动物料进行输送，具有输送量大、高效、无尘等特点，现多采用。

三、白土精制操作条件分析

影响白土精制操作条件的主要因素是原料油和白土性质。原料前处理精制深度不够、含溶剂太多等都会增加白土精制的困难。一般而言，原料越重，黏度越大，油品质量要求越高，操作条件就越苛刻；而当白土活性高以及颗粒度和含水量适当时，在同样操作条件下，产品质量会更好。

影响白土精制的主要操作条件为白土用量、精制温度、接触时间等。

（一）白土用量

一般白土用量越大，精制油质量越好；但精制油质量与白土用量并非正比关系。白土用量过多，对不加抗氧剂的油品会因精制过度而将天然的抗氧化剂（微量酚基或硫基胶质）完全除掉，使油品安定性降低，此外还会造成浪费白土、降低精制油收率、过滤机负荷大、设备磨损等弊端。不同油品白土用量不同，部分润滑油料精制的白土用量见表 11－18。

表 11－18　润滑油料白土补充精制的白土用量及温度

润滑油料	白土用量/%	接触温度/℃
机械油	2～4	200～210
内燃机发动机	1～3	230～240
变压器油	3～5	150～160
汽轮机油	10～15	150～160
真空泵油	10～15	160～170
残渣润滑油	15～25	270～280

（二）精制温度

白土吸附油品中不良组分的速度，主要取决于所精制油品的黏度。油品黏度大，则吸附速度小；而升高精制温度，有利于降低黏度和增加不良组分的移动速度与白土活性表面接触的机会。在实际操作中，应保持油品的黏度尽量低为原则。混合物加热到高于油品的闪点时，白土的吸附能力达到最高，但也接近了分解温度，如硫化物容易分解出 H_2S。

另外，因白土具有一定的表面酸性，在高温下对油的裂解有催化作用，因此精制温度的选择因考虑避免油的裂解，否则既降低了精制油收率，又会引起加热炉管结焦，操作周期缩短。

（三）接触时间

接触时间指精制温度下白土与油品接触的时间，即在蒸发塔内的停留时间。为了使油品与白土能充分接触，必须保证有一定的吸附和扩散时间。适宜的接触时间一般为 20～40min。

润滑油的补充精制除采用白土精制之外，还越来越多地采用加氢精制。白土精制与加氢精制比较，各有特点。一般来说，白土精制的脱硫能力较差，但脱氮能力较强，精制油凝点回升较小，光安定性比加氢精制油好。白土精制的缺点是要使用固体物，劳动条件不好，劳动生产率低，废白土污染环境，不好处理。目前，尽管加氢精制发展很快，白土精制还未被完全替代，某些特殊油品还必须采用白土精制。

白土精制工艺还广泛用于石蜡、白油以及一些特种油品的精制，也作为某些油品经酸洗、碱洗精制后的补充精制。各种油品的精制工艺流程大体相同，操作条件因油品性质而异，轻质油品的精制温度要比重质油品的低。

第五节　润滑油加氢技术

传统的润滑油基础油生产，是采用溶剂脱蜡、溶剂精制和白土补充精制工艺。这种物理分离的方法只能是保留原料中原有的理想组分，去掉非理想组分。因而，基础油收率、黏度指数增加值与其他性能的改善是有限的。

润滑油加氢技术是通过化学方法，使润滑油原料中的非理想组分转变为理想组分，并脱除杂环化合物，因而基础油收率高、油品各项质量指标的改善更为明显。废润滑油再生利用也往往采用加氢精制技术。加氢技术在基础油生产中的应用有多种工艺形式。下面主要讨论润滑油加氢处理、催化脱蜡、异构脱蜡工艺。

一、润滑油加氢处理

根据加氢工艺在润滑油加工流程的位置和作用，大致可以分为以下四种。

（一）加氢补充精制或加氢后精制

该工艺多用于润滑油常规加工流程中的最后一道工序，一般用来代替白土补充精制（见图 11－20、图 11－21）。其目的是脱除上游加工工序中残留的溶剂、易于脱除的含氧化合物、部分易脱除的含硫化合物、少量氮化物，以改善油品的色度、气味、透明度、抗乳化性以及对添加剂的感受性等。

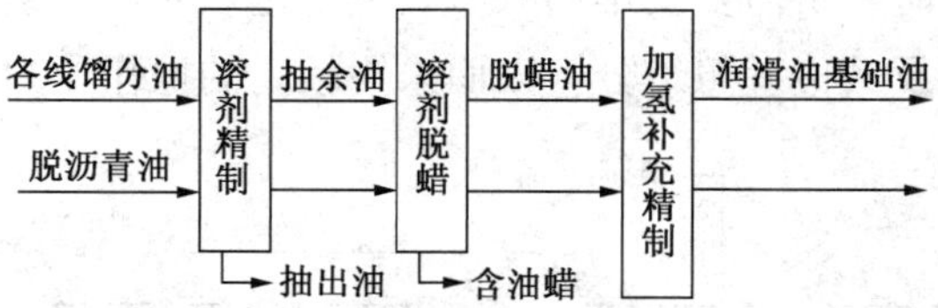

图 11－20　加氢补充精制的方法流程（正序）

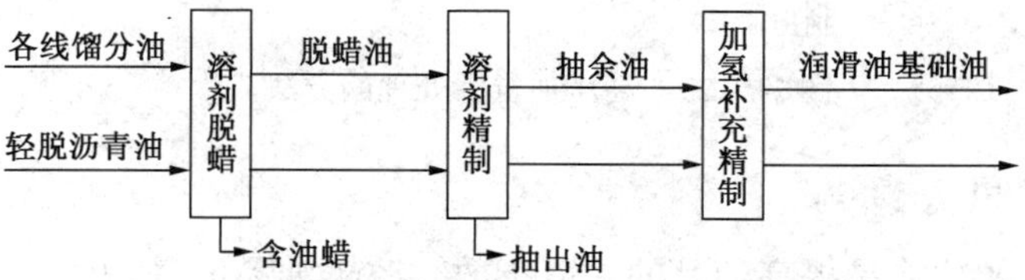

图 11－21　加氢补充精制的方法流程（反序）

该工艺是条件很缓和的加氢处理过程。在该过程中，含氧、含硫、含氮化合物发生氢解反应，生成易分离的 H_2O、H_2S、NH_3，而这些化合物的烃基部分转化成的烃类或留在油中，或经过汽提、分馏而被分出。操作条件为：氢分压 2.0～5.0MPa，温度 200～340℃，空速 0.5～3.0h^{-1}，氢油比小于 500。由于条件缓和，加氢深度浅，氢耗量仅为原料的 0.4% 左右。这个过程基本上不改变烃类的结构，只能去掉微量杂质、溶剂和改善色度。与白土精制比较，这个过程简单、收率高、产品品质好，并且没有处理废白土渣的麻烦，特别适合于加工含硫高、含氮低的油料。

（二）加氢预处理

该工艺用作润滑油常规加工流程的初始加工工序，见图 11－22。其目的是脱除原料油中的杂原子化合物，改善后续溶剂精制的运行性能，如改善相分离效果，提高精制油收率，降低溶剂比，减缓设备腐蚀及溶剂的氧化结焦，降低油品酸值和胶质含量，降低抽出油含硫量，等等。浅度加氢时只发生脱氧、脱硫反应；深度加氢时则还会发生脱氮、芳烃饱和等反应，但很少发生加氢裂化反应。此工艺多用于高酸值环烷基原料的加工。该工艺条件比较缓和，其加氢转化深度近似或稍高于加氢补充精制，所用催化剂也相似。

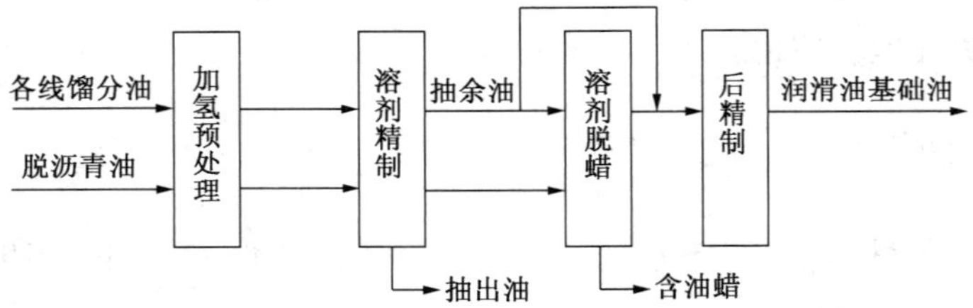

图 11－22　加氢预处理的方法流程

（三）加氢后处理

该工艺在润滑油加工中的应用见图 11－23。其目的是脱除原料中的芳烃、不饱和及不稳定的化合物，得到颜色、安定性极好的产品。在基础油的生产流程中，当采用了反应深度较深的加氢转化工艺时，常需要安排加氢后处理工艺。对该工艺最重要的要求是，能有效地使芳烃饱和而不损及其他理想组分，因而采用较高的操作压力、较低的反应温度。

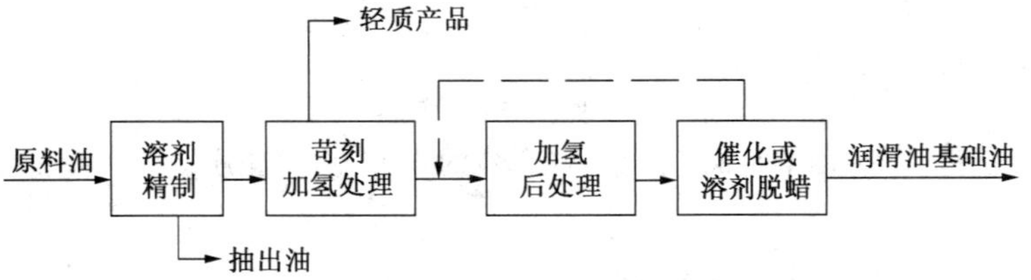

图 11－23　高压加氢后处理的方法流程

（四）苛刻加氢处理

该工艺最主要的功能是提高油品的黏度指数，改善油品的其他性能，完全或部分取代常规的溶剂精制。在该工艺中，烃类与非烃分子都发生显著的转化反应（包括加氢裂化），生成一部分轻质产品，因此又称为润滑油加氢裂化或称为加氢转化。该工艺现在已经成为生产 APIⅡ类油与Ⅲ油的主要技术之一。

二、润滑油催化脱蜡

润滑油催化脱蜡技术是在氢气和择形分子筛的存在下，将高凝点的正构烷烃选择性地裂化成气体和较小的烃分子，从而降低润滑油凝点的过程。

催化脱蜡的主要反应是典型的择形催化裂化反应。其反应机理与催化裂化的主要区别是加氢脱蜡催化剂以 ZSM 型沸石为主体，由于受沸石特殊孔道的限制，只允许小于 0.55nm 的直链烷烃或带甲基侧链的烷烃进入孔道内进行裂化反应。

图 11－24 为某炼厂催化脱蜡工艺流程图。进料为常三线和减二线溶剂精制油，由于原料的酸值高、黏度大、多环芳烃含量多，容易在催化剂上形成积炭，堵塞催化剂孔道，使脱蜡催化剂很快失活，为此，原料需先精制后再进行加氢脱蜡。

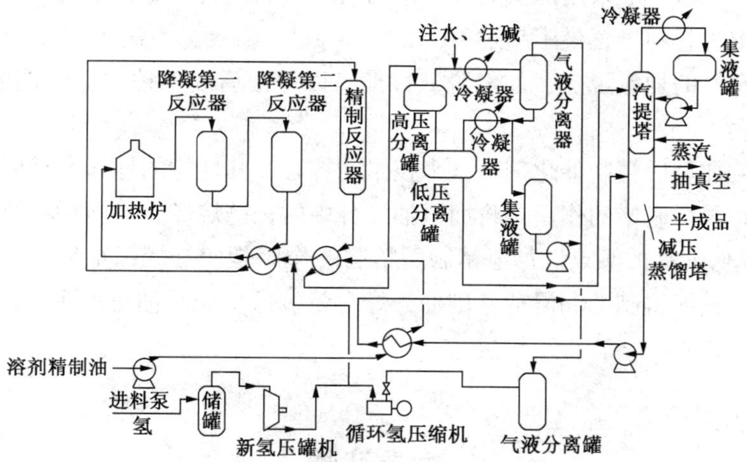

图 11－24　环烷基原油润滑油馏分催化脱蜡的工艺流程

操作条件：反应器入口压力 2.8～3.1MPa；氢油体积比约 450∶1；空速 0.9～1.0h^{-1}；反应温度为 270～310℃。原料和产品性质列于表 11－19。

表 11－19　环烷基减二线加氢脱蜡原料和产品性质

项目	原料（经溶剂精制）		产物	
	60DN	300DN	60DN	3000DN
黏度（40℃）/$mm^2\cdot s^{-1}$	9.847	58.23	11.24	63.46
闪点/℃	143	189	142	186
色度/号（SY）	5	5	1	2
凝点/℃	－38	－23	－68	－38
倾点/℃	—	—	－54	－27
碱氮/$\mu g\cdot g^{-1}$	90.21	236	79.12	229

续表

项目	原料（经溶剂精制）		产物	
	60DN	300DN	60DN	3000DN
硫/μg·g^{-1}	378	335	136	297
馏程/℃				
初馏点	294	330	297	331
95%	358	431	365	415

三、润滑油异构脱蜡

润滑油异构脱蜡技术是指在专用分子筛催化剂的作用下，将高倾点的正构烷烃经异构化反应生成低倾点的支链烷轻。

润滑油异构脱蜡一般采用加氢处理—异构脱蜡—加氢后精制加工流程。因为异构与后精制催化剂要求进料中硫含量不超过10～20μg·g^{-1}，氮含量不高于2μg·g^{-1}，所以加氢处理催化剂要有好的加氢脱硫、加氢脱氮性能，以保证后续两种催化剂性能的充分发挥，延长其运转周期。

异构脱蜡－加氢后精制催化剂是整个技术的核心，其性能的好坏直接影响润滑油基础油收率与质量。异构脱蜡的作用是将润滑油馏分中的长链烷烃（即所谓的蜡）异构成支链烃（即油），降低油品的倾点。加氢精制后精制的作用是使芳烃和烯烃饱和，改善油品的安定性和颜色。最终得到的润滑油基础油芳烃含量极低，产品油可达到APIⅡ类油与Ⅲ油的标准。

参考文献

[1] 林世雄，等．石油炼制工程［M］.3版，北京：石油工业出版社，2000.7.
[2] 侯祥麟．中国炼油技术［M］.2版．北京：中国石化出版社，2001.
[3] 陈绍洲，常可怡．石油加工工艺学［M］．上海：华东理工大学出版社，1997.
[4] 寿德清，山红红．石油加工概论［M］．北京：石油大学出版社，1996.
[5] 水天德．现代润滑油生产工艺［M］．北京：中国石化出版社，1997.
[6] 裴文军．润滑油基础油生产工艺的选择［J］．炼油技术与工程，2012，42（7）：25－29.
[7] 张练文．我国润滑油基础油供需透视与展望［J］．石油商技，2012（6）：18－24.
[8] 刘毅，王钟，何武章．润滑油加氢处理催化剂RL-2的工业应用［J］．石油炼制与化工，2014，45（2）：41－45.
[9] 王鲁强，郭庆洲，康小洪，等．润滑油基础油生产技术现状及发展趋势［J］．石油商技，2011，29（1）：6－12.
[10] 陆士庆．炼油工艺学［M］．北京：中国石化出版社，2010.
[11] 郑立辉，盛奎龙，潘金亮．石油蜡的生产及深加工［M］．北京：化学工业出版社，2008.
[12] 杨文中，王玉章，丁洛，等．提高基础油和脱油蜡收率及质量的研究［J］．润滑油，2010，25

(3): 47 - 50.

[13] GY. Polczmann. Investigation of Producing Moder Base Oil [J]. Hungarian Journal of Industrial Chemistry Veszprem, 2008, 36 (1 - 2): 107 - 112.

[14] 吴铮. 我国润滑油基础油发展趋势 [J]. 当代石油石化, 2009, 17 (5): 16 - 20.

[15] 房韡, 解增忠, 王锋, 等. 原油选择优化模型在企业中的应用 [J]. 计算机与应用化学, 2011, 28 (7): 954 - 956.

[16] 张芳华, 刘初春. PIMS 和 ORION 在原油优化选择中的应用 [J]. 国际石油经济, 2012 (12): 61 - 66.

[17] 曹文磊, 刘英. 润滑油加氢装置的原料优化与合理利用 [J]. 润滑油, 2012, 27 (4): 55 - 60.

[18] Lynch T R. Process Chemistry of Lubricant Base Stocks [M]. CRC Press, 2010.

[19] 李少萍, 沈本贤, 张琪, 等. 原油掺炼对混合原油, 馏分油及渣油性质的影响 [J]. 华东理工大学学报 (自然科学版), 2006, 32 (5): 524 - 529.

[20] Stephen M Hsu. Moleculal Basis of Lubication [J]. Tribology Internation, 2004, 37: 553 - 559.

[21] 林兴荣. 原油产地对基础油性能的影响 [J]. 武汉工程大学学报, 2012, 34 (7): 11 - 18.

第十二章 石油产品调合

石油产品精制后，某些石油产品可作为产品直接出厂，有些石油产品还要掺合适量的其他馏份或添加剂，以调节石油产品的某些质量指标，增添一些良好的性能。石油加工中将两种以上的物质均匀混合的工艺称为调合。

将各种加工过程所得的半成品加工成为商品，一般需要通过以下三种方法：

1. 精制

将半成品中的某些杂质或不理想的成分除掉，以改善石油产品质量的加工过程称为精制过程。在炼油生产中应用的精制过程主要有：酸碱精制，溶剂精制，吸收精制、吸附精制，加氢精制等。除了酸碱精制日渐淘汰不介绍外，溶剂精制、吸收精制、吸附精制、加氢精制等工艺技术都已在前面有关章节分别介绍过了。

2. 加入添加剂

在石油产品中加入少量称为“添加剂”的物质，使石油产品的性质得到较明显的改善。

3. 石油产品调合

调合是用不同质量的石油产品（包括油品添加剂），选择适当比例进行掺合，使调合产品达到规格要求。例如，用辛烷值较高的催化裂化汽油和催化重整汽油与辛烷值较低的直馏汽油按一定比例调合，得到辛烷值符合一定规格要求的车用汽油；又如，十六烷值较低的催化裂化柴油和一部分十六烷值较高的直馏柴油掺合后，使柴油的燃烧性能符合规格要求。石油产品调合的设备及操作比较简单，而且调合过程中石油产品几乎没有损失，因此，生产上将半成品加工成为成品时，首先应该考虑用调合的方法。只有当半成品的性质与规格要求相关很远时，采用调合方法已不能解决问题时才用精制方法。采用调合方法在多品种产品生产中有很现实的意义，因为它并不需要改变主要生产装置的操作，只要改变从各装置取出半成品的调合比例，就有可能得到很多品种的产品。

第一节　燃料和润滑油添加剂

石油产品添加剂的发展与石油产品本身质量的关系甚为密切。随着机械、交通运输和国防工业的发展，石油产品质量的要求日益提高。除了改进炼油工艺过程、提高油品的质量外，还须在燃料油和润滑油中加入适当的添加剂来改变油品性能。在油品中加入数量极少的一种或多种物质，就可以大幅度地改进油品某些方面的性能，得到符合质量要求的产品，这种添加的物质称为添加剂。

一、燃料添加剂

（一）燃料油添加剂分类

燃料油添加剂的种类很多，根据它们的功能可分为：抗爆剂；十六烷值提高剂（柴油抗爆剂）；改善喷气燃料燃烧性能的添加剂；抗氧防胶剂；金属纯化剂；清净剂；抗腐剂；防冰剂；流动性能改进剂；重油添加剂（锅炉燃料和燃气轮机燃料用的添加剂）；其他添加剂，如抗静电剂、油性剂和染色剂等。

不同品种的燃料所用的添加剂类别有所不同，表 12－1 列出了各种燃料所使用的添加剂类别。

表 12－1　各种燃料添加剂使用类别和添加量

项目	航空汽油	车用汽油	喷气燃料	柴油	添加剂量
汽油抗爆剂	•	•	—	—	微量
十六烷值改进剂	—	—	—	•	极微量
抗氧防胶剂	•	•	•	•	极微量
金属钝化剂	•	•	•	•	极微量
清净剂	—	•	—	—	极微量
抗腐剂	•	•	•	•	极微量
流动性能改进剂	—	—	—	•	极微量
抗静电剂	—	—	•	•	极微量
抗磨剂	—	—	•	—	极微量
染色剂	•	—	—	•	超微量

注：• 为添加；—为不添加。

（二）各种燃料油添加剂简介

1. 汽油抗爆剂

汽油抗爆剂是提高汽油抗爆性能——辛烷值的添加剂。

为了逐步停止使用加铅汽油，各国都采用汽油异构化和芳构化的工艺以提高汽油的辛烷值，并大量混用异辛烷和甲基叔丁基醚等高辛烷值组分。

2. 抗氧防胶剂

燃料油在储存和运输过程中，由于与空气接触，并在光、热等条件的作用下，某些不安定的不饱和烃以及含硫、氮、氧的化合物，发生氧化或叠合反应生成胶质和油泥，直接影响燃料油的使用性能。

为了防止油品氧化生成胶质而加入的添加剂称为抗氧化添加剂。

抗氧化添加剂主要有胺系和酚系化合物，如对羟基二苯胺和2，6-二叔丁基对甲酚。

油品自由氧化反应是链销反应：过氧化物分解使链销反应分支，产生更多的自由基，使氧化反应加速进行。抗氧化添加剂的作用是降低烃类和过氧化物生成的自由基，中断氧化反应链。

3. 金属钝化剂

燃料油在储运和使用过程中，接触多种金属，如铁、铜、铅等。这些金属离子是过氧化物的分解剂，为氧化链提供了恒定的自由基来源。

金属钝化剂的作用在于能与金属离子作用，生成一种螯合物，能够延缓燃料油的氧化变质。

常用的金属钝化剂有*N*，*N′*-二水杨叉丙二胺，*N*，*N′*-二水杨叉乙二胺及二水杨-*N*-甲基二丙撑三胺。

4. 十六烷值提高剂（柴油抗爆剂）

十六烷值低的柴油燃烧性能差，易引起爆震；十六烷值过高的柴油则由于来不及与空气混合而造成燃烧不完全。催化裂化柴油的十六烷值较低，一般采用添加十六烷值提高剂来改善这类柴油的燃烧性能。

现在最广泛采用的是硝酸戊酯和2，2-二硝基丙烷。十六烷值提高剂的添加效果见表12－2。

表12－2　十六烷值提高剂的添加效果

添加剂	十六烷值提高单位数				
	0.5%	1.0%	2.0%	3.0%	4.0%
丙酮过氧化物	9.6	13.8	21.4	27.7	33.1
硝酸乙酯	6.7	11.7	18.1	23.3	27.7
硝酸异戊酯	7.0	12.1	18.8	24.0	28.6

5. 抗静电剂

汽油及喷气燃料等轻质油品在装卸过程中，造成正负电荷的分离。一种电荷沿管壁导走，而相反电荷就保留在高绝缘的油品内，并随油品流入油箱或储罐，待油品电位积累到一定数值时，往往引起尖端放电而酿成火灾。

抗静电剂的作用就是在油品中增加微量金属离子，使油品的导电度增至50导电单位以上，迅速导走油品中的静电荷，从而确保油品使用的安全。

抗静电剂有丁二酸二异辛酯磺酸钙盐等。

6. 汽油清净剂

汽油清净剂对汽油质量无不良影响，汽油清净剂应具有五大功能。

①清洗作用。清洗喷嘴、进气口、进气阀等处的沉积物。

②保洁作用。对于新购或刚保养的车，加入汽油清净剂后能抑制沉积物的产生，维持发动机像新的一样，使发动机排放量不随行车里程数据的增加而增加，使车处于良好状态。

③提高无铅汽油的润滑性。在汽油中加入四乙基铅不仅能够提高汽油的辛烷值，而且它本身是一种良好的润滑剂。在实行汽油无铅化后，要在汽油清净剂中复合无灰减摩剂来提高汽油的润滑性。

④改善汽车尾气排放，节省燃油。汽油清净剂能有效抑制和清除燃料系统积炭，因而改善汽油喷雾状况，使汽油燃烧更充分，改善尾气排放，降低燃油消耗。

⑤含特效稀释剂。稀释剂的加入使清净剂与汽油极易混合。

汽油清净剂中的最关键的有效组分为清净分散剂。清净分散剂为有机化合物，一般由油性基团和极性基团连接而成。

清净分散剂的非极性基团延伸到燃料油中，能有效地屏蔽积炭和胶状物相互聚集，可使0～100nm的粒子被胶溶，并分散于油中，其极性基团整齐排列在金属表面上，增加其表面活性，阻止了沉积物的母体物质沉积在金属表面。因此，清净分散剂能减少油中沉积物，保持燃料系统清洁，分散燃料中已形成的沉渣，使微小的颗粒保持悬浮状态，以抑制或减少沉积物的产生。

汽油清净剂典型组分是氨基酰、聚乙醚及聚丁烯胺、烷基及聚丁烯丁二酸酰胺以及羟基聚氨基甲酸酯。它们都是表面活性剂，由可溶于碳的聚合物以及可连接极性基的集团组成。添加剂的研究中最重要的是选择聚合物以使不需要的表面效应最小。

极性基通常含氮或氧杂原子，这使之可吸附于金属表面及沉积物表面。而烃基可吸附于燃料中，清净分散剂的相对分子质量主要取决于非极性基的长度。

非极性基的主要功能是在金属表面生成薄薄一层有机膜以防止颗粒凝聚或吸附于金属表面。它们还可与可生成沉积物的物质反应以防止凝聚。

据介绍，高分子质量（1000）的清净剂在分散可生成沉积物的物质方面的功能要好一些，因为其长的有机基团可使其更容易溶于燃料。但低相对分子质量（500）的清净分散剂会更好地吸附在金属表面，若浓度较高其还清洁金属表面。

在这种清洁模式中，清净分散剂的非极性基可溶解于沉积物中的可使沉积物吸附在表面的可溶部分。在这种模式中，对较高浓度的要求可能表明在随沉积物转移后，清净分散剂将需要比仅仅保持清洁时更快的替代速度。

清净燃料添加剂的添加可使燃料热解后剩余的残留物的黏度更小一些以便更容易地流过表面。清净分散剂特别是那些目标是进气系统清洁的清净分散剂通常与高沸点、高热稳定性的携带液同时使用。携带液可溶解清净分散剂及一些沉积物，其本身也对某些类型的沉积物有清净作用。

汽油清净剂控制有关沉积物生成效果很显著，所以长期以来美国非常重视引用清净剂。大量研究表明，清净剂效果与其结构类型有很大关系。烷基丁二酰亚胺、聚丁烯丁二酰亚胺对控制喷油嘴沉积物（PFID）的生成十分显著；但聚丁烯丁二酰亚胺对清除进气阀沉积物（IVD）作用有限；聚异丁烯胺是喷油嘴沉积物、进气阀沉积物的高效清净剂，但它一般和载体油复合使用，加上自身热稳定性较高，所以能参与生成更多的燃烧室沉积物（CCD）。聚醚胺虽然对减少喷油嘴沉积物、进气阀沉积物生成效果稍差，但使燃烧室沉积物生成却相对较少，所以聚醚胺是较理想的多效清净剂。

汽油清净剂的发展大致分为四代。第一代清净剂为防止供油系统和汽化器结冰的抗冰剂，这一代添加剂大部分为醇类和油溶性胺类化合物。第二代清净剂能清除汽化器节气阀上的沉积物，其基本组成为由碳酸和聚烷烃基胺反应制得的酰胺，此外还有抗冰剂和防锈添加剂。第三代添加剂目前已被世界各国广泛使用，它不仅可清除汽化器的积炭，而且可以清洗电控喷射系统的喷嘴及其进气阀。这类添加剂的组成最为复杂，除以上两代添加剂组分外，还添加了破乳化剂和被称为油载体的物质。而作为这一代添加剂主要组成的胺类物质多采用聚烯胺和聚醚胺。第四代添加剂目前还没有被广泛使用，它的功能主要是防止并清除燃烧室里形成沉积物（积炭）。这代添加剂具有足够高的热氧化安定性和改良积炭的化学特性，在理想条件下这些添加剂的分解产物同样具有清净性。第四代添加剂除了有能够在热处理条件下工作的烯基丁二酰亚胺，还常常加入抗氧剂、屏蔽酚或 *N*，*N*-二烷基苯二胺、苯并三氮唑，除此之外还有醇、酮、杂醚和其他作为燃料改进剂的酸性有机化合物。

自 2002 年起，我国生产的汽油发动机均采用电子控制燃油喷射技术，为此，清洁汽油的使用日益广泛，有理由相信汽油清净剂会广泛应用到车用汽油中。

二、润滑油添加剂

润滑油的质量除与基础油的组成和性质有关外，很大程度取决于添加剂的品种和质量以及它们之间的配伍关系。由于一种添加剂只能主要改善润滑某一方面的性能，所以润滑油添加剂的品种很多。

我国按润滑油添加剂的功能分为十组：清净剂和分散剂，抗氧抗腐剂，极压抗腐剂，油性剂和摩擦改进剂，抗磨剂和金属减活剂，黏度指数改进剂，防锈剂，降凝剂，抗泡沫剂，抗乳化剂。关于剂的分组、功能作用、名称代号、化学商品名详见表 12－3。

表 12－3　我国润滑油添加剂的分类和产品

组号	组别	功能作用	名称	代号	化学名称
1	清净剂和分散剂	中和作用、增溶作用、分散作用、吸附作用	101 清净剂	T101	低碱值石油磺酸钙
			102 清净剂	T102	中碱值石油磺酸钙
			103 清净剂	T103	高碱值石油磺酸钙
			104 清净剂	T104	低碱值合成磺酸钙
			105 清净剂	T105	中碱值合成磺酸钙
			106 清净剂	T106	高碱值合成磺酸钙
			108 清净剂	T108	硫化聚异丁烯钡盐
			109 清净剂	T109	烷基水杨酸钙
			111 清净剂	T111	环烷酸镁
			115 清净剂	T115	硫化烷基酚钙
			114 清净剂	T114	高碱值环烷酸钙
			151 分散剂	T151	单烯基丁二酰亚胺
			152 分散剂	T152	双烯基丁二酰亚胺
			153 分散剂	T153	多烯基丁二酰亚胺
			154 分散剂	T154	丁二酰亚胺
			155 分散剂	T155	丁二酰亚胺
2	抗氧抗腐剂	延缓油品氧化，降低腐蚀和磨损	201 抗氧抗腐剂	T201	硫磷烷基酚锌盐
			202 抗氧抗腐剂	T202	硫磷丁辛基锌盐
			203 抗氧抗腐剂	T203	硫磷双辛基碱性锌盐
			204 抗氧抗腐剂	T204	硫磷伯仲基锌盐
			205 抗氧抗腐剂	T205	硫磷仲基锌盐
3	极压抗磨剂	防止摩擦面直接接触，平滑金属表面，减少摩擦损伤	301 极压抗磨剂	T301	氧化石蜡
			304 极压抗磨剂	T304	酸性亚磷酸二丁酯
			305 极压抗磨剂	T305	硫磷酸含氮衍和物
			306 极压抗磨剂	T306	磷酸三甲酚酯
			307 极压抗磨剂	T307	硫代磷酸胺盐
			308 极压抗磨剂	T308	酸性磷酸酯胺盐
			309 极压抗磨剂	T309	硫代磷酸苯酯
			321 极压抗磨剂	T321	硫化异丁烯
			322 极压抗磨剂	T322	二苄基二硫
			323 极压抗磨剂	T323	氨基硫代酯
			311 极压抗磨剂	T311	单硫代正丁基磷酸酯
			341 极压抗磨剂	T341	环烷酸铅
			351 极压抗磨剂	T351	二丁基二硫代氨基甲酸氧硫化钼
			352 极压抗磨剂	T352	二丁基二硫代氨基甲酸锑
			353 极压抗磨剂	T353	二丁基硫代氨基甲酸铅
			361 极压抗磨剂	T361	硼酸盐
4	油性剂和摩擦改进剂	增强油膜附着力，保证润滑，降低摩擦	401 油性剂	T401	硫化鲸鱼油
			402 油性剂	T402	二聚酸
			403 油性剂	T403	油酸乙二醇酯
			404 油性剂	T404	硫化棉籽油
			405 油性剂	T405	硫化烯烃棉籽油－1（用于润滑油）
			405A 油性剂	T405A	硫化烯烃棉籽油－2（用于润滑脂）
			406 油性剂	T406	苯三唑脂肪酸胺盐
			451 摩擦改进剂	T451	膦酸酯
			461 摩擦改进剂	T461	硫磷酸钼

续表

组号	组别	功能作用	名称	代号	化学名称
5	抗磨剂和金属减活剂	抗氧化，抑制自由基形成、终止反应	501 抗氧剂 502 抗氧剂 511 抗氧剂 521 抗氧剂 531 抗氧剂 532 抗氧剂 551 抗氧剂 561 抗氧剂	T501 T502 T511 T521 T531 T532 T551 T561	2，6-二叔丁基对甲酚 2，6-二叔丁基混合物 4，4-亚甲基双（2，6-二叔丁基酚） 2，6-二叔丁基-α-二甲氨基对甲酚 *N*-苯基-α-萘胺 含苯三唑衍生物复合剂 苯三唑衍生物 噻二唑衍生物
6	黏度指数改进剂	提高油品黏度，改善油品黏温性能	601 黏度指数改进剂 602 黏度指数改进剂 603 黏度指数改进剂 603A 黏度指数改进剂 603B 黏度指数改进剂 603C 黏度指数改进剂 603D 黏度指数改进剂 611 黏度指数改进剂 612 黏度指数改进剂 612A 黏度指数改进剂 613 黏度指数改进剂 614 黏度指数改进剂 631 黏度指数改进剂	T601 T602 T603 T603A T603B T603C T603D T611 T612 T612A T613 T614 T631	聚乙烯基正丁基醚 聚甲基丙烯酸酯 聚异丁烯（用于内燃机油） 聚异丁烯（用于液压油） 聚异丁烯（用于密封剂） 聚异丁烯（用于齿轮油） 聚异丁烯（用于拉拔油） 乙丙共聚物 乙丙共聚物（6.5%浓度） 乙丙共聚物（8.5%浓度） 乙丙共聚物（11.5%浓度） 乙丙共聚物（13%浓度） 分散型乙丙共聚物（高氮）
7	防锈剂	形成吸附膜，防止金属表面锈蚀	701 防锈剂 702 防锈剂 703 防锈剂 704 防锈剂 705 防锈剂 706 防锈剂 708 防锈剂 711 防锈剂 743 防锈剂 746 防锈剂	T701 T702 T703 T704 T705 T706 T708 T711 T743 T746	石油磺酸钡 石油磺酸钠 十七烯基咪唑啉烯基丁二酸盐 环烷酸锌 二壬基萘磺酸钡 苯并三氮唑 烷基磷酸咪唑啉盐 *N*－油酰肌氨酸十八胺盐 氧化石油脂钡皂 烯基丁二酸
8	降凝剂	阻碍蜡结晶增长，减低油品倾点	801 降凝剂 803 降凝剂 803A 降凝剂 805 降凝剂 806 降凝剂 814 降凝剂	T801 T803 T803A T805 T806 T814	烷基萘 聚 α-1-烯烃（用于浅度脱蜡油） 聚 α-2-烯烃（用于深度脱蜡油） 聚 α-3-烯烃（用于重质油） 聚 α-4-烯烃（中间基油） 聚丙烯酸酯
9	抗泡沫剂	抑制油品泡沫产生、并使之泡沫破裂	901 抗泡沫剂 911 抗泡沫剂 912 抗泡沫剂	T901 T911 T912	甲基硅油 丙烯酸酯与醚共聚物 丙烯酸酯与醚共聚物
10	抗乳化剂	改变油水界面表面张力	1001 抗乳化剂	T1001	胺与环氧化物化合物

清净分散剂是内燃机润滑油的主要添加剂，其产量约为润滑油添加剂总量的60%。

内燃机润滑油的使用条件比较苛刻，在使用中不可避免地会由于氧化而在内燃机中生成酸性物质以及漆膜、积炭和油泥等沉积物。这些沉积物会导致腐蚀和磨损加剧、密封不严、油路及滤网堵塞等。清净分散剂的主要功能是起中和作用、增溶作用、分散作用、洗涤作用（吸附作用）。

此类添加剂都属于油溶性表面活性剂，其分子结构由非极性基团和极性基团两部分组成。非极性基团一般是烃基，极性基团可以是离子型磺基、羧基或酚基的盐，也可以是非离子型的多胺等。清净分散剂主要有磺酸盐、硫化烷基酚盐、烷基水杨酸盐、硫代磷酸盐和无灰分散剂五种。

磺酸盐（包括磺酸钙、镁等）为应用最广的一类清净剂，具有很好的清净性和一定的分散性，它的碱值一般较高，中和能力强，同时具有很好的防锈性能，但有促进氧化的缺点。在内燃机润滑油中，磺酸盐（通常多为钙盐）一般是必加的清净剂，加量为2%～5%，如与其他清净剂复合使用时，其用量为1%～2%。

硫化烷基酚盐和烷基水杨酸盐都具有一定的抗氧化能力，但分散能力差。

硫代磷酸盐具有较好的分散能力和一定的抗氧化能力，但高温稳定性差。

上述的四种清净分散剂中都含有金属，因而燃烧后均残留有一定量的灰分，所以称为金属（或有灰）清净分散剂。近几十年来，随着汽油机压缩比的提高和大功率柴油机及增压柴油机的广泛应用，使得发动机的使用条件更加苛刻，因此更高质量的清净分散剂日益受到青睐。

第二节　油品调合

不同使用目的的石油产品具有不同的规格标准，每一种石油产品的规格标准都包括了许多性质要求。企图在一套加工装置中生产出合格产品，在技术上很难实现，在经济上也是不合算的。因此，大多数石油产品都是经过调合而成的，调合是炼油厂生产石油产品的最后一道工序。石油产品可以由几个基础组分（馏分）调合而成，也可以由基础油与添加剂调合而成。

一、油品调合的特点

各种油品的调合，除个别加入添加剂的调合之外，基本上为液－液体系相互溶解的均相调合。调合油品的性质与各组分的性质有关。调合油品的性质如果等于各组分的性质按比例的加和值，则称为这种调合为线性调合，反之则称非线性调合。石油的组成十分复杂，其性质大都不符合加和性规律，因而油品的调合多属于非线性调合。

例如由几个组分调合而成的汽油，燃烧时各组分的中间产物可能会相互作用，可能会改变原来的燃烧反应历程，从而使表现出来的燃烧性能发生变化。有的是间产物作为活性剂使燃烧反应加速，有的作为抑制剂使燃烧反应变慢。因此，调合汽油的辛烷值与各组分单独存在时的实测辛烷值没有简单的线性加合关系。这就是为什么辛烷值有实测辛烷值和调合辛烷值之分。这种辛烷值的调合效应一般与敏感性（*RON-MON*）有关，敏感性小的，如烷烃、环烷烃调合后燃烧时相互影响较小，可以看成是线性调合；而敏感性大的，如烯烃、芳香烃调合后燃烧时相互影响较大，则是非线性调合。调合汽油的组分变化及各组分比例变化后组分的调合辛烷值也会发生变化。

油品的其他性质，如黏度、凝点等，调合后也远远偏离线性加和关系。文献介绍的计算调合性质的线性的或非线性的关联式，有的十分复杂，公式中包含了大量的系数，而确定这些系数还要进行大量的研究工作；有的则条件苛刻，缺乏通用性。

在实际应用中，油品调合仍采用经验的和半经验的方法。为了取得最好的经济效益，可用线性规划法确定混合时的最优配方。

二、调合油品性质的确定

油品规格标准中的许多性质要求主要是通过选择合适的加工工艺及操作条件来满足的，有些性质要求则可通过油品调合达到。下面对燃料及润滑油的调合油品主要性质的估算方法作一简介。

（一）汽油辛烷值

调合汽油辛烷值估算方法很多，大致分为两类：一类是以经验数为基础，用统计方法找出规律进行估算；另一类是以烃类组成及性质与调合辛烷值相关联进行估算。几个汽油组分调合时，最简单的方法是根据各组分的调合辛烷值按线性加和关系计算所得调合汽油的辛烷值。组分的调合辛烷值 A_{ON} 可用式（12－1）表示：

$$A_{\mathrm{ON}}=B_{\mathrm{ON}}+100\ (C_{\mathrm{ON}}-B_{\mathrm{ON}})/V_{\mathrm{A}} \qquad (12-1)$$

式中 B_{ON}——基础组分的的辛烷值；

C_{ON}——调合汽油的辛烷值；

V_{A}——调合组分含水量，%（体积分数）。

同一组分与不同的基础组分调合时，可表现出不同的调合效应。组分的调合辛烷值大于其单独存在时的实测辛烷值（即净辛烷值）时为正调合效应，反之则为负调合效应。有资料介绍，某催化裂化汽油调入直馏汽油中，其马达法调合辛烷值大于净辛烷值，而研究法则相反；调入重整全馏分汽油或重整重馏分汽油中，马达法调合辛烷值均低于净辛烷值；调入重整轻馏分中，马达法调合辛烷值则高于净辛烷值；调入烷基化汽油中，马达法调合辛烷值小于净辛烷值，而研究法的辛烷值则基本相同。

（二）汽油蒸气压

调合汽油的蒸气压可用于式（12－2）计算：

$$M_{\mathrm{t}}\,(RVP)_{\mathrm{t}}=\sum_{i=1}^{n}M_i\,(RVP)_i \qquad (12-2)$$

式中 M_{t}——混合产品的总摩尔数，mol；

$(RVP)_{\mathrm{t}}$——混合产品要求的蒸气压，kPa；

M_i——i 组分的摩尔数，mol；

$(RVP)_i$——i 组分的蒸气压，kPa。

目前广为采用的是雪佛龙研究公司提出的一个简便的经验方法。该法把雷德蒸气压（RVP）换算为蒸气压调合指数（$VPBI$），然后按加和规律进行计算。

$$(VPBI)_t = \sum_{i=1}^{n} V_i (VPBI)_i \tag{12-3}$$

$$(VPBI)_t = (RVP)_t^{1.25} \tag{12-4}$$

$$(VPBI)_i = (RVP)_i^{1.25} \tag{12-5}$$

式中 V_i——i 组分的体积分率。

（三）柴油十六烷值

柴油的十六烷值可用由其烷烃、环烷烃、芳香烃的百分含量 P、N、A 按下式计算：

$$十六烷值 = 0.85P + 0.1N - 0.2A \tag{12-6}$$

因此调合柴油的十六烷值可用线性加和关系估算。

（四）柴油凝点

调合柴油的凝点估算可采用引入凝点换算因子的方法。

当凝点 $SP \leqslant 11$℃时，

$$SP = 9.4656T^3 - 57.0821T^2 + 129.075T - 99.2741 \tag{12-7}$$

当凝点 $SP > 11$℃时，

$$SP = -0.0105T^3 - 0.864T^2 + 13.811T - 16.2033$$

式中 T 为凝点换算因子，由有关资料查得。此法先用加和性关系（质量的）算出调合油的凝点，查出与之对应的换算因子，再代入上式计算。实际应用中发现，此法尚有一定的误差。使用时应根据原油性质、加工方法、调合比例等实际情况对换算因子作适当的修正。

（五）油品黏度

黏度是柴油、润滑油、燃料油等石油产品的最主要性能之一。目前通用的油品调合黏度计算为式（12－7）。

$$\log\mu_t = \sum_{i=1}^{n} V_i \log\mu_i \tag{12-8}$$

式中 μ_t——混合油在与组分油相同温度下的黏度；

μ_i——组分油黏度；

V_i——i 组分的体积分数。

若以质量分率代替上式的体积分率，也能得到满意的结果。据称调合油黏度计算值与实测误差仅在 $\pm 0.1\text{mm}^2 \cdot \text{s}^{-1}$ 范围之内。

三、调合工艺

油品调合大致分为五步：

（1）根据成品油的质量要求，选择合适的调合组分。

（2）在试验室调制小样，经检验小样质量合格。

（3）准备各种调合组分（包括配制添加剂母液等）。

（4）按调合比例将各调合组分混合均匀。

（5）检验调合油的均匀程度及油质量指标。

应特别注意的是小样试验调合油的各项指标必须经检验全部合格后，才能进行大量调合，以免出现调合后虽改善了某些性能，而使其他个别性能不合格的问题。

四、调合方法

调合工艺相对比较简单。常用的调合方法有两种，即油罐调合和管道调合。

（一）油罐调合

在调合罐内进行的调合称为罐式调合。常用调合的步骤是先用泵将各种组分按需要的比例（根据各组分的性能和对成品油的质量要求确定）从各储存罐中抽出送入调合罐，经机械混合均匀后泵送至成品油罐储存。

（1）泵循环喷嘴油罐调合。

对于调合比例变化大、批量较大的中、低黏度油品，采用泵循环喷嘴油罐调合，即在调合油罐内增设喷嘴，被调合物料经过喷嘴的喷射，形成射流混合。高速射流穿过罐内物料时，一方面可推动其前方的液体流动形成主体对流运动；另一方面在高速射流作用下，射流边界可形成大量涡旋使传质加快，从而大大提高混合效率。如图 12－1 所示，这种方法设备简单、操作方便、效率较高，适用于中低黏度油品的调合。

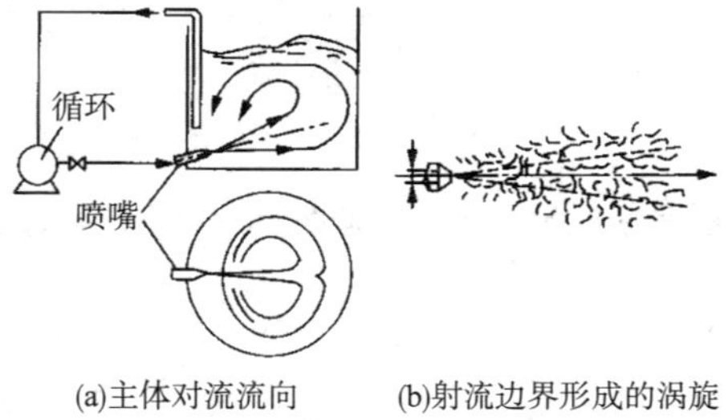

图 12－1　喷嘴搅拌作用下的物料流动状态

（2）机械搅拌调合。

对于批量不大的成品油调合，特别是润滑油的调合，可在装有搅拌器的油罐内，用机械搅拌的方式进行调合。搅拌器有两类：

①罐侧壁伸入式。一个或数个搅拌器从油罐侧壁伸入罐内，搅拌器叶轮是船用推进式螺旋桨型。

②罐顶中央伸入式。只适用于油罐容积小于 20m^3 立式调合罐，用于小批量但质量、配比等要求严格的特种油品调合，如为便于小包装的灌桶作业的特种润滑油或稀释添加剂的基础液等。搅拌器有桨式和推进式两种。

另外，在循环泵出口，物料进调合罐之前增加一个合适的静态混合器，可比机械搅拌缩短一半以上的调合时间，而调合的油品质量也优于机械搅拌（如图 12－2 所示）。

（二）管道调合

管道调合适用于大批量调合，它是将各调合组分和添加剂按预定比例同时送入管道混合器，进行均匀调合的方法。管道混合器常用的是管式静态混合器，其作用是流体逐次流过混合器内每一混合元件前缘时，即被分割一次，并被交替变换，最后由分子扩散达到均匀混合的状态。管道调合具有以下优点：

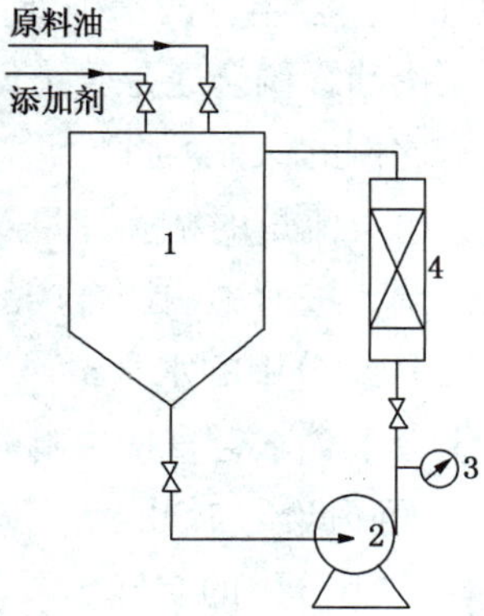

图 12－2　加静态混合器的间歇式调合工艺示意图

1—调合罐；2—泵；3—压力表；4—静态混合器

①成品油随用随调，可取消调合油罐，减少油品的非生产性储存，减少油罐数量和容积。

②可提高一次调合合格率。

③减少中间取样分析、取消多次油泵转送相混合搅拌，从而节省了能耗。

④全部过程密闭操作，减少油品蒸发、氧化，减少损耗。

⑤可实现自动化操作，既可在计算机控制下进行自动化调合；也可使用常规自控仪表，人工给定调合比例，实行手动调合操作；或用微机监测、监控的半自动调合系统。

图 12－3 为闭环质量控制系统——三组分和两种添加剂共五个管道的润滑油调合系统的流程与控制示意图。调合控制系统主要由微处理机、在线黏度和凝点分析仪、混合器及其他常规设备与仪表组成，进行轻、中、重三种基础油及复合添加剂、降凝剂共五种管道来料的自动调合。微处理机根据输入的程序自动完成调合比例计算、纯滞后补偿、流量调节与凝点数值控制等。添加剂按比例自动跟踪加入闭环质量控制系统中。

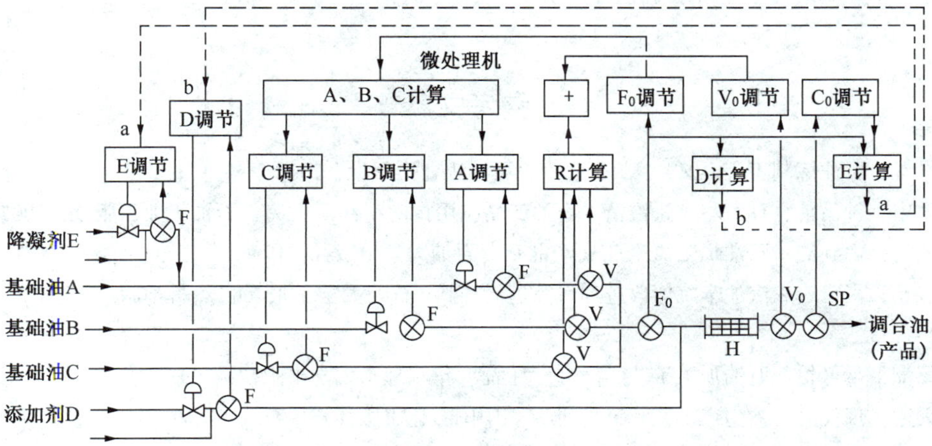

图 12－3　管道自动调合流程示意图

F—流量计；V—黏度计；H—混合计；SP—凝点在线分析仪；*R*—目标调合比

五、影响调合质量的因素

调合组分的质量、调合设备等都影响调合后油品的质量。

（1）调合组分的精确计量。

无论油罐调合还是管道调合，精确的计量都是十分重要的。精确的计量是各组分投料时正确比例的保证。批量调合虽然不要求投料时流量的精确计量但要保证投料最终的精确数量。组分流量的精确计量对管道调合是至关重要的，不准确的流量计量，将导致组分比例的失调，进而影响调合产品的质量。

（2）组分中的水含量。

组分中含水会直接影响调合产品的浑浊度和油品的外观，有时还会引起某些添加剂的水解，而降低添加剂的使用效果，因此应该防止组分中混入水分。

（3）组分中的空气。

组分中和系统内混有空气是不可避免的，对调合也是非常有害的。空气的存在可促进添加剂的反应和油品的变质，另外，由于计量器一般使用的是容积式的，所以会因气泡的存在导致组分计量的不准确，影响组分的正确配比。

（4）调合组分的温度。

调合温度过高会引起油品和添加剂的氧化或热变质，温度偏低使组分的流动性能变差而影响调合效果。因此要选择适宜的调合温度，一般以55～65℃为宜。

（5）添加剂的稀释。

有些添加剂非常黏稠，使用前必须熔融、稀释，调制成合适浓度的添加剂母液，否则既可能影响调合的均匀程度，又可能影响计量精确度。但添加剂母液不应加入稀释剂太久，以免影响润滑油产品的质量。

（6）调合系统的洁净度。

调合系统内存在的固体杂质和非调合组分及添加剂等，都是对系统的污染，都可能造成调合产品质量的不合格，因此调合系统要保持清洁。

参考文献

[1] 林世雄．石油炼制工程［M］. 3版．北京：石油工业出版社，2000.

[2] 王丙申，钟昌龄，孙淑华，张澄清．石油产品应用指南［M］. 北京：石油工业出版社，2002.

[3] 寿德清，山红红．石油加工概论［M］. 北京：石油大学出版社，1996.

[4] 殷长龙，夏道宏．汽油辛烷值改进剂研究进展［J］. 石油大学学报（自然科学版），1998，22（6）：129－133.

[5] 陈绍洲，常可怡．石油加工工艺学［M］. 上海：华东理工大学出版社，1997.

[6] 水天德．现代润滑油生产工艺［M］. 北京：中国石化出版社，1997.

[7] 沈本贤．石油炼制工艺学［M］. 北京：中国石化出版社，2017.